国家示范性高等职业院校成果教材·机械系列

自动机与自动线

第3版

李绍炎　编著

清华大学出版社
北　京

内容简介

本书结合目前国内自动机械行业的现状，从应用的角度系统介绍了自动机械的模块化结构及工作原理、设计选型方法、装配调试及维护要领等。主要内容包括：自动机械的结构组成、输送及自动上下料系统、分隔与换向机构、定位与夹紧机构、典型直线运动部件、典型传动系统、自动化专机及自动化生产线的节拍设计原理与方法。

本书在内容编排上按照循序渐进、模块化的思路，各章内容既相对独立，又相互衔接，并配以大量的工程图片、工程案例、设计图纸、例题及复习思考题，同时，提供了从事自动机械设计及设备管理必不可少的各种部件国内外制造商的最新信息，不仅便于组织教学，而且有利于读者缩短课程学习与设计应用的距离，尽快具备从事实际技术工作的能力。

本书适于用作应用型本科院校和高职高专院校机械设计制造与自动化、机电一体化等机电类相关专业师生的教材，也可供从事自动机械设计及自动化设备管理的技术人员参考。

图书在版编目(CIP)数据

自动机与自动线 / 李绍炎编著. —3 版. —北京：清华大学出版社，2020.9(2023.8重印)
国家示范性高等职业院校成果教材.机械系列
ISBN 978-7-302-56270-2

Ⅰ.①自… Ⅱ.①李… Ⅲ.①自动机理论－高等学校－教材 ②自动生产线－高等学校－教材
Ⅳ. ①TP301.1 ②TP278

中国版本图书馆 CIP 数据核字(2020)第 152942 号

责任编辑：许 龙
封面设计：常雪影
责任校对：王淑云
责任印制：沈 露

出版发行：清华大学出版社
网 址：http://www.tup.com.cn，http://www.wqbook.com
地 址：北京清华大学学研大厦 A 座 **邮 编**：100084
社 总 机：010-83470000 **邮 购**：010-62786544
投稿与读者服务：010-62776969，c-service@tup.tsinghua.edu.cn
质量反馈：010-62772015，zhiliang@tup.tsinghua.edu.cn
印 装 者：大厂回族自治县彩虹印刷有限公司
经 销：全国新华书店
开 本：185mm×260mm **印 张**：25.75 **字 数**：622 千字
版 次：2007 年 2 月第 1 版 2020 年 10 月第 3 版 **印 次**：2023 年 8 月第 6 次印刷
定 价：72.00 元

产品编号：084373-01

序　言

制造业是国民经济的基础，而装备制造业更是基础中的基础，在国民经济的发展中起着举足轻重的作用，可以说，装备制造业是实现中国经济腾飞和提升国防实力的重要基础。统计结果表明，装备制造业的主要经济指标占全国工业的比重约为1/5～1/4；出口额占全国外贸出口总额的比重高达25.46%；从业人员平均人数占工业总人数的21.91%。装备制造业担负着为国民经济建设提供生产装备的重任，其带动性强，波及面广，其产业技术水平的高低直接决定了国民经济其他产业竞争力的强弱以及今后运行的质量和效益。装备制造业对于国防安全建设也是不可缺少的重要基础，当今世界上的几个军事强国，无一不是装备制造业强国，因为任何先进的武器装备，必须要有高、精、尖的机器设备加工制造。在制造业蓬勃发展、世界制造业中心逐步向中国转移的今天，装备的自动化成为保证制造业产品能够高品质、高效率、低成本、绿色生产的关键。

由于种种原因，目前自动机械的教学在国内普通高等教育及职业教育的教学体系中基本处于空白状态，不仅适合上述院校教学使用的相关教材极为匮乏，而且即使是直接从事该行业的企业技术人员要找到一本适合初学者的自学指导教材也非常困难。我们惊喜地发现，作者在深谙制造业真谛的基础上，总结自己长期从事工业自动化装备设计开发、生产使用及教学的经验，通过对自动机械实际工程设计中的设计原则、应用规范、典型结构、应用实例、优缺点比较等进行系统的总结，编写成这样一本易学、易懂、易查的优秀教材。

本书最突出的特色为实用性极强。本书作者长期在自动化装备设计开发及生产使用相关企业第一线工作，因而本书不仅内容系统、全面，涵盖了自动机械结构设计的各个方面，如系统组成、输送系统、自动上下料机构（振盘与机械手等）、分度机构、辅助机构（工件的分隔与换向、定位与夹紧等）、直线运动系统、驱动与传动、节拍分析、总体方案设计等，而且教材的内容全部来源于实际工程第一线，系统介绍了从事自动机械结构设计、装配调试、使用维护等岗位工作所必须掌握的基本知识和基本技能。各章都结合实际的工程对象进行介绍，采用了大量的工程案例、工程图片、设计图纸、例题，并进行分析总结，为读者提供大量直观而且可以直接采用和模仿的技术方案。同时还提供了从事自动机械设计所必须掌握的大量最新国内外供应商信息，因此读者能够在一个与企业第一线完全同步的平台上进行学习，在熟悉和掌握这些对象、方法、技巧、信息的基础上，读者可以很快胜任自动机械的设计、生产制造、管理维护等工作岗位，缩短了教学与企业岗位技能需求的距离。

本书的第二个特色体现在它区别于传统教材的编写风格。作者在每一章都首先提出要解决的问题，这就是通常所说的“What?”——是什么？做什么？要解决什么问题？然后告诉读者如何解决问题，这就是通常所说的“How?”——如何做？如何设计？如何计算？如何进行标准部件的选型？如何装配调试？最后还进一步解释为什么要这样做，给出进一步的理论依据，对不同的方法、方案进行优缺点比较，引导读者不仅知其然还要知其所以然，在此基础上进行创新思维和创新设计，这就是通常所说的“Why?”。这是一种广泛应用在各种工程设计中的非常有效的思维方法和学习方法，不仅对于培养读者从事工程设计所必需的基本素质非常有帮助，而且文字简洁，层次清晰，使教材具有一看就懂、学完就能应用于实际的特点。

本书的第三个特色体现在教材内容的选材及章节的编排上。许多机械设计方面的教材首先是介绍总体方案设计，这与实际的学习过程是不相符的。本书作者则按照循序渐进的思路进行内容的组织，先基础后提高，先局部模块后系统集成。首先对自动机械的结构组成建立整体的概念，然后再逐章分别对组成自动机械的各种结构模块进行专门、深入的介绍，在此基础上最后介绍总体方案设计，由各种结构模块进行系统集成组成自动化专机，由自动化专机及输送系统集成组成自动化生产线，这正是实际工程设计中初学者从陌生到熟练的学习过程。因此本教材非常适合初学者循序渐进地学习，同时各章内容既相互独立又相互衔接，方便教师在教学中根据实际情况对教学内容进行取舍和侧重。

在繁重的教学工作之余独立编写这样的实践性教材的确不是一件容易的事，本书的编写出版凝聚了作者大量的心血，体现了作者深厚的工程背景、严谨的工作风格和丰富的实践经验。这本教材不仅非常适合本科院校及高职高专机电一体化、机械设计制造及自动化等机电类专业在校学生使用，而且对于有志于从事自动化行业的初学者、有一定工作基础和经验的企业技术人员也是一本极好的指导教材，对于资深的自动化工程专家也具有一定的参考价值和收藏价值。

我相信，本书的编写出版不仅能填补自动机械在目前国内普通高等院校及高职高专机电类专业教学体系上的空白，而且将对自动机械在我国的应用和发展起到很好的促进作用。

2006.9

第3版前言

本教材出版以来，由于紧密结合工程实际，深受普通高校及高职院校学生、企业读者的喜爱，并获得高度评价，不少读者通过邮箱和编者联系，畅谈自己在学习和实践中的收获，提出很多宝贵的建议并期待第3版尽早出版。在教材出版后的十多年间，随着国内制造业的升级，国内自动化装备行业突飞猛进，大批企业迅速填补各种细分行业的空白，机器换人的时代已超出我们原有的想象提早来临。为适应自动化装备行业的发展需要，现对第2版进行了修订和增补。

在第3版修订过程中，考虑到保持原有教材的风格及作为教材应有的稳定性，对教材中的文字、插图进行了全面审查，更正了第2版中的文字错误，修改了部分图例。本次修订本着一看就懂、一看就能动手应用、还要知道为什么要这样用的原则，针对自动化设备中的部分典型、重要结构进行了内容补充，增加了部分重要的图例。考虑到不同层次读者的需求，对部分重要和有代表性的案例进行了深入分析和说明，希望给读者以最大的帮助。

本教材是一本自动化装备行业的入门教材，既适合本科院校、高职院校机电类专业学生学习，也适合企业读者学习使用，可以帮助他们更快、更好地从事自动化装备结构设计、装配调试、管理维护等岗位技术工作。

自动化技术发展日新月异，新的部件组件也会不断出现，给自动化装备的设计制造提供更大的简化和帮助。虽然对全书进行了全面审核和修改，但教材仍难免有疏漏之处，恳请广大读者通过邮件进一步指正。

李绍炎

2020年9月于深圳

第 2 版前言

《自动机与自动线》第 1 版于 2007 年 2 月出版，当时该课程在高职院校和本科院校中还基本属于空白。2013 年 12 月，Google 公司在美国本土和日本连续集中收购了 6 家机器人公司。目前，国内学术界普遍认同中国已经到了刘易斯拐点，劳动力成本中长期都将持续上升，这将促进国内以机器人为代表的自动化装备产业需求爆发性发展，中国制造业已进入了“机器换人”的时代。随着我国高等教育和高等职业教育改革的逐步深入，该教材近年来得到了很多高等职业院校和应用型本科院校师生的广泛好评和积极选用，如山东理工大学、湖南大学、杭州职业技术学院等，相继采用本教材新开设了这门专业课，部分院校将它作为学生毕业设计的指导教材，直接采用其中的案例作为学生毕业设计题目。另外，教材的出版在企业读者中也引起了很大反响，很多读者在当当网的网购评价中给予了很高的评价，有读者留言为在大学期间既没有看到这样的教材也没开设这样的课程感到非常遗憾。还有不少读者留言称该教材帮助他们步入了一个全新的行业，成为他们工作中珍贵的入门指导资料。

由于教材主要面向在校学生，当初编写时力求详细、全面，但内容篇幅难免稍多一些，部分内容对在校学生不一定马上就能用得到，例如直线导轨、直线轴承、滚珠丝杠、分度器的选型计算等，但这些内容对企业技术人员却又是非常重要的。另外，目前国内高职院校和本科院校在前期课程“液压与气动技术”中基本没有介绍气缸的选型与安装设计，但这些内容无论对从事自动化设备设计、装配调试还是从事设备管理维护的技术人员而言，都是至关重要的，因此，增加这一部分内容能帮助读者更快地进入岗位技术工作。

为了兼顾学生读者和企业读者的需要，本次再版适当简化了篇幅，删减了凸轮分度器、直线导轨、滚珠丝杠的选型计算，企业读者可以参考上述部件供应商的技术手册。同时，增加了“气缸的选型与安装”一章，希望帮助读者更快地掌握气动技术实际动手能力。

在自动化机械结构的研发方面，编者认为企业技术工作实际上并不鼓励大量的机械结构创新，因为任何机械结构创新都要经过实际案例的使用验证并不断完善，是存在技术风险的，企业的技术工作实际上更注重成熟结构的模仿、借鉴使用，因为成熟的结构都已经过长期生产使用验证和完善，可以放心大胆地使用，教材中介绍可供读者直接模仿使用的大量实际成熟案例，就是基于这种思想。

最后，自动化装配涵盖的技术内容非常广泛，这本教材不是针对某一专门内容的专著，而是一本入门教材，帮助初学或初次从事这一行业的读者尽快入门，部分已经具有丰富实际工作经验的读者可以参阅更多的企业技术资料。编者学识有限,难免存在不足之处,欢迎读者通过邮件提出意见或进行交流,以便在下次修订中进一步修改完善。

李绍炎

2014年5月于深圳

第1版前言

工业发达国家早在20世纪就广泛实现了制造自动化，各种自动化装备的使用不仅使他们的产品以高性能、高质量一致性等优势在市场竞争中占据领先的地位，同时也大幅提高了他们的工业技术水平和国家综合实力，自动化装备的水平和制造能力代表了一个国家工业技术能力的最高水平。

改革开放以来，我国先后从国外引进了大量的自动化装备，但因为种种原因多年来我国没有能够像日本、韩国那样从引进、消化吸收中逐步发展形成自动化装备的自主创新能力。目前发达国家将制造业大量转移到我国转而输出技术和品牌，我国虽然已逐步发展成为世界制造业大国，但离制造业强国还有相当大的距离，除产品的自主开发创新能力较差外，自动化装备的自主设计开发能力也较差，不仅许多行业的关键设备仍然主要依靠进口，而且自动化装备的基础行业也几乎被国外产品所垄断。

国内在自动化装备这一先进制造技术领域的人才培养也严重滞后于制造业发展的需要，制造业急需大量熟悉先进自动化装备的设计与管理人才，但直至目前，国内高等院校及高职高专院校中只有极少数学院设置了相关的专业和课程，有关自动机械原理与设计的教材也极为匮乏，即使是企业的设计人员，要找到一本适合初学者的自学教材也非常困难。

深圳职业技术学院自2001年起即在国内率先设置了相关专业，专门从事自动化装备设计与管理人才的培养，这本教材就是作者在总结多年从事自动机械设计及工程应用经验的基础上编写而成的，其间以讲义的形式先后经过几届学生的教学使用，根据使用效果进行了多次修改完善。本教材的目的就是使从事自动机械学习和工作的初学者尽快掌握自动机械的典型结构组成、工作原理、结构设计方法、标准部件选型步骤及方法、装配调试与维护要领，同时对自动机械总体方案设计、设计制造流程及典型工程应用等有一般了解。

教材的编写按照循序渐进、模块化的思路，第2章介绍自动机械的典型结构组成与工作流程，第3章、第4章介绍自动机械的输送系统（皮带输送系统、链条输送系统、悬挂输送系统），第5章、第6章、第7章分别介绍自动上下料系统（振盘、机械手、间歇输送机构），第8章介绍自动机械中的一种特殊分度装置——凸轮分度器，第9章、第10章分别介绍自动机械中的分隔与换向、定位与夹紧等辅助机构。由于自动机械是典型的模块化结构，大量采用各种标准的基础部件，因此第11章、第12章、第13章分别介绍自动机械中的典型直线运动系统（直线导轨、直线轴承、滚珠丝杠）。由于各种自动机械中大量采用同步带传动及链传动，因此第14章介绍上述两种典型传动系统的设计与装配。在熟悉上述机械结构组成部分的基础上，第16章介绍各种典型自动化专机及自动化生产线的节拍设计原理与方法，使读者初步掌握进行自动机械总体方案设计的过程与方法。为了使读者更容易理解，在此之前在第15章对手工装配流水线的设计过程进行专门介绍。全书的编写以实际应用为原则，对有关的理论仅作简单的介绍，重点介绍实际典型结构、具体的设计计算方法、部件选型步骤及方法、装配调试要点等，每一部分都尽量结合实际工程对象(包括编者从事过的设计与研究项目)进行介绍，配以大量的工程图片、工程案例和例题，为读者提供直观的模仿素材。

全书编写过程中，深圳职业技术学院的有关领导对本书的编写给予了大力支持，中国科学院阳如坤研究员对本书的编写提出了十分宝贵的意见，对全书进行了详细的审核并作序，深圳职业技术学院机电学院朱梅教授、钟健教授提出了许多很好的建议，湖南师范大学邹竹英副教授对全书作了详细的文字校对与修改。日本THK公司北京办事处、日本NSK公司深圳办事处、日本IKO公司深圳代表处、日本三共制作所深圳代表处、天津太敬机电技术有限公司等单位对于本书的编写也给予了大力支持，在此谨向他们表示衷心的感谢!

限于编者水平，加上本课程属于新课程，书中难免存在不妥甚至错误之处，希望有关专家及读者提出宝贵意见。

编　者

2006年10月于深圳

目　录

第1章　绪　　论

1.1　实现制造自动化的意义

1. 制造自动化的定义

顾名思义,“制造自动化”首先与“制造”“自动化”有关。人们一般传统地将“制造”理解为产品的机械加工过程或机械工艺过程。例如著名的 Longman 词典对“制造”(manufacture)的解释为“通过机器进行(产品)制作或生产,特别适用于大批量生产”。

随着人类科学技术及生产力的发展,“制造”的概念和意义已经在“范围”和“过程”两个方面大大拓展。范围方面,制造所涉及的工业领域远非局限于机械制造,而是包括了机械、电子、电器、五金、化工、轻工、食品、医药、军工等国民经济的大量行业。

“自动化”(automation)是美国人 D.S.Harder 于 1936 年提出的。当时他在通用汽车公司工作,他认为在一个生产过程中,机器之间的零件转移不用人去搬运就是“自动化”。这实质上是早期制造自动化的概念。

过去,人们将制造自动化理解为以机械的动作代替人力操作,自动地完成特定的作业,这实质上是指用自动化代替人的体力劳动。随着电子和信息技术的发展,特别是随着计算机的出现和广泛应用,制造自动化的概念已扩展为用机器(包括计算机)不仅代替人的体力劳动而且还代替或辅助脑力劳动,以自动地完成特定的作业。

今天,制造自动化已远远突破了上述传统的概念,具有更加宽广和深刻的含义。制造自动化的含义至少包括以下几方面:

(1) 在形式方面,制造自动化包括 3 个方面的含义:

- 代替人的体力劳动;
- 代替或辅助人的脑力劳动;
- 制造系统中人、机器及整个系统的协调、管理、控制和优化。

(2) 在功能方面,制造自动化代替人的体力劳动或脑力劳动仅仅是制造自动化系统功能的一部分。制造自动化的功能是多方面的,已形成一个有机体系,可以用一个简称为 TQCSE 的模型来表示,其中 T 表示时间(time),Q 表示质量(quality),C 表示成本(cost),S 表示服务(service),E 表示环境友善性(environment)。

TQCSE 模型中的 T 有两方面的含义:一是指采用自动化技术,能缩短产品制造周期,产品上市快;二是提高生产率。Q 的含义是采用自动化系统,能提高和保证产品质量。C 的含义是采用自动化技术能有效地降低成本,提高经济效益。S 也有两方面的含义:一是利用自动化技术,更好地做好市场服务工作;二是利用自动化技术,替代或减轻制造人员的体力和脑力劳动,直接为制造人员服务。E 的含义是制造自动化应该有利于充分利用资源,减少废弃物和环境污染,有利于实现绿色制造。上述 TQCSE 模型还表明,T、Q、C、S、E 是相互关联的,它们构成了一个制造自动化功能目标的有机体系。

(3) 在范围方面,制造自动化不仅涉及具体生产制造过程,而且涉及产品生命周期的所有过程(包括服务)。

正因为制造的范围非常广,各种产品的制造过程按工艺性质又可以分为机械加工、装配、检测、包装等各种工序,因此制造自动化又包括机械加工自动化、装配自动化、包装自动化等各种门类。

根据制造行业工艺性质的区别,不同的产品制造行业其制造自动化有各自的特点,例如:机械加工、机床、汽车、五金等行业主要为机械加工自动化;电子制造、仪表、电器等行业主要为装配自动化;医药、食品、轻工等行业主要为包装自动化,等等。

实际上许多产品的制造过程同时包括了加工、装配、检测、包装等多种工序,只是在不同的行业中上述工序各有侧重而已,而且实际上上述各种工序是互相联系的。其中装配自动化是整个制造自动化的核心内容,它是其他自动化制造过程的重要基础,只要熟悉了装配自动化,熟悉其他的自动化制造过程也就比较容易了。因此,本教材在内容上主要以装配自动化为基础进行介绍。

2. 制造自动化的优点

为了说明制造自动化的优点,下面以一个典型的工程实例对比来阐述制造自动化替代人工生产的意义。

在工程上很多产品都大量采用各种热塑性塑料制品,热塑性塑料制品的加工方法为注塑成型,通过注塑机及塑料模具将塑料颗粒原料注塑成所需要的工件。早期的注塑方法是注塑完成、模具分型后,由人工打开注塑机安全门,将成型后的塑料工件从模具中间取出,然后再人工关上机器安全门,机器开始第二次注塑循环,如图1-1所示。目前国内大部分企业仍然采用这种简单的人工操作生产方式。

图1-1 塑料注塑机人工取料

另一种更先进的生产方式为自动化生产:在注塑机上方配套安装专门的自动取料机械手,注塑完成、模具分型后,由机械手自动将塑料件从模具中间取出,然后开始第二次注塑循环,安全门也不需要打开,自动取料机械手的动作与注塑机的注塑循环通过控制系统连接为一个整体,如图1-2所示。国外企业早已采用这种自动化生产方式;在国内,目前沿海地区已经有相当部分的企业(主要为外资企业)采用了这种自动化生产方式。

上述两种生产方式有哪些区别呢?

实践表明,人工取料方式存在以下缺陷:

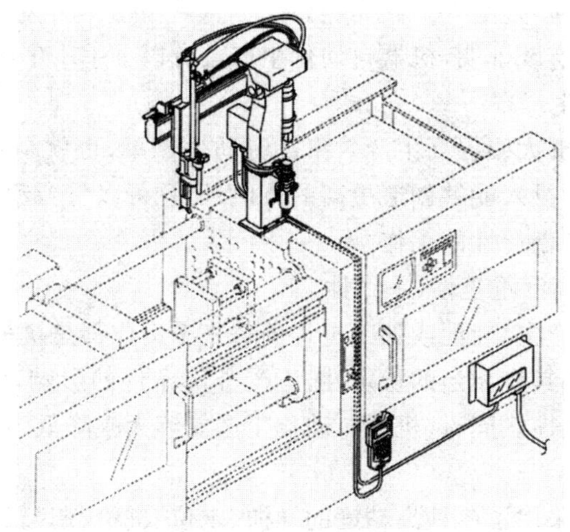

图 1-2　塑料注塑机机械手自动取料

- 因为环境温度高,因此工人劳动强度大。
- 操作危险。一旦发生意外(例如人手未离开模具即合模),将会发生伤残事故。
- 影响产品质量。由于人工取料不能保证注塑生产的节拍完全一致,而注塑节拍对塑料件的尺寸精度影响较大。
- 限制了生产效率,注塑机为贵重设备,由于人工取料速度慢,降低了设备的利用率。

实践表明,采用自动取料机械手取料具有以下优点:

- 将工人从危险、高强度的劳动中解脱出来,减少工人使用数量。
- 能严格保证产品的质量。由于采用机械手自动取料能严格保证注塑节拍一致,因而能保证产品质量的一致性、稳定性,使生产稳定进行。
- 生产效率高。机械手自动化取料速度快,单位时间内设备生产出的产品数量明显高于人工取料,提高了设备的利用率。

通过对更普遍的生产制造情况进行对比,可以将手工操作生产与自动化制造的特点总结如下:

1) 手工操作生产的缺陷

制造业的实践表明,人工生产一般情况下存在以下明显的缺陷:

(1) 产品质量的重复性、一致性差

在大批量生产条件下,在产品的装配过程中如果质量的重复性、一致性差,则产品的质量特性分散范围大。由于生产工人的情绪、注意力、环境影响、体力、个人技能与体能的差异等因素,不同的生产者、不同批次生产出的产品质量特性可能会出现较大的差异,难以达到较高的质量标准。

(2) 产品的精度较低

手工装配产品的精度由于受人工本身条件的限制,难以达到较高的精度水平,部分精度要求较高的工作依靠人工难以完成。

(3) 劳动生产率低

手工生产产品的生产率由于受人工本身条件的限制,难以达到较高的水平。

2) 机器自动化生产的优点

自动化制造的工程实践证明,机器自动化生产具有以下手工生产所不具备的优点:

(1) 大幅提高劳动生产率

机器自动化生产能够大幅提高生产效率及劳动生产率,也就是单位时间内能够制造更多的产品,每个劳动力的投入能够创造更高的产值;而且可以将劳动者从常规的手工劳动中解脱出来,转而从事更有创造性的工作。

(2) 产品质量具有高度重复性、一致性

由于机器自动化生产中,装配或加工过程的每一个动作都是机械式的固定动作,各种机构的位置、工作状态等都具有相当的稳定性,不受外部条件的影响,因而能保证装配或加工过程的高度重复性、一致性。同时,机器自动化生产能够大幅降低不合格品率。

(3) 产品精度高

由于在机器设备上采用了各种高精度的导向、定位、进给、调整、检测、视觉系统或部件,因而可以保证产品装配生产的高精度。

(4) 大幅降低制造成本

机器自动化装配生产的节拍很短,可以达到较高的生产率,同时机器可以连续运行,因而在大批量生产的条件下能大幅降低制造成本。但自动化生产的初期投入较大,如果批量不大,使用自动机械的生产成本则较高,因此,自动机械一般都是使用在大批量生产的场合。

(5) 缩短制造周期,减少在制品数量

机器自动化生产使产品的制造周期缩短,能够使企业实现快速交货,提高企业在市场上的竞争力,同时还可以降低原材料及在制品的数量,降低流动资金成本。

(6) 在对人体有害、危险的环境下替代人工操作

在各种工业环境中,有一部分环境是有害的,如粉尘、有害有毒气体、放射性等,也有部分环境是人类无法适应的,如高洁净的环境、严格的温度和湿度、高强度、高温、水下、真空等,上述环境下的工作更适合由机器来完成。

(7) 部分情况下只能依靠机器自动化生产

目前,市场上的产品越来越小型化、微型化,零件的尺寸大幅度减小,各种微机电系统(MEMS)迅速发展,这些微型机构、微型传感器、微型执行器等产品的制造与装配只能依靠机器来实现。

正因为机器自动化生产所具有的高质量及高度一致性、高生产率、低成本、快速制造等各种优越性,制造自动化已经成为今后主流的生产模式,尤其是在目前全球经济一体化的环境下,要有效地参与国际竞争,必须具有一流的生产工艺和生产装备。制造自动化已经成为企业提高产品质量、参与国际市场竞争的必要条件,制造自动化是制造业发展的必然趋势。

3) 人与机器的相互协调

虽然制造自动化是制造业目前和今后的必然发展趋势,但人工生产的不足与机器自动化生产的优势是相对的,这并不是说人工生产一概不好或机器自动化生产一定都好。机器虽然具有高效率、高精度等一系列优势,但只具备有限的柔性和一定的逻辑推理能力,而人具有很高的柔性和卓越的思维预测能力,因此在追求制造高度自动化的同时,仍然离不开人类的独特作用,机器的使用过程需要与人类的智力相结合,人与机器相辅相成。

工程经验也表明,在很多情况下,人工操作与机器自动化生产并存的混合模式恰恰是一

种最经济的生产模式。在部分情况下，例如在自动化装配中，某些零件的形状不适合采用自动化装置自动送料，或者说，即使要实现自动化送料，相关的装置在结构上会非常复杂、成本特别高，在此情况下就可考虑采用人工送料，如果一味要实现制造自动化，可能设计制造自动机械的成本会非常高，而采用人工来完成部分或全部工作，既不会存在质量方面的困难，成本又非常低廉。

1.2　国内外制造自动化的水平与现状

1. 国外制造业自动化的水平与现状

制造自动化首先是在发达国家发展起来的，由于发达国家的人工成本太高，不适合大量采用人工生产，促使他们重视开发自动化制造技术，采用自动化生产使人工从繁重、复杂的体力劳动中解脱出来，转而投入更富有创造性的工作，提高了人们的生活质量。发达国家现代工业发展的实践证明，过去经济学家及大众所担心的机器人及自动化的大量采用会造成失业的观点已经被证明是错误的。随着生产规模扩大、社会物质财富的增加，劳动力反而越来越显得不足，日本、韩国的工业发展历史就是这样。很多日本学者认为机器人及自动化的广泛使用，增加了就业机会，延长了人的工作年限。在信息时代，自动化实际上已经成为现代化的同义语。

当今的家用电子产品制造业就是一个典型的例子，国外企业的生产装备经历了从人工操作到自动化制造的变化，最有代表性的是机器人化的柔性加工及装配生产线把劳动生产率提高到空前的高度。例如国外一家采用机器人生产的现代化照相机制造厂，600 人年产量 180 万台，而绝大部分工人都在辅助岗位，以每台 150 美元计算，平均每个工人年产值约 45 万美元，折合人民币约 360 万元。韩国的一家现代化汽车制造厂，总共32 000 名工人，年生产 100 万辆轿车、20 万台卡车，按每台平均 2 万美元计算，人均创造年产值竟达 80 万美元之巨。

发达国家普遍实现制造自动化的原因并不单纯是人工成本较高，更深层次的意义是制造自动化对于提高产品质量(工作精度、性能一致性、稳定性、可靠性等)、降低制造成本、提高企业的核心技术竞争力起到了极其重要的作用，自动化装备的水平和制造能力代表了一个国家工业技术能力的最高水平，是一个国家制造业发达程度和国家综合实力的集中体现。

发达国家尤其是欧美早在 20 世纪 70 年代就基本实现了制造自动化，目前制造业的自动化已经达到了非常高的水平，发展了许多典型的自动化制造系统，例如大型轿车壳体冲压自动化系统、大型机器人车体焊装自动化系统、电子电器机器人柔性自动化装配及检测系统、机器人整车及发动机装配自动化系统、AGV(一种装备有自动导向系统的柔性化、智能化、无人驾驶物流搬运机器人)物流与仓储自动化系统等，大量采用了柔性制造系统(FMS)、无人化工厂。以机器人为代表的各种自动化专机及自动化生产线广泛应用在汽车、电子、家电、轻工、机械制造、物流与仓储等行业，保证了产品的高质量和生产的高效率，大大推动了这些行业的快速发展，提升了其制造业的技术水平与创新能力。

随着机器人与自动化装备产业的高度发展，发达国家广泛应用机器人自动化生产线，已形成了巨大的制造产业，目前年市场容量达数千亿美元，产生了许多世界级的著名自动化装备、机器人自动化生产线、物流与仓储自动化设备的集成供应商，例如美国的 GE 公司、NDC

公司，瑞典的ABB公司，德国的SEIMENS、BOSCH、KUKA、REIS公司，法国的阿尔斯通公司，日本的MITSUBISHI(三菱)、YASKAWA(安川电机)、KAWASAKI(川崎重工)、FANUC，意大利的COMAU，瑞士的SWISSLOG公司等，这些公司在资本、技术、生产、营销等方面都达到了空前的规模。

2. 我国制造业自动化的水平与现状

我国制造业的自动化装备主要依靠从国外引进，从20世纪80年代开始，我国从国外引进了大量的自动化装备，涉及的行业很多，其中以家电、轻工、电子信息制造行业最为典型，引进的装备涉及模具、专用设备、生产线。但因为种种原因我国还没有能够像日本、韩国那样从引进、消化吸收中逐步发展形成自主创新能力，目前自动化装备行业的自主设计开发能力仍然较差。由于装备制造业水平有限，直到现在，国内的自动化装备仍然主要依靠引进，不仅花费了国家大量外汇，也极大地限制了企业的跨越式发展。

例如，目前制造手机的许多自动化设备是从德国进口的，三峡工程的一些发电设备是ABB公司的，大型工程机械主要是日本和德国的，集成电路的主要生产设备是美国的，汽车生产线上的很多设备是日本、美国或德国的，高档纺织机械很多是日本和意大利的，数控机床主要来自日本和德国，就连制鞋行业的很多设备也是从国外进口的。仅以家电行业为例，20世纪80年代国内先后从国外引进了大量的冰箱、彩电生产线，尤其是类似甚至同一家公司的冰箱生产线国内重复引进达十多条，浪费了大量的资源，造成这种仅在中国才有的特殊现象。

十多年来，通过大量引进和购置各种表面贴装技术(surface mounting technology，SMT)生产线，电子制造行业在我国珠江三角洲地区、长江三角洲地区得到高速发展。电子制造产业在国内制造业的国民生产总值(GDP)中占有举足轻重的地位，中国已经成为SMT应用大国，并成为世界电子制造的中心。但与SMT应用大国地位极不相称的是，虽然中国已经形成了庞大的SMT制造产业，但中国在有关SMT核心制造技术的掌握方面却仍然几乎是空白，目前除周边设备国内已经具有一定的配套能力外，主要设备仍主要依赖进口。SMT行业的核心设备——高速贴片机仍然是国内该行业的技术瓶颈，虽经过多家企业院校研究试制，目前仍然不能自主生产，全部需要从国外引进，每年要耗费巨资引进贴片机达三四千台。这种重复引进、反复引进既浪费了国家大量的资源，更助长了一切可以依赖引进的落后、错误观念，甚至一度产生了中国的现代化可以依靠引进来实现的误区。

我国是制造业大国，但并不是制造业强国。目前国内企业总体制造工艺装备仍然较落后，成套能力不强，大多数企业目前仍然采用较落后的制造工艺与装备进行生产。据统计，优质高效低耗工艺的普及率不足10%，数控机床、精密设备不足5%，配有国产数控系统的中档数控机床不超过25%，高档数控机床的90%以上依赖进口。我国在大型成套装备技术方面严重落后，100%的光纤制造装备、85%的集成电路(IC)制造装备、80%的石化装备、70%的轿车工业装备都依赖进口。

以前国内曾经有不少人认为我国劳动力资源非常丰富，没有很大的必要推行制造自动化，这种观点已经被证明是错误的。由于制造自动化水平低，国内生产的产品大多数为附加值较低的中低档产品，目前的发展主要以资源及廉价劳动力为代价，不仅严重制约了国内产品在国际高技术产品市场上的竞争力，同时也导致资源的综合利用率低。在目前全球能源与资源日益紧缺、原材料价格高涨的情况下，国内制造业企业的成本日益增加，利润大幅下降。目前我国的能源综合利用率仅为 32% 左右，比国外的先进水平低十多个百分点，我国每万元 GDP 的能耗水平是发达国家的 3～11 倍，主要产品单位能耗比发达国家高 30%～90%，工业排放的污染物超过发达国家 10 倍以上，单位 GDP 的环境成本高居世界前列。

造成上述现象的原因主要是国家相关部门缺乏对自动化装备这一新兴高技术产业的高度重视，未能有效地组织实施对国外关键装备的消化、吸收、创新，未能实现引进—消化吸收—替代进口—创新开发的良性循环，陷入中国特有的重复引进、反复引进的恶性循环。不仅在自动化成套装备领域缺少能够与国外大型装备企业相抗衡的企业，而且作为自动化装备的下游行业——自动化装备的基础部件几乎全部要从国外进口。如气动元件被日本 SMC 公司、德国 FESTO 公司所垄断，各种精密直线导轨、高精度直线轴、高精度控制阀门、精密马达、PLC 控制器、传感器、数字视觉系统、触摸屏、机器人等几乎全部为国外产品所垄断，没有国外的这些资源，国内的自动化装备企业将无法生存。

可喜的是，近几年我国政府相关部门及企业已经注意到上述问题的严重性，加大了在自动化装备开发研究领域的投入，初步建立起自主创新设计能力。国内目前已涌现出一大批从事自动化装备研究开发的企业，例如中科院沈阳自动化研究所已经成为国内以机器人自动化为技术核心、集科研与市场开拓于一体的示范企业，并在汽车、家电、电子等行业取得了较好的市场业绩，为上述行业提供了大量的各种自动化专机及生产线，同时也为国内培养了一批制造自动化行业的技术人才。哈尔滨工业大学也在制造自动化行业取得了较好的市场业绩。部分消费品制造企业也在自动化装备领域进行了大量的投入，例如海尔集团与中科院沈阳自动化研究所合作投入进行机器人自动化装备的研究生产，广东深圳市的深科技集团也建立了自己的自动化装备研究所，进行自动化装备的进口替代与开发，为国内企业进行自动化装备的自主研究开发树立了榜样。

1.3　本课程的主要内容

1. 主要内容

编写本教材的目的就是使对自动机械比较陌生，但具有一定机械制图、机械设计、机械制造工艺、液压与气动技术、传感器与 PLC 控制基础的初学者，能够在较短的时间内了解并熟悉自动机械的结构组成、工作原理、设计步骤与方法、典型机构、元件选型、装配调试等知识，初步具有进行一般自动机械结构设计的能力。编者正是根据自己在自动机械设计学习、设计实践方面的体会与经验，利用自动机械典型的模块化特征，在内容的编排方面，按先介绍自动机械总体结构、然后逐章介绍各个模块、最后再进行各种模块系统集成的思路来编写。

首先在第 2 章介绍自动机械的典型结构组成与工作流程，使读者了解自动机械实际上也是模仿人工操作的各个动作设计组合而成的。

以典型的自动化装配设备为例，自动化装配的过程仍然是上料、装配操作、卸料三大环节，因而自动化装配设备在结构上主要由自动上料机构、装配执行机构、自动卸料机构、传感器与控制系统组成，其中自动上料机构与自动卸料机构统称为自动上下料机构。由于在装配过程中需要对工件进行定位、夹紧、姿态调整等辅助动作，所以通常还需要设计定位夹紧机构、换向与分隔机构等辅助机构。上述各部分内容就构成自动化专机机械结构的核心内容。

在自动化生产线上，工件需要在不同的专机之间进行自动传输，这些工作就是由各种输送线来完成的,因此在第3章、第4章分别对工程上最典型的皮带输送线及链条输送线的原理与设计方法进行介绍。

典型的自动上下料机构包括振盘送料装置、机械手、各种步进送料机构等,因此在第5章、第6章、第7章分别对上述三大类典型的自动上下料装置的结构原理、设计方法进行详细介绍。

自动机械中还有一种与上下料相关的非常有代表性的分度转位机构,这就是凸轮分度器,通过凸轮分度器可以组成另一类典型的回转分度类自动机械,因此在第8章专门对凸轮分度器的原理与选型应用进行详细介绍。

如前所述,在自动化装配或加工之前,必须对工件进行可靠的定位与夹紧,同时经常需要对工件的姿态方向进行调整。为了方便机械手抓取工件,需要将输送线上连续排列的工件处理为逐个分开放置,因此在第9章专门介绍工件的分隔、换向机构与方法,在第10章专门介绍工件的定位与夹紧机构。

在完成机器装配、加工等工序操作的各种执行机构中,大多数都采用直线运动的方式来实现,工件也经常需要在不同的位置之间进行移动,这种移动也大多数采用直线运动的方式来实现。为了实现上述各种高精度的直线运动,制造商设计开发了特殊的直线导轨部件、直线轴承部件,可以快速地设计制造各种直线运动机构,因此在第11章、第12章分别专门介绍直线导轨部件、直线轴承部件的结构原理、选型及装配调试方法。

在很多自动化装配及加工操作中,经常需要在工件多个不同的部位进行高精度的装配或加工操作,为了简化结构,通常都是采用执行机构操作位置不变、改变工件位置的方法来实现。为了高精度地在平面内移动工件及定位,需要采用步进电机或伺服电机与滚珠丝杠机构来实现,滚珠丝杠机构成为实现高精度直线运动、高精度定位必不可少的精密部件,因此在第13章专门介绍滚珠丝杠机构的结构原理、选型及装配调试方法。

在自动机械的运动机构中,都需要使用相应的动力部件来驱动,也就是说都需要驱动与传动系统。对于一般的两点间直线运动,可以简单地采用气缸或液压缸作为驱动部件,但有很多场合都必须采用电机作为驱动部件,例如:

- 各种输送系统的驱动;
- 大行程、大负载、长期连续运行的场合采用气缸驱动会出现气缸密封圈失效问题,如果采用电机驱动就非常可靠;
- 气缸通常只能在两点间直线运动,运动速度及工作位置是固定的,如果要在多点间实现速度可变的直线运动循环依靠气缸就无法实现,而采用电机驱动则可以非常方便地实现;
- 自动化装配或加工的很多场合需要非常精密的运动定位控制,这种场合除了采用步进电机或伺服电机驱动外,目前尚没有更好的其他方法。

由此可见,除最基本的气动系统外,在自动机械的很多场合都需要大量采用电机驱动。在采用电机驱动的场合也就需要设计相应的传动机构,还要进行电机的选型,因此在第14章专门介绍自动机械典型传动系统设计。由于通常在机械设计课程中都对齿轮传动进行了详细介绍,所以该章仅对工程上目前大量采用的同步带传动、链传动系统的设计及装配调试方法进行介绍。

在介绍完自动机械的上述各种结构模块后,真正开始自动机械设计的第一步就是总体方案设计，尤其是工序设计及节拍设计。为了使读者能容易地理解自动化专机及自动化生产线的工序设计及节拍设计，首先在第15章专门介绍手工装配流水线的设计原理与方法，然后在此基础上于第16章对各种典型的自动化专机、自动化生产线的结构原理、工序设计及节拍设计方法进行介绍，从而使读者具有在熟悉各种结构模块的基础上进行整机总体方案设计及系统集成的能力。

为了帮助读者克服传统教学模式中重理论、轻实践的弊端，教材各章的内容全部取材于具体的实际工程案例，对理论部分仅作必要的介绍，重点介绍实际的典型工程结构、典型设计模块、设计计算方法、标准部件选型步骤与方法、装配及调试要点等，同时配以大量的图片及设计图纸，为读者提供可以直接进行模仿的具体案例及设计方法，缩短读者与实际工程的距离，使其尽快具有动手设计的能力。

为了弥补目前国内高校"液压与气动技术"课程仅偏重于气动理论的缺陷，第17章气缸的选型与安装，帮助读者尽快具有气动系统结构设计的能力。

2. 教学方式

本课程的教学方式为两个方面：

1）课堂教学

课堂教学的目的为讲述基本的结构原理和设计原则，同时结合实际的材料、元器件、部件、模块、图例进行介绍。

2）实践教学

一方面通过观察、拆卸、装配、调试实际的自动化专机和自动化生产线，增强学生的感性认识，了解实际的结构。由于不可能将太多的实际设备搬进课堂，所以有必要多组织学生前往企业参观各种实际的自动化设备或生产线。

另一方面可以用实际的设计案例进行教学，引导学生了解和熟悉自动机械设计的具体过程，从中总结出实际的设计方法，逐步培养动手设计的能力。

以上两方面的教学互为补充，缺一不可，其中实践教学环节非常重要，有必要配套建设相关的实验室及实践教学设备。

3. 本课程的目标

通过本课程的理论及实践教学，主要应达到以下目标：

(1) 熟悉自动机械的基本结构构成；

(2) 熟悉自动机械各模块的结构、工作原理、设计方法；

(3) 熟悉各种自动机械专用部件的结构原理及设计、选型方法；

(4) 熟悉常用自动机械的装配、调试与使用维护要点，并能熟练地进行实际操作；

(5) 初步具有一般自动机械结构设计的能力；

(6) 熟悉自动机械在轻工、电子、电器等制造行业中的典型应用。

1.4　本课程的学习方法

对于初次接触或从事自动机械设计的人而言，一定首先想了解以下几个问题：

- 为什么现代化生产都采用各种自动化设备？

- 自动机械在工业上主要有哪些典型应用?
- 从事自动机械设计需要哪些知识和技能?
- 自动机械主要由哪些结构组成?
- 如何设计形式多样的各种自动机械?
- 如何进行自动机械的装配调试?

本教材的编写正是为了帮助读者了解自动机械的基本结构、工作原理、设计方法、装配调试方法等知识,逐步具有独立进行自动机械设计、装配调试的能力。以下就本课程的学习方法和经验作一些介绍,帮助读者掌握正确的学习方法,用最短的时间取得最好的学习效果。

1. 掌握模块化的学习方法

自动化设备实际上是一种模块化的结构,大量的元器件、部件、专用材料都已经标准化,这不仅简化了设计,而且大大降低了设计成本和制造成本,设计制造周期也将大大缩短。只要熟悉常用的元器件、部件、专用材料,熟悉它们的用途、选型方法、装配调试要点,则无论是设计还是装配调试实际上都相对地会比较简单。教材的内容也是按组成自动化设备的基本模块逐步介绍的,先分别地详细介绍各种部件和模块,最后学习将各种功能模块组合为整台自动化设备。

当然,仅仅使设计方案能够实现所需要的运动只是最起码的要求,要使所设计的设备结构最简单、成本最低、可靠性最好,则有赖于更多的工程实践和经验的积累、总结,实践多了,经验自然就多了,设计的方案会更加合理。

2. 必须具备的基础知识和基本技能

制造自动化既是制造业的前沿技术领域,同时也是一门高度综合性的学科,涵盖了机械、物流输送、制造工艺、液压与气动、传感器、机器人、计算机等多种学科,目前已经成为高等院校机电类专业的优先发展方向之一。从事自动机械的设计开发需要以下学科的基本知识和技能。

1)机械设计基础

自动机械首先是一种机械设备,因此自动机械的机械结构设计是以一般的机械结构设计为基础的,所不同的是在结构上更多地采用了标准化、模块化,同时更密切地结合了各种行业的制造工艺。只有具备一般机械结构设计的能力,才能熟练地从事自动机械的结构设计。

2)液压与气动技术基础

自动机械的驱动动力主要为电机、气动元件、液压元件,尤其在一般的制造业中,气动元件构成了相关自动机械的主要结构部分,要熟练地从事自动机械结构设计,不仅要求能熟练地进行各种气动元件的合理选型,还必须熟悉常用的气动回路设计,熟练编写各气缸的动作流程图,为编写PLC控制程序提供依据。

3)机构学及力学基础

由于自动机械需要通过一系列的动作去实现特定的功能,所以在结构上必不可少地包含了大量的运动部件和运动机构,通过各种各样的运动机构完成所需要的各种装配、加工、调整、检测、标示、灌装、包装等工序操作,需要对运动机构进行自由度分析、运动轨迹分析,约束机构不需要的自由度,避免机构间的运动干涉等。

自动机械要完成的工序操作许多都与力密切相关,力学分析与力学设计不仅是各种产品设计开发过程中的核心内容，在自动机械的结构设计中，它们同样也是基本的和非常重要的内容。以下通过几个最基本的事例即可说明：

自动化生产线上大量使用了各种机械手，机械手移送工件时，由于工件都具有一定的质量，需要考虑如何使机械手结构质量最轻，同时具有最大的负载能力。

在自动化铆接装配机构或自动夹紧机构中，为了在一定的输入动力（例如气缸的工作输出力）下使机构获得最大的输出工作力，国外的自动机械广泛采用了各种力学放大机构，用较小的输入动力产生最大的输出力，同时使机构最简单、占用空间最小，这实际上是一个机构力学系统的优化设计。

自动化设备都含有运动部件，电机就是最典型的运动部件之一。电机的转动实际上是一个振动源，将会导致设备其他结构产生振动响应。机构的力学特性如果不合理将会产生不希望的振动，影响设备的工作精度，因此，电机的转速与机构的力学特性必须进行匹配设计。

由此可见，机构学与力学是合理设计自动机械结构的重要基础。

4）制造工艺知识与经验

具有一定工程实践经验的读者都知道，自动机械只是制造各种产品的生产手段而已，产品的制造过程是通过一系列的制造工艺实现的，因此自动化设备始终是为制造工艺服务的，它是根据各种制造工艺的具体要求而专门配套设计的，即先有工艺，后有设备。只有产品的制造工艺经过充分的验证并完全成熟了，才能根据成熟的工艺设计制造自动化设备，这是自动化专用设备与通用设备的最大区别。

在自动机械的使用过程中，由于设备的状态会发生一定的变化，因此一般都要定期（如每天）对设备的状态按工艺的要求进行校准调整，以确保严格符合工艺的要求。

由于自动机械的设计开发是面向各种行业、各种产品的，而不同行业、不同产品的制造工艺千差万别，显然，要熟练进行自动机械的设计开发，必须具有多行业的、丰富的制造工艺知识和经验，不仅要熟悉不同行业的制造工艺，按用户具体的工艺方案设计配套的自动机械，而且还要有能力发现用户工艺方案的不足，为用户提出一流水平的工艺方案，这样才能设计出代表该行业一流水平的设备。因此，在自动机械的设计开发过程中，需要具有多种行业背景、有丰富制造工艺知识和经验的工艺专家的参与。

5）电气控制基础

结构设计只是自动机械设计开发的一部分，自动机械是一个集机械结构与传感控制为一体的系统。虽然目前在自动机械的制造企业一般都由两方面的人员分别进行机械结构设计和电气控制系统的设计，但为了使机械结构与控制系统进行良好的衔接，机械结构设计人员同样需要熟悉控制系统的基本原理及传感器等控制元件的选型应用。

3. 实践的重要性

实践是最好的学习方法。

本课程不是一门理论课，无论是液压气动系统设计还是机械结构设计都是实践性极强的环节，虽然需要必要的理论学习，但仅仅通过理论学习仍难以获得动手设计、装配、调试的能力，正如要学会游泳必须在水中实践一样。因此，学习自动机械设计最好的方法是实践。

读者可以亲自动手对实际项目或模拟项目进行全过程的设计实践训练，以下为实际工程设计过程中结构设计人员的主要工作：

（1）根据项目要求进行总体方案设计；

(2) 详细结构设计(装配图、零件图设计);

(3) 各种自动化标准部件的选型,如直线运动部件、凸轮分度器、振盘、电机、传动部件、专用铝型材及连接件等;

(4) 进行气动系统设计及气动元件选型,绘制气动原理图、气缸动作步骤图;

(5) 提出全部外购件、通用标准件、加工件的清单;

(6) 现场装配调试,解决现场装配调试过程中出现的技术问题;

(7) 编写设备的技术手册、使用说明书等。

在动手进行实际项目的设计实践之前,对现有的自动化设备进行解剖、装配、调试也是一种很好的实践学习方法,通过对实际设备的解剖,从中分析总结设计、装配调试的相关要领,先模仿现有的产品进行设计,逐步积累经验,然后在此基础上进行创新、提高。

4. 注意总结和积累

除亲自动手进行项目设计实践外,观摩目前现有的各种自动化设备也是一种学习的好方法,任何一种自动机械都包含了最初设计、实践验证、改进设计等不断完善的过程,都包含了许多技术人员的经验和智慧,很多久经验证的成熟方案或机构可以直接为我所用。正因为技术方案或各种自动机构的可继承性,在实践工程中很多从事自动机械开发制造的企业都非常重视经验的积累和设计标准化工作。

思考题与习题

1.1 什么叫制造自动化?

1.2 手工装配生产存在哪些不足?

1.3 机器自动化装配生产有哪些优点?

1.4 我国劳动力资源丰富,为什么还要实现制造自动化?

1.5 简述目前国内制造自动化的水平与现状。

1.6 从事自动机械设计需要哪些基础知识与技能?

第 2 章　自动机械的结构组成与工作流程

在学习具体的自动机械结构模块之前，首先要清楚以下问题：

- 在制造业中有哪些典型的自动机械？
- 自动机械在产品制造过程中主要进行哪些工作？
- 自动机械主要是由哪些结构部分组成的？在结构上具有哪些规律与特征？
- 自动机械一般是按怎样的工作流程进行工作的？
- 自动机械一般是按怎样的流程设计制造的？

2.1　自动机械分类

自动机械是面向制造业各种行业的，每一种行业其产品的生产制造都有它特殊的工艺方法与要求，因此自动机械是根据各种行业、各种产品的具体工艺要求专门量身定做的。所以自动机械在形式上多种多样，这是与通用机械设备（例如机床类机加工设备）的最大区别。

虽然自动机械是千差万别的，但各种产品的制造过程是按一系列的工序次序对各种基本生产工艺进行集成来完成的。工程实践表明，虽然不同产品的制造工艺流程差别较大，但同一工艺方法在很多不同（或相近）的行业中却基本相似或相同，因而这些针对某一工艺方法的自动机械也具有相同或相似的特征，这就为读者学习自动机械提供了很大的方便。只要熟悉了某一行业的制造工艺及相关自动化设备，对其他行业中类似的工艺及自动化设备也就可以很快地熟悉了。

实践经验表明，按自动机械的用途进行分类学习、按自动机械的结构进行分类学习是学习自动机械的两种有效方法，下面分别按上述两种分类方法对自动机械的分类进行介绍。

1. 按自动机械的用途分类

根据自动机械用途的区别，可以将自动机械分为以下几种典型的类型。

1）自动化机械加工设备

机械加工是一个传统的制造行业，在制造业中占有非常重要的地位，无论是机器设备还是小的金属零件、部件等，都离不开机械加工和机械加工设备，因此它属于基础性的生产装备。最常用的机械加工设备包括各种机床、冲压设备、焊接设备、塑料加工设备、铸造设备等，上述设备都可以实现全自动化或部分自动化。

2）自动化装配设备

装配是相当多产品整个制造过程的核心环节，例如家用电子、电器产品的制造过程中，主要的前工序为零件加工（机械加工、冲压、注塑、压铸等）、零件表面处理（清洗、干燥、电镀、喷涂等），最后进入后工序装配阶段，装配自动化是制造自动化的核心内容。

装配就是将各种不同的零件按特定的工艺要求组合成特定的部件，然后将各种各样的部件及零件按一定的工艺要求组合成最后的产品，大部分的装配内容都是各种各样的零部件之间的连接，所以各种连接方法是装配工艺的重要内容。在工程上大量采用的装配连接方式主要有：

- 各种螺钉螺母连接；
- 各种铆接连接；
- 各种焊接；
- 黏结剂粘接；
- 各种弹性连接。

上述装配连接方式都可以实现自动化操作，而且每一种装配方式都已经形成了一些经过工程实践长期验证、非常成熟的标准自动化机构。自动化装配设备既大量采用自动化专机的形式，也经常与其他自动化专机一起组成自动化装配生产线。

3) 自动化检测设备

在许多产品的装配工序中或装配工序后，需要对各种工艺参数进行检测和控制，这些检测通常都是由机器自动完成的，最常见的检测参数或对象主要为：

- 尺寸检测；
- 质量检测；
- 体积检测；
- 力检测；
- 温度检测；
- 时间检测；
- 压力检测；
- 电气参数检测；
- 零件(产品)的计数；
- 零件(产品)分类与剔除。

上述每一种参数的检测都有专门的检测方法、工具、传感器、机构等，这些内容也是相关自动机械的核心部分，熟悉了上述各种参数的检测方法与检测机构后，读者就可以在各种各样的其他类似场合直接模仿应用。自动化检测设备既可以采用单机的形式，也经常与自动化装配专机一起组成各种自动化装配检测生产线。

4) 自动化包装设备

包装通常是各种产品生产过程中的最后环节，因此，包装是一个通用性非常强的工序。在工程上，包装不仅仅指将产品用包装盒、包装袋或包装箱装起来，还有大量的相关工序，已经形成了一个相当大的自动化包装设备产业。

(1) 包装

最典型的包装工序包括塑料袋包装、纸盒包装、瓶包装等，相关的包装设备还与被包装制品的材料形状有关，例如液体类、颗粒类、粉状类等，一般还同时包括计数与输送等工序。这些材料的包装也已经形成了各种标准化的自动包装机械。同一类型的设备之间具有很强的相似性，在设计时可以相互借鉴设计方案。

(2) 标示

由于在产品的制造过程中及制造完成后，通常都必须进行专门的标示，印上或贴上各种各样的标签号码，以标记商标、产品名称、生产序列号、型号规格、生产日期、公司名称等，也大量采用专门的条码，这些工序都已经有专门的方法与设备，部分制造商专门从事此类自动化设备的生产制造。主要的标示方法有：

- 金属压印；
- 条码打标、贴标；
- 喷码；
- 激光打标；
- 印刷。

(3) 灌装与封口

灌装是自动化制造中常见的生产工序，很多产品的生产都离不开灌装工序，最典型的行业如饮料、食品、医药、化工等，其他行业例如传感器、电器等行业也经常需要采用灌装方式。

灌装主要是将固体(如食品、医药等)、液体(如饮料、食品、化工制品等)、气体(如传感器等)等按规定的质量及其他条件(例如压力)定量地进行灌注。根据灌装的产品及要求的不同，灌装的条件也有所区别，工程上又有常压灌装、定压灌装、真空灌装三种不同的灌装方法。这些灌装工艺都可以实现自动化生产。

与灌装密切相关的工艺是封口，根据灌装方法的不同，封口的要求与方法也差别很大。对于普通灌装工序，经常采用瓶盖封口(如饮料、矿泉水等)、热压封口(如塑料袋封口)。对于定压灌装或真空灌装，封口的要求就大不相同了，封口必须在与灌装相同的工艺条件下进行，这样才能保证灌装的有效性与可靠性。最基本的要求就是严格密封，防止被灌装材料出现泄漏或慢性泄漏，这种情况下大多数采用焊接封口工艺，例如空调、冰箱、传感器等产品中冷媒材料(或其他特种介质)的灌装，需要采用相应的专用焊接设备，也都可以实现半自动或全自动化生产。

2. 按自动机械的结构分类

根据自动机械结构上的区别，可以将自动机械主要分为以下类型：

1) 自动化专机

自动化专机是指单台的自动化设备，它所完成的功能是有限的，如只完成某一个工序或少数几个工序，最后的产品一般是零件或部件。在自动化专机中，根据设备功能的区别又分为半自动专机、全自动专机。

(1) 半自动专机

在每个工作循环中设备没有完成全部的操作，需要人工辅助完成部分操作，例如上料或卸料操作，此类设备称为半自动专机。

(2) 全自动专机

在每个工作循环中，上下料及其他操作全部由机器自动完成，工人只进行过程监控及故障停机后的检查、故障排除等工作，此类设备称为全自动专机。全自动专机与半自动专机的最大区别就是采用了各种各样的自动化上下料机构。

自动化专机是最基本的自动机械，复杂的自动化生产线都是由各种不同的自动化专机集成而来的。因此，熟练掌握自动化专机的结构与工作原理是学习自动机械的重要内容，只有在掌握了自动化专机设计的基础上才有可能进行自动化生产线的设计。

2) 自动化生产线

(1) 自动化生产线产生的背景

比自动化专机功能更强大的自动化设备就是自动化生产线，自动化生产线是在自动化专机的基础上发展起来的。由于自动化专机只能完成产品制造过程中的单个或少数几个工序,工序完成后经常要将已完成的半成品采用人工搬运的方式搬运到其他专机上完成新的制造工序,需要一系列不同的专机和搬运过程才能完成产品的整个制造过程,既降低了场地的利用率,又增加了人工及附加设施,增加了制造成本,尤其是各种搬运过程对产品的质量带来了各种隐患,不利于实现产品制造的高效率、高质量。

如果将产品制造所需要的一系列不同的自动化专机按照工序的先后次序排列,通过自动化输送系统将全部专机连接起来,省掉专机之间的物料搬运过程,工件由一台专机完成工序操作后经过输送系统自动输送到相邻的下一台专机继续进行新的工序操作,直至最后完成全部工序(例如包装),这样可以大幅降低整个制造过程所需要的场地,省掉物料中转所需要的人工、时间和其他设施,因而可以大幅提高生产效率、降低制造成本,使产品质量更容易得到保证,这就是自动化生产线产生的背景。

(2) 自动化生产线的定义

自动化生产线就是通过自动化输送及其他辅助装置,按特定的生产流程,将各种自动化专机连接成一体,通过气动、液压、电机、传感器和电气控制系统使各部分的动作联系起来,使系统按规定的程序自动地工作,连续、稳定地生产出符合技术要求的特定产品,这种自动工作的自动机械系统称为自动化生产线。

自动化专机与自动化生产线虽然功能强大,但由于投入较大,尤其是自动化生产线的一次性投入更大,如果产品的批量不大则在制造成本上是不经济的,所以自动机械通常都应用在大批量产品的生产制造中。如果产品的制造过程简单,工序数量较少,则一般设计成自动化专机;如果产品的制造工艺复杂工序较多,则通常设计成自动化生产线。

对小批量生产而言,较多采用人工或半人工的方式进行,逐步完善产品、扩大批量,当批量达到一定的规模后再采用自动化专机或自动化生产线。

2.2 自动机械的典型结构组成

熟练掌握自动化专机是学习自动机械设计的重要基础,那么自动化专机是由哪些基本的结构部分组成的?在结构上又有哪些规律与特征?下面详细介绍这两个问题。

1. 自动机械的结构特征

自动化专机在结构上具有许多特征,这对于学习与掌握它是非常有帮助的,其主要特征为:

1) 结构模块化

自动化专机最大的特点就是结构模块化,它是由各种专用的功能模块组合而成,例如输送装置、自动上料装置、定位夹紧机构、导向部件、电机与传动部件、各种执行机构等,很多都已经形成标准的结构模块。这些模块在不同的设备或生产线上具有很强的相似性,只要将所需要的各种模块组合在一起,即可组成自动化专机的主要部分,不仅使设计制造简单化,降低设备的制造成本,而且也为读者学习掌握它们提供了极大的方便。

2) 部件专业化、标准化

在上述各种结构模块中,分别有许多制造商长期专业从事其研究与生产制造,例如气动元件、电机、导轨等导向部件、传动部件、自动送料装置、输送线、分度器、铝型材等,不仅形成了相当的规模,可以实现快速供货,大大缩短制造周期,而且达到了相当高的质量水平,这方面尤其以日本最为出色，拥有一大批具有世界一流水平的自动机械基础部件制造商。学习自动机械的重要内容之一就是掌握上述各种部件的选型方法、装配及调试要领。

2. 人工装配操作与机器自动化装配操作过程对比

通过对各种自动化装配设备进行分析总结，读者将会发现机器的自动化装配很大程度上模仿了人工装配的方式。下面以一个最简单的装配工序——螺钉连接装配为例，对比说明人工操作及机器自动化操作的过程，帮助读者理解机器自动化装配如何模仿人工操作过程，以及自动机械通常是由哪些结构部分组成的。

1）人工装配操作过程

在人工操作的螺钉连接装配工序中，可以把整个装配过程分为以下几步。

（1）取料过程

操作者将需要连接的两个或多个零件、螺钉分别人工从周围放置零件的容器中取出。

（2）装配过程

将需要连接的零件及螺钉放入待装配的位置（通常都设计有供零件定位的定位夹具），左手将工件按紧，然后右手用工具（如手动螺丝批）转动螺钉将螺钉拧紧。在手工装配流水线上，工人通常用右手握紧电动螺丝批或气动螺丝批，在批头压紧螺钉的同时按下开关，由工具自动拧紧螺钉。

（3）卸料过程

将连接好的零件从定位夹具中取下，放入周围专门的容器或位置，完成一个操作循环。

在上述操作过程中，操作者依赖的是双手、眼睛及辅助装配工具（定位夹具、手动螺丝批、电动或气动螺丝批），如图 2-1 所示。

当螺钉尺寸很小时，人工从螺钉盒中的大堆螺钉中拿取一个螺钉是非常费力的，这种情况下为了提高人工装配的效率，可以采用一种微型螺钉自动送料器，它能够将微小的螺钉自动排列后通过一个输料槽送出，装配时工人用气动螺丝批的批头在输料槽的末端自动吸取一个螺钉后再装配，这样就使装配更快捷、更省力，这其中就已经包含了部分自动化的功能，如图 2-2 所示。

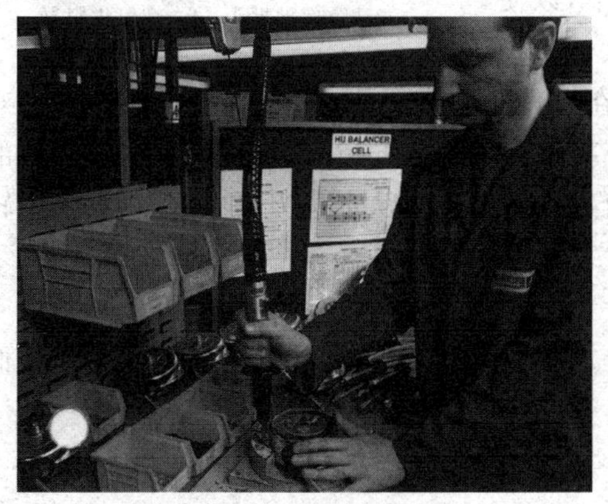

图 2-1　人工进行螺钉连接装配操作

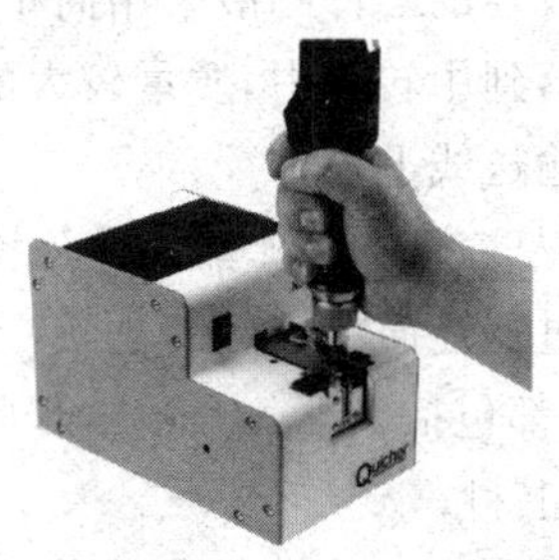
图 2-2　微型螺钉自动送料器辅助人工操作

2）机器自动化装配操作过程

机器的自动化操作实际上仍然是模仿上述过程进行的，只不过与人工装配操作相比，在如何实现每一个步骤方面存在区别。以下是螺钉自动化连接装配的一般过程。

(1) 送料过程

在螺钉自动化装配连接工序中,需要连接的工件及螺钉通常都采用自动送料装置。

由于螺钉的质量较小,能够方便地采用一种称为振盘的自动送料装置(将在第5章介绍)进行自动输送,只要在振盘输料槽出口用一根透明塑料管连接到气批的批头部位即可,同时在振盘的出口设置一个一次只放行一只螺钉的分料机构,每次只放行一个螺钉,这样螺钉就会在重力作用下通过透明塑料管自动滑落到批头部位。

其他需要连接的工件如果尺寸及质量较小,例如冲压件、五金件,通常也可以采用振盘将工件分别自动输送到装配定位夹具中。如果零件的质量较大难以采用振盘送料时,可以考虑采用其他送料方式(例如机械手)将工件送入装配位置或定位夹具中。

(2) 装配过程

采用振盘或机械手将待连接的工件移送到定位夹具上后,定位夹具具有对工件进行准确定位的功能,必要时还设置夹紧机构对工件自动进行夹紧。

螺钉自动送料及气动螺丝批旋入螺钉的过程如图2-3所示。螺钉的自动装配过程完全模仿人工操作的方法,螺钉的旋入方法也是采用自上而下的装配方向,装配的工具通常也是采用气动螺丝批。螺钉2通过透明塑料管1自动滑下,滑落到螺钉供料器4的末端后被阻挡机构挡住,然后气缸驱动气动螺丝批向下运动,气动螺丝批的批头3将螺钉从螺钉供料器4中推出并压紧到工件的螺纹孔口,然后批头自动旋转,将螺钉旋入到工件的螺纹孔中,最后气缸驱动气动螺丝批向上运动,返回到初始位置,准备下一个循环。与人工装配一样,气动螺丝批的旋紧力矩是可以调节控制的。

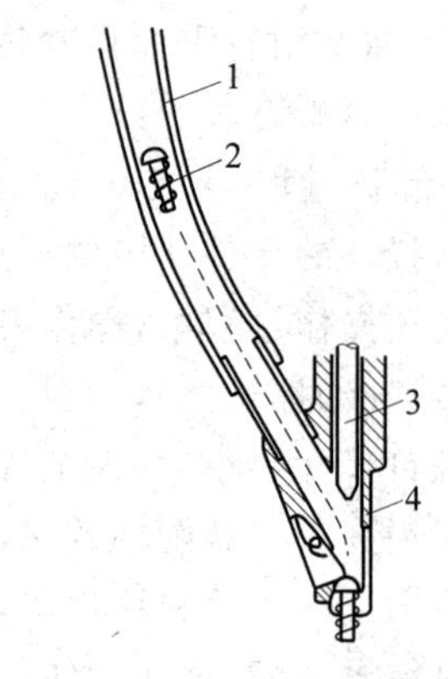

图2-3　螺钉自动装配过程

1—透明塑料管;2—螺钉;3—气动螺丝批批头;4—螺钉供料器

(3) 卸料过程

完成螺钉连接的工件需要从定位夹具中卸下,以便进行下一个工作循环,在人工装配操作中通过人工直接将完成装配的工件取出放入附件的中转箱中。在自动化装配中则采用专门的卸料机构,对于质量较轻的零件一般采用简单的气动机构,直接将工件从装配位置推出,工件通过倾斜的料道滑落到中转箱中,质量较大的工件则可以通过机械手将其从定位夹具中取下,放入中转箱中或输送线上。

3) 人工操作与机器自动化操作的共同特征

通过上述简单实例的比较,不难发现机器自动化装配过程与人工装配过程是非常相似的,它们都包括以下几个基本步骤:

- 上料;
- 定位;
- 装配;
- 卸料。

与人工装配过程相比,在机器自动化装配过程中,工件的上料、定位、夹紧、装配、卸料都尽可能采用自动机构来完成，而且更多地考虑以下几个环节：

- 如何快速及自动地上料、卸料；
- 如何对工件快速定位与夹紧；
- 如何快速、精确地装配；
- 通过传感器与控制系统使上述各个动作按固定的程序进行循环运行。

3. 自动机械的结构组成

在学习自动机械的具体结构模块之前，首先要对自动机械的整体结构框架有一个基本的认识，然后再熟悉局部的结构模块，在熟悉结构模块设计的基础上再进一步熟悉整机的集成方法。

通过前面螺钉自动化装配的实例分析，可以基本了解自动机械的整体结构框架，用于其他工序操作的自动机械与自动化装配机械类似，通常都是由以下基本的结构模块根据需要搭配组合而成的：

- 工件的自动输送及自动上下料机构；
- 辅助机构（定位、夹紧、分隔、换向等）；
- 执行机构（各种装配、加工、检测等执行机构）；
- 驱动及传动系统；
- 传感器与控制系统。

1）工件的输送及自动上下料系统

工件或产品的移送处理是自动化装配的第一个环节，包括自动输送、自动上料、自动卸料动作，替代人工装配场合的搬运及人工上下料动作，该部分是自动化专机或生产线不可缺少的基本部分，也是自动机械设计的基本内容。其中自动输送通常应用在生产线上，实现各专机之间物料的自动传送。

（1）输送系统

输送系统包括小型的输送装置及大型的输送线，其中小型的输送装置一般用于自动化专机，大型的输送线则用于自动化生产线，在人工装配流水线上也大量应用了各种输送系统。没有输送线，自动化生产线也就无法实现。

根据结构类型的区别，最基本的输送线有皮带输送线、链条输送线、滚筒输送线等；根据输送线运行方式的区别，输送线可以按连续输送、断续输送、定速输送、变速输送等不同的方式运行。

（2）自动上下料系统

自动上下料系统是指自动化专机在工序操作前与工序操作后专门用于自动上料、自动卸料的机构。在自动化专机上，要完成整个工序动作，首先必须将工件移送到操作位置或定位夹具上，待工序操作完成后，还需要将完成工序操作后的工件或产品卸下来，准备进行下一个工作循环。

自动机械中最典型的上料机构主要有：

- 机械手；
- 利用工件自重的上料装置（如料仓送料装置、料斗式送料装置）；
- 振盘；
- 步进送料装置；

- 输送线(如皮带输送线、链条输送线、滚筒输送线等)。

卸料机构通常比上料机构更简单,最常用的卸料机构或方法主要有:

- 机械手;
- 气动推料机构;
- 压缩空气喷嘴。

气动推料机构就是采用气缸将完成工序操作后的工件推出定位夹具,使工件在重力的作用下直接落入或通过倾斜的滑槽自动滑入下方的物料框内。对于质量特别小的工件,经常采用压缩空气喷嘴直接将工件吹落掉入下方的物料框内。

2) 辅助机构

在各种自动化加工、装配、检测、包装等工序的操作过程中,除自动上下料机构外,还经常需要以下机构或装置:

(1) 定位夹具

工件必须位于确定的位置,这样对工件的工序操作才能实现需要的精度,因此需要专用的定位夹具。

(2) 夹紧机构

在加工或装配过程中工件会受到各种操作附加力的作用,为了使工件的状态保持固定,需要对工件进行可靠的夹紧,因此需要各种自动夹紧机构。

(3) 换向机构

工件必须处于确定的姿态方向,该姿态方向经常需要在自动化生产线上的不同专机之间进行改变,因此需要设计专门的换向机构在工序操作之前改变工件的姿态方向。

(4) 分料机构

机械手在抓取工件时必须为机械手末端的气动手指留出足够的空间,以方便机械手的抓取动作,如果工件(例如矩形工件)在输送线上连续紧密排列,机械手可能因为没有足够的空间而无法抓取,因此需要将连续排列的工件逐件分隔开来。又例如前面所述的螺钉自动化装配机构中,每次只能放行一个螺钉,因此需要采用实现上述分隔功能的各种分料机构。

上述机构分别完成工件的定位、夹紧、换向、分隔等辅助操作,由于这些机构一般不属于自动机械的核心机构,所以通常将其统称为辅助机构。

3) 执行机构

任何自动机械都是为完成特定的加工、装配、检测等生产工序而设计的,机器的核心功能也就是按具体的工艺参数完成上述生产工序。通常将完成机器上述核心功能的机构统称为执行机构,它们通常是自动机械的核心部分。例如自动机床上的刀具、自动焊接设备上的焊枪、螺钉自动装配设备中的气动螺丝批、自动灌装设备中的灌装阀、自动铆接设备中的铆接刀具、自动涂胶设备中的胶枪等,都属于机器的执行机构。

显然,熟悉并熟练掌握上述执行机构的选型方法也是熟练从事自动机械设计的重要内容。这些执行机构都用于特定的工艺场合,掌握这些执行机构的选型方法离不开对相关工艺知识的了解,因此,自动机械是自动结构与工艺技术的高度集成,从事自动机械设计的人员既要熟悉各种自动机构,同时还要在制造工艺方面具有丰富的经验。

自动机械形式多样,但因为这种原因只能根据有限的实例去分析它的设计方法,因此本教材中的工序操作泛指各种加工、装配、检测、包装、标示等工序内容,而工件则泛指各种零件、部件、半成品、成品等操作对象。

4）驱动及传动部件

（1）驱动部件

任何自动机械最终都需要通过一定机构的运动来完成要求的功能，不管是自动上下料机构还是执行机构，都需要驱动部件并消耗能量。自动机械最基本的驱动部件主要为：

- 由压缩空气驱动的气动执行元件（气缸、气动马达、气动手指、真空吸盘等）；
- 由液压系统驱动的液压缸；
- 各种执行电机（普通感应电机、步进电机、变频电机、伺服电机、直线电机等）。

在自动机械中，气动执行元件是最简单的驱动方式，由于它具有成本低廉、使用维护简单等特点，在自动机械中得到了大量的应用。在电子制造、轻工、食品、饮料、医药、电器、仪表、五金等制造行业中，主要采用气动驱动方式。

液压系统主要用于需要输出力较大、工作平稳的行业，如建筑机械、矿山设备、铸造设备、注塑机、机床等行业。

除气动元件外，电机也是重要的驱动部件，大量应用于各种行业。在自动机械中，广泛应用于如输送线、间隙回转分度器、连续回转工作台、电动缸、各种精密调整机构、伺服驱动机械手、精密 X-Y 工作台、机器人、数控机床的进给系统等场合。

（2）传动部件

气缸、液压缸可以直接驱动负载进行直线运动或摆动，但在电机驱动的场合则一般都需要相应的传动系统来实现电机扭矩的传递。自动机械中除采用传统的齿轮传动外，大量采用同步带传动和链传动，尤其因为同步带传动与链条传动具有价格低廉、采购方便、装配调整方便、互换性强等众多优势，目前已经是各种自动机械中普遍采用的传动结构，如输送系统、提升装置、机器人、机械手等。

5）控制系统

根据设备的控制原理，目前自动机械的控制系统主要有以下类型：

（1）纯机械式控制系统

在大量采用气动元件的自动机械中，在少数情况下控制气缸换向的各种方向控制阀全部采用气动控制阀，这就是纯气动控制系统。还有一些场合各种机构的运动是通过纯机械的方式来控制的，例如凸轮机构，这些都属于纯机械式控制系统。

（2）电气控制系统

电气控制系统是指控制气缸运动方向的电磁换向阀由继电器或 PLC 来控制，在今天的制造业中，PLC 已经成为各种自动化专机及自动化生产线最基本的控制系统，结合各种传感器，通过 PLC 控制器使各种机构的动作按特定的工艺要求及动作流程进行循环工作。电气控制系统与机械结构系统是自动机械设计及制造过程中两个密切相关的部分，需要连接成一个有机的系统。

在电气控制系统中，除控制元件外，还需要配套使用各种开关及传感器。在自动机械的许多位置都需要对工件的有无、工件的类别、执行机构的位置与状态等进行检测确认，这些检测确认信号都是控制系统向相关的执行机构发出操作指令的条件，当传感器确认上述条件不具备时，机构就不会进行下一步的动作。需要采用传感器的场合例如：

- 气缸活塞位置的确认；

- 工件暂存位置确认是否存在工件;
- 机械手抓取机构上工件的确认;
- 装配位置定位夹具内工件的确认。

2.3 自动机械的典型工作流程

在熟悉自动机械的基本结构组成之后,接下来就要了解它是如何工作的,即了解它们的典型工作流程。自动机械各部分的机构是按一定的流程进行工作的,理解它们的工作流程对于深入认识自动机械的结构规律非常有帮助。以典型的自动化装配为例,可以将自动化专机(或自动生产线)的工作流程分为以下几个环节。

1. 输送与自动上料

输送与自动上料操作就是在具体的工艺操作之前,将需要被工序操作的对象(零件、部件、半成品)从其他地方移送到进行工序操作的位置。上述被工序操作的对象通常统称为工件,进行工序操作的位置通常都有相应的定位夹具对工件进行准确的定位。

输送通常用于自动化生产线,组成自动化生产线的各种专机按一定的工艺流程各自完成特定的工序操作,工件必须在各台专机之间顺序流动,一台专机完成工序操作后要将半成品自动传送到下一台相邻的专机进行新的工序操作。

2. 分隔与换向

分隔与换向属于一种辅助操作。以自动化装配为例,通常一个工作循环只装配一套工件,而在工件各自的输送装置中工件经常是连续排列的,为了实现每次只放行一个工件到装配位置,需要将连续排列的工件进行分隔,因此经常需要分料机构,例如采用振盘自动送料的螺钉就需要这样处理。

换向也是在某些情况下需要的辅助操作,例如:当在同一台专机上需要在工件的多个方向重复进行工序操作时,就需要每完成一处操作再通过定位夹具对工件进行一次换向。当需要在工件圆周方向进行连续工序操作时,就需要边进行工序操作边通过定位夹具对工件进行连续回转,例如回转类工件沿圆周方向的环缝焊接就需要这样处理。某些换向动作是在工序操作之前进行,某些则在工序操作之后进行,而某些情况下则与工序操作同时进行。

3. 定位与夹紧

当工件经过前面所述的输送、可能需要的分隔与换向、自动上料而到达工序操作位置后,在正式工序操作之前,还要考虑以下问题:

- 如何保证每次工作循环中工件的位置始终是确定而准确的?
- 工件在具体的工序操作过程中能保持固定的位置不会移动吗?

上述问题实际上就是在任何加工、装配等操作过程中都需要考虑的两个问题:定位与夹紧。

为了使工件在每一次工序操作过程中都具有确定的、准确的位置,保证操作的精度,必须通过定位夹具来保证,定位夹具可以保证每次操作时工件位置的一致性,实际上通常都是将工件最后移送到定位夹具内实现对工件的定位。

在某些工序操作过程中可能产生一定的附加力作用在工件上，这种附加力有可能改变工件的位置和状态，所以在工序操作之前必须对工件进行自动夹紧，保证工件在固定状态下进行操作。因此在很多情况下都需要在定位夹具附近设计专门的自动夹紧机构，在工序操作之前先对工件进行可靠的夹紧。

4. 工序操作

工序操作就是完成自动化专机的核心功能，前面讲述的所有辅助环节都是为工序操作进行的准备工作，都是为具体的工序操作服务而设计的。

工序操作的内容非常广泛，例如机械加工、装配、检测、标示、灌装等，仅装配的工艺方法就有许多，例如螺钉螺母连接、焊接、铆接、粘接、弹性连接等。这些工序操作都是采用特定的工艺方法、工具、材料，每一种类型的工艺操作也对应着一种特定的结构模块。

5. 卸料

完成工序操作后，必须将完成工序操作后的工件移出定位夹具，以便进行下一个工作循环。卸料的方法多种多样：

例如在自动冲压加工操作中，依靠工件的自重使工件自动落入冲压模具下方的容器内，对于材料厚度及质量极小的冲压件，通常采用压缩空气喷嘴将其从模具中吹落。

在一些小型工件的装配中，经常采用气缸将完成工序操作后的工件推入一个倾斜的滑槽，让工件在重力的作用下滑落。

对于一些不允许相互碰撞的工件经常采用机械手将工件取下。

还有一些工序操作直接在输送线上进行，通过输送线直接将工件往前输送。

2.4　自动机械的设计制造流程

了解自动机械的主要结构、工作流程后，还需要了解其整个设计制造流程，从而了解在自动机械设计制造过程中整个技术团队密切协作的重要性，在从事自动机械设备的规划组织及管理维护中更好地开展工作。

1. 自动化生产线设计制造流程

由于自动化生产线包括各种各样的自动化专机，所以自动化生产线的设计制造过程比自动化专机更复杂。下面以典型的自动化装配检测生产线为例，说明其设计制造流程。目前国内从事自动化装备行业的相关企业通常是按以下步骤进行的：

1）总体方案设计

设计时既要考虑实现产品的装配工艺，满足要求的生产节拍，同时还要考虑输送系统与各专机之间在结构与控制方面的衔接，通过工序与节拍优化，使生产线的结构最简单、效率最高，获得最佳的性价比。因此总体方案设计的质量至关重要，需要在对产品的装配工艺流程进行充分研究的基础上进行。

（1）对产品的结构、使用功能及性能、装配工艺要求、工件的姿态方向、工艺方法、工艺流程、要求的生产节拍、生产线布置场地要求等进行深入研究，必要时可能对产品的原工艺流程进行调整。

（2）确定各工序的先后次序、工艺方法、各专机节拍时间、各专机占用空间尺寸、输送线方式及主要尺寸、工件在输送线上的分隔与挡停、工件的换向与变位等。

2）总体方案设计评审

组织专家对总体方案设计进行评审，发现总体方案设计中可能的缺陷或错误，避免造成更大的损失。

3）详细设计

总体方案确定后就可以进行详细设计了。详细设计阶段包括机械结构设计和电气控制系统设计。

(1) 机械结构设计

详细设计阶段耗时最长、工作量最大的工作为机械结构设计，包括各专机结构设计和输送系统设计。设计图纸包括装配图、部件图、零件图、气动回路图、气动系统动作步骤图、标准件清单、外购件清单、机加工件清单等。

由于目前自动机械行业产业分工高度专业化，因此在机械结构设计方面，通常并不是全部的结构都自行设计制造，例如输送线经常采用整体外包的方式，委托专门生产输送线的企业设计制造，部分特殊的专用设备也直接向专业制造商订购，然后进行系统集成，这样可以充分发挥企业的核心优势和竞争力。从这种意义上讲，自动化生产线设计实际上是一项对各种工艺技术及装备产品的系统集成工作，核心技术就是系统集成技术，可见总体方案设计在自动机械设计制造过程中的重要性。

(2) 电气控制系统设计

电气控制系统设计的主要工作为：根据机械结构的工作过程及要求，设计各种位置用于工件或机构检测的传感器分布方案、电气原理图、接线图、输入输出信号地址分配图、PLC控制程序、电气元件及材料外购清单等，控制系统设计人员必须充分理解机械结构设计人员的设计意图，并对控制对象的工作过程有详细的了解。

4）设计图纸评审

详细设计完成后，必须组织专家对详细设计方案及图纸进行评审，对于发现的缺陷及错误及时进行修改完善。

5）专用设备及元器件订购、机加工件加工制造

由于目前产业分工高度专业化，在自动机械行业，大量的专用设备、元器件、结构部件都已经由相关的企业专门制造生产，设计阶段完成后马上就要进行各种专用设备、元器件的订购及机加工件的加工制造，二者是同步进行的。

由于基础部件制造商都逐步将制造厂移近市场地区，许多国外的部件制造商都先后在国内开办生产厂，因此自动机械元器件的订购周期已经逐步缩短，方便了自动机械制造企业进一步缩短制造周期。

6）装配与调试

在完成各种专用设备、元器件的订购及机加工件的加工制造后，就可以进入设备的装配调试阶段了，一般由机械结构与电气控制两方面的设计人员及技术工人共同进行。在装配与调试过程中，既要解决各种有关机械结构装配位置方面的问题，包括各种位置调整，又要进行各种传感器的调整与控制程序的试验、修改。

7）试运行并对局部存在的问题进行改进、完善

由于种种原因，通常许多问题只有通过运行才能暴露出来，因此，试运行是非常重要的

环节，只有将问题暴露后才能找出方法去解决，甚至包括设计上的错误。需要在积累经验的基础上逐步提高设计水平，减少设计缺陷或错误。更好的作法是在设计阶段就利用相关的设计软件对所设计方案或程序进行模拟，及早发现问题，而不要全部依赖在设备装配调试时才发现问题，进行事后修改。

8）编写技术资料

技术资料的整理是保证设备使用方能够正确掌握机器性能并用好设备的重要条件，资料的完整性也体现了企业的素质和服务水平，一项优秀的设计与服务同时还包括了完整的技术资料。需要编写的技术资料包括设备使用说明书、图纸、培训资料等。

9）试生产、技术培训

有些问题可能在试运行过程中仍然难以暴露出来，因此在实际生产过程中仍然可能有问题出现，此类问题通常既可能是设备或部件的可靠性问题，也可能包括设计上的小缺陷。

设备移交后还要对使用方人员进行必要的技术培训，使其不仅能够熟练地使用设备，还能够对一般的故障进行检查和排除。

10）双方按合同组织验收

双方按合同组织验收是整个项目合作的最后环节。

2. 自动化专机设计制造流程

由于自动化专机的设计制造都已经包含在自动化生产线的设计制造过程中，所以自动化专机的设计制造过程较自动化生产线简单，通常按以下步骤进行：

1）产品研究

对产品的结构、使用功能、性能、装配工艺要求、要求的生产节拍等进行深入研究，对相关的工艺方法进行研究，最终确定一种合适的工艺操作方法。

2）总体方案设计

总体方案包括：确定工件的输送、上料、卸料方法与机构；确定工件的定位夹具及可能需要的夹紧机构；驱动元件、传动系统；节拍时间；传感器与控制方法等。

3）总体方案设计评审

发现总体方案设计中可能的缺陷或错误。

4）详细设计

包括机械结构设计与电气控制系统设计。机械结构设计包括总装配图、零件图、外购件清单、标准件清单、机加工件清单、气动原理图、气缸动作步骤图等。

5）设计图纸评审（略）

6）外购件订购、机加工件加工（略）

7）装配与调试（略）

8）机器试运行，对可能存在的问题进行改进、完善（略）

9）机器及技术资料验收移交（略）

思考题与习题

2.1　根据使用用途，制造业主要有哪些典型的自动机械？

2.2　什么叫自动化专机？什么叫全自动化专机？什么叫半自动化专机？

2.3 什么叫自动化生产线?

2.4 举例说明自动化专机通常可以完成哪些工序操作?

2.5 自动机械在结构上具有哪些特征?

2.6 自动机械在结构上主要由哪些部分组成?

2.7 什么叫自动机械的执行机构?

2.8 什么叫自动机械的辅助机构?自动机械通常具有哪些辅助机构?

2.9 自动机械中通常采用哪些驱动部件和传动部件?

2.10 在自动机械的哪些部位需要采用传感器?

2.11 自动机械通常是按怎样的工作流程进行工作的?

2.12 在自动机械中通常有哪些典型的自动上下料机构?

2.13 在自动机械中通常有哪些典型的输送系统?

2.14 在自动机械设计过程中,机械设计人员通常需要完成哪些设计工作?电气控制设计人员通常需要完成哪些设计工作?

2.15 简述自动化生产线的一般设计制造流程。

第 3 章　皮带输送线结构原理与设计应用

皮带输送系统是最基本、应用非常广泛的输送方式，广泛应用于各种手工装配流水线、自动化专机、自动化生产线中，尤其在各种手工装配流水线及自动化生产线中大量应用，与各种移载机械手相配合，可以非常方便地组成各种自动化生产线。

在自动机械设计中，需要大量使用皮带输送线，对于大型的皮带输送线通常向专业制造商配套订购，而用于自动化专机上的小型皮带输送机构通常需要自行设计制造。皮带输送机构属于自动机械的基础结构，而且在其设计中还包括了电机的选型与计算这一重要内容，因此，熟练地进行皮带输送机构的设计是进行自动机械设计的重要基础，本章将对皮带输送线的典型结构及设计方法进行介绍。

3.1　皮带输送线的特点及工程应用

1. 皮带输送线主要特点

1）制造成本低廉

皮带输送线结构简单，制造成本低廉，是自动化工程设计中最优先选用的连续输送方式。之所以制造成本低廉，是因为组成皮带输送线的各种材料和部件都已经标准化并大批量生产，如铝型材及专用连接附件、电机、减速器、调速器、各种工业皮带、链条、链轮等，上述材料和部件都可以通过外购获得，因而制造周期大为缩短。

2）使用灵活方便

由于广泛采用标准的铝型材结构，铝型材表面专门设计有供安装螺钉螺母用的各种型槽，因而铝型材在装配连接方面具有高度的柔性。通过对铝型材进行切割加工，既可以方便地组成各种形状与尺寸的机架，也可以非常方便地在皮带输送线上安装各种传感器、分隔机构、挡料机构、导向定位机构等，并可以非常方便地对上述机构的位置进行调整。

皮带输送线的灵活性还体现在以下方面：

(1) 皮带的运行速度可以根据生产节拍的需要进行调整。

(2) 皮带的宽度与长度可以根据需要灵活选用。

(3) 不仅可以在水平面内输送，还可以在具有一定高度差的倾斜方向上实现倾斜输送。

(4) 既可以采用单条的皮带输送线，也可以同时采用 2 条或 3 条平行的皮带输送线并列输送而共用电机驱动系统；各条输送线的方向既可以相同也可以相反，以将不合格的产品反方向送回。

(5) 既可以作为大型的输送线用于生产线，也可以作为小型或微型的输送装置用于通常对空间非常敏感的自动化专机上。

(6) 如果将皮带输送线委托给专业制造商制造，只需要向对方提出具体的尺寸及技术要求即可，方便自动化生产线的快速集成。

3）结构标准化

皮带输送线的结构相对比较简单，目前基本上已经是标准化的结构，大部分元件与材料都已经实现标准化并可以通过外购获得，这样就可以实现快速设计、快速制造、低成本制造，提高企业的市场竞争力。

2. 皮带输送与皮带传动的区别

对初学者而言，很容易将皮带输送与皮带传动混淆，为了帮助读者加深理解，现将两者的联系与区别进行对比说明如下：

1）皮带传动

皮带传动是指动力的传递环节，通过皮带轮与皮带之间的摩擦力来传递电机的扭矩。

皮带传动的皮带可以采用多种形式，如平皮带、V形带、同步带、O形带等，但在皮带输送中采用的皮带一般都是平皮带，因为皮带表面要放置被输送的物料。

皮带传动已经在相关的机械设计基础课程中讲述，读者可参考有关教材的相关内容。

2）皮带输送

皮带输送是一种物料输送机构，是指将工件或物料放置在皮带上，依靠皮带的运行将工件或物料从一个地方传送到另一个地方。例如在手工装配流水线上用来实现物料或产品的传送，或在自动化专机上配合实现工件或物料的上下料功能，在自动化生产线上也大量采用皮带输送线来实现各单元之间的工件传送。

皮带输送包含了皮带传动，因为皮带输送系统必须对皮带施加牵引力，这种牵引力来自两个环节：

(1) 皮带输送系统中的皮带是根据皮带传动的原理直接通过与皮带接触的皮带轮来驱动的，皮带轮与皮带之间的摩擦力牵引皮带运行。

(2) 皮带轮的驱动有可能通过皮带传动来实现。

皮带输送线最终必须通过电机来驱动，电机的输出扭矩要传递到皮带轮上才能驱动输送皮带运动，电机的输出扭矩通常通过以下3种方式传递到皮带轮上：

- 齿轮传动；
- 链传动；
- 带传动。

由于采用齿轮传动时加工装配都较麻烦，所以目前工程上大量采用带传动与链传动；由于在带传动方式中同步带传动具有一系列突出的优点，所以目前大量采用同步带传动方式。在小型输送线上也经常省去上述传动环节，将电机经过减速器后直接连接到皮带主动轮上，节省空间，简化机构设计。

3. 皮带输送线主要工程应用

由于皮带输送是依靠工件与皮带之间的摩擦力来进行输送的，所以皮带输送线的功率一般不大，输送的物料包括单件的工件及散装的物料，主要应用在电子、通信、电器、轻工、食品等行业的手工装配流水线及自动化生产线上，尤其是在国内珠江三角洲地区、长江三角洲地区的电子制造行业大量采用皮带输送线组成手工装配流水线，所输送的工件多为小型、重量较轻的单件产品。也有少数皮带输送线应用在负载较大的特殊场合，例如矿山、建筑、粮食、码头、电厂、冶金等行业，用于散装物料的自动化输送。

图 3-1 为用于手工装配流水线上的大型皮带输送线实例，图 3-2、图 3-3 为用于物料输送的小型皮带输送线实例。

图 3-1　用于手工装配流水线上的大型皮带输送线实例

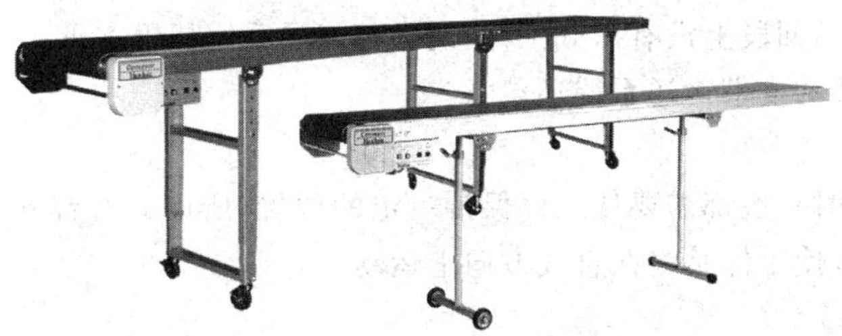

图 3-2　小型皮带输送线实例一

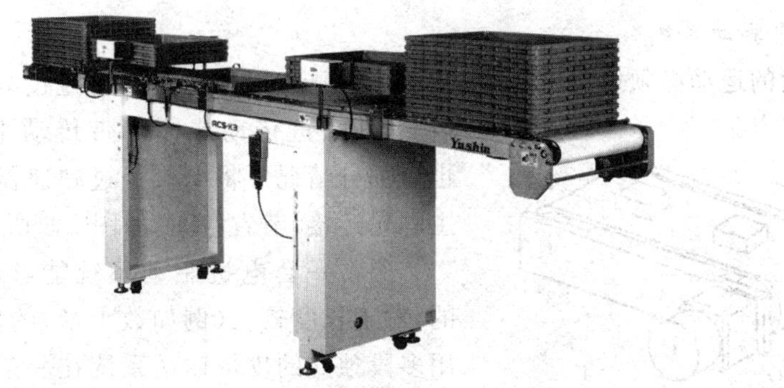

图 3-3　小型皮带输送线实例二

在图 3-2 所示的小型皮带输送线实例中，还可以根据实际需要将输送线从水平方向调整为一定的倾斜方向，实现倾斜方向的物料输送。

3.2　皮带输送线的结构原理与实例

1. 皮带输送线结构原理

各种皮带输送线虽然在形式上有些差异，但其结构原理是一样的，如图 3-4 所示。

最基本的皮带输送线的组成部分及作用如下：

1）输送皮带

输送工件或物料。输送皮带运行时，工件或物料依靠与皮带之间的摩擦力随皮带一起运动，使工件或物料从一个位置输送到另一个位置。上方的皮带需要运送工件，为承载段；下方的皮带不工作，为返回段。

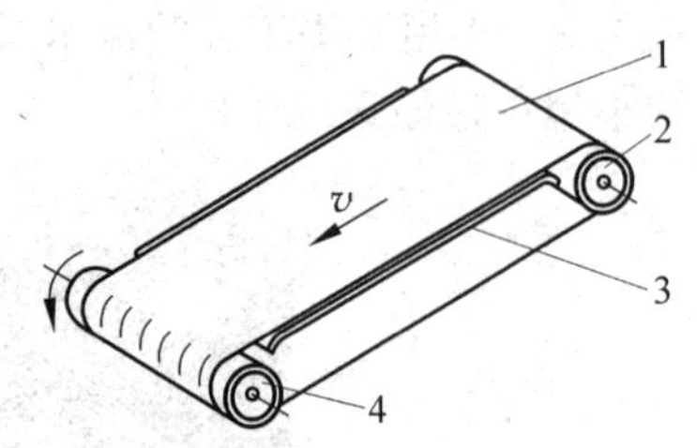

图3-4 皮带输送线结构原理示意图
1—输送皮带；2—从动轮；
3—托板或托辊；4—主动轮

2）主动轮

直接驱动皮带，依靠轮与带之间的摩擦力驱动皮带运行。

3）从动轮

支承皮带，使皮带连续运行。

4）托板或托辊

直接支承皮带及皮带上方的工件或物料，不使皮带下垂。对于要求皮带运行时保持高度平整的场合通常在皮带输送段的下方采用板状的托板，否则就简单地采用能够自由转动的托辊。由于皮带返回段上没有承载工件，通常都间隔采用托辊支承。

除此之外，完整的皮带输送系统还包括：

5）定位挡板

由于输送工件时一般都需要使工件保持一定的位置，所以通常都在输送皮带的两侧设计定位挡板或挡条，使工件始终在直线方向上运动。

6）张紧机构

由于皮带在运动时会产生松弛，因此需要有张紧机构对皮带的张力进行调整，张紧机构也是皮带安装及拆卸必不可少的机构。

7）电机驱动系统

主动轮的运动必须通过电机驱动系统来驱动，通常是由电机经过减速器减速后再通过齿轮传动、链传动或同步带传动来驱动皮带主动轮。也有部分情况下将电机经过减速器减速后直接与皮带主动轮连接，节省空间，如图3-5所示。

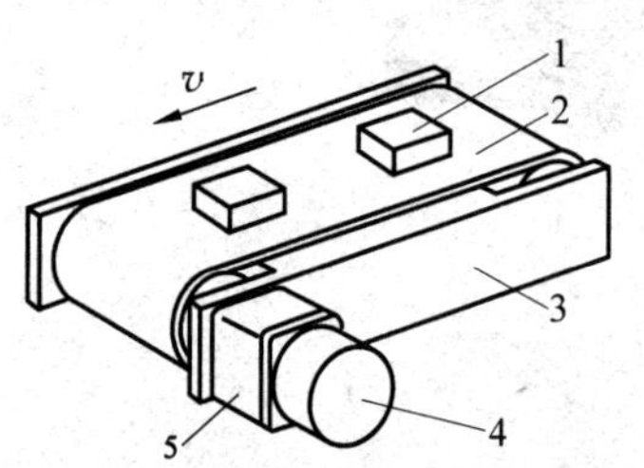

图3-5 电机及减速器直接与主动轮连接组成的皮带输送系统
1—工件；2—皮带；3—挡板；
4—电机；5—减速器

通常一套电机驱动系统能够驱动的负载是有限的，对于长度较长(例如数十米)的皮带输送线，通常采用多段独立的皮带输送系统在一条直线上安装在一起拼接而成，也就是将多段独立的皮带输送系统按相同的高度固定安放在一条直线方向上。

2. 皮带输送线典型结构实例

虽然皮带输送系统在形式上各有差异，但主要的结构是相似的，下面以一种用于某纽扣式电池装配检测生产线的皮带输送系统为例说明其结构组成。

例3-1 某皮带输送系统用于纽扣式锂锰电池装配检测生产线自动输送工件，工件直径约20 mm，厚度约3 mm，输送线长度约为1.2 m。

(1) 总体结构

图 3-6 为工程上用于某自动化装配生产线的皮带输送系统总体结构。

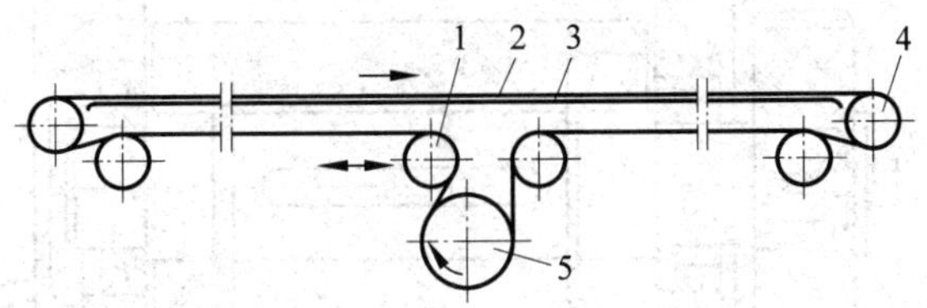

图 3-6　某自动化装配生产线上的皮带输送系统总体结构

1—张紧轮；2—输送皮带；3—托板；4—辊轮；5—主动轮

从图 3-6 可知，该皮带输送线主要由输送皮带、托板、辊轮、主动轮、张紧轮组成，为了最大限度地简化结构，采用了 6 只相同结构的辊轮，其中辊轮 1 的位置是可以左右调整的，用于对皮带的张紧力进行调整，所以称为张紧轮，其余 5 只辊轮则仅起到支承的作用，也就是通常所说的从动轮。主动轮 5 位于最下方，直接驱动皮带运动。

由于输送线用于输送单件的工件，要求工件在输送过程中沿直线方向运动而且要求具有一定的位置精度，所以在皮带的输送段下方设置了不锈钢托板，支承皮带及工件的重量，而下方的返回段则由于皮带长度不长而处于悬空状态。

下面对各部分的详细结构进行介绍。

(2) 主动轮

主动轮是直接接受电机传递来的扭矩、驱动输送皮带的辊轮。它依靠与皮带内侧接触面间的摩擦力来驱动皮带，因为要传递负载扭矩，所以辊轮与传动轴之间通过键连接为一个整体，没有相对运动。图 3-6 所示实例中主动轮及其驱动机构的详细结构如图 3-7 所示。

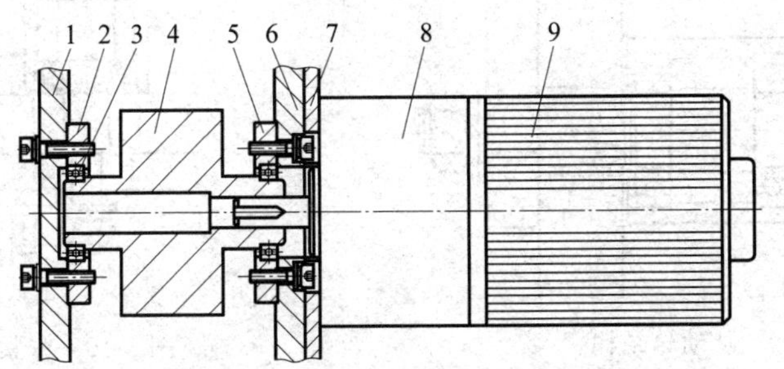

图 3-7　主动轮及其驱动机构

1—左安装板；2—左轴承座；3—滚动轴承；4—主动轮；5—右轴承座；6—右安装板；7—电机安装板；8—减速器；9—电机

主动轮一般通过链传动、齿轮传动、带传动方式来驱动，也可以将电机减速器的输出轴与主动轮直接连接来驱动，图 3-7 就是采用这种直联的方式，结构紧凑，占用空间小。图 3-8 为某生产线皮带输送系统上另一种采用齿轮传动的主动轮结构实例。

(3) 从动轮

从动轮是指不直接传递动力的辊轮，仅起结构支撑及改变皮带方向作用，与皮带一起随动，通常也称为换向轮。从动轮与主动轮的最大区别为从动轮的轴与轮之间是通过轴承连接，因而轴与轮之间是可以相对自由转动的，而主动轮的轴与轮是通过键联结成一体的。图

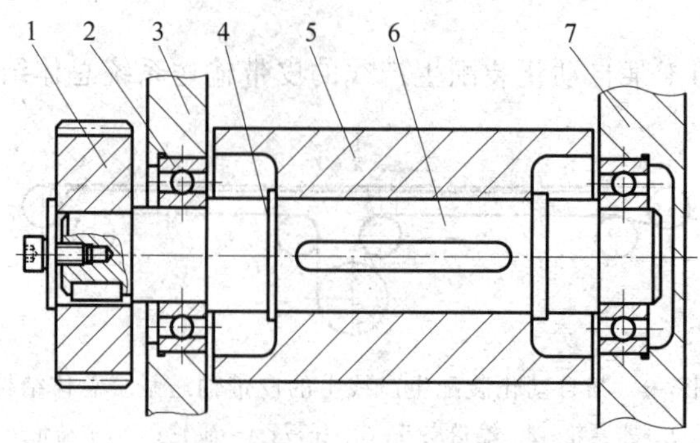

图 3-8　主动轮结构实例

1—齿轮；2—滚动轴承；3—左支架；4—弹簧挡圈；5—主动轮；6—传动轴；7—右支架

3-6 所示实例中从动轮的结构如图 3-9 所示。

(4) 张紧机构

张紧轮是指辊轮中可以调节其位置的一个辊轮。为了简化结构设计及制造，通常张紧轮与从动轮的结构设计得完全一样，只是将各从动轮中的一个辊轮位置设计成可以调整，一般都通过调节张紧轮的位置来调节皮带的张紧程度，而其他从动轮的位置一般是固定的。图 3-6 所示实例中张紧轮的结构如图 3-10 所示。

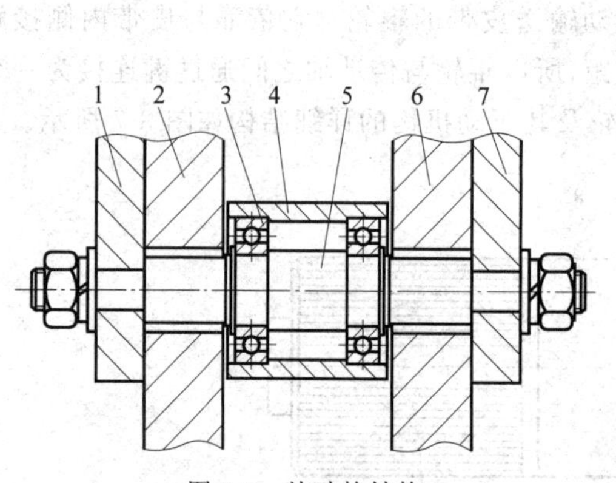

图 3-9　从动轮结构

1—左安装板；2—左支架；3—滚动轴承；4—从动轮；5—轮轴；6—右支架；7—右安装板

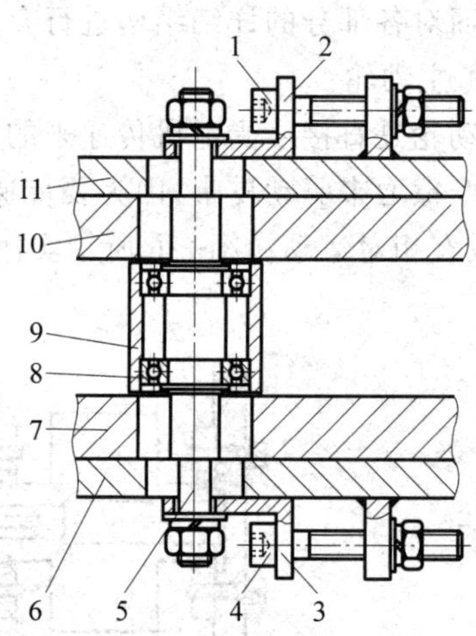

图 3-10　张紧轮结构

1—后调节螺钉；2—后调节支架；3—前调节支架；4—前调节螺钉；5—轮轴；6—前安装板；7—前支架；8—滚动轴承；9—张紧轮；10—后支架；11—后安装板

图 3-11 为某生产线皮带输送系统中的另一种张紧轮结构实例，调整螺钉直接与传动轴连接，通过调整螺钉直接调整张紧轮的位置。

在某些小型或微型的皮带输送机构上，全部辊轮就只有主动轮及从动轮两只辊轮，为了简化结构，直接将从动轮设计成可以调整的结构，这样从动轮既是从动轮又是张紧轮，图 3-5 所示实例就是这样的结构。

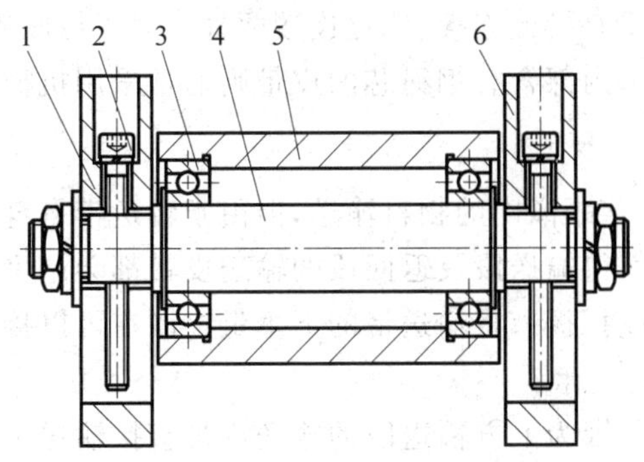

图 3-11　张紧轮结构实例

1—左支架；2—调整螺钉；3—滚动轴承；4—轴；5—张紧轮；6—右支架

3.3　皮带输送线设计要点

在皮带输送线的设计中，读者主要需要掌握以下结构设计要点：

1. 皮带速度

皮带输送线中皮带的速度一般为 1.5～6 m/min，可以根据生产线或机器生产节拍的需要通过速度调节装置进行灵活调节。

根据皮带的运行速度，实际工程中皮带输送线可以按以下 3 种方式运行：

- 等速输送；
- 间歇输送；
- 变速输送。

等速输送就是输送皮带按固定的速度运行。通过调节与电机配套使用的调速器将皮带速度调整到需要值，调速器由人工调节设定后，皮带就以稳定的速度运行。

间歇输送是指当需要输送工件时输送皮带运行，当输送皮带上暂时没有工件时皮带停止运行。其主要目的是根据生产节拍的需要，减少空转时间，节省能源。

变速输送是指根据输送皮带上工件的数量来灵活调节输送皮带的运行速度，例如在用皮带输送线输送工件的生产线上，当某一专机的待操作工件短缺时则加快输送皮带的速度，反之当某一专机的待操作工件较多时则降低输送皮带的速度。其主要目的也是根据生产节拍的需要，节省能源，它是通过对电机的变频控制来实现的。

2. 皮带材料与厚度

输送皮带常用橡胶带、强化 PVC、化学纤维等材料制造，在性能方面除要求具有优良的耐屈挠性能、低伸长率、高强度外，还要求具有耐油、耐热、耐老化、耐臭氧、抗龟裂等优良性能，在电子制造行业还要求具有抗静电性能。工程上最广泛使用的材料是 PVC 皮带。

输送皮带是专业化制造的产品，需要根据使用负载的情况选用标准的厚度，最常用的皮带厚度为 1～6 mm。

对于不同材料的输送皮带，其工作温度各有区别，但通常的范围为－20～＋110℃。

3. 皮带的连接与接头

一般情况下输送带的形状都是环形的，环形带是由切割下来的带料通过接头的形式连接而成的，连接的方式主要有机械连接、硫化连接两种。对于橡胶皮带及塑料皮带工程上通常采用硫化连接接头，对于内部含有钢绳芯的皮带则通常采用机械式连接接头。

4. 托辊(或托板)

输送带要实现的是一定距离内的物料输送，但由于输送带自身具有一定的质量，加上运送物料(或工件)的质量，使得输送段及返回段的输送皮带都会产生一定的下垂，因此必须在输送带的下方设置托辊(或托板)，将输送带的下垂量控制在可以接受的范围内。

1) 输送段输送皮带的支承

以水平输送情况为例，因为上方输送段的输送皮带直接输送工件或产品，在很多生产线上要求输送线上各个位置的工件都具有相同的高度，不允许皮带下垂，因此在这种要求对工件实现等高输送的场合一般采用托板支承，保证上方的输送皮带及工件在一个水平面内运行。

2) 返回段输送皮带的支承

下方返回段的输送皮带因为只起到循环作用，不承载工件，所以对下垂量通常无特殊要求。这一部分输送皮带一般直接采用结构简单的托辊支承，以减少皮带因摩擦产生的磨损，采用托辊也会简化结构，降低制造成本。

在某些对皮带的下垂量无特殊要求的场合有时也将输送段及返回段的输送皮带都采用托辊支承，而且由于在下方的返回段皮带仅包括皮带的自重，因此，下方皮带支承托辊的间距可以比上方托辊的间距更大。

根据所输送物料类型，在散料的输送线上托辊也可以采用分段倾斜安装，使皮带呈两侧高、中部偏低的形状，保证散料集中在皮带的中部而不会向外散落。

5. 辊轮

辊轮是皮带输送系统中的重要结构部件之一，前面已经介绍，在典型的皮带输送系统中通常包括主动轮、从动轮、张紧轮。在小型的皮带输送装置中，为了简化结构，节省空间，经常将从动轮与张紧轮合二为一，直接采用两个辊轮即可。

6. 包角与摩擦系数

由于皮带传动在原理上属于摩擦传动，电机是通过主动轮与皮带内侧之间的摩擦力来驱动皮带及皮带上的负载的，因此主动轮与皮带内侧之间的摩擦力是非常重要的因素，直接决定了整个输送系统的输送能力。

显然，主动轮与皮带内侧之间的摩擦力取决于以下因素：

- 皮带的拉力；
- 主动轮与皮带之间的包角；
- 主动轮与皮带内侧表面之间的相对摩擦系数。

1) 包角

皮带工作时，主动轮表面与皮带内侧的接触段实际上为一段圆弧面，该段圆弧面在主动轮端面上的投影为一段圆弧，该圆弧所在区域对应的圆心角即为主动轮与皮带之间的包角，如图3-12所示，一般用α表示。从后面的分析可以知道，包角直接决定了主动轮与输送皮带之间的接触面积，对整个输送系统的输送能力

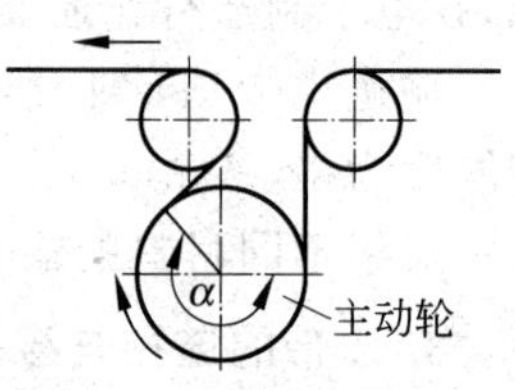

图3-12　皮带包角示意图

至关重要，通常要尽可能增大皮带的包角。

2）摩擦系数

摩擦系数指主动轮外表面与输送皮带内侧表面之间的摩擦系数，它决定了在一定的接触压力下单位接触面积上能产生的摩擦力大小，一般用 μ_0 表示。

该摩擦系数越大，在一定的包角 α、一定的皮带张力下所产生的摩擦力也越大，该摩擦力也就是传递扭矩、驱动皮带及其上工件的有效牵引力。从后面的分析可以知道，工程上希望该摩擦系数尽可能大。

7. 合理的张紧轮位置及张紧调节方向

张紧轮不仅可以调节输送皮带的张紧力，还可以同时达到增大皮带包角的目的。在皮带输送系统的设计中，如果皮带的包角太小而且又是不能改变的，则这种设计就是一个有缺陷的设计，可能会出现后面要介绍的皮带打滑现象。

1）张紧轮调节方向与皮带包角的关系

良好的设计方案应该是皮带具有足够大的包角，而且张紧轮在加大皮带张紧力的同时还应能增大皮带的包角，因此张紧轮的调整方向在设计时具有一定的技巧。

2）张紧轮调节方向对皮带长度的影响

张紧轮的位置设计不仅与皮带包角的调整有关，而且还与皮带的长度有关，并直接影响皮带的订购及装配调试。

在安装皮带时通常是通过张紧轮的位置变化来调整皮带的松紧程度的，而张紧轮位置的调整具有一定的范围，在张紧轮的两个极限位置之间，所需要的皮带理论长度是不同的，上述两个极限位置对应的皮带理论长度分别为最大长度与最小长度。

假设张紧轮在上述两个极限位置之间调整时，皮带的理论长度差别很小，那么有可能造成以下问题：由于皮带长度在定购时存在一定的允许制造误差，调整张紧轮时可能出现理论上皮带应该最紧的位置皮带却仍然无法张紧，而在理论上皮带应该最松的位置皮带却不够长导致皮带无法装入，这种情况是不允许出现的。图 3-13 表示了两种张紧轮的设计方案实例及其效果对比。

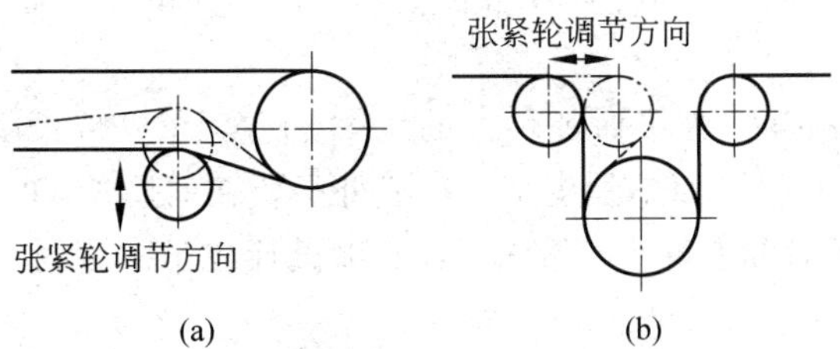

图 3-13　张紧轮调节方向对比实例

在图 3-13(a)所示结构中，张紧轮位置的调节方向为垂直于皮带输送方向。在调整张紧轮的过程中，张紧皮带时所对应的皮带理论长度变化实际上较小。如果皮带理论长度变化量过小或接近皮带长度的制造公差值，尤其是当皮带长度较大时，就有可能出现调整时皮带长度偏短或偏长，导致皮带无法正常调节的情况。

如果将张紧轮设计成如图 3-13(b)所示的结构则非常有利，张紧轮的调整方向与皮带输送方向平行，张紧轮在不同的位置张紧皮带时所对应的皮带理论长度变化较大，这样就不会出现前面所讲述的调整困难的情况,而且在调整张紧轮使皮带变紧的过程中,皮带的包角也在明显加大,因而有利于提高皮带与主动轮之间的摩擦力。

工程上通常将张紧轮调节方向尽可能设计为对皮带长度影响最大的方向,即在张紧轮的两个极限位置之间所需要的皮带理论长度差别最大,这一方向实际上就是图3-13(b)所示的与皮带输送方向平行的方向。

3) 张紧轮的位置

张紧轮通常设计在皮带的松边一侧,这样可以避免不必要地增大皮带的负荷与应力,确保皮带的工作寿命,这与同步带传动及链传动设计中张紧轮的位置是类似的。既可以在皮带的内侧进行张紧,如图3-4、图3-5所示,也可以在皮带的外侧张紧,如图3-6所示。

8. 皮带长度设计计算

设计皮带输送系统时一项很重要的工作就是按一定的规格向皮带的专业制造商订购皮带。皮带的订购参数包括:

- 材料种类;
- 皮带的长度;
- 宽度;
- 厚度;
- 颜色。

其中,皮带的宽度根据所需要输送工件的宽度尺寸来设计;皮带的材料种类主要根据输送物料的类型、使用环境温度来选取;颜色则根据需要的外观效果来选取。

皮带的长度需要根据实际结构中各辊轮的位置、直径进行仔细的数学计算与校核。由于皮带的连接需要采用专门的设备和工艺,如果计算的长度有错误或因其他原因更改设计长度,虽然可以重新加工连接改变皮带的长度,但一般只将皮带长度改短而不加长,改短可以避免材料浪费,加长则增加了连接接头。这种重新加工一般要将皮带退回给供应商返工,实际经验表明这样重新返工的费用几乎与重新订购新皮带的费用相近,所以皮带的长度一定要仔细计算核准,以免使用安装时发现错误而无法使用。

在设计皮带输送系统时如何计算皮带长度呢?以下为设计皮带长度时所需要了解的基本知识。

(1) 设计和订购皮带时,为了保证尺寸的统一,工程上,皮带长度一般都是指皮带中径(皮带厚度中央)所在的周长,而不是皮带内径或外径所在的周长,单位一般为毫米。

(2) 由于皮带张紧时的实际变形量很小,所以设计皮带长度时一般不考虑皮带张紧变形对长度的影响。

(3) 皮带长度的计算。

当各辊轮的位置(中心距)、辊轮直径、张紧轮调节范围确定后,所需要的皮带长度实际上也就由上述各几何尺寸确定了。当张紧轮的位置确定后,只要分别根据各段轮廓线(直线段和圆弧)的长度累加即可得出该位置所需要的皮带理论长度,这些长度可以在CAD(如AutoCAD等)设计界面上非常方便地直接量取求得,而不需要进行专门的数学计算。

这种计算方法没有考虑皮带的厚度,因为皮带的厚度通常很小,对皮带长度的影响较小,而且皮带本身有一定的长度调整范围,所以计算皮带长度时通常不考虑其厚度,也就是假设其厚度为零。

(4) 皮带长度的确定。

显然,当张紧轮处于不同位置时所需要的皮带理论长度是不同的,张紧轮处于皮带最松位置时所需要的皮带理论长度最短,张紧轮处于皮带最紧位置时所需要的皮带理论长度最长。在张紧轮的两个极限调节位置,只要分别根据各段轮廓线(直线段和圆弧)的长度累加即可得出所需要的皮带最小及最大理论长度。

工程上设计皮带长度时通常按接近最小长度来设计,保证皮带安装后能进行张紧调节,如果按最长的长度设计则安装后就无法张紧了。

设张紧轮处于皮带最紧和最松张紧位置时,所需要的皮带最小理论长度、最大理论长度分别为 L_1、L_2,则理论上皮带长度的最大允许调节量 Δ 为

$$\Delta = L_2 - L_1 \tag{3-1}$$

为了保证皮带仍然具有一定的调节范围,皮带设计长度 L 一般按式(3-2)来设计:

$$L = L_1 + 0.2(L_2 - L_1) \tag{3-2}$$

9. 皮带宽度与厚度

皮带宽度根据实际需要输送的工件宽度尺寸来设计,对于小型皮带输送线通常情况下皮带宽度必须比工件宽度加大约 10～15 mm。

皮带的厚度则根据皮带上同时输送工件的总质量来进行强度计算校核,并且所选定的皮带材料及厚度能够在所设计的最小辊轮条件下满足最小弯曲半径的需要,然后从制造商已有的厚度规格中选取确定。例如对于电子制造行业中小型电子、电器产品的输送,皮带厚度一般选择为 1.0～2.0 mm。

10. 皮带输送线上工件的导向与定位

在一般用途的皮带输送线上,通常不需要对工件进行专门的导向及定位,例如手工装配流水线上。但用于自动化装配检测生产线的皮带输送线以及许多自动化专机的皮带输送装置,则通常需要在皮带两侧设置导向板或导向杆,以保证工件在输送时沿宽度方向始终保持准确的位置。导向板或导向杆既要保证工件在输送时能够自由运动,又要保证工件沿宽度方向具有一定的位置精度。

通常选取导向板或导向杆之间的空间宽度比工件宽度加大约 3～5 mm,也就是工件与导向板之间的单边间隙取为 1.5～2.5 mm。

因为皮带运行时的位置不可避免存在一定的变动,为了避免皮带运行时的非正常磨损及卡住,皮带的上方及两侧与其他结构之间应保持一定的间隙。

11. 皮带输送线的省空间设计

在各种自动机械中,皮带输送线需要与其他各种设备或机构配合使用,很多情况下需要皮带输送线结构简单、尺寸小、占用空间少、安装调整简单。为了满足上述需要,许多电机制造厂家先后开发出多种在结构上使用更方便的新型电机,此类电机具有以下一系列特点:

(1) 电机与减速器一体化安装。

(2) 减速器附带中空轴或实心轴,可以非常方便地使减速器与辊轮直接连接安装,省略了齿轮、同步带或链条、链轮等传动装置。由于省略了传动装置,因而节省了宝贵的空间,可以让出更多的空间布置其他重要机构。

(3) 电机安装非常灵活,甚至可以将电机安装在皮带输送线的内部,将皮带输送系统占

用的空间减到最小。

图 3-14 所示为节省空间的电机安装结构实例。图 3-14(a)将电机安装在输送皮带内部,图 3-14(b)将电机安装在输送皮带外部。

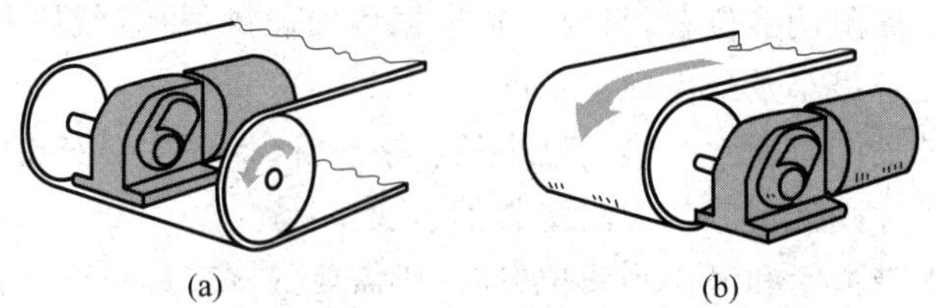

(a) (b)

图 3-14 节省空间的电机安装结构实例

3.4 皮带输送线负载能力分析

1. 皮带输送线负载能力分析

为了更深入地了解皮带输送系统的结构,需要对皮带输送系统的负载能力进行定量分析,从而掌握如何进行电机的设计选型,以及在设计皮带输送系统时需要注意哪些要点。

为了方便分析,首先对有关物理量的符号与单位定义如下:

L——皮带有效输送长度,m;

W——皮带单位长度的质量,kg/m;

μ——皮带与工件间的摩擦系数;

μ_0——主动轮与皮带间的摩擦系数;

D——主动轮直径,mm;

T_0——主动轮输出侧皮带张紧力,与皮带初始张力有关,N;

V——皮带速度,m/s;

Q——输送量,即单位时间输送工件或物料的质量,kg/h;

m_1——皮带上负载的平均质量,kg;

g——重力加速度(9.708),m/s^2;

e——自然对数底数(2.718);

α——主动轮与皮带之间的包角,rad;

η——皮带输送系统效率;

P_g——负载总功率,W;

P_{max}——主动轮与皮带接触面能提供的最大负载功率,W;

P_1——空转功率,W;

P_2——水平负载功率,W;

P_3——竖直负载功率,W;

F——皮带牵引力,N;

F_{max}——皮带最大牵引力,N;

T_L——负载扭矩,N·m。

1）皮带牵引力

因为工件是靠皮带提供的摩擦力来驱动的，所以皮带牵引力实际上就等于全部工件在皮带上的摩擦力

$$F=\mu m_1 g \tag{3-3}$$

2）负载扭矩

主动轮要驱动皮带及皮带上的工件，必须克服上述负载所产生的扭矩，负载扭矩的大小为

$$T_{\mathrm{L}}=\frac{FD}{2\eta} \tag{3-4}$$

3）空转功率

空转功率是指皮带上没有工件时需要消耗的功率，这种情况下只需要考虑皮带本身质量产生的负载。根据功率的定义可以得出

$$P_1=9.8\mu_0 WVL \tag{3-5}$$

对于皮带长度较短或小型的皮带输送装置，空转功率通常可以忽略不计。

4）水平负载功率

大多数情况下皮带输送系统都是在水平方向进行工件或物料的输送，在这种情况下，水平负载功率就是由被输送物料产生的负载功率：

$$P_2=FV=\mu m_1 gV \tag{3-6}$$

如果皮带上负载的平均质量用输送量 Q 来表示，则式(3-6)也可以用另一种方式表示为

$$P_2=\frac{\mu QgL}{3600}=\frac{\mu QL}{367} \tag{3-7}$$

5）竖直负载功率

如果皮带输送系统是在倾斜方向进行工件或物料的输送，在这种情况下负载功率还包括竖直方向上的负载功率：

$$P_3=\frac{QH}{367} \tag{3-8}$$

式中：H——输送皮带两端的高程差。

6）负载总功率

负载总功率就是空转功率、水平负载功率及竖直负载功率之和，是进行电机选型的重要依据之一，考虑到系统的效率 η 一般总低于 100%，因此系统实际的负载总功率为

$$P_{\mathrm{g}}=\frac{P_1+P_2+P_3}{\eta} \tag{3-9}$$

7）皮带最大牵引力

皮带在主动轮输入侧、输出侧的张力之差就是皮带在该状态下产生的最大牵引力。根据欧拉公式，该张力差与皮带输出侧张紧力 T_0、包角 α、主动轮与皮带内侧之间的摩擦系数 μ_0 之间存在以下关系：

$$F_{\max}=T_0(\mathrm{e}^{\mu_0\alpha}-1) \tag{3-10}$$

根据式(3-6)，皮带输送系统能够传递的最大负载功率 $P_{\max}$ 也可以表达为以下形式：

$$P_{max}=FV=T_0(e^{\mu_0\alpha}-1)V \tag{3-11}$$

2. 提高皮带输送线负载能力的方法

通过对式(3-10)进行分析,可以得到以下对设计具有指导意义的结论:

(1) 在输送带宽度及输送带速度一定的条件下,皮带输送系统主动轮的负载能力主要由以下因素决定:

- 主动轮输出侧皮带张紧力 T_0;
- 主动轮与皮带内侧面间的摩擦系数 μ_0;
- 皮带与主动轮之间的包角 α。

(2) 提高皮带输送线负载能力的有效途径有:

① 增大主动轮输出侧皮带张紧力 T_0。

增大主动轮输出侧皮带张紧力可以提高皮带输送系统的功率传递能力,但增大皮带张力后皮带的工作应力相应提高,皮带的强度也必须提高,皮带制造成本必然增加,因此这并不是最好的方法,工程上一般不采用此方法。

② 增大主动轮与皮带内侧表面之间的摩擦系数 μ_0。

由于皮带在主动轮处产生的最大牵引力与上述摩擦系数 μ_0 之间为指数递增的关系,因此增大主动轮与皮带内侧表面之间的摩擦系数可以非常有效地提高系统的负载能力,这是工程上最优先选用的方法。

③ 增大皮带与主动轮之间的包角 α。

皮带在主动轮处产生的最大牵引力与包角 α 之间也为指数递增的关系,因此增大皮带与主动轮之间的包角可以非常有效地提高系统的负载能力,这也是工程上优先选用的方法。通过采用张紧轮并对张紧轮设计合适的张紧位置及调节方向,可以有效地增大皮带包角,从而有效地增加主动轮与皮带之间的驱动摩擦力。增大包角也就是增大皮带与主动轮之间的接触面积。通常在设计时主动轮与皮带之间的包角应不低于120°,进行张紧轮调节后可以增大到210°~230°。

④ 增加皮带宽度。

增加皮带宽度实际上等于增大了皮带与主动轮之间的接触面积,因而可以增加主动轮与皮带间的驱动摩擦力。但增加皮带宽度既提高了成本,又不必要地占用了更多的空间,因此一般不采用此方法。

综上所述,提高皮带输送系统负载能力最有效的方法为:

- 皮带与主动轮之间应设计足够大的包角;
- 尽可能提高主动轮与皮带内侧表面之间的摩擦系数。

因此,在设计皮带输送系统时应特别注意保证皮带与主动轮之间的包角,同时还应尽可能提高主动轮与皮带内侧表面间的摩擦系数,通常可以采取以下措施来提高主动轮与皮带表面间的摩擦系数:

- 将主动轮的表面设计加工成网纹表面,同时进行加硬处理;
- 改变主动轮与皮带间的材料配对。例如将主动轮的外表面镶嵌一层橡胶也是很常用的处理措施。

3. 辊轮设计原则

根据上述分析,可以总结出以下关于皮带输送系统中辊轮的一般设计指导原则:

(1) 在主动轮的设计中应尽可能增大主动轮与皮带之间的包角,同时提高主动轮与皮带之间的摩擦系数。例如将主动轮表面进行网纹及加硬处理、在主动轮表面镶嵌一层橡胶等。

(2) 将从动轮、张紧轮尽可能都设计加工成相同或相似的结构,以简化设计及制造过程。

(3) 设计辊轮直径时,在综合考虑皮带速度及允许结构空间的前提下,不要不必要地增大辊轮直径。

因为根据力学原理,负载扭矩等于皮带牵引力与主动轮半径的乘积,主动轮直径越大,负载扭矩也越大,因此,增大主动轮直径也就不必要地增大了负载扭矩。

另外,辊轮直径越大,辊轮的转动惯量也越大,系统在启动加速时的启动扭矩也相应增大。为了降低启动时的负载扭矩,应控制各个辊轮的直径,通常在设计时将各辊轮的直径都设计得比较小就是基于这种原因。由于每种材料及厚度的皮带都存在一个最小弯曲半径,所以辊轮的直径也不能过小,否则会增大皮带运行时的弯曲应力,缩短皮带的工作寿命。

3.5 皮带输送线电机选型计算实例

负载的计算及电机的选型是皮带输送系统设计中的重要内容,也是许多自动机械设计中必不可少的环节。在皮带输送系统中,通常采用普通的交流感应电机。为了使读者掌握此类电机的选型方法,下面通过一个实例进行说明。

例 3-2 某皮带输送系统如图 3-5 所示,电机经过减速器后与主动轮直接连接。假设输送系统为水平状态下输送,试以日本东方电机公司(ORIENTAL)的交流感应电机样本为例,进行电机的参数计算与选型。已知设计条件分别为:

皮带及皮带上工件的总质量:$m_1=20$ kg;

工件与皮带间的摩擦系数:$\mu=0.3$;

主动轮及被动轮直径:$D=100$ mm;

主动轮及从动轮总质量:$m_2=1$ kg;

皮带输送系统效率:$\eta=90\%$;

要求皮带速度:$V=0.14$ m/s(1±10%);

电机电源:单相 220 V,50 Hz;

工作时间:每天工作 8 h。

解:

(1) 计算减速器要求的输出转速 n_1

由于主动轮与减速器直接连接,所以减速器的输出转速就是皮带主动轮的转速:

$$n_1=\frac{V\times 60}{\pi D}=\frac{(0.14\pm 0.014)\times 60}{\pi\times 0.1}=26.7\pm 2.7\ (\mathrm{r/min})$$

(2) 计算并选择减速器所需要的减速比 i

东方电机公司单相感应电机在 220 V、50 Hz 频率下的额定转速为 1250~1350 r/min,所以减速器所需要的减速比 i 为

$$i=\frac{1250\sim 1350}{26.7\pm 2.7}=42.5\sim 56.2$$

对照东方电机公司单相感应电机产品样本，选择与上述计算值最接近的标准减速比为50、型号规格为5GN50K的减速器，并查得该规格减速器对应的传动效率 η_g 为66%。

(3) 计算皮带实际牵引力 F

根据式(3-3)得皮带实际牵引力为

$$F=\mu m_1 g=0.3\times 20\times 9.8=58.8\ (\mathrm{N})$$

(4) 计算负载扭矩 T_L

根据式(3-4)得主动轮上的负载扭矩为

$$T_L=\frac{FD}{2\eta}=\frac{58.8\times 100\times 10^{-3}}{2\times 0.9}=3.27\ (\mathrm{N\cdot m})$$

由于皮带主动轮与减速器直接连接，所以主动轮上的负载扭矩 T_L 等于减速器的输出扭矩 T_g，即 $T_g=T_L=3.27\ \mathrm{N\cdot m}$。

(5) 计算电机所需要的最低输出扭矩 T_m

减速器的作用是提高输出扭矩、降低转速，根据减速器的输出扭矩 T_g 及减速器的传动效率 η_g，可以反向推算出电机所需要的最低输出扭矩 T_m：

$$T_m=\frac{T_g}{i\eta_g}=\frac{3.27}{50\times 0.66}=0.0991\ (\mathrm{N\cdot m})$$

考虑安全余量及电压的波动等情况，通常按2倍最小计算值选取电机的最小启动扭矩：

$$0.0991\times 2=0.198\ (\mathrm{N\cdot m})$$

(6) 选择电机型号

根据计算得出的电机最低输出扭矩，设计人员可以根据电机制造商提供的样本资料选取合适的电机型号。查阅日本东方电机公司的样本，选取一种启动扭矩大于0.198 N·m的电机型号，最后选取型号为5IK40GN—CWE的单相感应电机，该电机在50 Hz、额定电压220 V电源下的额定输出功率为40 W，启动扭矩为0.2 N·m，额定扭矩为0.3 N·m，额定转速为1300 r/min。因为启动扭矩0.2 N·m大于考虑安全余量后的计算值0.198 N·m，所以能够满足使用负载要求。

前面已经根据减速器传动比选取减速器型号为5GN50K，进一步确认减速器及电机的安装配合尺寸、外形尺寸，以便配套设计其他机构。

(7) 负载转动惯量校核

选择好电机及减速器型号后，还需要对负载的转动惯量进行校核。

皮带与工件的转动惯量为

$$J_{m1}=m_1\left(\frac{D}{2}\right)^2=20\times\left(\frac{100\times 10^{-3}}{2}\right)^2=500\times 10^{-4}\ (\mathrm{kg\cdot m^2})$$

主动轮及从动轮的转动惯量为

$$J_{m2}=\frac{1}{8}m_2 D^2=\frac{1\times(100\times 10^{-3})^2}{8}=12.5\times 10^{-4}\ (\mathrm{kg\cdot m^2})$$

减速器输出轴的负载总转动惯量为

$$J=J_{m1}+2J_{m2}=500\times 10^{-4}+2\times 12.5\times 10^{-4}=525\times 10^{-4}\ (\mathrm{kg\cdot m^2})$$

减速器允许的负载转动惯量：

根据东方公司样本资料，所选型号5GN50K的减速器允许的负载转动惯量为

$$J_g = 0.75 \times 10^{-4} \times 50^2 = 1875 \times 10^{-4}\ (\mathrm{kg \cdot m^2})$$

结论：所选减速器允许的负载转动惯量 J_g($1875\times10^{-4}\ \mathrm{kg\cdot m^2}$)大于实际负载的总转动惯量 J($525\times10^{-4}\ \mathrm{kg\cdot m^2}$)，所以选型结果能满足使用要求。

(8) 校核实际的皮带速度 V

由于实际所选电机的额定扭矩为 0.3 N·m，较实际负载扭矩大，所以电机能够以比额定转速更快的转速运转。

因为皮带速度是电机在空载条件下计算的，电机在空载情况下的转速约为1430 r/min，所以皮带的实际运行速度可以按以下方法逐步推出：

减速器的实际输出转速为

$$n_1 = \frac{n_0}{i} = \frac{1430}{50} = 28.6\ (\mathrm{r/min})$$

皮带实际运行速度为

$$V = \frac{n_1 \pi D}{60} = \frac{28.6 \times \pi \times 100 \times 10^{-3}}{60} = 0.15\ (\mathrm{m/s})$$

结论：上述计算结果 0.15 m/s 满足 0.14 m/s±10%的设计速度要求。

3.6　皮带输送线的调整与使用维护

3.6.1　皮带打滑与跑偏现象及其调整

1. 皮带打滑现象与纠正

通过皮带输送线负载能力的分析可知，皮带的有效牵引力与皮带的初始张紧力成正比，与主动轮和皮带之间的摩擦系数、包角成指数增大的关系，如果皮带与主动轮之间的摩擦力不足以牵引皮带及皮带上的负载，则会出现虽然主动轮仍然在回转，但皮带却不能前进或不能与主动轮同步运行，这种现象就是通常所说的皮带打滑现象。

当出现打滑现象时，可能的原因为：

1) 皮带的初始张紧力不够

如果皮带没有足够的初始张紧力，主动轮与皮带之间就不会产生足够的摩擦驱动力，也就不能牵引皮带及负载运动。

当确认皮带的初始张紧力不够时，需要通过张紧轮的调整逐步加大皮带的初始张紧力。但张紧力也不能过大，因为这样会提高皮带的工作应力，缩短皮带的工作寿命，同时输送系统在工作时还会产生更大的振动与噪声。因此皮带的初始张紧力必须边调整边观察，逐步调整至合适的水平。

在装配皮带输送线时，首先让皮带呈松弛状态装入，开动电机，然后逐渐调紧张紧轮使皮带的初始张紧力慢慢增大，调节张紧轮位置至主动轮能够可靠牵引皮带及皮带上的最大负载正常运行为止。

2) 主动轮与皮带之间的包角太小

如果通过检查确认皮带的初始张紧力为正常水平但仍然不能消除皮带打滑现象，最可能的原因之一就是主动轮与皮带之间的包角太小。

进一步检查主动轮与皮带之间的包角是否太小，通常主动轮与皮带之间的包角应不低于120°，如果主动轮与皮带之间的包角偏低而且调整张紧轮的位置仍然无法有效地增大，可能需要修改设计。由此可见，在设计时应该仔细考虑这些因素，确保设计质量，如果在装配调试时才发现问题，再去修改设计就很被动了。

3）主动轮与皮带之间的摩擦系数太小

如果通过检查确认皮带的初始张紧力、主动轮与皮带之间的包角都达到正常水平，但还不能消除皮带的打滑现象，最可能的原因就是主动轮与皮带之间的摩擦系数太小。

解决的办法为：仔细观察主动轮表面是否过于光滑，否则就采用滚花结构或镶嵌一层橡胶后再试验。

2. 皮带跑偏现象与纠正

皮带跑偏是皮带输送线在运行时最常见的故障，也就是说皮带在运动时持续向一侧发生偏移直至皮带与机架发生摩擦、磨损甚至卡住。皮带跑偏轻则造成皮带磨损，输送散料时出现撒料现象，重则由于皮带与机架剧烈摩擦引起皮带软化、烧焦甚至引起火灾，造成整条生产线停产。

根据基本的力学原理可知，当皮带输送系统中各辊轮的轴线与皮带纵向不垂直，或各辊轮的轴线之间不平行时，皮带的张力在皮带宽度方向上必然不均匀，造成一侧张力大而另一侧张力小，在运行过程中皮带自然会由张力大的一侧逐渐向张力小的一侧偏移，导致皮带跑偏现象。

导致皮带跑偏现象的原因很多，只有仔细观察、积累经验，才能找到解决皮带跑偏现象的有效方法。最常见的原因及纠正措施如下：

1）因为安装误差引起的皮带跑偏

皮带输送线安装质量的好坏对皮带跑偏的影响最大，由安装误差引起的皮带跑偏现象最难处理。安装误差主要有以下两点。

（1）输送皮带接头不平直

如果皮带在切割及接头制作过程中接头出现不平直，将会造成皮带两边张力不均匀，皮带始终从张紧力大的一侧向张紧力小的一侧跑偏。针对这种情况，可以通过调整主动轮或从动轮两侧的位置以平衡皮带的张紧力来消除，调整无效时必须重接皮带接头。

（2）机架歪斜

机架歪斜包括机架中心线歪斜和机架两边高低倾斜，这两种情况都会造成严重跑偏，并且很难调整。例如某企业在对一台非专业安装人员安装的皮带输送线试机时，皮带跑偏严重，通过测量发现机架中心线歪斜，头尾调正后，中间部位的跑偏仍无法纠正，最后对机架重新进行安装才解决问题，可见机架歪斜的影响之大。为了保证安装质量，要求在安装时对机架相关位置尺寸进行仔细的测量与调整，包括用水平尺仔细测量调整机架的水平度。

2）皮带输送线运行中引起的皮带跑偏

（1）辊轮、托辊黏料引起的跑偏

用于散料输送的皮带输送线在运行一段时间后，由于某些散料具有一定的黏性，部分散料会黏附在辊轮和托辊上，使得辊轮或托辊局部直径变大，引起皮带两侧张紧力不均匀，造成皮带跑偏。出现这种情况应该及时清除辊轮和托辊上的散料。

（2）皮带松弛引起的跑偏

调整好的皮带在运行一段时间后，由于皮带拉伸产生永久变形或老化，会使皮带的张紧力下降，造成皮带松弛，引起皮带跑偏。所以在日常检查维护中要注意检查皮带的张紧力情况，发现皮带松弛要及时进行调整。

（3）散料分布不均匀引起的跑偏

如果皮带空转时不跑偏，重负荷运转时跑偏，说明散料在皮带两边分布不均匀。散料分布不均主要是皮带接料处散料下落方向和位置不正确引起的，如果散料偏到左侧，则皮带向右跑偏，反之亦然。遇到这种情况只要调整散料的下落方向和位置，使其在皮带上分布均匀即可。

3）皮带输送线皮带跑偏现象的纠正

皮带输送线在安装时首先要确保皮带接头平直，确保机架安装质量，减小或消除安装误差，对机架歪斜严重的必须重新安装。

在试运行或正常运行中的跑偏，通常的调整方法主要有如下几种。

（1）调整托辊

对于采用托辊支承的皮带输送线，如果皮带在整个输送线的中部跑偏时，可以采取调整托辊的位置来调整跑偏，托辊支架两侧的安装孔加工成长孔，就是方便进行调整的。调整方法是皮带偏向哪一侧，就将托辊的哪一侧朝皮带前进方向前移，或将托辊的另一侧后移。

（2）调整辊轮位置

主动轮与从动轮的调整是皮带跑偏调整的重要环节。因为一条皮带输送线至少有 2～5 只辊轮，理论上所有辊轮所在位置的轴线必须垂直于皮带输送线长度方向的中心线，而且还要相互平行，若辊轮轴线偏斜过大必然发生跑偏。

由于主动轮的位置通常调整的范围很小或无法调整，所以通常调整从动轮的位置来纠正皮带的跑偏。调整的方法如图 3-15 所示，皮带向哪一侧偏移就将从动轮的该侧向皮带前进方向调整，或将另一侧向反方向放松，通常需要经过反复调整，每次调整后使皮带运行约 5 min，边观察边调整，直到皮带调到较理想的运行状态、不再跑偏为止。

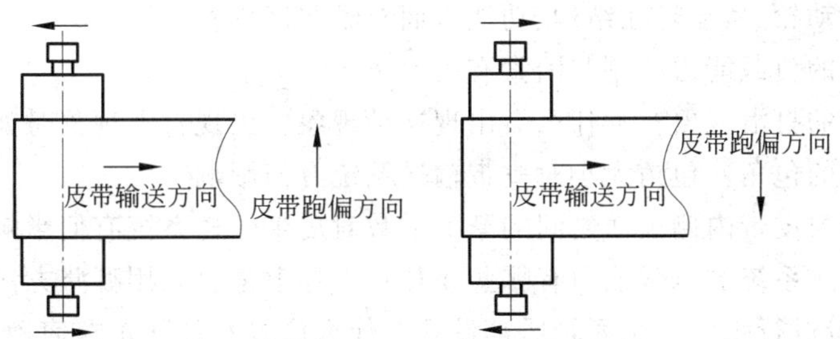

图 3-15　皮带跑偏调整方法示意图

除从动轮可以调整皮带的跑偏外，对张紧轮的位置进行调整也可以实现同样的效果，调整方法与图 3-15 所示方法完全相同。

对于可以调整位置的各辊轮，在轮轴安装处通常都要设计专门的腰形槽孔，同时用专门的调整螺钉通过调整辊轮传动轴来调整辊轮的位置。

（3）其他措施

除上述调整措施外，为了防止出现皮带跑偏，还可以同时将所有辊轮设计成两端直径比中部直径小1%左右,可以对皮带施加部分约束,确保皮带正常运行。

总之,对于皮带输送线的跑偏现象,只要加强日常巡检,及时清除引起皮带跑偏的各种因素,掌握皮带跑偏的规律,就能找出相应的解决办法。

3.6.2 皮带输送线的日常检查与维护

在皮带输送系统的安装和使用过程中,需要注意皮带的安装、皮带的张紧调节、皮带的跑偏调节、皮带的更换、传动润滑、安全等环节,以下是对相关实践经验的归纳总结。

(1) 皮带使用前要用水平尺将皮带调整到水平状态,若输送线由多段组成,除要求各段输送线等高外,还需要通过校准细线将各段调整连接到一条水平直线上。

(2) 张紧皮带时应先通电使系统运转起来,然后再逐渐调整张紧轮,使皮带张紧力调整到合适状态。

(3) 电机传动齿轮(或同步带、链条)处应设计保护罩,防止意外事故发生。

(4) 若发生意外事故,首先应立即切断电源,再进行检查并采取相应措施。

(5) 传动齿轮及各运动部位应每半年加一次润滑脂。皮带传动轴处如果有异常响声,则表明可能缺少润滑,需要加入润滑脂或润滑油。

(6) 在每天的工作及检查中,应注意观察皮带的使用情况,检查是否有异常磨损现象或异常声音发生。若有异常现象发生,应立即查明原因并加以解决,以免加速降低皮带的使用寿命。

思考题与习题

3.1 皮带输送与皮带传动有哪些区别?

3.2 皮带输送系统由哪些结构部分组成?

3.3 皮带输送系统中主动轮与从动轮在结构、功能方面有哪些区别?

3.4 张紧轮与主动轮、从动轮在结构、功能方面有哪些区别?

3.5 皮带输送线的负载能力与哪些因素有关?

3.6 什么叫皮带的打滑现象?为什么会出现这种现象?出现打滑现象时如何解决?

3.7 什么叫皮带的包角?包角大小对皮带输送系统有何影响?

3.8 主动轮表面与皮带内侧表面之间的摩擦系数对皮带输送系统有何影响?

3.9 增加皮带输送系统的负载能力有哪些途径?工程上主要采用哪些方法?

3.10 如何对皮带进行张紧?张紧轮通常设计在什么位置?张紧轮在何种方向调节时效果最好?

3.11 什么叫皮带的跑偏现象?为什么会出现这种现象?发生后如何进行纠正?

3.12 如何计算确定所需要的皮带长度?

3.13 皮带输送系统中的负载扭矩如何计算?如何进行电机的选型?

3.14 皮带的安装或更换应该按什么步骤进行?

3.15 在皮带输送系统的安装和使用过程中需要注意哪些事项?

第4章　链条输送线设计原理与应用

在自动化制造领域，物料输送系统是自动化生产线的重要组成部分，这种物料输送系统中，最基本的方式就是已在第3章中介绍的皮带输送系统与本章要介绍的链条输送系统。这两种物料输送系统都大量使用在自动化装配生产线及人工装配流水线上。

由于皮带输送是依靠皮带与驱动辊轮之间的摩擦力来进行的，所以皮带输送系统一般用于输送质量不大的产品或物料，既可以使用在由多台自动化专机组成的自动化生产线上，也可以使用在单台自动化专机上，还大量使用在人工装配流水线上。

链条输送系统则既可以输送小型的物料，例如电子元器件，也可以输送质量更大的物料，例如电视机、计算机显示器、空调器、电冰箱、汽车、卷烟、啤酒、饮料等，主要应用在自动化生产线上。

通过本章的学习，读者要了解链条输送线的主要类型、特点、结构组成、工作原理、典型应用及使用维护要点。

4.1　链条输送线主要类型及工程应用

1. 链条输送线的分类

所谓链条输送系统就是利用链条的运动，结合其他附加装置（例如吊架、挂钩、平板等），将物料从一个位置自动输送到另一个位置的系统，物料的输送路线既可以是通常的水平输送，也可以是倾斜的。

目前，在自动化生产线上，最典型且大量使用的链条输送线主要为下列类型：

- 倍速链输送线；
- 平顶链输送线；
- 悬挂链输送线。

2. 链条输送线的特点

链条输送线之所以在自动化生产线上得到大量使用，是因为它们具有以下众多优点：

1）承载能力大

链条输送线的承载能力比皮带输送线大，所以皮带输送线一般用于输送物料质量不大的产品，而链条输送线则一般用于负载较大的场合，而且结构紧凑。

2）可以在恶劣的环境下运行

由于输送线的主要传动部件为输送链条，与链传动的特点类似，链条输送线可以在恶劣的环境下运行，例如高温、灰尘、潮湿的环境，这些环境是皮带输送所无法进行的，而且链条输送线的维护简单。

3）输送物料灵活

链条输送线输送的物料既可以是成件的物品（如卷烟、瓶装饮料、矿泉水、啤酒、电视机、计算机、空调器、电冰箱、汽车等),也可以是散装的物品(如粮食)。

4) 输送位置准确

链条输送线既可以应用于比较准确的步进输送,也可以在生产线上通过专用的阻挡气缸,使工件准确停留在需要的位置,而不影响链条的连续运行。

当然,链条输送线也存在一些缺点,例如:运动不均匀,有一定噪声,不适宜用于频繁启动、制动、反转及高速输送的场合。

3. 链条输送线的应用场合

链条输送线大量使用在我国制造业的各种行业,例如:

- 空调器、电冰箱、冷柜的装配流水线;
- 电视机装配流水线;
- 汽车装配流水线;
- 计算机装配流水线;
- 卷烟自动化包装及仓储物流系统;
- 瓶装饮料、矿泉水、啤酒生产线,等等。

4.2 倍速链输送线

4.2.1 倍速链的结构及工作原理

1. 倍速链的定义

用于物料输送的链条与链传动采用的链条类似,工程上最常用的输送链条为滚子链。

所谓倍速输送链(double plus conveyor chain)就是这样一种滚子输送链条,在输送线上,链条的移动速度保持不变,但链条上方被输送的工装板及工件可以按照使用者的要求控制移动节拍,在所需要停留的位置停止运动,由操作者进行各种装配操作,完成上述操作后再使工件继续向前移动输送。所以倍速输送链也称为可控节拍输送链、自由节拍输送链、倍速链、差速链、差动链,工程上习惯称为倍速链。图4-1为倍速链的外形图。

图4-1 倍速链外形图

2. 倍速链结构组成

图4-2为倍速链的结构图,从图中可以看出,倍速链由内链板、套筒、滚子、滚轮、外链板、销轴等六种零件组成。

1) 零件材料

通常情况下,滚子、滚轮是由工程塑料材料注塑而成的,只有在重载情况下才使用钢制

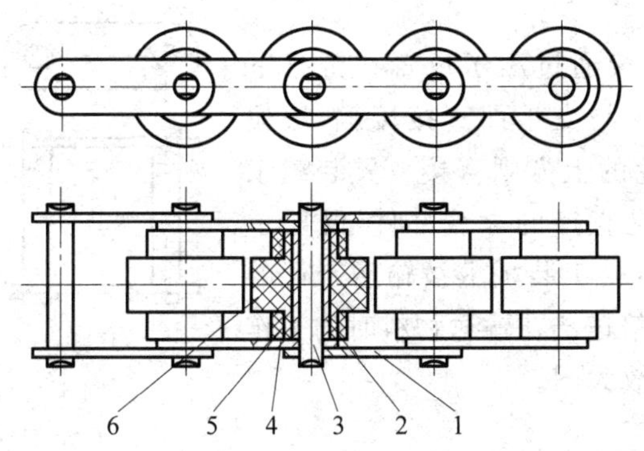

图 4-2　倍速链结构图

1—外链板；2—套筒；3—销轴；4—内链板；5—滚子；6—滚轮

材料，除此以外，其余零件都为钢制材料。

2) 零件连接方式

倍速链的结构与普通双节距滚子链的结构类似，其中：

(1) 销轴与外链板

销轴与外链板采用过盈配合，构成链节框架。

(2) 销轴与内链板

销轴与内链板均为间隙配合，以使链条能够弯曲。

(3) 销轴与套筒

销轴与套筒一般有两种连接方式，如图 4-3 所示。其中一种为套筒插入内链板并与内链板过盈配合，如图 4-3(a)所示。另一种为套筒不插入内链板，直接将套筒空套在销轴上，如图 4-3(b)所示。两种情况下套筒与销轴之间都为间隙配合。

(4) 套筒与滚轮

套筒与滚轮之间是间隙配合，它们之间可以发生相对转动。

(5) 滚轮与滚子

滚轮与滚子之间是间隙配合，它们之间可以发生相对转动，以减少它们工作时相互之间的磨损，这对于连续长距离的输送非常重要。

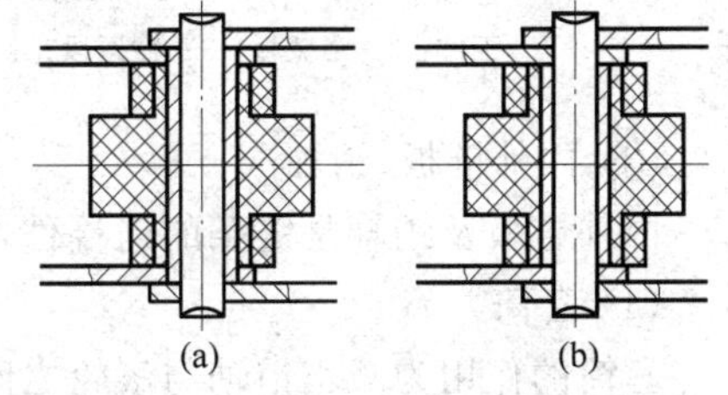

图 4-3　销轴与套筒的连接方式

(a) 套筒插入内链板并与其过盈配合；(b) 套筒不插入内链板

3) 连接链节

为了组成一个封闭的环形结构，倍速链与其他滚子链一样也需要一个连接件，称为连接链节。连接链节将链条两端连接后，还必须装入止锁件，防止连接链节脱落。图 4-4 所示为常用的两种止锁件结构，其中图 4-4(a)为开口销，将开口销插入销孔后向外侧弯曲即可；图 4-4(b)为弹性锁片，将其插入两个销轴上即可。

3. 倍速链的工作原理

1) 各零件的作用

在图 4-2 所示的倍速链结构图中，各零件的作用分别为：

(1) 滚轮

倍速链在使用时直接通过滚子放置在链条下方的导轨支承面上，滚子与支承面直接接触，滚轮的下方是悬空的，而滚轮的上方则直接放置装载工件的工装板，因此滚轮是直接的承载部件，既要承受工装板的重量，还要承受工装板上被输送工件的重量。图4-5(a)所示为倍速链在输送物料时的工作情况，图4-5(b)为局部放大图。

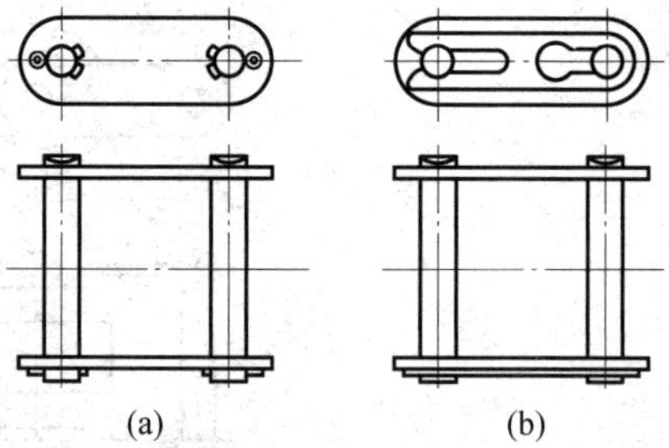

(a) (b)

图4-4 链条的连接方法

(a) 开口销连接；(b) 弹性锁片连接

(2) 滚子

滚子是直接的承载部件，滚子被支承在导轨支承面上，既要承受通过滚轮传递而来的工装板的重量及工装板上被输送工件的重量，又要在导轨上滚动前进，同时链条的驱动是通过驱动部位链轮的轮齿直接与滚子啮合来进行的。

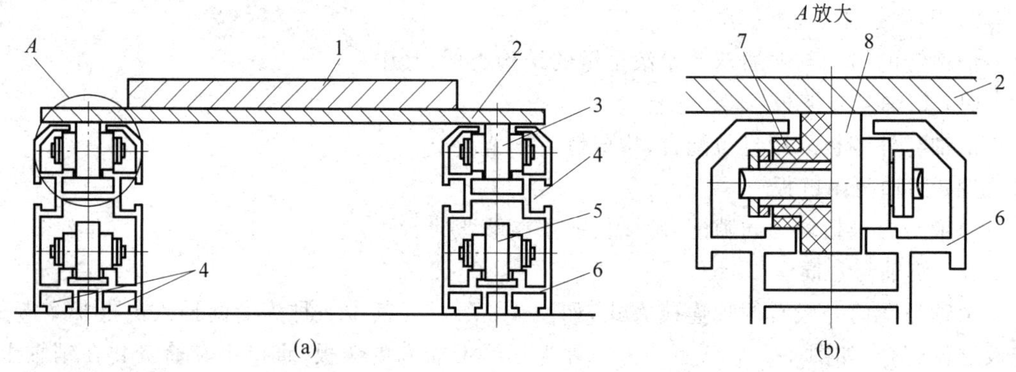

图4-5 倍速链使用示意图

(a) 倍速链工作情况；(b) A处局部放大图

1—工件；2—工装板；3—输送段；4—螺栓安装孔；5—返回段；6—导轨；7—滚子；8—滚轮

(3) 内外链板、销轴

内外链板及销轴是链条的连接件，使单个的滚子滚轮串联成链条。

(4) 套筒

套筒的作用为减小销轴与滚轮之间的摩擦，保护销轴。

2) 倍速链的增速原理

倍速链之所以被称为倍速链、差速链、差动链，就是因为它具有特殊的增速效果，也就是放置在链条上方的工装板(包括工装板上放置的被输送工件)的移动速度大于链条本身的前进速度。这一效果是由于倍速链的特殊结构产生的，下面对产生上述增速效果的原因进行简单的分析计算。

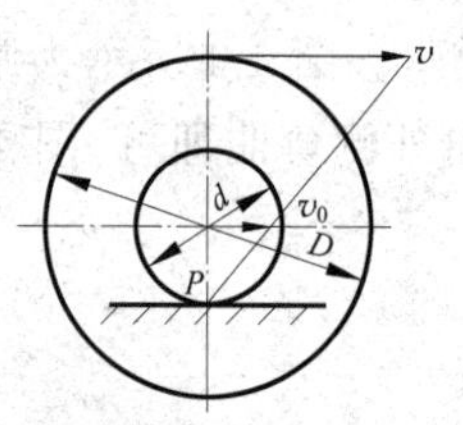

图4-6 倍速链增速效果原理示意图

如果取链条中的一对滚子滚轮为对象，分析其运动特征，其运动简图如图4-6所示。

在图4-6所示的模型中，假设滚子滚轮机构在以下条件下运动：

(1) 滚子在导轨上滚动，而且滚子与导轨之间的运动为纯滚动；

(2) 滚子与滚轮之间没有相对运动；

(3) 工装板(上面放置工件)与滚轮之间没有相对运动。

设链条的前进速度为 v_0，工装板(工件)的前进速度为 v，滚子的直径为 d，滚轮的直径为 D。

根据上述假设，由于滚子、滚轮之间没有相对运动，在滚子、滚轮滚动的瞬间可以将它们看作是刚性连接在一起的，两者瞬间的滚动可以看作是以滚子与导轨接触点 P 点为转动中心的转动。

假设滚子及滚轮上述瞬时转动的角速度为 ω，因此滚子几何中心的切线速度就是链条的前进速度 v_0，而滚轮上方顶点的切线速度就是工装板(工件)的前进速度 v，因而有

$$v_0=\omega\frac{d}{2} \tag{4-1}$$

$$v=\omega\left(\frac{d}{2}+\frac{D}{2}\right) \tag{4-2}$$

根据式(4-1)、式(4-2)可以得出

$$v=\left(1+\frac{D}{d}\right)v_0 \tag{4-3}$$

式中：d——滚子直径；

D——滚轮直径；

ω——滚子及滚轮的瞬时转动角速度；

v_0——滚子几何中心的切线速度(链条的前进速度)；

v——滚轮上方顶点的切线速度(工装板或工件的前进速度)。

分析：对式(4-3)进行分析可以发现，由于滚轮直径 D 可以成倍地大于滚子直径 d，因此工装板(工件)的前进速度 v 可以是链条前进速度 v_0 的若干倍，这就是倍速链的增速效果原理，增大滚轮滚子的直径比 D/d 就可以提高倍速链的增速效果。

前面的假设与实际情况是有一定区别的，各运动副之间不可避免地存在移动摩擦，滚子与导轨之间也可能产生一定的滑动，所以实际的增速效果要比式(4-3)的理论计算值小。

增速效果是倍速链的一个重要技术指标，质量差的链条由于设计与制造精度较差，其增速效果将会很差。由于增速效果与滚子、滚轮的直径直接相关，根据式(4-3)可知，只要增大滚轮滚子的直径比 D/d 就可以提高倍速链的增速效果，而要增大滚轮的直径受到链条节距的限制，而减小滚子的直径也受到链条结构的限制，所以倍速链的增速幅度是有一定限制的，通常的增速效果为 $v=(2\sim3)v_0$，常用的规格为 2.5 倍速输送链和 3 倍速输送链。

4. 倍速链的性能特点

根据上述对倍速链工作原理及增速效果的分析，可以总结出倍速链链条具有以下优点：

(1) 链条以低速运行，而工装板与被输送工件则可以获得成倍于链条速度的移动速度，通常工装板运行速度是链条运行速度的 2.5 或 3 倍，提高了输送效率。

(2) 由于工装板与滚轮之间是摩擦传动，因此可以利用它们之间可能出现的滑差，使得当链条以原有速度前进时，让工装板停留在某一位置上，从而按工艺要求控制工件输送的节

拍，这正是手工装配流水线或自动化生产线上所需要的特征。由于滚轮与工装板之间为滚动摩擦，所以对倍速链链条可以起到很好的保护作用，或者说，尽管倍速链链条以固定的运动速度连续运行，而如果让工装板停留在某一位置上并不会损害链条，这样就非常适应工业生产对输送线的需要。

(3) 链条质量轻，使整个输送装置轻便，系统启动快捷。

(4) 因滚轮材质为工程塑料，因而链条运行平稳、噪声低、耐磨损、使用寿命长。如需输送重型物件，可将滚轮及滚子改为钢制滚轮和滚子以提高其强度。如需在腐蚀或潮湿的条件下使用，链条还可进行镀镍或改用不锈钢材质。

5. 倍速链的标准规格

1) 倍速链尺寸标准

由于倍速链大量应用在各种自动化生产线及手工装配流水线上，它们是按一定的标准规格设计制造的，我国于1993年制定了《倍速输送链》机械行业标准，标准号为JB/T 7364—1994。在标准中详细规定了链条号、结构型式、标记方法、基本参数、尺寸、链轮。图4-7为倍速链各种基本参数，表4-1、表4-2为各种标准尺寸，各厂家一般都是按照上述标准尺寸设计制造的。

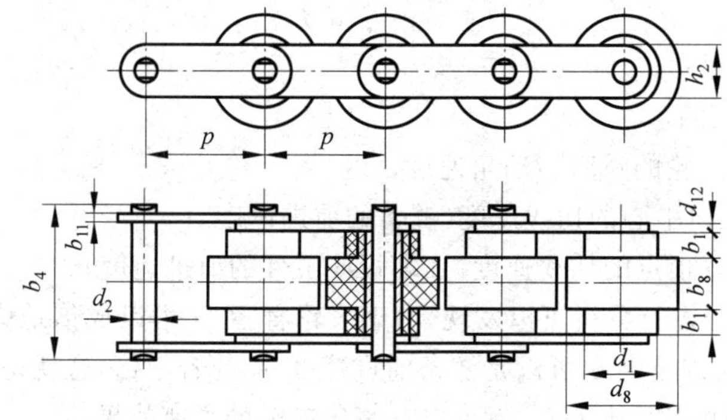

图4-7　倍速链各种基本参数示意图

表4-1　2.5倍速链条尺寸表　　mm

链　　号	节距 P	滚子外径 d_1	滚轮外径 d_8	滚子高度 b_1	滚轮高度 b_8	销轴直径 d_2	链板高度 h_2	外链板厚度 b_{11}	内链板厚度 b_{12}	销轴长度 b_4	连接销轴长度 b_7
		max		min	max						
BS25—C206B	19.05	11.91	18.3	4.0	8.0	3.28	8.26	1.3	1.5	24.2	27.5
BS25—C208A	25.4	15.88	24.6	5.7	10.3	3.96	12.07	1.5	2.0	32.6	36.5
BS25—C210A	31.75	19.05	30.6	7.1	13.0	5.08	15.09	2.0	2.4	40.2	44.3
BS25—C212A	38.1	22.23	36.6	8.5	15.5	5.94	18.08	3.0	4.0	51.1	55.7
BS25—C216A	50.8	28.58	49.0	11.0	21.5	7.92	24.13	4.0	5.0	66.2	71.6

表 4-2　3 倍速链条尺寸表　mm

链　　号	节距 P	滚子外径 d_1	滚轮外径 d_8	滚子高度 b_1	滚轮高度 b_8	销轴直径 d_2	链板高度 h_2	外链板厚度 b_{11}	内链板厚度 b_{12}	销轴长度 b_4	连接销轴长度 b_7
		max		min	max						
BS30—C206B	19.05	9.0	18.3	4.5	9.1	3.28	7.28	1.3	1.5	26.3	29.6
BS30—C208A	25.4	11.91	24.6	6.1	12.5	3.96	9.60	1.5	2.0	35.6	39.5
BS30—C210A	31.75	14.80	30.6	7.5	15.0	5.08	12.2	2.0	2.4	43.0	47.1
BS30—C212A	38.1	18.0	36.6	9.75	20.0	5.94	15.0	3.0	4.0	58.1	62.7
BS30—C216A	50.8	22.23	49.0	12.0	25.2	7.92	18.6	4.0	5.0	71.9	77.3

2）倍速链标记方法

倍速链作为一种标准传动部件，一般采用通用的标准代号来表示。标记方法一般为："链号×整链节数 /标准号"。

例如：节距为 38.1 mm、整链节数为 84、理论增速幅度达到 3 倍的标准倍速链标记为"BS30—C212A×84JB/T7364—1994"。

4.2.2　倍速链输送线的结构及工程应用

1. 倍速链输送线的结构

在倍速链链条的基础上，加上电机驱动系统及其他附件就可以组成倍速链输送线。图 4-8 为由倍速链链条组成的典型倍速链输送线结构。在工程上，倍速链输送线的实际长度通常可达数十米。

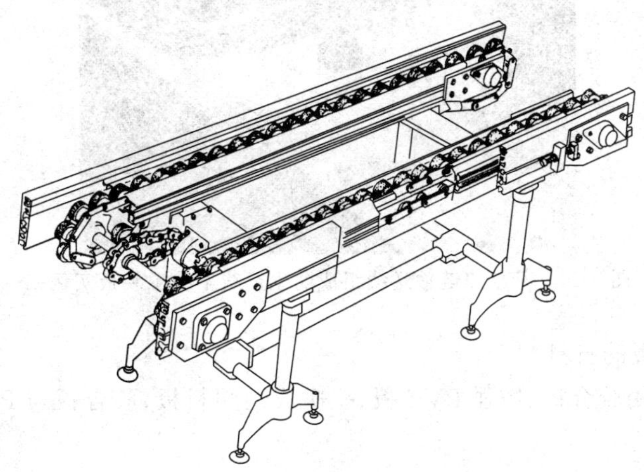

图 4-8　典型倍速链输送线结构

从图 4-5、图 4-8 可以看出，典型的倍速链输送线主要由以下部分组成：

- 工装板；

- 止动机构；
- 倍速链链条；
- 链条支承导轨；
- 电机驱动系统；
- 链条张紧调节机构；
- 回转导向座。

1）工装板

工装板是自动化生产线必不可少的输送工装(工程上也广泛称为冶具)，它是直接放置在链条滚轮上方的承载物，被输送的物料或工件直接放置在工装板上，因此工装板是根据被输送工件的形状与尺寸专门设计的。图4-9为用于某彩色电视机倍速链输送线上的工装板实例一，图4-10为某生产线上的工装板实例二。

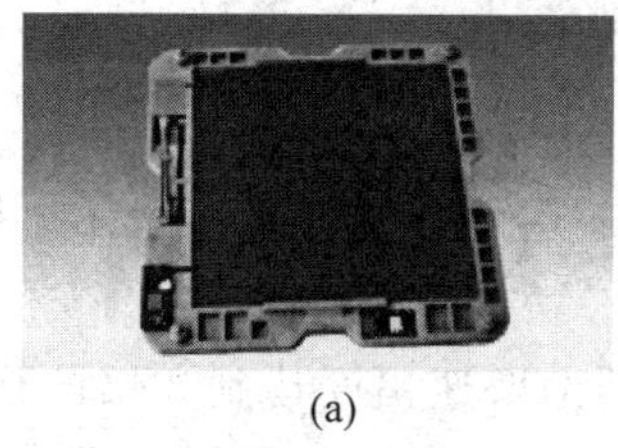

(a)

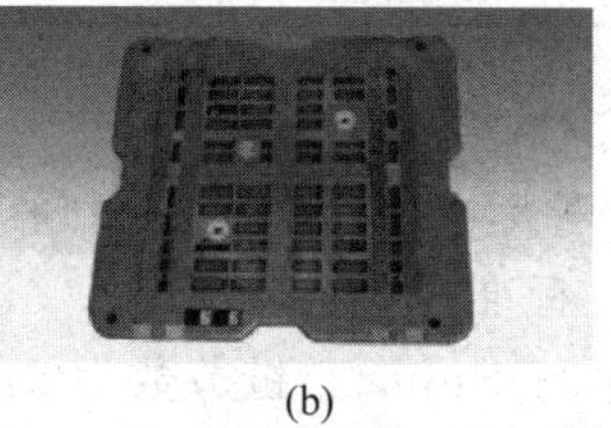

(b)

图4-9　某彩色电视机倍速链输送线上的工装板实例一

(a) 工装板正面；(b) 工装板反面

图4-10　某倍速链输送线组成的生产线上的工装板实例二

(1) 制作工装板的材料

工装板一般采用胶合板、增强PVC板、一次成型塑料板、胶合板与PVC合成板等材料制造。

(2) 表面材料

由于工装板不仅是工件的自动输送载体，而且产品的装配和检测也是在工装板上进行的，因此工装板的表面材料应根据工艺需要具有相应的特殊要求，例如防静电、耐磨性能。通常在工装板的表面采用防静电胶皮、金字塔形耐磨防滑胶皮、PP塑料耐磨板、防静电毛毯、防静电高密度海绵等材料。

(3) 结构

在手工装配流水线或自动化生产线上，由于某些工序需要在工装板上对工件进行各种装配、检测、调试、老化等工序，所以工装板上除设置有工件定位夹具外，经常还需要设置电源插座、开关、检测信号接收装置等。

由于工装板是放置在倍速链链条上随链条一起运动的，因此使工装板从输送线上获得电源最简单，但不能带通常的电源线，所以在工装板下方沿输送方向设计有两条由专门的铜合金导电金属片制作的电极，而在输送线上则设计有一系列专门的导电轮(工程上也称为集电子)或导电槽，如图 4-11 所示。

图 4-11　倍速链输送线上的导电轮

导电轮的材料也是导电性能较好的铜合金金属，分单向导电和双向导电。这样当工装板在需要装配操作的位置上停留下来时，工装板下方的导电电极片刚好位于输送线上的导电滚轮上，工装板下方的导电电极片自动接通电源，而当工装板离开上述位置后电源则自动切断。

2) 止动机构

在由倍速链输送线组成的自动化生产线或人工装配流水线上，工装板(连同工件)需要在各种操作位置上停下来供装配或检测，而输送线则是一直连续运行的，如何使工装板在需要进行工序操作的位置上停止前进呢?

为了解决上述问题，在输送线的中央专门设计了一系列的阻挡机构，这种阻挡机构实际上就是一种专门的气缸，工程上称为止动气缸(如 SMC 公司的 RSQ、RSG、RSH、RSA 系列气缸，FESTO 公司的 STA 系列气缸)。图 4-12 所示为工程上常用的止动气缸。

图 4-12　工程上常用的止动气缸

在人工装配流水线上，当工装板载着工件随倍速链输送线输送到装配工位时，输送线中央的止动气缸处于伸出状态，工装板前方碰到止动气缸活塞杆端部的滚轮时，止动气缸使工装板的运动停止下来。当完成装配操作后，工人踩下工位下方的气阀脚踏板，止动气缸活塞杆缩回,工装板自动恢复前进,倍速链输送线的这一特点使其非常适合用于自由节拍的人工装配流水线上。

在小型负载场合,采用气缸内部装有压缩弹簧的止动气缸,无气压时活塞杆处于伸出状态,弹簧可以吸收工装板的冲击能量。在重载场合,采用带油压吸振器的止动气缸,当工装板前方碰到止动气缸活塞杆端部的滚轮时,滚轮杠压下油压吸振器的缓冲杆获得缓冲,使工装板实现软停止。

在自动化装配生产线上,止动气缸的伸出缩回动作都依靠传感器及控制系统来实现。

3) 倍速链链条

将如图4-1所示的倍速链链条用链条链节连接成封闭的环状结构,再将倍速链链条安装在输送系统的支承导轨及驱动链轮上,然后在链条上方放上工装板就可以进行物料的输送了。如前所述,倍速链链条是按一定的标准规格尺寸设计生产的。

4) 链条支承导轨

倍速链链条是通过链轮驱动的,链条依靠直接放置在导轨支承面上的滚子来支承,链条在链轮的拖动下,滚子在支承导轨上滚动,使链条载着上方的工装板及物料向前方移动。

导轨一般是由专门设计制造的铝型材根据需要的长度裁取、连接而成的,图4-13所示为某倍速链支承导轨的截面形状。

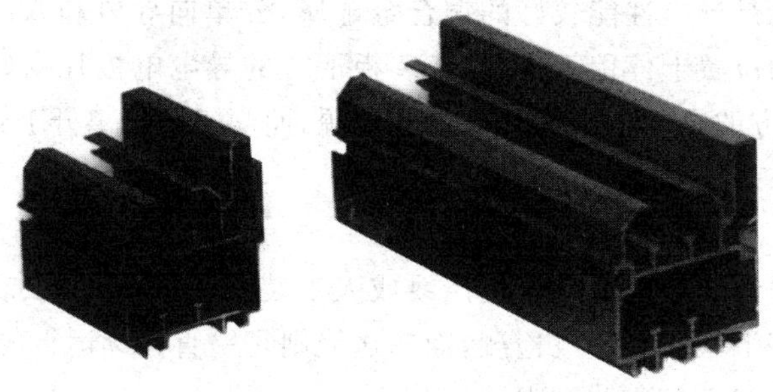

图4-13 典型的倍速链支承导轨截面形状

5) 驱动系统

要使链条在导轨支承面上前进,就需要对链条施加一定的牵引力,拖动链条在支承导轨上滚动前进,驱动倍速链链条最常用的方法为链轮驱动。

(1) 驱动系统的组成

倍速链输送线上的驱动系统与皮带输送系统的驱动系统类似,但由于倍速链输送线的负载通常更大,所以倍速链输送线一般采用普通的套筒滚子链传动系统来驱动。整个驱动系统如图4-8所示,电机通过减速器后,通过传动链条,将扭矩传递给安装有倍速链驱动链轮的传动轴,再通过驱动链轮驱动倍速链上的一系列滚子,拖动倍速链在导轨支承面上滚动前进。

整个驱动系统主要由以下部分组成:

- 电机及减速器;
- 链传动;
- 倍速链驱动链轮。

一般在结构设计时都将电机的安装结构设计为中心可调的结构,因此不需要另外采用张紧链轮来张紧传动链条，而直接通过调整电机的安装位置就可以调整链条的张紧程度，简化了机构设计。关于普通链传动的详细结构，读者可以参考第 14 章中相关内容。

(2) 倍速链驱动链轮

直接驱动倍速链的装置就是位于上述链传动从动链轮轴上的倍速链驱动链轮，这种驱动链轮与普通的链传动链轮非常相似，但也存在以下不同之处：

① 齿数较少。由于输送链条一般节距较大，使用时往往要求链条移动速度较低，为了降低链条速度，避免链轮直径过大，所以一般选取较少的齿数。

② 齿距更大。由于输送链条一般节距比传动链条更大，因此链轮的齿距也相应更大。

③ 链轮的尺寸加工精度要求降低。由于倍速链的驱动链轮在工作时并不要求往复回转，而且使用转速较低，所以如果链条上的滚子能够沿链轮根圆的圆周移动，那么即使链条与链轮的节距有较大的制造误差，链条仍然能够与链轮啮合，因此输送用链条与链轮的制造精度都可以降低，以降低制造成本。

④ 输送链轮一般采用非机加工链轮。输送链的链轮一般尺寸较大，由于对链轮的加工精度要求降低，为了降低制造成本，所以一般采用非机械加工的方法加工链轮。

倍速链链轮的尺寸是按标准制造的，链轮的直径及端面齿槽形状与双节距滚子输送链的链轮相同。图 4-14 所示为倍速链驱动链轮的轴向齿廓形状，链轮的有关尺寸读者可以查阅机械行业标准 JB/T 2364—1994。

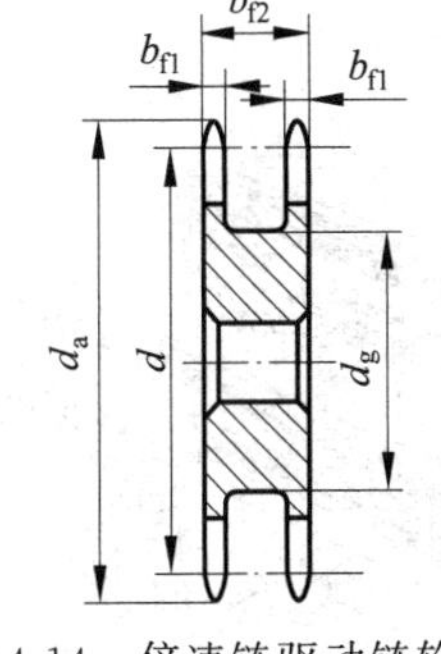

图 4-14　倍速链驱动链轮的轴向齿廓形状

6) 回转导向座

倍速链输送线是类似皮带输送系统的结构，链条组成一个上下封闭的循环，上方段输送物料，称为承载段，下方段用于链条的循环，称为返回段。为了充分利用空间，上下两段所用导轨之间的距离比驱动链轮的直径还要小，这样就造成倍速链链条从主动链轮进入返回段导轨、或从返回段导轨进入从动链轮时，容易发生链条卡住的现象，影响正常的传动运行。

为了解决上述问题，有必要在上述两处分别加入一个回转导向座，使链条能够沿着回转导向座顺利地进入和导出链轮，如图 4-15 所示。

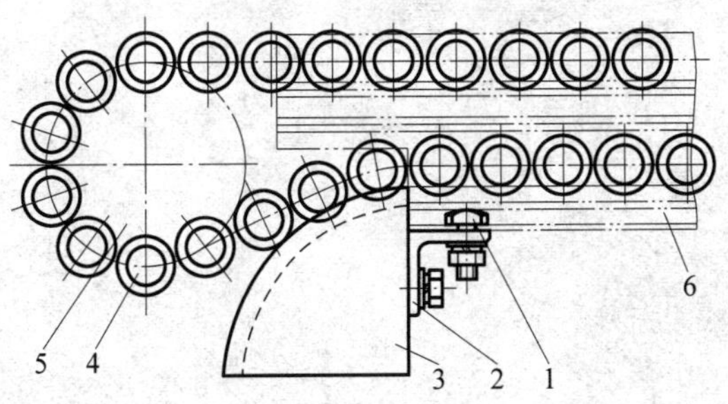

图 4-15　回转导向座示意图

1—T 形槽用螺栓；2—连接座；3—回转导向器；4—倍速链；5—链轮；6—导轨

输送线两端的回转导向座结构完全一样，只是一端的链轮为主动链轮，而另一端的链轮为从动链轮。

7）倍速链输送线张紧机构

与普通链传动类似，倍速链在工作过程中需要设置合适的张紧力，否则倍速链与驱动链轮之间无法进行良好的啮合。为了简化系统的结构，一般将倍速链驱动链轮的驱动轴设计成固定的位置，而从动链轮的轮轴则设计成可以调节的，根据需要可以调节从动链轮的位置，调整倍速链的张紧力，皮带输送系统中皮带的张紧及普通链传动系统中链条的张紧也采用了这样的方法，这种张紧方法结构最简单。

图4-16为倍速链输送线张紧机构实例，在从动链轮轮轴的两侧各设计了螺栓调整机构，将从动链轮轮轴两侧的固定板放松后，通过调整螺栓前后位置，从而调整从动链轮轮轴的前后位置，当倍速链的张紧力调整至合适状态后，再将两侧的安装板固定在机架上即可。

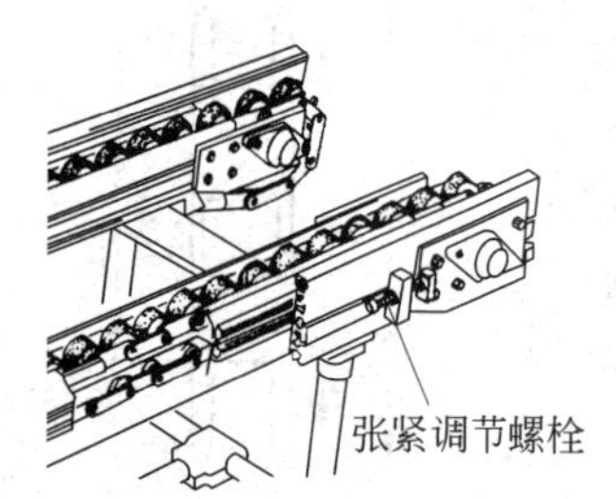

图4-16　倍速链输送线张紧机构实例

图4-17　倍速链输送线用于电冰箱内胆装配生产线实例

2. 倍速链应用实例

倍速链在各种自动化生产线及手工装配生产线上得到广泛的应用，作为物料的自动化输送系统。图4-17为倍速链输送线用于电冰箱内胆装配生产线实例。图4-18为倍速链输送线用于某DVD产品装配生产线实例。图4-19为倍速链输送线用于某计算机显示器装配生产线实例。

图4-18　倍速链输送线用于某DVD产品装配生产线实例

图 4-19　倍速链输送线用于某计算机显示器装配生产线实例

4.3　平顶链输送线

4.3.1　平顶链的结构与工作原理

1. 平顶链的定义

所谓平顶链是指专门用于平顶式输送机的链条，工程上也称为顶板输送链。由平顶链组成的输送线称为平顶链输送线。

平顶链常用于输送玻璃瓶、金属易拉罐、各种塑料容器、包裹等，也可以输送机器零件、电子产品及食品等。

根据形状，平顶链分为直行平顶链(flat-top chain for conveyor，flat-top chains)与侧弯平顶链(sideflexing top chain；top chain-curved movement)两种。

图 4-20 为直行平顶链的外形图，图 4-21 为侧弯平顶链的外形图。

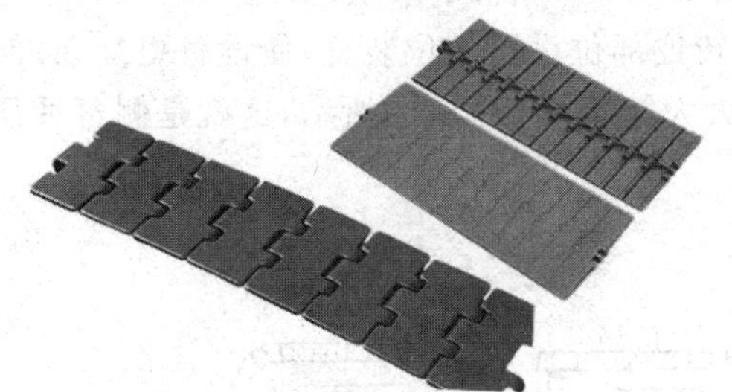

图 4-20　直行平顶链外形图

图 4-21　侧弯平顶链外形图

2. 平顶链的结构与工作原理

1) 直行平顶链

(1) 链条结构

平顶链的结构很简单，仅由一块两侧带铰圈的链板及一根轴销组成，如图 4-22 所示。两侧铰圈其中一侧与轴销固定连接(紧配合)，所以称为固定铰圈；另一侧则与另一片链板及轴销活动套接(间隙配合),称为活动铰圈。活动铰圈及轴销构成了平顶链的铰链。

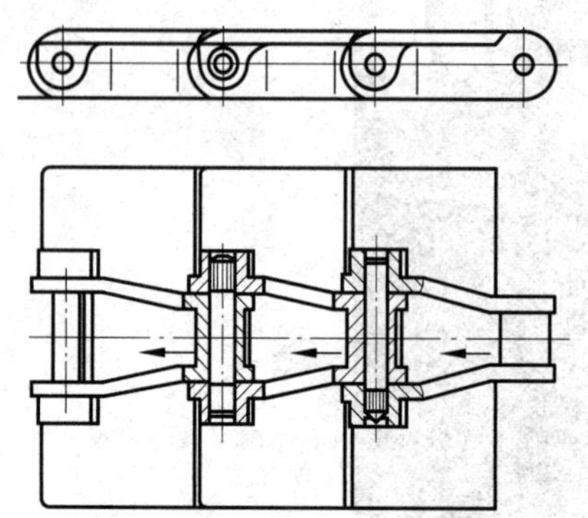
图 4-22 直行平顶链的典型结构

由于平顶链在运行时相邻链板之间需要有一定的自由活动,因此相邻链板之间必须有一定的间隙,保证链条在运行时不会发生干涉。

(2) 材料

由于平顶链在使用时经常需要与液态物质接触,所以链板大多使用不锈钢材料,其铰圈是卷制而成,因而铰圈有缝而且圆度也不易保证,载荷大时铰圈还会被拉开,这是钢制平顶链的薄弱环节。

目前链板材料也有采用工程塑料来制造的,由于采用模具成型,所以链板可以按需要采用较复杂的结构形状,大幅提高其强度,因而塑料链板平顶链的强度并不比简单铰卷式钢制链板平顶链的强度低。

实际应用中可以根据输送物料和工艺要求选用不锈钢链板或塑料链板,满足各种行业的不同需要。

(3) 驱动系统

平顶链在运行时是通过链轮与链板的活动铰圈啮合,拉动链条向前运动,活动铰圈就是与链轮啮合的部位,而链条则放置在导轨上,通过链条的两侧进行支承,如图 4-23 所示。

这与倍速链通过滚子在导轨上支承是类似的,区别是倍速链通过滚子在导轨上滚动运行,而平顶链则是通过链板在导轨上滑动运行。由于滑动运行的摩擦力较大,因此为了保护链条,降低链条运行时的磨损,需要在链条工作区域内的链板与导轨之间铺设衬垫材料,衬垫材料一般为工程塑料、不锈钢。

2) 侧弯平顶链

所谓侧弯平顶链就是能够转弯的平顶链。由于普通的直行平顶链链板之间的间隙有限,所以链条只能在直线方向运行,不能转弯。但在实际工程应用中车间的空间经常受到限制,输送线如果采用直线形式就无法实现,经常需要采用 L 形、U 形或矩形的输送线,在这种情况下如果采用普通的直行平顶链,就需要在转位部位设置变位装置,使设备更复杂,但如果使用一种能够转位的平顶链就可以使设备大大简化,如图 4-24 所示,这就是侧弯平顶链产生的原因。

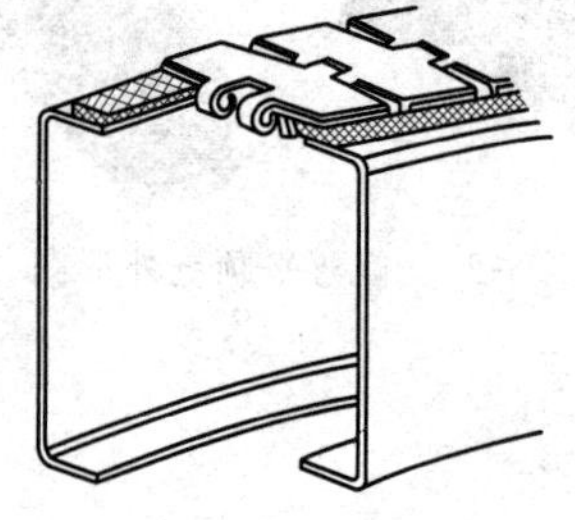
图 4-23 平顶链的支承结构

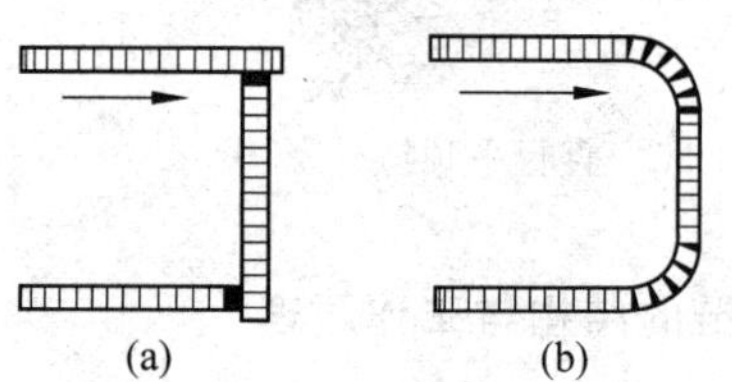

图 4-24 采用侧弯平顶链使输送线大大简化
(a) 三台直行平顶链组成的输送线;
(b) 侧弯平顶链组成的输送线

（1）结构特点

侧弯平顶链是在直行平顶链的基础上演化而来的，只是在直行平顶链的基础上对结构稍作如下改动：

① 增加铰链间隙。增加铰链之间的间隙，就可以允许相邻的两个链板之间发生一定的弯曲角度，各个相邻的链板之间的上述弯曲角度累加起来就可以获得更大的转弯角度了。此外，将铰链轴销设计为鼓形，也可以获得转弯效果。

② 将链板改为侧斜边。在直行平顶链中，链板沿前进方向两侧边是平行的，当链条侧弯时，相邻两个链板的侧边会发生干涉，因而只允许直行。如果将链板的一个侧边改为对称的斜边，如图 4-25 所示，就可以消除上述干涉，使链条实现侧弯。斜边的倾斜角度与铰链的间隙是相互配合的，共同决定侧弯半径的大小。

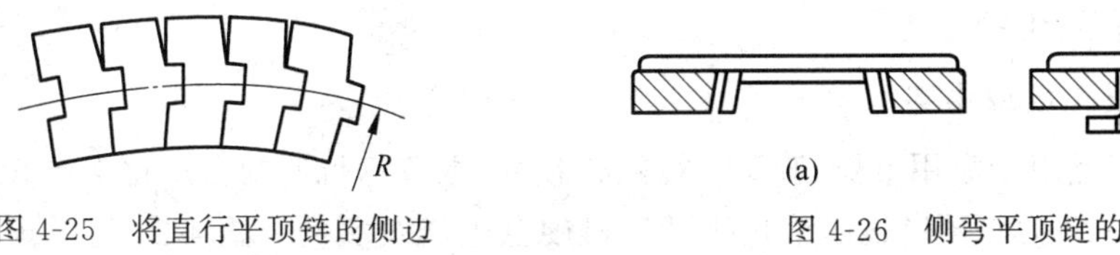

图 4-25　将直行平顶链的侧边改为对称的斜边

图 4-26　侧弯平顶链的防移板
（a）斜型防移板；（b）折弯型防移板

③ 增加防移板。侧弯平顶链在弯道上运行时，由于前方链条的拉力，链条会产生一个径向力，使链条在转弯部位向内侧移动。为了限制这种移动，在转弯部位内侧需要在链板的下方加装防移板，防移板直接顶住链板的铰链限制其径向移动，如图 4-26 所示，其中图 4-26(a)为斜型防移板，图 4-26(b)为折弯型防移板。

（2）采用侧弯平顶链的好处

在输送线上采用侧弯平顶链具有以下优越性：

- 省去了输送线转弯换向时的变位结构；
- 输送过程中被输送物品出现翻倒与跳跃的现象较少，噪声也较小；
- 在转弯处消除了被输送物品的滑动；
- 减少了电机、减速器、链轮等驱动部件的数量。

3. 平顶链的标准规格

平顶链大量应用在各种自动化生产线及手工装配流水线上，它们也是按一定的标准规格设计制造的，我国于 1993 年制定了《输送用平顶链和链轮》国家标准，标准号为 GB/T 4140—93。在标准中详细规定了链条号、结构型式、标记方法、基本参数、尺寸、链轮，各厂家一般都是按照标准尺寸设计制造的，读者在使用中可以查阅详细的标准内容。

4.3.2　平顶链输送线的结构及工程应用

1. 平顶链输送线的结构

平顶链输送线的结构比倍速链输送线简单，主要由以下四部分组成：

- 平顶链链条；
- 支承导轨；
- 电机驱动系统；

- 链条张紧装置。

如图4-23所示,将封闭的平顶链放置在链条两侧的专用支承导轨上,然后通过链轮与链板的活动铰圈啮合,拉动链条在支承导轨上向前滑动,电机驱动系统、链条张紧装置则与倍速链输送线完全相同。

2. 平顶链输送线的特点

(1) 输送面平坦光滑,摩擦力小,因而物料在输送线之间的过渡平稳,可以输送各类玻璃瓶、PET塑料瓶、易拉罐等物料,也可输送各类箱包。

(2) 平顶链输送线一般都可以直接用水冲洗或直接浸泡在水中,设备清洁方便,能满足食品、饮料等行业对卫生方面的特殊要求。

(3) 设备布局灵活,可以在一条输送线上完成水平、倾斜和转弯输送。

(4) 设备结构简单,维护方便。

3. 平顶链输送线工程应用实例

平顶链输送线广泛用于家用电器、啤酒、饮料、化妆品、烟草等行业的自动化生产线或手工装配流水线。图4-27为平顶链输送线用于计算机硬盘生产线实例。图4-28为平顶链输送线用于电冰箱生产线实例。图4-29为平顶链输送线用于医药生产线实例。

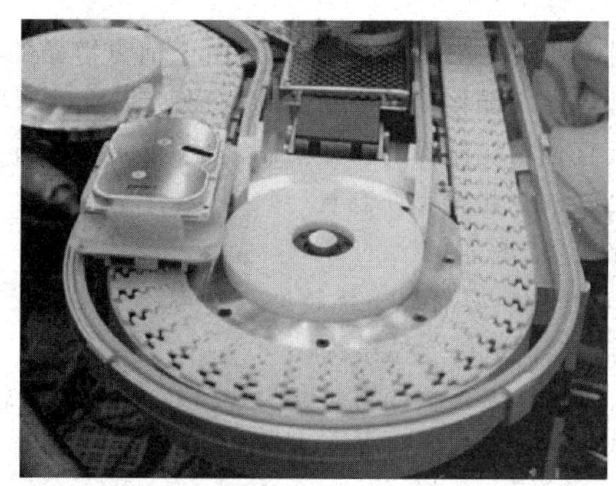

图4-27 平顶链输送线用于计算机硬盘生产线示意图

图4-28 平顶链输送线用于电冰箱生产线实例

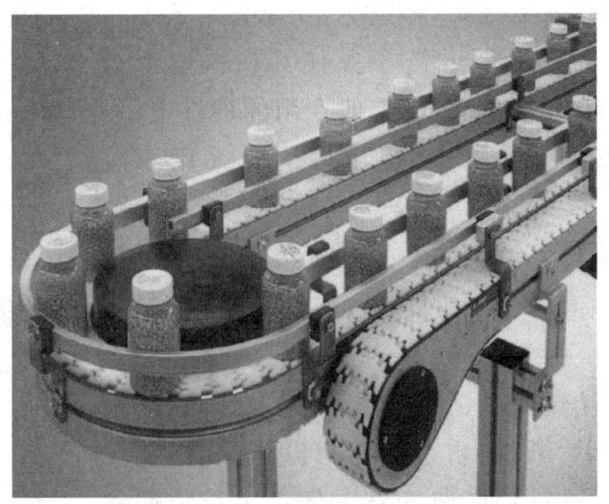

图 4-29　平顶链输送线用于医药生产线实例

4.4　悬挂链输送线

1. 悬挂链输送线的结构

所谓悬挂输送链(overhead trolley conveyor chain)就是专门用于悬挂输送机或悬挂输送线的输送链条。悬挂输送链大量应用于机械制造、汽车、家用电器、自行车等行业大批量生产产品工艺流程中零部件的喷涂生产线、电镀生产线、清洗生产线、装配生产线上,也大量应用于肉类加工等轻工行业。

由悬挂链组成的输送线称为悬挂链输送线,图 4-30 为悬挂链输送线的结构原理图。

从图 4-30 可知,悬挂链输送线主要由轨道、滚轮、悬挂输送链条、滑架、吊具、牵引动力装置等部分组成。

1) 悬挂输送链条

悬挂链输送线上的链条主要有两类：输送用模锻易拆链和输送用冲压易拆链。

上述两种悬挂链虽然加工方法不同,外观有所差异,但功能是相同的。图 4-31、图 4-32 分别为其外形图。

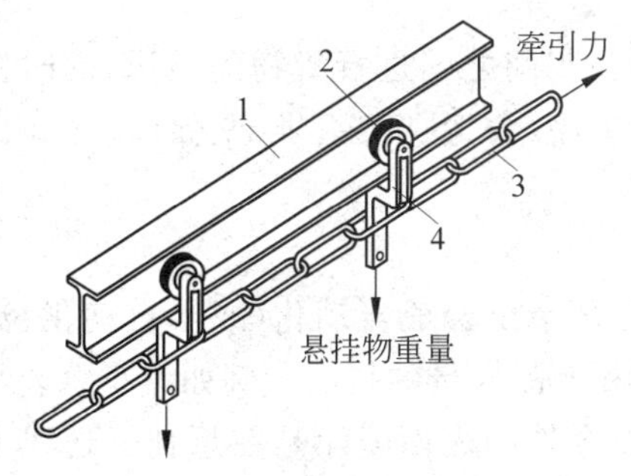

图 4-30　悬挂链输送线结构原理图

1—工字钢轨道；2—滚轮；3—悬挂输送链条；4—滑架

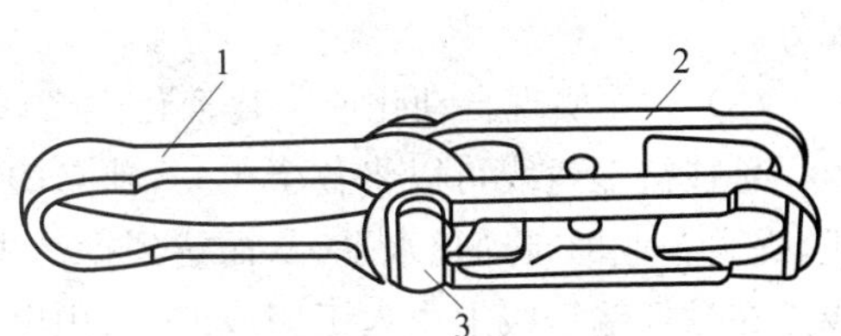

图 4-31　输送用模锻易拆链

1—中链环；2—外链板；3—T 形头销轴

2）轨道

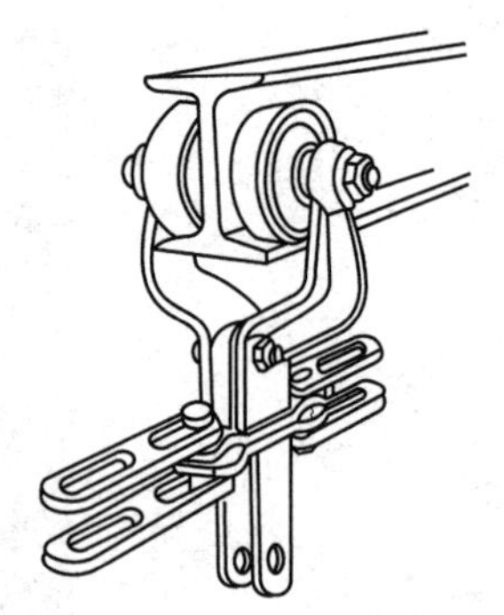
图 4-32 输送用冲压易拆链工作时的状态

架空轨道的作用为固定滑架或链条并使其在轨道上运行，它直接固定在屋顶、墙上、柱子上或其他专用的构件上。

架空轨道既可以采用单线轨道，也可以同时采用双线轨道。

架空轨道一般采用工字钢、扁钢或特征箱型端面型钢制成。

3）吊具

吊具是专门用来放置被输送工件或物料的工具，它是根据被输送物件的尺寸大小、形状、质量而专门设计的，形状灵活多样，设计的原则为装运过程中要能够方便地进行装载和卸载，在运行中还要保证物件不能滑落。

根据输送物件的区别，吊具通常有以下几类形状：吊钩形、框架形、杆形、沟槽形。

吊具通常用于将工件直接挂在吊钩上，最适合输送的工件为带孔、带角的工件，例如家用电器的外壳钣金件在喷涂生产线上大多采用这种吊具。

4）牵引动力装置

悬挂链输送线的牵引动力装置与倍速链输送线的驱动装置类似，由电机、减速器、皮带传动或链传动机构组成。为了获得灵活的输送速度，传动系统中一般设置有无级调速机构。

悬挂链输送线的驱动装置设置在输送线中张力最大处，当输送线长度不超过 500 m 时，只需要设置一个驱动装置，当输送线长度更长时，应设置多个驱动装置分段驱动，使链条及各种受力机构的载荷显著减小，降低功耗。

2. 悬挂链输送线的特点

（1）可以灵活地满足生产场地变化的需要。

悬挂链输送线可以根据用户合理的工艺线路，在车间内部、同一楼层的不同车间之间、不同楼层之间的空间固定封闭路线上实现成件物品的连续输送，还可穿越较长路线，绕过障碍，将工件按预定的线路运往指定地点，达到搬运物件的生产目的，输送距离 400～500 m 或更长。

（2）除物件搬运外，还可以用于装配生产线。

悬挂链输送线不仅可以用来在车间内部或车间与车间之间进行货物的搬运，同时还可以在搬运过程中完成一定的工艺操作，如表面处理工序（浸漆、喷涂、烘干、保温、冷却）、装配等。

（3）方便实现自动化或半自动化生产。

悬挂链输送线可以将各个单一、独立的生产工序环节配套成自动化（或半自动化）流水线，提高企业的自动化水平，从而达到提高生产效率和产品质量的目的。例如汽车总装装配线是在悬挂输送线上由人工完成的，家用电器外壳钣金件的表面喷涂是在悬挂输送线上自动完成的，空调器的部分装配也是在悬挂输送线上由人工完成的。

（4）可在三维空间作任意布置，能起到在空中储存物件的作用，节省地面使用场地。

（5）速度无级可调，能够灵活满足生产节拍的需要。

（6）输送物料既可以是成件的物品，也可以是装在容器内的散装物料。

(7) 悬挂链输送线可以使工件连续不断地运经高温烘道、有毒气体区、喷粉室、冷冻区等人工不适应的区域,完成人工难以操作的生产工序,达到改善工人劳动条件、确保安全的目的。

除上述优点外,悬挂链输送线也存在一些不足,最明显的不足是当输送系统出现故障时需要全线停机检修,这将影响整条生产线的生产。

3. 悬挂链输送线应用实例

悬挂链输送线大量应用于五金、电镀、喷涂、空调器、微波炉、洗衣机、电冰箱、计算机、汽车、自行车、机械制造等行业的加工或生产线上,组成各种喷涂生产线、电镀生产线、清洗生产线、装配生产线。

1) 作为单纯的物料输送系统

悬挂链输送线可以用作单纯的物料输送系统,在装配流水线上不停地进行物料循环输送。图 4-33 为电冰箱装配流水线上将悬挂链输送线与平顶链装配流水线并行设置,悬挂链输送线连续输送工人装配所需要的部件,吊具分为多层结构,可以尽可能装载更多的装配部件,工人可从后方的悬挂链输送线上取下所需要的部件。

图 4-33　悬挂链输送线用于电冰箱装配流水线实例

在各种喷涂生产线、电镀生产线、清洗生产线及部分装配流水线上,悬挂链输送线都用作单纯的物料输送系统,将工件直接挂在悬挂链输送线的吊具上,当工件连续经过喷涂区域、电镀池、清洗池时自动完成上述工序操作。小型工件进行电镀或清洗时一般用网状金属框装载,而工件进入及取出电镀池或清洗池则通过改变悬挂链输送线的高度来实现。图 4-34、图 4-35 为悬挂链输送线用于喷涂生产线实例。图 4-36 为悬挂链输送线用于家电产品生产线实例。

2) 组成装配生产线

悬挂链输送线除配合生产线作为单纯的物料输送系统外,还可以组成装配生产线,直接在装配流水线上输送工件,工人直接在被悬挂的工件上进行装配操作,工人边进行装配操作边随悬挂链输送线移动,例如空调器部分工序的装配、汽车总装配生产线等。图 4-37 为分体式空调器室内机部分工序的装配线实例,该输送线也可以用于其他产品的装配线。

本章主要对倍速链、平顶链、悬挂链这三种典型的输送链进行了介绍,为了满足各种专门的用途,工程上还有更多类型的输送链,只要读者熟悉了上述三种典型的输送链及相关的

图 4-34　悬挂链输送线用于喷涂生产线实例一

图 4-35　悬挂链输送线用于喷涂生产线实例二

图 4-36　悬挂链输送线用于家电产品生产线实例

图 4-37　悬挂链输送线用于分体式空调器室内机装配线实例

输送线结构，则很容易理解实际工作中遇到的其他类型输送链。

在负载的计算方面，倍速链、悬挂链输送线中的负载为在链条及负载重力作用下滚子与导轨之间产生的滚动摩擦力，而平顶链输送线中则是链条与导轨之间的滑动摩擦力，除此之外，有关电机的选型过程与皮带输送系统是类似的。

思考题与习题

4.1　倍速链为什么会有增速效果？如何计算倍速链的实际增速倍数？

4.2　根据倍速链增速效果的差异，在工程上倍速链主要有哪些典型规格？

4.3　倍速链由哪些零件组成？各配合零件之间采用什么配合？

4.4　倍速链输送线有哪些特点？

4.5　倍速链输送线如何调整链条的张紧力？

4.6　倍速链输送线上工件是如何输送的？工件如何放置？

4.7　在倍速链输送线上如何进行产品的装配或检测？

4.8　倍速链输送线上的工装板一般设计有哪些结构？具有哪些功能？

4.9　倍速链输送线上工件如何在需要时停止前进、如何恢复前进？

4.10　侧弯平顶链在实际应用中有什么好处？

4.11　侧弯平顶链与直行平顶链在结构上有什么区别？

4.12　侧弯平顶链在弯道上运行时如何防止链条在转弯部位向内侧移动？

4.13　悬挂链输送线上如何进行产品的装配？

第 5 章　振盘送料装置

5.1　振盘的功能与特点

5.1.1　振盘的功能

传统的手工生产方式中，人工送料效率低、成本高、劳动强度高、危险性大，是国内制造类企业技术改造中的一大难题。为实现从落后的手工生产方式向自动化生产方式的转变，首先就要解决工件的自动送料问题，而解决这一问题的重要方法之一就是采用振盘对工件自动送料，对工件实现自动送料及自动化输送是实施自动化生产的第一步。

什么是振盘呢?

没有从事过自动机械设计或没有在相关自动机械的工厂实践过的读者一定会对此感到陌生，振盘（vibratory bowl feeder）在工程上也称振动盘、振动料斗，它大多是一种形状像倒锥形的盘状或圆柱形的容器，如图 5-1 所示。在其圆锥面或圆柱面的内侧设置有从容器底部逐渐延伸到顶部的螺旋导料槽，在螺旋导料槽的顶端沿切向设置一条供工件通行的输料槽。容器内一次倒入很多工件，因而工件的姿态方向是杂乱无章的。接通电源开始工作后，工件在圆周方向的振动驱动力作用下沿螺旋导料槽自动向上爬行，最后经过外部的输料槽自动输送到装配部位或暂存取料位置。

图 5-1　典型的倒锥形振盘外形

振盘的功能就是将料斗内集中放置、姿态方向杂乱无章的工件按规定的方向连续地自动输送到装配部位或暂存取料部位。归纳起来有以下两方面：

- 自动输送；
- 自动定向。

5.1.2　振盘的应用场合

振盘广泛应用在自动化生产中，尤其是电子元器件、连接器、开关、继电器、仪表、五金等行业产品的自动化装配，也广泛应用于医药、食品行业的自动化包装生产，是自动机械中最基本的自动送料方式。在小型工件的自动化装配场合，设计工件的自动送料机构时首先考虑的就是能否采用振盘来进行自动送料，除非很难实现，否则不考虑其他的自动送料方式。

振盘的送料对象一般为质量较轻的小型或微型工件，如：

- 小型五金件（如螺钉、螺母、铆钉、弹簧、轴类、套管类等）
- 小型冲压件
- 小型塑胶件
- 电子元器件

• 医药制品

……

对于质量较大的工件一般不采用振盘，而采用其他的自动送料方式，如搅拌式料仓、料仓、机械手等方式，对于上述方式都很难实现自动送料的工件则最后考虑采用人工送料。

5.1.3　振盘的特点

振盘之所以在自动化制造工程中得到广泛应用，是因为振盘具有以下一系列优点：

1）体积小

在自动机械中，空间是非常重要的因素，因为设备包含很多不同的模块，要在较小的空间内实现众多的机构，存在一定的困难。而圆柱形状的振盘不仅占用的体积较小，排布方便，而且由于它是通过输料槽与设备相连接的，因而在空间的布置方面还具有非常大的柔性。它可以根据需要布置在各种可能的位置，可利用设备上各种剩余的空间，高度方向上也很灵活，甚至多个振盘可以上下安排在一起。

2）送料平稳、出料速度快

生产效率是自动机械的重要指标之一，要保证自动机械的高生产效率，设备的节拍时间必须很短。在现代化的生产条件下，自动机械的节拍时间越来越短，作为装配工序动作之一的振盘出料速度必须比机器的节拍更快。振盘具有较高的出料速度，一般振盘的出料速度为 200～300 件/min，最高可达 500 件/min 左右。

3）结构简单、维护简单

振盘是一种非常成熟的自动送料技术，在自动化工程中已经有几十年的应用历史了，在各种行业都有大量的工程应用。它的结构也非常简单，工件种类和数量都较少，性能稳定可靠，长期工作基本不需要太多的维护。

4）成本低廉

振盘的结构比较简单，因而制造成本低廉，早期国内的振盘大多需要从国外专门订制，采购价格较高，但目前已基本实现国产化，国内企业供应的振盘价格大约为每套 3000～5000 元人民币。

振盘的不足之处是在运行中会产生一定的振动噪声，这在全自动化的生产车间可能影响较小，但在具有人工辅助生产的半自动化专机或半自动化生产线上则会降低工作环境的舒适性。为减小噪声，有些场合下将带有振盘的整台自动化专机或振盘部分用专用的有机玻璃封闭罩与周围环境隔开，以改善工作环境，如图 5-2 所示。在现场的工人工作时也必须

图 5-2　将专机或振盘用有机玻璃罩封闭隔离降低噪声

戴上防护耳罩。

5.2 振盘的结构与工作原理

5.2.1 振盘的力学原理

1. 问题的提出

振盘是由具有行业经验的专业供应商专门设计制造的，不直接从事振盘设计制造的行业，只需要了解它的基本结构与工作原理、订购方法及使用维护要领即可。要了解振盘的工作原理，必须清楚地理解以下两个问题：

- 振盘为什么能将工件连续地由料斗底部向上自动输送？
- 料斗底部工件的姿态方向是杂乱无章的，工件为什么能按规定的方向自动输送出来？

上述两个问题实际上就是振盘的两个基本功能：

- 自动送料功能；
- 自动定向功能。

2. 振盘的力学模型及工作原理

1）力学模型

为了理解上述两个问题，必须首先了解振盘的工作原理。为此，先将振盘的结构简化为图5-3所示的简单力学模型。

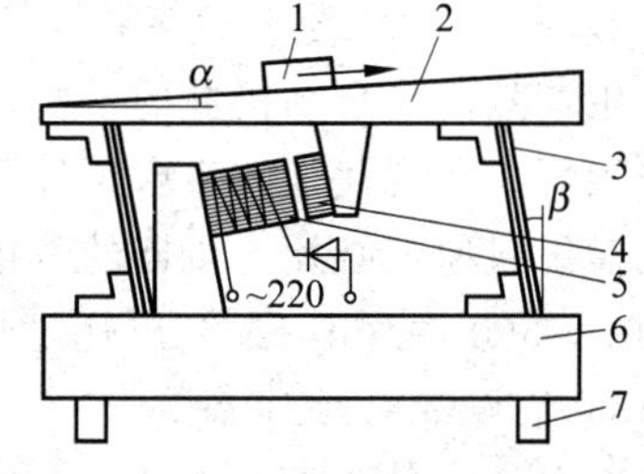

图5-3 振盘力学原理模型

1—工件；2—输料槽；3—板弹簧；4—衔铁；5—电磁铁；6—底座；7—减振橡胶垫

2）工作原理

图5-3所示力学模型的工作原理如下：

电磁铁5与衔铁4分别安装、固定在输料槽2和底座6上。220 V交流电压经半波整流后输入到电磁线圈，在交变电流作用下，铁芯与衔铁之间产生高频率的吸、断动作。两根相互平行且与竖直方向有一定倾角β、由弹簧钢制作的板弹簧分别与输料槽、底座用螺钉连接，由于板弹簧的弹性，线圈与衔铁之间产生的高频率吸、断动作将导致板弹簧产生一个高频率的弹性变形—弹性变形回复的循环动作，变形回复的弹力直接作用在输料槽上，实际上给输料槽一个高频的惯性作用力。由于输料槽具有倾斜的表面(与水平面方向成倾角α)，在该惯性作用力的作用下，输料槽表面的工件沿斜面逐步向上移动。由于电磁铁的吸、断动作频率很高，所以工件在这种高频率的惯性作用力驱动下慢慢沿斜面向上移动，这就是振盘自动送料的原理。

上述工作原理与电铃的工作原理有很多相似之处，由于电铃内部电磁铁的吸、断动作频率很高，所以听到的铃声好像是连续的。

从后面的讲述可知，实际的振盘是沿圆周方向设计了均匀分布的三根板弹簧，而上述力学模型为了分析的方便将振盘简化并展开成在一个平面上两根平行的板弹簧，理解了上述力学模型后就很容易理解实际的振盘结构及其工作原理。

5.2.2　振盘的结构与工作原理

1. 振盘的结构

图5-3所示的模型是一种简化的振盘力学模型，实际的振盘结构与上述力学模型是有区别的，实际振盘的结构一般是带倒锥形料斗或圆柱形料斗的结构，分别如图5-4、图5-5所示。

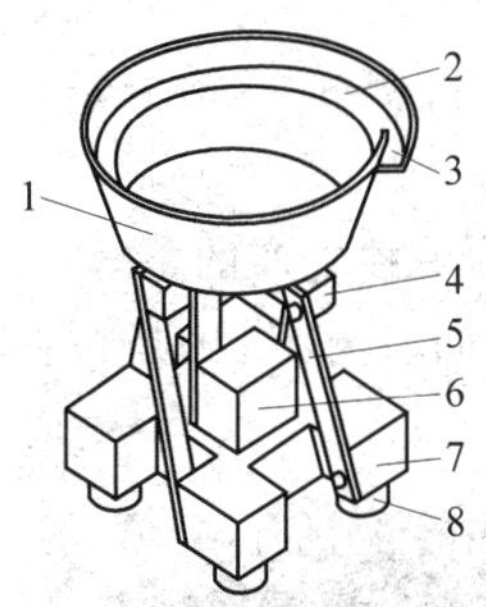

图5-4　振盘结构示意图一(倒锥形料斗)
1—料斗；2—螺旋轨道；3—出口；
4—料斗支架；5—板弹簧；6—电磁铁；
7—底座；8—减振垫

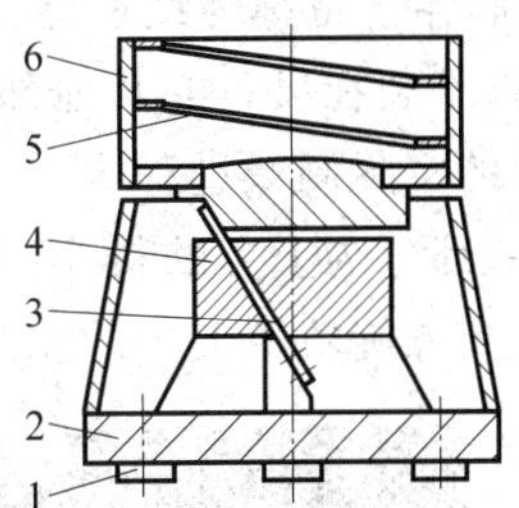

图5-5　振盘结构示意图二(圆柱形料斗)
1—减振垫；2—底座；3—板弹簧；
4—电磁铁；5—螺旋轨道；6—料斗

1) 倒锥形振盘

图5-4所示带倒锥形料斗的振盘一般用于形状具有一定的复杂性，需要经过多次方向选择与调整才能将工件按需要的方向送出的场合，这样工件必须通过的路径就较长，所以倒锥形的料斗就是为了有效地加大工件的行走路径。这类振盘适用的工件范围较宽，料斗直径一般为300～700 mm，工件形状越复杂，料斗的直径也会越大。在某些特殊场合料斗的直径可以达到1～2 m。

这种倒锥形料斗一般采用不锈钢板材制作(如SUS 304)，也可用铸铝合金制作，由于定向轨道较长，供料充足，出料速度高，所以适合工件的高速送料。

2) 圆柱形振盘

图5-5所示带圆柱形料斗的振盘一般用于工件形状简单而规则、尺寸较小的微小工件场合，例如螺钉、螺母、铆钉、开关或继电器行业的银触头等。上述工件的形状比较简单，很容易进行定向，工件所需要的行走路径也较短，因而料斗的直径一般也较小，约为100～300 mm。这种料斗连同内部的螺旋轨道一般用NC机床直接加工出来，材料通常用铸造铝合金制作，制造成本低廉。

3) 主要结构部件及功能

根据图5-4、图5-5所示的两种典型结构振盘，可知组成振盘的主要结构部件及功能分别为：

(1) 底座。支承件。

(2) 减振垫。减振，将振盘的振动与安装支架隔离，通常采用橡胶材料加工。

(3) 板弹簧。产生交变的弹性变形与变形回复，使料斗产生高频的扭转式振动。

(4) 电磁铁。驱动元件，产生高频的吸、断动作，使板弹簧产生高频率的弹性变形与变形回复动作。

(5) 料斗。容器,集中装储工件。

(6) 螺旋轨道及定向机构。工件的运动轨道,工件从料斗底部开始沿轨道向上爬行,其间需要经过在螺旋轨道上设计安装的一系列定向、选向机构,对工件完成定向与选向动作,保证工件最后按要求的姿态方向输出。

(7) 输料槽。完成定向的工件排队输出,供后续机构对工件进行拾取、装配、加工等工作。

(8) 控制器。也称为调速器,用于对振盘的出料速度进行调节,一般固定在振盘本体的外侧,也可以安装在设备的其他部位。

在振盘的实际制造过程中,一般是分为两个独立的部分单独生产的,一部分为下方的振动本体,另一部分为上方的料斗,如图5-6、图5-7所示。选向、定向机构是在料斗基础上添加(如焊接)到螺旋轨道上去的。

图5-6　各种类型的料斗

图5-7　振盘的各种振动本体

由于工件的供给速度随工件与螺旋轨道之间的摩擦系数增加而增大,所以料斗的表面一般都需要进行表面处理,如喷漆、喷脂、喷塑等,一方面防止工件在料斗内脆裂、划伤,保护工件;另一方面,因为橡胶或塑料具有减振、缓冲、耐磨的作用,可以降低或消除工件与料斗之间碰撞时所产生的噪声。

2. 振盘的工作原理

从图5-4、图5-5还可以看出,在实际的振盘结构中,板弹簧为三根而不是如图5-3所示模型中的两根,也不在一个平面上。三根板弹簧与水平方向按相同角度安装,上下端分别与料斗及底座相连接,并在圆周360°方向上均匀分布。由于板弹簧的弹性,线圈与衔铁之间产生的高频吸、断动作使板弹簧对料斗产生一个高频的惯性作用力,该作用力方向为沿垂直于板弹簧的方向倾斜向上,该作用力在竖直方向的分力将促使料斗在竖直方向进行振动。

由于三根板弹簧在圆周方向上均布,不是安装在一个平面内,因而各板弹簧对料斗产生的高频惯性作用力在圆周方向上形成一个高频扭转力矩，该高频扭转力矩对料斗产生一个圆周方向的惯性作用力，该惯性作用力又通过工件与螺旋轨道之间的静摩擦力作用在工件上，在这种摩擦力的作用下，工件克服自身重力沿螺旋轨道爬行上升。

工件在上述高频惯性作用力、摩擦力、重力的综合作用下，沿振盘内的螺旋轨道不断向上爬行，当经过相关的选向机构时，符合要求姿态方向的工件会允许继续前行，不符合要求姿态方向的工件则被挡住下落到料仓的底部再重新开始爬行上升。

由于工件的通过率直接影响到振盘的出料速度，为了提高工件的一次通过率，以提高振盘的出料速度，在螺旋轨道上通常除设计上述选向机构外，还设计一系列的定向机构，对工件的姿态方向进行一定的纠正，使不符合要求姿态方向的工件通过一定的措施纠正为正确的姿态方向。通过上述选向机构与定向机构后的工件最后在输料口按规定的姿态方向连续送出。

振盘是自动机械中的一种典型自动送料装置，实际上振盘本身也是一种设计非常巧妙的自动化机构，对于帮助理解自动机械的设计原理具有很好的启发作用。

5.2.3　振盘的定向原理

在振盘的料斗底部倒入工件后，工件的姿态方向是杂乱无章的，工件开始也是以随机的姿态方向沿螺旋轨道向上爬行，为什么最后能按规定的姿态方向自动、连续输送出来？这是因为在其料斗的螺旋轨道上设置了以下一系列的专门机构：

- 选向机构；
- 定向机构。

上述机构专门用来保证工件输出时的姿态方向，下面详细介绍其工作原理。

1. 选向机构

选向机构(selector)的作用类似于螺旋轨道上的一系列关卡，对每一个经过该机构的工件姿态方向进行检查，符合要求姿态方向的工件才能继续通行。由于工件爬行时的姿态方向是随机的，必然有许多姿态方向不符合要求的工件，这些工件在经过选向机构时会受到选向机构的阻挡而无法通行，但工件又受到振盘的振动驱动力不断向上运动，最后这些工件只能从螺旋轨道上落下，掉入料斗底部重新开始沿螺旋轨道向上爬行。或者使姿态方向不符合要求的工件从螺旋轨道上某些特殊设计的漏孔中掉入料斗底部，只有符合要求姿态方向的工件才能通过各种选向机构最后到达输料槽的出口。

选向机构的作用实际上就是对各种姿态方向的工件进行筛选，当各种姿态方向的工件经过该机构时，让符合要求姿态方向的工件通过并继续向上前进。选向机构是对工件姿态方向进行被动的选择。

工程上常用的选向机构有：

- 缺口；
- 挡块或挡条。

下面以四个实际的例子来说明缺口、挡块(或挡条)是如何对工件进行选向的。

1) 选向机构实例一

图 5-8 所示为某振盘螺旋轨道上的选向机构。在以随机姿态方向沿螺旋轨道向上运动的工件中，选取三个最具代表性的工件 2、4、5，分析它们是如何被选向机构选择姿态方

向的。

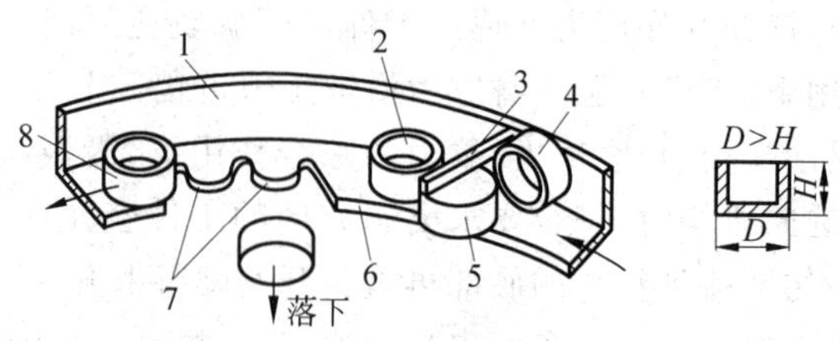

图 5-8 选向机构实例一

1—料斗壁；2、4、5、8—工件；3—挡条；6—螺旋轨道；7—选向缺口

(1) 工件是一种直径为 D、高度为 H 的圆套类工件，开口为沉孔，自动化专机要求工件最后以开口向上的方向自动送出振盘输料槽。

(2) 在振盘螺旋轨道上设置有两种选向机构：挡条3、缺口7。挡条3设置在螺旋轨道的上方，挡条与螺旋轨道之间的空间高度比工件高度 H 稍大，刚好能让工件以平放的姿态通过。所以工件2、5都可以通过挡条3继续向前运动。

(3) 如果工件以竖直姿态运动(例如工件4)到达挡条3时，由于此时工件的有效高度为 D，大于挡条3下方的空间高度，工件无法从挡条3下方通过。对于这种无法通过的工件必须让其回到料斗的底部重新开始向上振动爬行，所以挡条3是按以下技巧进行设置的：

挡条3不是与该处螺旋轨道的切线方向(即工件的运动方向)垂直的，而是倾斜的，越靠振盘中心的一侧，挡条越向工件运动方向前方倾斜，这样可以使工件边向前运动边向振盘中心一侧移动，直到最后从螺旋轨道上落下掉入料斗底部，这就是挡条的选向过程。显然只有直径 D 及高度 H 满足 $D>H$ 关系的工件才能这样选向。

(4) 当工件以卧式姿态运动到挡条3时(如工件2、5)，由于工件有效高度小于挡条3下方的空间高度，所以工件可以从挡条下通过。

由于工件的孔是不对称结构，所以还必须对工件进行二次选向，只让开口向上的工件(如工件2)继续向前运动直至振盘出口，而开口向下的工件(如工件5)不符合要求的姿态，必须让其从螺旋轨道上落下掉入料斗底部重新开始向上振动爬行。

(5) 为了使以卧式姿态运动但开口向下的工件落下掉入料斗底部，在螺旋轨道上挡条3的前方又巧妙地设置了两处机构，针对工件的形状专门设置了两个部分环形的缺口7。这种缺口的形状是针对工件的形状及直径尺寸特殊设计的，例如到达此处的工件5下方为圆孔结构，如果在该工件经过之处刚好使工件的外侧悬空，在工件重力的作用下，工件的重心会发生偏移，这样工件就向振盘中心一侧落下掉入料斗底部。但上述缺口不会对符合姿态方向(即开口朝上)的工件带来任何影响，开口向上的工件(例如工件2)仍然可以顺利地通过上述缺口。

2) 选向机构实例二

图5-9所示为某振盘螺旋轨道上的选向机构。工件为轴类形状，两端直径不同，要求工件最后以大端向上的姿态方向从振盘输送出来。下面来分析该振盘的选向机构是如何设计的。

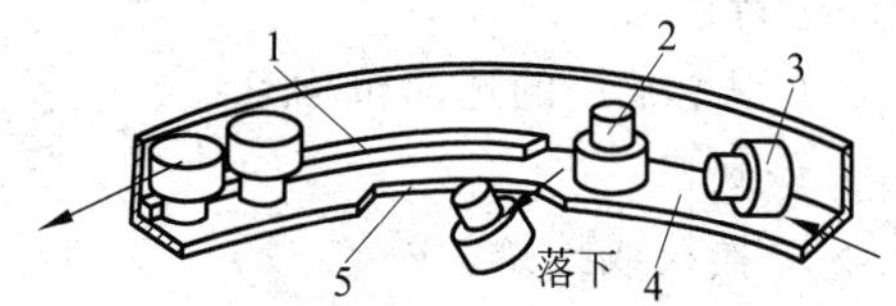

图 5-9 选向机构实例二

1—选向挡条；2、3—工件；4—螺旋轨道；5—选向缺口

(1) 图 5-9 在设计上充分利用了工件形状上的差异，在螺旋轨道 4 上设置一段特殊设计的挡条 1，同时在该部位沿振盘中心一侧设置一段缺口 5。当工件以小端朝下的要求姿态运动至此时，由于在惯性离心力的作用下工件始终是靠振盘外侧方向运动的，因此这种以小端朝下姿态前进至此的工件紧靠挡条向前运动，可以顺利通过缺口 5。

(2) 当工件以大端向下的姿态(例如工件 2)运动至此时，由于缺口 5 的存在，工件下方一部分平面被悬空，在工件自身重力的作用下，工件向振盘中心一侧翻倒，掉入料斗底部重新开始振动爬行。

(3) 当工件以圆柱面与螺旋轨道接触的姿态(例如工件 3)运动至此时，由于缺口 5 和挡条 1 的存在，工件重心与螺旋轨道支承面同样存在偏移，在重力作用下，工件也会向振盘中心一侧翻倒，掉入料斗底部重新开始振动爬行。

图 5-9 所示机构同时利用了挡条与缺口进行选向。

3) 选向机构实例三

图 5-10 为另一种工件选向机构实例。工件为细长圆柱形，直径 D 小于高度 H，要求工件以图示的卧式姿态方向送出振盘。

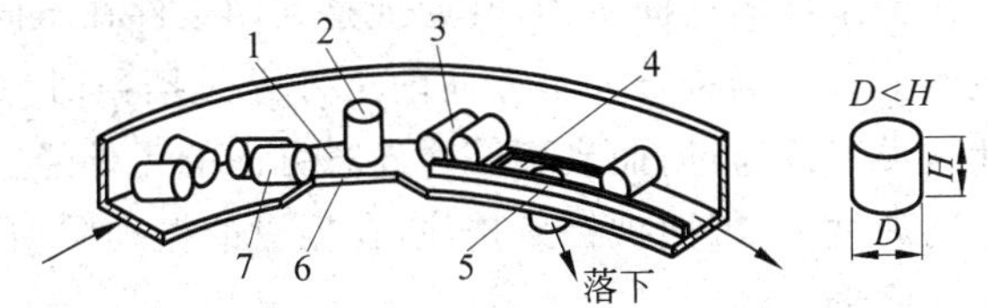

图 5-10　选向机构实例三

1—螺旋轨道；2、3、7—工件；4—选向漏孔；5—选向挡条；6—选向缺口

在图 5-10 中，工件可能以多种姿态沿螺旋轨道向前运动，可以按姿态分为两类：卧式姿态、立式姿态。

(1) 以立式姿态运动的工件不符合要求的姿态，所以此类姿态的工件都必须筛选掉，使其返回料斗底部重新振动爬行。为此在螺旋轨道上靠料斗壁一侧专门设计了选向槽形漏孔 4，当此类姿态的工件经过漏孔时，由于漏孔的宽度大于工件的直径，而且工件运动时因为惯性离心力的作用始终沿料斗壁一侧运动，所以当工件经过槽形漏孔 4 时会从孔中自动落下，掉入振盘料斗底部重新振动爬行。

(2) 以卧式姿态运动的工件中，仍然可能有多种姿态，还要继续从多种姿态方向的工件中将不符合要求姿态的工件筛选掉。其中以卧式姿态运动、但工件的轴线与振盘径向垂直的工件经过槽孔时仍然可以从孔中自动落下。

(3) 虽然以卧式姿态前进、但姿态方向不是严格符合例如工件 3 所示的正确姿态时(例如工件 7)，这样的工件运动至选向缺口 6 时会因为重心的偏移在该处翻倒，自动掉入振盘料斗底。

最后只有以工件 3 那样的姿态运动的工件才能顺利地通过缺口 6、槽形漏孔 4，由挡条 5 和料斗壁组成的槽形空间进入输料槽输出。挡条 5 的形状是弧形的而且与料斗壁平行，挡条与料斗壁之间的槽形空间宽度比工件长度 H 稍大，刚好可以让工件以要求的姿态运动通过。

4）选向机构实例四

图5-11为某圆盘形工件的选向机构实例，工件形状为一侧带凸台的圆盘，要求工件送出时以凸台向下的水平姿态输出。

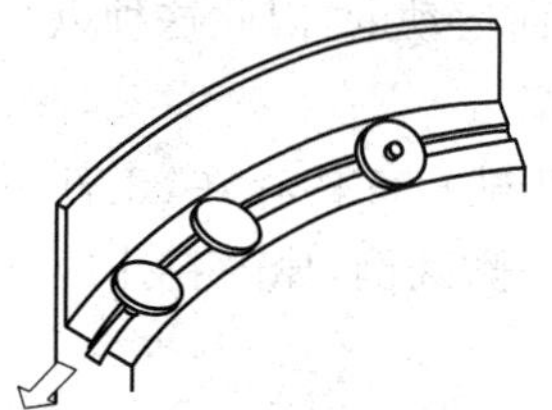
图5-11　选向机构实例四

（1）根据工件的具体形状特征，在螺旋轨道中将其中一段设置为倾斜的结构。该段倾斜的轨道与两端的水平轨道之间平缓过渡，当凸台朝上的工件经过这段倾斜的螺旋轨道时，在工件重力的作用下，工件从倾斜面上滑落掉入料斗底部。

（2）当凸台朝下的工件经过该段倾斜的螺旋轨道时，由于工件下方的凸台被轨道的槽口托住，工件不会从倾斜面上滑落而顺利经过，最后又依靠重力的作用顺螺旋轨道方向自动纠正到水平方向，最后以凸台向下的水平姿态送出振盘。

5）选向机构总结

从图5-8～图5-11所示四个实例中可以总结出以下三种重要选向机构的作用：

（1）挡条的作用

挡条（或挡块）可以作为工件的选向机构，其原理是利用工件在不同方向上尺寸的差异，将挡条设置在螺旋轨道的上方。当符合姿态方向的工件经过挡条时，挡条与螺旋轨道之间的空间高度刚好可以让这类工件通过；而当不符合姿态方向的工件经过上述挡条时，由于工件的高度比挡条下的空间高度大，因而被挡条挡住，在振盘的振动驱动下工件逐渐向振盘中心方向移动直至掉入料斗底部。

（2）缺口的作用

缺口可以作为工件的选向机构，其原理是利用工件不同方向形状的特殊差异（如一面为平面而另一面为带孔的结构，或一端尺寸大而另一端尺寸小等），当不符合姿态方向的工件通过该缺口时，由于螺旋轨道上缺乏足够的支承面积，在重力的作用下，工件会发生翻倒，从缺口处自动落下掉入料斗底部，重新开始沿螺旋轨道向上前进；而当方向正确的工件经过该缺口时则不会出现上述情况，工件能够自动通过。

（3）斜面的作用

在输料槽上设置一段斜面，既可以使不符合姿态要求的工件自动向下滑落掉入料斗，也可以利用工件重力的作用，使工件顺着斜面自动改变方向，例如由竖直姿态逐渐改变为水平姿态，或者由水平姿态逐渐改变为竖直姿态，这种方法在自动包装机械中也大量采用。

需要注意的是，上述缺口、挡条、斜面都是针对工件的特定形状设计的，而且还要经过反复试验，所以振盘的设计全部是针对特定形状的工件专门设计的，需要集中人类的智慧与技巧，也依赖于工程经验的积累。

2. 定向机构

为了提高振盘的工作效率，保证振盘具有足够的出料速度，希望有尽可能多的工件在爬行过程中能够一次到达振盘的出口。选向机构作为一种被动的方向选择机构并不能提高振盘的出料效率，因此，在振盘的螺旋轨道上还设置了一系列的定向机构（orientor），对一部分不符合要求姿态方向的工件进行姿态纠正，依靠工件自身不停的前进运动使之由不正确的姿态自动纠正为正确的姿态。

与选向机构相比，定向机构是对工件姿态进行自动纠正的，这是一种主动行为，可以提高振盘的送料效率。

工程上常用的定向机构有：

- 挡条或挡块；
- 压缩空气喷嘴。

下面同样以实例说明定向机构的设计原理。

1) 定向机构实例一

图5-12为某振盘上采用的挡条定向机构，通过挡条实现工件的自动偏转，纠正姿态。工件为一带针脚的长方形电子元件，要求工件最后以针脚向上的姿态输送出振盘。

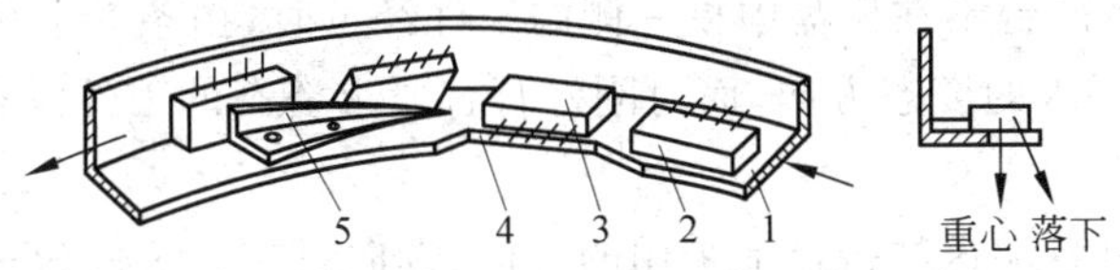

图5-12 定向机构实例一

1—螺旋轨道；2、3—工件；4—选向缺口；5—定向挡条

(1) 对于这种平面尺寸大、厚度尺寸较小的工件，工件重心低，在重力和振盘施加给它的驱动力的作用下，工件总会以最大面积的平面在螺旋轨道上运动，因此工件稳定运动时总是呈卧式姿态。

(2) 对于姿态为针脚面向料斗中心一侧的工件(例如工件3)，机构在螺旋轨道上专门设计了一个倾斜的挡条5，工件3在倾斜挡条5的作用下，边向前运动边依靠重力的作用逐渐发生偏转直至偏转90°，最后自动转向为针脚向上的要求姿态。

(3) 对于姿态为针脚面向料斗壁一侧的工件(例如工件2)，由于在惯性离心力的作用下工件始终是紧靠螺旋轨道的料斗壁一侧运动的，这类工件难以通过上述挡条纠正姿态，必须筛选掉，让其自动落入料斗底部重新开始向上振动爬行。因此在工件运动到达挡条5之前就设置了一道选向缺口4，此类工件运动到缺口4时，由于螺旋轨道上支承面不够大，在重力的作用下，工件因为重心偏移而翻倒，从缺口处自动落下掉入料斗底部，重新开始沿螺旋轨道向上振动前进。

2) 定向机构实例二

图5-13为某振盘上采用的挡条定向机构。工件为一侧带圆柱凸台的矩形工件，要求工件最后以凸台向上、且凸台位于振盘中心一侧的图示姿态方向输送出振盘。

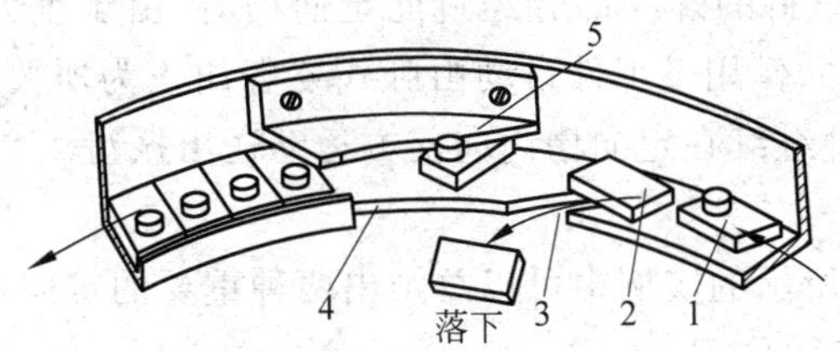

图5-13 定向机构实例二

1、2—工件；3—选向缺口；4—螺旋轨道；5—定向挡条

(1) 与图5-12所示实例类似，对于这种平面面积大、厚度较小的工件，工件重心低，在重力和振盘驱动力的作用下，工件总会以最大面积的平面在螺旋轨道上运动，因此工件稳定

运动时也总是呈卧式姿态。

(2) 在卧式姿态中,可能的姿态一类为凸台向上,另一类为凸台向下。凸台向下的工件不符合要求的姿态,因此在螺旋轨道上针对这种姿态的工件专门设计了一道倾斜的缺口3,由于缺口的宽度大于工件凸台的直径,当凸台向下的工件运动到此时,在重力的作用下凸台必有一个时刻会自动落入到缺口3中,工件边前进边通过缺口的导向作用向料斗中央运动,最后自动落入料斗底部,重新开始振动爬行。

(3) 对于另一类凸台向上的工件,凸台既可能位于振盘中央一侧,也可能位于料斗壁一侧,或者工件长度方向与料斗壁方向平行(例如工件1),为此在缺口3的后方专门设计了一个挡条定向机构5,当凸台不在振盘中央一侧的工件经过时,挡条5会使工件边前进边发生偏转,最后纠正为所要求的姿态方向,而对刚好符合要求姿态的工件没有任何影响。

3) 定向机构实例三

图5-14为某螺钉自动送料振盘上采用的定向、选向机构。工件为一普通的一字槽平头螺钉,要求螺钉最后以钉头朝上的姿态经过一输料槽输送出振盘。

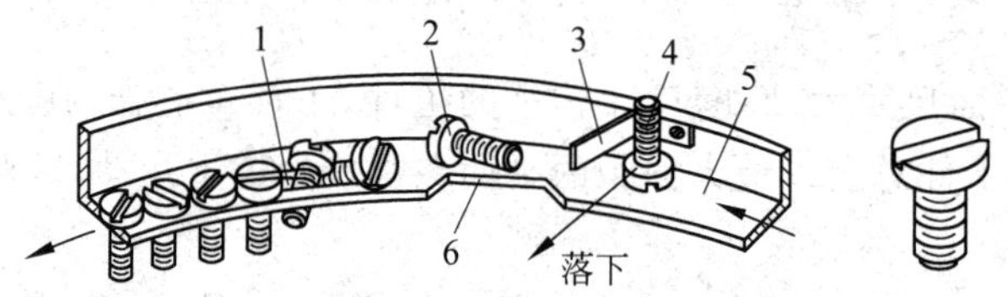

图5-14 定向机构实例三

1—定向槽;2、4—工件;3—选向挡条;5—螺旋轨道;6—选向缺口

(1) 对于这种形状的螺钉工件,在振盘驱动力及重力的作用下,工件在螺旋轨道上可能的姿态为钉头朝下的立式姿态(例如工件4)、钉头随机方向的卧式姿态(例如工件2)两类。

(2) 对于立式姿态(例如工件4)的工件,在轨道上方设置一个倾斜的挡条3,工件边向前运动边在挡条的作用下向料斗中央移动,最后滑落掉入料斗底部重新开始振动爬行。

(3) 对于以卧式姿态运动的工件,由于挡条3下方的高度大于钉头的直径,所以全部都可以通过挡条3。如果钉头位于料斗的中央一侧,则当工件经过挡条前方的选向缺口6时,因为钉头处于悬空状态,工件的重心发生偏移,工件会自动落入料斗底部重新开始振动爬行。

(4) 对于以卧式姿态通过了挡条3及缺口6的工件,在缺口6前方的螺旋轨道上专门设计了一个定向槽1,当螺钉的螺纹部分经过此定向槽时,由于重力的作用,螺钉螺纹部分会自动落入槽内,在重力的作用下工件自动由卧式姿态纠正为所要求的钉头朝上的立式姿态,在振盘的驱动下,工件继续在定向槽内向前方运动送出振盘。

4) 定向机构总结

从图5-12～图5-14所示的实例中可以总结出两种重要的定向机构的作用。

(1) 挡条或挡块的定向作用

利用工件自身的前进运动,辅助以一定的斜面,让工件边前进边改变重心的位置,最后在重力的作用下实现一定的偏转或翻转,达到改变其姿态的目的。当然,上述挡条或挡块并不妨碍符合姿态工件的正常通行。

(2) 压缩空气喷嘴的定向作用

在很多场合,在挡条或挡块对工件的定向过程中,有些工件因为形状或质量的原因使得工件的偏转或翻转存在一定的困难,要纠正工件的姿态借助振盘的驱动力还不够,尤其是质量较大的工件。因此,这种场合下,在上述定向机构的基础上,再增加压缩空气喷嘴,使压缩空气喷嘴对准工件偏转或翻转的某一位置不停地喷射,当有工件刚好经过时压缩空气喷嘴喷出的压缩空气对工件施加一定的辅助推力,使工件更容易完成姿态纠正动作。喷嘴的方向必须经过仔细的试验直到效果最佳。

在实际应用中,压缩空气喷嘴除用于对工件进行辅助定向外,还大量应用在振盘输料槽上对工件提供辅助推力。通常将压缩空气喷嘴倾斜设置于输料槽的上方并对准工件前进方向,压缩空气不停地对准工件前进方向喷射,每一个工件在输料槽中运动到该位置时都受到压缩空气的喷射作用,获得一个向前的辅助推力,对振盘的驱动力也起到一定的补充作用。压缩空气喷嘴也经常用于快速驱动输料管中的工件(例如螺钉),如图 5-15 所示。

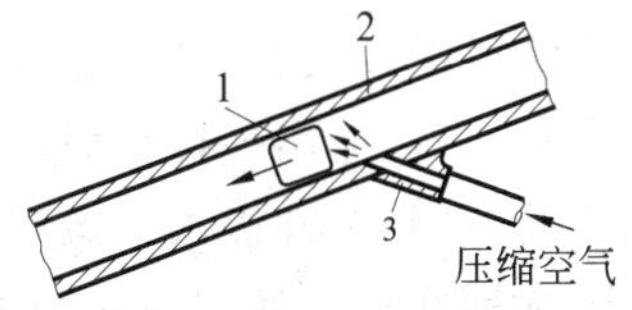

图 5-15　使用压缩空气喷嘴对工件提供辅助推力

1—工件；2—输料管；3—压缩空气喷嘴

通过上述实例可以看出,定向机构是一种主动的姿态控制机构,而选向机构则是一种被动的姿态控制机构。在振盘结构上,仅靠被动的选向机构是不够的,这样工件的一次通过率会较低,因而振盘的出料速度也较低。为了提高振盘的送料效率(出料速度),必须辅助以主动的定向机构,两者结合起来才能使振盘具有较高的出料速度。因此在振盘的设计过程中,选向机构与定向机构一般是同时使用的。

5.2.4　振盘的派生产品——直线送料器

1. 问题的提出

振盘在使用时为了将工件输送到装配位置或机械手取料位置,一般都要在振盘的出口加设一段具有一定长度的输料槽,通过输料槽将工件输送到装配位置或机械手取料位置,供后续机构对工件完成取料及装配动作,依靠振盘的动力驱动工件沿螺旋轨道向上前进至振盘出口。

工件离开振盘出口后,还需要通过加设的外部输料槽才能到达装配部位,而且输料槽上的工件是连续排列的,前方的工件靠后方的工件来推动,推力来源于振盘的驱动力。因为工件具有一定的质量,工件在外部输料槽上前进时与输料槽支承面间会产生附加的摩擦阻力,输料槽越长则同时运动的工件数量就越多,总摩擦阻力也越大,这样就加大了振盘的负载。

如果工件的质量较轻,则上述附加的摩擦阻力可能不大。但当工件的质量较大、振盘外部的输料槽较长时,上述附加的摩擦力就可能很大,仅靠振盘的推动力可能出现因为阻力太大而振盘无法推动工件的情况,此时需要对外部输料槽中的工件提供附加的驱动力,弥补振盘驱动力的不足。

解决上述问题的具体方法还是利用振盘的工作原理,在外部输料槽的下方附加一个(或多个)驱动装置,该驱动装置仅在直线方向上对外部输料槽施加驱动动力,也称直线送料器(linear feeder)。其外形如图 5-16 所示。

2. 直线送料器的结构

直线送料器的结构原理与图5-3所示的力学模型几乎完全一样，两根板弹簧平行安装，由于板弹簧与竖直方向的倾角β很小，所以板弹簧产生的是几乎与水平方向平行的高频驱动力。由于没有了螺旋轨道与定向机构，因而其结构更简单，外形也由圆盘形或圆柱形简化为长方形。

图5-16 直线送料器外形

3. 直线送料器的功能与使用方法

1) 直线送料器的功能

(1) 为振盘提供辅助驱动力

当输料槽较长、工件质量较大时，输料槽内工件的总摩擦阻力也较大，这样就加大了振盘的负载，有可能出现振盘驱动力不够的情况。将直线送料器与振盘配合使用，可以补充振盘的驱动力，将工件以水平方向输送到较远距离。

除这种在振盘外部输料槽下设置直线送料器为振盘提供辅助驱动力外，如前所述，在输料槽上设置压缩空气喷嘴也是常用的有效方法。

(2) 缓冲供料

直线送料器的另一个重要作用为缓冲供料，直线送料器上方的输料槽一定区域内装满工件时，就不需要振盘连续不停地运行了，靠这部分输料槽内的工件就可以在一定时间内满足机器的送料要求。这样可以减少振盘的工作时间，提高振盘的工作可靠性，延长振盘的工作寿命，同时也降低工作环境的噪声。

2) 直线送料器的安装

直线送料器的安装非常简单，使用时直接用螺钉将输料槽安装固定在直线送料器上方的表面上即可，这样直线送料器的驱动力就可以直接传递给上方的输料槽，通过输料槽驱动输料槽内的工件，如图5-17所示。

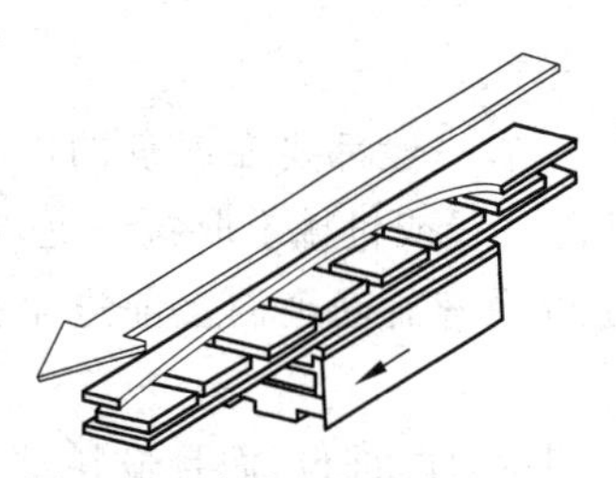

图5-17 直线送料器使用方法

需要特别注意的是，安装固定在直线送料器上方的输料槽与振盘出口必须是断开的，通常都留有约2 mm的间隙，这样既不影响工件的通行，也不会与振盘的振动发生干涉。如果上述间隙过小或没有间隙，则振盘工作时会产生异常的振动与噪声。

5.2.5 振盘的缓冲功能

1. 问题的提出

振盘送料与其他送料方式(如步进送料)相比还具有工件预储备的作用，振盘是通过输料槽与设备装配部位连接的。由于振盘的出料速度比机器的取料速度快，如果振盘始终不停地运行，不仅浪费能源，而且也会降低振盘的寿命，连续的运行噪声还会降低工作环境的质量。

2. 解决方法

为了解决上述问题，通常在振盘外部的输料槽上设置一个工件缓冲区，分别在两个位置设置工件检测传感器。接近输料槽末端的位置称为最低限位置，该处的传感器称为低位检测传感器；离振盘更近的位置称为最高限位置，该处的传感器称为高位检测传感器。利用上述传感器及控制系统，可以使输料槽上的工件数量最少时不低于最低限位置，最多时不高于最高限位置，如图 5-18 所示。

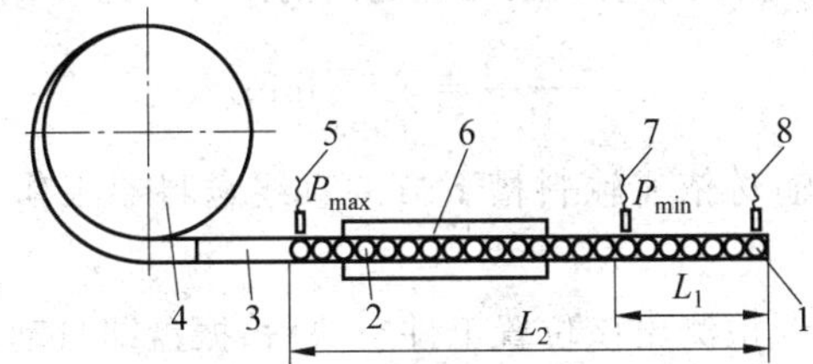

图 5-18　振盘外部的输料槽及工件储备区

1—取料位置工件；2—工件；3—输料槽；4—振盘；5—高位检测传感器；6—直线送料器；7—低位检测传感器；8—取料位置工件检测传感器

在图 5-18 所示的送料系统中，工件为圆盘形工件，直线送料器 6 是一直保持工作的，而振盘 4 则是断续工作的。在振盘外部的输料槽 3 上设置了一个工件储备区，其工作过程为：

(1) 当输料槽 3 末端的取料位置工件检测传感器 8 检测到该位置有工件时机器才进行取料动作，否则机器会自动暂停，处于待料状态。

(2) 当振盘送料至高位(P_{max})检测传感器 5 检测到该位置有工件时，振盘会自动暂停工作，而直线送料器会一直不停地将输料槽中的工件继续向机器取料位置输送。

(3) 随着机器的取料及装配操作，输料槽上的工件数量逐渐减少，直至当低位(P_{min})检测传感器 7 检测到该位置已经没有工件时，振盘又自动开机输送工件，直至高位检测传感器 5 检测到该位置有工件时振盘又自动暂停工作。因而振盘是间歇工作的，工作一段时间又停止一段时间，如此往复循环，始终保证输料槽末端都储备有一定数量的工件，不会导致机器因取料位置缺料而自动暂停。

(4) 机器出现暂停状态通常有两种可能：一种可能为振盘料斗内的工件已经全部送完，需要人工添加工件；另一种情况就是有可能在振盘及外部输料槽的某一部位出现工件被卡住无法前进，这时机器取料位置没有工件，尽管振盘仍在运行，但振盘或输料槽内的工件无法送到取料位置，需要人工将输送故障排除。

3. 实例分析

为了帮助理解振盘的缓冲功能，下面以一个实例进行分析说明。

例 5-1　某自动化专机的输料系统如图 5-18 所示。假设机器的装配节拍时间为6 s/件，振盘的出料速度为 25 件/min，圆盘形工件的直径为 30 mm，输料槽末端距离最低限位置的长度 L_1 为 210 mm，输料槽末端距离最高限位置的长度 L_2 为 660 mm，试计算：

(1) 机器用尽最高限位置至最低限位置之间的工件所需要的时间。

(2) 振盘自动开机后将工件从最低限位置补充至最高限位置所需要的时间。

(3) 描述振盘在稳定工作状况下的工作循环。

解：(1) 机器的装配节拍时间为 6 s/件 = 0.1 min/件，表示机器的取料频率为 1/0.1=10 件/min。根据输料槽长度及工件尺寸可以求出：

机器取料位置至最低限位置之间的工件数量为

$$210/30=7\text{ (件)}$$

机器取料位置至最高限位置之间的工件数量为

$$660/30=22\text{ (件)}$$

所以，机器用尽最高限位置至最低限位置之间的工件所需要的时间为

$$\frac{22-7}{10}=1.5\text{ (min)}$$

上述时间内，工件的输送依靠输料槽下方的直线送料器工作来进行，而振盘是停止工作的。

(2) 当低位检测传感器检测出该位置工件空缺后，振盘即自动开机，并在机器取料的同时向工件储备区补充工件，输料槽内工件实际的增加速度等于振盘的出料速度减去机器的取料速度

$$25-10=15\text{ (件/min)}$$

振盘将工件从最低限位置补充至最高限位置所需要的时间为

$$\frac{22-7}{15}=1\text{ (min)}$$

上述时间实际上就是每次振盘开机运行的时间，当高位检测传感器检测出该位置停留有工件后，振盘即自动关机。

(3) 根据上述计算，可以确定振盘在稳定工作状况下的工作循环为：振盘每开机 1.5 min，然后停机 1 min，如此不断循环。实际情况可能会与上述结果稍有出入。

通过本例的计算，可以更深刻地理解振盘与直线送料器的工作过程，以及振盘的控制器所需要的控制功能。为了实现上述过程，振盘在设计时一般都在输料槽上设置上述传感器，例如关电开关或接近开关。高位检测传感器控制振盘实现料满自动停机功能，低位检测传感器控制振盘循环启动，及时补充工件。

虽然采用直线送料器后可以对振盘的送料过程进行缓冲，避免振盘连续工作，但在实际使用中也会出现因为振盘送料不及时而导致机器自动暂时停机、等待供料的情况。这种情况的发生一般是由于：

- 振盘料斗内及输料槽中的工件全部送完；
- 在输料槽的某个地方工件被卡住堵塞，导致后面的工件无法向前输送到达输料槽出口。

出现上述情况后，通常解决的方法为：

- 如果属于振盘料斗内的工件全部送完，生产工人就应该及时向振盘料斗内添加工件，使振盘自动开始运行输送工件；
- 如果属于工件在输料槽的某个部位被卡住堵塞，导致后面的工件无法向前输送，处理的措施为生产工人使用专用的金属钩拨动被卡住的工件，使其顺利通过。当工件存在明显的质量缺陷时也可能会出现上述问题，这时应将该工件取出作不良品处理。

5.3　振盘的出料速度要求

1. 振盘的技术要求

在设计自动机械的过程中，当需要对某些工件采用振盘来自动送料时，通常是先与振盘的专业供应商商讨采用振盘自动送料的可能性。由于工件的形状千差万别，并不是任何一种工件都能够实现振盘自动送料，只有确认对方能够解决振盘的设计与制造时再正式签订配套合同，同时向对方提出振盘的各种技术要求。

通常需要向对方提出的振盘主要技术要求包括：

- 出料时工件的姿态方向；
- 最大出料速度（单位：件/min、件/h）；
- 料斗方向（顺时针方向或逆时针方向）；
- 尺寸（输料槽长度、料斗直径及高度等）；
- 噪声指标。

此外，还需要向振盘制造商提供以下资料与实物：

- 工件的详细图纸；
- 一定数量的工件实物。

在上述各项要求中，以下两项要求是至关重要的。

1）出料时工件的姿态方向

振盘制造商将根据工件的形状、尺寸、出料方向来设计专门的螺旋轨道、定向机构及输料槽，根据出料速度与工件质量来确定合适的振动本体。工件实物是专供试验、调试用的，经过试验、设计、调试、修改等工作，达到了买方提出的技术要求后即可按合同要求验收。

在上述技术要求中，出料时工件的姿态方向是根据自动化专机或自动化生产线的装配过程来确定的，工件出料姿态方向必须与机器取料时所需要的姿态方向一致。工件在输料槽出口既可能是由气动机构直接推入装配位置完成装配，也可能是由机械手末端的气动手指抓取或吸盘吸取后送入装配位置，还可以是工件在振盘或直线送料器的驱动下自动进入取料缺口，但工件在取料位置的姿态方向都是固定的，否则将无法进行抓取及装配动作。因此，一旦自动化专机或自动化生产线的总体设计方案确定后，工件的出料姿态方向就确定了，不能随意更改，否则又必须修改总体设计方案。

2）最大出料速度

振盘的工件出料速度是与机器的节拍时间密切相关的。因为振盘自动送料是整台机器各种动作循环的动作之一，直接影响机器的生产效率或节拍时间，因此振盘的工件出料速度必须能够满足机器的节拍时间需要。

由此可见，振盘的配套方案（工件出料姿态方向、出料速度）是与总体设计方案同时或提前进行的，只有确定了振盘的技术方案后机器的总体设计方案才能最后确定。

2. 振盘的出料速度要求

1）机器的节拍时间

振盘的出料速度是振盘技术要求中最重要的项目，它是在整台自动化专机的节拍设计分析基础上提出的。

所谓节拍时间就是指机器或生产线每生产完成一件产品所需要的时间间隔。

2）振盘出料速度设计原则

设计振盘出料速度的原则为：正常使用条件下振盘的出料速度必须大于机器对该工件的取料速度，而且，在满足机器节拍时间的前提下还必须具有足够的余量，这样才不会出现因为振盘送料速度跟不上要求而导致机器自动暂时停机、等待供料的情况。振盘的出料速度通常要比机器的取料速度高20%以上。

下面通过一个实例来详细说明振盘出料速度是如何提出来的。

例 5-2 假设一台自动化专机用于某产品的自动化装配，在装配过程中确定对某个工件采用振盘来自动送料。假设该专机的节拍时间为1.5 s/件，问该工件的振盘出料速度至少应该为多少？

解：该专机的节拍时间为1.5 s/件，表示机器每间隔1.5 s需要抓取一次工件，抓取工件的频率为

$$\frac{1\times 60}{1.5}=40\ (\text{件}/\text{min})$$

振盘出料的速度必须在满足机器节拍时间的前提下具有足够的余量，如果按照机器取料频率的1.2倍选取，振盘的出料速度至少应该为

$$1.2\times 40=48\ (\text{件}/\text{min})$$

通过本例可以看出，振盘的出料速度必须至少能满足机器的节拍时间并具有一定的余量，以保证不会影响机器的生产。

3. 振盘的出料速度调节

振盘的出料速度并不是一个固定值，而是可以调节的，振盘都带有一个类似图5-19所示的控制器，控制器或者安装在振盘本体上，或者安装在机器的其他部位。

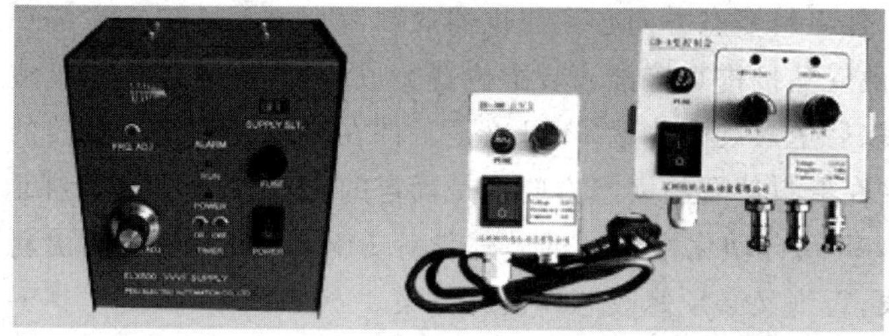

图5-19 振盘控制器

振盘控制器上，除设有普通的启动及停止开关外，还设有一个振盘速度调节旋钮。

改变振盘速度的方法通常为改变振幅，因振幅与激振力成正比，而激振力与外加电压的平方成正比，与线圈匝数的平方成反比，所以改变外加电压及线圈匝数就能调节振幅。其中改变线圈匝数来调节激振力比较简单，但不能实现无级调节，因此实际上振盘一般都是通过可控硅调节电压来改变振幅值，从而达到调节振盘出料速度的目的。

在正常工作条件下振盘的出料速度一般并不调节到最大值，因为出料速度越高，要求振盘的振幅越大，工作时的噪声也越大，会降低振盘的工作寿命。因此一般将振盘的速度调节

到适当的水平，既能够满足机器的节拍时间要求，又不致使振动幅度过大。

5.4　振盘的故障排除方法与维护

由于影响振盘正常工作的因素较多，因此，实际情况难免与原设计要求有些出入，尤其是定向结构必须经过反复试验、修改后才能最后确定，经过试用后才能投入使用。图 5-20 为振盘的装配调试现场实例。

在振盘的使用过程中，比较容易出现的故障及解决方法如下。

图 5-20　振盘的装配调试

1. 振盘不能运行

如果出现振盘无法运行的情况，应该进行如下检查：

(1) 检查主电源是否正常；

(2) 检查保险丝是否正常；

(3) 检查其他应该有电源的地方是否正常。

查明原因并进行修复。

2. 工作时噪声过大或噪声突然增大

振盘工作时若出现噪声过大或突然增大，可能的原因有以下几种。

1) 振盘出口与输料槽之间没有间隙或间隙太小

如果振盘出口与输料槽之间没有间隙或间隙太小，就会发生相互碰撞从而产生撞击声音。检查上述间隙，如间隙太小，可以将振盘底座的螺钉放松，轻轻将振盘向反方向转动，或者放松振盘支座并调整位置后再将螺钉拧紧。

2) 电磁铁气隙太小

电磁铁气隙即为电磁铁铁芯与衔铁的间隙，如果这种气隙太小，铁芯与衔铁会发生碰撞产生撞击声音。需要注意的是，电磁铁铁芯与衔铁的间隙一方面要尽可能小，但另一方面必须保证振盘在满负荷运行时电磁铁铁芯与衔铁之间不能发生碰撞。如间隙过大，会增加电流和功率消耗，使电磁力不足，并使振幅减小；如间隙过小，衔铁和铁芯会发生碰撞，破坏振动节奏，影响料斗正常工作，还会引起很大的撞击噪声。

非常重要的是电磁铁铁芯与衔铁的间隙要均匀，整个振盘的性能在很大程度上取决于这一点，调整完成后必须保证所有的螺钉都要拧紧。

3) 料斗或其他部位的连接螺钉有松动

检查螺钉连接并重新紧固。

4) 电磁铁质量

如果振盘运行时产生嗡嗡声，说明电磁铁铆合不良，有漏磁，应重新铆合或更换电磁铁。

3. 送料速度突然降低

振盘出料速度突然降低可能由于以下原因。

1）振动系统受阻

可能是由于料斗与隔声罩之间过于紧密，没有空气间隙，使振动系统的振动受阻。检查上述间隙，放松料斗至合适的位置。

2）板弹簧折断

打开外罩，检查弹簧，将折断的弹簧更换。

3）内部螺旋槽污染

用汽油或酒精对料斗内部螺旋槽的污染物进行清洗。

4）被输送工件被油脂污染

工件被油脂污染后会降低工件与螺旋轨道之间的摩擦系数，清洗并干燥工件后再输送。

4. 工件前进速度不均匀

如果工件前进速度不均匀，就会出现振盘两侧工件前进速度不同、后面工件挤推前面工件等现象。这主要是由于三根板弹簧振幅不等，使振盘各部分振动加速度不一致造成的。影响振幅不等的原因可能为：

（1）电磁铁的气隙不均匀；

（2）板弹簧的材料性能及其尺寸不一致；

（3）板弹簧安装位置不对称；

（4）板弹簧连接处螺钉螺母松动。

解决的方法为分别检查板弹簧安装位置及连接螺钉、电磁铁的气隙等，若出现工件只跳不前进的现象，可能是振幅过大或弹簧倾角过大造成的。

5. 工件被卡住堵塞

振盘运行时可能出现工件在输料槽的某个部位被卡住堵塞、导致后面的工件无法向前输送的情况，原因为工件尺寸可能超出正常范围，操作工人只要用专用的金属钩拨动被卡住的工件，使其顺利通过即可。如果仍然有问题，就将该工件作不良品清除。工件的送料堵塞现象是自动化装配生产中的一大难题，只有通过保证零件质量及尺寸一致性来解决。

在振盘的制造过程中，除电磁铁气隙及弹簧位置的调整外，主要的试验工作为各种选向机构、定向机构的调试与验证，对于效果不理想的机构要调整其位置、方向或尺寸，必要时可能还需要重新设计。因此，在螺旋轨道上的选向机构及定向机构不是一次焊接上去的，只有当试验效果达到设计要求后才最后将它们牢固地焊接到螺旋轨道上。

5.5 振盘工程应用实例

振盘作为最基本的自动化部件在各种行业的自动化装配中都得到了大量的应用，以下给出一些工程中应用的例子，希望能帮助读者增加感性认识。当然，最好的方法是在自动化生产设备现场仔细观察实际的振盘结构及其工作情况，从中进行揣摩和总结。

图5-21～图5-25为实际工程上使用的振盘实例。

对于某些非常简单的操作，相关的自动机械也非常简单，有些装配或操作直接在振盘的输料槽上就可以进行，如激光打标、切断等。图5-26为自动化散装电容剪角机，剪角操作直接在输料槽上进行。

图 5-21　输送 1 号电池正极帽(出料速度≥180 件/min)

图 5-22　横向输送 7 号、5 号电池钢壳(出料速度≥500 件/min)

图 5-23　输送螺钉(出料速度≥150 件/min)

图 5-24　输送开关簧片(出料速度≥200 件/min)

图 5-25　振盘与直线送料器同时使用

一般情况下,振盘都是作为自动化专机某种工件的自动送料装置安装在机器的周边,复杂情况下一台机器可能设计多套振盘分别输送不同的工件。图 5-27～图 5-29 为采用振盘自动送料装置的自动化专机实例。其中,图 5-27、图 5-28 采用机械手将振盘输料槽末端的工件抓取后移送到输送线的基础工件上完成装配,图 5-29 采用振盘通过输料槽直接将工件输送到间歇回转的转盘定位夹具上。

图 5-26 自动化散装电容剪角机
（直接在输料槽上操作）

图 5-27 采用振盘自动送料装置的
自动化专机实例一

图 5-28 采用振盘自动送料装置的自动化专机实例二

图 5-29 采用振盘自动送料装置的
自动化专机实例三

5.6 适合采用振盘送料的工件实例

1. 适合采用振盘送料的工件

在实际工程中，并不是任何工件都可以采用振盘自动送料，那么哪些工件可以采用振盘自动送料呢？

以下是在实际工程中经过振盘自动送料实践验证过的工件实例，读者在工作中可以将实际工件与图 5-30～图 5-33 所示图片资料进行比较，初步判断是否可以采用振盘自动送料。如果与参考实物图片相似或相近，原则上一般都可以实现。这些工件实例希望为读者提供一定的借鉴与参考，同时读者在工作中也需要观察各种振盘送料实例，积累经验。

图 5-30　振盘送料工件实例一

图 5-31　振盘送料工件实例二

图 5-32　振盘送料工件实例三

图 5-33　振盘送料工件实例四

更重要的是，设计人员在设计工作中需要与振盘制造商保持联系，这些公司无疑最具有实际经验，能够面向各种行业提供大量的解决方案。

2. 振盘制造供应商

虽然振盘的结构比较简单，制造成本低廉，但振盘制造商所面对的是种类、材料、形状、尺寸各异的各行各业的送料对象，它不是一种标准化的产品。不仅每一个工件所配套使用的振盘必须进行专门的设计、加工、装配、调试，而且还具有一定的技巧与技术难度，较大程度上需要依赖各种技巧和经验，因此振盘一般由具有行业经验的专门供应商专业设计制造。

由于国内缺乏这方面的制造能力，早期的振盘都依赖从国外专门定制，不仅价格昂贵，而且周期长。可喜的是，目前国内已经涌现出一大批从事振盘研究开发的制造商，不仅能够解决国内市场的配套需要，而且将振盘的市场价格大幅降低至正常水平。这些制造商有：

- 广东深圳市怡鹏达振动盘有限公司；
- 广东深圳敬德自动化设备厂；
- 广东东莞长安威科特自动化有限公司；

- 广东东莞长安宏艺自动化机械设备厂；
- 上海百分百自动机械有限公司，等等。

上述国内制造商虽然其产品质量与国外品牌还存在一定的差距，但已经基本能满足生产需要，更主要的是在价格上与国外品牌相比具有很大的优势，同时供应周期及服务更能得到保证。随着技术与经验的不断积累，相信在不久的将来国内的振盘制造商也能够生产出质量与国外品牌媲美、价格低廉的振盘。读者可以查阅上述公司的网站，了解有关振盘更多的技术信息。

5.7 面向振盘送料及自动装配的零件设计

前面已经介绍，在振盘自动送料过程中，有时候会出现工件卡在输料槽的某个部位无法前进，以致后方的工件全部被挡住无法到达振盘出口的情况，这里实际上提出了一个自动化装配中的重要问题，这就是在自动化装配生产中，工件(待装配的零件)的设计及生产制造与手工装配情况相比有更特殊的要求，因此在面向自动化装配的产品设计中，通常都需要遵循以下设计原则。

1. 零件形状设计应考虑适合自动定向及自动送料

在自动化工程中，振盘制造商经常会碰到这样的问题：由于产品设计工程师缺乏对自动化装配的了解，所设计的工件很难或无法实现振盘自动送料，但只要将零件形状稍加改动就会使振盘的设计方案变得非常简单，而零件这种形状上的改变对产品的功能并无其他影响。

这里实际上提出了一个在自动化装配行业很重要的问题。在手工装配中，由于工人具有眼睛的视觉及手指的高度灵活性，工件很容易被识别、改变姿态直至完成装配；但对于自动化装配而言，由于工件的自动化送料与定向机构是自动机械的重要部分，在大量的场合(包括振盘自动送料)，工件需要被自动定向、定位、输送、拾取等，在自动机械的设计与制造过程中，确定采用什么方式按要求的姿态方向自动送料通常都要花费很多的时间。所以工件形状的设计要精心考虑是否适合自动送料、自动定向及自动装配，如果不适合自动化送料与定向，就需要对工件的形状进行适当的修改，否则将可能使设备方案非常复杂或设备制造成本非常昂贵，这也是自动化装配与手工装配的最大差别之一。

下面用几个实例说明在振盘自动送料及自动化装配中如何考虑自动化装配的一般规律进行零件设计。

例 5-3 图 5-34 为双头螺栓应用在自动化装配中的实例。原设计方案中工件为不对称形状，这在人工装配中可以很容易地识别和处理，但在自动化装配中这将会带来很大的困难。例如在振盘中需要对该工件进行定向，这种不对称的形状就很困难，可能需要一个昂贵的视觉系统才能解决。改进设计方案后，工件由不对称形状改为对称形状，自动定向及装配就简单多了。

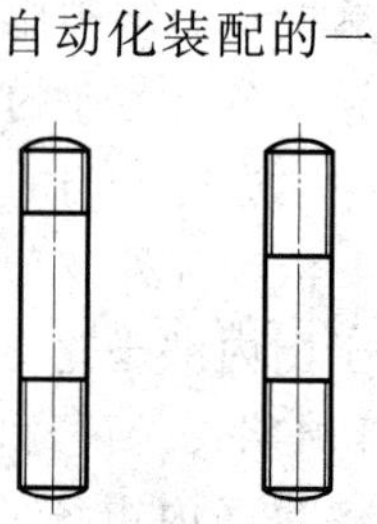

图 5-34 改进工件形状使其适合自动化装配实例一

例 5-4 螺钉连接不仅是手工装配生产中大量采用的装

配方式，同样也是基本的装配方式，大量应用在自动化装配中。对于用于自动化装配的螺钉也必须进行特殊的形状设计，主要体现在螺钉头部的槽形与尾部的形状。

由于螺钉头部的槽形需要与螺钉旋入工具(通常为气动螺丝批)的批头进行啮合，如果采用普通的槽形(例如“一”字槽)，则在装配中批头不容易与螺钉头对准方向，所以用于自动化装配的螺钉头部槽形通常采用容易与批头对中的“十”字槽或梅花形槽。

由于螺钉的尾部需要与装配孔快速对中，如果采用图 5-35 中普通的平头尾端，对中性就较差，需要对螺钉的外径进行控制；倒角头尾端对中性比平头尾端稍好；轧头尾端定位合理；如果采用锥形尾端、椭圆形尾端则使自动对中定位非常容易。所以工业上用于自动化装配的螺钉大多采用轧头尾端，螺钉一旦插入孔中就很容易自动对中定位。

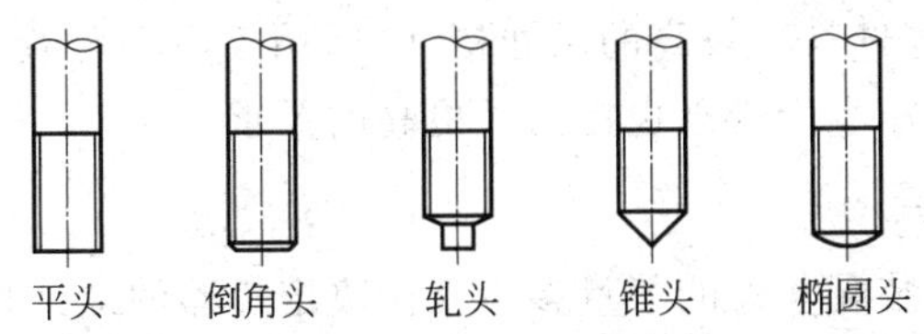

图 5-35　改进工件形状使其适合自动化装配实例二

例 5-5　图 5-36 所示工件为一种杯状薄壁冲压件。由于材料的厚度较薄，采用图 5-36(a)所示设计方案生产的工件在振盘自动定向及输送中很容易发生堆叠现象，只要在形状上稍加改动，如图 5-36(b)所示，就很容易避免这一问题，而这种改动并不影响产品的性能。

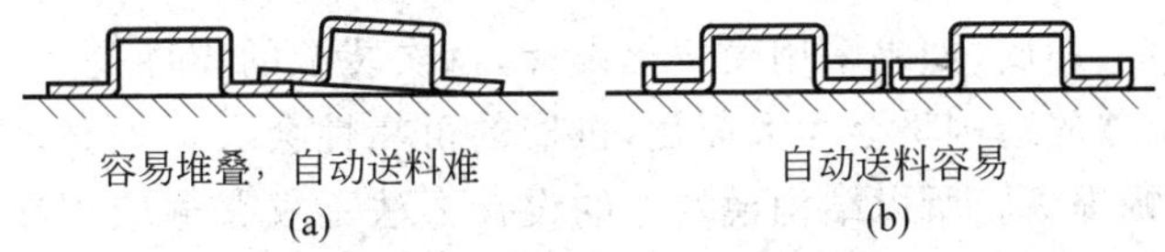

图 5-36　改进工件形状使其适合自动化装配实例三

例 5-6　图 5-37 为振盘自动送料过程中容易引起工件定向及输送困难的实例。只要对工件形状稍加改动，很容易避免出现套接、缠结等问题，而这些改动并不影响产品的性能。

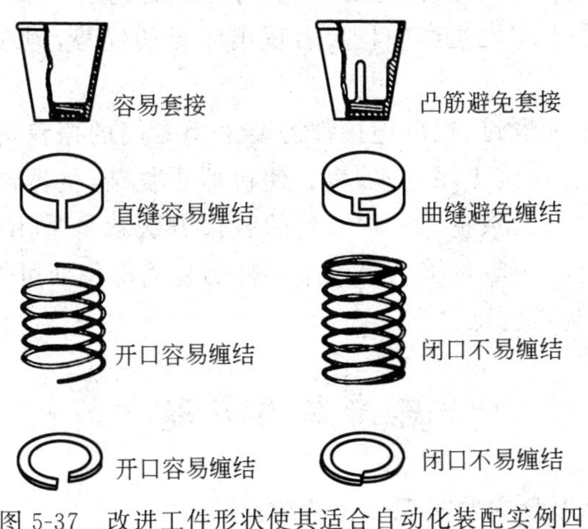

图 5-37　改进工件形状使其适合自动化装配实例四

2. 零件尺寸的加工精度应控制在所要求的范围之内

在自动化装配中,工件要通过各种自动送料装置自动定向、定位、输送、抓取等,如果工件的尺寸加工精度不高,尺寸分散(即工件尺寸重复性差),则在自动化装配生产的许多环节都会频繁出现各种问题。例如,在振盘自动送料环节就会频繁出现工件在输料槽某些部位被卡住导致机器自动暂时停机待料的现象,其他如送料及装配环节也会出现类似的问题。实践经验表面,这种现象更多出现在所输送的工件为冲压件时的情况。上述情况将直接降低自动化专机或自动化生产线的使用效率,造成不应有的经济损失。

工程上,工件在振盘及外部输料槽内被卡住大多数都是由于工件尺寸超差造成的,偶尔也因为混入了其他类似的系列工件而造成上述停机现象。因此,在自动化装配生产中,不仅要求进行自动化装配的零件具有较高的尺寸精度,即用于自动化装配生产的工件尺寸必须具有较高的一致性,而且对生产管理也提出了更高的要求。

3. 尽量减少零件数量

在自动化装配中,待装配零件的数量多少直接决定机器的复杂程度与制造成本,因此在进行产品设计时应该尽可能减少零件的数量。一个最有效的方法就是在产品设计时尽量采用塑料注塑件代替金属冲压件,因为塑料注塑件通常可以设计成较复杂的形状,一个几何形状较复杂的塑料注塑件可能会替代几个金属冲压件。虽然塑料注塑件模具的成本较高,但在自动化装配过程中节约的时间成本及机器造价的降低会产生更大的经济效益。

4. 采用模块化设计

在自动化装配生产中,分散的单个零件越多,机器的结构就越复杂,而产品和机器的可靠性也会因此而降低;相反,如果采用模块化设计,每次装配的零件是在前面已装配完成的模块上进行的,则机器的结构将会大大简化,机器的可靠性会大幅提高,装配完成的产品的可靠性也同样会大幅提高。所以结构模块化的设计方法不仅普遍应用在自动机械上,而且在普通产品的设计过程中同样是一种非常重要而有效的方法,反过来又会使产品的装配制造更简单。

5. 减少螺钉等连接件的数量

在产品的设计过程中,采用螺钉、螺母、铆钉等连接件进行零件之间的连接是一种成本低廉的制造方法,这在手工装配生产中将会表现出明显的优势,但在自动化装配中,情况就不同了。

在自动化装配中,各种螺钉、螺母连接都需要采用专门的振盘对零件进行自动送料,如果产品的装配过程中这种连接工序过多,将会使机器更复杂,机器制造成本更高,所以通常要减少这种螺钉、螺母连接的数量。一种有效的替代方法就是采用各种快速的自动连接方法,例如锁扣、搭扣等,将一个零件推入另一个零件的适当部位即可完成自动连接,这尤其是塑料注塑件的一种典型连接方法。

思考题与习题

5.1 在自动机械中使用振盘主要实现什么功能?

5.2 振盘为什么能将工件连续地由料斗底部向上自动输送?

5.3　振盘料斗底部工件的方向是杂乱无章的，工件为什么能按规定的方向自动输送出来？一般采用了哪些方法或机构？

5.4　哪些工件适合采用振盘自动输送？

5.5　振盘有哪些特点？

5.6　振盘由哪些结构部分组成？

5.7　简述振盘的工作原理。

5.8　什么叫直线送料器？直线送料器与振盘有何区别？

5.9　在什么情况下需要采用直线送料器？

5.10　如何调节振盘的出料速度？

5.11　振盘是始终连续工作的吗？

5.12　外部输料槽上的工件储备区如何实现始终存有一定数量的工件？

5.13　自动机械设计中当采用振盘送料时，如何确定振盘的出料速度？

5.14　在使用振盘的过程中，最容易出现哪些问题？如何排除？

5.15　在振盘使用过程中，在输料槽的某个位置出现工件被卡住导致后面的工件无法向前输送的情况应如何解决？上述现象可能由什么原因引起？

5.16　在手工装配生产及自动化装配生产中，组成产品的零件设计有何区别？

5.17　在自动化装配生产中，组成产品的零件设计通常应该遵循哪些设计原则？为什么？

第 6 章　机械手结构原理与设计应用

6.1　机械手的功能与工程应用

6.1.1　机械手的定义

在手工装配生产中，人类的手指是最主要的装配工具，可以非常灵活地将产品或工件从一个位置抓取到另一个位置。在自动化装配生产中，除了输送系统的连续输送方式外，还有大量的场合需要将单个或多个工件快速地从一个位置准确地抓取并移送到另一个位置卸下，这些工作工程上通常由机械手和机器人两种非常重要的自动装置来完成。

1. 机械手

机械手为一种结构较简单的自动装置，大多数情况下都由气缸来驱动，少数情况下采用电机来驱动，机构运动形式主要为直线运动，自由度较少，一般为 2 个或 3 个。由于结构较简单，制造成本低廉，可以根据需要进行灵活的设计，因而在各种自动化专机、自动化生产线上大量采用，成为各种自动机械的重要结构模块。由于它完成的工作为工件或产品的移送、装配、搬运，大量情况下完成工件的上料和卸料动作，因而工程上也称为移载机械手。图 6-1 为典型的自动卸料机械手实例。

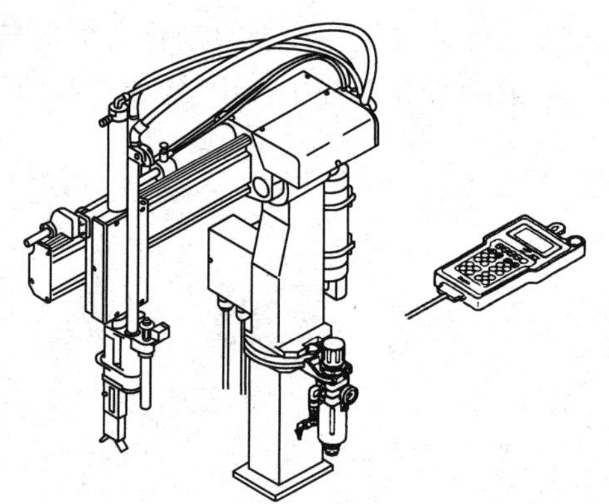

图 6-1　典型的自动卸料机械手

2. 机器人

机器人为一种比上述普通机械手功能更强大、智能更高的自动化装置，一般是由伺服电机组成多关节、多自由度的机构，一般为 4、5、6 个自由度(即通常所说的 4 轴、5 轴、6 轴机器人)，因而运动更灵活，能在各种自动化装配中进行装配与物料搬运工作，目前已经在汽车车身的焊接工序中大量使用。但由于结构较复杂，价格较高，限制了它在工程中的应用。随着价格的下降，它必将在国内的制造业中得到更广泛的应用。图 6-2 为机器人在自动化装配生产中的应用实例。

本章主要对自动机械中大量应用的普通机械手结构及设计原理进行详细介绍，而有关工业机器人的内容读者可参考相关的参考书。

6.1.2　机械手的功能

机械手作为最基本的上下料装置，大量应用在各种自动化专机、自动化生产线上，一般作为皮带输送线、链输送线等输送系统的后续送料装置，将皮带输送线、链输送线等输送系统已经送到暂存位置的工件最后移送到装配等操作位置，供操作机构完成后续的定位、夹紧、装配、加工等操作。在需要的情况下，机械手除完成上料工作外，还可以同时完成卸料的

图 6-2　用于电器部件自动化生产线的工业机器人实例

工作。

物料或工件的移送必须有抓取环节，那么机械手如何像人类的手指一样抓取工件呢？人类通过非常灵活的手指及关节来抓取工件，但机械手抓取工件的方式就机械多了，它主要通过以下两种方式抓取工件：

- 真空吸盘吸取；
- 气动手指夹取。

真空吸取技术是自动化装配技术的一个重要部分，目前在电子制造、半导体元件组装、汽车组装、食品机械、包装机械、印刷机械等各种行业大量采用，如包装纸的吸附、印刷纸张及标签纸的移送、显像管的运送、玻璃搬运、半导体芯片的拾取装配等，都大量采用真空吸盘。

真空吸盘所需要的真空发生装置主要为真空泵与真空发生器两种类型，真空泵是一种在吸气口形成负压力，排气口直接通入大气，吸气口与排气口两端压力比很大的抽除气体的设备。而真空发生器则是一种气动元件，它以压缩空气为动力，利用压缩空气的流动而形成一定的真空度。将真空吸盘连接在真空回路中就可以吸附工件。对于任何具有较光滑表面的工件，特别是非金属类且不适合夹紧的工件，都可以使用真空吸盘来吸取。图 6-3 为真空发生器真空形成原理。

在图 6-3 中，压缩空气从小孔中吹入，通过一个锥形的喷口吹出，则在喷口附近形成一定的负压区。将真空管路与吸盘连通，则吸盘与工件之间的空气被逐渐抽除，内外的压力差将工件紧贴在吸盘上。图 6-4 所示为工业上针对各种用途专门设计的各种吸盘。

真空吸盘的应用具有一定的特殊性，涉及真空的产生、真空系统的过滤、压力的检测、工件的释放等环节，因此真空系统涉及的元件包括真空发生器、真空过滤器、真空开关、真空吸盘等。在自动机械设计中，要求能够熟练进行真空回路的设计。

气动手指实际上就是一个气缸或由气缸组成的一个连杆机构，同样以压缩空气为动力夹取工件。图 6-5 为各种形状的气动手指。气动手指的控制与气缸的控制完全相同。

关于气动手指与真空系统的选型与设计可参阅有关公司的气动元件样本资料。

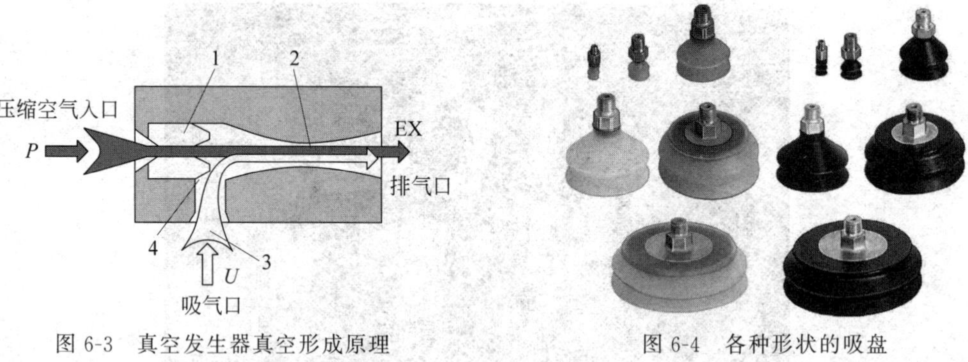

图 6-3 真空发生器真空形成原理

1—喷管；2—接收管；3—吸气流；4—负压区

图 6-4 各种形状的吸盘

图 6-5 各种形状的气动手指

6.1.3 机械手的典型应用

机械手大量应用在各种自动机械和自动化生产线中，主要用于各种工件与产品的移送。根据负载能力的区别，中小型的机械手一般用于移送体积较小、质量较轻的工件或产品，而大型的机械手则可以移送质量较大的负载。典型移送的对象例如：

- 五金件、冲压件——利用机械手完成自动装配；
- 注塑件、压铸件——利用机械手在注塑机、压铸机上自动卸料；
- 机加工件——用于自动加工设备上的自动上下料；
- 电子元器件——用于电子制造行业的自动装配；
- 食品——利用机械手完成包装、搬运；
- 医药制品——利用机械手完成包装、搬运；
- 自动化立体仓库——利用机械手完成货物的自动堆垛。

在工作过程中，机械手抓取工件或产品的形式也非常灵活，以下为经常采用的方式：

- 单独抓取工件或产品；
- 将工件或产品连同夹具一起抓取；
- 抓取单个工件或产品；
- 多个工件或产品一次抓取；
- 抓取具有平面的零件或曲面的零件。

抓取工件的质量不同，对机械手的结构要求也不同，为了保证机械手在工作过程中具有足够的运动精度与稳定性，要求机械手在结构上具有足够的刚度，这种刚度的区别体现在结构的材料、尺寸、质量、元件的规格大小等方面。也就是说具体的机械手其负载能力是确定的，超出其负载能力必须采用更大的机械结构尺寸，否则会产生振动、变形等问题，降低其工作精度、稳定性与可靠性。

6.2　机械手的典型运动及结构模式

机械手在形式上多种多样，但它们都是有一定的规律可循的，通过对其运动模式进行总结分类，只要掌握了最基本的几种结构模式，就可以举一反三，解决大量的设计与应用问题。本节介绍几种最常见的机械手运动模式。

机械手在运动循环过程中有几个关键的停留位置，为了说明其运动轨迹，下面先对机械手的各停留位置进行说明。

1. 取料点

需要移送工件的起始位置，如皮带输送线上工件的暂存位置、振盘输料槽的出口止端、注塑机塑料模具上塑料制品所在位置等。

2. 原点

机械手末端（吸盘或气动手指）每个循环的起始位置或等待位置。机械手在完成一个取料动作返回该点后，一般都需要在该位置停留，当整个装配过程完成后机械手再开始下一个取料循环。

原点设计的原则为：为了使取料动作所需要的时间最短，缩短节拍时间，原则上要将原点设计在离工件取料点尽可能近的位置，但必须是安全的位置，自动机械的其他机构在运动过程中不能与机械手在空间上发生干涉。很多情况下都将原点设定在工件取料点的正上方，以便以最短的时间完成抓取动作。

3. 卸料点

工件的移送目标位置。在上料动作中，一般将工件从皮带输送线上或振盘输料槽出口止端移送到自动专机的装配或检测位置。在卸料动作中，装配或检测位置又变成了机械手的取料点。

6.2.1　单自由度摆动机械手

单自由度摆动机械手是一种结构最简单的机械手，通常由一个摆动运动来组成，这就可以直接采用摆动气缸（例如 FESTO 公司的 DSR/DSRL 系列、SMC 公司的 CRB1 系列）与气动手指或真空吸盘来组成。例如气动手指将工件从取料位置夹取后，摆动气缸旋转 180°，然后气动手指将工件在卸料位置释放。图 6-6 为这种采用气动手指及摆动气缸组成的单自由度摆动机械手结构实例。

需要特别注意的是，当采用气动手指时，通常最典型的情况就是摆动气缸绕水平方向的轴线旋转 180°，这样工件在取料位置和卸料位置的姿态方向相差 180°，也就是说工件是在上下翻转 180°后释放的，因此在设计工件的姿态方向时需要考虑这种变化。例如采用振盘和这种机械手组合送料时，工件首先由振盘自动输送到暂存位置，然后再由摆动机械手移送到装配位置进行装配，这种情况下工件在振盘输出暂存位置的姿态方向必须与装配时的姿态方向上下相差 180°。

当采用真空吸盘来吸取工件时，由于吸盘及工件的姿态方向无法适应这种机械手的上述姿态变化，所以需要设计一种专门的随动机构，使吸盘及工件的姿态方向始终保持在竖直方向。图6-7为采用摆动气缸及真空吸盘组成的单自由度摆动机械手结构实例。

图6-6　采用摆动气缸及气动手指组成的单自由度摆动机械手实例

图6-7　采用摆动气缸及真空吸盘组成的单自由度摆动机械手实例

上述两种形式的单自由度摆动机械手大量使用在各种自动化专机上，制造成本低廉，而且由于摆动气缸所占用的运动空间较小，因此此类机械手特别适合于要求自动化专机的结构非常紧凑的场合。

6.2.2　二自由度平移机械手

1. 二自由度平移机械手结构模型

二自由度平移机械手为工程上最简单且大量使用的自动机械结构，机械手末端为抓取元件，即如前所述的真空吸盘或气动手指，它的功能就是将工件或产品从一个起始位置移送到另一个目标位置。由于只有 X、Y 两个方向的直线运动，所以机械手的全部运动都在一个平面内，因而称为二自由度平移机械手。图6-8为二自由度平移机械手的结构原理示意图。

图6-9为二自由度平移机械手应用实例，其中两个方向的直线运动都直接由直线运动气缸实现，竖直方向手臂下方为气动手指。

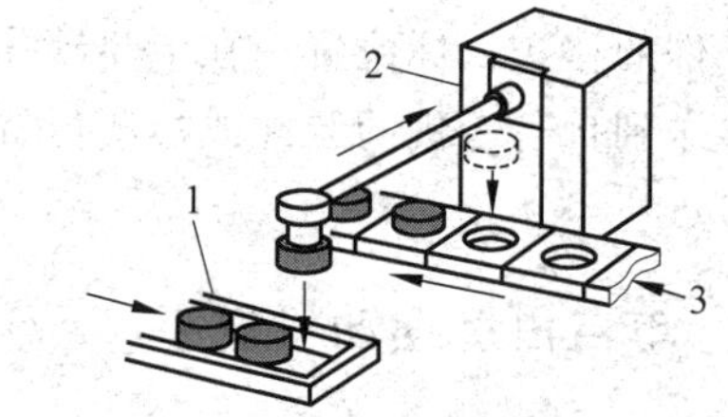

图6-8　二自由度平移机械手原理示意图
1—工件输送系统；2—机械手；3—工件夹具

2. 二自由度平移机械手运动过程

二自由度平移机械手的运动较简单，全部运动都在一个平面内，典型的运动过程为：

(1) 取料点一般为工件自动化输送系统的一个暂存位置，如皮带输送线上工件的暂存位置，或者振盘送料装置输料槽末端的止动位置。

(2) 卸料点一般为机器的装配位置，机械手将工件移送到该位置后释放工件，工件依靠自重下落到装配定位夹具上。

(3) 机械手的起始位置一般在取料点的上方，每个动作循环都从该点开始，该点也就是机械手的原点。

(4) 机械手首先从起始位置下降，吸取(或夹取)工件后上升，然后水平移动到目标位置(卸料点)上方，再下降到目标位置上方，释放工件，最后沿相反路径返回到原起始位置，完成一个动作循环。图 6-10 为二自由度平移机械手的运动轨迹示意图，序号表示动作次序，箭头表示运动方向。

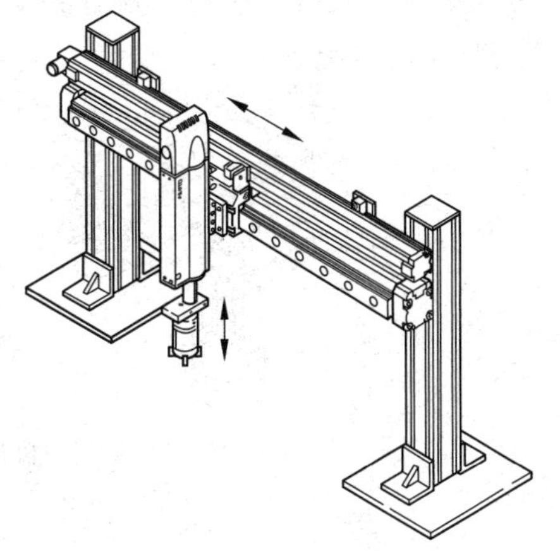

图 6-9　二自由度平移机械手实例

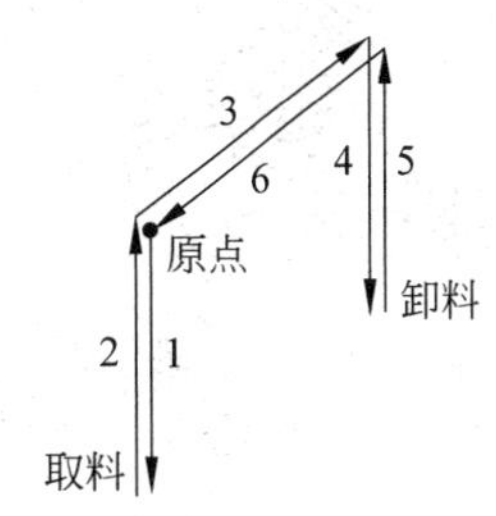

图 6-10　二自由度平移机械手运动轨迹

综上所述，机械手所完成的实际上是一个上料的动作。若将上述动作反过来，起始位置为装配位置，而目标位置为皮带输送系统或其他输送、存储位置，则机械手所完成的就是一个卸料的动作。用机械手进行上料或卸料都是其最基本的应用。

在自动化专机或自动化生产线上，根据装配工作的需要，一台机械手既可以在一台设备上只完成上料或卸料的动作，一台设备上的上料、卸料动作也可以由同一台机械手先后来完成，区别仅在于控制程序不同而已。

6.2.3　二自由度摆动机械手

1. 二自由度摆动机械手结构模型

二自由度摆动机械手的动作由竖直方向的直线运动和绕竖直轴的摆动运动两部分组成，在结构上，与二自由度平移机械手的唯一区别是将水平运动改为旋转运动，其他结构与二自由度平移机械手相同。它同样是工程上大量使用的自动机械结构模块，它的功能也是将工件或产品从一个起始位置移送到另一个目标位置，机械手的全部运动不再在一个平面内，因为有一个运动为摆动运动，因而称之为二自由度摆动机械手，这种机械手也大量应用在各种自动化专机上。图 6-11 为二自由度摆动机械手的结构原理示意图。

最简单的情况就是在机械手末端安装一个吸盘或气动手指，将工件从一个位置吸取或夹取后快速移送到另一位置后释放，在这种情况下，机械手的结构可以非常简单，由普通的直线运动气缸与连杆机构就可以实现。

为了进一步简化此类机械手的设计与制造，气动元件制造商专门设计制造了一种将直线运动及摆动运动集成在一起的组合气缸系列，用户直接采用这种系列的气缸就可以实现图 6-11 所示机械手的运动功能，例如 FESTO 公司的 DSL 系列直线摆动组合气缸系列、SMC 公司的 MRQ 系列直线摆动组合气缸系列就属于此类气缸。

图 6-12 为采用 FESTO 公司 DSL 系列直线摆动组合气缸组成的二自由度摆动机械手

实例,其中直线运动、旋转运动分别由一只直线运动气缸和摆动气缸完成,两只气缸串联在一起,手臂末端为真空吸盘。两种运动通过控制系统既可以设计为单独进行,也可以设计为同时进行,机械手将左侧输料槽末端暂存位置的工件吸取后移送到右侧输送线上的工作定位夹具上,完成上料动作,工件在输送线上进行后续的装配或加工。

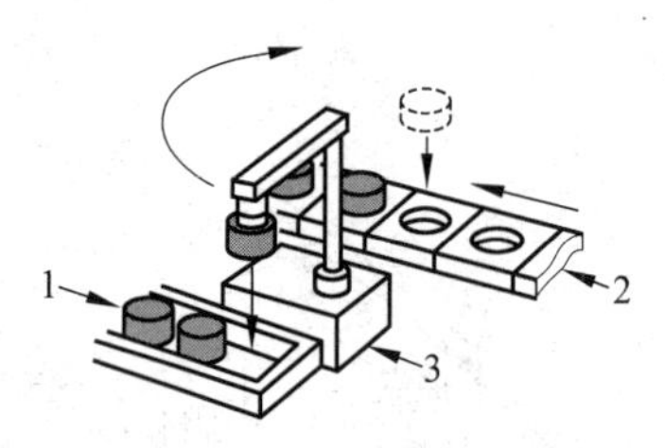

图 6-11　二自由度摆动机械手原理示意图
1—工件输送系统；2—工件夹具；3—机械手

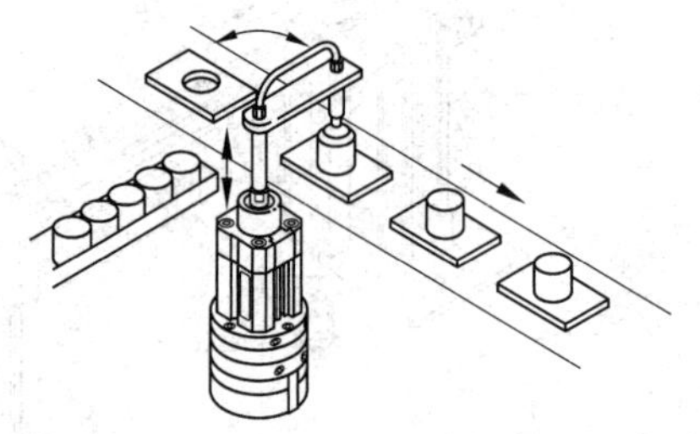

图 6-12　典型的二自由度摆动机械手实例

2. 二自由度摆动机械手运动过程

二自由度摆动机械手的一般动作过程如下：

起始位置一般为工件自动化输送系统的一个暂存位置,如皮带输送线上工件的暂存位置,或者振盘送料装置输料槽末端的止动位置,如图 6-11、图 6-12 所示。而目标位置同样为装配位置,机械手先下降,吸取或夹取工件,再摆动 180°(也可以是其他角度),最后下降到装配位置上方,释放工件,然后再按相反路径返回到起始位置,机械手所完成的同样是一个上料动作。图 6-13 为二自由度摆动机械手的运动轨迹示意图,序号表示动作次序,箭头表示运动方向。

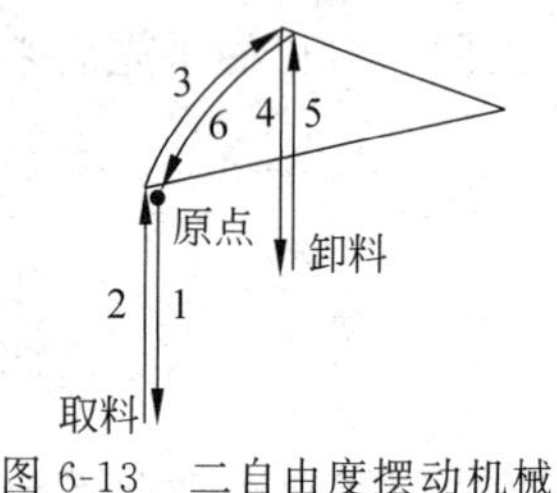

图 6-13　二自由度摆动机械手运动轨迹

若将上述动作反过来,起始位置为装配位置上方,而目标位置为皮带输送系统或其他输送、存储位置,则机械手所完成的就是一个卸料的动作。

在自动化专机或自动化生产线上,根据工序操作的需要,这种机械手既可以在一台设备上完成上料或卸料的动作,一台设备上的上料、卸料动作也可以由同一台机械手先后来完成。

在自动化装配设备上,当一台设备上的上料、卸料动作都由同一台机械手先后来完成时,由于装配过程中增加了新的零件,因此有可能改变工件的结构与形状,以致影响到工件的抓取。因此需要考虑因为工件形状与尺寸的上述变化是否需要在上料与卸料过程中分别采用不同的抓取方式(吸盘或气动手指)。

6.2.4　三自由度机械手

1. 三自由度机械手结构类型

三自由度机械手较前面两种类型的二自由度机械手结构更复杂,但它是在二自由度机械手的基础上实现的,只是比二自由度机械手增加了一个方向的运动。

根据运动组合的差异,三自由度机械手主要有以下两种形式：

- 两个相互垂直方向的直线运动与一个摆动运动；

• X、Y、Z 三个相互垂直方向的直线运动。

在结构上，根据上述两种运动的组合规律，工程上主要有两种类型的三自由度工业机械手：

• 摇臂式自动取料机械手；
• 横行式自动取料机械手。

上述两种机械手大量应用于注塑机上塑料制品的自动取料，即大量应用于注塑行业，而且具有很强的代表性。实践表明，这种机械手与用于其他场合（例如自动装配专机、自动装配生产线）的机械手几乎完全一样，用于自动装配场合的自动机械手在结构上要比注塑机自动取料机械手更简单，只要熟悉了注塑机自动取料机械手的结构原理与设计方法，设计用于自动装配等其他场合的自动机械手就容易多了。基于上述原因，本章主要针对注塑机自动取料机械手进行详细介绍。

1）摇臂式自动取料机械手

图6-14为典型的摇臂式自动取料机械手，其运动由X、Y两个相互垂直方向的直线运动与一个摆动运动组合而成。

摇臂式自动取料机械手一般为小型机械手，配合小型注塑机使用。它由X、Y两个相互垂直方向的直线运动和整个手臂的摇摆运动组成，根据使用需要，既可以设计成单手臂（如图6-14所示），也可以设计成双手臂。

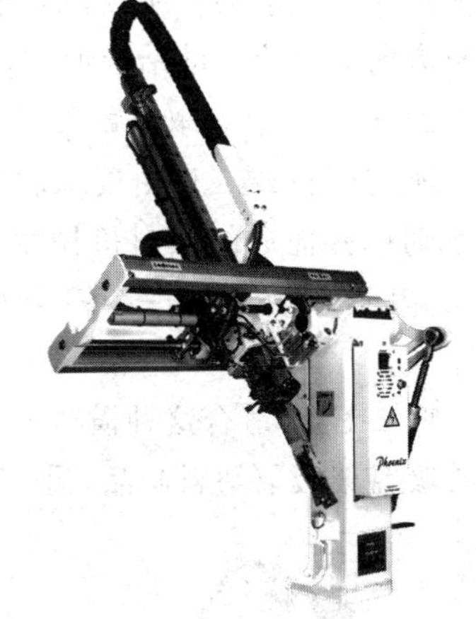

图6-14　典型的注塑机摇臂式自动取料机械手

（1）单手臂摇臂式机械手

由单手臂组成的摇臂式机械手一般用于小型注塑模具上模具分型后水口料与塑料件连在一起的场合。如果塑料件的质量较小，就采用安装在手臂末端的夹钳直接将塑料水口料夹住后将整个塑料件（连同水口）一起取出移送到注塑机外，而不需要采用吸盘。

当塑料件的质量较大时，通常不采用夹钳将工件夹出，而主要采用吸盘将工件吸取后移出机器外。为了使机械手的取料动作稳定可靠，经常在吸盘架上同时安装一个夹钳，取料时吸盘与夹钳同时动作，夹钳同时将水口料夹住。

图6-15为适合单手臂取料的塑料件类型与取料方式实例，图6-15(a)～图6-15(c)分别表示了三种可能的塑料件成型方式及取料方式，机械手末端同时采用了吸盘与夹钳，其中夹钳采用一种简单的夹紧气缸来代替并直接安装在吸盘架上。

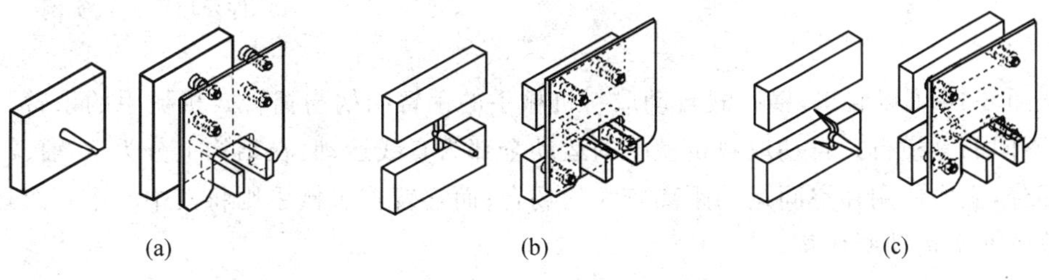

图6-15　适合单手臂摇臂式机械手取料的塑料件及取料方式

(2) 双手臂摇臂式机械手

由于塑料件的形状尺寸差异,其塑料模具结构也存在很大的差异。当塑料制品与塑料水口料在模具打开(通常称为分型)后不是一体的结构,而是处于分离的状态并且位于不同的模板内时,使用一只手臂就难以同时将两部分取出来,因此这种情况下必须同时使用两只手臂取料。

在双手臂的摇臂式自动取料机械手中,两只手臂的用途是不同的。其中一只手臂末端安装吸盘架,用于吸取塑料制品,称为主手;另一只手臂末端安装夹钳,用于夹取塑料水口料,称为副手。

双手臂自动取料机械手一般用于大中型注塑机,虽然摇臂式机械手也有部分设计成双手臂的情况,但由于摇臂式机械手的特殊结构,使得在结构尺寸较大时就受到限制,难以用于大型注塑机取料。所以在双手臂的三自由度取料机械手中,大都采用 X、Y、Z 三个相互垂直方向的直线运动结构形式,也就是下面要介绍的横行式三自由度机械手。

2) 横行式自动取料机械手

所谓横行式三自由度取料机械手就是在结构上采用 X、Y、Z 三个相互垂直方向的直线运动搭接而成的取料机械手。图 6-16 就是典型的注塑机横行式三自由度自动取料机械手,其运动由 X、Y、Z 三个互相垂直方向的直线运动组成,也称为三自由度平移机械手。

图 6-17 为适合这种横行式机械手取料的塑料件及取料方式实例。其中一只手臂末端安装吸盘架吸取塑料制品,另一只手臂末端安装夹钳,用于夹取塑料水口料。

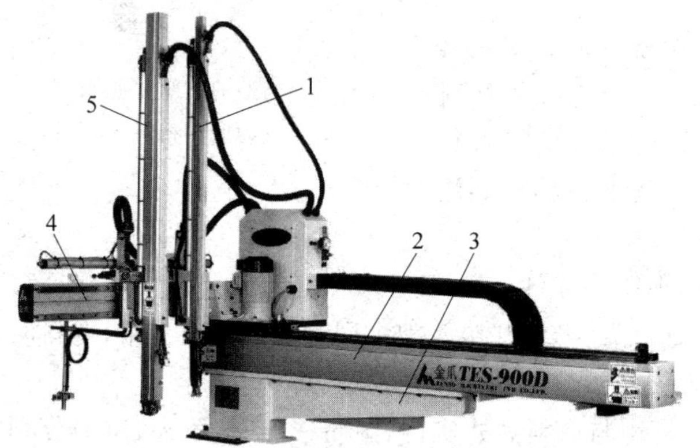

图 6-16 典型的注塑机横行式三自由度自动取料机械手
1—Z 轴(副手);2—X 轴;3—底座;4—Y 轴;5—Z 轴(主手)

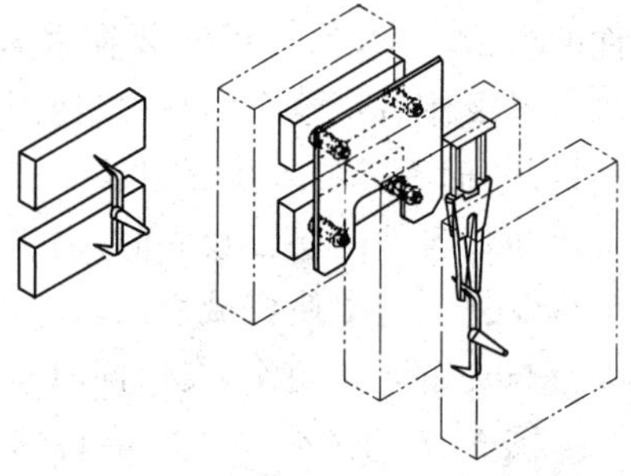

图 6-17 适合双手臂横行式三自由度自动取料机械手取料的塑料件及取料方式实例

从图 6-16 可以看出,横行式自动取料机械手的手臂结构与摇臂式机械手的手臂是类似的,所不同的是横行式自动取料机械手的运动全部为直线运动,在结构上分为 X 轴、Y 轴、Z 轴三部分,主要使用在空间运动距离较大的场合;而摇臂式机械手则将其中一个直线运动用更简单的摆动运动所代替。

由于横行式三自由度自动取料机械手在结构上更具有代表性,因此下面主要以这种自动取料机械手为对象进行详细介绍。

2. 三自由度机械手运动过程

下面以图 6-16 所示的横行式三自由度机械手为例，说明这种典型三自由度机械手的运动轨迹与运动过程。从图 6-16 可以看出，这种机械手在结构上主要是由 X 轴、Y 轴、Z 轴（主手、副手）、底座四部分采用模块化的方式通过直线导轨机构搭接而成的，其中 X 轴、Y 轴、Z 轴在相互垂直的方向上进行搭接连接。直线导轨机构不仅是运动导向部件，各部分结构的连接也是通过直线导轨机构来实现的。

1）运动轨迹

含有两只 Z 轴手臂的情况下，两只 Z 轴手臂的运动轨迹是一样的，只是手臂末端的结构稍有区别，也就是吸盘架与夹钳的区别。主手（副手）典型的运动轨迹如图 6-18 所示，序号表示动作次序，箭头表示运动方向。

2）运动过程

如图 6-18 所示，主手及副手的运动过程如下：

（1）Z 轴手臂末端首先在取料点上方（原点）等待注塑机完成注塑成形过程，此时 Z 轴位于上方，X 轴位于原点；

（2）当注塑机完成注塑过程、模具分开并顶出塑料工件、露出塑料水口料后，Z 轴手臂沿 Z 方向竖直下降（动作 1）；

（3）Z 轴主手、副手同时沿水平 Y 方向分别移近工件或水口料（动作 2），主手吸盘吸取工件，副手夹钳也同时夹紧水口料；

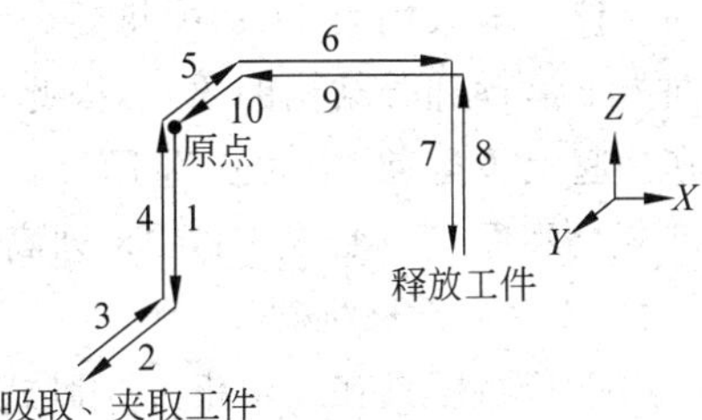

图 6-18　三自由度平移机械手末端的运动轨迹

（4）Z 轴主手、副手再同时沿水平 Y 方向后退（动作 3），使工件或水口料脱离塑料模具；

（5）Z 轴主手、副手上升，退出模具及注塑机内部空间移动到注塑机上方（动作 4）；

（6）两个 Z 轴手臂与 Y 轴一起在 X 轴驱动部件的驱动下沿 X 轴方向运动，将 Z 轴手臂移送到注塑机外部卸料点的上方（动作 5、动作 6）；

（7）Z 轴手臂同时向下运动到卸料点位置（动作 7）；

（8）Z 轴手臂同时进行以下释放动作：Z 轴主手先将吸盘架翻转 90°调整塑料制品姿态方向，然后释放吸盘，将注塑件释放，使注塑件在重力作用下下落到下方的皮带输送线上，最后又将吸盘架翻转 90°返回到竖直状态，Z 轴副手夹钳松开释放塑料水口料；

（9）Z 轴手臂同时上升（动作 8）；

（10）X 轴、Y 轴同时运动（动作 9、动作 10），将 Z 轴手臂移送到原点位置，进入待料状态，等待下一次取料循环。

6.3　机械手典型结构组成

6.3.1　三自由度机械手的典型结构

由于三自由度机械手的结构最为典型，所以下面仍以图 6-16 所示的横行式三自由度机械手为例,说明机械手的典型结构组成。

1. 主手

在图 6-16 中,Z 轴手臂 5 为主要的取料手臂,工程上一般称为主手,其作用为上下运动,用吸盘吸取注塑件(塑料制品)。

1) 运动行程

主手含有驱动部件和导向部件,由于需要通过上下方向的运动将塑料件从塑料模具的中心吸取后提升到注塑机的安全门高度以上,再通过 X 轴的运动将整个手臂移送到注塑机区域以外卸下注塑件,因此主手需要具有较大的工作行程,一般采用大行程气缸来驱动。气缸的行程根据注塑机吨位的大小而不同,一般为 600～1200 mm。例如日本 STAR 公司此类机械手 Z 轴主手的运动行程设计有 600 mm、800 mm、1000 mm、1200 mm 等多种规格。

2) 驱动与导向元件

这种自动取料机械手要求具有一定的精度,以保证每次都准确地抓取工件,因此主手的导向元件一般采用第 11 章中将要介绍的标准直线导轨部件。由于需要尽可能地减少竖直方向上下运动部分结构的质量,因此一般采用截面为矩形的铝合金管状型材与直线导轨连接在一起上下运动,同时在选择气缸时一般都采用质量较轻的气缸(如日本 SMC 公司的 CG1 轻巧型系列气缸及 RHC 系列高速气缸)。

3) 工件的吸取机构

由于塑料模具在注塑机上是卧式安装的,塑料件的最大面积一般都位于竖直方向。塑料件注塑成型完成、塑料模具分开后,塑料件的温度还较高,尚未完全冷却下来,仍然处于尺寸不稳定的冷却收缩阶段。取出塑料件时不能使塑料件承受对其形状及尺寸产生影响的外力,所以一般采用真空吸盘吸取工件。

吸取塑料件时需要在多个部位安装多个真空吸盘同时吸取,以使塑料件均衡受力,所以必须设计一种可以用来安装固定多只吸盘的吸盘架,吸盘架就安装在主手的末端。主手的末端设有用于安装吸盘架的螺纹连接孔。一般安装多只吸盘,吸盘在不同的位置同时吸取塑料件。吸盘的尺寸大小、位置、数量要根据工件的形状及大小来具体设计,而吸盘架则根据吸盘的数量、位置来专门设计,以保证吸盘系统能够可靠地吸取工件。图 6-19、图 6-20 为注塑机自动取料机械手上的吸盘架实例。

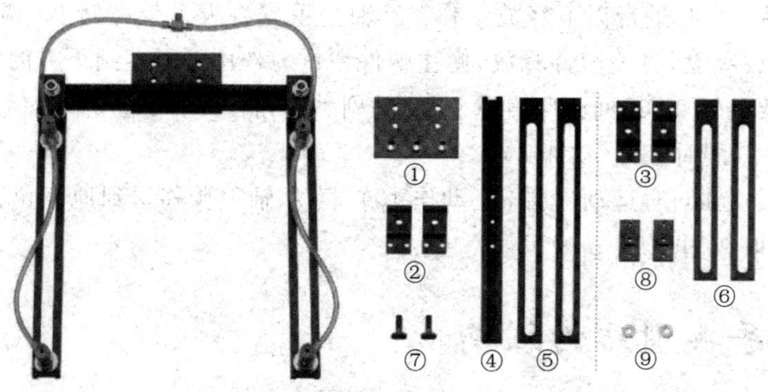

图 6-19 用于吸取塑料件的吸盘架及其零件实例一

4) 工件翻转机构

通过机械手 Y 轴的水平运动，主手末端的吸盘从水平方向移近工件然后吸住，此时塑料件仍然具有较高的温度，如果将塑料件吸住后仍然以注塑时的姿态方向放下，放下时产生的撞击势必会造成塑料件的变形，对塑料件形状和尺寸精度产生不利的影响。因此，塑料件必须从取料时的竖直姿态方向改为水平方向后再放下，减少塑料件的变形。

为了改变塑料件的空间姿态方向，吸盘架必须能改变方向，因此一般在主手的下方设计有由气缸及连杆机构组成的翻转机构，使吸盘架能够翻转 90°，改变塑料件放下时的方向，以免热的塑料件放下时撞击变形。图 6-21 为典型的 90°翻转机构实例。

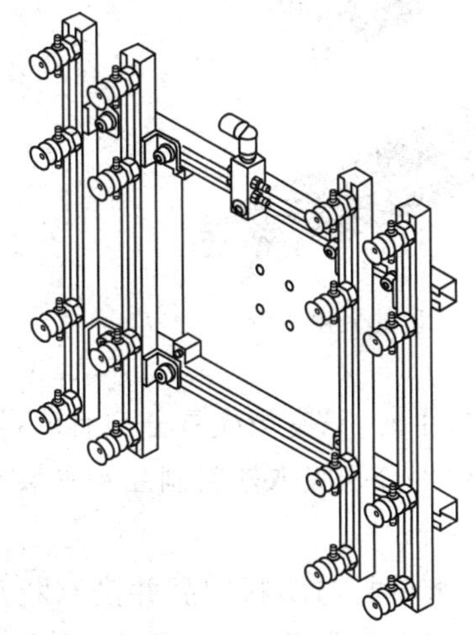

图 6-20　用于吸取塑料件的吸盘架实例二

图 6-21　主手末端典型的 90°翻转机构

在图 6-21 中，翻转机构由气缸来驱动，气缸缩回与伸出两种状态分别对应吸盘架的两种空间姿态。图 6-21 所示状态为气缸缩回、吸盘架保持竖直状态，这时机械手位于注塑机上方的待料位置，注塑完成且模具分开后，Z 轴手臂在竖直方向下行，然后在 Y 轴运动下水平移近塑料件进行吸取。

机械手吸取工件后，Z 轴手臂先返回到注塑机上方的待料点，然后再运动到注塑机外侧的卸料点。此时翻转机构驱动气缸伸出，翻转机构上的夹具安装架在气缸活塞杆作用下绕回转轴顺时针方向旋转 90°。此时吸盘架也相应地转到水平状态，通过电磁阀使吸盘内的真空状态被破坏，工件则释放下落到下方的皮带输送线上，由皮带输送线将工件移送到离注塑机更远的安全操作区。

吸盘吸取工件时吸盘的姿态方向很重要，吸盘平面必须与工件表面平行。如果吸盘以倾斜的状态移近工件，则会导致吸盘已经移近工件但吸盘与工件间的某些部位仍然存在间隙、工件无法吸吊的情况。因此，吸盘与塑料件之间的相对方向应该可以进行微调，这种微调是通过调整上述翻转机构上的限位钉高度来实现的，实际上也就是对吸盘架的实际翻转角度进行微调。

2. 副手

在图 6-16 中，Z 轴手臂 1 为辅助的取料手臂，工程上一般称为副手，用于抓取注塑件成形后仍然留在模具上的塑料水口料。

在运动行程上，一般将副手的上下运动行程设计得比主手上下运动行程稍大(通常加大50 mm)，例如日本STAR公司此类机械手 Z 轴副手的运动行程设计有650 mm、850 mm、1050 mm、1250 mm等多种规格。

由于塑料水口料的形状为较简单的圆锥形杆件，直接夹取就可以取下，因此在副手下方都设有一把专门设计的夹钳，用于夹取塑料水口料。图6-22为日本STAR公司注塑机自动取料机械手上典型的夹钳实例。

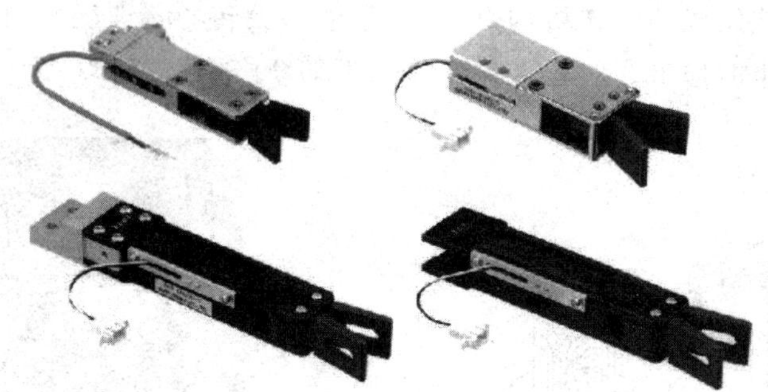

图6-22 注塑机自动取料机械手上典型的夹钳实例

需要注意的是，在为注塑机配套选择自动取料机械手时，只有当模具分型后塑料水口料与塑料件分别留在不同的模板上时才同时使用主手、副手分别吸取塑料制品和夹取水口料，如图6-17所示。

另外一种不同的情况就是，部分模具分型后，塑料水口料与塑料制品并没有断开，仍然连为一体且留在同一块模板上，这种情况下使用一只带夹钳的手臂就可以自动取料了，如图6-15所示，既可以使用单手臂的机械手，也可以使用双手臂机械手中的一只手来完成。

在结构上，主手、副手具有以下不同之处：

- 取料的对象不同；
- 取料的方式不同；
- 负载的大小不同。

副手的取料对象为塑料水口料，取料方式为夹取，工件的质量较小。主手的取料对象为塑料制品，取料方式为吸取，塑料件的主要质量都集中在主手吸取的塑料制品上。

由于塑料水口料比塑料制品的质量小或小很多，因此副手的负载比主手的负载更小，所以副手在结构上可以较主手更轻。结构的模式是类似的，都是采用直线导轨、直线运动气缸、铝型材等结构件，但可以采用更小缸径的气缸、公称尺寸更小的直线导轨。

3. *Y* 轴

由于 Z 轴手臂通过直线导轨直接搭接在 Y 轴上，所以 Y 轴的负载就是 Z 轴手臂的重量，Y 轴方向运动的作用为使机械手移近或脱离模具上的塑料件。

吸盘吸取塑料件、夹钳夹取塑料水口件时都需要从外侧水平移近工件，这种运动不需要太大的行程，所以 Y 轴方向的行程一般为100～300 mm。其中塑料制品侧(主手)行程150～300 mm，塑料水口侧(副手)行程100～150 mm，较塑料制品侧行程稍小。

在结构上 Y 轴主要为导向及支撑结构，安装有导向部件(一般为直线导轨机构)及直线运动气缸，驱动主手、副手在 Y 轴方向上作水平直线运动。

4. *X* 轴

1）结构特点

由于 Z 轴手臂、Y 轴通过直线导轨搭接在 X 轴上，所以 X 轴的负载就是 Z 轴手臂及 Y 轴的全部重量，此外还有手臂高速运动时产生的惯性负载，因此 X 轴承受的负载最大。为了保证 Z 轴的运动精度，必须保证 X 轴具有更高的支承刚度。所以 X 轴一般采用尺寸较大的矩形空心型钢为基础，采用直线导轨机构导向，一般平行安装两根直线导轨。由于负载较大，所采用的直线导轨公称尺寸也相应较主手、副手更大。

2）运动行程

X 轴的作用与 Y 轴类似，主要为在直线方向上往复运动，将 Z 轴、Y 轴移进或移出注塑机的上方区域，使 Z 轴完成取料卸料的工作。X 轴的运动行程一般为 1200～2000 mm，例如日本 STAR 公司此类机械手 X 轴的运动行程设计有 1200 mm、1400 mm、1600 mm、1800 mm、2000 mm 等多种规格。

3）驱动机构

由于 X 轴的行程及负载都较大，且气缸的工作寿命有限，所以目前工程上已经不采用气缸驱动。实践经验表明，如果采用气缸驱动，一方面速度难以满足快速的节拍需要，另一方面运行一段时间后气缸会产生密封泄漏问题。因此，此类机械手 X 轴的驱动目前都采用电机驱动，如变频电机或伺服电机，通过同步带或者齿轮齿条将电机的旋转运动转换为负载的直线运动。图 6-23 所示为在 X 轴上采用变频电机、同步带的驱动机构实例。

图 6-23　采用变频电机与同步带的驱动机构

随着伺服机构的成本逐渐下降，在机械手的结构上越来越多地采用了伺服机构，有些机械手在部分方向采用，有些则采用全伺服机构，使机械手的取料速度大幅提高。

6.3.2　机械手的结构共性

虽然机械手有多种结构类型，运动模式及结构也各有区别，但它们与其他自动机械一样，都是一种模块化的结构，都是由各种基本的结构模块，各种标准的材料、元件、部件组成的，尤其是机械手采用了大量、简单的运动机构——直线运动机构，可以毫不夸张地说，机械手主要就是由各种直线运动机构组合而成的。各种类型的机械手都具有很多共同的特性，通过对机械手上的各种具有普遍共性的典型结构进行分析，可以从中找出它们的共同规律，起到举一反三的作用，帮助读者学习和设计。

实际上，机械手的运动过程都类似，只是包含的运动循环有的简单、有的更复杂，组成其结构的元件、部件、材料也类似，这样大大简化了设计工作。通过对各种类型机械手的结构进行分析总结，可以发现各种类型机械手都主要或全部包含了以下结构部分：驱动部件、传动部件、导向部件、换向机构、取料机构、缓冲结构、行程控制部件等，下面分别介绍。

1. 驱动部件

动力部件是机械手及各种自动机械的核心部件，如果没有动力部件，机械手或其他自动机械就无法运动。机械手一般都移送不太重的工件，它们的动力部件主要为气缸和电机（变频电机、步进电机、伺服电机)。

1) 气缸驱动

目前在自动化装备行业,最著名的气动元件供应商有FESTO(德国)、SMC(日本)、KOGANEI(日本)等,与其他自动机械一样,在设计时都是直接选用上述公司的标准气动元件。在机械手的设计过程中,因为机械手高速运动的要求,需要尽可能地减轻负载,所采用的气缸必须具有尽可能小的质量,一般都选择质量较轻的气缸(如SMC公司的轻巧型系列气缸,即CG1系列),在夹钳部位一般选用体积较小、安装灵活方便的多面安装气缸(如SMC公司的CU系列气缸)来驱动。在气缸的选型过程中,要根据具体使用场合的空间、输出力大小、行程、安装条件等要求,选择最适合的系列和规格。图6-24为典型的气缸驱动方式。

图6-24 典型的气缸驱动方式

需要指出的是,在作为一般用途的自动上下料机械手上,由于对机械手的运动速度并没有特殊的要求,所以直接选用标准气缸就可以了。但在某些特殊的场合可能需要对气缸进行特殊的设计,例如注塑机自动取料机械手的运动速度极高,用于这种机械手的气缸就需进行特殊设计。

用于注塑机自动取料机械手的气缸主要有以下特殊要求:

(1) 由于注塑机为大型贵重设备,节拍时间非常敏感,要求机械手取料时间越短越好,这样可以提高注塑机的生产效率。自动取料机械手的运动速度非常之快,以致工程上此类机械手有"快手"的称号,因此气缸的运动速度非常高。

(2) 由于注塑机一般为大型设备,尺寸较大,要将工件从注塑机内的模具内取出并移送到机器外,机械手的行程都较大。一般在竖直方向的行程达到600～1200 mm,所以这种机械手上需要采用大行程的气缸。

(3) 由于气缸的行程较大,气缸的质量就会增大,而质量与速度是相互矛盾的,因此气缸的质量与机械手其他运动机构的质量一样是非常敏感的,需要尽可能地减小气缸的质量,因此在气缸的选型上需要精心选择。如SMC公司的CG1系列轻巧型气缸就很合适,在许多公司制造的注塑机自动取料机械手上都大量采用了这种系列的气缸。在此类机械手上大量采用铝型材或铝合金铸件,同样是为了尽可能地减轻结构的质量,提高运动速度。

(4) 机械手与注塑机一样,需要连续生产运行,经常为两班或三班连续运行,工作时间长,要求可靠性极高,不能因机械手出现故障而导致注塑机停机,否则将导致较大的经济损失。因此注塑机自动取料机械手上的气缸需要具有极高的可靠性。

既然要求取料速度非常快,采用普通的气缸就达不到要求,因此需要采用特殊的高速气缸。为了降低活塞的运动阻力,提高密封圈的抗磨损寿命,从而保证气缸的正常工作寿命,气缸内部的密封圈需要采用特殊的材料，因此，目前用于注塑机自动取料机械手的气缸都采用专用的特殊材料密封圈。在大行程的竖直方向较多采用日本 SMC 公司的 RHC 系列高速气缸，该系列气缸最大运动速度可达 3 m/s，既具有很轻的质量，同时也具有极好的缓冲性能，其缓冲性能是普通系列气缸的 10～20 倍。

2) 电机驱动

小型的机械手上由于负载较小，使用气缸驱动就可以了；但在大型的机械手上，结构质量增大，因而负载也较大，一般都在负载较大的方向上采用电机驱动。例如注塑机自动取料机械手的水平 X 轴方向目前基本上都是采用电机驱动，其次在竖直 Z 轴方向上也部分采用了电机驱动。由于伺服电机的使用成本逐渐降低，在机械手中使用伺服电机的情况越来越普遍。为了降低设备成本，在批量生产的自动机械手中也广泛采用变频电机代替伺服电机驱动。图 6-25 为日本 STAR 公司注塑机自动取料机械手水平 X 轴变频电机驱动机构。

图 6-25 日本 STAR 公司注塑机自动取料机械手 X 轴变频电机驱动机构

现代电子制造行业日趋微型化，元器件的体积越来越小，半导体芯片为最典型的例子。在这些产品的封装制造过程中，机械手的结构具有微型化、高速化的特点。在此类自动化制造设备中，目前大多采用小型步进电机代替气缸作为机械手的驱动部件，例如世界最大的半导体装备制造商 ASM 公司的半导体封装设备上就大量采用了这样的结构设计。采用电机驱动可以直接获得机械手所需要的摆动运动，当需要直线运动时，需要采用齿轮、同步带等机构进行运动转换。

3) 驱动连接结构

不论在使用气缸还是电机的场合，在设计上都需要特别注意气缸、电机与负载的连接结构。

(1) 电机与负载轴的连接

当电机输出轴与负载轴直联时，在两轴的连接部位一般要采用弹性联轴器，原因如下：

由于电机轴与负载轴的实际安装位置经过设计、装配、调整多个环节很难保证为零误差，如果采用刚性连接，则在电机轴上附加了弯曲负载，影响电机的正常工作和寿命。弹性联轴器上沿垂直于轴线的方向设计有许多切槽，目的就是让它具有足够的柔性，弹性联轴器的作用就是通过联轴器本身的柔性，吸收上述安装误差带来的影响，该部分的详细内容可参考第 13 章。

(2) 气缸活塞杆与负载的连接

在气缸活塞杆与负载的连接处，由于气缸结构上的特殊性，一般情况下气缸只能承受轴向负载,不允许倾斜的径向负载施加到气缸活塞杆上,否则气缸的工作寿命将急剧下降甚至无法工作。为了保证传递给活塞杆的只是轴向负载,工程上一般采用以下两种设计方式来消除径向负载:

① 采用标准的气动柔性连接附件

为了方便使用气缸,气动元件供应商专门设计了一系列标准的气缸连接附件,由于这些连接附件具有一定的运动柔性,因而也称气动柔性接头。这些柔性接头能够确保气缸与负载连接后使气缸只承受轴向负载,简化了结构设计与气动机构的安装调整。

图6-26为常用的各种活塞杆柔性连接附件外形图,其中图6-26(a)为自对中连接接头,图6-26(b)为Y形带销接杆,图6-26(c)为带六角螺母的关节轴承。上述附件一端与气缸活塞杆相连,另一端则与负载相连。

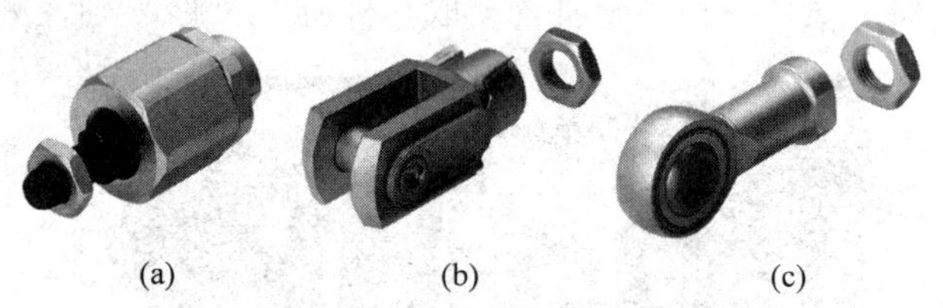

(a) (b) (c)

图6-26 常用的各种活塞杆柔性连接附件外形图

(a) 自对中连接接头;(b) Y形带销接杆;(c) 带六角螺母的关节轴承

② 设计专门的连接接头

在工程上也有一些情况不采用上述标准柔性接头而自行设计专门的连接接头,或者为了降低制造成本,或者因结构空间受到限制,目的都是有效地降低或消除气缸活塞杆上可能的径向负载。图6-27为日本STAR公司机械手上一种设计非常巧妙的连接接头,结构非常简单,制造成本低廉,又能起到消除活塞杆径向负载的特殊连接作用。图6-24也采用了类似的连接接头。

图6-27 一种典型的消除气缸活塞杆径向负载的连接结构

2. 传动部件

在使用电机的场合,由于电机输出的是旋转运动,而机械手经常需要的是直线运动,因此经常需要将电机的旋转运动通过传动部件转换为所需的直线运动,同时将电机的输出扭矩转换为所需的直线牵引力。工程上主要采用以下传动部件实现回转运动与直线运动之间的运动转换:

- 同步带/同步带轮；
- 齿轮/齿条；
- 滚珠丝杠机构。

3. 导向部件

导向部件是机械手及各种自动机械的核心部件，如果没有导向部件，各种机构的运动就无法保证精度，整台设备的精度也相应难以保证。

如前所述，机械手各部分的运动除少数为摆动运动外，绝大部分都为直线运动。机器工作的精度是由各机构的运动精度保证的，为了保证机构运动的精度，就必须具有高精度的导向部件，或者说高精度的导向部件是机械手获得高运动精度的必要条件。

在早期的自动机械（包括一般的机加工设备等）中，由于技术发展的原因，基础部件的工业化、标准化水平不高，缺少或没有既使用非常灵活、标准化程度高、价格便宜，又具有高精度的专门导向部件，设计人员经常要自行设计制造各种无法互换的导向部件，如T形导轨、燕尾槽导轨等，既提高了设计及制造成本，设备的精度又难以达到较高的水平。

相比而言，今天的自动机械设计要方便、快捷得多，目前工程上已经有各种高精度的标准化导向部件，常用的标准化导向部件有：直线导轨机构、直线轴承/直线轴机构、直线运动单元等。这些标准化、高质量的导向部件可以直接采购，既简化了设计，又简化了制造与装配，真正实现了快速设计、快速制造，又能达到极高的精度，同时设计与制造的成本也大幅下降。

有关导向部件的内容将在第11章、第12章进行详细介绍，读者学习时注意参考这两章的内容。

4. 换向机构

换向部件不是每台机械手都必须具有的结构，只在有需要的场合下才使用。

在许多场合，机械手吸取或夹取工件时为一种姿态方向，而要求以另外一种姿态释放工件，因此需要换向机构进行以下换向动作：

- 将工件回转一定的角度后释放；
- 将工件翻转一定的角度后释放。

1）回转换向

例如取料时工件为立式姿态，释放时要求为卧式姿态，如果在机械手自动上料后由机器上其他专门的机构来实现这种翻转换向动作，则机器的结构会很复杂；如果在机械手上料的过程中就由机械手完成上述翻转动作，则可以大大简化设备。因此一般都尽可能地在机械手上对工件进行上述回转或翻转等换向动作，使工件改变姿态方向后再释放工件。上述旋转或翻转等换向动作一般都是在机械手的末端进行处理。

如果需要使所夹持的工件回转一定的角度（如90°或180°）后再释放，通常的方法是根据需要回转的角度直接选用标准的摆动气缸，将其串联在气动手指的上方，就可以使气动手指实现旋转。

图6-28所示为一种带回转功能的机械手实例，上方的摆动气缸与下方的直线运动气缸直接串联在一起，可以使气动手指夹住工件并提升上来后再绕竖直轴回转180°，然后再向下运动并将工件向下释放，因此可以在输送带上实现工件的180°回转换向。

由于摆动气缸的价格远高于普通的直线气缸，在上述需要使所夹持的工件回转一定的角度后再释放的场合，为了降低制造成本，除上述采用摆动气缸的设计方案外，工程上还经常采用另一种简单的设计方法，这就是采用标准的直线运动气缸结合连杆机构来实现，将吸盘或气动手指设计在能绕某一旋转轴旋转一定角度的连杆上，用气缸驱动该连杆转动一定角度，从而实现上述回转功能。如图6-29所示的机械手既可以实现90°回转，又可以获得低廉的制造成本。

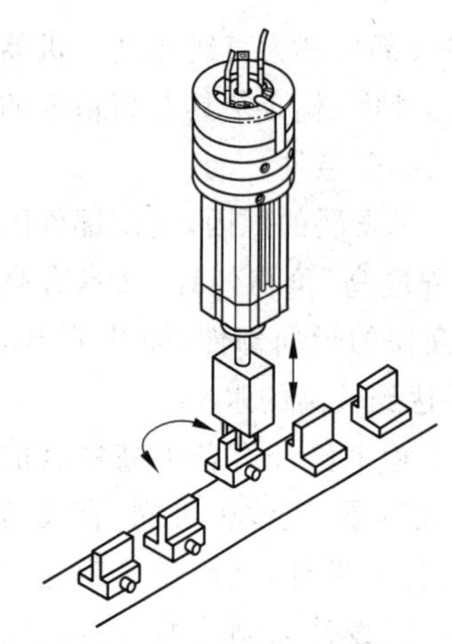

图6-28 带回转功能的机械手实例

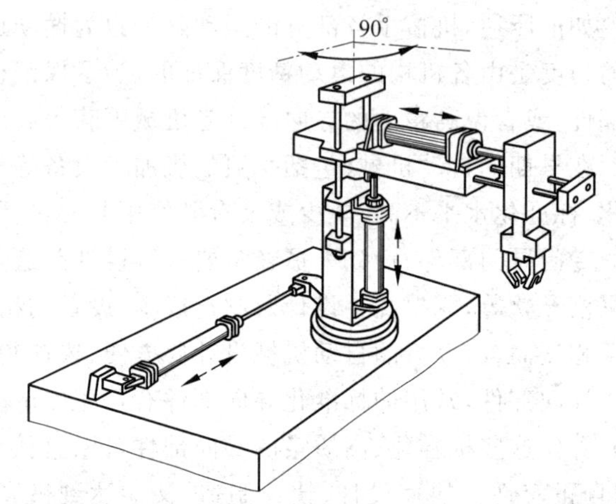

图6-29 采用直线气缸使机构旋转一定角度的机械手

2）翻转换向

除绕竖直轴方向进行的回转换向外，工程上还经常需要在机械手上对工件进行一定角度的翻转。例如将以竖直姿态夹取的工件改为以水平姿态释放，这就需要使所夹持的工件翻转90°后再释放。工程上通常采用标准的直线运动气缸结合连杆机构来实现，在机械手末端设计一种翻转机构，就可以使机械手末端连同吸盘架或气动手指实现90°翻转，从而实现工件的90°翻转。图6-21所示的注塑机自动取料机械手主手翻转机构，就是由上述气缸结合连杆机构组成的。

5. 取料机构

机械手作为抓取并移送工件的工具，必须具有取料部件，否则机械手将无法拾取工件。上述取料部件一般都设置在机械手的末端，常用的取料部件为以下两种。

1）真空吸盘吸取

真空吸盘直接吸取工件，小型的工件可能只需要一只吸盘，大型的工件可能需要多只吸盘，因此需要根据工件的形状、质量设计专门的吸盘架，吸盘的大小、位置要根据工件的形状与质量进行设计并经过试验验证。图6-19、图6-20就是吸盘架的应用实例。

显而易见，吸盘架的重量将直接成为机械手的负载，为了提高机械手的有效负载能力，应尽可能减小结构的尺寸与质量，降低制造成本，安装吸盘架的材料必须尽可能轻，所以在工程上都是采用铝合金板材及型材，以减轻吸盘架的质量。

2）气动手指

气动手指直接夹取工件，一般根据工件的形状、厚度选取标准的气动手指，选用气动手指的原则为：

(1) 气动手指的负载能力必须大于待夹持工件或产品的重量。

(2) 气动手指两侧安装夹块后的全开宽度大于工件宽度、全闭宽度小于工件宽度。

由于气动手指本身的全开宽度一般都不大，为了夹持较宽的工件必须放大夹持宽度，而夹持微型尺寸的工件又必须缩小夹持宽度，方法为在手指末端的两侧加装根据工件尺寸专门设计的夹块。同时为了保护工件，避免工件表面被夹伤，夹块的材料一般采用塑料或在夹块表面镶嵌一层橡胶材料。

6. 缓冲结构

缓冲结构是机械手的必备结构。由于机械手含有运动机构，有些情况下上述机构还是高速运动机构，有启动和停止功能。根据力学原理，任何结构运动速度的变化都会产生惯性力，该惯性力会导致结构的振动响应，降低机械手末端的工作精度，因此必须采取相应的减振和缓冲措施，降低机械手末端的振动。缓冲结构与缓冲措施是保证机械手运动平稳的必要措施，将在本章专门进行介绍。

7. 行程控制

为了保证机械手准确抓取工件、准确卸料，与其他各种自动化结构一样，各种运动机构(直线运动机构、回转机构、翻转机构等)的运动行程都必须进行精确控制，控制的方法与其他各种自动机构的行程控制方法是一样的。在气缸驱动的机构中，通常采用的措施为：

1) 金属限位块

金属限位块实际上也就是安装位置可以调整的金属挡块，安装在运动负载的起始端和停止端。当负载碰到金属挡块后就无法再运动，通过调整金属挡块的位置可以精确地调整负载的行程起点和终点，金属限位块通常应用在负载较大的场合。图6-30为金属限位块应用实例。

2) 调整螺栓

当负载质量及运动速度较小的情况下，金属限位块还经常采用调整螺栓的方式来代替。在负载运动行程的两端安装可调节的螺栓，对负载进行行程阻挡定位，既简单又实用，如图6-31所示。

图6-30　金属限位块应用实例

图6-31　行程调整螺栓应用实例

3）磁感应开关

(1) 磁感应开关在控制系统中的作用

磁感应开关及各种接近开关是配合上述金属限位块使用的，磁感应开关直接安装在气缸上，作用为感应气缸活塞杆的起始与停止运动位置。当运动负载在气缸驱动下(伸出或缩回)碰到金属行程挡块后，位置经过调整后的磁感应开关同时向PLC发出信号，确认气缸已经运动到停止位置，上述传感器的作用为发出控制信号。图6-24所示的机械手结构实例中也可见到气缸上以绑带安装形式安装的磁感应开关。

初学气动技术或自动机械的读者很容易对磁感应开关的作用产生误解，认为气缸的运动行程是靠磁感应开关来控制的。其实磁感应开关只是一种传感器而已，将活塞已经运动到该位置的信息以信号的方式传递给控制系统，真正控制气缸的运动行程的机构是前面介绍的金属限位块。磁感应开关在气缸上的位置与金属限位块的位置是匹配的，而且需要进行准确的调整，也就是说以下动作必须是完全同步实现的：

① 气缸活塞杆运动到要求位置；

② 运动负载在气缸驱动下碰到金属限位块；

③ 磁感应开关产生动作并向PLC发出信号。

(2) 磁感应开关的调整

上述三个动作要完全同步才能保证机械手的可靠动作，因此在装配调整时要按照以下顺序进行：

① 首先调整两端金属挡块的位置，保证运动负载的起始位置符合要求。上述起始位置是以机械手取料和释放的位置为目标位置来调整的。

② 将起始端和停止端金属挡块的位置调整准确并固定后，再调整气缸上磁感应开关的起始端和停止端位置。检查的方法为将气缸伸出或缩回到行程终点与起点后，将磁感应开关接通规定的电源，移动磁感应开关位置，当磁感应开关与活塞上的磁环位置对准时，磁感应开关上的红灯会发亮，这就是磁感应开关的合适位置。最后用专用工具将磁感应开关固定。

4）接近开关

磁感应开关在气缸上的标准安装固定方式主要为绑带式安装、槽式安装，这些标准安装方式不但结构简单而且调整方便，在大多数气动机构及机械手的普通机构上都这样采用。但这些标准安装方式在高速运动的机械手上则存在明显的缺点，这就是因为机构的高速运动使得磁感应开关的位置很容易变化，导致系统无法正常工作。因此，在机械手的高速运动机构上，一般都不采用在气缸上安装磁感应开关的方式，而是在其他部位安装电感式接近开关，这样可以避免因为磁感应开关位置变动引起的故障及调整。

还有一种情况下也需要使用电感式接近开关，这就是在电机驱动的直线运动场合，当采用电感式接近开关时，需要设计可调整位置的金属感应片。如在注塑机自动取料机械手上大量采用了上述电感式接近开关，图6-32为检测接近开关的金属感应片实例，金属感应片的位置还可以进行调整。图6-33为电感式接近开关应用实例。

图 6-32　检测接近开关的金属感应片

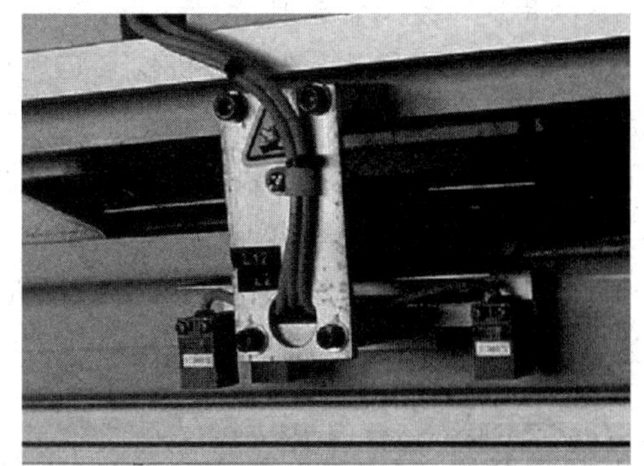

图 6-33　电感式接近开关应用实例

6.4　机械手主要性能要求

在一般的自动上下料场合，由于机械手的尺寸不大，性能方面的要求比较容易满足；但在大中型的自动机械手上，由于结构尺寸与负载都较大，性能要求更高，有关的缺陷也相应放大并成为设计过程中的突出问题，注塑机自动取料机械手就属于这种情况。

下面以注塑机自动取料机械手为例，说明在这类机械手的结构设计上如何满足其各种性能要求。如果能够在这类机械手的设计中妥善地解决以下一系列问题，相应在其他普通机械手的设计中就能得心应手。

1. 速度

由于上下料动作在整个自动化制造作业中所占的比重较大，提高上下料速度就可以缩短整个装配或加工循环的周期，提高生产效率。因此，为了提高生产效率，原则上希望机械手的动作速度在可能的情况下越快越好，在行程较大的情况下就更需要提高机构运动速度，这种高速运动要求在注塑机自动取料机械手中得到了最好的体现。但高速运动也带来了新的问题——冲击、振动，需要采取相应的缓冲措施。

提高机构运动速度的方法主要为：

(1) 小负载情况下采用高速气缸；

(2) 大负载、大行程情况下采用伺服电机驱动。

2. 精度

在一般场合，对工件的移送精度可能无特殊的要求，但对许多高精度自动化装配作业而言，机械手的工作精度是保证工序质量的重要条件，要求机械手有足够高的工作精度。

机械手的动作精度与其他自动机械的动作精度一样，不是依靠提高普通结构件的加工精度来保证的，主要通过以下方法来保证。

1) 采用高精度的导向部件

导向部件是保证机构运动精度的重要前提，采用高精度、标准化的导向部件，如标准的直线导轨、直线轴承/直线轴等，既可以保证机构的动作精度，又可以降低一般结构件的加工精度，即可以依靠普通精度或较低精度的一般结构件实现高精度的运动。

2）采用高精度的传动部件

当机械手主要采用滚珠丝杠机构来实现直线运动时，滚珠丝杠机构就成为影响机构动作精度的重要因素。例如在电子制造行业的贴片机(SMT)机械手上，既要求机械手高速运动，同时要求具有很高的运动精度，滚珠丝杠机构本身的精度就至关重要了。

3）采用高精度的驱动部件

在既需要有较高的工作精度，又需要对机构运动的速度、启停进行灵活控制的场合，伺服电机或步进电机就成为最佳的选择。

4）对结构进行必要的强度设计、刚度优化、质量轻量化设计

在速度较高、结构质量较大的场合，机构的运动会产生有关振动、静力变形等问题，结构本身的重量也成为负载而降低机构的负载能力，这时就需要对结构进行必要的刚度分析与优化、质量轻量化设计，进行必要的结构动态分析与设计，并设计必要的减振、缓冲措施。

3. 可靠性

由于机械手是在自动化专机或自动化生产线上使用，一般都是长时间连续工作，如果机械手缺乏足够的可靠性，发生故障时需要全线停机，则会影响生产并造成经济损失。因此机械手需要具有足够的可靠性，保证连续工作时运行可靠，将故障率降到最低。

在自动化专机或自动化生产线上使用时，即使机械手发生故障也只会导致设备停机，造成的损失为设备停机损失；但在某些特殊的机械手应用场合，不仅要求机械手能连续可靠运行，而且在安全性方面还有极苛刻的要求。例如注塑机自动取料机械手是与注塑机同时使用的，机械手的取料动作与注塑机的合模、注射、分模、顶出等动作自动组成一个工作循环，绝对不允许出现机械手还停留在模具内部而注塑机就合模的情况。一旦出现上述安全性故障，则会对昂贵的塑料模具造成致命的损坏，造成比停机更大的经济损失，还会严重地影响生产计划。因此，对注塑机自动取料机械手不仅要求具有极高的可靠性，还必须在控制系统设计方面采取严格的安全互锁措施，保证不会出现任何安全事故。

4. 刚度

对于小型的普通上下料机械手而言，结构的刚度一般较容易保证，运动速度也不高，因此不会出现严重的振动或结构变形等缺陷；但在较大型的机械手结构上上述缺陷就很容易放大并暴露出来，如果处理不好很容易产生严重的振动。

造成上述缺陷的原因有以下几方面：

- 机械手机构高速运动产生的惯性冲击力；
- 机械手经常有较多的悬臂结构与搭接结构；
- 机械手的模块化搭接结构使活动连接部位(如直线导轨)的连接刚度较差。

因为上述原因，在进行结构设计时需要采取相应的措施克服上述缺陷，或将上述缺陷的影响降到最低程度。比如，通常采取以下措施：

- 通过对电机运行速度进行控制从而对机械手的运动速度进行优化；
- 采用各种减振、缓冲措施；
- 尽可能减少悬臂结构的长度；
- 尽可能减轻悬臂结构的质量(采用铝合金型材、铝合金铸件等轻质材料)；

• 对运动机构在形状上进行优化，采用具有最高刚度、最低质量的设计方案；
• 提高各连接部位的连接刚度。

采取上述一系列措施都是为了提高结构的抗振性能、降低结构的振动响应，既有主动的措施，也有被动的措施。上述措施实际上都是在工程设计过程中的经验总结，只有在具体的工程设计实践中才能更好地体会，尤其在对引进国外设备的消化研究中不能停留于照搬照抄的水平，要认真进行分析研究，真正明白国外自动机械设计中的精髓，只有这样才能缩短差距，迎头赶上。

6.5　机械手的缓冲结构

所谓缓冲就是如何降低机构的运动速度并使之逐渐停止下来，减小机构启动及停止时产生的惯性冲击。如前所述，在机械手结构设计中采用减振等缓冲措施是提高机械手抗振性能、降低结构振动、提高机械手工作精度的重要措施。在国外及我国台湾地区的机械手产品中主要采用了以下方面的缓冲结构或缓冲措施：

1. 采用气缓冲气缸

采用气缓冲气缸就是直接选用带内部气缓冲功能的气缸，利用气缸本身的缓冲性能降低气缸工作末端的冲击，从而降低负载结构的冲击振动。因此，机械手上选用的气缸一般都是带内部气缓冲功能的气缸，在选用气缸时要注意。

这种带内部气缓冲功能的气缸由于其缓冲性能是有限的，因此工程上除使用此类气缸外，还要同时采取其他措施，以增加缓冲效果。

2. 采用缓冲回路

采用缓冲回路实现缓冲是机械手大量采用的结构，尤其在重负载、高速度情况下，采用缓冲回路是一种有效的缓冲方法。

采用缓冲回路就是当气缸伸出或缩回接近行程末端时，利用机控阀或电磁阀使气缸的排气通道转换到另一个流量更小的排气回路，通过更大的排气阻力降低气缸的速度，达到缓冲的效果。下面用两个最典型的工程实例加以说明。

例 6-1　图 6-34 为采用机控阀实现气缸行程变速的缓冲回路。回路中采用两个单向节流阀，其中单向节流阀 1 开度调整为较大状态，单向节流阀 4 开度调整为较小状态。气缸伸出时首先主要由阀 1 排气，速度较快，但当气缸活塞杆伸出接近行程末端时，活塞杆上的凸轮压下行程阀 2 时，气控阀 3 动作，气缸的排气通道发生变换，排气仅由开度较小的单向节流阀 4 来控制，由此降低气缸伸出末端的速度，达到缓冲的效果。

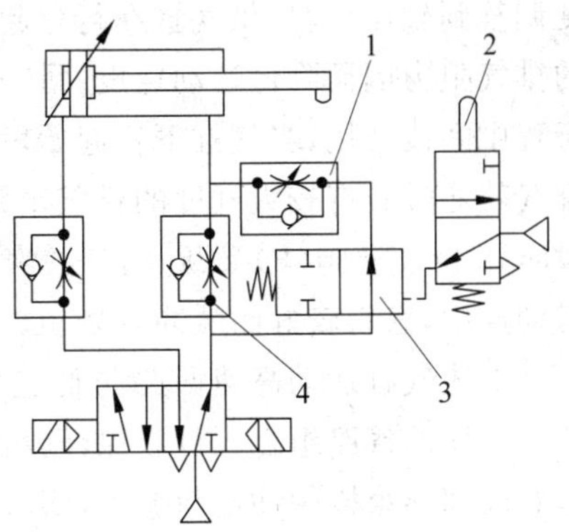

图 6-34　采用机控阀实现气缸行程中变速的缓冲回路

1、4—单向节流阀；2—机控阀；3—气控阀

例 6-2　图 6-35 为日本 STAR 公司机械手采用缓冲回路实现缓冲的另一种方法。在气路设计中，由于副手 Z 向上下运动的负载通常较小，所以对副手 Z 向

上下运动气缸分别采用一只带消声器的排气节流阀(E、D)来调节气缸的运动速度。

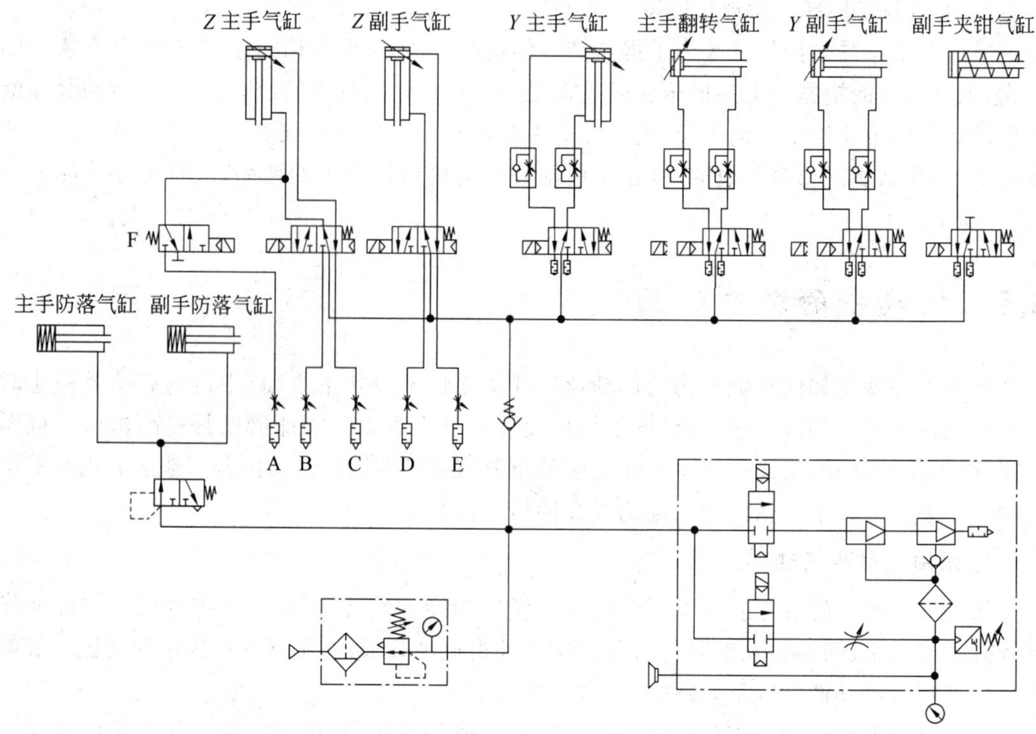

图6-35　日本STAR公司机械手中采用排气节流调速阀的气动缓冲回路设计实例

但对于承担主要负载的主手Z向上下运动气缸则进行了特别设计。其中该气缸上行的运动速度控制方法与副手相同,也是通过一只排气节流阀(C)来调节控制;对于气缸下行运动,由于要求运动速度较高,加上手臂重量的作用,在行程终点会产生强烈的冲击振动,如果按照同样的方法处理则难以达到良好的效果,因此该气缸的下行运动速度采用以下方法控制:

采用两只排气节流阀(A、B)分别组成两组气路,其中一组气路将排气节流阀(B)的开度调整到较小位置,供气缸在行程起始段和结束段使用,使气缸在起始段和结束段具有更大的排气阻力因而降低运动速度;另一组将排气节流阀(A)的开度调整到较大位置,供气缸在行程中间段使用,当气缸下行起始段结束后控制该回路的2位3通阀(F)导通,这时气缸的排气就通过具有较大开度的排气节流阀(A)排气,因而使气缸获得高速运动。当进入结束段时,2位3通阀(F)又断开,气缸恢复从具有较小开度的排气节流阀(B)排气,降低气缸的运动速度,获得较好的缓冲效果。

上述气缸运动高速回路与低速回路的转换是通过2位3通电磁阀(F)的通断来实现的。这样的气路组合既可以保证较快的节拍时间需要,又降低了负载最大的手臂下行时在起始段和结束段的冲击与振动,实践证明缓冲效果非常好。图6-36为实物气阀总成图片。

3. 直接利用气缸作为缓冲元件

除采用缓冲回路实现机构缓冲外,还可以直接利用气缸作为缓冲元件,下面举例说明。

例6-3　图6-37为台湾天行自动化机械股份有限公司在注塑机摇臂式自动取料机械手

上采用双活塞杆气缸作为缓冲元件实现机构双向缓冲的应用实例。

图 6-36　日本 STAR 公司机械手气动缓冲回路气阀总成

图 6-37　台湾天行公司在机械手上将气缸作为缓冲元件的应用实例

1—作缓冲器使用的双活塞杆气缸；2—油压吸振器

在图 6-37 中，将一只双活塞杆气缸 1 作为上下缓冲气缸在竖直方向安装，并在活塞杆两端头部类似油压吸振器一样加装塑料减振头，手臂上下运动末端设置在上下方的固定挡块都会撞击在缓冲气缸活塞杆两端的减振头上，与油压吸振器的使用方式相同。与缓冲气缸相联的两只排气节流阀控制该气缸的运动速度，通过调节排气节流阀的开度就可以调节缓冲效果。

当负载挡块在行程末端撞击活塞杆时，借助双活塞杆气缸的排气阻力就达到了减速缓冲的效果。显然，排气节流阀的开度越小，机构的缓冲效果就越好。由于负载在上下两个方向都可以撞击活塞杆，这样一只气缸就可以在两个方向进行缓冲。实践表明，这是一种成本低廉、效果又非常好的方法。图 6-38 为该机械手的气动回路图。该机械手的结构与图 6-14 所示的摇臂式自动取料机械手相似。

本例中如果只需要在一个方向进行缓冲，只要将上述双活塞杆气缸改为普通的单活塞杆气缸就可以了。

在调试的过程中，首先应该将控制该缓冲气缸缓冲效果的两只排气节流阀的开度调节到较小位置，边调大开度边观察，直到达到需要的缓冲效果。开度越小缓冲效果越好，但开度要视实际缓冲效果而定，也不能过小。这种作为缓冲器来使用的气缸与后面要介绍的油压吸振器的作用完全一样。

4. 采用橡胶减振垫

采用橡胶减振垫是机械手及其他自动机械上大量采用的缓冲结构，由于橡胶减振垫的缓冲行程很小，因此这种结构主要应用在一些要求不高的场合，而且作为一种辅助的减振措施。图 6-39 为采用橡胶减振垫进行缓冲的结构实例，橡胶减振垫安装在一只可以调节位置的螺杆上并高出螺杆端部。

5. 采用油压吸振器

1）采用油压吸振器的优点

油压吸振器(hydraulic shock absorbers)是一种专用的减振缓冲元件，也是机械手及其

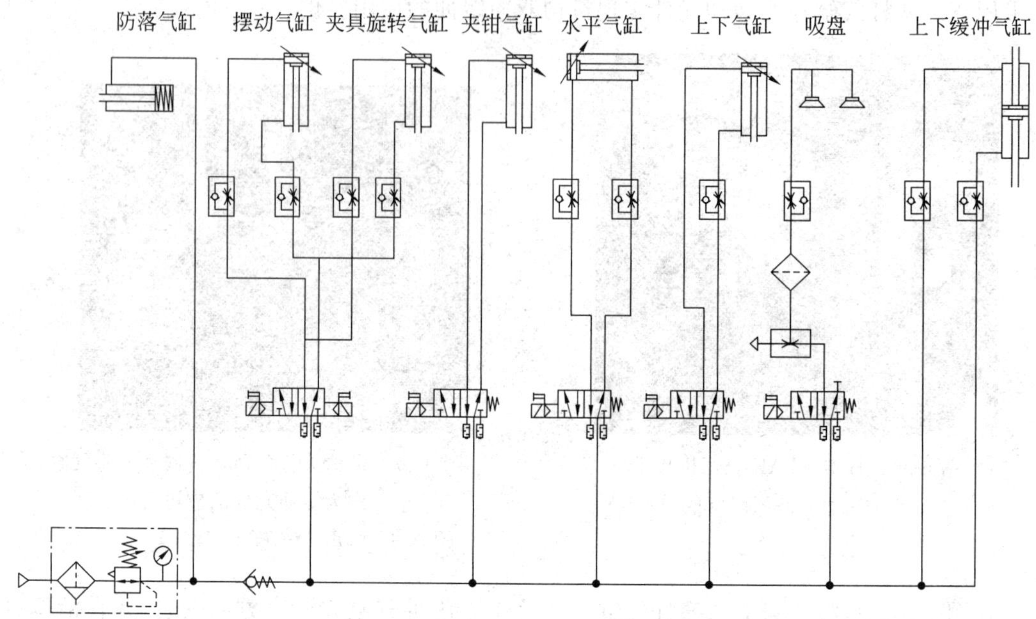

图 6-38 台湾天行公司采用气缸作为缓冲元件的机械手气动回路图

他自动机械上大量采用的标准减振缓冲部件，在外形尺寸、缓冲行程、吸收能量等方面具有各种不同的规格系列，可满足不同场合的使用要求。

图 6-39 采用橡胶减振垫进行缓冲的结构实例

采用油压吸振器的优点如下：

- 减小或消除机构运动产生的振动、碰撞冲击等破坏；
- 大幅度减小噪声；
- 提高机构运动速度，提高机器生产效率；
- 延长机构工作寿命；
- 安装方便，减振效果好。

2) 油压吸振器的结构及缓冲原理

图 6-40 为油压吸振器的典型结构原理图。

油压吸振器的主要结构有受撞头、安装本体、复位弹簧等。受撞头直接接受外部冲击载荷，安装本体表面为螺纹结构，供直接安装固定用，在安装结构上设计相同孔径的螺纹孔，将吸振器旋进至合适的深度后用配套的螺母将其固定即可。在吸振器的内部或外部设有复位弹簧，供每次缓冲后使轴芯复位伸出。

油压吸振器的缓冲工作原理为：

(1) 当轴芯受外力冲击时，轴芯带动活塞挤压内腔中的液压油，液压油受挤压后从排油孔排出，外部的冲击能量被排油的阻力和弹簧的压力所消耗，负载速度逐渐减慢至最后停止。

(2) 排出的液压油通过回油孔回流到内腔。

(3) 当外部载荷消失后，复位弹簧将活塞推出至原始位置。

图 6-41 为各种形状、型号油压吸振器的外形图。

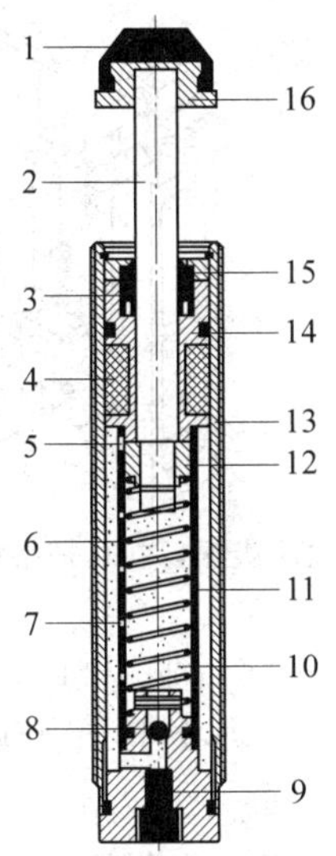

图 6-40　油压吸振器典型结构原理图

1—消音套；2—轴芯；3—油封；4—压缩海绵；5—回油孔；6—弹簧；7—排油孔；8—止回阀；9—注油孔；10—液压油；11—内腔；12—活塞；13—本体；14—轴承；15—防尘套；16—受撞头

图 6-41　各种外形的油压吸振器

从图 6-41 可以看出，各种形状吸振器的结构区别主要体现在以下方面：

- 内部复位弹簧或外部复位弹簧；
- 有受撞头或无受撞头；
- 单向缓冲或双向缓冲；
- 安装尺寸(螺纹直径)；
- 缓冲行程；
- 每次最大吸收能量；
- 允许撞击速度。

上述结构上的差异主要是为了满足各种不同的使用条件与要求，在吸振器的结构中，一般情况下为单向缓冲并且安装在单侧，如果要实现双向缓冲，则必须分别在机构两端各安装一个吸振器。在某些结构空间较敏感的场合使用一只双向缓冲的吸振器就可以代替上述两只普通的单向吸振器，不过双向吸振器需要安装在机构的中部。

油压吸振器的安装较简单，其表面全部为外螺纹，只要在机构上设计安装孔，将油压吸振器装入安装孔，在机构的两侧用配套的螺母锁紧即可。油压吸振器的安装位置可以灵活地调整。当负载碰到限位钉时，吸振器应该还剩余 1～2 mm 的行程尚未用完，以保护吸振器。图 6-42、图 6-43 分别为油压吸振器在无杆气缸及机械手中的使用示意图。

6. 对电机运行速度进行优化

如前所述的缓冲措施主要用于气缸驱动的机构中，而且属于机械缓冲方式，但除了最基本的气缸驱动外，目前在机械手上越来越多地采用了电机驱动，如变频电机、伺服电机、步进电机，特别是伺服驱动越来越多地应用在各种机械手和自动机械中。

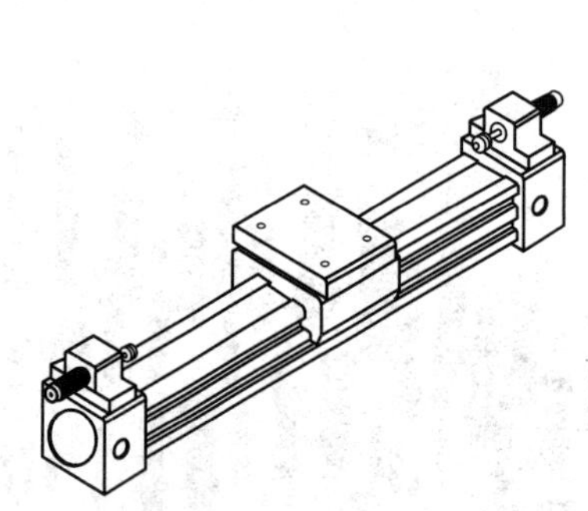

图 6-42 油压吸振器在无杆气缸中的应用

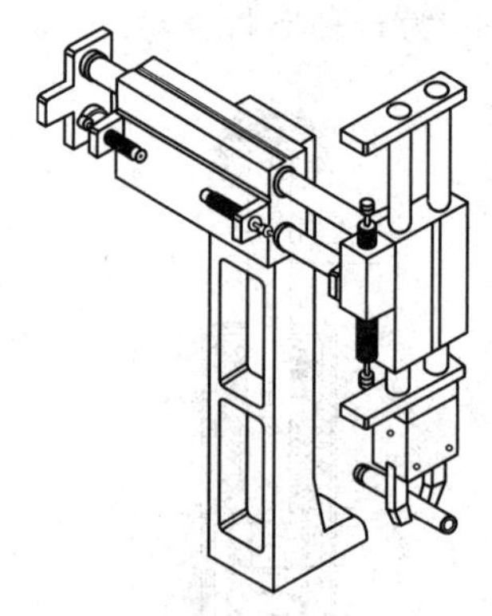

图 6-43 油压吸振器在机械手中的应用

在电机驱动的场合，要控制电机的速度就方便多了，可以通过控制电机的速度，使电机在运行起始段和结束段有较低的运动速度，而在中间段则高速运动，这样既保证了机构的速度与效率，又有效地降低了机构的冲击与振动。

图 6-44 为日本 STAR 公司注塑机自动取料机械手上的变频电机速度控制曲线，水平轴表示机构运动距离，竖直轴表示机构运动速度。根据实际情况的需要，设置了 A、M、Z 三种模式，供用户通过机械手的手动控制器进行选择。其中 A 模式缓冲距离最短，用于机构速度要求最高的场合，Z 模式缓冲距离最长，用于机构速度要求不高的场合，M 模式为中等速度，介于上述两种模式之间。

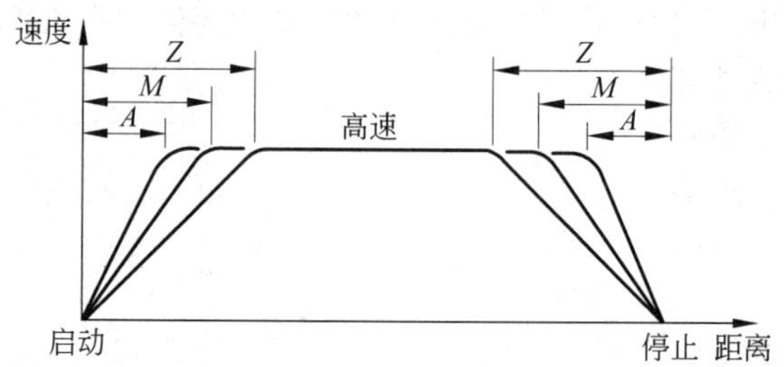

图 6-44 日本 STAR 公司注塑机自动取料机械手变频电机速度控制曲线

思考题与习题

6.1 什么叫机械手？机械手与机器人有何区别？

6.2 机械手在自动化生产线上一般主要完成什么工作？

6.3 机械手是采用什么机构且如何抓取工件的？

6.4 在自动机械中一般如何设计机械手的初始位置与初始状态？

6.5 工业机械手有哪些典型的运动模式？对于这些运动模式可以采用何种驱动元件来实现其运动？

6.6 机械手上最常用的驱动部件有哪些？

6.7 采用电机、气缸驱动的机械手在结构及性能方面各有何特点？

6.8 注塑机自动取料机械手上用于吸取塑料件的吸盘架一般采用什么材料制造？设计时

要注意哪些方面？

6.9 注塑机自动取料机械手上用于夹取塑料水口料的夹钳在设计时有何特殊要求？

6.10 机械手主要由哪些元件组成？用于机械手的结构零件一般采用哪些材料制造？

6.11 机械手的直线运动部件如何实现运动导向？

6.12 如果不采用其他导向部件，如何用纯气缸组成二坐标机械手？

6.13 如何准确保证机械手的起停位置？需要采用哪些元件？

6.14 气缸活塞杆与负载滑块能否采用螺纹刚性连接？为什么？一般如何设计这种连接结构？

6.15 高速运动会带来冲击与振动，这种冲击与振动会使机械手产生较大的摆动，影响机械手的工作精度，在机械手结构上一般采用哪些减振措施减小上述影响？

6.16 气缸可以作为缓冲元件使用吗？如果可以，如何实现？

6.17 简述油压减振器的作用和结构原理。

第 7 章　间歇送料装置

7.1　间歇送料装置的功能与应用

1. 问题的提出

无论是机械加工还是装配等各种操作，提高生产效率是降低产品制造成本的重要措施之一，对生产效率的追求是企业永恒的主题之一，因此，在设计生产方式的同时要千方百计地提高机器或生产线的生产效率。

在典型的全自动化或半自动化生产线上，皮带输送、链输送经常采用连续输送方式，皮带或链条连续不停地运行，工件或半成品在皮带或链条输送线上根据节拍时间在阻挡机构的作用下停止下来，由人工或自动化专机对工件进行装配或加工后再继续输送，各个工件或半成品的抓取、装配或加工是分别独立进行而不是间歇进行的。由于各专机的操作时间各不相等，上述各专机工序操作时间的差异实际上影响了生产线的生产效率。类似的情况也同样反映在手工装配流水线上，由于各工位的操作时间不均衡导致了手工装配流水线生产效率的下降。

2. 解决方法

有没有可以使上述自动化生产线的生产效率进一步提高的方法呢？答案是肯定的。如果根据产品的生产装配工艺将各工序设置在输送线多个不同的工位上，但对生产模式稍作改变，在输送线停止运行的一段时间内使工序在不同的工位上同步地进行，使各工序的工序操作时间完全重合，然后输送线都在相同的时间内将各工位已经完成工序操作的工件或产品同步地依次传送到与之相邻的下一个工位，这样当产品经过输送线上的全部工位后也就完成了全部的装配或加工工序。显然这种生产方式可以最大限度地提高设备生产效率，当然要使输送线每一次输送的时间都相等，各工位之间的距离也必须相等。

基于上述设想，人们在工程上设计了一种特殊的送料方式，使各工位的工件完全同步地进行输送，也完全同步地进行装配等工序操作，输送的节拍、距离完全相同，在输送的过程中，各工位停止操作，输送停止后，各工位同时进行装配等工序操作，这样可以最大限度地缩短机器的总节拍时间，提高机器的生产效率。这种生产方式下的输送模式就是本章要介绍的间歇送料方式，实现这种特殊输送功能的装置称为间歇输送装置。

图 7-1 就是这样一种机构，上方的一系列工件在拨杆的作用下，每次被同步地向前推动相同的距离（两个相邻工件之间的距离），停留一定的时间后又重复下一个循环，因此每个工件每次都同时向前移动一个步距。工件停留下来的时间就可以进行装配、加工等工序操作。

3. 间歇输送的定义

为了准确理解间歇输送的意义，可以将间歇输送方式定义如下：

在自动化装配或加工操作中，根据工艺的要求，沿输送方向以固定的时间间隔、固定的移动距离将各工件从当前的位置准确地移动到相邻的下一个位置，这种输送方式称为间歇

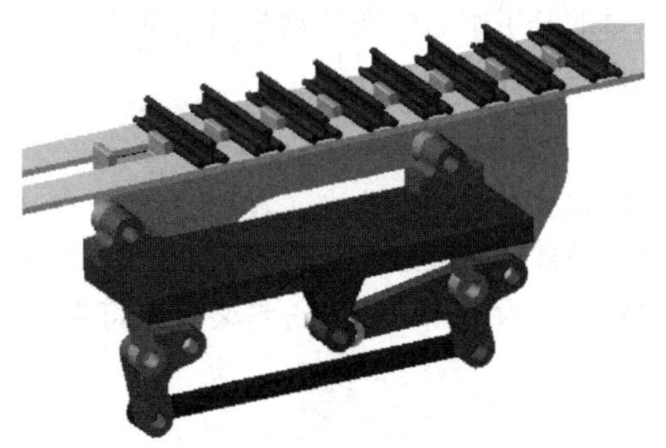

图 7-1　由曲柄摇杆机构驱动的间歇输送机构

输送。实现上述输送功能的机构称为间歇送料装置，工程上有时也称为步进输送机构或步进运动机构。

间歇输送是相对于连续输送方式而言的，后面将要介绍，间歇输送既可以是沿直线方向上进行的输送，也可以是沿圆周方向上进行的输送，当在沿圆周方向上进行间歇输送时通常更直观地将其称为分度机构，例如在第 8 章中将要介绍的凸轮分度器。本章主要介绍工程上最常用的几种间歇输送机构，包括槽轮机构、棘轮机构、棘爪机构等。

4. 间歇输送的优点

1）结构紧凑

间歇输送机构将输送过程与生产工艺过程有机地结合起来，不仅省略了连续输送方式下生产线上需要采用的分料、挡料机构，简化了生产线的结构，而且可以方便地将各种工序集成化，形成高效率的自动化专机，尤其是将各工序沿圆周方向进行集成时，可以将大量的工序集成在占用空间很小的一台机器上，最大限度减小了机器的体积及占用的空间，成为结构最紧凑的自动化专机。第 8 章中介绍的凸轮分度器就是一种典型的间歇输送驱动装置，读者可以结合该章进行学习。

2）提高机器的生产效率

采用间歇输送的自动化专机或生产线由于将各工位的辅助操作时间（工件输送）、工艺操作时间分别完全重合，所以节省了大量的辅助操作时间，最大限度地缩短了机器的总节拍时间，提高了自动化专机或生产线的生产效率。

5. 间歇输送方式的分类

根据输送方向，间歇输送主要分为两类：

1）直线方向的间歇输送

最典型的间歇输送方式为沿直线方向的间歇输送，工件都在一条直线方向上从一个位置向相邻的下一个位置输送，各位置之间相隔相同的距离，如图 7-1 所示。

2）沿圆周方向的间歇输送

另一类典型的间歇输送方式为沿圆周方向的间歇输送，工件的输送轨迹全部在一个圆周上，工件在机构作用下从圆周的一个位置移动到相邻的下一个位置，各位置之间相隔相同的角度。采用这种输送方式的典型机构有槽轮机构、棘轮机构、棘爪机构等。除此之外，在自动机械行业还有一种更典型的圆周方向间歇输送机构——凸轮分度器。

学习上述机构的最终目的是了解它们在自动机械行业中的典型应用,在此基础上熟练地应用上述机构进行自动机械设计。

6. 主要技术要求

间歇送料装置虽然在形式上有多种结构方式,但在原理上都是通过一定的变换机构,将主动件的连续运动转换为从动件的间歇运动,而且实现要求的运动时间/停顿时间比,因此它实际上是一种间歇输送装置。为了保证间歇送料装置的可靠运行,这种输送机构必须满足以下主要技术要求:

1) 定位准确

间歇送料装置除了完成工件的间歇输送外,同时还对工件提供定位功能。为了将工件准确地移送到目标位置,保证各工序对工件定位精度的要求,间歇送料装置必须具有足够的定位精度,保证每一次输送后各工件位置的一致性。

2) 移位(转位)迅速

间歇送料装置移位(直线方向间歇输送)或转位(圆周方向间歇输送)需要的时间属于辅助操作时间,为适应节拍时间的要求,通常希望移位或转位动作尽可能迅速,尽可能缩短辅助操作时间,这样可以提高机器的生产效率。

3) 平稳无冲击

运动平稳是保证间歇送料机构运动精度的必要条件,因此要求机构运动平稳,无冲击,必须采用相关的缓冲措施。

7. 应用场合

间歇送料机构大量应用于各种产品制造过程的送料、进给、分度。例如电子制造行业中的许多设备就是使用这种送料方式,如各种电阻电容出厂时都卷绕为带式结构,在使用时根据需要逐个将其管脚加工成所需要的形状;接线端子出厂时也都卷绕为带式结构,在与电线进行自动压接时也采用间歇送料方式;五金冲压行业自动冲压设备的带料自动输送机构、电路板的插件生产线等也采用了这种输送方式。

图7-2为自动冲床中的带料间歇输送机构,图7-3为电阻电容自动成型机实例,图7-4为接线端子自动压接机实例。

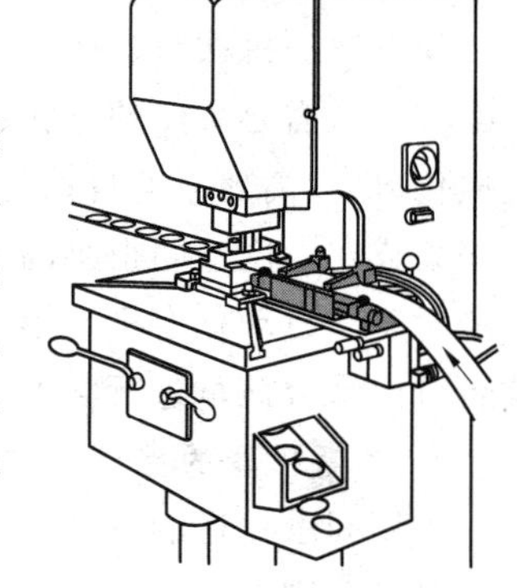

图7-2 自动冲床中的带料间歇输送机构

图7-3 电阻电容自动成型机

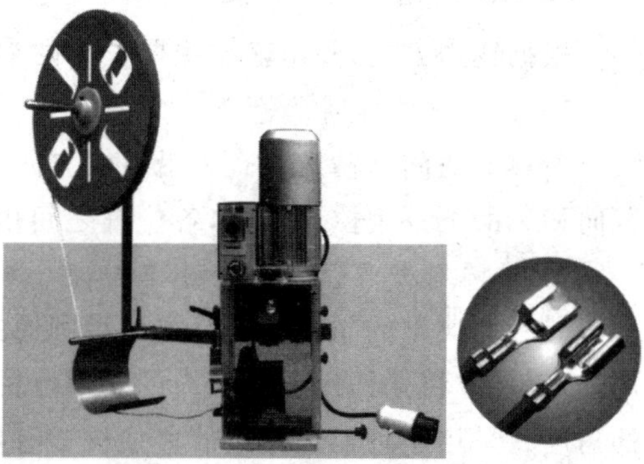

图7-4 接线端子自动压接机

7.2　槽轮机构的结构与应用

槽轮机构是自动机械中广泛应用的一种间歇运动机构，又称马耳他机构或日内瓦机构，有平面槽轮机和空间槽轮机两种类型。平面槽轮机构又分外啮合和内啮合两种，典型的结构为外啮合平面槽轮机构，通常简称为槽轮机构，如图 7-5 所示。

如图 7-6(a)所示，典型的平面槽轮机构由具有径向槽的槽轮 1 和带有拨销 2 的拨杆 3 组成。其中拨杆为主动件，作连续周期性的转动，槽轮为从动件，在拨杆上面的拨销 2 驱动下作时转时停的间歇运动。其运动过程如图 7-6 所示。

图 7-5　槽轮机构

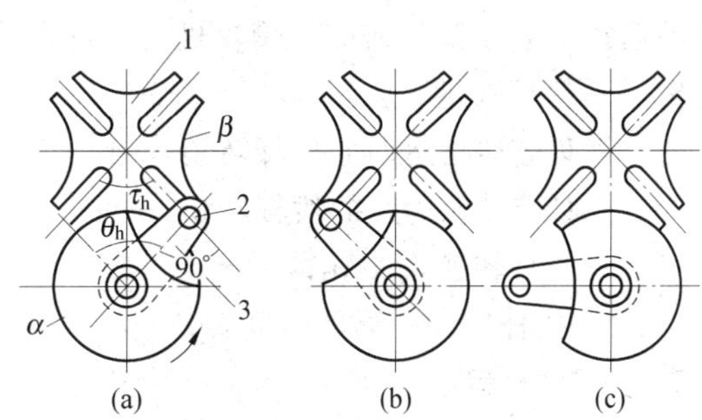

图 7-6　槽轮机构工作原理图

(a) 拨杆进入槽内；(b) 拨杆出槽；(c) 拨杆空转

1—槽轮；2—拨销；3—拨杆

1. 工作原理

当拨轩转过 θ_h 角，拨动槽轮转过一个分度角 τ_h，由图 7-6(a)所示的位置转到图 7-6(b)所示的位置时，拨销退出轮槽；接下来拨杆空转，直至拨销进入槽轮的下一个槽内时才又重复上述的循环。这样，拨杆(主动件)的等速(或变速)连续(或周期)运动，就转换为槽轮(从动件)时转时停的间歇运动。

2. 特点与工程应用

槽轮机构结构简单，工作可靠，机械效率高，而且能准确控制转角，工作平稳性较好，能够较平稳地间歇转位，但因为运动行程(槽轮的转角)是固定的，不可调节，而且拨销突然进入与脱离径向槽时传动存在柔性冲击，所以不适宜用于高速场合。此外，槽轮机构比棘轮机构复杂，加工精度要求较高，制造成本更高。

槽轮机构一般应用于转速不高的场合，如自动机械、轻工机械、仪器仪表等，例如应用于电影放映机上作为送片机构等。

3. 机构定位原理

槽轮机构常采用销紧弧定位，即利用图 7-6 中拨杆上的外凸圆弧 α 与槽轮上的内凹圆弧 β 的接触锁住槽轮。运动过程如下：

图 7-6(a)所示为拨销开始进入轮槽时的位置，这时外凸圆弧面的端点离开凹面中点，槽轮开始转动。

图 7-6(b)所示为拨销刚要离开轮槽时的位置，这时外凸圆弧面的另一端点刚好转到内

凹圆弧面的中点,拨杆继续转动,该端点超过凹面中点,槽轮被锁住。

图7-6(c)为拨销退出轮槽以后的情况,这时,外凸圆弧与内凹圆弧面密切接触,槽轮被锁住而不能向任何方向转动。根据上述工作的要求,拨杆上的外凸圆弧缺口应对称于拨杆轴线。

由以上分析可知,这种槽轮机构中,槽轮开始转动的瞬时和转动终止的瞬时,其角速度都为零,因而无刚性冲击。这就要求在结构上保证拨销开始进入径向槽、自径向槽中退出时,径向槽的平分线必须与拨销中心的运动轨迹相切。

4. 运动计算分析

为了弄清楚槽轮机构的工作原理,并熟练地应用于自动机械设计,首先需要详细了解各部分的运动关系以及如何应用槽轮机构进行自动机械设计。首先将有关的参数定义如下:

S ——轮槽数量;

θ_h——对应槽轮运动的拨杆转角,rad;

θ_0——对应槽轮静止的拨杆转角,rad;

n_0——拨杆转速,r/min;

T_C——拨杆转动一周的时间,s;

T_h——槽轮运动时间,s;

T_0——槽轮停顿时间,s;

K_t——槽轮工作时间系数,为运动时间 T_h 与停顿时间 T_0 之比。

1) 拨杆转动一周的时间

拨杆转动一周的时间实际上就是槽轮完成一个工作循环的时间,所以有

$$T_C=\frac{60}{n_0} \tag{7-1}$$

2) 槽轮运动时间

$$T_h=\frac{\theta_h T_C}{2\pi}=\frac{30(S-2)}{n_0 S} \tag{7-2}$$

3) 槽轮停顿时间

$$T_0=\frac{\theta_0 T_C}{2\pi}=\frac{30(S+2)}{n_0 S} \tag{7-3}$$

4) 槽轮的工作时间系数

$$K_t=\frac{T_h}{T_0}=1-\frac{4}{S+2} \tag{7-4}$$

间歇输送机构广泛应用在自动机械中作为送料驱动机构,所以间歇输送机构的运动过程对应的是送料过程,送料过程所需要的时间属于辅助操作时间。为了提高机器的生产效率,希望送料过程越快越好,即间歇输送机构的运动过程越快越好。

当间歇输送机构停止运动时设备才能进行装配或加工等工艺操作,与机构停顿过程相对应的是设备的装配或加工操作过程。槽轮的停顿时间实际上就是设备完成工艺操作所需要的工艺时间。为了提高设备的生产效率,通常情况下要减少设备完成工艺操作所需要时间的难度较大,而减少辅助操作时间则相对更容易,因此希望送料过程占用的时间越短越好,或送料过程占用的时间与装配或加工等操作所占用的时间之比越小越好,也就是

式(7-4)所示的工作时间系数 K_t 越小越好。

间歇输送机构每完成一个输送及停止的运动循环,机器也相应完成一个生产周期,机器每个循环周期内完成一件产品的加工或装配,该时间周期也称为机器的节拍时间。

槽轮机构在自动机械中的典型应用之一就是在圆周方向进行间歇回转分度,也就是在圆周方向进行间歇输送。这种情况下都需要在槽轮上方或与槽轮相连接的轴上方安装一个转盘,转盘上面等分地安装工件定位夹具,在上述定位夹具的上方或转盘侧面再设置各种执行机构。每个工位对应不同的操作工序,供对应各工位上的工件进行不同的装配或加工操作,槽轮机构在机器中只是作为一种间歇回转分度装置驱动转盘进行间歇回转分度,槽轮的运动过程就是送料过程,槽轮的停顿过程就是自动机械的工艺操作过程。

分析:对式(7-4)进行分析可知:

(1) 槽轮的工作时间系数 K_t 始终小于 1,即槽轮机构中槽轮的运动时间始终小于槽轮停顿时间。

(2) 对于槽数 S 一定的槽轮机构,其运动时间与停顿时间成固定的比例关系,槽数 S 越多,槽轮运动时间与停顿时间的比值越大,即机器花费在转位分度过程的时间越长,机器的生产效率越低。因此当采用槽轮机构来进行间歇分度时槽轮的槽数 S 一般不宜太多,以缩短作为机器辅助操作时间的槽轮运动时间,提高机器的生产效率。

(3) 可以证明,槽轮的槽数越小,槽轮的最大角速度及最大角加速度越大,槽轮的运动越不均匀,运动平稳性越差。而增大槽轮的槽数,虽然可以提高槽轮机构的运动平稳性,但槽轮的尺寸增大,转位时槽轮的惯性力矩也随之增大,加大了系统的负载。

考虑到上述各种因素,通常将槽轮的槽数 S 设计在 4～8 之间,最典型的槽数为 4、5、6、8。

例 7-1　某产品的装配由一台采用槽轮机构在圆周方向进行间歇回转分度间歇输送的自动化专机完成,产品年生产计划为 10 万件/年,每年工作 50 周,每周工作 5 天,每天工作 7.5 h,根据以往的经验,考虑机器的故障维修及其他意外情况后这种自动化专机的使用效率可以达到 96%,计算该机器的节拍时间最长为多少。

解:根据要求的年生产量而且考虑机器的实际使用效率后,每小时至少应该完成的产品件数为

$$\frac{100\,000}{50 \times 5 \times 7.5 \times 0.96} = 55.6\ (\text{件}/\text{h})$$

每完成一件产品的装配时间(也就是节拍时间)应该小于

$$\frac{1 \times 60}{55.6} = 1.08\ (\text{min})$$

根据上述计算可知,要完成要求的年产量,在该专机上每完成一件产品的装配节拍时间不能大于 1.08 min。

例 7-2　某自动装配机械的间歇回转分度转盘由一台采用单拨杆、槽数为 6 的槽轮机构来驱动,拨杆的转速为 30 r/min,计算机器的节拍时间、每个循环中可能用于装配操作的时间与用于转位分度的时间。

解:根据式(7-1)可以得出机器的节拍时间

$$T_C = \frac{60}{n_0} = \frac{60}{30} = 2\ (\text{s})$$

槽轮的停顿时间就是机器每个工作循环中可能用于装配操作的时间，根据式(7-3)可以求出

$$T_0=\frac{\theta_0 T_C}{2\pi}=\frac{30(S+2)}{n_0 S}=\frac{30\times(6+2)}{30\times 6}=1.33\ (s)$$

槽轮的运动时间就是机器每个循环中用于转位分度的时间，由式(7-2)可以求出

$$T_h=\frac{\theta_h T_C}{2\pi}=\frac{30(S-2)}{n_0 S}=\frac{30\times(6-2)}{30\times 6}=0.67\ (s)$$

5. 设计计算步骤

下面以采用槽轮机构在圆周方向进行间歇输送这种典型的自动化装配专机为例，说明槽轮机构的设计计算步骤。这里主要介绍槽轮机构工位数、槽轮停顿时间、拨杆转速的设计方法，关于槽轮机构具体结构尺寸的设计计算请读者进一步参考相关资料。

1) 设计条件

在设计采用圆周方向间歇输送机构的自动化装配专机时，首先要对产品的工艺过程进行分析，将产品的装配过程分为多个工序，分析各工序的先后次序关系，对每道工序的装配时间进行试验测试，根据产品的年生产纲领(也就是产品年生产计划)计算出产品装配的总节拍时间。

设计条件一般为：

(1) 工序数量；

(2) 工序的先后次序(即工艺流程)；

(3) 各工序的装配时间；

(4) 希望设备能达到的总节拍时间。

2) 设计过程

(1) 工艺过程分析

工艺过程分析是指对产品的装配工艺进行分析，将产品的装配过程分为多个工序，分析各工序的先后次序关系，设备的装配次序必须与产品装配工艺的先后次序相符合。对每道工序的装配时间进行试验测试，如例7-1所示根据产品的年生产纲领计算出机器的总节拍时间。

(2) 确定工位数量与相应的工序

工位数量是指自动装配机器上的工位数量，由于槽轮是与机器的转盘连接在一起同步运动的，所以槽轮机构的轮槽数量也就是间歇输送机构回转一周转盘停留的位置数量，即机器的工位数量。

确定工位数量与工序设计是同时进行的，将需要在专机上完成的全部工序按一定的原则分配到各工位上。工位数与产品装配的工序数量是有区别的，因为在自动装配机器上不一定每个工位只完成一个工序，可能完成两个或多个简单的工序，目的是提高设备的生产效率。

(3) 确定转盘停顿时间

转盘停顿时间实际上就是槽轮的停顿时间。由于各个工位都是在相同的时间段——槽轮停止运动的时间内进行的，各工位完成装配所需要的时间各不相同，有的工位完成装配需要的时间长，有的工位完成装配需要的时间短，完成装配操作后就处于等待状态，

在各工位中必有一个工位需要的时间最长。槽轮机构的停顿时间必须能够使这一需要时间最长的工位完成装配操作，因此，槽轮停顿时间理论上应该不小于这一特定工序的装配操作时间。

在实际设计中，由于电机的驱动与传动环节，实际的槽轮停顿时间不一定刚好等于所期望的理论停顿时间，有可能比理论停顿时间略长，但不能比理论停顿时间短，否则设备将无法完成正常装配动作。

如果各个工位上完成装配所需要的时间相差过于悬殊，则其他工位的等待时间太多，这样设备的节拍时间就更长，单位时间内完成的产品数量就减少，设备的生产效率就下降，因此需要对各工位的装配操作内容进行平衡，即尽可能地使各工位装配时间的差距缩小或接近一致，以最大限度地缩短设备的节拍时间，提高设备的生产效率。

(4) 确定拨杆转速

周期性转动的拨杆带动与槽轮连接在一起的转盘作周期性的间歇转动，而拨杆的连续周期性转动是由电机通过齿轮传动(或同步带传动、链传动)系统驱动的，槽轮或转盘的停顿时间实际上是由拨杆转速 n_0 决定的，两者之间具有定量的对应关系，因此确定拨杆转速 n_0 的过程实际上就是决定槽轮或转盘停顿时间的过程。

根据式(7-3)，可以得到拨杆转速 n_0 与槽轮停顿时间 T_0 的关系：

$$n_0 = \frac{30(S+2)}{ST_0} \tag{7-5}$$

式中：T_0——槽轮停顿时间，s；

n_0——拨杆转速，r/min。

(5) 电机选型及传动系统设计

确定拨杆需要的转速后，需要再为主动件(即拨杆)设计一套电机驱动系统，在这里拨杆就是电机的负载。设计的电机驱动系统必须满足以下两个条件：

- 电机经过传动系统后实现拨杆需要的转速；
- 电机的输出扭矩能够驱动负载扭矩。

因此需要根据拨杆需要的转速合理地设计传动比，同时需要对电机的负载扭矩进行计算，保证电机的输出扭矩大于负载扭矩，而且还要考虑适当的安全系数。

负载扭矩与负载的转动惯量及转盘的最大角加速度有关，具体而言与转盘的直径、转盘的质量、转盘上定位夹具及工件的质量、转盘最大角加速度有关，这与通常情况下电机的选型计算过程是一样的，在此不再重复。

7.3　棘轮机构的结构与应用

棘轮机构也是一种作用类似于槽轮机构的沿圆周方向的间歇输送装置，主要由棘轮和棘爪两部分组成，其中棘爪为主动件，棘轮为从动件。典型的棘轮机构如图 7-7 所示。

1. 工作原理

为了说明棘轮机构的工作原理，下面先介绍工程上典型棘轮机构的组成。图 7-8 为工程上常用的外啮合棘轮机构，主要由主动棘爪 1、摆杆 2、棘轮 3、止回棘爪 5 及机架组成。棘轮 3 通常为锯齿形，并与轴 6 固定连接，主动件摆杆 2 上安装有棘爪 1，并通过转动副 A

连接,而摆杆2则空套在轴6上。

图7-7　棘轮机构示意图

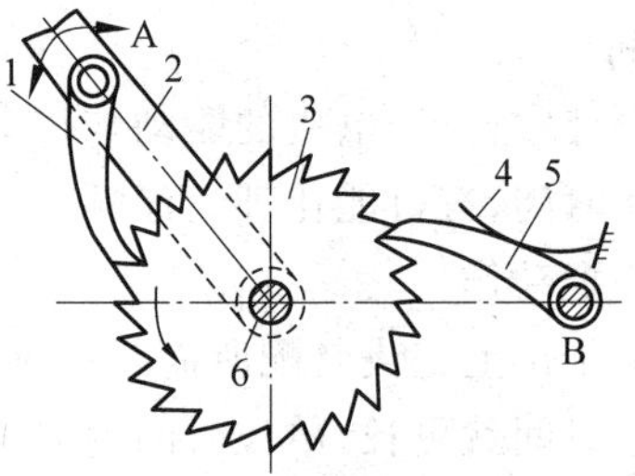

图7-8　典型的棘轮机构

1—主动棘爪；2—摆杆；3—棘轮；4—弹簧；5—止回棘爪；6—轴

图7-8所示棘轮机构的工作过程如下：

(1) 摆杆2连同棘爪1逆时针转动一定的角度时,棘爪1插入棘轮的相应齿槽,推动棘轮3连同与棘轮连接在一起的执行机构同步转动相同的角度。摆杆的驱动机构既可以是偏心轮,也可以为气动连杆机构。

(2) 当摆杆摆动到左侧极限位置时,再掉转方向返回,向顺时针方向摆动。此时,棘爪1在棘轮的齿背上滑过,这时弹簧4迫使止回棘爪5插入棘轮的相应齿槽,防止因为外界因素使棘轮反转而静止不动,直至摆杆摆至右侧极限位置完成一个循环。为了使棘爪1与棘轮可靠啮合,在摆杆2与棘爪1的连接处通常也安装有弹簧。

这样,当主动件摆杆2连续往复摆动时,棘轮3就可以带动与其连接在一起的执行机构实现沿逆时针方向单向、周期、不可逆的间歇转动。

2. 结构特点

棘轮机构的优点为结构简单,转角大小调节方便。缺点为棘爪、棘轮刚接触时有一定冲击和噪声,使机构运动平稳性变差,此外,机构磨损快,精度较低,只能用于低速、转角不大或需要改变转角、传递动力不大的场合,如自动机械的送料机构与自动计数等。

3. 应用实例

棘轮机构广泛应用在一些对输送精度要求不高的自动机械送料机构,图7-9为由棘轮机构驱动的皮带间歇输送系统实例,其工作原理如下：

(1) 曲柄摇杆机构作为驱动动力,曲柄1是主动件,在电机驱动下连续转动时,曲柄1带动摇杆2作周期性的摆动。

(2) 链轮7在摇杆2、链条3的作用下作周期性的左右转动,拉伸弹簧9为摇杆2提供回转的动力,链轮7与皮带轮6的传动轴之间是活动配合,链轮在传动轴上可以自由转动。链轮上安装有棘爪。

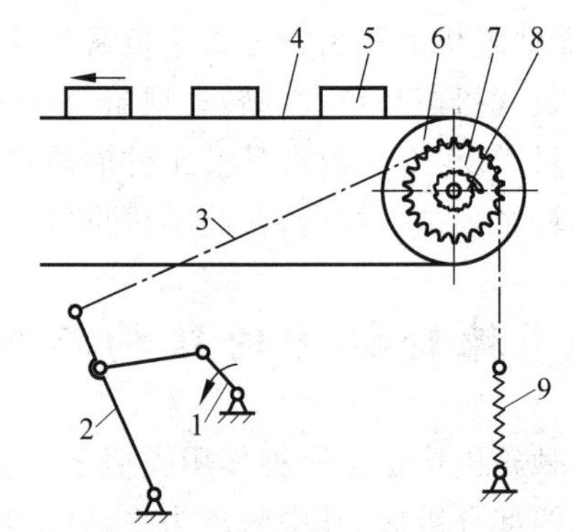

图7-9　棘轮机构驱动的皮带间歇输送装置

1—曲柄；2—摇杆；3—链条；

4—输送皮带；5—工件；6—皮带轮；

7—链轮；8—棘轮机构；9—拉伸弹簧

(3) 棘轮8、皮带轮6与传动轴之间都通过键固定连接在一起，即棘轮8、皮带轮6与传动轴是同步转动的，棘轮转动一定的角度，则皮带轮也同步地转动相同的角度。

(4) 由于棘轮的运动是间歇性的转动，因而皮带轮的转动也是间歇性的转动，最后皮带轮上的皮带获得间歇性的直线运动，皮带上的工件也随之以固定的步距间歇性地直线运动。工件的移动步距可以根据棘轮的转动角度及皮带轮的直径计算，即：

$$L=\frac{\varphi\pi D}{360^\circ} \tag{7-6}$$

式中：L——工件的移动步距，mm；

φ——棘轮的转动角度，(°)；

D——皮带轮外径，mm。

在工程上，这种皮带间歇送料的间歇输送系统，主要用于远距离的间歇输送，如卷烟生产线等。

棘轮机构既可以采用电机驱动，也可以采用气缸驱动。图7-10为采用气缸驱动的棘轮机构实例，气缸通过棘轮机构驱动平顶链输送线的链轮单向间歇回转，从而带动平顶链作直线方向的间歇输送。其中链轮与棘轮是在一根传动轴上连接在一起的，如果将链轮改为皮带轮则变成皮带间歇输送系统了，平顶链或皮带每次移动的步距取决于气缸的工作行程及活塞杆在摇杆上的连接点位置。

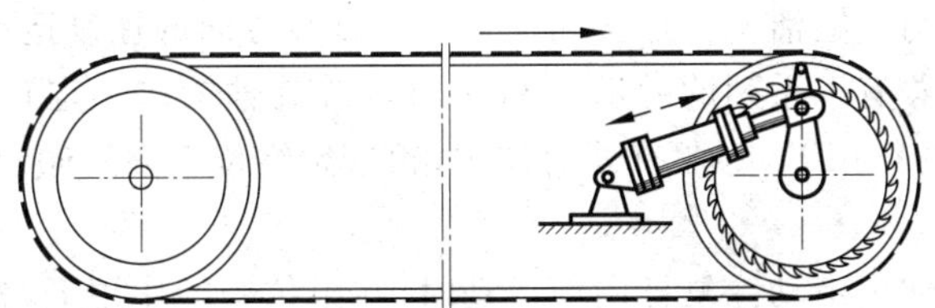

图7-10　气缸及棘轮机构驱动的平顶链间歇输送系统

7.4　棘爪机构的结构与应用

在采用间歇输送的多工位自动化专机中，工位的安排有两种非常典型的方式：

一种方式为将各工位安排在圆周方向上，如采用前面所介绍的槽轮机构、棘轮机构来驱动转盘间歇转动，在转盘转动停止的时间间隔内各工位都同步完成装配等工序操作。第8章将要介绍的凸轮分度器也可以实现这种间歇输送。

另一种方式为将各工位安排在直线方向上，间歇输送机构在直线方向上实现间歇输送，在输送停止的时间间隔内各工位同步完成装配等工艺操作。

在直线方向上实现间歇输送是一种非常重要的自动机械设计方式，也是结构最简单、最容易实现的机构，因为直线方向上的驱动依靠普通的标准气缸就可以实现，机构简单，制造成本低廉，工件移动的步距也非常容易调整，只要通过行程挡块调整气缸的工作行程即可，而圆周方向上的间歇输送装置则要复杂得多。棘爪机构就是一种非常典型的直线方向间歇输送机构。

棘爪机构实际上是棘轮机构的一种变形，其工作原理与棘轮机构是类似的，只不过棘轮机构一般实现的是圆周方向的间歇转动,而棘爪机构一般用于实现直线方向上的间歇运动。图 7-11 为一典型的棘爪间歇送料机构。

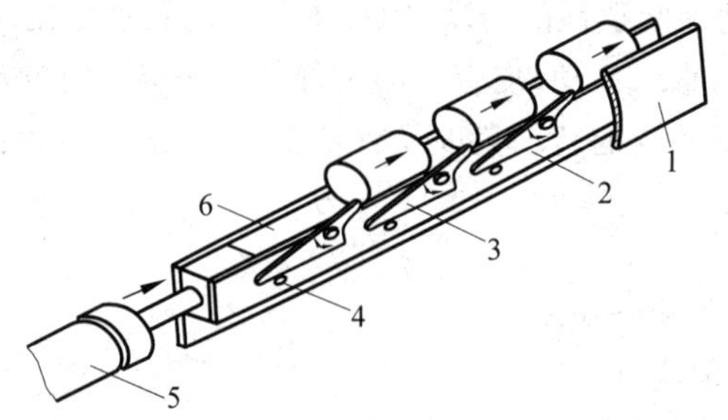

图 7-11 典型的棘爪间歇送料机构

1—导轨；2—往复杆；3—棘爪；4—限位销；5—气缸；6—支承板

1. 工作原理

图 7-11 所示的棘爪间歇送料机构工作原理如下：

(1) 工件支承在往复杆 2 上方的支承板 6 上,支承板是静止的,而往复杆是往复运动的,支承板与往复杆 2 之间有一定的间隙,只有当棘爪推动工件时工件才会在支承板上向前运动；

(2) 气缸 5 推动与气缸活塞杆连接的往复杆作直线方向的往复运动；

(3) 往复杆上设置有一系列的棘爪 3,棘爪可以绕其轴销作一定转动,由于棘爪是倾斜安装的,在自身重力的作用下,除非有外力作用,棘爪始终位于图示倾斜状态,棘爪上方露出支承板表面；

(4) 气缸活塞杆伸出带动往复杆向前运动时,在限位销的作用下,各棘爪仍然能够保持图示状态,推动相应位置的工件在直线方向上向前移动相同的步距；

(5) 当气缸活塞杆缩回带动往复杆向后返回时,棘爪在相邻的后一个工件的重力作用下被压至支承板的支承面以下,从该工件下方滑过,工件仍然能保留在原来的位置上不受影响,滑出后的棘爪在其自重的作用下又自动转动到图示状态,往复杆完成一次送料循环。

在实际工程中,为了使该机构工件更可靠,还可以在棘爪转动轴销处设置一个刚度较小的扭转弹簧,当没有外力作用时,使棘爪可靠地位于图示状态,而往复杆带动棘爪返回时,棘爪上方工件的重力可以克服上述扭转弹簧的扭力,使棘爪在工件下方滑过。

2. 应用

棘爪机构结构非常简单,占用空间很小,成本低廉,可以安排在空间很小的机构内,一般将棘爪设计在某些活动推板的内部,棘爪只露出很小一部分头部来推动工件。

棘爪机构的缺点是工件被推送时因为惯性而不容易准确定位,因而只适合使用在输送速度较低的间歇送料场合。

7.5 自动机械中的其他间歇送料机构

1. 料仓送料机构

料仓送料机构也属于一种基本的间歇送料机构,如图 7-12 所示。

1）工作原理

工件在竖直方向的料仓 4 中叠放，依靠工件自身的重量在料仓中下落。气缸活塞杆 3 与推料板 2 连接在一起，活塞杆带动推料板将料仓最下方的一个工件推出一个步距，然后活塞杆再返回至图示位置时，料仓上方的工件自动下落。气缸缩回后停留一定的时间供水平方向直线排列的工件上方操作工位进行装配或加工等工序操作，工序操作完成后气缸再开始下一次推料，进行下一个循环。

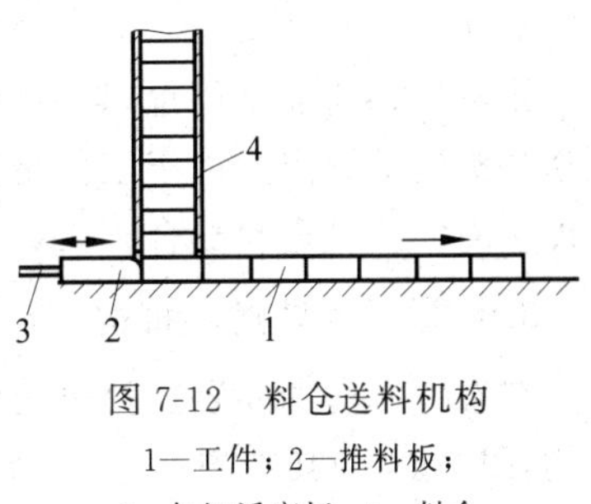

图 7-12　料仓送料机构
1—工件；2—推料板；
3—气缸活塞杆；4—料仓

2）步距设计

在上述机构中，推料板始终作用在料仓最下方的一个工件上，气缸每工作一个循环，其他工件由最后一个工件顶着逐个依次向前移动一段距离，这个距离称为步距。

根据执行机构一次对工件加工或装配的数量区别，上述机构的步距可以等于一个工件的长度，也可以等于两个工件的长度。当前方的操作工位逐个对工件进行装配（或加工）等工序操作时，机构的步距就设计为刚好等于一个工件的长度，因为工件每次移动等于其长度的距离才能够刚好使与已装配工件相邻的下一个工件移动到装配位置；如果在前方设置两个相邻的装配（或加工）操作工位，两个工位都重复进行相同的工序操作，这种情况下，机构的步距就应该等于两个工件的长度，但必须前后并列设计安装两个料仓，气缸每次推出前后两个工件。

3）特点与应用

这种间歇送料机构结构简单，制造容易，最适合用于矩形、圆盘形工件。为了对工件在前进方向进行定位，通常在最前方的工件右侧设置挡块，每完成一个工序操作循环后将最前方的工件从与送料方向垂直的方向推出。

如果在多个位置上对工件同时进行工序操作，由于将工件的长度尺寸作为定位尺寸，则工件长度尺寸的偏差会对工件的定位造成误差，所以这时只适合于一些对精度要求不高的工序操作。

如果仅仅在最前方的工件上方设置执行机构进行工序操作，由于在该位置上始终利用工件的侧边进行定位，可以对工件进行准确定位，因而可以进行具有一定精度的工序操作。当工件为圆盘形工件时，可以将定位挡块设计成 V 形槽形式。

2. 旋转推杆送料机构

图 7-11 所示的棘爪间歇送料机构由于存在工件的惯性作用，导致工件不容易准确定位，为了克服该机构的上述缺点，除采用前面介绍的二次定位方法外，也可以采用一种如图 7-13 所示的旋转推杆间歇送料机构来解决这一问题。

1）工作原理

当气缸 6 带动推杆 2 前进一个步距时，转位至图示状态后的摆动爪 3 带动工件 5 也向前移动一个步距。

工件在气缸 6 的推动下被移送到位后，摆动驱动气缸 1 缩回，摆动爪 3 逆时针方向旋转到送料状态，然后气缸 6 再缩回，带动推杆 2 后退，准备下一次推料动作。如此循环，每次都将若干个工件移送相同的步距。

2）应用

该机构结构非常简单，是专门为克服送料时工件的惯性问题而设计的，可以消除棘爪间歇送料机构的缺点。由于工件是在两爪之间被移送，所以工件运动平稳，定位准确，能适应速度较高的间歇送料场合。

3. 滑板式间歇送料机构

在直线方向的间歇送料机构中，还有一种非常典型的送料方式，这就是滑板式间歇送料机构，图7-14为其结构示意图。

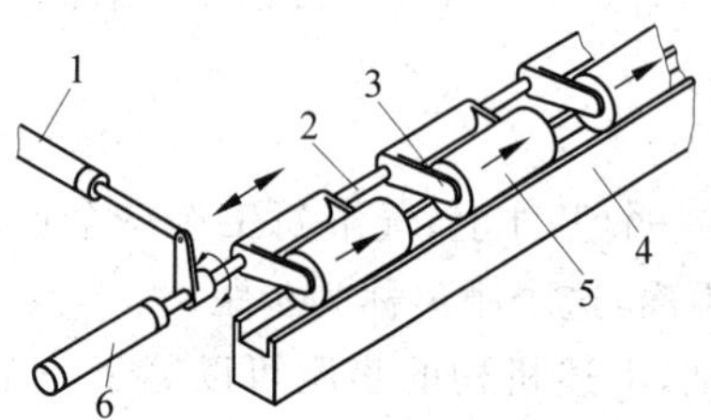

图7-13 旋转推杆间歇送料机构

1—摆动驱动气缸；2—推杆；3—摆动爪；4—导轨；5—工件；6—推料气缸

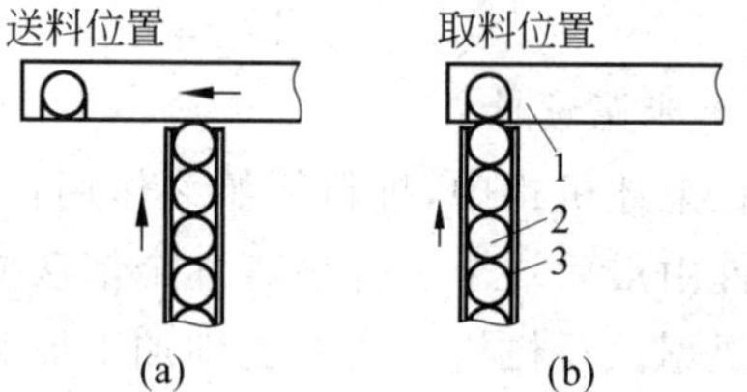

图7-14 滑板式间歇送料机构

(a) 送料位置；(b) 取料位置

1—滑板；2—工件；3—输料槽

工件通过振盘送出后再经过一段输料槽，工件在输料槽中是紧密排列的，在与输料槽垂直的方向上设置一块滑板。在取料位置，滑板上的工件定位槽口刚好与输料槽出口对齐，因此在振盘作用下工件自动进入滑板的定位孔中。在气缸驱动下，滑板向前方运动，到达送料位置，通常在该位置进行工件的各种装配。

在图7-14所示机构中，如果工件是螺钉、铆钉等零件，上述机构可以起到一种特殊的分隔作用，通过对滑板上的工件定位孔进行改进，使其成为一种孔径可以变化的结构，当螺钉到达送料位置后，在行程挡块的作用下定位孔松开，孔径变大，则螺钉会自动落入下方的塑料管中，最终到达螺钉装配部位，这样将从振盘送出的连续排列的螺钉逐个放行，这就是在第10章中要介绍的分料机构。可见自动机械设计是非常灵活的，同一种机构只要稍加改变就可以有不同的用途。

4. 转盘间歇送料机构

在圆周方向进行的间歇送料机构中，除可以采用槽轮机构、棘轮机构来实现外，还可以采用一种称为凸轮分度器的空间凸轮分度装置来实现。凸轮分度装置驱动转盘进行精密回转分度，实现间歇送料，这也是自动化专机非常典型的结构方式。图7-15、图7-16为这种专机的两种自动送料机构。

在图7-15所示的机构中，工件2先通过振盘送出，然后经过一段输料槽1输送到转盘边缘，当输料槽出口刚好对准转盘上工件的定位孔时，工件自动送入转盘的定位孔中。转盘是间歇回转的，每转过一定角度就停顿一段时间。在转盘的停顿时间内，转盘上方的执行机构对工件进行相关的工序操作。在转盘的最后一个定位孔下方可以设置其他机构将完成了工序操作的工件取下，或通过该位置下方的输送皮带将工件输送到其他地方。

图7-16为这种专机的另一种自动送料方式，工件通过竖直方向的料仓设置在转盘的上方。当转盘上的定位孔刚好对准料仓下方时，在自重的作用下，料仓最下方的一个工件自动

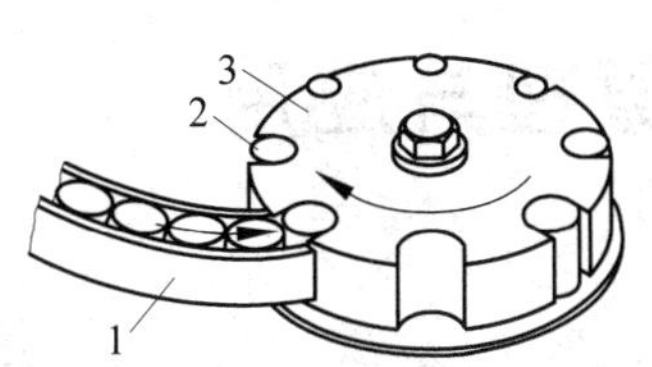

图 7-15　转盘间歇送料机构一

1—输料槽；2—工件；3—转盘

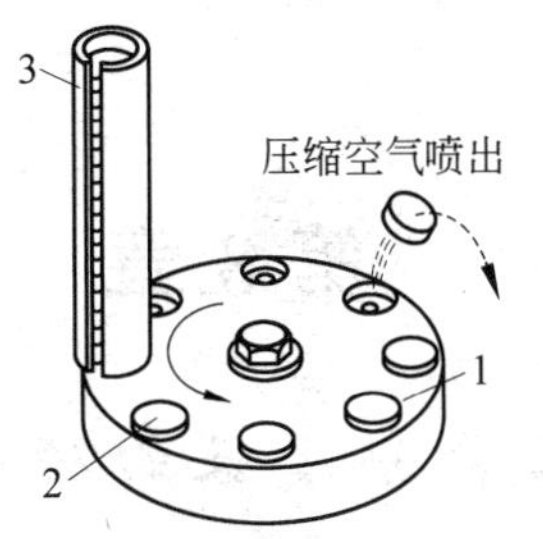

图 7-16　转盘间歇送料机构二

1—转盘；2—工件；3—料仓

掉入转盘的定位孔中，当转盘转动时料仓中的工件从转盘表面上滑过。该机构的装配执行机构与图 7-14 类似，当转盘上方的执行机构完成工序操作后，在后方的某个工位自动将工件卸下。卸料有多种方式，既可以如图所示采用压缩空气将工件喷出，也可以采用机械手将工件吸取或夹取后卸下。

在高精度、高速度的自动装配场合，通常都采用这种凸轮分度器来驱动，这种部件属于自动机械的一种核心部件，广泛应用在各种装配场合，该部分内容将在第 8 章专门介绍。

思考题与习题

7.1　什么叫间歇输送？

7.2　采用间歇输送有哪些优点？

7.3　分别举例说明在直线方向上及圆周方向上间歇输送有哪些结构类型？

7.4　对间歇输送机构有哪些技术要求？

7.5　如何在料仓送料机构、棘爪送料机构中解决工件运动惯性的影响？

7.6　对于图 7-15、图 7-16 所示的送料机构，工件在完成工序操作后分别如何卸料？

7.7　在其他条件完全相同的情况下，如果减少槽轮机构中槽轮的槽数，则在拨杆转动一周的情况下会有什么影响？

7.8　已知单拨杆外槽轮机构的槽数 $S=5$，拨杆的转速为 75 r/min，分别计算槽轮的转位分度时间和停顿时间。

7.9　某单拨杆槽数为 4 的外槽轮机构，要求槽轮在停顿时间内完成工序动作，完成工序动作所需的时间为 30 s，试分别计算：(1)拨杆的转速；(2)槽轮转位所需的时间。

第8章　凸轮分度器原理与应用

8.1　凸轮分度器的功能

1. 功能

凸轮分度器在工程上也称为凸轮分割器(本教材统一使用凸轮分度器),它属于一种高精度回转分度装置。其外部包括两根互相垂直的轴,一根为输入轴,由电机驱动;另一根为输出轴,用于安装工件及定位夹具等负载的转盘就安装在输出轴上。图8-1为日本三共(SANKYO)公司某系列已经装配好电机及减速器的凸轮分度器。

图8-1　日本三共(SANKYO)公司某系列凸轮分度器

凸轮分度器在结构上属于一种空间凸轮转位机构,在各种自动机械中主要实现以下功能:

- 圆周方向上的间歇输送;
- 直线方向上的间歇输送;
- 摆动驱动机械手。

凸轮分度器是一种典型的间歇输送装置,既可以在圆周方向上进行间歇输送,也可以通过机构变换应用在输送线上,完成直线方向上的间歇输送。

摆动驱动机械手属于凸轮分度器的一种派生产品,也是一种空间凸轮转位机构,输出轴输出的是由旋转摆动运动与轴向直线运动组成的复合运动,因而在功能上实际上是一种两坐标摆动式机械手。

在第7章也介绍了槽轮机构、棘轮机构等间歇输送机构,这些机构都属于普通的圆周方向间歇分度机构,精度有限,通常只应用在对输送精度及装配精度要求不高的一般场合。与这些机构不同的是,凸轮分度器是一种专业化的、高精度的回转分度间歇输送装置,是一种为适应高度自动化、高速化、高精度生产装配场合而专门设计开发的自动机械核心部件。只要在凸轮分度器的上方加装圆盘形状的转盘、各种装配执行机构、上下料装置及控制系统后,就组成了一台高效率、高精度的自动化装配或检测专机。

正因为凸轮分度器具有如此强大的功能,所以它广泛应用在如半导体芯片、电子、电器、电器部件、五金、轻工、食品、饮料等各种行业的自动化生产与装配上。例如:

- 各种自动化装配专机(装配、检测、焊接……)；
- 半导体芯片检测专机；
- SMT 高速贴片机；
- 医药生产设备；
- 食品生产设备；
- 冲床自动送料机构；
- 组合机床自动换刀机构；
- 各种自动化生产线；
- 其他机械间歇传动机构。

图 8-2 为采用凸轮分度器的自动化装配专机实例。

图 8-2　采用凸轮分度器的自动化专机实例

2. 性能特点

凸轮分度器作为一种专业化的自动机械核心部件,之所以大量应用于各种自动化专机及自动化生产线上,是因为它在很多方面具有槽轮机构、棘轮机构、气动分度器等普通分度机构所无法比拟的优良性能：

1) 满足高速装配生产需要

凸轮分度器转位速度高,能满足现代高速装配生产的需要。在现代制造业中,生产高速化是区别于传统制造业的显著特点之一,生产高速化大大缩短了机器的节拍时间。

机器的节拍时间是由用于工序操作的工艺操作时间和用于辅助作业的辅助操作时间两部分组成的。在圆周方向间歇输送的自动化专机中,要缩短用于装配操作的工艺时间难度较大,可以缩短的空间也非常有限,只有大幅缩短用于转位分度的辅助操作时间才有可能大幅缩短节拍时间,提高机器的生产效率。凸轮分度器正是为适应这一需要而设计开发出来的,它能够实现很高的转位速度,因而辅助操作时间短,生产效率高,可满足高速装配生产的需要。

2) 定位精度高

现代制造业中,除生产高速化外,高精度生产装配是区别于传统制造业的另一个显著特点,而高精度生产装配是通过执行机构的运动精度及工件的定位精度来保证的。

凸轮分度器在工作过程中,由于各工位上方执行机构的位置及运动行程是相对固定的,只是工件随转盘周期性地分度转位,需要保证每次转位后各工位上工件的位置都分别与各执行机构的位置严格一致对应。因为凸轮分度器能提供极高的分度精度,因而能够在生产中提供很高的重复定位精度,在目前所有的自动分度装置中,这种装置的分度精度几乎是最高的。

3) 高刚性

在实际工程应用中,这种类型的自动机械要达到较高的装配精度,除执行机构的运动精度、工件的回转定位精度外,另一个必要的条件就是支承部件必须具有足够的刚度。因为很多装配操作都是在一定的负载外力下进行的,如果支承部件没有足够的刚度,在负载外力下就会发生不允许的变形,导致装配精度下降。

在采用凸轮分度器进行圆周方向间歇分度的自动化专机中,凸轮分度器除提供高精度转位分度功能外,同时还是这种自动机械上的主要承载部件,各种负载最终都是通过转盘靠凸轮分度器支承的。如果凸轮分度器不能提供足够的刚性,则实际装配过程中在上述各种负载的作用下,承载部件就会产生变形,转盘就不能保证在一个平面内工作,工件的定位精度就会下降。凸轮分度器具有高刚性,能支承上述负载而不产生超过允许值以外的变形。

4)根据使用需要能得到灵活的转位时间与停顿时间比

在各种不同的使用场合,产品装配或加工所需要的工艺时间各不相同,同一台机器上不同工位所需要的工艺时间也各不相同。凸轮分度器能得到灵活的转位时间与停顿时间比,因而可以满足各种工艺条件下的转位分度要求,使用方便。

5)简化机器设计制造过程

凸轮分度器是一种标准化的自动机械转位分度部件,工程上都是根据节拍时间及负载大小等要求向专业制造商订购,专业制造商还可以为客户配套设计好电机驱动系统,用户只要在凸轮分度器的输出轴上设计安装好转盘及定位夹具即可使用,大大简化了机器的设计及制造过程。

6)维护简单

由于凸轮分度器内部采用高级润滑脂或润滑油进行润滑,在使用过程中维护简单,主要为定期更换合适的润滑油或润滑脂,不需要复杂的维护。一般除更换润滑油外,100 000工作小时以下都不需要进行维修。

7)价格

凸轮分度器早期价格较高,随着国内市场迅速扩大,除国内已有少数公司制造生产外,日本及中国台湾地区的相关企业也在国内设立办事处或生产厂,已经部分实现了制造本地化,目前市场价格已经较以前大幅下降,降低了机器的制造成本。

8.2 凸轮分度器的工作原理

1. 凸轮分度器的内部结构

凸轮分度器是利用空间凸轮机构的原理进行工作的,图8-3为表示凸轮分度器工作原理的结构模型。输出转盘的端面上均匀分布着圆柱形或圆锥形滚子,手柄相当于电机驱动装置,手柄转动带动空间凸轮转动时,凸轮的轮廓曲面推动上述滚子,滚子带动输出转盘转动,并实现有一定转位时间/停顿时间比的分度旋转运动。

凸轮分度器的外部有两根轴,一根为输入轴,另一根为输出轴,输入轴由电机直接或通过皮带驱动,输出轴则与作为负载的转盘或链轮连接在一起,带动转盘或链轮旋转。

凸轮分度器在内部结构上主要有两种结构类型,图8-4表示了常用的两种类型凸轮分度器内部结构,其中图8-4(a)为蜗杆式凸轮转位机构,图8-4(b)为圆柱式凸轮转位机构。图8-5为蜗杆式凸轮分度器的内部结构。

图8-3 凸轮分度器运动原理模型

2. 凸轮分度器的工作过程

下面以最常用的蜗杆式凸轮分度器为例说明其工作过程。

(1)电机驱动系统带动凸轮分度器的输入轴转动,由于输入轴与蜗杆凸轮是一体的,所以蜗杆凸轮与分度器输入轴是同步转动的。在工作中,输入轴一般是连续

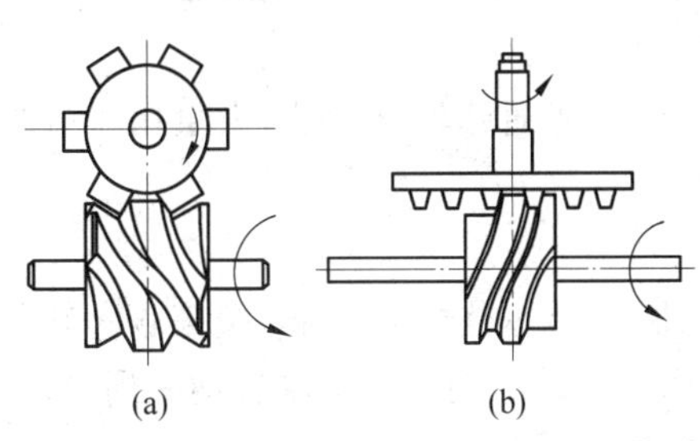

图 8-4　凸轮分度器结构类型
(a) 蜗杆式凸轮；(b) 圆柱式凸轮

图 8-5　蜗杆式凸轮分度器的内部结构

转动的。

(2) 凸轮分度器的输出端为一个输出轴或法兰，输出轴内部实际就是一个转盘，转盘的端面上均匀分布着圆柱形或圆锥形滚子，蜗杆凸轮的轮廓曲面与上述圆柱形或圆锥形滚子切向接触，驱动转盘转位或停止。当蜗杆凸轮轮廓曲面具有升程时，转盘就被驱动旋转；当蜗杆凸轮轮廓曲面没有升程时，转盘就停止转动。

(3) 蜗杆凸轮的轮廓曲面由两部分组成，一部分为轴向高度没有变化的区域(即凸轮转动时曲面没有升程)，在此区域内由于蜗杆凸轮无法驱动转盘端面上的滚子，所以转盘在该对应时间内停止转动；另一部分是轴向高度连续变化的区域(即凸轮转动时曲面具有升程)，在此区域内蜗杆凸轮驱动转盘端面上的滚子，使转盘在该对应时间内连续转动一定角度。

(4) 蜗杆凸轮转动一周即完成一个周期，一个周期后转盘端面上的滚子与凸轮脱离接触，下一个相邻的滚子又与凸轮的轮廓曲面开始接触，进入第二个循环周期，如此不断循环，从而将输入轴(蜗杆凸轮)的连续周期转动转变为输出轴时转时停、具有一定转位时间/停顿时间比的间歇回转运动，而且每次转动相同的角度。

(5) 输入轴(蜗杆凸轮)每转动一周(360°)称为一个周期，在此周期时间内，凸轮分度器输出轴完成一个循环动作，包括转位和停顿两部分，两部分动作时间之和与输入轴转动一周的时间相等。上述一个工作周期也就对应机器的一个节拍时间。

3. 凸轮分度器典型工作循环

凸轮分度器的工作循环方式主要有如图 8-6 所示的两种：

- 转位分度循环；
- 摆动循环。

图 8-6(a)为转位分度循环，它是工程上最典型而且大量采用的工作方式，箭头表示转位过程，黑点表示分度器停止一段时间，对应的分度器也称为转位分度循环驱动器。通常所说的凸轮分度器就是指这种产品，本章主要对这种工作循环进行介绍。

图 8-6(b)为摆动循环，箭头表示输出轴的往复摆动过程，黑点表示分度器停止一段时间，在摆动的起点及终点，输出轴作上下往复运动。摆动角度及上下运动行程可以根据设计需要进行设定、调整，也可以根据需要在摆动行程的中间点进行停留。对应的分度器也称为

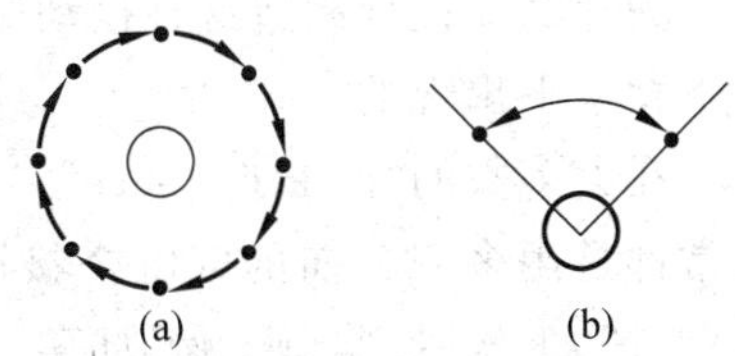

图 8-6　凸轮分度器典型工作循环示意图
(a) 转位分度循环；(b) 摆动循环

摆动循环驱动器，它的运动过程实际上是模仿典型的摆动式机械手的运动过程。

1）转位分度循环驱动器

转位分度循环驱动器就是自动机械中通常所使用的普通凸轮分度器，大量用于各种自动化专机及自动化生产线，其要点为：

（1）输入轴及输出轴的运动

凸轮分度器输入轴作连续周期性的转动，输出轴（与转盘连接在一起）按停顿—转位—停顿—转位—……的方式循环，也就是作间歇分度回转运动。通常输入轴转动一周，输出轴也同时完成一个工作循环，包括1个停顿动作+1个转位动作。

（2）转位及停顿动作的意义

分度器每次转动一个固定的角度，角度大小等于两个工位之间的角度，因此转位动作实际上就是使自动化专机转盘上的定位夹具及工件按固定方向依次交换一个操作位置。而分度器的停顿动作实际上就是使自动化专机转盘各工位上方或侧面的各种操作执行机构同时对所在工位的工件进行装配、加工、检测等工序操作。

（3）工件的工序过程

当转盘旋转一周（360°）后，所有工位上的工件都依次经过了机器上全部操作执行机构的各种装配、加工、检测等工序操作，也就是说由第一个工位上料开始的原始工件变成经最后一个工位卸料的成品或半成品。

（4）工位数

凸轮分度器标准的工位数通常为2、3、4、5、6、8、10、12、15、16、20、24、32，一般选型时都选用标准的工位数，特殊工位数的分度器需要特殊定做，极少这样设计。

（5）使用方法

这种分度器通常有两种使用方法，一种情况就是通常大量采用的在圆周方向间歇回转分度，另一种情况就是通过机构转换应用于链条输送线或皮带输送线上，作直线方向上的间歇输送，工程上第一种情况使用较多。

2）摆动循环驱动器

（1）工作原理

摆动循环驱动器实际上就是一台二自由度的机械手，其动作循环与第6章中图6-11、图6-12所示的由摆动与上下直线运动复合而成的二自由度摆动机械手是完全一样的。其输出轴的输出动作由摆动循环、摆动起点及终点的上下往复直线运动组合而成，这就是自动化装配中典型的“pick & place”运动循环。图8-7为摆动驱动器外形图。摆动循环驱动器在功能上实际上就是一种典型的摆动式搬运机械手。

图8-7　摆动循环驱动器外形

为什么要设计制造这种摆动驱动器呢？它是在以下背景下出现的：

在大多数的“pick & place”二自由度机械手中，通常都是用多个方向的气缸搭接而成，或者由气缸与连杆机构来实现，例如第6章中图6-12、图6-29所示实例就是采用这样的设计方法（参考第6章）。其中图6-12所示实例直接由普通直线气缸与摆动气缸分别实现上下运动及摆动运动，图6-29

所示实例中的上下运动直接由普通直线气缸来实现，而摆动则是通过普通直线气缸推动连杆机构来实现。

图 6-12、图 6-29 所示的机械手虽然结构简单、制造成本低，在一般的自动化装配场合是很好的机构设计方案，但由于缺乏通用性，一般情况下都需要进行专门的设计，考虑设计、采购、装配、调试等各种制造费用，实际的制造成本也就不低了，而且还存在难以高速化、需要维护保养等缺点。随着制造产业不断升级，自动化装备不断向高速化、自动化、精密化方向发展，在部分要求高速度、高精度、高可靠性的场合就受到限制。

能否有一种标准化的通用机构采购回来就可以直接使用呢？于是有关的制造商专门设计制造了能够替代上述机械手功能的专门机构，并将其标准化、系列化、批量化生产，极大地方便了用户，这就是摆动驱动器的设计背景。

(2) 使用场合

摆动驱动器由于在结构上是由精密凸轮这种纯机械结构来实现运动的，利用凸轮的精密配合可以轻易地实现高速度、高精度、高可靠性、结构简单化、模块化，同时节省大量的设计、加工、装配、调试等时间，使用时基本免维护，输出轴还可以采用中空轴，方便压缩空气气管或电线布管布线。因此，采用这种摆动驱动器虽然一次性投入会较高，但实际上可节省大量的时间，产生很好的经济效益，所以在高速、高精度的机械手使用场合这种驱动器是最好的选择。

(3) 技术参数

摆动驱动器一般的摆动角度范围为 0°～180°，输出轴最大升降距离为 20～80 mm。上下运动精度达到±0.05 mm，摆动运动精度为±30″～±45″，摆动重复精度达到 30″～45″。摆动角度及上下运动行程可以根据设计需要进行设定、调整，也可以根据需要在摆动行程的中间点位置进行停留。

有关摆动驱动器更详细的内容读者可以进一步参考有关公司的样本资料或网站，本章主要介绍工程上大量使用的间歇回转分度器。

8.3 凸轮分度器典型工程应用

凸轮分度器作为自动机械核心部件，大量使用在各种自动化装配专机、自动化生产线上。主要的应用类型为：

- 转盘式多工位自动化装配专机；
- 与皮带或链条组成直线方向间歇输送的自动化生产线；
- 自动化间歇送料机构(如冲床自动送料机构)；
- 摆动机械手。

下面分别举例进行说明。

1. 转盘式多工位自动化专机

在凸轮分度器的基础上，只要再完成以下工作就可以组成一台完整的自动化装配专机：

(1) 在凸轮分度器的输出轴上设计安装转盘；

(2) 在转盘上设计安装特定的定位夹具；

(3) 在转盘各工位上方(或转盘外侧)设置各种执行机构(如机械加工、铆接、焊接、装配、标示等装置)；

(4) 在需要添加零件的工位附近设置自动上料装置(如振盘、机械手等)；

(5) 在卸料工位设置自动卸料装置(如机械手等)；

(6) 设计传感器及PLC控制系统。

图8-8即为采用凸轮分度器的8工位转盘式自动化专机分度装置,电机经过减速器后直接驱动凸轮分度器的输入轴,而转盘则安装固定在凸轮分度器的输出轴上,结构紧凑,安装方便。为了更清楚地说明凸轮分度器的作用,图中未画出各工位对应的执行机构及自动上下料装置。

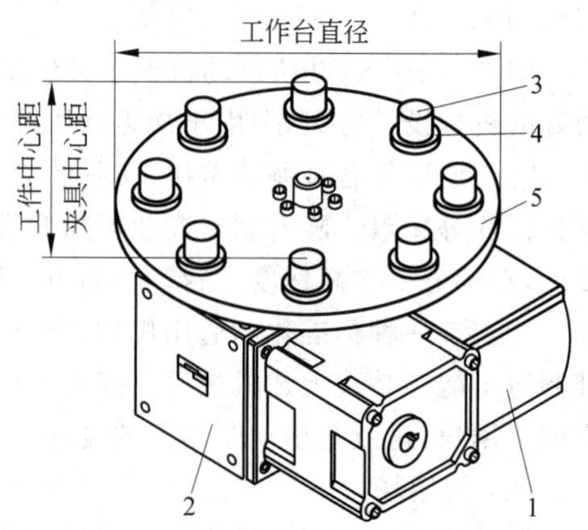

图8-8 8工位自动化专机分度装置

1—电机及减速器；2—凸轮分度器；3—工件；4—定位夹具；5—转盘

图8-9为采用凸轮分度器的4工位自动化专机示意图,图中在两个工位上分别有两台作为装配执行机构的工业机器人,读者从中可以进一步理解此类自动化专机的组成原理。

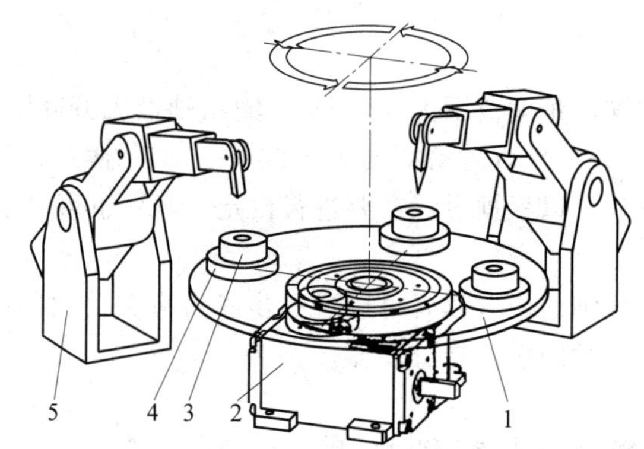

图8-9 采用凸轮分度器的4工位自动化专机示意图

1—转盘；2—凸轮分度器；3—工件；4—定位夹具；5—工业机器人

图8-10为采用凸轮分度器的8工位自动化专机分度装置示意图,电机通过皮带(同步带或V形皮带)及皮带轮驱动减速器,减速器再与凸轮分度器输入轴连接在一起。这样可以很灵活地设计凸轮分度器输入轴的转速,更方便地调整凸轮分度器的节拍时间。读者在学习完本章后面关于节拍分析的内容后就会明白,输入轴的转速与凸轮分度器的节拍时间是相对应的,正是输入轴的转速决定了凸轮分度器的节拍时间。

在上述实例中,专机的工位数是根据产品的装配工序数量来选定的,工位上方的执行机构也是根据产品的装配工艺专门设计的,定位夹具则是根据产品或零件的形状、尺寸专门设计的,自动上下料装置也是根据产品或零件的形状、尺寸专门设计的。

为了更清楚地看出如何用凸轮分度器组成自动化装配专机,下面用图8-11所示的例子来说明。在图8-11中,凸轮分度器采用同步带传动,因此机器的工作节拍可以很方便地调整。在产品的装配过程中,既采用了机械手1作为自动上料机构,也采用了振盘6对某零件自动上料，作为执行机构的铆接机构 5 设置在转盘铆接工位的正上方。在工位的设计上，一个工位设计两套定位夹具，每次同时对两个产品进行装配，因此将机器的生产效率提高了一倍。

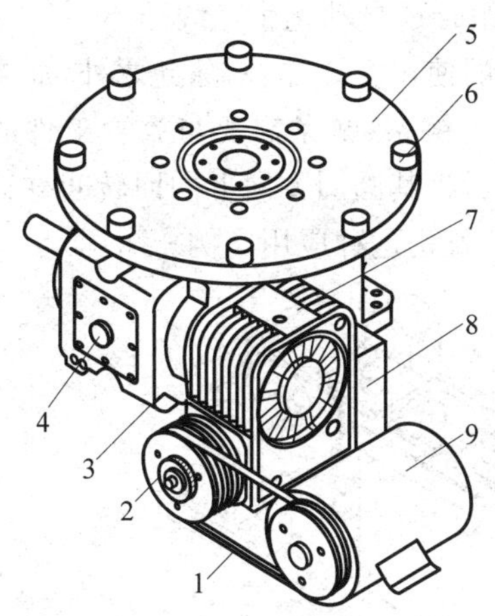

图 8-10　采用同步带或 V 形皮带驱动的凸轮分度器实例

1—同步带或 V 形皮带；2—同步带轮或 V 形带轮；3—电磁离合器；4—凸轮分度器；5—转盘；6—定位夹具及工件；7—减速器；8—电磁制动器；9—电机

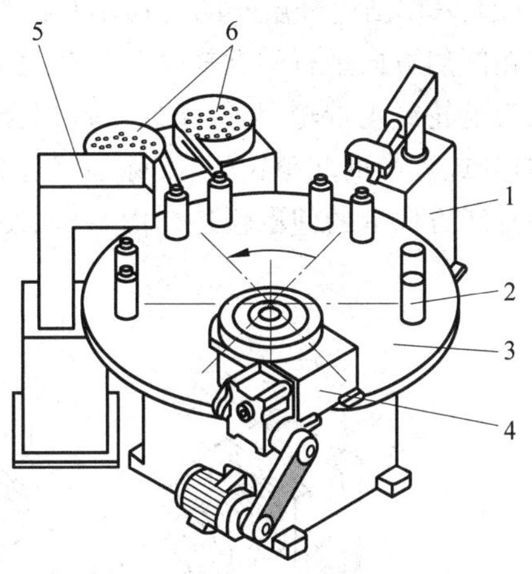

图 8-11　由凸轮分度器组成的自动化装配专机

1—机械手；2—工件及定位夹具；3—转盘；4—凸轮分度器；5—装配铆接机构；6—振盘送料装置

在某些生产场合需要极高的生产效率，需要将工位数设计得很大。例如大型的啤酒、饮料灌装专机为了提高生产效率目前已经将工位数提高到 190 个左右。又如在某些电器部件的大型多工位热风软钎焊专机上，由于焊接部位要完成焊接需要有预热、焊接、保温、冷却等过程，工件在转盘上方的热风温度场中需要停留的时间较长，因此，一方面机器的工位数多达数十个，另一方面机器转盘的直径也很大，转盘的质量也会很大。

转盘的直径越大，转盘的质量也越大，给凸轮分度器的负载阻力就越大，要驱动转盘转动就需要更大的驱动扭矩。

过大的负载施加在凸轮分度器上显然是不利的，为了尽可能减小凸轮分度器的负载，在这种场合一般都采用中空的转盘，以减轻转盘的质量。图 8-12 为采用大直径中空转盘的回转分度装置实例。

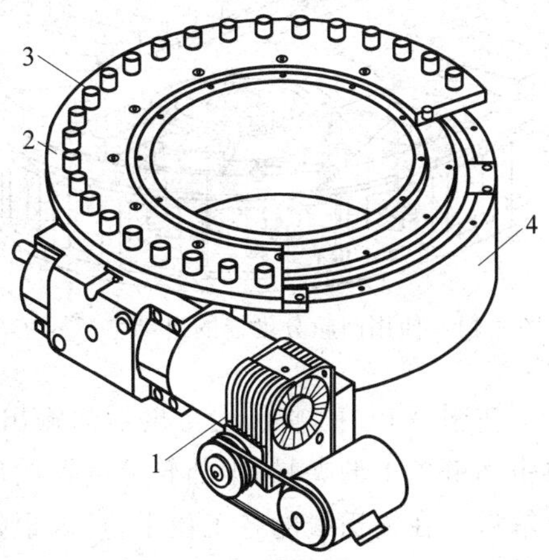

图 8-12　采用大直径中空转盘的回转分度装置实例

1—减速器；2—大型中空转盘；3—定位夹具及工件；4—凸轮分度器

2. 自动化生产线

凸轮分度器不仅大量应用于自动化专机，完成各种机械加工、装配、铆接、焊接、检测、标示等工序操作，还可以很灵活地组成各种自动化生产线的间歇输送驱动系统。

凸轮分度器用于自动化生产线主要有两种

方式：

(1) 利用凸轮分度器驱动链条输送线或皮带输送线使输送线作间歇输送；

(2) 采用凸轮分度器的自动化专机与各种输送线组合成自动化生产线。

在圆周方向进行间歇输送只是凸轮分度器最基本的使用方式之一，除此之外，如果将转盘改为链轮或皮带轮，与链条或皮带配合后，就可以实现链条(链条需要与放置工件的工装板相连)或皮带的间隙输送，实际上就是利用凸轮分度器将其圆周方向上的回转间歇输送转换为直线方向上的间歇输送。图 8-13、图 8-14、图 8-15 就是这种应用实例。

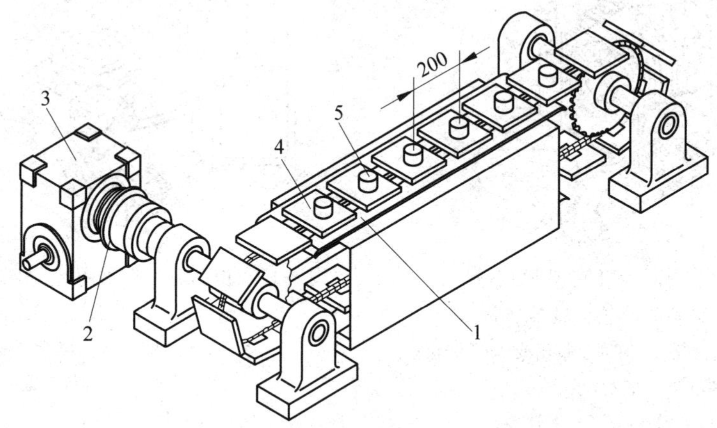

图 8-13　使用凸轮分度器的自动生产线实例一

1—链条输送线；2—离合器；3—凸轮分度器；4—工装板；5—工件

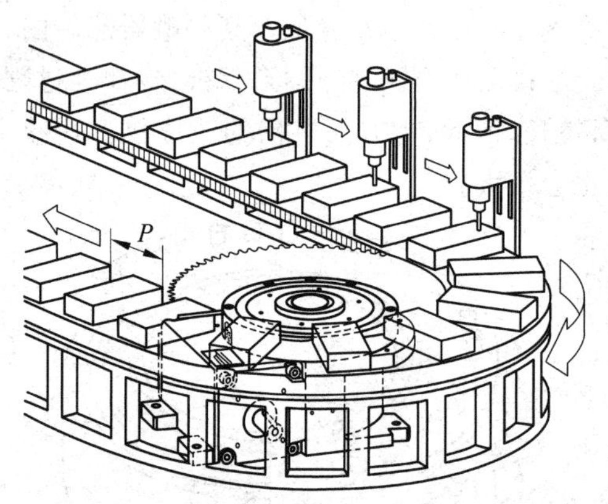

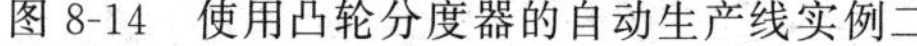
图 8-14　使用凸轮分度器的自动生产线实例二

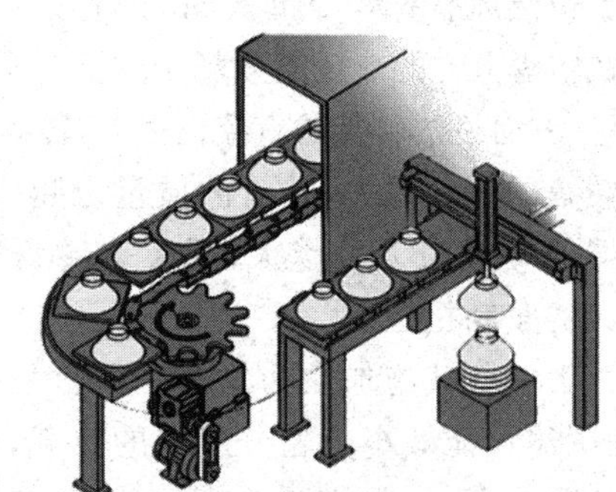

图 8-15　使用凸轮分度器的自动生产线实例三

在图 8-13 中，将凸轮分度器的输出轴水平放置，将转盘改为链轮，链轮带动链条，链条再带动链条上的夹具，则凸轮分度器的旋转间歇输送就转换成了输送链条直线方向上的间歇输送。在输送线的各工位上，可以根据产品的工艺需要依次安排不同的工序，增加相应的执行机构，就组成了自动化生产线，这也是自动化生产线的典型形式之一。

如果将凸轮分度器输出轴仍然按一般的竖直方向放置，如图 8-14 所示，将转盘改为链轮，链轮带动链条，链条再带动输送线，则凸轮分度器的旋转间歇输送同样可以转换成直线方向上的间歇输送系统。在输送线的各工位上，根据产品的工艺需要依次安排不同的工序，增加相应的执行机构，就组成了自动生产线，这是间歇输送生产线的又一种形式。

图 8-15 所示为另一个凸轮分度器用于自动化生产线的实例。凸轮分度器通过一只链轮驱动一条封闭的环形链条输送线，由于凸轮分度器的间歇回转分度作用，使链条输送线作直线方向的间歇输送运动。工件放于链条输送线上的工装板上，在输送线停止前进的间歇时间内，输送线上方的各种执行机构同时进行各种装配操作。而在全部工序完成后的输送线末端设置了一台移载机械手，由机械手自动将完成装配等操作后的工件从链条输送线上移送到包装箱内。

利用凸轮分度器与皮带输送线也可以很方便地组成自动化生产线。图 8-16、图 8-17 就是这种应用实例。

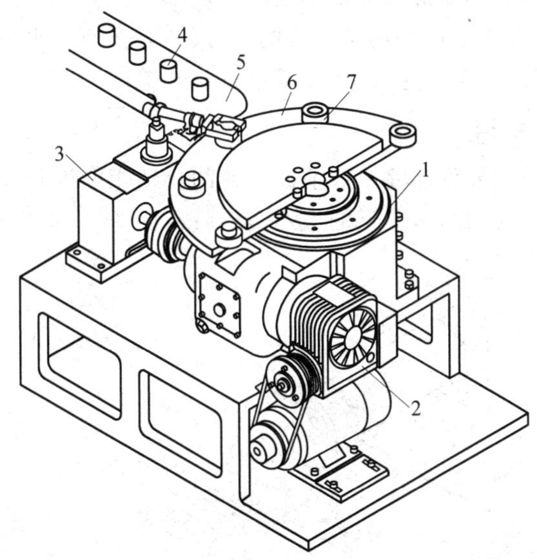

图 8-16　使用凸轮分度器的自动生产线实例四

1—间歇回转分度器；2—减速器；3—摆动驱动器；4—工件；5—皮带输送线；6—转盘；7—定位夹具

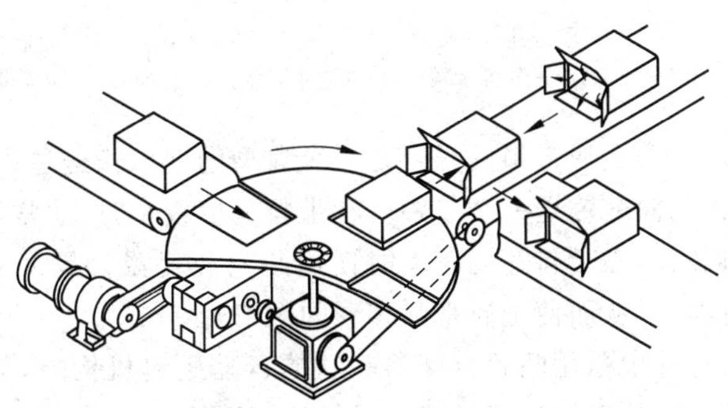

图 8-17　凸轮分度器用于自动化包装生产线实例

图 8-16 中，在一台采用间歇回转分度器的自动化专机基础上，只要使用一台摆动驱动器，将专机上已经完成装配、加工、检测等操作的工件从转盘上卸下放到皮带输送线上，流向下一道操作工序，这样就组成了一条典型的自动化生产线。在摆动驱动器手臂的尾部装上气动手指来夹取工件，所以摆动驱动器实际上就变成了一台机械手。由于摆动驱动器与间

歇回转分度器由同一台电机同时驱动，所以摆动驱动器与间歇回转分度器之间能够形成严格的动作协调关系，图中未反映各工位对应的装配执行机构及转盘上工件的上料机构，这些上料机构一般为机械手、振盘或料仓等。

一般情况下，在图8-16中也可以使用普通的由气动机构组成的机械手来完成工件的移送，这种情况下，机械手与自动化专机之间的运动衔接完全靠传感器及控制系统来实现。而采用摆动驱动器的情况下，二者之间的运动衔接完全靠纯凸轮的机械方式来实现，其可靠性非常高，远高于靠传感器及控制系统来实现的系统。

图8-17为一个凸轮分度器用于自动化包装生产线的实例。图中，电机通过同步带驱动减速器，减速器再驱动一个与转盘连接在一起的凸轮分度器。工件从左方的输送线上输送至转盘的定位槽内，转盘在凸轮分度器的驱动下旋转90°后作一停留，然后工件在辅助机构的作用下被推入后方输送线上已经输送到位的包装箱内，最后包装箱连同工件一起又被推料机构横向推移到右侧第三条输送线上，完成部分包装工序。

3. 自动化间歇送料机构

在自动化工程中，凸轮分度器除组成前面所述的自动化专机及自动化生产线外，还广泛用于组成自动化间歇送料机构，最典型的应用实例就是如图8-18所示的大型冲床自动送料机构。

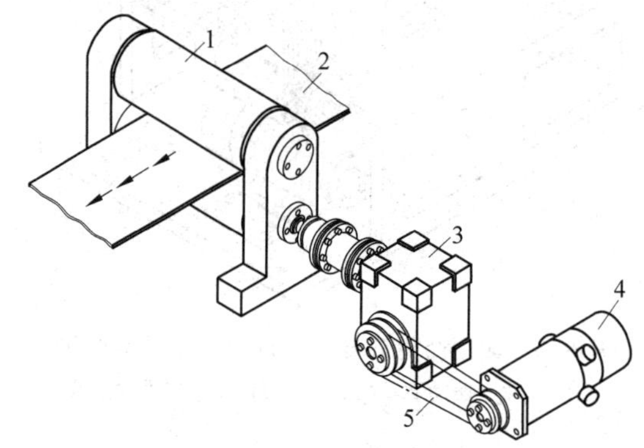

图8-18 冲床自动送料机构

1—驱动滚筒；2—金属带料；3—凸轮分度器；4—电机；5—同步带

在自动化冲压过程中，金属带料的送料是一个典型的间歇输送过程，当冲床完成一个冲压动作后，带料需要自动向前输送一个步距。在带料宽度较小时，通常采用一种靠压缩空气驱动的带料间歇送料装置；当带料宽度较大时使用凸轮分度器就是一种很好的选择。凸轮分度器间歇驱动一对滚筒，从而使金属带料实现间歇输送。

除在自动化冲压过程中采用凸轮分度器驱动的自动送料机构外，其他自动化装配或加工设备中也广泛使用凸轮分度器进行带料或线材的间歇输送。

图8-19所示为一线材自动送料分切机构实例。设备功能为将成卷的线材经过校直，自动分切成固定长度的线材，然后将其放于链条输送线的定位夹具上继续向前输送。

由于线材的分切动作是周期性的，每分切一段就需要将线材向前输送同样的长度，因此采用凸轮分度器刚好可以实现驱动滚轮的回转及停止运动，分度器每次回转的角度及驱动滚轮的直径直接决定了线材输送长度。分度器停顿时间供切刀切断线材，所以这种场合采

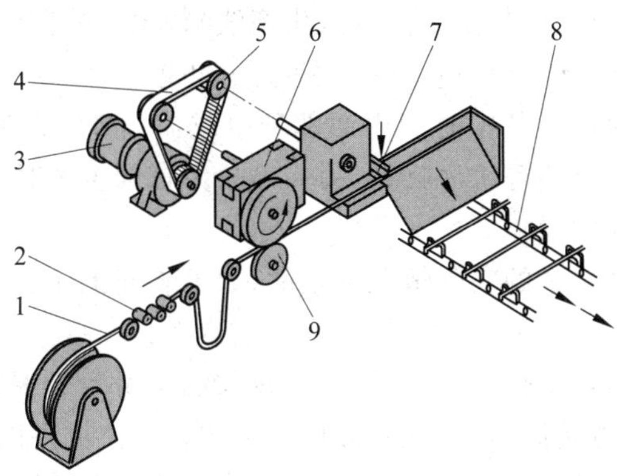

图 8-19　线材自动送料分切机构

1—线材；2—校直滚轮；3—电机；4—同步带；5—张紧轮；
6—凸轮分度器；7—切刀；8—链条输送线；9—驱动滚轮

用的凸轮分度器具有较长的转位时间及较短的停顿时间。同时,用于输送线材的链条输送线也是间歇输送,其节拍应与线材的输送、分切周期相对应,以保持分切与输送两部分动作节奏的严格一致。

通过本节介绍的实例,读者应该能够理解到,凸轮分度器不仅是组成自动化专机的核心部件,而且还大量使用在自动化生产线上,因此,掌握凸轮分度器的选型及使用是进行自动机械结构设计的重要技能之一。

从本节介绍的实例还可以看出,自动化生产线主要是由以下核心结构组成的：

- 各种自动化专机(采用凸轮分度器的自动化专机为重要的自动机械类型之一)；
- 上下料机械手；
- 输送线(皮带输送线、链条输送线等)。

因此,熟悉并熟练掌握上述内容对于从事自动机械结构设计非常重要。

8.4　凸轮分度器的节拍分析

学习凸轮分度器的要求可以分为两个层次：最基本的要求是能够对现有的各种自动机械进行深入分析,解决实际生产中出现的各种技术或质量问题;进一步的要求就是能够利用这种自动机械核心部件进行各种自动机械及自动化生产线的设计、装配调试。

要利用凸轮分度器进行各种自动机械及自动化生产线的设计,就必须熟悉凸轮分度器的选型方法与过程。而节拍分析又是凸轮分度器选型的基础,在凸轮分度器的选型过程中,最基本的工作就是机器节拍时间的分析与设计,因此首先要了解凸轮分度器的节拍原理与节拍设计过程。

本节专门讲述这种自动化专机的节拍分析与设计方法,要求学习后能够清楚地理解这种自动化专机的节拍是如何设计出来的,为凸轮分度器的选型打好基础。

1. 凸轮分度器节拍时间

1) 节拍时间

节拍时间也经常简称为节拍,一般用 T_C表示。它是指各种自动化专机或自动化生产线在正常连续工作、稳定运行的前提下，专机(或生产线)每生产一件产品(或半成品)所需要的周期时间间隔，单位：min/件(min/cycle)、s/件(s/cycle)。

自动化专机(或生产线)的节拍时间由两部分组成：一部分为工艺操作时间，用于执行机构完成各种加工、装配、检测等工序操作；另一部分为辅助生产时间，用于各种辅助机构完成上下料、换向、夹紧等辅助操作。

节拍时间是根据产品工艺的实际情况确定的，如果装配工序需要的时间长(短)，则节拍时间就长(短)。

在凸轮分度器组成的自动化专机中，由于转盘与凸轮分度器是连接在一起且同步运动或停顿的，各工位的操作也是同步进行的，最后一个卸料工位也是以同样的节奏完成最后的卸料工序，因此转盘的运动周期实际上也就是凸轮分度器的运动周期。

转盘(或凸轮分度器)每完成一个转位＋停顿动作循环的时间，即为一个节拍时间，这一时间也就是这种自动化专机每生产一件产品的周期时间。因此，凸轮分度器组成的自动化专机的节拍时间就等于输出轴(转盘)的一个循环时间，即1个转位时间＋1个停顿时间：

$$T_C = T_h + T_0 \tag{8-1}$$

式中：T_C——节拍时间，s/件；

T_h——转位时间，s；

T_0——停顿时间，s。

分析：显然，在转位时间一定的情况下，机器的节拍时间应该根据各工位中需要工序操作时间最长的工位来决定，只要该工位能够在转盘停顿时间内完成工序操作，其他工位的工序操作都可以在该时间内完成。所以有

$$T_0 \geqslant \max(T_{si}) \tag{8-2}$$

式中：T_{si}——自动化专机中各工位所需要的工序操作时间，$i=1,2,3,\cdots,n$，n 为工位数；

T_0——停顿时间，s。

2) 生产效率

生产效率与节拍时间是两个相关的概念，表示的都是设备的生产能力。生产效率是指专机(或生产线)在正常连续工作、稳定运行的前提下，每单位时间内所能完成产品(或半成品)的件数，一般用 R_P 表示，单位：件/h(cycles/h)、件/min(cycles/min)。

节拍时间 T_C 与生产效率 R_P 之间的关系为

$$T_C = \frac{1}{R_P} \tag{8-3}$$

例 8-1 若机器的节拍时间为3 s/件，计算机器的生产效率为多少件/h?

解：机器的生产效率为60/3＝20件/min，或1200件/h。

2. 凸轮分度器的分度角及选择方法

为了说明这种自动化专机节拍时间的设计过程与原理，首先需要理解有关凸轮分度器的分度角。由于分度角是凸轮分度器选型的重要参数之一，因此在实际设计时还需要熟练掌握分度角的选型原则。

1) 分度角、停止角

凸轮分度器有两根轴，一根为输入轴，由电机驱动，作连续周期性转动；另一根为输出轴，带动凸轮分度器上方的转盘作时转时停的间歇回转运动。

输入轴每旋转一周(360°),输出轴就完成两部分动作:1 个转位动作+1 个停顿时间,构成一个工作循环。

为了准确描述凸轮分度器的工作原理,假设将输入轴旋转 1 周的角度 360°分为两部分,一部分对应输出轴转位的时间,工程上称之为分度角;另一部分对应输出轴停顿的时间,工程上称之为停止角。分度角、停止角之和为 360°,即

$$分度角 + 停止角 = 360° \tag{8-4}$$

分析:分度角确定后,停止角实际上也就确定了,因此描述凸轮分度器的分度特性时使用分度角就足够了,一般只对凸轮分度器定义分度角,选型时也只选择分度角。进一步的分析可知,分度角的大小实际上决定了分度器输出轴转位、停顿两个动作时间的比值。如果凸轮分度器的分度角为 120°,则其停止角为 240°,与此对应,如果该凸轮分度器的转位时间为 1 s,则其停顿时间为 2 s,总节拍为 3 s,以此类推。

当分度角为 360°时,实际上就是连续转动了,所以一般没有 360°的分度角。

2) 分度角的选择方法

(1) 分度角的标准

为了满足各种用户与各种使用条件的需要,凸轮分度器的专业制造商一般都设计有多种结构系列的产品,每个系列的分度角都包括了一系列的标准规格,供不同用户根据需要选用。例如表 8-1 为日本三共(SANKYO)公司 ECO 系列凸轮分度器的分度角标准。

(2) 分度角的选择方法

在自动化装配生产中,一般都希望节拍时间(转位时间+停顿时间)尽可能短,这样机器的生产效率更高,也就是单位时间内机器完成的产品数量更多。

表 8-1　日本三共公司 ECO 系列凸轮分度器的标准分度角

工位数＼分度角	90°	120°	150°	180°	210°	240°	270°	300°	330°
2	—	—	—	—	—	—	○	○	○
3	—	—	○	○	○	○	○	○	○
4	—	○	○	○	○	○	○	○	○
6	○	○	○	○	○	○	○	○	○
8	○	○	○	○	○	○	○	○	○
12	○	○	○	○	○	○	○	○	○

注:符号“○”表示有标准产品,“—”表示无标准产品。

总节拍时间确定后,由于转位、停顿两过程的时间比值由分度角决定,因此分度角实际上也就决定了转盘的转位速度。凸轮分度器的分度角越小,它的转位时间就越短,或者说转位速度就越快。所以一般情况下希望分度角尽可能小,但如后面所述,选择较小的分度角也是有条件的,需要考虑实际的负载情况。

选择分度角的原则通常为:

① 凸轮分度器的转位速度必须与转盘的质量、负载、转盘直径相适应,在此条件下,尽可能选择较小的分度角。因为分度角越小意味着转位时间越短,机器生产效率越高。

② 转盘直径越大、质量越大,转盘的转动惯量也越大,转盘转动时的惯性扭矩也越大,因此转盘的转位速度应越小(转位时间越长),需要选择较大的分度角。一般大型的转盘都选择270°的分度角。

③ 小型的转盘直径较小,质量较轻,允许较短的转位时间,所以可以选择较小的分度角。一般选择120°或180°的分度角,90°的分度角较少选用。

8.5 凸轮分度器的配套设计及装配调试

凸轮分度器作为高精度的标准分度部件,它们从制造商处出厂时就具有较高的精度和良好的性能,但要保证自动化专机能够达到预期的设计效果,如加工或装配精度、稳定性等,还必须注意很多配套部分的设计、装配环节。以下是对凸轮分度器使用过程中的部分经验总结。

1. 精度设计

装配(或加工)精度及其重复性是这类自动化专机的重要要求,凸轮分度器的精度是保证自动化专机加工或装配精度的关键因素,但它只是一个前提,如果其他部分设计或装配不合适,就会降低设备的精度甚至无法正常工作。

由于这种自动化专机结构的特殊性,以下因素是在配套设计和装配过程中应特别注意的:

- 转盘的精度(平面度、静态精度、动态精度);
- 转盘上定位夹具的位置精度;
- 定位夹具的尺寸精度与重复性;
- 执行机构的重复精度。

1) 转盘的精度

转盘与凸轮分度器共同组成了工件的分度与定位系统,因此转盘的精度是决定工件最终定位精度的重要环节。理论上希望转盘在任何停顿位置时,各个工位的工件都与各工位对应的执行机构保持严格的相对位置精度,而且在任何停顿位置都具有重复性,但实际上因为各种加工及装配误差,难以达到上述理想状态。但为了尽可能减小误差,必须保证以下环节:

(1) 转盘装配定位基准面与夹具安装面的平行度。

转盘在与凸轮分度器进行安装时是靠下方的平面定位的,而工件定位夹具是安装在转盘上方的平面,因此理论上转盘上方各工位的夹具安装平面必须与转盘下方的定位基准平面保证严格平行,否则转盘在转位后各工位上工件的高度尺寸就无法重复,这在自动化装配中经常是非常重要的要求,产品在装配后的性能要具有严格的重复性,装配尺寸的重复性是最基本的前提。由于加工误差的存在,上述平面实际上不可能作到严格平行,因此,必须对该平行度误差对加工或装配精度带来的影响进行计算和评估,分析计算最大允许的平面度误差,最后确定一个合适的平行度误差。

(2) 装配调试完成后转盘转位时转盘上方的夹具安装平面应保证在一个平面内运动。

根据实际情况,某些情况下转盘上方用于安装各工位定位夹具的平面为一次加工获得,该安装面为一个平面,这种情况下很容易保证各工位定位夹具在高度方向尺寸的一致性。

但某些情况下转盘上方用于安装各工位定位夹具的平面不是一个平面，而是在各工位分别加工而成的，这种情况下必须保证上述各安装平面在高度方向上尺寸的一致性，否则就不能保证工件定位夹具安装后在高度方向上具有重复性，因此必须用打表的方法对夹具安装面进行细致的高度检测。如将磁力表座固定在设备的机架上，将百分表的表头紧贴在夹具安装面，开动凸轮分度器，边转位边观察百分表的指针，指针的跳动量应该在允许的范围内。

2）转盘上定位夹具的位置精度

设备在工作时各工位上工件的位置是由三个定位尺寸决定的：高度方向、半径方向、回转角度方向。

如前所述，高度方向上的定位可以通过控制转盘上下平面的平行度、在装配后打表检测高度等措施来保证，剩余两个方向（半径方向、回转角度方向）的定位就依靠夹具在转盘上的平面位置来确定了。因此，一方面，定位夹具在转盘上的装配安装孔位置应该保证严格的公差；另一方面，也是更关键的，定位夹具在装配后要通过打表实际检测，检测的方法与高度方向类似。也就是说，定位夹具的装配必须经过严格、细心的打表检测，边检测边调整，直到误差减小到允许的范围内为止，一旦装配、调整好就不能轻易松动夹具，而且还要定期打表检测定位夹具最终的位置精度，在使用中更不能碰撞定位夹具，以免夹具变形或错位。如果某个夹具损坏或精度不符合要求，必须用符合精度要求的夹具备件进行更换，更换后再进行打表检测，直到符合要求为止。

在某些特殊的自动化装配专机上，如果工件的定位是依靠上下两部分的夹具来实现的，则对夹具的精度及装配要求更高。

3）定位夹具的尺寸精度与重复性

在其他不需要分度变位的自动化专机上，定位夹具与执行机构是固定的对应位置关系，只要将夹具与执行机构的相对位置调整好就行，对定位夹具的要求不是很苛刻。

而在采用回转分度机构的自动化专机上，由于存在工位的不断变换，后一工位是在前一工位的基础上进行操作的，定位夹具与执行机构不是固定对应的关系，而是始终交替转换使用的，因此，不仅定位夹具的位置要求具有严格的重复性，而且定位夹具本身也应具有严格的重复性。在设计此类自动机械时，一般都一次将使用的夹具连同夹具维修备件一次加工出来，并对夹具重要的定位尺寸进行严格的检测，保证夹具之间的重复性和互换性，不合格的夹具禁止使用。

4）执行机构的重复工作精度

各工位上执行机构的重复工作精度也是影响工件装配或加工精度及其重复性的重要环节。因为在执行机构的设计中，一般都采用高精度的标准导向部件，行程的调整也可以非常精确，因此相对而言执行机构的重复工作精度比较容易保证，一般不存在技术上的困难。

下面以一个工程实例来说明在设计、装配、使用等环节如何保证上述精度要求。

例 8-2　图 8-20、图 8-21 为英国 RANCO 公司的某元件自动化焊接实例，其中图 8-20 所示为焊接前的工件形状，为两片基本对称的不锈钢膜片，由一对膜片沿周边激光焊接后成为某仪表行业中的弹性膜盒，作为压力传感器用于某控制器的传感控制。膜片直径22 mm，材料厚度 0.07 mm。上述激光焊接是在由凸轮分度器驱动的 12 工位自动化专机上完成的，专机上同时完成的工序包括上下膜片自动上料、上下夹具自动夹紧、激光焊接、焊接泄漏真空检查、成品分拣、卸料等工序。图 8-21 所示为膜盒焊接过程示意图。

图 8-20 英国 RANCO 公司某不锈钢弹性膜片

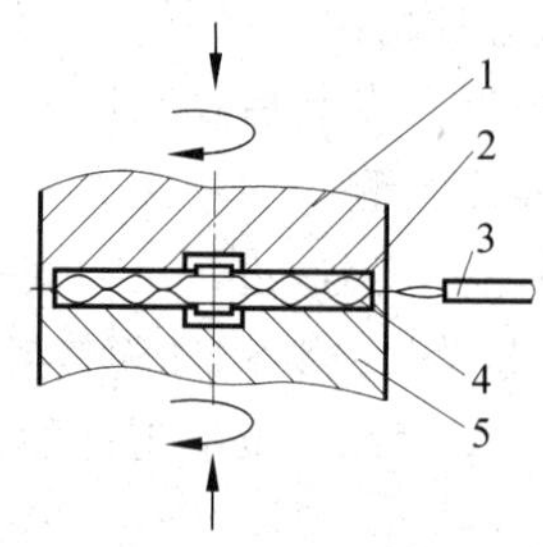

图 8-21 英国 RANCO 公司某不锈钢弹性膜盒焊接示意图

1—上夹具；2—上膜片；3—激光束；4—下膜片；5—下夹具

在该膜盒的焊接制造过程中，膜盒是由上下两个主要尺寸完全相同、厚度仅为0.07 mm 的不锈钢膜片在周边焊接而成的，膜片的定位与夹紧是依靠上下一对夹具来实现。由于被焊接工件的材料极薄，焊接时产生的高温会使材料性质发生变化，导致产品性能达不到设计要求，因此需要焊接时热影响区非常小，这也是许多其他焊接工艺所要求的。

为了解决上述热影响区的问题，采用了一种具有极高导热性能的铜合金材料作为夹具材料，而且夹具设计成圆柱形，夹具依靠外侧的环状结构将工件夹紧，夹紧后工件仅露出需要焊接的周边外沿部分。

膜片完成自动上料后，上下夹具自动将一对膜片夹紧，然后激光枪自动移动到膜片周边外侧开始焊接。与此同时，夹具在电机驱动下带动膜片边回转边焊接，直至回转超过 360°后激光枪自动退回，完成膜片周边的焊接过程。接下来的工序为泄漏检测与卸料。

为了保证焊接区域的高温与热量尽可能通过夹具进行传导散热，不仅要求上下夹具具有良好的同轴度，而且还要求上下夹具的端面具有良好的平行度，保证夹具将工件夹紧后能消除工件与夹具之间的间隙，并且夹具与工件材料之间具有均匀的接触，使焊接时产生的热量尽可能被夹具吸收，否则焊接时会造成膜片的烧伤，改变材料的组织和性能。

为了达到上述工艺要求，在设计及装配、使用环节该公司采取的措施为：

(1) 设计时从夹具、转盘的安装定位孔等环节保证上下夹具夹紧后夹具端面周边具有严密的贴合，不允许有倾斜、局部接触不良、错位等致命缺陷。因此不仅要求夹具端面具有良好的平面度，而且夹具工作端面与安装基准具有良好的平行度。

(2) 由于机器的运行状态会发生一定的变化，所有每天机器开工生产前检验人员都要对夹具的状态进行认真的检测。检测的方法为：用一种专用的复写纸当作模拟工件放在夹具之间逐一对每对夹具进行夹紧检测，如果复写纸背面圆形的痕迹非常均匀，则可以认为该对夹具的平行度符合要求，如果出现局部未夹紧或错位等现象，则说明该对夹具状态不符合要求，需要查明原因并调整或更换夹具，使之达到规定的要求。

(3) 由于夹具端面的工作面积很小，加上铜合金材料的硬度有限，因此极容易碰伤。所以机器在使用过程中或者夹具的保存过程中都需要相应的保护措施，防止碰伤夹具。

(4) 为了保证夹具的及时更换，夹具的加工是一次性加工一定数量，逐一检测合格后进行保存。

(5) 由于焊接部位的高度也是非常敏感的因素，所以每一个工位上工件的高度要具有严格的重复性。因此在每一个工位上，夹具的高度同样需要进行严格的调整和检测，否则焊接激光束与工件在高度方向上的相对位置就不具备重复性，焊接出来的产品就达不到要求。

2. 刚度设计

在使用凸轮分度器时，通常都要在凸轮分度器的输出轴或法兰端面上安装一个具有一定直径和厚度的转盘。在转盘上还设计安装有均布的、供工件定位(可能还需要夹紧)用的夹具，工艺操作时还会有装配或加工产生的附加力，因此凸轮分度器在工作时可能需要承受以下负载：

- 转盘的重量；
- 工件及定位夹具的重量；
- 工序操作时因装配或加工产生的附加力(如铆接、钻孔、夹紧等)；
- 转盘(连同工件及定位夹具)启动与停止时因惯性产生的正负两种加速扭矩。

一方面凸轮分度器需要具有足够的刚性，另一方面在设计转盘时也要保证转盘具有足够的刚度，能支承各种负载而不产生超过允许值以外的变形，因此在保证转盘刚度的同时，还必须尽可能减轻转盘的质量。

3. 尽可能减轻凸轮分度器的负载

如上所述，凸轮分度器在工作过程中要承受多种负载，为了保证凸轮分度器正常工作并充分发挥它的性能，在对相关机构进行设计时要注意尽可能减轻凸轮分度器的负载，具体的措施为：

1) 减轻转盘的质量

对于中小型直径的转盘，工程上一般都采用较轻的铝合金材料，这样可以最大限度地减轻转盘的质量，有时还在转盘上均布地开设多个圆孔，以进一步减轻转盘质量。这与很多自动机械(尤其是机械手)上大量采用铝合金材料的原因是相同的，即尽可能地减轻结构的质量，减小负载。

减轻结构的质量仅为问题的一个方面，减轻结构质量的同时还必须保证结构的刚度。因为刚度是各种机构完成相关功能的重要技术要求，对于转盘同样如此，因此采用铝合金材料的转盘必须保证其厚度符合刚度的要求。根据材料力学的知识可知，板类零件的弯曲刚度与其材料厚度的立方成正比，增加厚度可以成倍地提高刚度。

对于大型直径的转盘，为了减轻转盘的质量，又要降低成本，有两种方法可以实现。

一种方法为采用中空的结构，将转盘中间部分挖空，如图 8-12 所示。另一种方法为采用由钢板组成的焊接结构，在较薄的钢板上沿径向焊接多道加强筋，既降低了转盘的厚度，减轻了转盘的质量，又保证了转盘具有足够的刚度，这是工程上常采用的方法，当然，这样的焊接结构需要进行稳定性处理。

2) 减轻夹具的质量

与前面所述的原因相同，减轻夹具的质量与减轻转盘质量的效果是一样的，特别是夹具的质量相对较大时效果更明显。因此，由凸轮分度器组成的这类自动化专机上广泛地采用铝合金材料加工各种定位夹具。

3) 减轻转盘转动时的加速扭矩

根据理论力学的知识可知，转盘启动加速的过程中会产生加速扭矩，成为凸轮分度器负载扭矩的一部分,其大小等于转盘的转动惯量与角加速度的乘积。从例8-5、例8-6的计算中可以看出加速扭矩在总负载扭矩中占有较大的比重。

转盘的质量(包括工件与夹具的总质量)越大、转盘的直径越大,则转盘的转动惯量越大。在启动加速度一定时产生的加速扭矩也就越大。

转盘的转位速度越高(转位时间越短),即启动加速度越大,转盘启动时产生的加速扭矩也越大,这种加速扭矩将增加凸轮分度器的负载扭矩。为了保证凸轮分度器正常工作并充分发挥它的性能,设计时要尽可能降低这种加速扭矩。具体的方法为:

(1) 在设备各机构空间允许的情况下,不要将转盘的直径无必要地加大,尽可能减小其直径。这样实际上就是减小转盘的转动惯量。

(2) 选择合适的转位速度。

在介绍选择凸轮分度器的分度角时已经提到,为了提高设备的生产效率,要尽可能地缩短转位时间(选择较小的分度角),即提高转位速度,但这只是在使用小型直径转盘的场合。因为提高转位速度实际上就是提高了启动加速度,增加了加速扭矩。由于小型直径转盘的转动惯量较小,所以加速扭矩的增加效果有限。

但在使用大型转盘的场合,就要选择较大的分度角,即降低转盘的转位速度,实际上就是要降低启动加速度,尽可能降低加速扭矩。否则,因为大型转盘的转动惯量较大,要具有较大的启动加速度将会产生很大的加速扭矩,需要采用更大型的凸轮分度器,提高机器的制造成本,这是在设计时应该避免的。

4) 选用安全附件

为了确保分度器的使用安全,可以在输出轴的后方安装一种称为"扭矩限制器"的安全附件,扭矩限制器的扭矩可以根据情况设定到合适的数值。它实际上是分度器的一种保险装置,保护机器防止由于某些无法预期原因而导致的过载损害,使机器处于正常安全的工作状态。

4. 装配与使用维护

凸轮分度器是高精度的分度装置,如果使用不当会缩短其使用寿命,并导致整台自动化设备的性能下降,因此在使用凸轮分度器时,要在充分了解其性能的基础上,掌握正确的装配方法。

1) 注意安装基础

安装面应该平整,如果安装面有碰伤、毛刺、残留油漆时,应该用油石将其打磨清除干净,然后在安装面上涂上润滑脂或防锈油后再安装。由于凸轮分度器在工作过程中需要承受较大的工作负载,所以安装基础要牢固、可靠。

2) 工作环境

凸轮分度器的标准工作环境温度一般为0～40℃,使用环境湿度较大时应采取相应的防锈措施。

3) 输入轴的连接

输入轴上一般设计有键槽,当键槽位置对准输出轴方向时就是分度器分度角的基准位置。键连接的主要作用为决定分度器分度角的起始位置及承受传动过程中的冲击负荷。正常运转时一般不依靠键连接来传递扭矩,而采用其他的连接措施,例如采用专用的胀紧套连接。

4）输出轴的连接

由于输出轴将承受分度器工作过程中启动、停止正负两种加速扭矩的作用，又需要较高的刚性来维持定位精度，不允许产生回转抖动现象，所以输出轴一般都为大法兰盘设计，能够在负载下保证转盘的转位精度而且容易安装。

为了保证转盘及定位夹具的定位精度，在加工转盘时应将其中心孔孔径略加大 0.1～0.2 mm，安装时可以在径向及回转方向移动转盘使转盘与分度器同心后再紧固，必要时嵌入定位销。紧固螺钉时应按厂家推荐的扭矩进行。

5）轴向对准

轴连接中的轴向对准非常重要，锁紧连接部分时，不可留下任何间隙。

6）试运转

使用分度器的自动化设备一般都由许多复杂的部件与机构组成，如果分度器安装完成后立即进行试运转，很容易产生故障，甚至损坏分度器。因此每次在连接主要的部件或机构时，应用手动方式转动分度器检查是否有干涉的部分。试运转时也应先手动，检查转动是否顺畅，然后再用实际电机动力驱动运转，检查是否有异常声音、振动、温度变换、漏油等不良现象。

7）润滑

润滑具有减少运动部位摩擦、冷却、防锈等多方面作用，如果润滑油选择不当会对分度器的精度及寿命产生不利影响，润滑油的粘度也会影响到分度器的转速，因此一般采用厂家推荐牌号及粘度的润滑油。禁止将不同品牌的润滑油混合使用。

8）维护保养

随着使用时间的延长，输入、输出部分的尺寸间隙会加大，这是正常现象，要定期进行检查与调整。润滑油的油量太多时会造成温度上升、漏油等现象，要保持适当的油量。在运转时间较长的场合，润滑油每运转 3000 h 应更换一次，在运转时间较少的场合，一般 1～2 年更换一次。

5. 凸轮分度器专业制造商

凸轮分度器作为自动机械的核心分度部件，一般都向专业的制造商订购。由于国内从事凸轮分度器的研究起步较晚，目前只有极少数企业能够少量生产，国内这一市场主要被日本、中国台湾地区的品牌所垄断。主要制造商有：

- 日本株式会社三共制作所(SANKYO)；
- 日本 CKD 公司；
- 中国台湾德士凸轮股份有限公司；
- 中国台湾潭子精密机械股份有限公司。

其中日本株式会社三共制作所具有 50 多年的研究、开发、生产凸轮分度器的历史，该公司在美国、中国、韩国都设有分厂，为凸轮分度器行业中的世界一流制造商。

思考题与习题

8.1 凸轮分度器在自动机械中主要完成什么功能？

8.2 凸轮分度器主要有哪些运动循环模式？

8.3 凸轮分度器与普通的间歇输送机构(如槽轮机构、棘轮机构等)相比具有哪些突出的优点?

8.4 简述摆动驱动器的工作过程。摆动驱动器与一般由气动机构组成的机械手在结构与性能方面有哪些区别?

8.5 如何采用凸轮分度器组成一台自动化专机?需要哪些机构或部件?

8.6 采用凸轮分度器组成的回转分度类自动化专机是如何工作的?简述这种自动化专机的工作过程。

8.7 采用凸轮分度器组成的回转分度类自动化专机中,凸轮分度器在工作时承受的负载主要有哪些?

8.8 什么叫采用凸轮分度器组成的自动化专机的节拍时间?节拍时间的单位一般是什么?该节拍由哪些部分组成?

8.9 采用凸轮分度器组成的自动化专机的节拍时间与机器的生产效率之间有何关系?

8.10 什么叫凸轮分度器的分度角?假设某凸轮分度器的分度角为210°,则在其一个工作循环中转位时间与停顿时间之间呈何关系?

8.11 选择凸轮分度器时应如何选择其分度角?

8.12 假设两台凸轮分度器的分度角分别为90°、330°,试问其工作节拍及使用场合有何区别?

8.13 如何设计转盘的停顿时间?

8.14 如何选择凸轮分度器的工位数量?最常用的标准工位数量有哪些?

8.15 在采用凸轮分度器组成的自动化装配专机中,如何保证每一个工位在装配操作时工件位置的一致性?在设计上从哪些环节去保证?

8.16 在设计与装配环节,应该从哪些方面来保证由凸轮分度器组成的自动化专机的工作精度?

8.17 转盘的材料、直径、质量对凸轮分度器的工作有何影响?如何设计转盘?

8.18 在加工、装配调试转盘时主要应保证哪些关键要求?

8.19 在使用分度器时主要应注意哪些事项?

8.20 如何保养维护凸轮分度器?

第 9 章　工件的分隔与换向

问题的提出：

在自动化专机或自动化生产线中，工件的自动化输送、自动上下料、自动装配（或加工）为必不可少的重要部分，其中自动化输送、自动上下料为自动装配或加工的必要辅助操作。然而，在自动化输送与自动上下料工序中，经常会碰到以下问题：

- 在输送线上，工件之间既可能是间隔排列的，也可能是连续排列的，对于连续排列的工件，机械手可能无法抓取，这种情况下就需要对工件的位置进行处理，也就是对连续排列的工件进行分隔处理。
- 在对工件进行加工或装配时，加工或装配并不总是在工件某个固定的表面进行的，不同的工序可能需要在工件的不同表面进行。由于刀具或装配执行机构通常处在固定的方向，如果改变刀具或装配执行机构的方向显然比较麻烦，而且不经济，最简单的方法就是改变工件的姿态方向使其适应不同的加工或装配工序，这样就需要对工件的姿态方向进行频繁的改变。

自动机械的一个基本规律是，对工件的装配（或加工）以从上而下的方式进行时，所需要的机器结构最简单，所以通常都是采用从上而下的方式进行设计。由于在不同的工序之间，对工件的装配或加工需要在不同的方位进行，因此，为了简化自动机械的结构，在同一台自动化专机上可能需要对工件的姿态方向进行改变，而在自动化生产线的不同专机之间，工件在加工或装配时的姿态方向经常不同，需要进行不断的调整变化。

基于上述原因，以下辅助操作就成为自动机械结构设计中必不可少的内容：

- 工件的分隔与暂停；
- 工件的换向。

对工件在输送线上的位置进行分隔与暂停、对工件在专机或输送线上的姿态方向进行调整，是继工件的输送、定位夹紧之外的另两项重要辅助操作，这也是自动化专机或自动化生产线结构设计中必不可少的环节，本章主要对这两部分内容进行详细介绍。

9.1　工件的暂存与分隔

本节主要讲述以下问题：

- 什么叫工件的暂存？如何实现工件的暂存？
- 为什么要设置暂存工位？
- 什么叫分料机构？
- 工程上有哪些典型的分料机构？
- 如何对常见形状的工件进行分隔？

9.1.1 工件的暂存

1. 工件暂存的定义

在自动化制造工序中,工件经常通过连续输送的方式进行输送,通过一定的阻挡机构,在被其他自动输送机构连续输送并不断向前运动的过程中,使某个特定工件暂时停留在某一固定位置,以方便对该工件进行后续的取料、装配或加工等操作,这一处理过程通常称为工件的暂存。该临时位置是相对装配(或加工)位置而言的。

2. 工件暂存的目的

在自动化生产线上,大量采用了各种皮带输送、链条输送、振盘输送等连续输送方式,工件在上述输送装置上经常是连续排列的,即相邻的工件紧贴在一起。而对工件的工序操作是逐个进行的,因此需要在连续排列的工件中每次移送一个工件到装配或加工位置。为了方便工件的抓取或移送操作,需要使工件先暂时停留在某一位置。

不管是在自动化专机还是自动化生产线上,都需要对工件进行暂存处理。

在自动化专机及自动化生产线上,各种装配(或加工)操作通常以下列典型方式进行:

1) 直接在输送线上进行

对于某些简单的工序操作,并不需要工件处于静止状态,可以直接在输送过程中进行,例如喷码打标、条码贴标等,因此也就不需要设计阻挡机构使工件在输送线上停留。对于另外某些简单工序,当对工件定位没有很高的要求,也不需要对工件进行夹紧时,为了简化设备,通常就直接在输送线上设计阻挡机构使工件停留,然后进行工序操作,例如激光打标等。

2) 将工件从输送线上移送到各专机上进行

除上述可以在输送线上直接进行的部分简单工序外,大多数的工序操作对定位都有较严格的要求,而且很多情况下还需要对工件进行夹紧,这时就不一定适合设计在输送线上进行了,必须采用专门的工作站(或自动化专机)来进行,将工作站设计在输送线的上方,由多台工作站(或自动化专机)组成自动化生产线。最典型的结构就是在工作站上使用上下料机械手,将工件从输送线上抓取后移送到工作站上的定位夹具上进行工序操作,工序完成后又将工件送回输送线。

需要特别注意的是,机械手是按固定的设计程序进行工作的,其取料点、卸料点、运动轨迹都是固定的,而且不能抓取运动中的工件,必须使工件在输送线上某一固定位置停留,否则无法按要求工作。

为了方便机械手抓取工件,必须在输送线上设计一系列的阻挡机构,使工件在需要的固定位置上停留,这一过程就是工件的暂存。在卸料过程中,由于机械手将完成工序操作后的工件从专机的定位夹具上移送到输送线上卸下即可,显然这时不再需要阻挡机构使工件停留。

以上两种方式都广泛应用在自动化生产线上。在自动化生产线上,因为某一工序在产品生产工艺流程中的位置不同,每台专机的初始操作对象都不断在变化,机械手需要抓取的对象也不断地变化,不仅可以是没有经过加工或装配的初级零件,还可以是部件或半成品,因此,在本教材中所指的工件全部是广义的工件,泛指各种零件、部件、半成品、成品。

3) 将工件从振盘输料槽上移送到专机的工序操作位置进行工序操作

这种方式是自动化专机的典型结构方式,通常将工件的定位夹具设计成活动的结构,在气缸的驱动下夹具在两个位置之间直线运动或摆动，一个位置为夹具取料位置，另一个位置为工序操作位置(例如装配位置)。图 9-1 为这种结构的原理示意图。

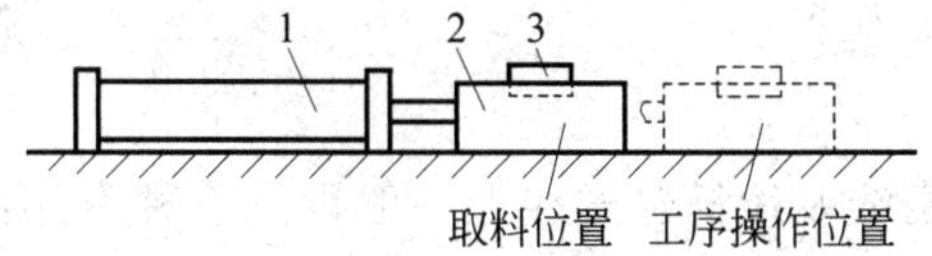

图 9-1　自动化专机的取料位置与工序操作位置示意图

1—气缸；2—定位夹具；3—工件

3. 典型的暂存位置

在自动机械中最典型的暂存位置主要有以下两类：

1）在振盘输料槽的末端设置阻挡块

振盘送料装置一般通过一个外部输料槽将工件向外连续输送，在外部输料槽的末端设置一个挡块就可以使工件停止向前运动，然后机械手直接从上述暂存位置抓取工件送入装配位置，如图 9-2 所示。

还有另外一种方法，就是设计一个带工件定位槽或孔的滑板，当滑板上工件定位槽没有与输料槽末端对齐时，工件就在输料槽中被阻挡，最后的一个工件位置就是暂存位置；当滑板上工件定位槽与输料槽末端刚好对齐时，在振盘的作用下，工件自动输送到滑板上的定位槽中，如图 9-3 所示。

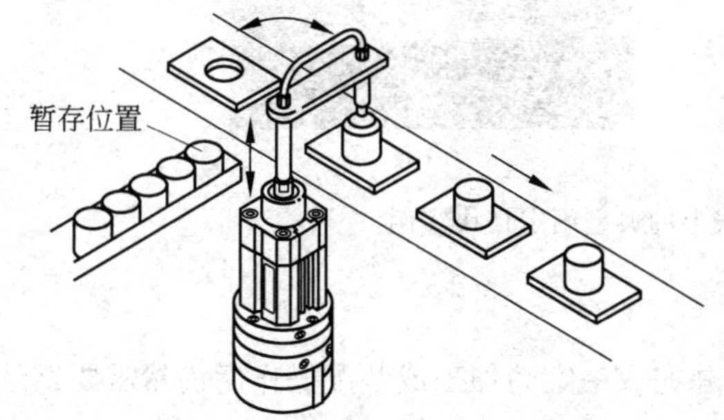

图 9-2　振盘输料槽末端的暂存位置实例一

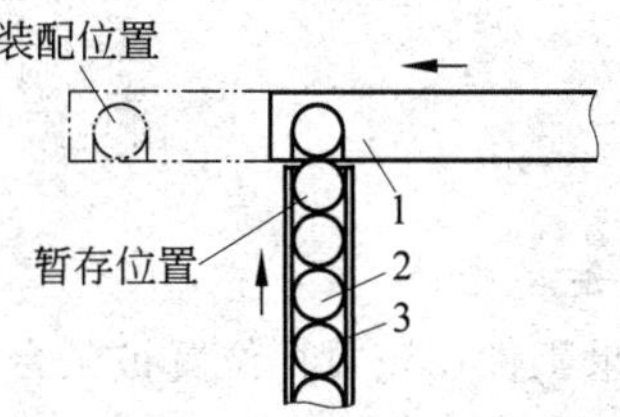

图 9-3　振盘输料槽末端的暂存位置实例二

1—滑板；2—工件；3—输料槽

2）在输送线上设置阻挡机构

在输送线上设置阻挡机构是非常普遍的方式，在皮带输送线、链条输送线、滚筒输送线上设置阻挡机构，使随输送线运动的工件停止前进。

在皮带输送线或平顶链输送线的上方设置一个挡块或挡条就可以在输送线继续运行的情况下实现工件的暂停。

在倍速链输送线及滚筒输送线上，一般在输送线的中央设置一种专用的阻挡气缸，阻挡气缸伸出时使输送线上的工装板或工件停止运动，供人工或自动进行工序操作，当工序操作完成后，阻挡气缸缩回，工装板或工件继续向前运动。读者可以参考第 4 章有关内容。

3）工件的确认

显然，为了使控制系统确认阻挡机构所在的暂存位置是否存在暂存的工件，必须在暂存位置设置相应的传感器，只有当暂存位置存在工件的条件下机械手才会按PLC程序进行抓取工件的动作，否则将一直等待工件进入暂存位置。根据工件材料，可以设置电感式接近开关、电容式接近开关或光电开关。

4. 挡块的形式

如前所述，倍速链输送线及滚筒输送线上一般设置一种专用的阻挡气缸来实现工件的暂停，而对皮带输送线或平顶链输送线而言，通常在输送线的上方设置一个挡块或挡条。根据工件在该位置是否还需要继续向前运动，这种挡块或挡条又分为以下两类。

1）固定挡块

如果工件在该暂存位置被某台专机抓取并完成一定的加工或装配操作后不再需要沿原输送线继续向前输送，在输送线该部位的挡块就可以设计成固定的方式，通常称为固定挡块，工程上也简称为“死挡块”。图9-4为应用在皮带输送线上的固定挡块实例，其中图9-4(a)所示的固定挡块应用在后续工序为手工操作的场合，所以不需要对工件进行有无检测；图9-4(b)所示的固定挡块应用在后续工序为自动操作的场合，需要对工件进行有无检测，所以需要设置检测工件的接近开关传感器。

(a)

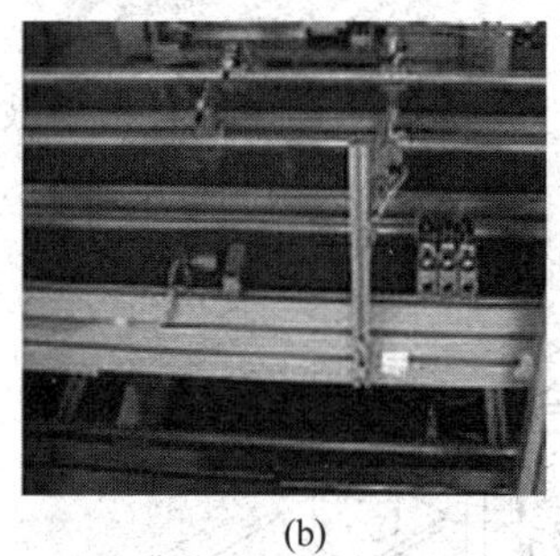
(b)

图9-4 皮带输送线上的典型固定挡块实例

2）活动挡块

如果工件在该暂存位置被某台专机抓取并完成一定的加工或装配操作后仍然需要继续沿原输送线向前输送，工件在该位置的停留只是临时的，在输送线该部位的挡块就不能设计成固定的方式，而必须设计成活动的形式，通常称为活动挡块，工程上也简称为“活挡块”。

图9-5为工程上应用在某皮带输送线上的一种典型活动挡块实例，其中图9-5(a)为机构放行前及放行后的状态，图9-5(b)为实物图片。当活动挡块位于放行前的状态时，工件被挡住，该位置作为自动生产线上某个工作站的暂存取料位置，机械手在输送线该暂存位置抓取工件后移送到工作站定位夹具上，由工作站完成相应的装配等工序操作，然后机械手又将完成工序操作后的工件从工作站定位夹具上送回到输送线的同一暂存位置，此时，活动挡块上的驱动气缸已经按PLC程序在工序操作的过程中提前将挡块打开到放行状态，工件放入该位置后即可以随输送线自由通行前进。

该机构实际上就是由一只气缸驱动的杠杆机构，在气缸驱动下，杠杆可以摆动90°。由于需要与其他机构组成一个完整的控制系统，所以在活动挡块上一般都需要设置检测、确认工件的接近开关传感器。

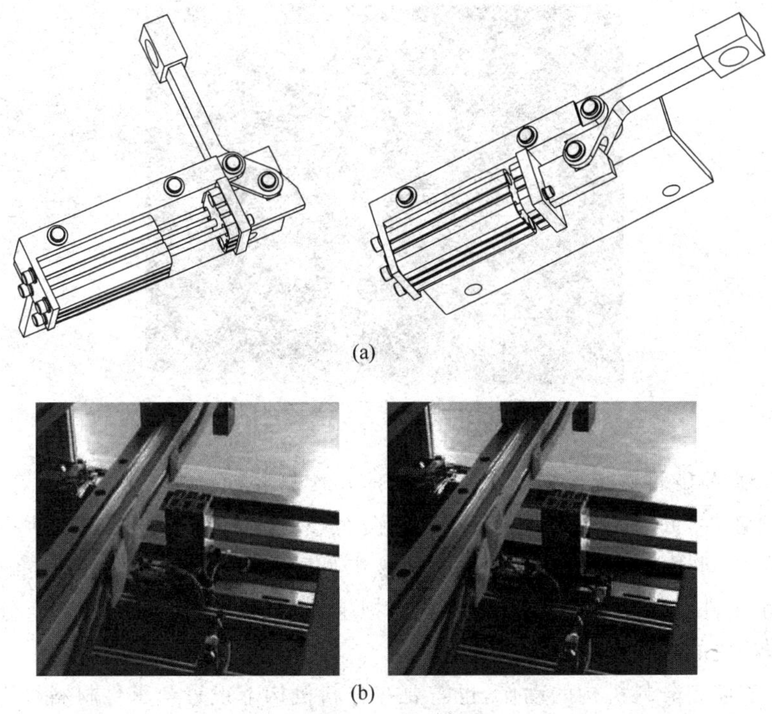

(a)

(b)

图 9-5　某皮带输送线上的典型活动挡块实例

9.1.2　工件的分隔

1. 问题的提出

在振盘输料槽、皮带输送线、平顶链输送线上，当通过活动挡块或固定挡块将工件挡住后，后续的工件都会在振盘或输送线的驱动作用下依次自动排列并紧贴在一起，机械手抓取的是紧贴着挡块的第一个工件，即暂存位置的工件。

当机械手采用真空吸盘吸取工件(如第 6 章图 6-8 所示的机械手)时，一般情况下，吸盘是在工件的上方吸取的，紧密排列在一起的工件不会对吸盘的吸取动作带来妨碍，将该工件吸取并移走后，紧挨着的下一个工件就会在输送线(例如输送皮带)的驱动下自动补充到暂存位置。

问题在于当机械手采用气动手指(也称气爪)夹取工件时，情况就有所不同了，有可能出现机械手无法抓取工件的情况。因为机械手的运动方向是固定的，因而机械手夹取工件的方向也是固定的，气动手指经常需要在工件沿在输送线上运动方向的前后两侧夹取，无论气动手指从工件的上方或侧面夹取，由于气动手指的手指部分具有一定的结构尺寸，需要占用一定的空间，如果暂存位置的工件与其相邻的下一个工件紧密排列在一起，两工件之间没有多余的空间，则机械手的气动手指会与相邻的下一个工件发生干涉而无法完成夹取动作。最典型的情况例如矩形工件，当工件紧密排列在一起时，相邻的两个工件之间就完全没有空间了。图 9-6 为典型的气动手指及其使用实例。

2. 解决方法

为了解决上述问题，可以在输送线上暂存位置的前方设置一种特殊的分料机构，在工件

图 9-6 典型的气动手指及其使用实例

到达暂存位置之前就将连续排列的工件分隔开，每次只放行一个工件到达暂存位置，即放行最前面的一个工件，同时将后面的工件挡住，逐次放行工件，这样工件到达暂存位置后其周围就有足够的空间让机械手方便地抓取。当该工件被移走、暂存位置出现空缺后分料机构再放行下一个工件，开始下一个循环。工程上把上述将连续排列的工件逐个分隔开来的过程称为分隔，相关的机构称为分料机构。

同样，为了控制分料机构的动作，也需要在分料机构上设置与工件材料种类相适应的传感器，以确认机构的前方是否存在需要分隔的工件。

9.1.3 典型工件的分料机构

如前所述，使用气动手指夹取工件时，在输送线或振盘输料槽上进入暂存位置的只能是单个工件，而从振盘或输送线上输送过来的工件经常是连续的，为此必须采用一种特殊的分料机构，将连续排列的工件进行分隔，逐个放行工件，这样就可以保证进入暂存位置的工件是单个工件。

通常在实际应用中，工件的形状、尺寸是各不相同的，不同形状的工件采用的分料机构可能完全不同，因此，为了解决工程设计中的实际问题，需要掌握对常见形状的工件进行分隔的方法。

大多数情况下，工件的形状主要分为以下类型：

- 具有一定高度的圆柱类工件；
- 具有一定高度的矩形类工件；
- 厚度较小的板状或片状类工件。

工件的形状不同，要将它们从连续排列的状态分隔为单个状态所需要的分料机构也相应不同，但同一种类型工件的分隔方法与分料机构却是类似的，只是尺寸大小的区别。因此，只要熟悉了上述典型工件的分隔方法与分料机构，就可以举一反三地加以推广应用。

分料机构也是在进行自动机械结构设计时经常用到的典型结构模块。下面分别就上述典型类型的工件，对其常用的分隔方法与分料机构举例说明。

1. 圆柱形工件的分隔方法

圆柱形工件(或球形工件)是形状最简单的一类工件，其分料机构也相对比较简单。因圆柱形工件或球形工件紧密排列时，工件之间除接触点外仍存在较大的弧形空间，因此只要用一个薄的插片即可轻易地将工件分开。现介绍工程上圆柱形工件的两种典型分料方法。

1) 采用分料气缸分料

为适应这种需要，气动元件制造商专门设计开发了一种分料气缸（escapements），作为标准元件，用户采购回来后只需在气缸上加装两块片状挡片，使其能够顺利插入到相邻的两个工件之间后即可直接使用。图 9-7 为日本 SMC 公司双手指 MIW 系列分料气缸的外形示意图，图 9-8 为该系列分料气缸的应用实例。

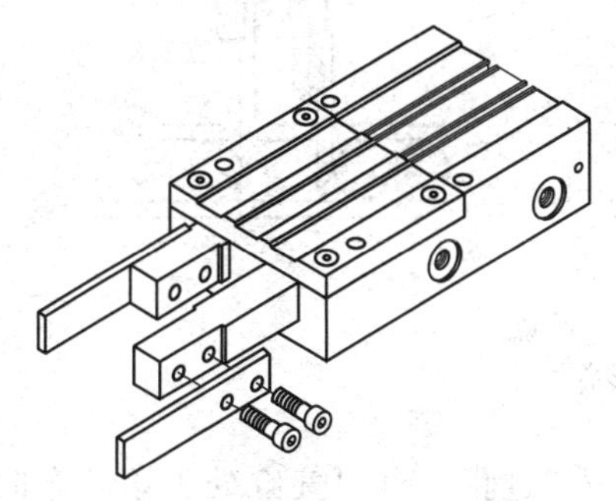

图 9-7　日本 SMC 公司 MIW 系列分料气缸外形示意图

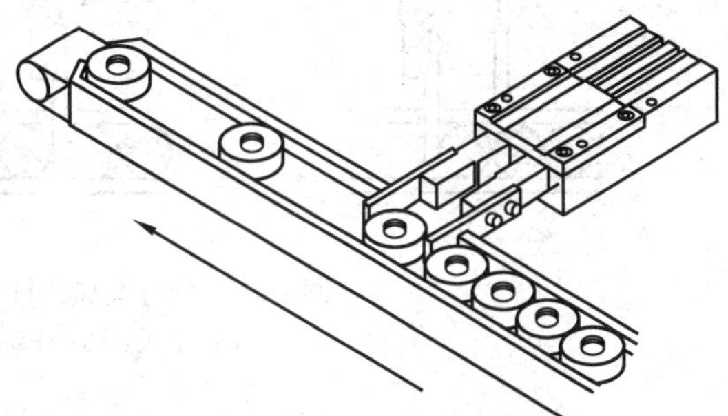

图 9-8　分料气缸应用实例

(1) 分料气缸结构原理

图 9-9 表示了上述分料气缸的结构原理。该气缸实际上是由两只同步联动的、动作相反的气缸组合而成的，两个气缸活塞杆分别驱动两只手指，在气路上保证两气缸方向始终相反而且动作始终同步，一只气缸伸出（缩回），另一只气缸则必然缩回（伸出），而且通过一个锁定夹 3 将两气缸的状态锁定。同时两只气缸的行程可以分别通过各自的行程调节器 2 进行调整，从而调节手指的工作行程。

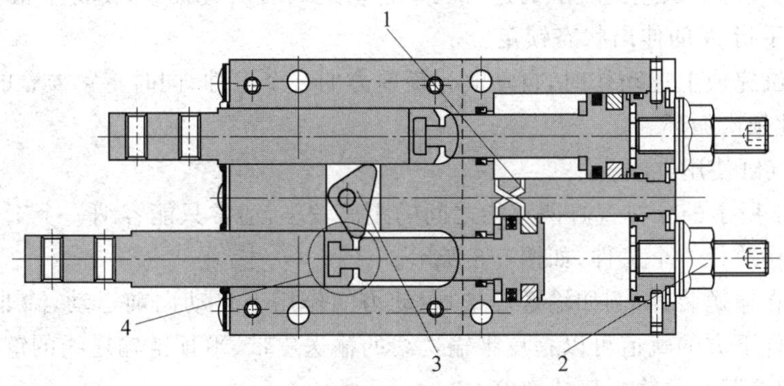

图 9-9　分料气缸结构原理示意图

1—空气通道；2—行程调节器；3—锁定夹；4—浮动接头

由于手指截面为矩形形状，所以手指在伸出或缩回过程中不能转动，确保分料动作可靠、稳定。

(2) 分料气缸动作过程

图 9-10 为分料气缸分料动作过程示意图，空心箭头方向表示工件输送方向。需要对工

件进行分料的场合通常为在输送皮带、振盘式送料器、料斗式送料器中进行输送的工件。

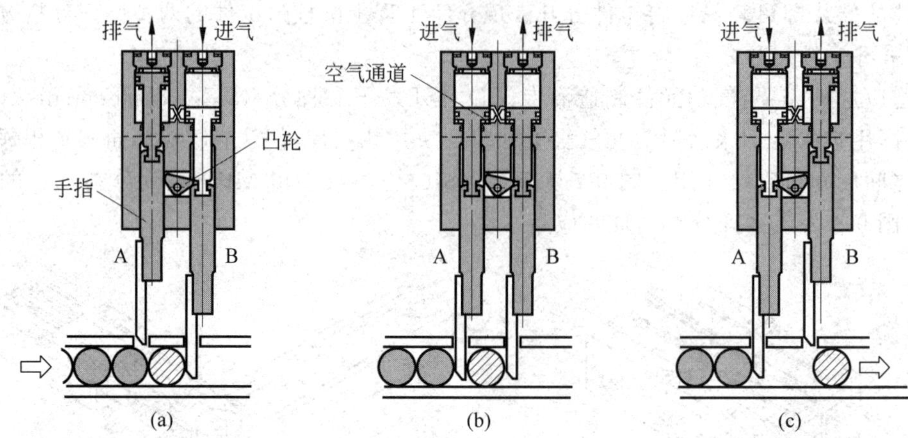

图 9-10　分料气缸分料动作过程示意图

(a) 插入；(b) 分隔；(c) 释放

图 9-10(a)表示工件放行前的状态，通常也称为“插入”过程。分料气缸处于该状态时，前方手指 B 伸出，手指 B 上面的挡片挡住工件，后方的手指 A 处于缩回状态。由于气缸内部特殊设计的空气通道，使得在手指 B 伸出的同时手指 A 自动缩回，锁定夹的特殊结构使其不影响手指 A 的缩回动作。

图 9-10(b)表示将相邻的两个工件进行分隔的过程，通常称为“分隔”过程。分料气缸处于该状态时，通过控制换向阀使后方的手指 A 伸出。在手指 A 伸出的过程中，由于气缸内部锁定夹的特殊结构，将手指 B 的伸出状态锁定，使手指 A、手指 B 同时保持伸出状态。

图 9-10(c)表示将最前方的一个工件进行释放的过程，通常称为“释放”过程。在手指 A 伸出的过程中，由于气缸内部特殊设计的空气通道，使得当手指 A 的驱动气缸活塞伸出到尽头时，压缩空气能够从左侧气缸的进气腔中自动进入右侧气缸中，使得手指 B 自动缩回，同时锁定夹将手指 A 的伸出状态锁定。

当分料气缸完成上述动作时，自动放行最前方的一个工件，同时将紧挨着的下一个工件自动挡住，如此依次循环。

(3) 分料气缸使用方法

由于图 9-7 所示的分料气缸两手指之间的距离较小，通常只能容纳一个工件，使用时分料气缸每次动作放行一个工件，如图 9-8 所示。

工件始终在输送装置(例如输送皮带)驱动力的作用下自动向前运动，除非被前方的挡料杆挡住。工件下方的轨道可以是皮带输送线的输送皮带、平顶链输送线的链板、振盘外部的输料槽、倾斜或竖直的输料槽或料仓。

分料气缸既可以应用在水平方向上，例如通常的皮带输送线、链板输送线、振盘外部的输料槽，也可以应用在竖直或倾斜方向上，例如倾斜或竖直的输料槽或料仓。图 9-11、图 9-12 分别为分料气缸应用在水平及竖直方向的实例。

为了使分料气缸适应具体工件的直径，需要对两个挡料杆之间的实际距离进行适当放大或缩小，使用方法类似于气动手指的夹块设计方法，如图 9-13 所示。

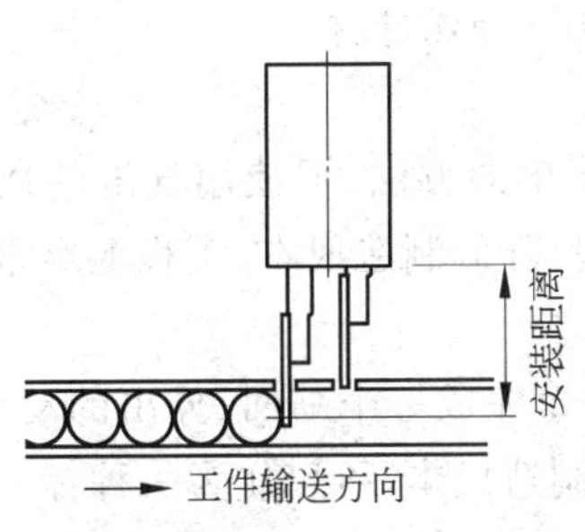

图 9-11　在水平方向上进行分料

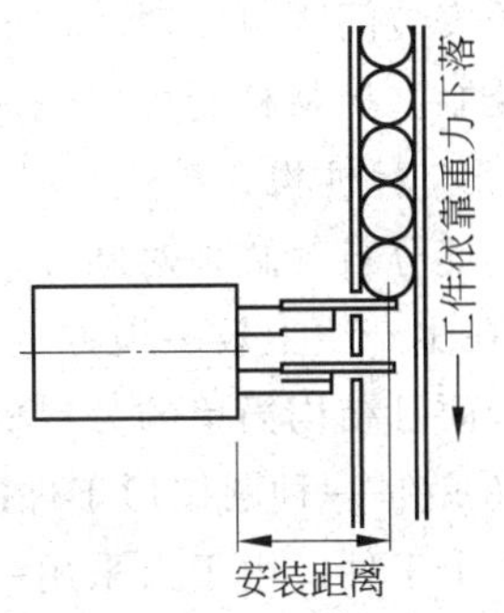

图 9-12　在竖直方向上进行分料

实际上,图 9-10 所示的分料气缸也存在不足之处,例如通常每次只能放行一个工件,如果需要一次放行两个或多个工件就较难了。此外,两个手指之间的距离是固定的,当更换不同尺寸的工件后就不方便了。

为了解决上述问题,气动元件制造商开发了另一种单手指的分料气缸。图 9-14 为日本 SMC 公司 MIS 系列单手指分料气缸外形及使用示意图。

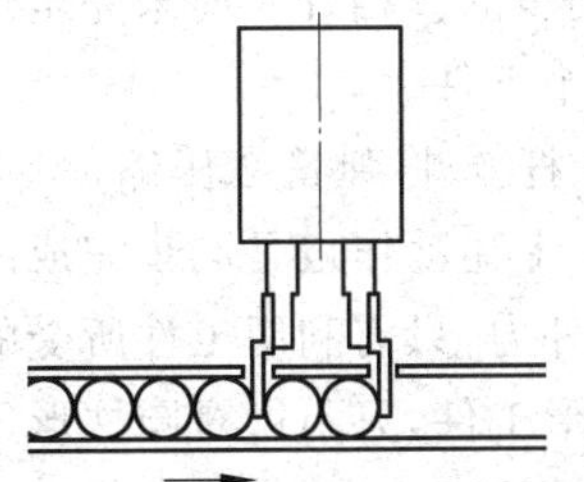

图 9-13　对分料气缸挡料杆之间的距离进行适当放大

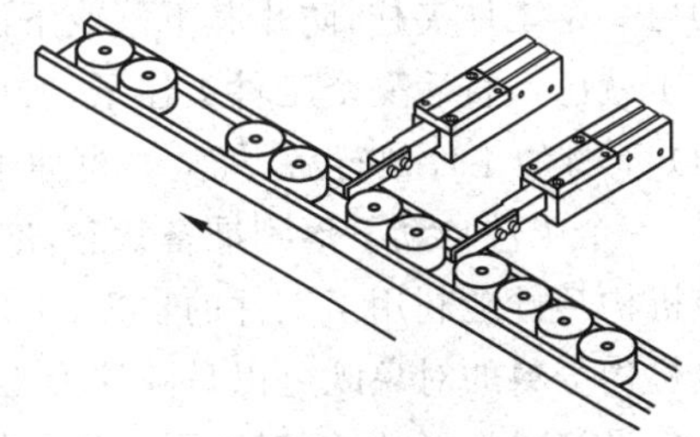

图 9-14　日本 SMC 公司 MIS 系列分料气缸一次放行多个工件

图 9-14 所示的分料动作需要采用两只分料气缸,根据使用需要,只要灵活改变气缸的安装位置就可以一次放行两个或多个工件,也可以方便地适应不同宽度的工件,不仅如此,分料气缸动作的速度还可以根据使用条件单独进行调节。实际上这种单手指分料气缸与普通带导向功能的标准气缸已经没有什么区别,所以在工程上经常直接采用带导向功能的普通标准气缸来实现上述分料功能。

图 9-15 就是采用标准气缸来实现对圆柱形工件进行分料的实例,其中图 9-15(a)为工件被阻挡时的状态,图 9-15(b)为工件被放行时的状态。机构一次放行 1 个工件,根据需要

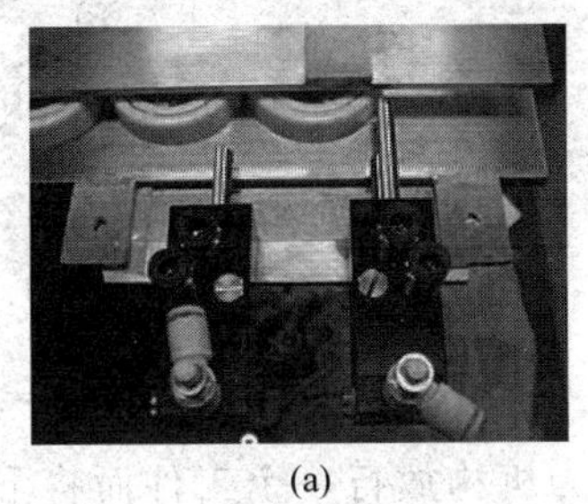

(a)

(b)

图 9-15　采用标准气缸对圆柱形工件进行分料实例

改变气缸的安装间距可以对一次放行的工件数量进行调整，两只气缸的动作靠传感器及控制系统来控制。挡料杆既可以是片状的挡片，也可以是圆柱形的挡杆。

2）采用分料机构分料

采用上述分料气缸来对圆柱形工件进行分料是最简单的方法，但使用气缸的成本相对较高，尤其在生产线上较多地方重复使用时。为了进一步降低制造成本，工程上经常采用一些设计巧妙而且结构简单的分料机构。

图9-16就是一种圆柱形工件的典型分料机构，气缸每完成一个缩回、伸出的动作循环，机构放行一个工件。由于只采用一只气缸，因而降低了制造成本，可以作为一种标准的机构模块使用。

该机构的工作过程如下：

(1) 工件在竖直方向或倾斜方向依靠自重在料仓6中自动向下输送，通过该分料机构，将上方连续排列的工件在下方逐个向下放行。

(2) 气缸3图示状态为伸出状态，挡杆4挡住一个工件，而夹头1则同步地处于放松状态。

(3) 气缸3缩回，挡杆4将挡住的一个工件放行，同时压缩弹簧2自动推动夹头1将紧挨着的后一个工件夹住，防止其下落或下滑，两个动作是同步的。挡杆4尚未完全退出料仓时夹头1就已经将后一个工件夹住了，所以一次只放行一个工件。

(4) 下方的工件放行后，气缸3再伸出，挡杆4带动杠杆5，将弹簧2压缩，夹头1自动松开，下一个工件自动下落到准备状态，准备下一个循环。上述动作也是同步完成的。

该机构巧妙地利用了工件的自重，工件的输送不需要外力，只需利用工件所受的重力即可。该机构分料的对象既可以是圆柱形工件，也可以是矩形工件，只不过对圆柱形工件分料时夹头应设计成弧形的，而对矩形工件分料时夹头应设计成平面形状。

图9-17为圆柱形工件的另一种分料机构，该机构采用了凸轮，凸轮在气缸驱动下每进

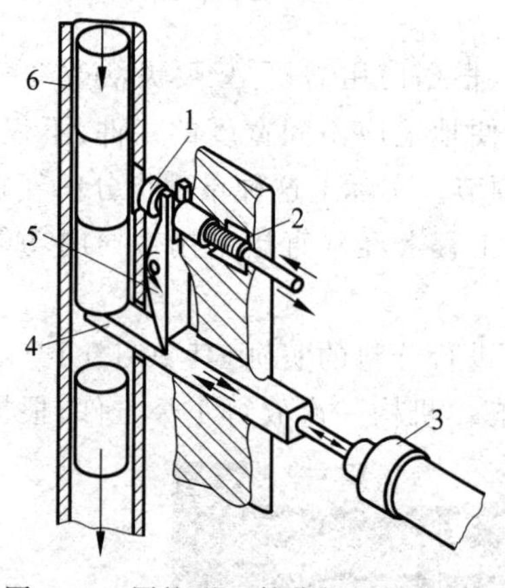

图9-16 圆柱形工件分料机构实例一

1—夹头；2—压缩弹簧；3—气缸；4—挡杆；5—杠杆；6—料仓

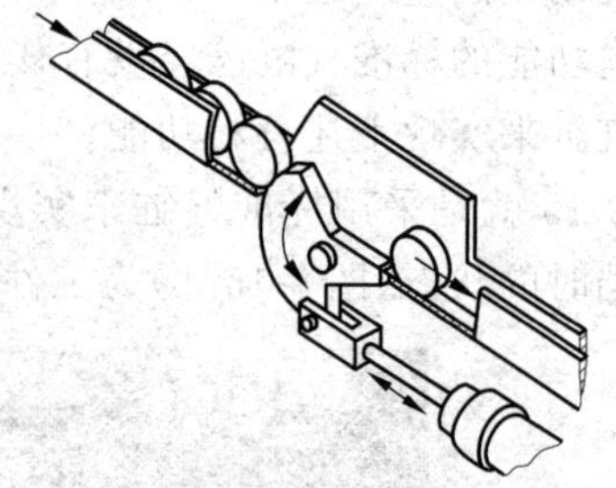

图9-17 圆柱形工件分料机构实例二

行一次往复运动放行一个工件。图示状态为机构放行一个工件而将下一个工件阻挡住，该机构具有结构简单、使用方便、成本低廉等特点。

3）圆柱形工件分料机构应用场合

圆柱形工件的分料一般应用在以下场合：

- 皮带输送线；
- 平顶链输送线；
- 振盘外部的输料槽；
- 倾斜或竖直的输料槽或料仓；
- 既可以应用在水平方向上也可以应用在竖直或倾斜方向上。

当分料气缸使用在皮带输送线或平顶链输送线上时，工件依靠皮带或链板与工件间的摩擦力运动。当分料气缸使用在振盘外部的输料槽上时，工件依靠振盘的驱动力或输料槽下方的直线送料器提供向前的驱动力。这些情况下，分料气缸的挡料杆承受的都是输送载体提供给排列在一起的一系列工件的总摩擦力。

当分料气缸使用在倾斜或竖直的输料槽或料仓时，工件依靠自身的重力下滑或下落，这种情况下分料气缸的挡料杆承受的是上方一系列工件的总重量。所以在设计这种分料机构时必须考虑分料气缸的挡料杆能够承受的载荷大小。

图 9-7～图 9-17 主要说明对工件进行分料的基本原理与方法，其中图 9-7～图 9-15、图 9-17 全部采用对工件进行阻挡的方法，而图 9-16 则采用阻挡加侧面夹紧的方法，即对前方的工件进行阻挡、对相邻的下一个工件从侧面进行夹紧。这两类方法既可以用于工件在水平方向进行输送的场合，也可以用于工件在竖直或倾斜方向进行输送的场合。希望读者仔细理解它的意义，掌握这些方法，工程上的许多分料机构都是根据该原理设计的。

2. 矩形工件的分料方法

而矩形工件的分料比圆柱形工件要复杂。

当矩形工件在输送线上输送时，工件经常是连续排列的，工件之间是平面与平面接触，相邻的工件之间无空间间隔。如果采用机械手对这样紧密排列的工件进行抓取，经常出现机械手末端的气动手指无法抓取的情况，因此必须先对紧密排列的工件进行分隔处理，让一个工件单独停留在暂存位置。在这种情况下依靠类似于圆柱形工件的插片式分料气缸是难以进行的，必须针对此类工件采用专门的分料机构才能进行分料。下面通过一个典型的工程实例进行说明。

图 9-18 为工程上一种典型的矩形工件分料机构，其结构原理、工作过程、设计要点分别如下。

1）结构组成

图 9-18 所示分料机构主要由挡料杆 1、铝型材机架 2、驱动气缸 3、夹料杆 4、安装座 5、连杆 6 组成。其中挡料杆 1 实现对工件进行阻挡及放行；铝型材机架 2 通常是组成皮带输送线或链输送线的结构材料，直接将分料机构通过螺钉从侧面安装在输送线两侧铝型材的安装槽孔中；气缸为驱动元件，驱动连杆 6 摆动，从而带动挡料杆 1 及夹料杆 4 在安装座的导向孔中交替前后反向运动。为了节省空间并简化安装，采用了短行程系列标准气缸。

2）工作过程

该机构的工作过程如下：

图 9-18(a)所示气缸为缩回状态，挡料杆将输送线上依次排列的工件全部挡住，挡料杆

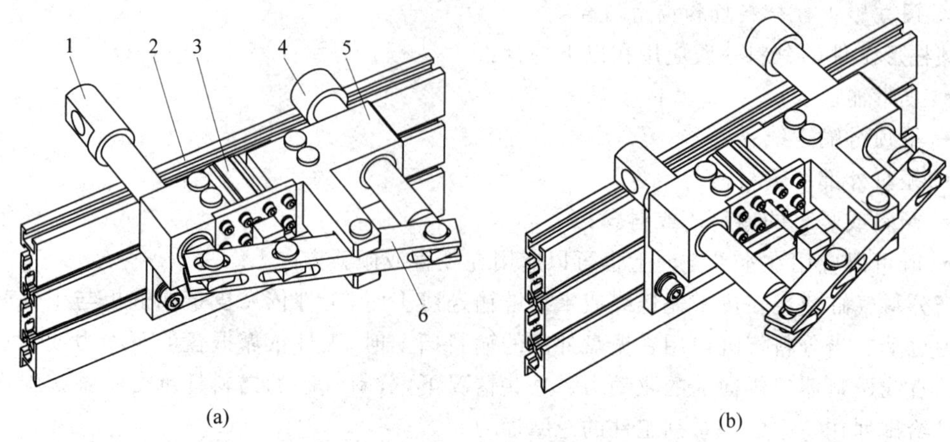

图 9-18　典型的矩形工件分料机构实例

1—挡料杆；2—铝型材机架；3—短行程气缸；4—夹料杆；5—安装座；6—连杆

端部的安装孔安装有接近开关，确认有工件被阻挡住并将工件确认信号反馈给 PLC 控制器。

当输送线前方的工件已经被处理完毕(例如装配、检测等)，需要分料机构向前方放行一个工件时，PLC 控制器向与驱动气缸安装在一起的电磁换向阀发出输出信号，电磁换向阀动作，控制气缸活塞杆伸出，在连杆 6 的作用下，挡料杆缩回，将阻挡住的第一个工件放行。由于夹料杆与挡料杆是同步运动的，所以夹料杆同步地伸出，将紧接着的下一个工件从侧面夹紧。由于对夹料杆与挡料杆的初始长度及工作行程进行了准确的设计，能够保证机构工作过程中夹料杆首先从侧面夹住第二个工件，接着挡料杆才缩回到位将第一个工件放行，这就是图 9-18(b) 所示状态。

当挡料杆的放料动作完成后，气缸上的磁感应开关向 PLC 发出确认信号，PLC 控制器又向电磁换向阀发出信号使其动作，从而控制气缸又缩回，机构又回到图 9-18(a)所示的挡料准备状态，被夹料杆从侧面夹紧的工件在输送线的驱动下自动前进到挡料杆的位置，等待下一次工作循环。

3) 结构设计要点

该机构的设计要点如下：

(1) 为了降低成本，通过采用平面连杆机构，整个机构只需要一只气缸就可驱动两只手指(挡料杆、夹料杆)，而且保证两只手指的动作始终是同步的，且运动方向相反。

(2) 分料机构安装在输送线的侧面，挡料杆及夹料杆沿与输送方向垂直的方向伸出，也就是从工件的侧面伸出。

(3) 两只手指的作用是不同的，前方的挡料杆用于在工件正前方将工件挡住，该手指长度要长些；后方的夹料杆用于将相邻的下一个工件从侧面夹住，该手指仅从侧面夹紧工件，因此长度较短。两只手指的初始长度及工作行程可以根据机构安装位置、工件的宽度等进行准确的设计计算。

(4) 气缸缩回时，机构处于挡料状态，前方的挡料杆在工件正前方将工件挡住，后方的夹料杆与第二个工件之间必须保持一定的距离，不能与该工件接触。

(5) 气缸伸出时，在连杆作用下，挡料杆缩回，将被阻挡的第一个工件放行，同时夹料杆将紧挨着的下一个工件从侧面夹住(输送线上工件的两侧一般都设计有导向定位挡板)，防止该工件也向前运动。当前面的第一个工件放行完成后，气缸再缩回，此时挡料杆再伸出，夹料杆同步缩回，放松被夹住的第二个工件，让其随输送线自动输送到挡料杆已经空出的位置上，等待下一次循环。

(6) 两只手指之间的距离是根据所需要分隔工件的长度尺寸来设计的，设计的原则为：当挡料杆挡住第一个工件时，夹料杆应该位于第二个工件的中间部位附近。

(7) 两只手指的长度是根据工件的宽度尺寸来设计的：气缸缩回到位时，挡料杆伸出且应可靠地将工件挡住，因此挡料杆挡住工件后应该超过工件宽度的一半以上，而此时夹料杆不能与紧挨着的第二个工件干涉；气缸伸出到位时，挡料杆缩回将工件释放让其自由放行，挡料杆缩回后不能再与运动中的工件干涉，与此同时夹料杆伸出且应将相邻的下一个工件从侧面可靠夹住。如果夹料杆长度不够就可能会出现夹不住工件的现象，因此设计时应注意。

(8) 为了组成一个完整的控制系统，需要在挡料杆端部安装接近开关传感器，确认每次确实有工件被挡住时才按 PLC 设计程序开始下一步动作，否则该机构不会动作，处于等待状态。

4) 应用场合

该机构可以大量应用在由皮带输送线、平顶链输送线组成的自动化装配检测生产线上，通常安装在输送线的侧面。由于被输送的工件尺寸是相同的，所以经常要在一条自动生产线上多处重复使用该机构，该机构也可以应用在其他使用条件类似的输送系统中。

掌握其结构设计要点后，读者可以举一反三，直接参考该机构进行类似的设计。

3. 片状工件分料机构

除圆柱形工件及矩形工件外，另一类典型的工件为厚度较小的板状或片状类工件，例如通常的钣金冲压件。

1) 片状类工件的特点

此类工件的特点为厚度较小、重量较轻，而且经常采用振盘进行自动送料，所以对此类工件的分料经常是在振盘外部的输料槽上进行的，其分料机构的设计非常灵活，需要根据具体工件的形状特点进行设计。所采用的分料机构动作行程往往很小，所采用的气缸一般也是尺寸较小、输出力较小的微型气缸。

2) 片状类工件分料机构实例

例 9-1　如图 9-19 所示为英国 RANCO 公司某传感器自动化焊接专机上的分料机构实例。工件为直径 22 mm、材料厚度 0.07 mm 的不锈钢波纹圆片状冲压件，形状如第 8 章图 8-20 所示。工件的中央有一直径约 4 mm、高约 2 mm 的凸起部分。工件在水平状态下由振盘送料装置自动送料，由于焊接装配是对工件逐个进行的，而工件在振盘输料槽内是紧密排列的，因此在振盘输料槽需要设计一个分料机构，逐个放行工件。图 9-19(a)为工件被阻挡的状态，图 9-19(b)为分料机构动作、工件被放行的状态。在分料机构的前方通常还设计有一个暂存工位，供其他机构拾取工件后再送往焊接夹具。

机构工作原理：

图 9-19 所示机构巧妙地利用了工件上方的凸起部分，工件在振盘输料槽 5 内紧密排列

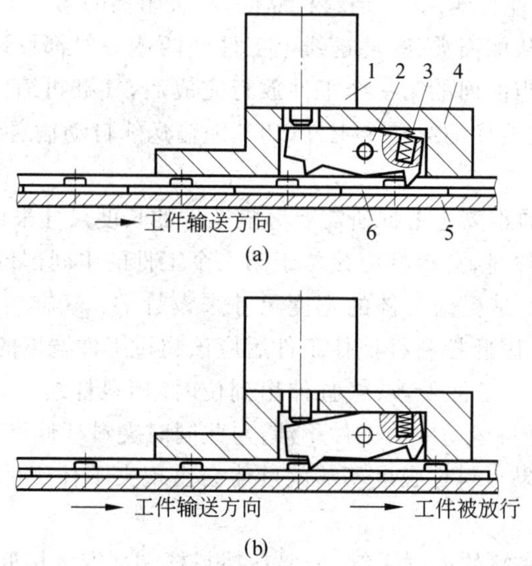

图 9-19 片状工件分料机构实例一

(a) 工件被阻挡状态；(b) 工件被放行状态

1—气缸；2—挡料爪；3—压缩弹簧；4—安装座；5—振盘输料槽；6—工件

向前输送。在输料槽的上方根据工件形状专门设计了一个特殊的、两端带倒钩的挡料爪 2，挡料爪可以绕固定销转动。挡料爪的一端由安装在其上方的气缸 1 驱动，另一端由一压缩弹簧 3 驱动。图 9-19(a)为气缸缩回状态，在压缩弹簧 3 的作用下，挡料爪前方的倒钩正好挡住工件上方凸起将要通过的位置，工件在输料槽中运动到此时被阻挡住。

当分料机构前方暂存工位上的一个工件被取走后，PLC 向与气缸相连的电磁换向阀发出输出信号，电磁换向阀动作，压缩空气驱动气缸伸出，挡料爪克服压缩弹簧阻力转动到图 9-19(b)所示的状态。在挡料爪转动的过程中，前方的倒钩避开工件凸起的部位，第一个工件被放行，同时后方的倒钩同步地向下运动挡住紧挨着的下一个工件。当工件被放行移动一段距离后，PLC 通过电磁换向阀驱动气缸缩回，这时后面的工件又自动向前运动到图 9-19(a)所示状态，准备下一次循环。

图 9-19 所示机构利用了片状工件上的凸台，假设工件为规则的圆片状零件，对于这种工件又有不同的分料方法，下面举例说明。

例 9-2 图 9-20 为英国 RANCO 公司某传感器自动化焊接专机上的另一个分料机构实例。工件为直径 22 mm、材料厚度 0.07 mm 的不锈钢波纹圆片状冲压件，形状如第 8 章中图 8-20 所示。焊接工序用于工件与中央凸起部分的精密电阻凸焊，工件同样由振盘送料装置自动送料，但输送工件的输料槽 1 改在竖直方向，也就是说工件以立式姿态输送，但焊接之前工件中央还没有凸起部分这一特殊的形状可以利用。

该机构设计了一个特殊的转盘 4，转盘由其后面的摆动气缸 5 驱动。转盘的转动角度为 90°，转盘内设计有一特殊带开口的、容纳工件的圆孔状型腔。当转盘处于图 9-20(a)所示状态时，转盘型腔的开口方向刚好对准右侧输料槽的方向，所以在输料槽内的工件在振盘驱动下能够顺利进入到转盘内。

在转盘的下方设计有一个槽型输料槽 3，只要转盘位于图 9-20(a)所示状态，转盘内就

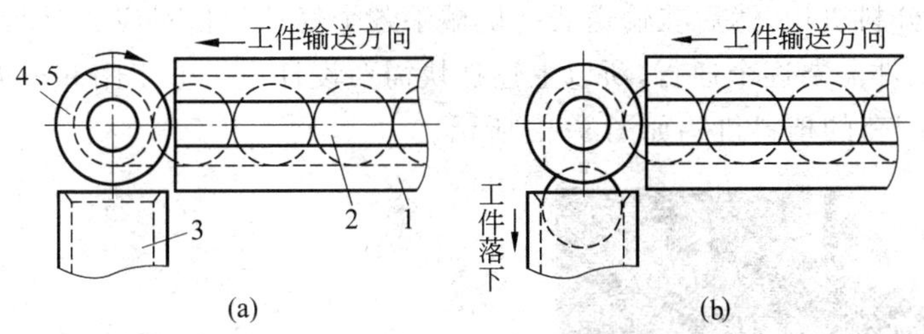

图 9-20　片状工件分料机构实例二

(a) 工件被阻挡状态；(b) 工件被放行状态

1、3—输料槽；2—圆片状工件；4—转盘；5—摆动气缸

始终容纳有一个工件，同时其他的工件被阻挡。当需要放行工件时，摆动气缸带动转盘顺时针方向转动 90°，由图 9-20(a)所示状态回到图 9-20(b)所示状态，这时转盘型腔的开口向下，转盘中的工件在重力作用下自动落入到下方的输料槽 3 中，并通过该输料槽运动到暂存位置。

工件被放行落入输料槽 3 中后，摆动气缸带动转盘逆时针方向再转动 90°，又回到图 9-20(a)所示的待料状态自动装入下一个工件，准备下一个工作循环。

3) 片状工件分料机构设计方法总结

片状工件由于工件形状的特殊性，其分料机构的设计方法可以总结如下。

(1) 尽可能利用工件形状上的特点

如工件某个部位存在凸台、圆孔等形状特征，可以优先在工件的前方设置可活动的阻挡物对工件进行阻挡，因为这种阻挡不仅不会对工件的形状及尺寸产生任何不良影响，而且机构简单，容易实现。

(2) 对工件进行夹紧

如果工件上没有凸台、圆孔等形状特征，难以实现对工件进行阻挡，就可以考虑在工件厚度方向上设计可活动的夹紧机构对工件进行夹紧。由于片状类工件多数厚度较小，工件尺寸精度要求高，某些情况下极容易使工件产生变形，影响其形状及尺寸精度，所以夹紧机构只需要很小的夹紧力，在工件材料厚度很薄的情况下还需要严格控制夹紧力(例如采用微型弹簧夹紧)，同时选择合适的夹紧部位，以防止因夹紧力使工件产生变形。

4. 机械手一次抓取多个工件时的分隔与暂存

一般情况下，机械手一次抓取一个工件，只要在暂存位置保留一个工件就可以了，即只在输送线上设置一个暂存位置，同时在输送线上暂存位置的前方设置一套分料机构。

但工程上也经常有一台专机同时对多个工件进行加工或装配的情况，采用机械手上下料时也相应一次抓取多个工件，即在机械手末端同时设置多个气动手指，同时抓取或释放多个工件。图 9-21 为机械手一次抓取 4 个矩形工件的实例。

在这种情况下，为了使机械手顺利地一次同时抓取多个工件，必须保证以下条件：

- 依次设置多个暂存位置，各个暂存位置之间的间隔距离与机械手上各个气动手指之间的间隔距离相等；
- 设法使工件逐个依次输送到各个暂存位置，保证每个暂存位置上只存放一个工件。

为了保证上述条件，必须首先在输送线上机械手取料暂存位置的前方设置一套如

图 9-18 所示的分料机构,然后在输送线上机械手各个气动手指对应的抓取位置依次设置多个挡块。由于工件需要逐个通行,所以上述挡块需要设计成类似于图 9-5 所示的活动挡块。与图 9-21 实例配套的挡料机构如图 9-22 所示。

图 9-21 机械手一次抓取多个工件的实例

图 9-22 机械手一次抓取 4 个工件时的挡料机构实例

在图 9-22 中,机械手一次抓取 4 个工件送往工作站。由于机械手抓取工件并在工作站上完成装配操作后改由另一条平行的皮带输送线向下输送,所以最先到达的 1 个工件对应的挡块设计为固定挡块,而后到达的 3 个工件对应的挡块设计为活动挡块,这样将 4 个工件按一定的间隔距离依次排列在 4 个暂存位置上。与单个挡块的情况相似,由于是机械手自动抓取工件,所以每个活动挡块上都要设置相应的传感器,以检测该位置是否确实有工件已经到位。

如果输送系统设计为单条输送线,工件在该工作站完成装配操作后依然要通过原来的输送线向下输送,这种情况下 4 个挡块都要设计为活动挡块。

5. 其他分料机构

与前面讲述的连杆式分料机构原理类似,图 9-23 为另一种连杆式分料机构,只要工件上带有台阶形状,无论圆柱形工件或矩形工件都可以使用。

图 9-23 所示状态为气缸缩回状态,工件在皮带输送线上输送,前方的挡杆将工件放行,后方的挡杆同步地将紧挨着的下一个工件挡住。

当工件被放行后,气缸再伸出,前方的挡杆又伸出准备第二次挡料,后方的挡杆同步地缩回,将被挡住的下一个工件放行,让其进入前方挡杆的挡料位置。如此循环,将连续排列的工件逐个放行到暂存位置。

本机构的巧妙之处在于利用了相邻工件之间因工件的台阶而形成的空间,因为工件带有台阶,所以有空间使分料机构的一个挡杆伸向两相邻工件之间而不与工件发生干涉。如果工件没有上述台阶,则这种机构难以完成分料动作。

对于尺寸较小的带台阶圆柱形工件,最典型的实例就是第 10 章将要介绍的电器制造行业的银触头、铆钉等。在这类工件的自动化铆接装配中,银触头或铆钉通常都是由振盘来自动送料的,工件从振盘出口出来时都是紧密排列的,需要再通过一段输料槽输送到装配部位。在这段输料槽中只能一次放行一只工件,因此经常采用如图 9-24 所示的分料机构。

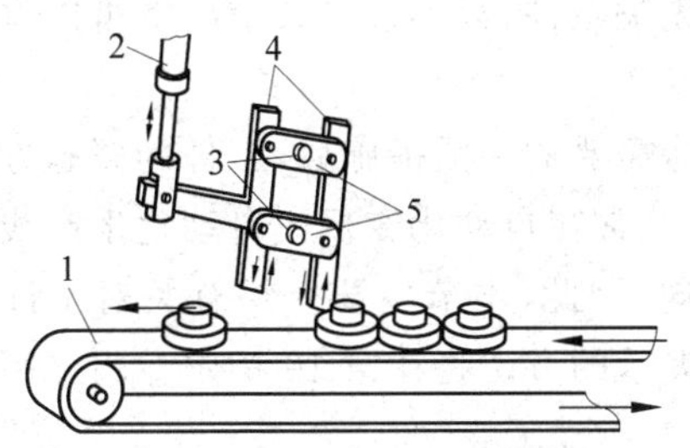

图 9-23　带台阶工件的连杆式分料机构

1—皮带输送线；2—气缸；3—固定铰链；4—挡杆；5—连杆

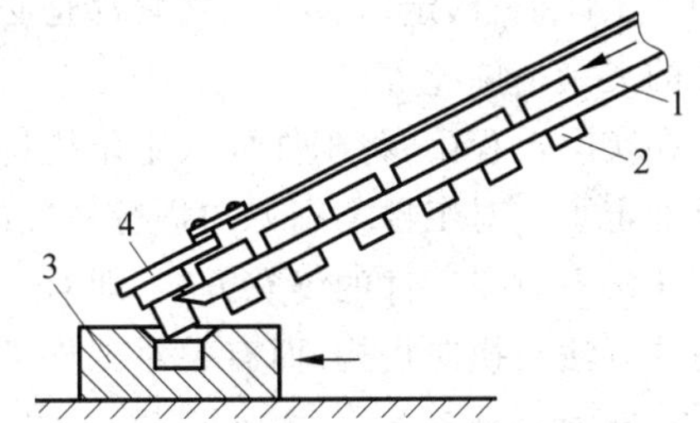

图 9-24　银触头或铆钉分料机构

1—输料槽；2—工件；3—夹具；4—弹簧片分料器

在图 9-24 所示的分料机构中，工件 2 经过振盘自动送出，在自身重力的作用下，工件沿一倾斜的输料槽 1 下滑。在输料槽 1 的末端设计了一块阻挡弹簧片 4，所以工件都依次紧密排列在一起。由于每次装配循环只需要一个工件，所以在弹簧片的下方适当位置设计了一件夹具 3，当夹具向前方运动时自动克服弹簧片 4 的压力使工件自动套入夹具中，因此当夹具每单向通过一次时自动套入一只工件。

总结：

前面介绍了常见的多种类型工件的分料方法与分料机构，不难发现它们都具有以下共同特点：

- 一套分料机构通常只采用一只气缸，部分机构使用弹簧作为辅助外力，降低制造成本。
- 都具有两只手指或类似于手指的挡杆结构，其中前方的一只手指用于挡料或放行工件，后方的一只手指用于将相邻的下一个工件在前方挡住或从侧面夹住。
- 两只手指在连杆机构的作用下都是同步运动而且方向始终相反。

分料机构是自动化专机及自动化生产线设计中必不可少的机构，读者要熟悉上述机构，在掌握上述几个实例的基础上举一反三，逐步具备针对具体的工件能熟练地设计出相应的分料机构的能力。

9.2　工件的定向与换向

9.2.1　工件的定向与换向的概念

1. 工件的定向

在进行加工或装配等操作之前，工件的空间状态必须确定为一定的姿态方向。通过一定的机构使工件具有符合工艺要求的姿态方向的过程称为定向。

在自动化制造过程中，由于机器上的各种执行机构(如刀具、装配机构等)都处在确定的位置和方向，因此对工件的任何操作(如加工、装配、调整、检测等)都必须使工件也位于对应的姿态方向时进行，即工件要在一定的位置、一定的姿态方向，同时还必须在夹紧固定状态下才能进行工序操作。因此，必须在对工件进行相应的定位、定向、夹紧之后，才能进行后续的加工及装配等操作，定向是其中的重要环节之一。对大多数机械加工、装配、检测等自动化制造工序而言,定向、定位、夹紧都是必不可少的先决条件,只不过少数情况下可以省去对工件的夹紧措施。

在实际工程中,将工件放入定位机构并加上可能需要的夹紧措施后,工件的姿态方向自然就确定了。对工件姿态方向进行处理的工作是指经常在自动化专机或自动化生产线的各个工作站上改变工件的姿态方向,即对工件进行换向,因此,本节主要介绍有关对工件进行换向的方法与换向机构,而有关对工件进行定位与夹紧的方法将在第10章中专门介绍。

2. 工件的换向

换向是指根据装配等工艺操作的需要,通过一定的机构使工件发生翻转、旋转等动作,改变工件的姿态方向。

在自动化专机上,可能需要对工件进行不止一个方向的加工,而自动机械的一个显著特点就是各种执行机构通常都设计成沿着竖直方向、从上往下进行装配或加工操作,因此在完成一种工序操作后经常需要改变工件的姿态方向。

在自动化生产线上,各个工作站对工件的装配操作可能是在不同的方向上进行的,因此,如果上一个工作站完成装配操作后工件输送时的姿态方向与下一个工作站装配操作所需要的姿态方向不符合时,就要在工件进入下一个工作站进行工序操作之前对工件进行换向,使其符合工序的需要。至于在从输送到工序操作前的哪个环节进行换向则需根据具体情况进行灵活设计。

3. 换向动作的位置设计

对工件的换向动作通常在自动化专机或自动化生产线的以下阶段进行:

- 在输送线上机械手抓取之前对工件进行换向;
- 在机械手抓取的过程中通过机械手进行换向;
- 在工件被移送到工作站的定位夹具后再与定位夹具一起进行换向。

上述3种情况在自动机械结构设计中都会经常用到,后面将作详细介绍。

4. 换向动作位置的设计原则

既然在上述3种情况下都可以进行换向,那么在实际设计时如何确定换向机构的位置呢?以下是根据实际设计工作总结出来的部分经验。

(1) 尽可能减少工件换向的次数。

自动化生产线设计的第一阶段就是进行总体方案设计,在总体方案设计过程中首先要对自动化生产线的生产工艺流程进行工艺设计。在各工作站的工序中,可能部分工序要求的工件姿态方向有差异,但生产线上都是采用相同的输送系统(如皮带输送系统、链条输送线等),如果对工件频繁换向,势必增加换向机构的数量,使设备变得复杂。因此,要合理安排工序的流程,尽可能将要求工件姿态方向相同的工序对应的专机或工作站安排在相邻的位置,以减少工件的换向次数,减少换向机构,简化设备结构,降低设备成本。

(2) 尽可能在输送线上进行换向。

输送线通常具有一定的长度,输送线上方及侧面具有较大的空间,换向机构在输送线上比较容易安排。另外,在输送线上比较容易采用相同的换向机构,降低制造成本。

(3) 尽量避免在工件被移送到专机定位夹具后再进行换向。

一般尽量避免在工件被移送到专机定位夹具后再对工件进行换向。因为在定位夹具上一方面空间通常较紧张，另一方面还要考虑工件在换向的过程中不能因为自重的原因而落下或改变位置，所以除定位机构外可能还需要增加额外的夹紧机构，涉及的机构更多，使机构更复杂、制造成本更高。

(4) 在机械手抓取的过程中进行换向的方案主要视工件的形状而定，当工件在其他部位换向机构较复杂而在机械手上换向机构较容易时采用这种方案为最佳。

9.2.2 定向与换向的方法

对工件进行定向或换向的方法有多种，工程上的方法主要有如下3类。

1. 振盘定向

振盘是自动机械中一种重要的自动送料装置，在第5章中对它进行了专门介绍。振盘具有两大功能：自动送料、自动定向。它既能完成工件的自动输送，同时又可完成对工件进行定向。振盘螺旋输料槽上的各种挡块、挡条、缺口、压缩空气喷嘴等机构就是专门完成各种选向、定向动作的，最终使工件按要求的姿态方向连续排列，经输料口送出，这种姿态方向也是自动化专机上对工件进行取料或装配的姿态方向。

振盘送料装置一般只适合于质量较轻的塑胶、五金件等，其定向方法已经在第5章详细介绍，读者可参阅相关章节。

2. 定位与定向一体化

当被机械手抓取的工件只能以特定的方向放置在指定的定位装置(定位夹具)上时，定位装置同时也就是定向装置，因此，在很多情况下，工件的定位夹具同时具有定位和定向的功能。

例如，矩形工件的定位夹具可以设计为与工件形状一致但具有一定间隙的型腔，当工件放入定位夹具后，工件的转动自由度就被限制，因而工件的方向也就确定了。

对于回转类形状的工件，例如圆柱形工件，如果工件的形状是完全对称的，当工件放入定位夹具后，工件的转动自由度可以不加限制。如果工件的形状不是完全对称的，则必须在工件上设计专门的定位结构，例如设计销孔或者将圆柱面的一部分改为平面，当工件放入定位夹具后工件的方向也就确定了。

3. 翻转机构对工件换向

在自动生产线上，经常需要改变工件的姿态方向，例如将工件由竖直状态放置改变为水平状态放置，或者由水平状态放置改变为竖直状态放置，因而需要或者在输送线上翻转换向，或者在装配工作站上翻转换向。这种换向需要用专门的换向机构来实现，翻转的角度可以为90°、180°或任意角度。下面介绍几种典型的翻转换向机构。

1) 气动翻转机构

要实现工件的翻转，最简单的方法就是利用气缸作为驱动元件使工件及夹具同时翻转。这种气动翻转机构的驱动元件采用标准气缸，将气缸的直线运动转换为定位夹具作一定角度的翻转运动，使工件随定位夹具一起实现翻转，翻转的角度以90°情况居多。

图9-25为某自动化装配检测生产线上的气动翻转机构实例。该机构用于生产线上的某自动化点胶专机，其功能为将工件(塑壳断路器)连同定位夹具一起翻转90°。工件在皮带输送线上是以竖直的姿态方向放置并输送，自动点胶专机需要对工件进行工序操作的表面位于工件的侧面，由于工序操作一般都是按从上而下的方向进行，所以需要在改变工件的

姿态方向后再进行工序操作。

该机构的工作过程如下：

(1) 工件在皮带输送线上是以竖直的姿态方向放置的，机械手在皮带输送线上抓取工件后仍然以竖直的姿态方向将工件移送到定位夹具上。

(2) 机构翻转之前的状态如图9-25(a)所示，此时气缸为伸出状态，机构在该状态等待机械手将工件移送到定位夹具上。

(3) 机械手将工件移送到定位夹具上后，气缸开始缩回，定位夹具连同定位夹具上的工件一起绕回转轴顺时针方向旋转90°，工件由原来的竖直放置姿态改变为水平卧式放置姿态，使工件需要进行工序操作的表面朝上。图9-25(b)为机构翻转后的状态。

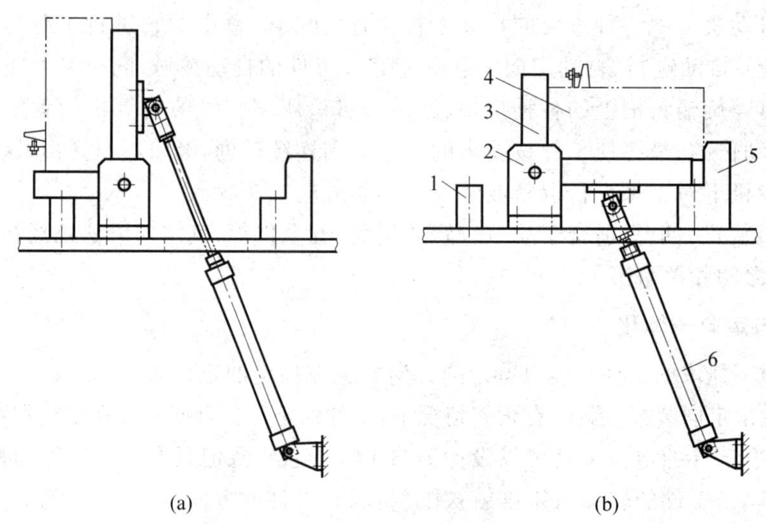

图9-25　气动翻转机构实例

(a) 机构翻转前状态；(b) 机构翻转后状态

1—定位块A；2—支架；3—翻转夹具；4—工件；5—定位块B；6—气缸

(4) 工件在定位夹具上由竖直放置姿态改变为水平卧式放置姿态后，专机的点胶执行机构对工件上的调整螺钉从上而下进行自动点胶操作，点胶操作完成后，气缸再伸出，带动定位夹具逆时针方向翻转90°，将工件又转换回到竖直姿态，此时机械手再将竖直姿态放置的工件夹取并移回到皮带输送线上，完成自动点胶专机的一个工作循环，定位夹具又处于待料状态。如此往复循环。

机构在翻转时必须考虑工件是否会在重力的作用下落下或改变位置，所以经常需要考虑是否采用夹紧措施。例如在本例中通过将气缸活塞杆缩回的速度调整到较低值就可以避免工件的位置发生移动，从而省略夹紧措施，气缸伸出时的速度就可以相对快些。此外，如果采用在机械手的末端进行翻转，由于机械手都采用真空吸盘将工件吸住或气动手指将工件夹住，也不需要考虑夹紧措施。在第6章介绍了一种机械手末端的90°翻转机构(参考图6-21)，也是采用标准气缸作为驱动元件，工作原理与图9-25完全相同，读者可参考该部分内容。

2) 通过改变机械手在工件上的夹持位置在机械手上实现工件的自动翻转

在机械手的末端采用气动手指时，有一种方法可以很容易地实现工件的自动翻转。只要改变气动手指在工件上的夹持位置，同时对气动手指两侧的夹块稍加改造，即在两侧夹块上各加装一只微型深沟球轴承，轴承外圈与夹块紧配合，轴承内圈则与夹块紧配合连接在一起，因此两侧的夹块相对气动手指是可以自由转动的，夹块夹紧工件后依靠工件的偏心就可以使工件自动翻转 180°。图 9-26 为气动手指夹块结构示意图。

要实现工件 180°自动翻转，除需要对气动手指的夹块进行改进设计外，还需要选择工件上合适的夹持点进行夹持，图 9-27 为矩形工件上夹持点的选择方法示意图。

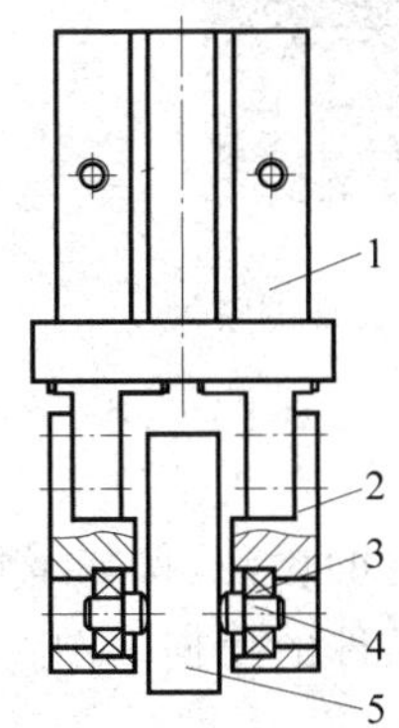

图 9-26　对气动手指夹持部位进行特殊设计实现工件 180°自动翻转

1—气动手指；2—夹块；3—深沟球轴承；4—夹头；5—矩形工件

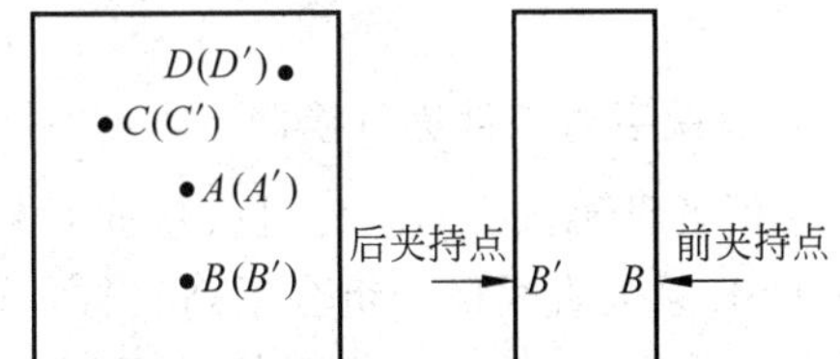

图 9-27　改变气动手指夹持部位实现工件 180°自动翻转原理

在图 9-27 中，假设矩形工件为均匀材质，其重心位于其几何中心 A 点位置，$B(B')$点位于前后夹持面几何中心的正下方（对称），机械手上气动手指的夹持点就选为 $B(B')$点，而 $C(C')$、$D(D')$点则位于工件前后夹持面的左右上方。当可以自由旋转活动的气动手指夹块夹持在工件 $B(B')$点时，由于工件自重的作用，工件处于不稳定状态，会随活动手指夹块自动作 180°翻转，当手指夹在 $C(C')$或 $D(D')$点位置时则工件在重力作用下只会发生一定角度的偏转，而不会作 180°翻转。如果夹持点选择在工件重心的正上方，则工件被夹住后在重力作用下将保持原姿态方向。

该方法的设计要点为：

- 必须对气动手指两侧加装的夹块加以改造；
- 在工件上选择合适的夹持点。

3）在输送线上方设置挡块或挡条实现工件的自动翻转

在自动化生产线上经常采用皮带输送线、平顶链输送线等实现工件的自动化输送，各专机上完成的工序操作内容不同，工件在进行上述工序操作时的姿态方向也不同。为了简化专机的结构，经常在输送线上实现工件的换向，最典型的情况如使工件自动翻转 90°。

自动机械设计中许多情况下都是巧妙地利用了重力的作用，在换向机构设计中更是如此。对于具有一定高度而且重心较高的工件，可以在输送线上方设置一个固定挡块（或挡条）实现工件的 90°自动翻转，如图 9-28 所示。

在图 9-28 中，输送线在工件底部对工件施加一个向前的摩擦驱动力，而工件在上方受到挡块的阻挡，因此工件的重心逐渐发生偏移直至最后翻倒，实现工件的 90°自动翻转。其中图 9-28(a)为翻转前状态，图 9-28(b)为工件翻转过程中。需要注意的是，这种方法只适用于具有一定高度、重心较高的工件,当工件重心较低时就无法用这种方法实现翻转了。

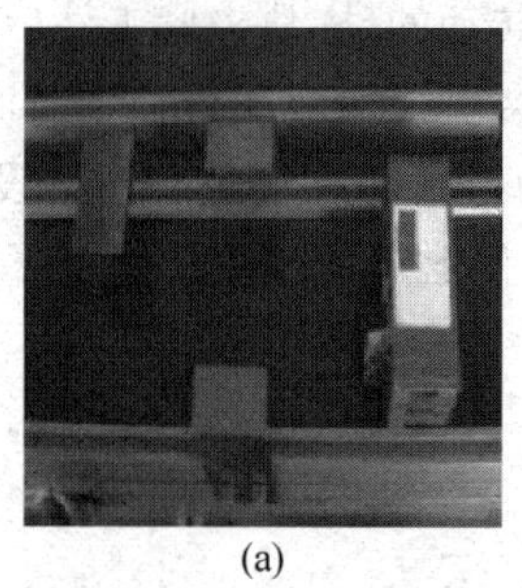
(a)

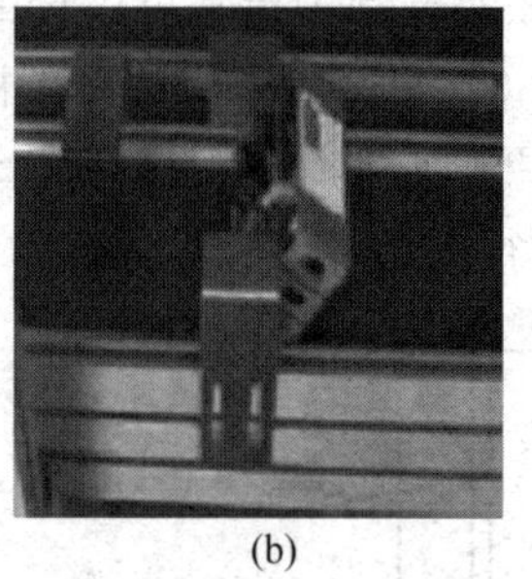
(b)

图 9-28 在输送线上方设置挡块实现工件的自动翻转

4. 机械手对工件进行换向

采用各种机械手对工件进行换向是自动化设备非常普遍的做法,例如采用 FESTO 公司的 DSL 系列直线摆动组合系列气缸,就可以轻易实现对工件的换向。图 9-29 是使用这种机械手在同一工位上对工件进行换向实例。工作循环为:机械手抓取工件后提升—摆动气缸旋转 180°—机械手下降—气动手指释放工件—机械手提升在上方停留等待下一次循环。

当然,利用这种机械手在一个暂存工位夹取工件,在移送过程中对工件进行换向后将工件释放在另一个装配工位,这也是非常普遍采用的另一种结构设计方法。

这种结构虽然简化了设计与制造,但缺点是气缸价格昂贵。

如果在机械手末端(吸盘或气动手指)的上方增加一只摆动气缸也可实现工件的换向,机械手以一定的方向吸取或夹取工件后,摆动气缸回转使工件旋转一定的角度(如旋转 90°、180°等)后放置在卸料位置。

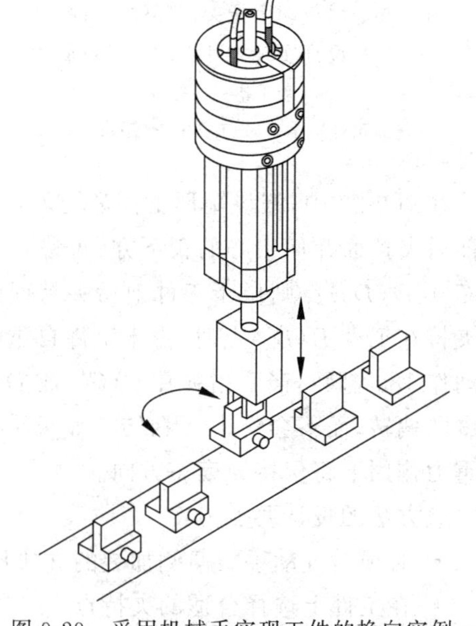
图 9-29 采用机械手实现工件的换向实例一

图 9-30 为中国台湾地区天行自动化机械股份有限公司某系列注塑机摇臂式自动取料机械手末端的回转机构实例,该机械手末端带有一只专用的 90°摆动气缸,机械手从注塑机上吸取塑料件后手臂以倾斜状态伸出注塑机,手臂末端需要旋转 90°后将塑料工件以最大面积方向自由放下,这样就可以避免塑料工件落下时产生的变形。

图 9-31 为另一种典型并大量采用的翻转换向机械手,例如采用 FESTO 公司的 DSR 系列摆动气缸与气动手指进行组合,工件在左侧的输送线上或其他暂停工位上,气动手指抓取工件后随摆动气缸一起翻转 180°,然后在另一个位置对称的工位上释放工件,这样工件在两个位置的方向刚好是相反的。

另一种普遍采用的设计方法为机械手在振盘输料槽末端的暂存工位上夹取工件,然后

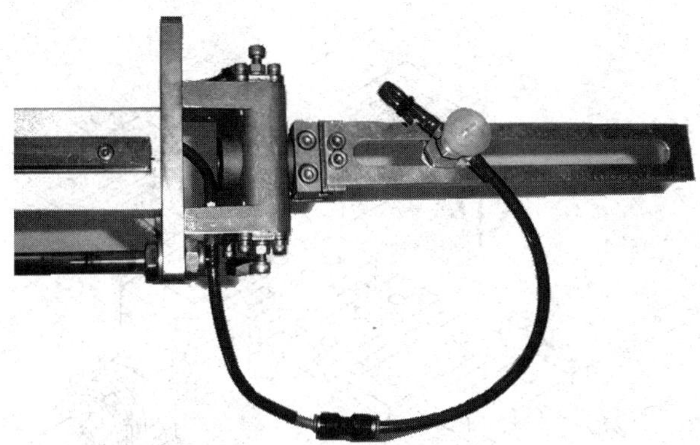

图 9-30　机械手末端的回转机构实例二

将工件翻转 180°后在另一个装配工位上释放，同样工件前后的方向改变了 180°，这样设计的原因经常是只有对工件按这样的方向进行选向、定向和输送，振盘才最容易设计和制造，降低振盘制造成本，否则就不会采用这种昂贵的摆动气缸了。这种机械手虽然简化了设计与制造，但缺点同样是摆动气缸价格昂贵。

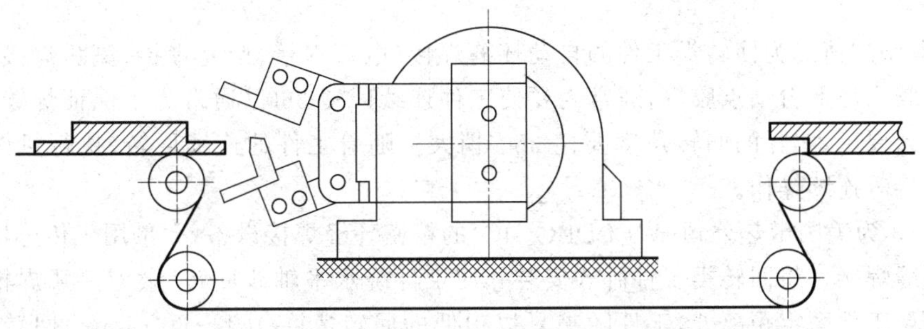

图 9-31　采用机械手实现工件的换向实例三

图 9-32 也是一种典型并大量采用的翻转换向机械手，利用 FESTO 公司的 DSR 系列摆动气缸、DPZ 系列直线运动气缸与气动手指进行组合。工作循环为：气动手指在工位上夹取工件—DZP 直线气缸提升—DSR 摆动气缸旋转 180°—DZP 直线气缸下降—气动手指释放工件。注意这种机构是在同一个工位上夹取和释放工件，实现工件的 180°翻转换向。

5. 回转机构换向

除翻转机构外，还有一类对工件进行换向的简单方法，这就是各种回转机构。多数情况下是使工件绕竖直轴线进行回转，也有少数情况下是使工件绕水平轴线进行回转。在自动机械设计中，很多场合都需要对工件进行部分回转和连续回转动作，下面举例说明。

1）对定位夹具及工件同时进行回转

如果需要在圆周方向连续或多点对工件进行装配或加工，一般的做法是使工件进行回转、装配执行机构位置不变。在这种场合需要使工件回转一定角度或一周，最好的方法就是对定位夹具及工件同时进行回转，这是工程上最常用的方法。这种方法的好处是充分利用了电机的控制特性，电机的启动、停止、回转角度都很容易进行精确控制。

还有一种典型情况，在自动化装配生产线中，经常需要使工件在连续回转状态进行工序

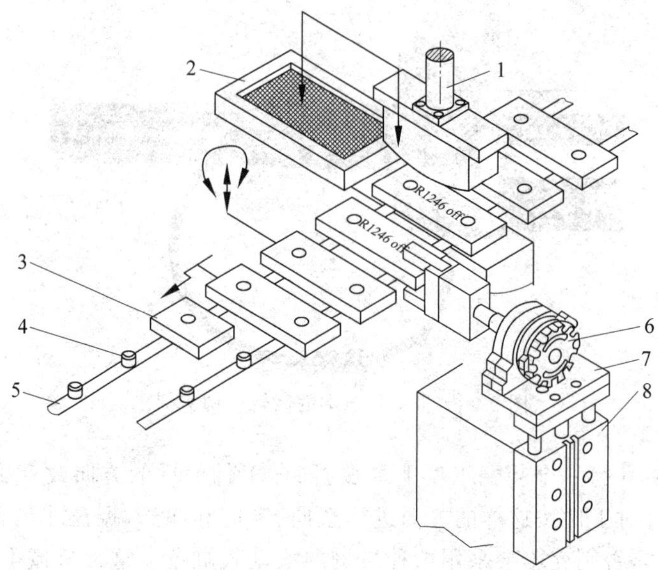

图 9-32 采用机械手实现工件的换向实例四

1—移印头；2—颜料池；3—工件；4—定位销；5—链条输送线；6—DSR 摆动气缸；7—连接板；8—DPZ 系列气缸

操作，最典型的情况为回转类工件的自动环缝焊接（电弧焊接、激光焊接、氩弧焊接、等离子焊接等）、胶水环形自动点胶等，通常需要使工件连续回转 360°（通常为了保证焊缝、胶环的完整或密封要求，实际的回转角度要比 360°稍大），随着工件的连续回转，执行机构即对工件进行焊接等连续操作。

图 9-33 为美国微热公司（WELDLOGIC）的精密环缝焊接设备，大量用于传感器等小型零件的环缝焊接。将回转类工件卧式安装并使工件绕水平轴线回转，微型氩弧焊枪作直线进给运动至工件一定距离处，工件随夹具以很低的回转速度（0.1～60 r/min）回转，实际上这种情况与普通的车床卡盘类似。除工件卧式安装并回转外，工件还可以竖直安装并绕垂直轴回转，原理与卧式安装相同。

图 9-34 为工件环形点胶操作中的回转机构实例，胶枪作直线进给运动至工件一定距离

图 9-33 美国 WELDLOGIC 公司的激光精密环缝焊接设备

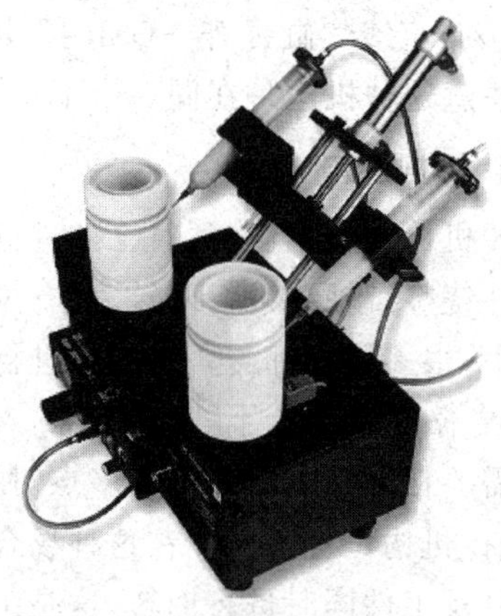

图 9-34 环形点胶操作中的回转机构实例

处，在驱动电机作用下，工件在定位夹具上随夹具一起连续回转 360°，边回转边进行环形点胶操作。由于点胶操作对工件基本不产生附加力，所以工件不需要夹紧措施，工件依靠重力就可以与定位夹具保持相对稳定状态。

上述连续回转机构的工作原理为：将需要连续回转的定位夹具（包括工件）通过传动系统与步进电机相连，通过控制步进电机来控制工件的启动、停止及回转速度。

2）倍速链输送线上的顶升旋转机构

由倍速链输送线组成的自动化生产线大量应用于各种制造行业，经常需要在这样的生产线上就工件的不同方向进行装配、检测等工序操作。由于工件是放置在专门的工装板上，工装板是放置在倍速链上运动的，需要使工件绕竖直轴线作一定角度的回转动作，如旋转 90°、180°，为完成这种换向动作，经常需要在倍速链输送线上采用一种标准的顶升旋转机构，如图 9-35 所示。

图 9-35　倍速链输送线上的典型顶升旋转机构

该机构主要由顶升机构、回转机构两部分组成。

工装板直接放置在机构上方的托盘上，顶升机构安装在托盘的下方，在竖直方向上安装有驱动气缸及 4 根导柱——直线轴承导向装置。气缸伸出时，托盘向上顶升，将倍速链上的工装板（连同工件）顶升至高出输送链的高度，使工装板及工件脱离倍速链链条，然后旋转机构驱动托盘进行回转。回转动作完成后顶升气缸缩回，将工装板又放回到倍速链上。

回转机构由水平方向的驱动气缸及齿轮齿条机构组成，气缸活塞杆与齿条相连，齿条与安装在托盘下方旋转轴上的齿轮啮合。当驱动气缸伸出时，齿条的直线运动驱动托盘下方的齿轮旋转，将气缸的直线运动变换为齿轮的旋转运动，使托盘回转一定的角度（如 90°或 180°）。

该机构的目的是将工装板及工件进行换向，以便从工件不同的方向进行装配等工序操作。通过改变水平气缸的行程即可以改变齿轮（托盘）旋转的角度，从而改变工装板旋转的角度，一般用于实现 90°或 180°旋转，也可以实现任意角度的旋转。

6. 其他换向机构

在自动机械中，除上面介绍的各种换向机构外，还有以下两类应用于输送线之间的换向机构。

1）两条输送线之间的顶升平移机构

在人工装配流水线及自动化生产线上，经常要改变工件的输送流向，例如从一条输送线上转移到另一条相互垂直或平行的输送线上继续输送，这些场合经常采用一种顶升平移机构。图 9-36 所示为用于倍速链输送线上的典型顶升平移机构。

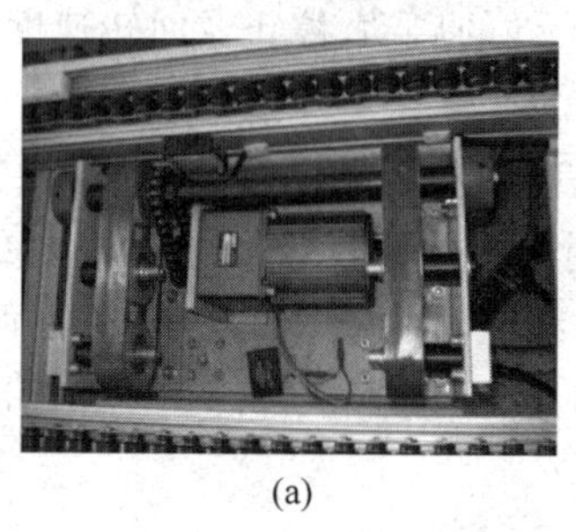
(a)

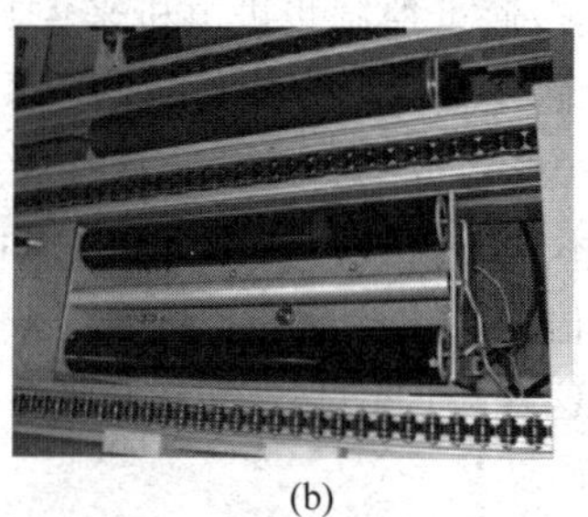
(b)

图 9-36　倍速链输送线上的典型顶升平移机构

倍速链输送线上的顶升平移机构主要有两种结构类型：一种为由顶升气缸与皮带输送机构组成的复合机构，另一种为由顶升气缸与电动滚筒组成的复合机构。

图 9-36(a)为由顶升气缸与皮带输送机构组成的顶升平移机构，机构的下方为由气缸及导柱——直线轴承部件组成的顶升机构，与图 9-35 所示机构相同。机构的上方为由皮带输送系统组成的输送机构。由于平常情况下皮带输送系统的高度低于倍速链输送线的高度，当工装板载着工件到达该位置后，传感器指示控制系统进行变位操作，顶升气缸伸出，将机构顶升至比输送线稍高的高度，这时与输送线输送方向垂直的皮带输送机构开始运行，将工装板及工件改变方向输送到另一条垂直的输送线上继续输送。

图 9-36(b)为由顶升气缸与电动滚筒组成的顶升平移机构，机构下方的顶升机构与图 9-36(a)相同，机构的上方则由皮带输送系统改为电动滚筒，其工作过程与图 9-36(a)也是完全相同的，只是将移载机构由皮带输送机构改为电动滚筒。

2）两条垂直输送线转弯连接部位的旋转变位机构

在自动生产线上，为了节省生产线占用的场地，经常采用 L 形输送线，即将一条输送线分为互相垂直的两段输送线。在上述互相垂直的两段输送线转弯连接部位，经常需要采用一种转角换向机构，实现工件在转角连接处的自动转弯。

用于这种场合的转角换向机构(也称为变位机构)很多，而且与输送线的种类有关。由于平顶链输送线本身可以实现转弯过渡，因此工程上的转角变位机构主要有皮带转角变位机构及滚筒转角变位机构。

图 9-37 所示为一种应用在滚筒输送线上的典型转角变位机构，在输送线的直线输送段，滚筒是等直径的，在转弯的变位段，滚筒则是锥形的，滚筒内侧直径小于外侧直径，因此工件内侧的移动速度小于外侧的移动速度，自动逐步实现工件的 90°转弯。

在皮带输送线上，可以用很简单的机构来实现工件的 90°转弯。例如图 9-38 为一种应用在小型皮带输送线上的转角变位机构，只需要在转角部位简单地设置一条弧形挡杆即可使工件自动转弯 90°后继续输送。

不仅在皮带输送线上可以简单地采用弧形挡杆来实现工件的转弯，在平顶链输送线上同样可以采用类似的结构，例如图 9-39、图 9-40 所示就是此类应用的实例。

图 9-37　滚筒输送线转角变位机构

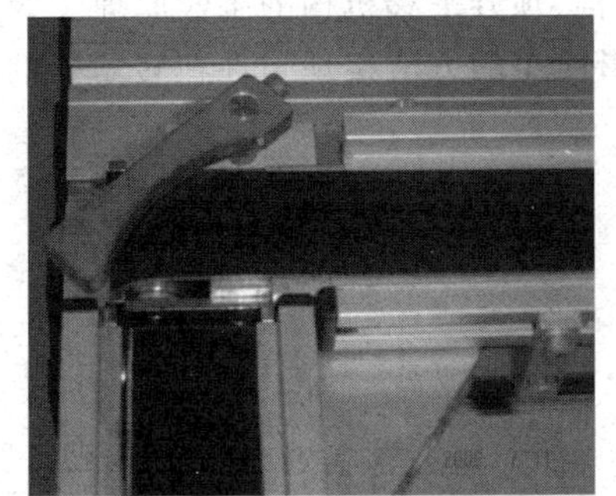

图 9-38　小型皮带输送线上的 90°转角变位机构

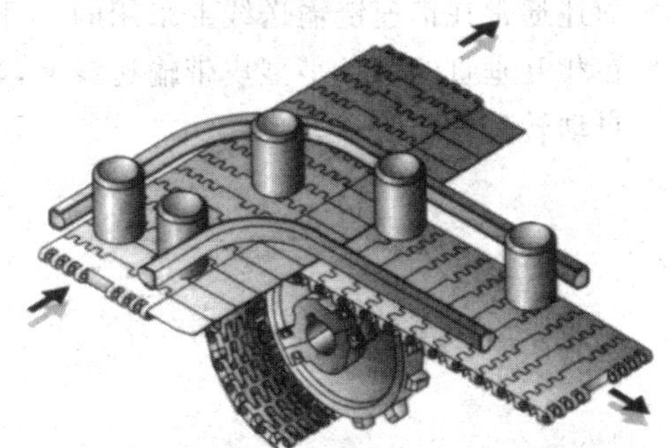

图 9-39　平顶链输送线上的 90°转角变位机构实例一

图 9-40　平顶链输送线上的 90°转角变位机构实例二

思考题与习题

9.1　什么叫工件的暂存？通常采用哪些方法实现工件的暂存？

9.2　通常在自动化生产线的哪些部位对工件实现暂存？

9.3　为什么要在自动化生产线的输送线上对连续排列的工件进行分隔？

9.4　如何在自动化生产线上的某个部位实现每次只暂存一个工件？

9.5　当机械手需要在输送线上一次同时抓取多个工件时，如何进行工件的分隔与暂存？

9.6 如何在水平输送线上用最简单的方法对圆柱形工件进行分隔?

9.7 如何在水平输送线上对矩形工件进行分隔?

9.8 如何在水平输送线上对材料厚度较小的片状工件进行分隔?

9.9 什么叫工件的定向?什么叫工件的换向?为什么要对工件进行换向?

9.10 在自动化生产线上如何确定换向机构的位置?

9.11 通常有哪些方法可以实现工件的换向?

9.12 在机械手的夹持部位采取哪些措施可以实现工件的180°上下自动翻转?

9.13 对于具有一定高度、重心较高的工件,如何在皮带输送线或平顶链输送线上实现90°自动翻转?

9.14 如何在机械手上对所夹持的工件实现90°或180°自动回转?

9.15 简述通常在倍速链输送线上采用的顶升旋转机构、顶升平移机构的工作原理。

9.16 在相互垂直的两条小型皮带输送线上,如何用最简单的方法实现工件在转角处的90°自动转弯?

第 10 章　工件的定位与夹紧

在介绍工件的定位与夹紧之前，先通过一个简单的自动化装配过程来了解定位与夹紧装置在自动机械中的作用。

图 10-1 所示为一个典型的自动装配工作站示意图，事实上，它也代表了一个基本的自动化装配（也可以是机械加工或检测）工作过程。工件经过料仓自动上料装置到达装配位置后，首先需要确定工件在装配或加工时的位置，也就是通过定位装置对工件进行定位。为了使工件在加工或装配时位置不会发生松动及变化，还需要采用夹紧机构（夹紧气缸）对工件进行夹紧，然后再进行装配、加工等操作（一般在工件上方，未表示出来）。最后夹紧机构放松，自动卸料机构（卸料气缸）将上一个完成工序操作后的工件推出，工件依靠自身的重力沿斜坡滑落到储料部位，完成一个自动装配（或加工）操作循环。

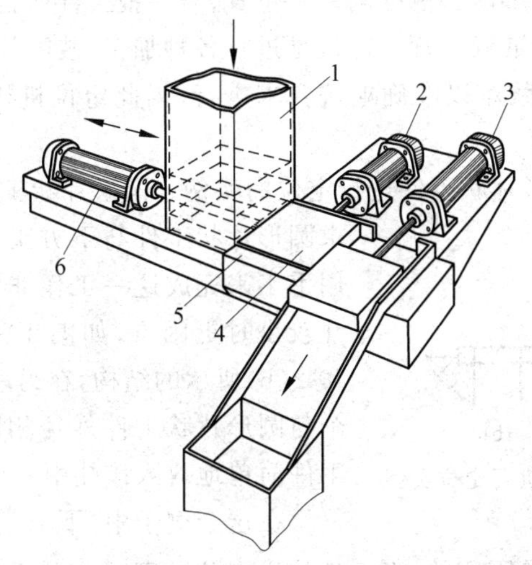

图 10-1　典型的自动装配工作站示意图

1—料仓；2—夹紧气缸；3—卸料气缸；4—工件；5—定位块；6—送料气缸

虽然图 10-1 所表示的都是最简单的动作，但很好地说明了自动化装配的典型工作过程，其中就包含了两个重要的动作：定位与夹紧。

通过本章的学习，要清楚以下问题：

- 什么是定位？
- 为什么要对工件进行定位？
- 通常有哪些定位方法？如何进行定位机构的设计？
- 什么是夹紧？
- 哪些情况下需要对工件进行夹紧？
- 通常有哪些典型的夹紧机构？

10.1 工件的定位

10.1.1 定位的基本原理

1. 工件定位的概念

1) 定位的基本概念

对工件的任何机械加工、装配等操作而言,都存在一定的尺寸精度要求,部分情况下精度要求高,部分情况下精度要求较低甚至无精度要求。由于无论是自动机械加工设备还是自动化装配设备,各种机构的工作都是在固定的位置重复进行的,因此不管精度要求如何,加工或装配操作都是在以下最基本的前提条件下进行的:被加工或装配的对象(即工件)都必须以确定的姿态方向处在确定的空间位置上,而且在大批量生产中每一个被加工或装配对象的姿态方向及空间位置都必须具有重复性。

使工件具有确定的姿态方向及空间位置的过程称为定位。对单个工件而言,工件多次重复放置在定位装置中时都能够占据同一个位置;对一批工件而言,每个工件放置在定位装置中时都必须占据同一个准确位置。定位是进行各种加工、装配等操作的先决条件,没有定位,对工件的加工或装配就难以准确地按要求进行,因此定位机构是自动机械结构的重要部分。

图10-2所示为对圆形片状工件进行定位的实例。圆形片状工件中央加工有一圆孔,要求圆形片状工件与下方工件的圆孔必须对正,如果用手工来完成这一工作非常困难,尤其当工件的尺寸较小时更困难,如图10-2(a)所示。如果采用图10-2(b)所示的结构,在另一工件上预先设计加工一个与圆形片状工件外径相匹配的圆孔,将圆形片状工件简单地放入该孔中就可以轻易地自动对正了。

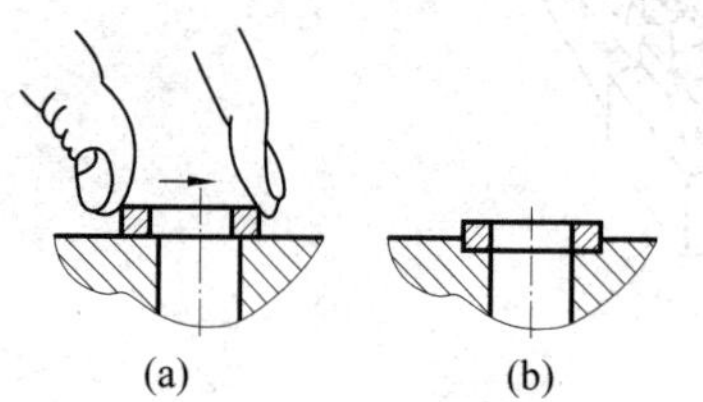

图10-2 对圆形片状工件进行定位实例

在这个例子中,下方的工件就起到了定位装置的作用,定位装置的位置是固定的,当工件放入定位装置的定位孔中时,工件的位置就已经确定了,这就是定位的意义。当然,工件与定位孔之间有一定的间隙,保证工件能自由放入或取出,这就是定位装置的尺寸设计问题。因为上述间隙造成的工件相对位置偏差就是由定位而带来的定位误差。

定位机构是自动机械的重要部分,它决定了工件在装配操作过程中相对于执行机构的位置,因而定位精度直接影响装配或加工精度,工件定位的一致性直接影响产品尺寸与性能的一致性,这是大批量生产条件下的基本要求。在某些精密加工和装配的场合,定位机构甚至有可能是整台自动化专机的关键结构。

2) 定位机构与自由度

对工件定位的过程实际上就是使工件具有确定的空间位置与方向的过程。工件位置确定后,为了进行后续的加工或装配,工件在某些方向必须允许其自由运动。而在其他某些方向则禁止其自由运动,为了达到这一目的,在设计定位机构时,要保留需要的自由度,限制不需要的自由度。有些自由度是由定位机构限制的,而有些自由度则是由夹紧机构限制的,定位与夹紧是紧密结合在一起的整体。

在学习定位及定位机构的设计时，首先需要掌握以下基本概念：

(1) 工件的定位过程实际上就是限制工件自由度的过程。

(2) 每个工件在定位前可以视为一个自由的刚体，在空间坐标系中有 6 个自由度：3 个分别沿 X、Y、Z 方向的平移自由度，3 个绕 X、Y、Z 轴方向的转动自由度。

(3) 如果将工件的 6 个自由度全部限制，称为完全定位。

(4) 在实际工程应用中，许多情况下工件的加工或装配等操作经常并不需要完全定位，而只需要限制部分自由度即可，这样就简化了定位机构。通常把这种定位方式称为不完全定位，工程上大多属于此类情况。

(5) 设计定位机构时，如果根据加工或装配要求存在应该限制而未限制的自由度，通常称为欠定位。这种欠定位的情况是不允许的，因为它无法满足加工或装配要求。

(6) 与欠定位相反，设计定位机构时也可能存在重复限制同一个自由度的情况，这种情况通常称为过定位。这种过定位的情况也是不允许的，因为它人为地使机构复杂化了。

2. 定位机构的组成与特点

使工件相对于机器的执行机构具有正确的、确定的空间位置并在工序操作中保持该空间位置的装置，通常称为定位机构或定位装置，工程上也简称为定位夹具(本教材统一称为定位夹具)。

1) 定位夹具的组成

定位夹具通常包含以下几部分结构：

(1) 定位元件

工件在工序操作中相对于各种执行机构(例如机床上的刀具)需要具有正确的位置，定位元件的作用就是根据执行机构的空间位置及运动轨迹，对工件进行精确的定位。

(2) 夹紧元件

为了使工件在工序操作中保持上述固定位置，还需要承载工序操作中可能产生的附加操作力，必须将工件可靠地固定在定位位置，因此通常都需要使用夹紧元件对工件进行可靠的夹紧。

(3) 导向及调整元件

完成对工件的定位后，还要根据工序的需要对机器的各种执行机构的位置进行准确的调整，将执行机构调整到正确的位置，将工具(执行机构)的方向或位置调整正确。例如钻套使钻头进行准确的钻孔，铣床夹具的调整元件将铣刀调整到相对工件正确的位置，这就需要设计导向及调整元件。

2) 定位夹具的优点

(1) 提高生产效率

定位夹具完全消除了在单件生产中对单个工件进行的划线、移动及频繁的调整，减少了操作时间，因而能大幅提高生产效率。因此定位夹具也是批量生产必不可少的基本设施。

(2) 互换性

定位夹具更容易使产品在制造过程中获得一致的质量，不需要进行选择性的装配，产品的任何零件都能够在装配中进行正确的配合，所有类似的零件都能够进行互换。

(3) 降低对工人技能的要求

定位夹具简单地对工件进行定位及夹紧,导向及调整元件能够使执行机构相对工件调整到正确的位置,不需要对工件进行复杂的调整。任何具有中等技能程度的工人都可以通过培训熟练地使用定位夹具,可以将具有更高技能的人员替换下来进行更有创造性的工作,因而定位夹具可以降低劳动力成本。

(4) 降低产品制造成本

使用定位夹具后,可以获得更高的生产效率,废品率降低,装配更容易,劳动力成本进一步降低,因而可以降低单件产品的制造成本。

3. 定位的目的

对工件进行定位,主要是为了在各种加工、装配或检测工序操作中满足以下几个方面的需要:

(1) 满足工件尺寸的需要。

例如在机械加工中,为了使加工出来的工件都具有符合要求的尺寸,必须对工件进行正确的定位。在产品的装配工序中也是一样,只有对工件进行正确的定位才能满足产品的装配工艺要求。

图 10-3 为某零件图样,在加工圆孔 ϕC 的工序中,为了保证工件尺寸 D,必须以工件右端面为基准进行定位,这样才能保证每次加工后都得到尺寸 D,而不受长度尺寸 L 误差的影响。如果以工件左端面为基准进行加工,尺寸 L 的误差就会直接影响到尺寸 D。

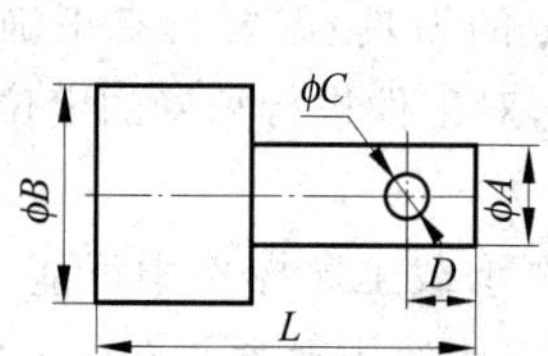

图 10-3 对工件进行定位满足加工尺寸要求

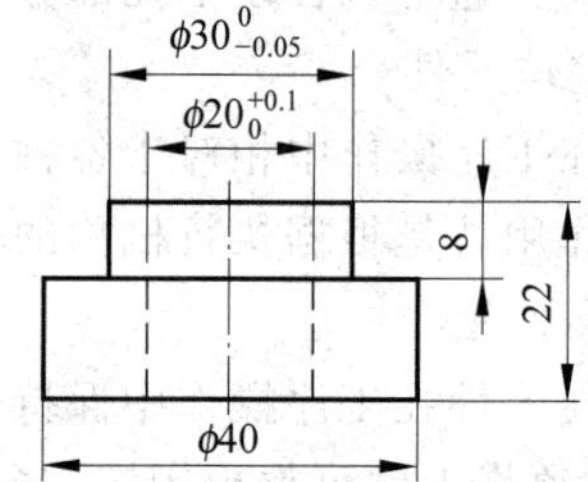

图 10-4 选择精确的表面对工件进行定位

(2) 实现尺寸精度的要求。

对工件定位要选择加工精度最高的表面。加工过的表面的精度要好于未加工过的表面,当有多个加工过的表面可以定位时,要选择最精确的加工表面作为定位面。

图 10-4 为某车削工件,对其中心定位可以选择 3 个圆柱表面来实现,3 个表面的加工精度不同,选择尺寸为 $\phi 40$ 的圆柱面进行定位精度最差;选择尺寸为 $\phi 30$ 的圆柱面定位精度最高;选择内孔 $\phi 20$ 进行定位,其精度则介于上述两者之间。

(3) 约束工件的自由度。

在没有约束的情况下,工件允许的自由度包括沿 X、Y、Z 轴的全部移动及绕 X、Y、Z 轴的全部转动,定位就是根据需要限制工件上述全部或部分自由度。

(4) 定位机构应该使工件上料及卸料更容易、更快速,目的在于降低产品制造成本。

10.1.2　定位的基本方法

对工件定位主要有以下 3 类方法：

- 利用平面定位；
- 利用工件轮廓定位；
- 利用圆柱面定位。

1. 利用平面定位

对于具有规则平面的工件，通常都简单、方便地采用平面来定位。

(1) 一个平整的平面可以采用 3 个具有相等高度的球状定位支承钉来定位。一个立方体可以通过 6 个定位钉来限制沿 X、Y、Z 轴的全部移动及绕 X、Y、Z 轴的全部转动。

(2) 粗糙而不平整的平面或倾斜的平面需要采用 3 个可调高度的球状定位支承钉来定位。

(3) 机加工过的平面可以采用端部为平面的垫块或球状定位支承钉来定位。

(4) 为了防止工件在工序操作(例如机加工)过程中产生振动和变形，有必要采用附加的可调支承。调整可调支承所需要的力必须最小，以免使工件位置发生变化或抬高工件。

(5) 为了避免工件上的毛刺及尘埃影响工件的定位，在定位夹具上工件的转角部位应设计足够的避空空间。

2. 利用工件轮廓定位

对于没有规则平面或圆柱面的工件，通常利用工件的轮廓面来定位。

(1) 利用工件轮廓定位，其中的一种方法就是采用一个具有与工件相同的轮廓、周边配合间隙都相同的定位板来定位，这是一种较粗略的定位方法，如图 10-5 所示。

(2) 利用工件轮廓定位的另一种方法就是采用定位销来对工件轮廓或圆柱形工件进行定位，在工件轮廓的适当部位设置定位销，如图 10-6 所示。

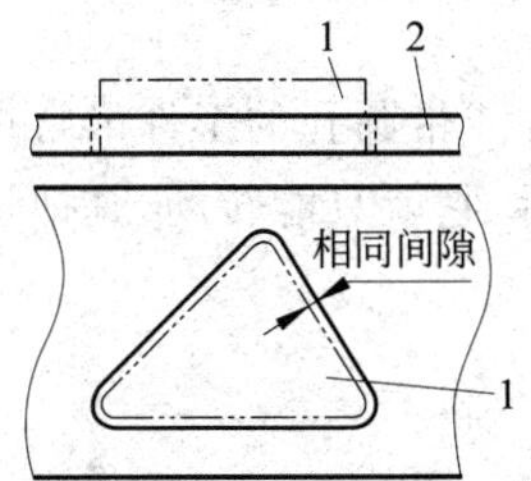

图 10-5　利用工件轮廓定位

1—工件；2—定位板

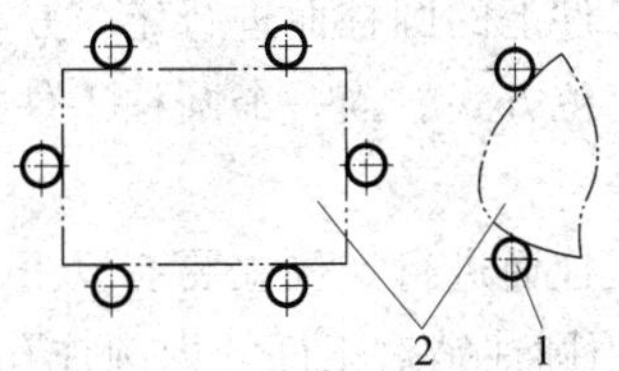

图 10-6　利用定位销对工件轮廓定位

1—定位销；2—工件

(3) 在不同批次工件的尺寸有一定变化的情况下，可以采用一种可以转动调整的偏心定位销来定位，使定位机构适应不同批次工件尺寸上的变化，如图 10-7 所示。

在图 10-7 所示的工件中，工件右侧有一个经过铣削加工的平面，在每一批工件中该面与工件中心的距离 F 都具有一致性，只要针对每一批工件旋转调整可调偏心定位销 3 到适当的位置，最后将螺钉 4 固定即可完成定位尺寸的调整。

(4) 采用定位板对工件轮廓定位。

由于零件的加工主要采用普通机械加工、冲压、注塑等工艺，一般情况下工件的尺寸变化都较小，所以通常采用一种称为定位板的方法对工件轮廓进行定位，如图10-8所示。

定位板的内孔轮廓与工件的实体外部轮廓相匹配并设计有合适的配合间隙，工件可以很容易地放入定位板的内孔轮廓中，同时又可以提供满足工序需要的定位精度，这也是在自动化装配中大量采用这种定位方法的原因。

定位板既可以与工件的全部轮廓相匹配，如图10-8(a)所示，也可以与工件的部分轮廓相匹配，如图10-8(b)所示。定位板的高度必须低于工件的高度，以保证机械手手指或人工能够方便地取出工件，对于厚度较薄的板材冲压件，需要设计卸料专用的卸料槽。定位板相对于夹具底板的位置调整完毕后采用定位销来固定其位置，并通过螺钉与夹具底板连接固定。

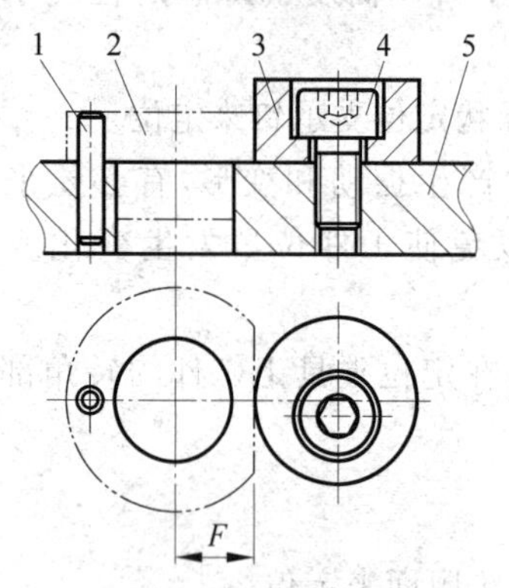

图10-7 利用可调偏心定位销对尺寸有变化的工件进行定位

1—定位销；2—工件；3—可调偏心定位销；4—螺钉；5—夹具底板

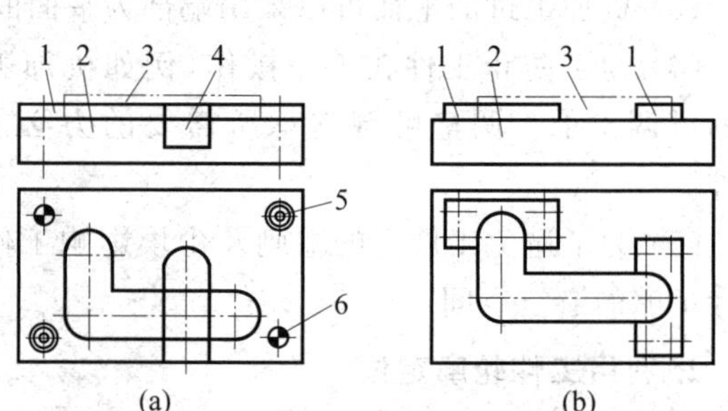

图10-8 利用定位板对工件轮廓进行定位

(a) 全部轮廓定位；(b) 部分轮廓定位

1—定位板；2—夹具底板；3—工件；4—卸料槽；5—螺钉；6—定位销

3. 利用圆柱面定位

利用工件上的圆柱面进行定位是轴类、管类、套筒类工件或带圆孔的工件最常用的也是最方便的定位方式。当一个圆柱工件通过端面及中心定位后，它就只能转动，其他运动全部被约束。

利用圆柱面进行定位主要有以下3种方法：

- 利用圆柱销对工件的内圆柱孔进行定位；
- 利用圆柱孔对工件的外圆柱面进行定位；
- 利用V形槽对工件的外圆柱面进行定位。

1) 利用圆柱销对工件的内圆柱孔进行定位

如图10-9所示，当利用工件的内圆柱孔进行定位时，只要将工件放入配套的定位销中即可，这样工件沿 X、Y 轴方向的移动及绕 X、Y 轴的转动都被限制，当从上方进行夹紧后，沿 Z 轴方向的移动最后也被限制。

在这种定位方式中，定位销的入口端部必须设计倒角以方便工件的定位孔顺利套上定位销，在定位销下方的根部必须设计避空槽，以避开工件孔边毛刺的影响。定位销通过紧配合装配固定在定位夹具底板上。

利用圆柱销对工件的内圆柱孔进行定位时，单独的一个定位销还不能限制工件绕定位中心的转动运动，因此还需要设计第二个定位结构，例如采用两个圆柱销来定位就可以保证工件被完全约束。为了提高工件的定位精度，两个销钉之间的距离要设计得尽可能远。

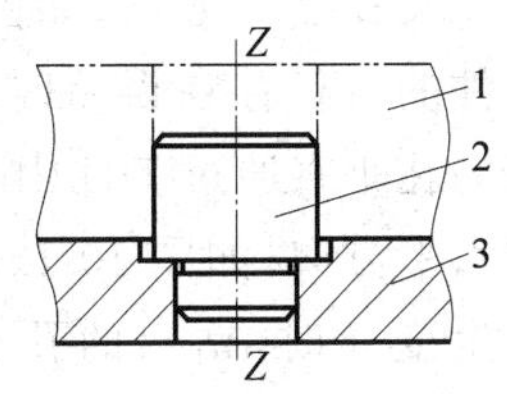

图 10-9　利用圆柱销对工件的内圆柱孔进行定位

1—工件；2—定位销；3—夹具底板

2）利用圆柱孔对工件的外圆柱面进行定位

如图 10-10 所示，当需要对工件的外圆柱面进行定位时，只要将工件放入专门设计的定位孔中即可。在这种定位方式下，为了提高定位夹具的工作寿命及可维修性，通常采用一种衬套来实现，衬套孔口必须设计足够的倒角，以方便工件顺利放入定位孔中。此外，在衬套长度较大的情况下，衬套定位圆孔的中部必须避开工件，以实现工件的快速装卸。

3）利用 V 形槽对工件的外圆柱面进行定位

（1）粗略的定位

V 形槽大量用于对外圆柱面进行定位，如图 10-11 所示，将工件外圆柱面紧靠 V 形槽的两侧，工件的中心就确定了。这种固定的 V 形槽只用于粗略的定位，通常用螺钉及定位销与夹具连接固定在一起。

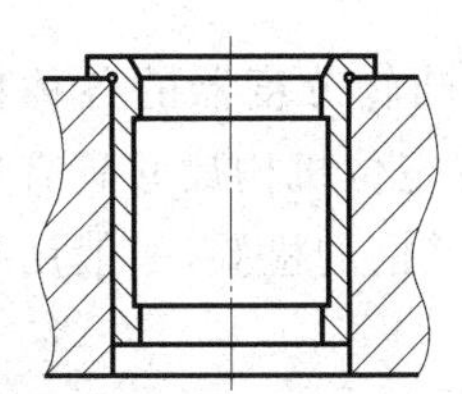

图 10-10　利用圆柱孔对工件的外圆柱面进行定位

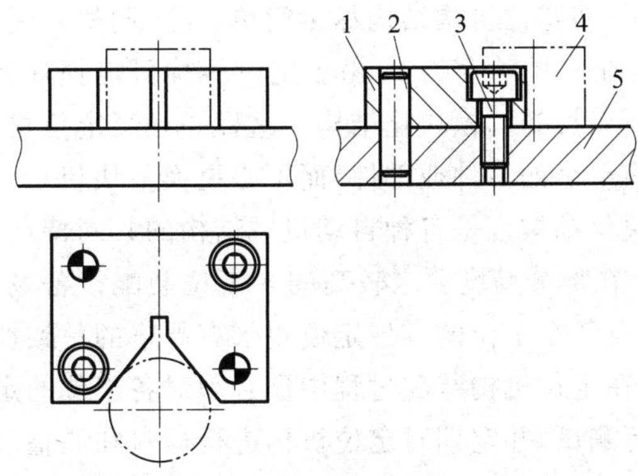

图 10-11　利用固定的 V 形槽对工件外圆柱面进行定位

1—V 形槽；2—定位销；3—螺钉；4—工件；5—夹具底板

（2）精密定位

考虑工件尺寸的变化，更精确的 V 形槽定位装置必须将 V 形槽设计成可调的，使V 形槽能够沿其中心移动。这种移动既可以通过调整螺钉来实现，也可以通过凸轮或手动偏心轮来实现。为提高定位机构的效率，可以采用弹簧机构提供凸轮返回初始位置的回复力，V 形槽的移动还必须通过导向板来导向。通常将 V 形槽的槽边设计成带轻微的斜度，这样可以在夹紧工件后对工件产生一个向下的夹紧分力。

（3）V 形槽的安装方向

V 形槽的安装必须有正确的方向，以便在这种定位方式下即使工件尺寸发生变化也不影响工序操作。

以圆柱形工件的钻孔加工为例，当需要在垂直于工件轴心的位置上钻一个孔时，必须将

V形槽安装在竖直方向,如图10-12(a)所示,这样当工件的直径存在误差时工序始终能够保证加工出的孔垂直通过工件中心。如果将V形槽安装在水平方向,如图10-12(b)所示,当工件的直径发生变化时,钻出的孔会偏离工件中心位置,例如当工件直径变小时会产生尺寸偏移量A。

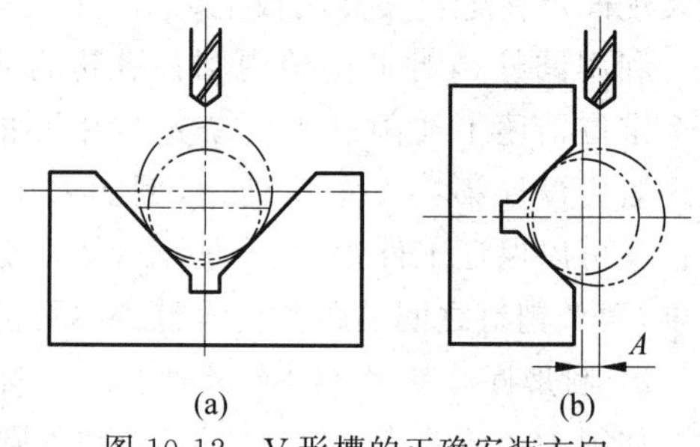

图10-12 V形槽的正确安装方向

10.1.3 自动机械中的定位机构设计

1. 定位机构设计原则

既然定位机构是自动机械必不可少的重要结构,那么在进行定位机构设计时应该遵循哪些设计原则呢?根据从事自动机械设计及使用维护的经验,下面总结了部分原则和经验,供读者学习、参考。

(1) 设计定位机构时应该在满足加工或装配要求的前提下限制最少的自由度,以简化机构,但不允许出现欠定位或过定位的情况。

(2) 选择定位基准时,应该尽可能选择将设计基准作为定位基准,以减少定位误差。

(3) 在自动化装配生产中,工件的定位主要根据具体工件的外形、设计基准等因素具体分析确定,使定位机构结构尽量简单、加工调整方便、定位误差对装配精度的影响最小。

(4) 在大批量生产中,由于定位机构可能损坏或失效,需要定期更换,因此一般都将其设计成可以拆卸的模块化结构。这样一旦当定位机构的有效工作部件磨损或损坏时,可以及时更换单个的零件或部件,而不必更换整块机构,既降低成本,又可以使维修快速、方便。这种模块化结构也是各种自动机械结构的共同特点。

(5) 在部分精度要求较高的多工位装配设备场合,例如采用凸轮分度器的各种自动化专机上,对各个工位的零件定位要求有严格的一致性,不仅要求各定位机构尺寸具有严格的一致性,在定位机构装配过程中还必须对各工位的定位精度进行严格的检验,一般用打表的方法进行测试,并定期对定位机构进行检验和调整。

(6) 定位机构的基本要求为定位准确,在保证定位误差能满足工艺要求的前提下尽可能结构简单。

(7) 尽可能采用自上而下的装配或加工方式——金字塔式装配方法

在自动化装配生产中,由于从侧面或下方进行加工或装配等操作将增加自动化机构的难度,使机构更复杂,而巧妙地利用工件重力的作用可以使机构大大简化,所以在多数情况下都采用自上而下的装配方式,即所谓金字塔式的装配方法。在手工装配操作中,工人们都很自然地采用了这种方式,因为这种装配方式最省力。图10-13为金字塔式装配方法的示意图。

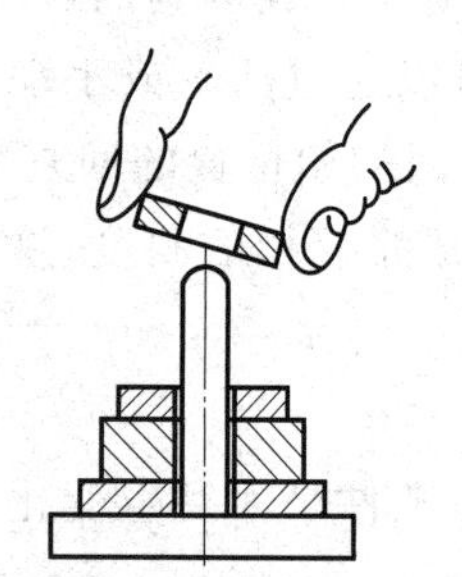
图10-13 金字塔式装配方法

这种方法最大的优点是:在自上而下的装配方式下,每个零件都放置在已安装零件的顶部,这样就可以利用零件自身的重力来帮助送料和放置零件,因而可以使自动机械的结构简化。例如螺钉的自动化送料装置中经常采用塑料导管,使螺钉沿竖直方向的塑料导管逐个落入装配位置，料仓送料装置也是利用了工件的重力作用使其自由落下。所以自动机械的各种送料机构、装配执行机构都设计在定位机构的上方，自动化生产线上各种装配专机都设计在输送线的上方。

自上而下进行装配的另一优点为：可以利用工件的重力使工件保持其定位状态，工件依靠底面和周边进行定位，即使有垂直向下的操作附加力也不需要从工件上方对工件进行夹紧，如压印、铆接、贴标等，因而大大简化了定位机构的结构。

采用自上而下的装配方式是自动机械结构设计的基本规律，从总体方案到局部模块设计，绝大部分情况下都采用这种方式，除非因为其他原因这种方式极难实现时才采用其他的方式。例如：

- 机器的装配执行机构一般都设计在定位机构上方而进行自上而下的操作；
- 机械手上料、卸料时都使工件通过重力落下放置到需要位置；
- 各种料仓送料装置利用工件的重力下落；
- 各种胶水点胶、润滑油或润滑脂涂布等操作都自上而下进行；
- 螺钉螺母连接、铆接；
- 液体的灌装；
- 各种包装操作，等等。

2. 自动化装配定位机构设计实例

在继电器、开关、仪表、传感器等行业，许多装配工艺都是铆接、螺钉螺母连接、焊接等，大量采用了各种银触头，银触头的铆接是上述产品制造过程中重要的工序之一。

银触头作为直接使电路接通或断开的电接触元件，它一般是由紫铜基体材料与银合金材料复合而成，这些材料都是高导电材料。一对银触头在相互接触状态下具有很低的接触电阻(例如 50 mΩ 以下)，同时具有较高的通断使用寿命(例如 10 万～30 万次)。银触头材料都具有较低的硬度，便于铆接时材料的变形。图 10-14 为常用银触头形状实例。图 10-15 为典型银触头在工程上的部分应用实例。图 10-16 为典型的两种铆钉型银触头结构。

图 10-14　常用银触头形状实例

在银触头的自动化装配工艺中，银触头普遍采用振盘送料装置自动送料，需要将上述银触头零件与其他导电零件(如接线端子、高导电弹簧片等)通过使银触头变形的方式铆接在一起。那么在铆接过程中如何对银触头零件进行定位呢？

首先要对银触头零件的形状、重要尺寸、铆接工艺要求进行深入的分析，以确定最佳定位方案。

如前所述，采用自上而下的装配方式是最简单的方式，所以将零件都设置在竖直方向进

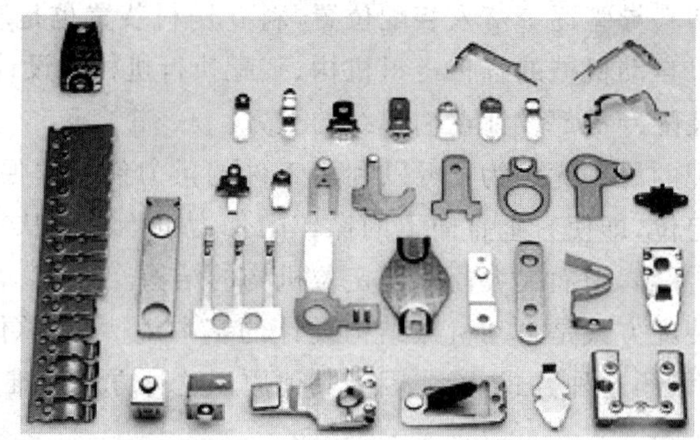
图 10-15 典型银触头应用实例

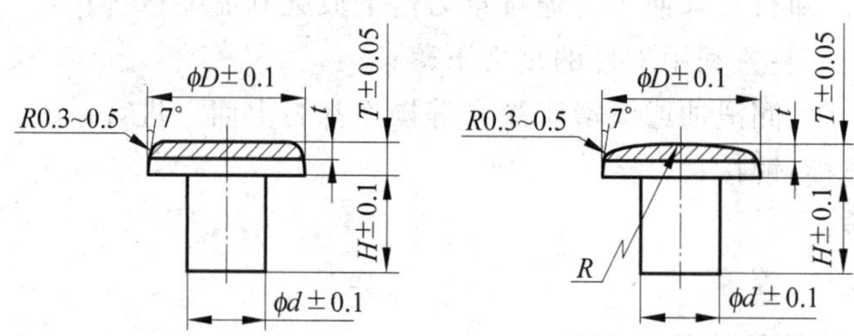

图 10-16 典型的铆钉型银触头结构

行定位、装配。铆接过程中让零件在高度方向上进行变形，铆接时零件只承受自上而下的垂直压力，所以只需要在 X、Y 水平面内将银触头零件的位置进行定位，高度方向上采用一个端面在定位机构中定位即可。需要铆接变形的部位为小直径端，很显然需要用零件的大面积端面进行定位，如果该面是平面形状，就用平面来定位。以球形触头为例，大端端面是圆弧球面，所以需要在定位机构上设计加工一个与该曲面在形状上吻合的曲面来定位。定位装置的结构如图 10-17 所示。

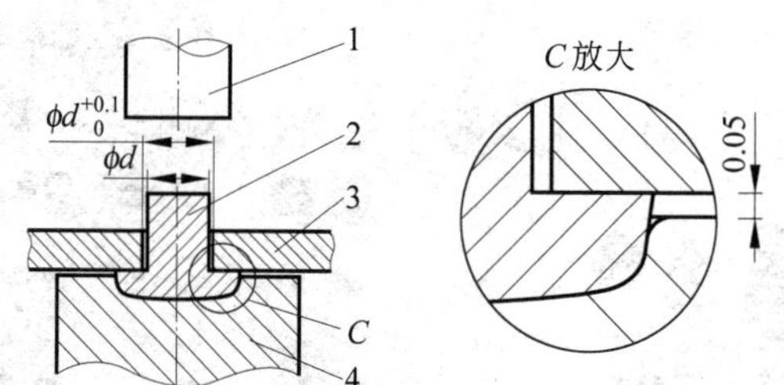

图 10-17 典型的球面铆钉型银触头定位机构示意图

1—铆接上模；2—工件 A(银触头)；3—工件 B；4—铆接下模

为此，必须根据工件的特殊形状设计一个专用的定位装置，该装置的功能为：将工件 A、工件 B 按先后次序放入该装置后，两个工件自动具有确定的相对位置，而且不损坏工件表面。由于银触头的材料硬度较低，表面粗糙度较低，为了在铆接过程中不致使其定位面发生变形或粗糙度升高，作为定位机构的一部分，铆接下模的支承曲面必须保证与银触头端面的形状完全吻合，同时还要具有较低的粗糙度和硬度。由于银触头零件的尺寸较小，要在铆接下模上加工出与银触头球面完全相反的曲面，在工艺上存在较大的难度，这既是定位机构的设计要点，也是制造工艺上的难点。

上述难点对于银触头的使用企业而言确实不容易解决，但对银触头零件的生产厂家来说解决这一难题则较为方便。因此，工程上最好的方法就是银触头零件的生产厂家在制造银触头零件的同时，按照需方企业的零件尺寸配套加工出相应的定位下模，这样就可以保证定位下模的支承面形状与银触头零件的曲面形状完全吻合，保证在铆接时不会破坏银触头表面的形状，从而保证产品的性能。

为了保证放入工件 B 时使其孔中心自动与银触头零件的中心重合，还需要在铆接下模的上方采用搭接方式设计一个类似图 10-8 所示的定位板(未画出)来定位工件 B。另外，为了在铆接过程中使两个工件完全贴紧，铆接下模的定位孔深度应该适当低于银触头零件的厚度，使其具有约 0.05 mm 的高度差。

10.2　自动机械中的典型夹紧方法与机构

在自动化生产中，对工件的夹紧一般都是采用各种夹紧机构自动完成的，在加工或装配操作之前对工件进行定位与夹紧，在加工或装配操作完成之后还需要将工件松开。因此，夹紧机构需要完成自动夹紧和自动放松两个动作。

根据驱动方式的不同，工程上采用的自动夹紧机构主要有以下几种类型：

- 气动夹紧机构；
- 液压夹紧机构；
- 弹簧夹紧机构；
- 手动快速夹具。

下面分别举例说明上述几种类型的自动夹紧机构。

1. 气动夹紧机构及工程应用

由于气动夹紧机构结构简单、成本低廉、维护简单，因而在工件体积不大或质量较小、附加操作力不大的场合大量采用这种夹紧机构，如轻工、电子、仪表、电器、五金等行业。

1) 气动夹紧机构原理

气动夹紧机构是气动技术最基本的应用方式之一，其原理可以用图 10-18 来说明。

气动夹紧机构的原理非常简单，在气缸活塞杆端部安装一块夹紧板，工件放置在定位机构中后，气缸活塞杆伸出时夹紧板将工件夹紧，然后机器设备上的各种执行机构对工件进行机械加工或装配操作。工序操作完成后，气缸活塞杆缩回，撤销对工件的夹紧状态。

由于对工件的夹紧要求夹紧板在夹紧及放松时的工作行程很小，所以夹紧机构采用的气缸通常只需要很小的行程，为了使夹紧机构结构紧凑，尽可能只占用最小的空间，所以工程上通常采用 FESTO 公司的紧凑型气缸(ADVU 系列、ADVUL 系列)、SMC 公司的短行程气缸或薄型气缸(CQ2 系列、CQS 系列)。

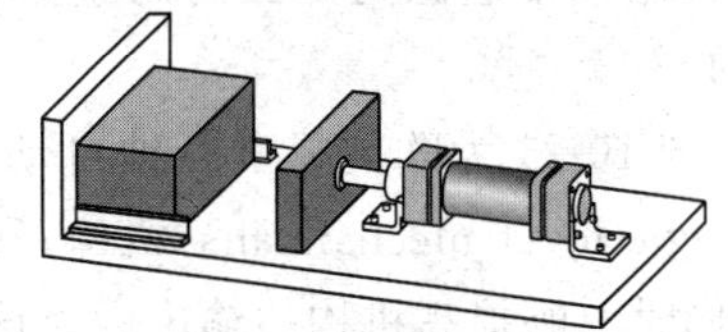

图 10-18　气动夹紧机构原理示意图

夹紧机构夹紧力的大小是通过选定气缸的合适缸径及调整气缸压缩空气进气压力来保证的。首先，根据需要的夹紧力选择合适缸径的气缸，在某些对夹紧力要求非常精确的工序操作(例如超薄金属材料的电阻焊接)中，夹紧力属于一项重要的工艺参数，可以通过精确调节气缸的进气压力来获得精确的夹紧力。

图10-19为某铰链钻孔铰孔自动化加工专机结构示意图。将工件移送到定位夹具上后，夹紧气缸2首先向下夹紧工件，然后钻孔驱动单元驱动钻头向下进给钻孔后返回，工作台驱动气缸伸出，带动工作台向左运动，将工件及定位夹具换到铰刀的下方，铰孔驱动单元驱动铰刀向下进给铰孔后再返回，完成铰孔动作。工作台驱动气缸缩回，使工件及定位夹具返回到钻孔位置。最后夹紧气缸2缩回，将工件放松，完成一个工作循环。

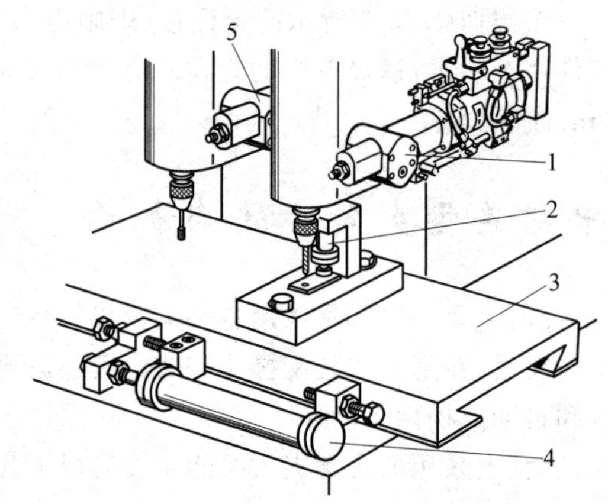

图10-19 某自动加工专机上的气动夹紧机构实例

1—钻孔驱动单元；2—夹紧气缸；3—工作台；4—工作台驱动气缸；5—铰孔驱动单元

这种气动夹紧机构的例子决不仅局限于机械加工行业，自动化装配及其他场合也大量采用了这种气动夹紧机构。气缸夹紧的方向既可以自上而下夹紧，也可以从下向上方夹紧，也可以在水平方向上进行夹紧。

2) 通过连杆机构改变夹紧力的方向、作用点或夹紧力的大小

由于在工程应用中工件的形状、大小、需要夹紧的部位、夹紧方向等经常是各不相同的，受到夹紧方向、夹紧部位、气缸安装空间等因素的限制，经常需要改变夹紧力的方向、作用点或作用力的大小，所以需要根据实际情况灵活地设计夹紧机构。采用连杆机构就是最常用的方法之一，这样可以使夹紧机构避开自动机械上的其他机构(如执行机构等)，以方便其他重要机构的设计。图10-20为几种典型的气动夹紧机构。

在自动机械的夹紧或铆接机构中，在需要较大输出力的场合，如果简单采用大直径的气缸，不仅气缸体积笨重，气缸使用时耗气量大，气缸的采购成本和使用成本高，而且即使采用最大直径的气缸(如SMC公司CS1系列最大缸径300mm)，气缸的输出工作力也是非常有限的，但非常遗憾的是国内的企业目前几乎都是按这种简单、原始的低效结构进行设计制造的。

图10-21为欧美国家各种自动化机器中广泛采用的一种力放大机构，在国外被称为"Toggle-lever mechanisms"机构，利用机构的传力特性，改变气缸输出力的方向、力的作用点，同时大幅提高机构的输出力。该机构不仅广泛用作夹紧机构，还广泛用于自动化装配中的铆接机构、压印机构等，也用于冲压机构。

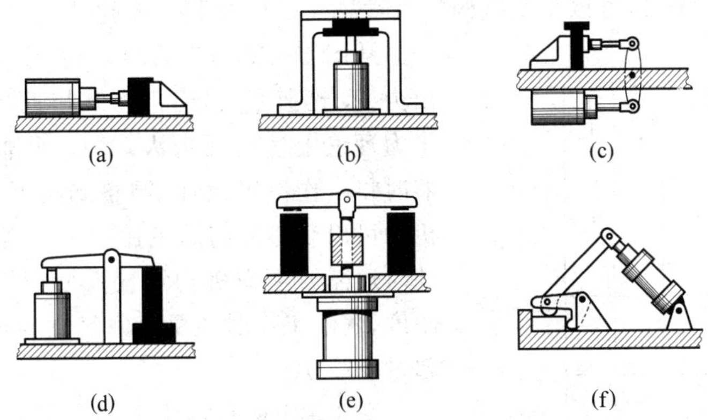

图 10-20　几种典型的气动夹紧机构

(a)、(b) 普通的水平方向及竖直方向夹紧；(c)、(d) 通过一个杠杆机构改变气缸作用力的方向对工件进行夹紧；(e) 将气缸安装在工件的下方使气缸缩回时对工件进行夹紧，可以节省结构空间；(f) 属于偏心夹紧机构，气缸缩回时对工件在两个方向进行夹紧

我们通过对图 10-21 的机构进行力学分析，其机构运动简图如图 10-22 所示，假设气缸在标准工作气压下的输出力为 F_0，末端输出部分承受的工作负载为 F_S，两个工作连杆之间的夹角为 θ，气缸在运动过程中缸身会产生一定的摆动，使气缸位置角度会产生轻微的变化，但进一步的计算分析可知其角度变化和影响很小，可以忽略不计，而假设气缸一直处于水平状态，同时忽略运动副摩擦力的影响。

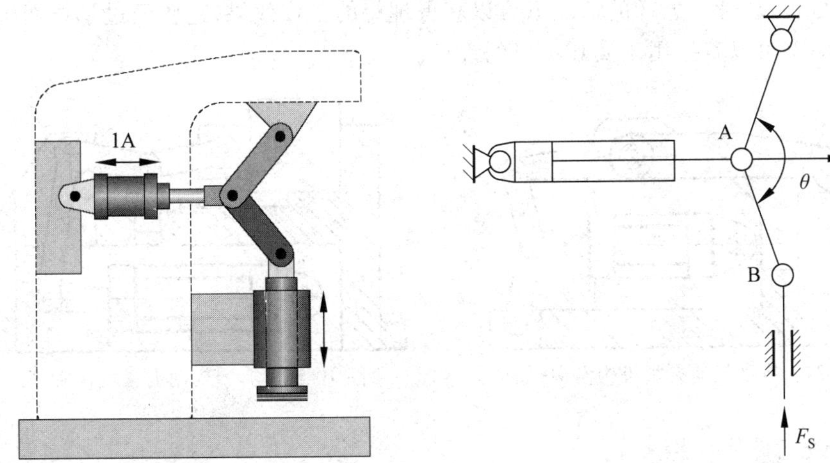

图 10-21　自动机械中的典型夹紧机构　　图 10-22　与图 10-21 对应的机构运动简图

分别以活动铰链 A、B 为对象进行受力分析，根据力的平衡原理，可以得出在 θ 的任一位置时，工作负载 F_S 为

$$F_S=\frac{F_0}{2}\tan\frac{\theta}{2} \tag{10-1}$$

如果将机构的输出力与气缸的输出力之比定义为机构的力学放大系数 K，则可以得出

$$K=\frac{F_S}{F_0}=\frac{1}{2}\tan\frac{\theta}{2} \tag{10-2}$$

根据不同的角度θ,可以得出机构的力学放大系数K随θ变化的规律如图10-23所示。

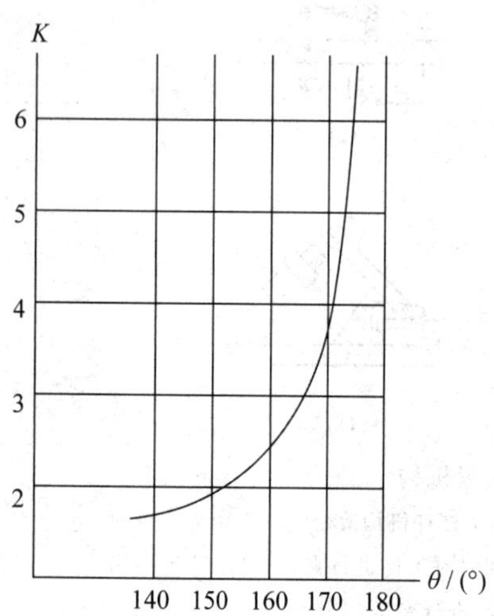

图10-23　与图10-21对应的机构力学放大系数变化规律

从图10-23可以看出,当角度θ变大时,机构输出力F_S迅速变大,当角度θ接近于180°时,机构输出力理论上达到无穷大。因此我们在设计、调整机器时将工作位置设计、调整到角度θ接近于180°时机构可以获得最高的工作效率。当然我们在实际设计时还需要考虑机构结构尺寸、材料应具有足够的刚度,气缸工作时还要考虑气缸的负载率(例如不要超过70%)。

图10-21所示机构中包含了一种非常重要的力学设计方法,为了使机构尽可能紧凑,占用的空间最小,降低成本,不希望或不能采用大缸径的气缸,经常通过采用连杆机构对气缸的输出力进行放大,也就是说采用一只普通尺寸缸径的气缸就可以使机构获得很大的工作输出力,不仅减小了机构占用的空间,更有效地降低了机器的制造成本和使用成本,欧美国家的各种自动化机器设备普遍利用了这种力学原理,读者可以进一步参考编者结合实际工作撰写发表的系列论文进行深入学习。

图10-24～图10-27为采用相同原理的类似应用实例,读者对这些机构的工作原理进行数学和力学分析,思考在怎样的情况下可以获得理想的工作效果,这些经过了长期生产使用验证的成熟案例可以直接用于实际项目的设计。

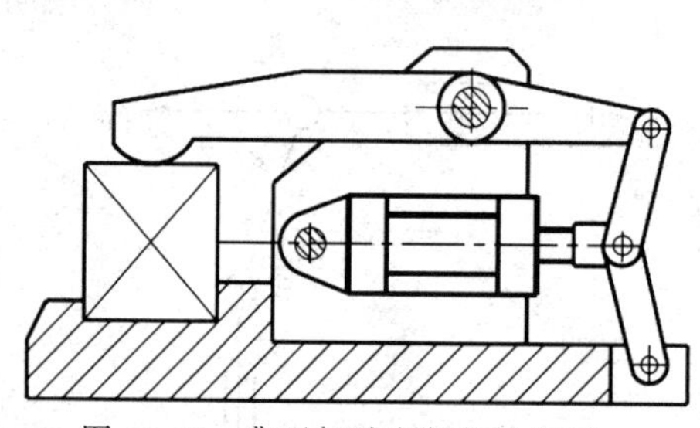
图10-24　典型气动夹紧机构实例一

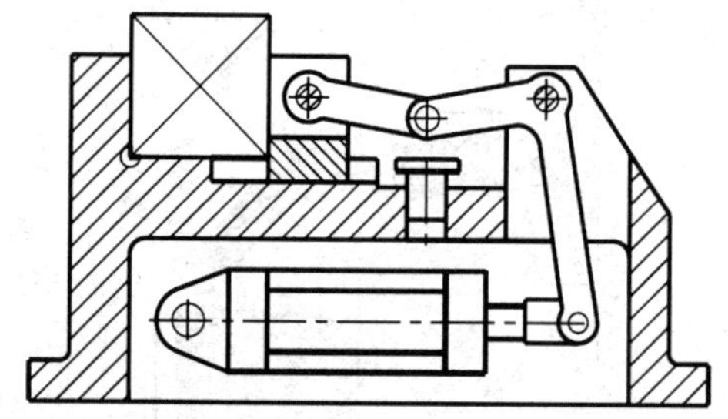
图10-25　典型气动夹紧机构实例二

3) 工件较宽时的夹紧

对于宽度不大的普通工件,一般采用一只气缸单点或小平面就可以实现可靠夹紧。但在实际工作中经常会碰到一些较长或较宽的工件,仅靠一只气缸在单点夹紧是不可靠的,这种情况下必须采用两只(或多只)气缸加上具有一定宽度的挡板在平面上进行夹紧。

图10-28为较长工件的气动夹紧机构实例,将两个气缸活塞杆与一个具有一定宽度的挡板连接在一起,通过挡板在平面上进行夹紧。由于两只气缸工作时需要同步动作,因此这种情况下的气动回路就是典型的同步气动控制回路,两只气缸的进气口和排气口分别与同一个节流调速阀连接在一起,如图10-29所示。

这种夹紧机构在装配调试时还需要仔细地调整气缸的安装位置,也就是挡板与活塞杆

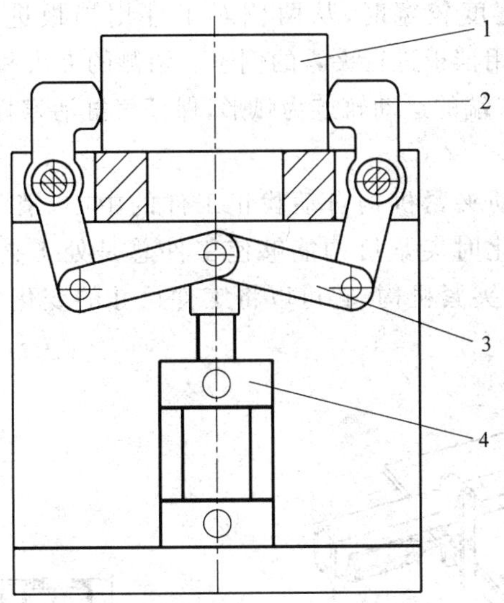

图 10-26　典型气动夹紧机构实例三

1—工件；2—夹紧杆；3—连杆；4—紧凑型气缸

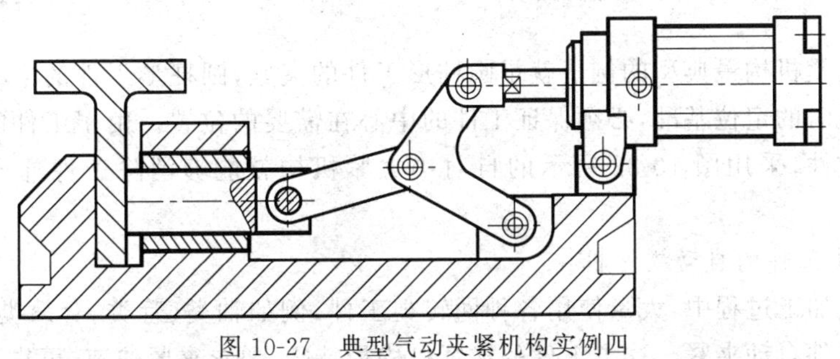

图 10-27　典型气动夹紧机构实例四

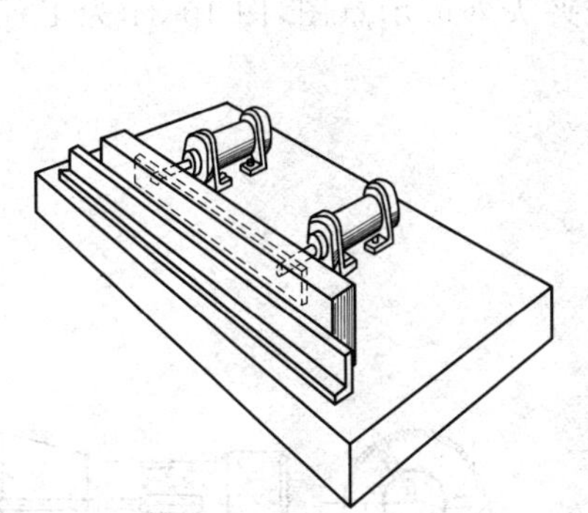

图 10-28　适合于长工件的气动夹紧机构

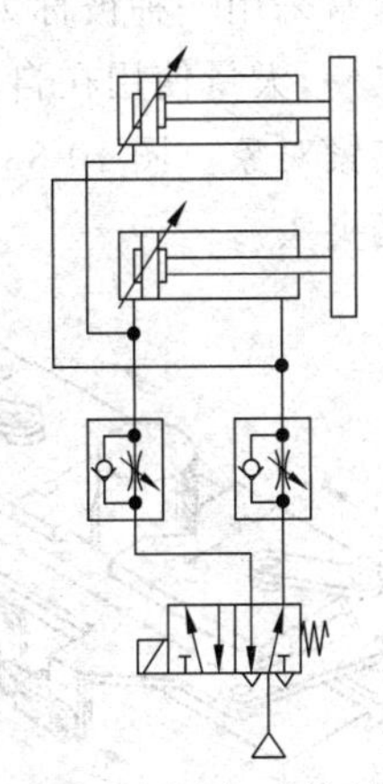

图 10-29　同步气动控制回路

之间的相对位置，使挡板平面与工件待夹紧平面保持平行，保证工件在整个挡板平面上可靠夹紧，同时也避免气缸活塞杆承受弯曲力矩而损坏气缸。当然夹紧气缸也可以不采用刚性连接而分别在工件的不同部位进行夹紧。

当工件长度较长和宽度较宽时，从两侧对工件用挡板进行夹紧也是常用的方式，图10-30就是这种从两侧用挡板进行夹紧的例子。两侧的夹头和气缸都采用耳轴耳环的安装方式，这样气缸活塞杆末端的运动轨迹为弧形，保证气缸活塞杆能够自由活动。

4）自对中夹紧

在很多场合，需要气动夹紧机构自动找正工件的中心，消除工件尺寸变化带来的影响，即当工件尺寸发生变化时夹紧机构能够使工件总是处于夹紧机构的中心。图10-31为典型的矩形工件自对中夹紧机构，它可以将工件尺寸的变化均匀地分配到夹紧机构的两侧。

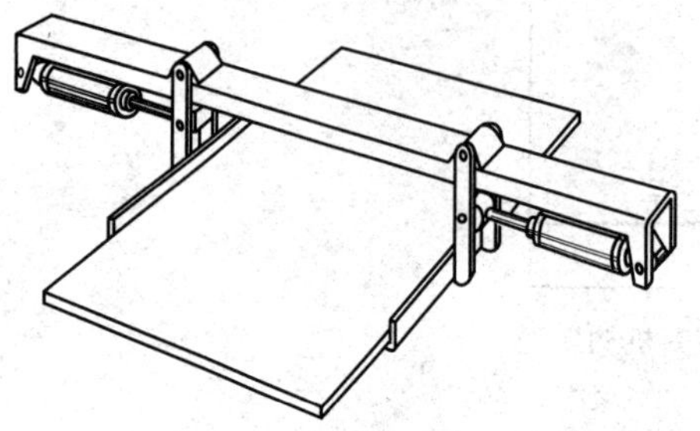

图10-30 从工件两侧用挡板进行夹紧

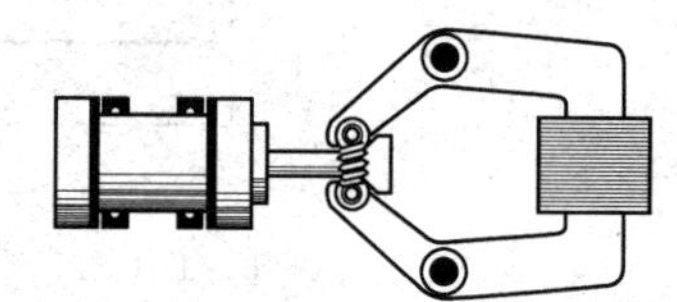

图10-31 矩形工件自对中夹紧机构实例

自对中夹紧机构最典型的例子就是圆柱形工件的夹紧，圆柱形工件的中心是对工件进行加工或装配时的定位基准，必须保证工件的中心在需要的位置。由于工件的外径尺寸具有一定的分散性，采用图10-32所示的自对中夹紧机构就能够消除工件外径尺寸误差的影响。

5）轴套类工件的自动夹紧机构

在自动化加工过程中，大量使用各种回转类工件，例如轴类、管类、套筒类等工件，需要在加工前将工件自动夹紧。这类工件的夹紧机构最特殊，要求夹紧快速、可靠而且具有自对中功能。通常采用一种被称为弹簧夹头的典型自动夹紧机构，它是五金、机械加工等行业的标准夹具之一，大量使用在自动车床、铣床等自动化加工及装配设备上，圆柱形工件是其中最简单的夹紧对象。图10-33所示为典型的弹簧夹头外形示意图，图10-34为工程上各种形状的弹簧夹头。

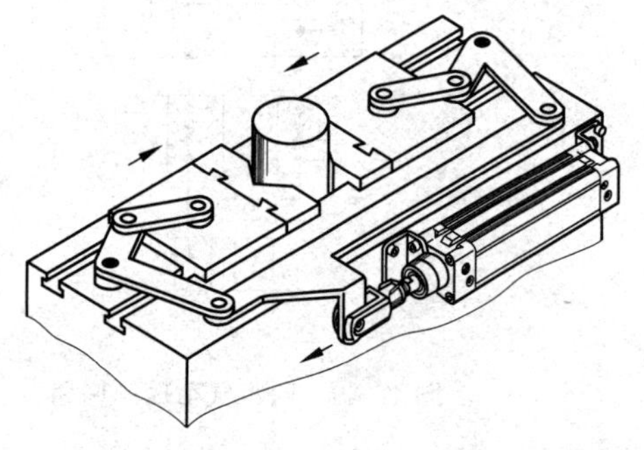

图10-32 圆柱形工件的自对中夹紧机构实例

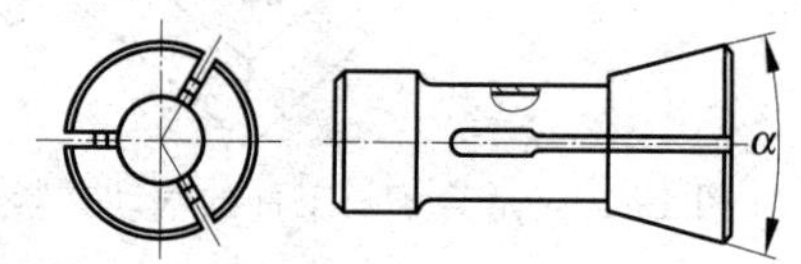

图10-33 典型的弹簧夹头外形示意图

弹簧夹头是一种典型的自动定心夹紧装置，它同时对工件实现定位与夹紧。通过工件

图 10-34　弹簧夹头的一般形状

的外圆进行定位，在外圆上夹紧。如图 10-33 所示，在弹簧夹头上通常沿纵向加工出3～4 条切槽，使其在径向具有较小的刚度(一定的弹性)，并在头部设计成具有一定角度 α 的锥头，工件则放入弹簧夹头的中心孔中。

弹簧夹头必须与夹具体及操作元件装配在一起才能使用，图 10-34 所示为弹簧夹头的一般形状，图 10-35 所示为弹簧夹头使用的原理示意图。

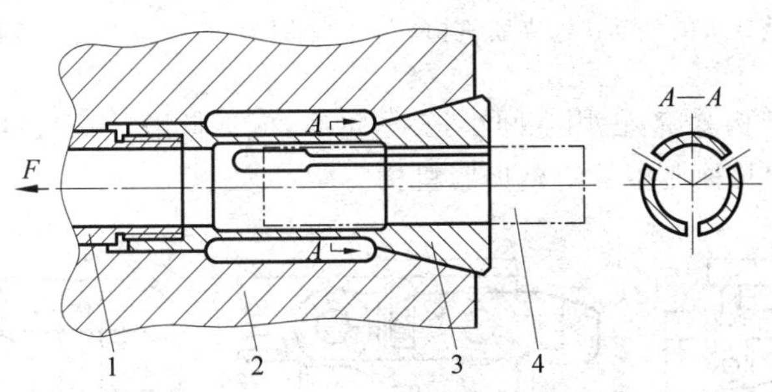

图 10-35　弹簧夹头使用原理示意图

1—操作元件；2—夹具体；3—弹簧夹头；4—工件

在图 10-35 中，夹具体 2 上设计加工有与弹簧夹头 3 锥头角度相配套的锥孔，弹簧夹头的尾部则与操作元件 1 连接在一起。当工件 4 放入弹簧夹头的中心孔中后，操作元件 1 对弹簧夹头施加向后方向的轴向拉力 F 时，在滑动锥面的作用下，弹簧夹头带锥度的夹紧部位在径向产生微小的弹性变形，孔径变小。与此同时，弹簧夹头也会在轴向产生微小的位移，因而对工件实现均匀的夹紧。

当对工件完成加工后，操作元件的外加拉力取消，弹簧夹头在本身的刚度作用下，弹性变形消失，孔径变大，撤销对工件的夹紧状态，工件即可人工或自动取出。

弹簧夹头夹紧工件的驱动动力一般采用气缸，将气缸的拉力作用在弹簧夹头尾端的操作元件即可。由于其工作行程很小，所以夹紧放松动作都非常快。

弹簧夹头具有以下突出的特点：

- 结构简单，使用及安装方便；

- 能够对工件进行精确定位、快速夹紧、快速放松；
- 不仅适用于待加工或装配的工件，还适用于机床的刀具(如铣刀、钻头等)固装；
- 在不损坏工件的前提下具有较高的重复精度；
- 可以消除工件的尺寸误差对定位的影响。

弹簧夹头已经是一种标准的通用夹具，既可以直接从供应商处采购，也可以自行加工。目前市场上还有一种专门设计制造的带弹簧夹头的气动夹紧部件，将专用气缸与弹簧夹头集成在一起，用户只要在气缸上接上气管即可以使用，同时还可以在一定范围内更换弹簧夹头的规格，使用非常方便，如图10-36所示。

6) 斜楔夹紧机构

斜楔夹紧机构是利用斜面楔紧的原理来夹紧工件的，它是夹紧机构中最基本的形式，很多夹紧机构都是在此基础上发展而来的。斜楔夹紧机构的原理如图10-37所示，其中图10-37(a)采用斜楔直接夹紧工件，图10-37(b)的斜楔通过过渡件间接夹紧工件。

图10-36 采用弹簧夹头的气动快速夹紧机构

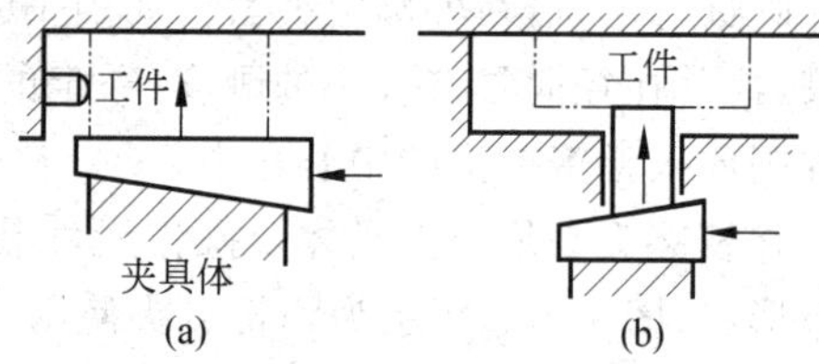

图10-37 斜楔夹紧机构工作原理示意图

斜楔夹紧机构结构紧凑，占用空间小，夹紧可靠，成本低廉，因而在自动化设备中应用非常广泛。图10-38为几种典型的斜楔夹紧机构。

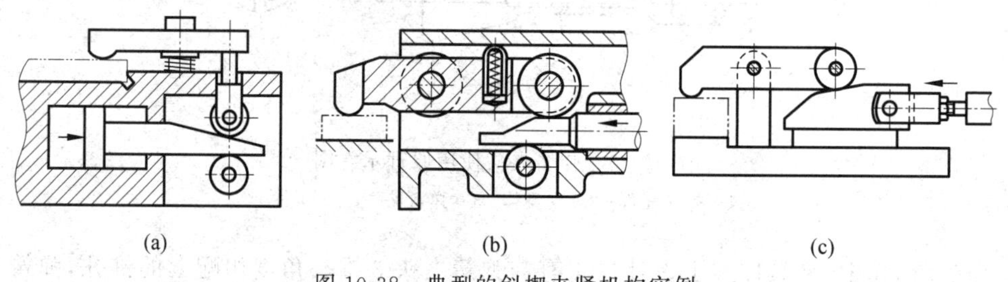

图10-38 典型的斜楔夹紧机构实例

斜楔夹紧机构的主要优点之一是通过改变驱动元件作用力的方向和作用点，使夹紧机构占用的空间减到最小。由于采用液压系统太复杂，而气动元件成本低廉，所以很多情况下都采用气缸驱动。由于对工件夹紧并不需要太大的行程，因此采用较小行程的气缸就可以了。

此外，斜楔夹紧机构可以将驱动元件(如气缸)的输出力进行放大，因而采用较小缸径的气缸就可以获得较大的夹紧力，既降低了成本，又减小了机构的体积。

为了提高增力倍数，减小摩擦损失，斜楔与传力连杆的接触通常采用滚动接触代替滑动接触，所以工程上经常直接采用微型滚动轴承作为传力连杆。

2. 液压夹紧机构

在某些行业，由于工件的质量较大或者加工装配过程中产生的附加力较大，需要夹紧机构具有更大的输出夹紧力，如果采用气动机构可能无法满足工艺要求，这种情况下就可以采用液压缸或气-液增力缸作为夹紧机构的驱动元件。最典型的应用例子如机床、大型机械加工、注塑机、压铸机、建筑机械、矿山机械等。

图 10-39 为典型的液压夹紧机构实例。

3. 弹簧夹紧机构

在工程上也大量采用简单的弹簧对工件进行夹紧，最典型的例子就是冲压模具中对工件材料的预压紧机构、铆接模具中对工件的预压紧机构。在冲压和铆接过程中都必须首先对材料或工件进行夹紧，然后才进行冲压和铆接动作，防止材料及工件移位。

图 10-40 为英国 RANCO 公司某控制开关自动铆接专机铆接模具的上模结构，其中就采用了典型的弹簧预压紧机构，该铆接模具用于某电器部件的自动化装配检测生产线。

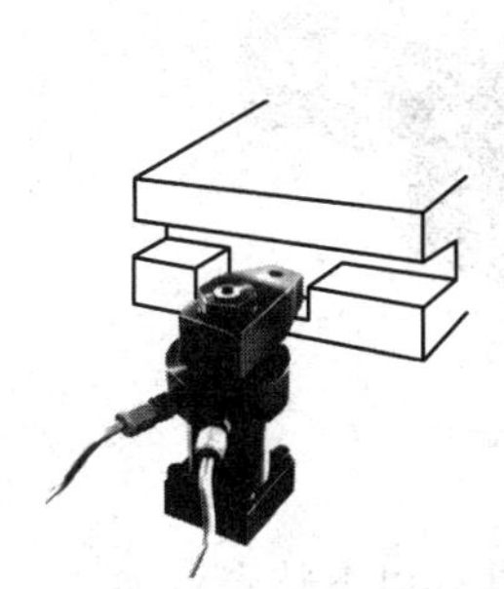

图 10-39　液压夹紧机构实例

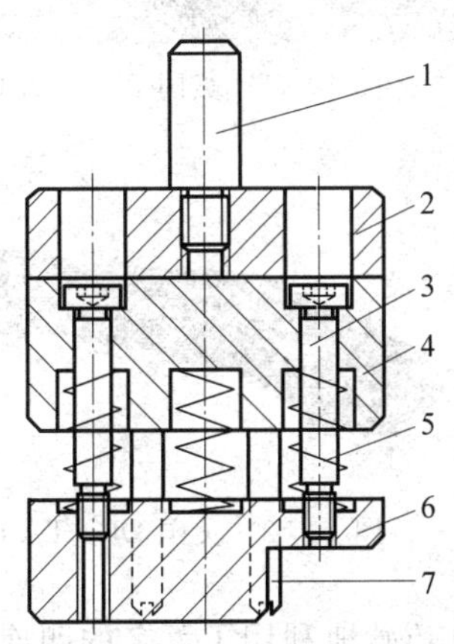

图 10-40　英国 RANCO 公司某自动铆接模具中的弹簧预压紧机构

1—模柄；2—连接板 A；3—导柱；4—连接板 B；
5—预压压缩弹簧；6—压紧块；7—铆接刀具

铆接模具的预压紧机构通常较简单。铆接过程一般首先由人工或自动(例如振盘或料仓等装置)将工件送入模具下模中的定位夹具中，由模具下模对工件进行定位及支承，然后模具上模在竖直方向从上往下对工件施加压力完成铆接工序。在铆接过程中必须防止工件发生移动，但很多情况下并不采用对工件设计专门夹紧机构的方法，而是在上方的模具上模中设计弹簧预压紧机构，利用压缩弹簧的压力将工件从上往下夹紧。

在图 10-40 所示结构中，由于铆接刀具 7 在高度尺寸上比压紧块 6 的底面内缩约 1～2 mm，在上模下行的过程中，首先是压紧块 6 接触工件，预压压缩弹簧 5 逐渐被压缩，并将弹簧的压力通过压紧块 6 将待铆接的工件从上往下预先夹紧，模具上模继续向下运动时铆接刀具才接触工件进行铆接操作。模具上模返回过程中，压缩弹簧变形恢复，自动使工件与模具上模脱离。

从图 10-40 还可以看出，铆接模具是一种模块化的结构，一般最容易损坏的零件是铆接刀具。当刀具磨损至无法满足使用要求时，只要将刀具拆下更换就可以了，不需要将整个部件报废，既降低了使用成本，又方便快速维修。

4. 各种手动或自动快速夹具

除在机械加工及自动化装配行业大量使用气动夹紧机构及液压夹紧机构外，还有一些行业大量采用人工操作或自动操作的快速夹紧夹具，用于对工件或产品进行快速夹紧，例如电子制造、五金等行业。图 10-41、图 10-42 分别为美国 DE-STA-CO 公司的部分手动及气动快速夹具。

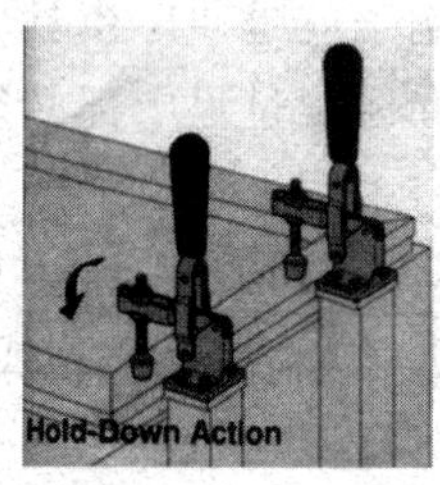

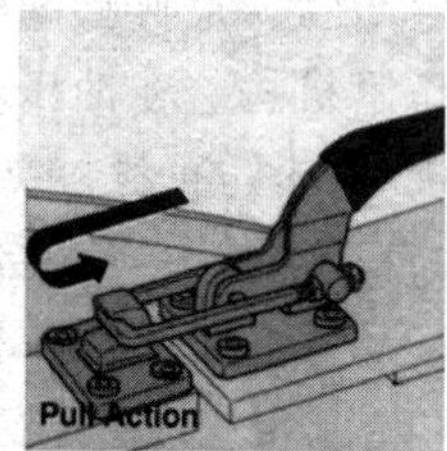

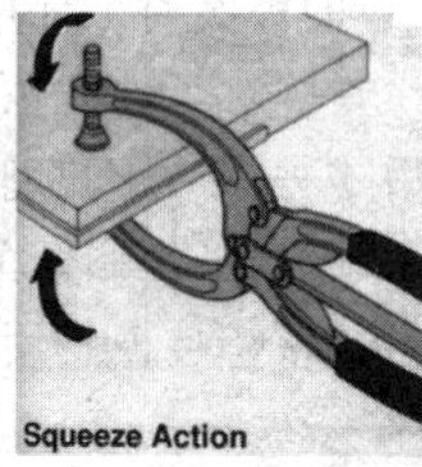

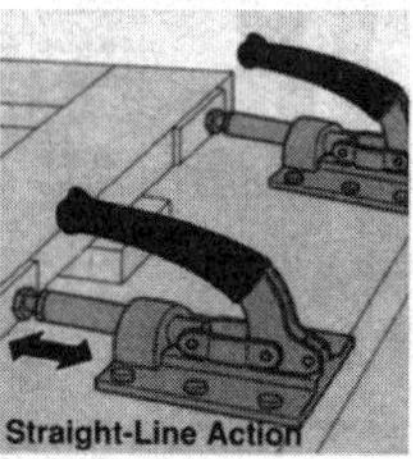

图 10-41 美国 DE-STA-CO 公司的部分手动快速夹具

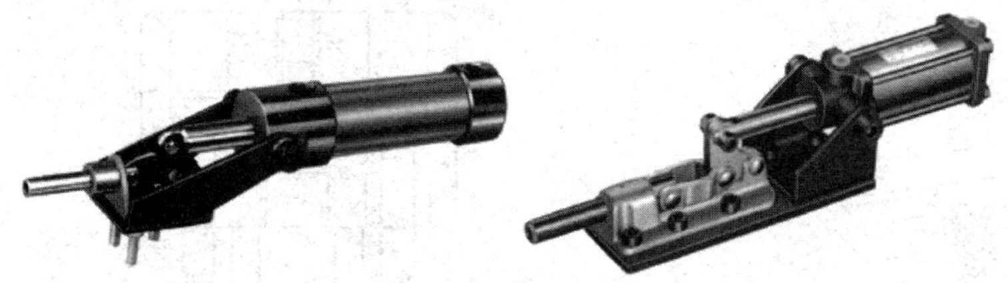

图 10-42 美国 DE-STA-CO 公司的部分气动快速夹具

这些快速夹具巧妙地利用了著名的四连杆机构的死点原理，具有以下特点：

- 夹紧快速，放松快，开口空间大，不妨碍装卸工件；
- 力放大倍数高：施以很小的作用力就可以获得较大的夹紧力；
- 自锁性能好：足以承受加工工件时产生的附加力，并保持足够的压力对夹紧状态进行自锁；
- 体积小，操作轻巧、方便；
- 制造成本低廉。

上述快速夹具既有用于手动操作的手动夹紧系列，也有用于自动操作的气动及液压驱动系列。其中手动夹紧系列广泛应用于各种对夹紧力要求不高的场合，例如五金、电子、汽车、自行车、家具等行业的装配、检测、焊接，也广泛应用于木材加工、塑料加工行业(如粘胶、钻孔、切割、研磨时的夹具)；而气动及液压驱动系列广泛应用于制造行业中的机械加工工序，例如钻孔、铣削、磨削、测试、安装等。较著名的制造商除美国 DE-STA-CO 公司外，还有日本的 KAKUTA 公司、中国台湾地区的 GOOD HAND 公司等。

思考题与习题

10.1 什么叫定位机构？在自动化装配或加工过程中为什么要对工件进行定位？

10.2 定位夹具主要由哪几部分组成？各部分起什么作用？

10.3 工程上有哪些基本的定位方法？

10.4 在设计定位机构时，应该如何选择限制工件的自由度数量？为什么要避免过定位和欠定位？

10.5 在设计定位机构时如何选定定位基准？

10.6 在设计定位机构时工件的哪些尺寸与定位有关？哪些尺寸与定位无关？

10.7 为什么在自动化加工或装配过程中都普遍采用自上而下的方式？

10.8 举例说明在自动机械中哪些环节巧妙地利用了重力的作用。

10.9 什么叫夹紧机构？在自动化装配或加工过程中为什么要对工件进行夹紧？

10.10 哪些情况下需要对工件进行夹紧？哪些情况下不需要对工件进行夹紧？

10.11 夹紧机构应具有哪些基本要求？

10.12 工程上主要采用哪些类型的自动夹紧机构？

10.13 简述弹簧夹头的工作原理。

10.14 斜楔夹紧机构主要有哪些特点？

10.15 夹紧机构结构上普遍应用了力学放大原理，请分别以图 10-24、图 10-25、图 10-26、图 10-27 所示机构为例进行分析说明。

第11章　直线导轨机构原理与设计应用

11.1　直线运动系统综述

11.1.1　直线运动系统在自动机械中的作用

自动机械都是采用模块化的结构，各种机构模块都实现特定的运动和功能，各种机构最基本的运动方式为回转运动、直线运动两种。其中回转运动主要用于动力的传递、物料的输送、回转加工等，如各种输送系统的驱动、凸轮分度器的驱动、步进/伺服进给系统、机床主轴驱动等，而直线运动则大量应用于各种工件的移载、加工、装配、检测、包装等场合。

需要特别注意的是，在很多回转运动场合，电机的回转运动也是通过转换机构最终转换为所需要的直线运动。所以说，直线运动系统是自动机械中组成各种结构模块的基本结构单元，也是自动机械最重要的结构单元。

下面以两个例子说明为什么工程上大量采用直线运动系统。

1. 简单的自动上下料机构

料仓送料装置是自动机械中最典型的自动送料机构之一，将这种装置与由一只气缸组成的卸料装置组合在一起，就组成了自动化专机上的一种典型自动上下料机构，大量应用在各种自动化装配或加工设备上，如图11-1所示。

在图11-1中，气缸1A活塞杆端部连接有一只推板，气缸作直线运动，气缸伸出时，在推板作用下，推板将料仓最下方的一只工件沿直线方向推送到装配位置，工件的运动方向靠导向槽来实现。工件到达装配位置后接着进行相关的装配或加工等操作，加工或装配完成后，气缸2A伸出，将工件自动卸下，完成一个工作循环。

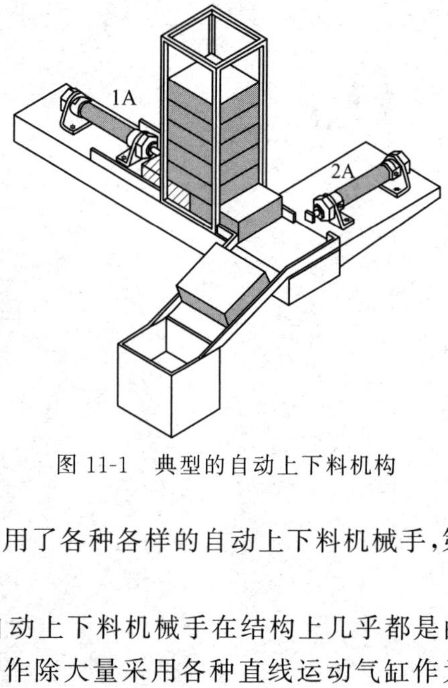

图11-1　典型的自动上下料机构

2. 自动上下料机械手

各种机构在工作时往往都要在不同的位置之间进行，因此在自动化专机及自动化生产线上大量采用了各种各样的自动上下料机械手，第6章已对此进行了详细的介绍。

通过第6章的学习，不难得出一个重要经验：自动上下料机械手在结构上几乎都是由一个或多个方向的直线运动模块组合而成的，这些动作除大量采用各种直线运动气缸作为驱动部件外，还大量采用了各种标准的直线导向部件。

直线运动是结构最简单、制造成本最低的运动形式，也是机器设备上应用最多的运动形式，其应用远非局限于上面所述的两类例子。在机床行业，大量的运动都是直线运动机构实现的，例如数控机床、车床、铣床等，其中刀架的进给运动、工作台的直线进给运动等，都采用了直线运动。大量使用在各种设备上的精密 X-Y 工作台，也是由 X、Y 两个方向的直线运动组合而成。总之，在自动机械行业，直线运动是各种机构的基本运动形式，大量的机器结构都是由这些直线运动模块组成的。在设计工作中，很多设计内容也都是这些直线运动系统的设计，只要熟悉了直线运动系统的设计与应用，从事自动机械设计就很简单了。

11.1.2　直线运动系统的结构组成

要实现直线运动，需要以下两个基本的条件：

- 驱动部件；
- 导向部件。

驱动部件提供机构直线运动所需要的动力，导向部件则保证机构在确定的方向运动并提供足够的运动精度和支承刚度。

1. 驱动部件

工程上最基本的直线运动驱动部件为：

- 气缸；
- 液压缸；
- 各种电机(如步进电机、伺服电机)。

这些元件都是商业化生产的标准部件，由专门的制造商生产制造，直接通过采购就可以获得。要驱动一个机构实现直线运动，最简单、成本最低的办法就是采用直线运动气缸，这也是在工程设计中优先考虑的方法。图 11-2 为工程上各种典型的直线运动气缸。

图 11-2　各种典型的直线运动气缸

采用直线运动气缸作为驱动部件的优点为安装结构简单、成本低廉、制造快捷，正因为它具有这些优点，所以在各种自动化设备上都大量采用直线运动气缸。

虽然大多数情况下使用直线运动气缸都能够满足使用要求，但在少数情况下也会受到以下限制：

1) 运动模式的限制

普通直线运动气缸只能在两点间进行运动循环，这在大多数情况下都已经能满足要求，即使要实现三点间的运动循环，也可以将两只气缸串联起来使用，这些情况下气缸的速度一旦调整完成后就是固定的，只能以固定的行程及速度运动。但在有些情况下，需要实现多点之间的运动循环，需要频繁地启动与停止，运动方向与速度也经常需要根据实际情况进行灵活的改变，这样的运动模式用普通直线运动气缸就无法完成了。

2) 结构空间的限制

在某些结构非常紧凑的场合，可能缺乏足够的空间来安装气缸，而采用电机则可能很容易解决这一问题。因为可以通过皮带传动或链传动将电机安装在其他空间允许的地方，因此这种场合下就体现出电机的优越性。图 11-3 为自动机械中大量采用的各种驱动电机。

图 11-3　自动机械中的各种驱动电机

2. 运动转换机构

问题的提出：

如前所述，普通直线运动气缸驱动的气动机构具有结构简单、成本低廉、制造快捷的优点，但一般只局限在两点间以固定的速度和行程进行直线运动，无法实现灵活的启动、停止及方向、速度变化。而电机虽然输出的是回转运动，不是经常所需要的直线运动，但电机的特点刚好是启动、停止、方向、速度等控制都可以非常容易地实现。有没有一种方法能够利用电机极容易控制的优点将电机作为直线运动的驱动部件呢？答案是肯定的，如果采用某些转换机构，就能将电机输出的扭矩转换为负载运动所需要的直线牵引力，将电机输出的往复回转运动转换为所需要的负载往复直线运动，从而实现某些特殊场合所需要的能够多点循环、无级调速的直线运动。

在自动机械结构设计中最常用的运动转换机构有：

- 滚珠丝杠机构；
- 同步带/同步带轮；
- 齿轮/齿条。

上述三类方法是自动机械设计中最常用的设计方法。采用滚珠丝杠机构就可以将丝杠的回转运动转换为滚珠螺母(及负载)的直线运动，这种机构将在第13章进行介绍。采用同步带/同步带轮，将负载与同步带连接在一起，可以将同步带轮的回转运动转换为同步带(及负载)的直线运动。类似地，如果将负载与齿条连接在一起，就可以将齿轮的回转运动转换为齿条(及负载)的直线运动。通过执行电机及上述运动转换部件可以组成各种直线运动系统(例如伺服机械手)，实现复杂的直线运动。

实际上，在自动机械结构设计中除采用通常的直线运动气缸或液压气缸驱动外，目前已经在各种自动机械中大量采用电机作为直线运动系统的驱动部件，使直线运动的启动、停止、方向、速度能够实现非常灵活的变化和控制。随着读者经验的积累，对此将会有更深刻的认识。

3. 导向部件

自动机械中的大多数直线运动并不是普通的直线运动，而是具有较高运动精度的直线运动。由于具有一定的负载，所以直线运动系统还必须具有足够的刚度，保证在负载状态下不发生不能接受的变形，因此导向部件是实现直线运动不可缺少的基本要素之一。

1) 传统的导向部件

如前所述,导向部件是实现直线运动的基本要素,导向部件的作用是保证机构在确定的方向直线运动并提供足够的运动精度,导向部件的精度是各种机器设备工作精度的基础。

在早期的机床及自动机械上,为了得到需要的直线运动,通常都要专门设计、加工各种专用的导轨。常用的导轨形状如图 11-4 所示,其中图 11-4(a)为平导轨,图 11-4(b)为圆柱形导轨,图 11-4(c)为燕尾槽导轨,图 11-4(d)为 V 形导轨。

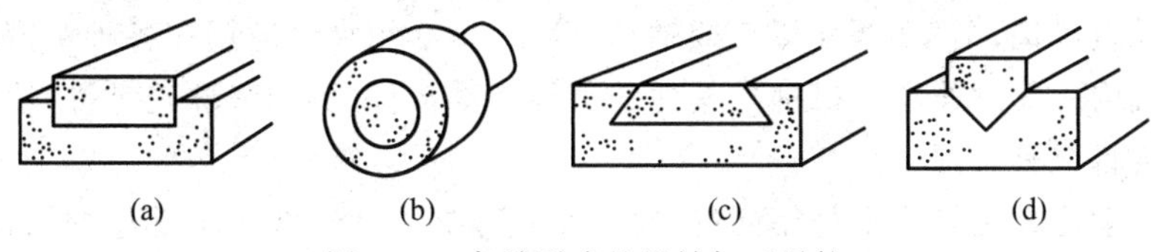

图 11-4　各种形式的机械加工导轨

图 11-4 所示的传统机械加工导轨在自动机械设计过程中主要存在以下缺点:

(1) 部件通用性差

由于上述导轨难以作为通用的标准件,因此它不仅无法在不同的设备中通用,就是在同一台设备中也难以互换,因此在设计及制造装配过程中都非常麻烦。

(2) 制造成本高

由于上述导轨的制造都需要经过一系列的精密加工、热处理等工序,批量小,因此制造成本高。

(3) 制造周期长

由于属于单件生产,制造环节多,必然导致制造周期较长。

(4) 精度难以保证

在自动机械中,不同的应用场合对导轨导向精度的要求是不同的。如果没有专业化的生产条件,加工出来的导向部件精度难以满足高精度场合的要求;而在一般精度要求场合,采用制造成本较高的精密加工方法必然又会使制造成本昂贵,造成浪费。

事实上,国外早期(例如 20 世纪 80 年代以前)的自动机械就是广泛采用上述类型的机加工导轨作为导向部件的,因为目前自动机械行业大量使用的新型导轨部件在当时尚没有大批量生产应用。

2) 目前自动机械行业大量采用的标准导向部件

由于使用上述普通机械加工导轨极不方便,如果有一种标准化程度高、通用性好、互换性强、精度高、成本低的标准导向部件,将给自动机械的设计、制造带来极大的方便,缩短设计、制造周期,降低设计和制造过程的成本。为了满足这种市场需求,国外的部分著名专业制造商(如德国 RK 公司,日本 NSK 公司、IKO 公司、THK 公司、TSK 公司,韩国太敬公司等)研究开发了以下多种专业化的标准导向部件:

- 直线滚动导轨机构;
- 直线轴承/直线轴;
- 滚珠花键。

上述标准导向部件目前已经在数控机床、自动化装配机械、机械手、电子信息制造装备、半导体生产设备、包装设备、食品设备等行业大量采用,成为各种自动机械的基本结构部件。

采用上述标准导向部件,不仅可以使各种机器的设计及制造更简单,大幅简化设计、缩短设计制造周期,还可以以较低的成本获得极高的精度。学会熟练使用上述标准导向部件是从事自动机械相关行业技术工作的重要基础。

4. 直线运动系统学习要求

由于实际工程中的直线运动系统内容较多,限于篇幅,本教材只介绍直线运动系统中最常用的三类基本部件:直线滚动导轨机构(简称直线导轨)、直线轴承、滚珠丝杠。其中第11章介绍直线导轨机构,第12章介绍直线轴承,第13章介绍大量应用在各种精密进给系统中的运动转换机构——滚珠丝杠机构。其他的直线运动部件(例如滚珠花键等)读者可参考相关制造商的资料或有关网站。

这3章的学习方法与要求是相同的,要求重点掌握上述直线运动部件的结构形式、设计选型方法、装配调试要点等,能够应用这些标准部件进行简单的直线运动机构设计。在设计过程中,像气动元件一样,可以直接采用制造商提供的产品电子文档,将所选用的标准部件图样拷贝到设计绘图界面中,也可以根据产品样本提供的尺寸自行绘制。

11.2 直线导轨机构结构与工作原理

11.2.1 直线导轨机构的用途

由于在机器设备上大量采用直线运动机构作为进给、移送装置,因此为了保证机器的工作精度,首先必须保证这些直线运动机构具有较高的运动精度。如果通过提高各种机加工件的加工精度来保证上述要求,一方面难度大,另一方面制造成本会很高,极不经济。为适应这一需要,制造商设计开发了一种标准化的导向部件——直线导轨机构,它不仅能提供高精度的直线运动导向功能,而且已商业化大批量生产,很容易采购。直线导轨机构的外形如图11-5所示。

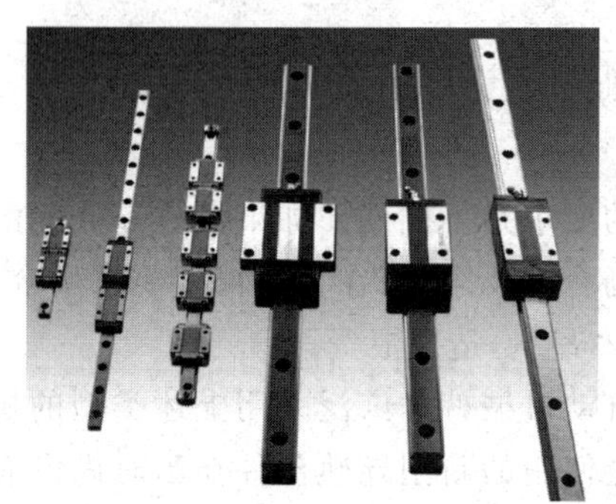

图11-5 直线导轨机构外形

在直线导轨机构的基础上,仅依靠一般精度或较低精度的机加工零件就可以获得高精度的直线运动,这种模块化的设计方式大大降低了自动机械的复杂程度,简化了设计与制造过程,因而大幅降低了设计与制造成本。

除提供高精度的直线导向功能外,直线导轨机构由于其特殊的设计还同时在多个方向上具有传递负载所需要的高刚度,因而一般情况下不需要在机器结构上进行额外的刚度设计,采用直线导轨机构就可以直接支承负载工作。

作为自动机械最基本的结构模块,直线导轨机构广泛应用于数控机床、自动化装配设备、自动化生产线、机械手、电子信息制造装备、半导体生产设备、包装设备、食品设备、计算机设备、三坐标测量仪等各种装备制造行业。

11.2.2　直线导轨机构的结构与工作原理

直线导轨机构通常也称为直线导轨、直线滚动导轨、直线滚动导轨副、线性滑轨等，本教材统一称为直线导轨机构。其内部既有采用滚珠作为承载元件的，也有采用滚柱作为承载元件，采用滚柱的直线导轨机构比采用滚珠的直线导轨机构精度更高、承载能力更大，本章只介绍采用滚珠的直线导轨机构。如图 11-5 所示，从外形上看，它实际上就是由能相对运动的导轨(或轨道)与滑块两大部分组成。其内部结构如图 11-6 所示。

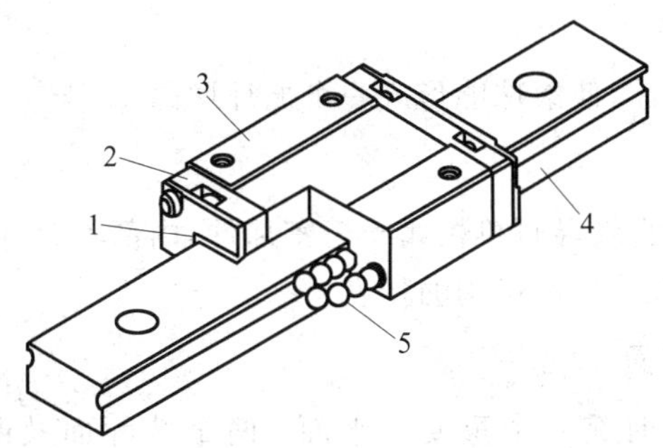

图 11-6　直线导轨机构内部结构图

1—侧端防尘盖；2—端盖；3—滑块；4—导轨；5—滚珠

根据图 11-6 可知，直线导轨机构主要由以下部分组成。

1. 导轨

导轨是一种长条形的元件，一般将其安装固定在基准面上，导轨上均布有一系列螺钉安装孔，用于安装螺钉。根据使用时所需要的运动行程，可以选择不同的导轨长度，最长可达 4 m，制造时为标准的长度，制造商根据用户需要的长度进行裁取。由于采用专门的材料、专业的加工设备和工艺进行加工制造，使得这种导轨具有优良的性能、出色的工作精度及良好的性价比。

2. 滑块

滑块为一种矩形的部件，上方有两个或四个螺钉安装螺纹孔及精加工过的装配面，用于安装负载(即各种执行机构)。根据负载的形状、大小、有无偏心等使用条件，可以选择一个、两个或三个滑块与导轨配套使用。

注意：直线导轨机构属于精密部件，滑块在出厂时都经过制造商的检测与精密调整，用户在运输、储存及安装过程中一般不能将滑块取出。如确实需要将滑块取出，需要向制造商寻求支持以采取特殊措施，否则将降低机构的精度甚至损坏部件。

3. 滚珠

在滑块内部有一系列的钢制滚珠，一侧为一组，共两组。滚珠分别与滑块及导轨接触，滑块相对导轨的运动就是依靠滚珠的连续滚动来实现的，负载(压力及可能的力矩)首先传递到滑块，再通过滚珠传递给导轨，最后由导轨传递给基础安装面。滚珠在机构中起到重要的运动传递及承载作用。图 11-7 为滑块承受各种载荷时滑块内部滚珠的受力方向示意图。

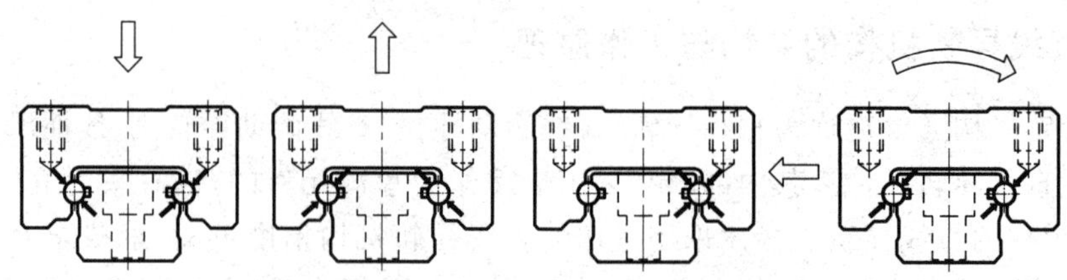

图 11-7　滑块承受各种载荷时滑块内部滚珠的受力方向示意图

4. 端盖

端盖的作用为固定滚珠,使滚珠能形成一个循环回路。

5. 防尘盖

防尘盖属于保护件。直线导轨机构属于精密部件,内部不允许灰尘进入,防尘盖的作用就是防止灰尘进入滑块内部,保证机构的精度。

6. 装配面与装配基准面

直线导轨机构在使用时有 4 个重要的平面：两个装配面及两个侧面定位基准面,如图 11-8 所示。

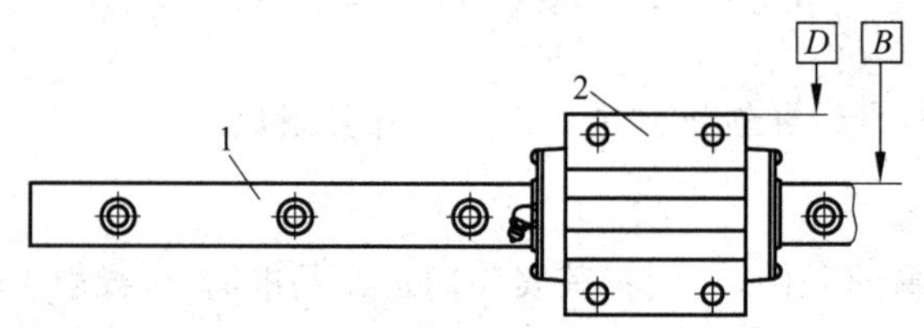

图 11-8　直线导轨机构的装配面与装配基准面

1—导轨；2—滑块

在图 11-8 中,两个装配面指滑块的上方平面及导轨的下方平面,分别用于安装负载(例如工作台)及固定导轨,而两个装配基准面(D、B)则分别用于在装配时确定负载及导轨的方向,属于宽度方向装配定位基准。为了方便识别装配基准面,各制造商在装配基准面上都刻上了特殊的符号。这 4 个平面在制造中都经过了精密的磨削加工,只要保证机器安装基础的精度及正确安装就可以使负载在需要的方向进行稳定的高精度直线运动。

11.2.3　直线导轨机构的特点

直线导轨机构由于采用了类似于滚动轴承的精密滚珠结构,所以具有以下一系列优点：

1) 运动阻力非常小

如果将直线导轨副沿横向剖开,截面如图 11-9 所示。

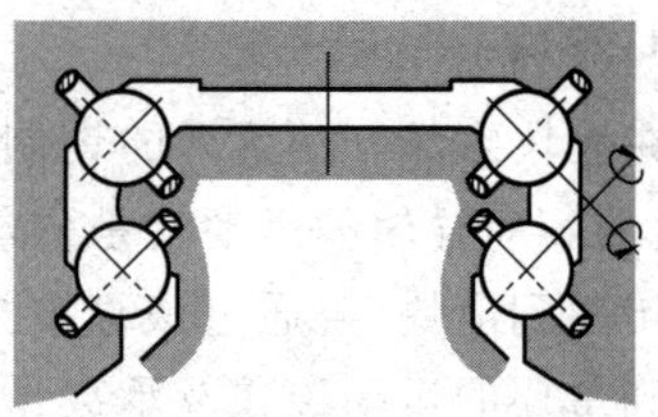

图 11-9　直线导轨机构剖面典型构造图

由图 11-9 可知,直线导轨机构中导轨、滑块都是以圆弧面与滚珠接触,滚珠可以在导轨、滑块间实现无间隙的运动传递。当机构安装在水平面上工作时，如果负载在水平方向作匀速运动，需要推动的负载就是运动阻力。尽管负载重量较大，但由于滚珠的滚动运动使得滚动摩擦力很小，所以只需很小的驱动力（例如采用较小缸径的气缸）就可以推动负载，实现高速、节能的效果，这就是采用直线导轨机构的最大优点。

当机构安装在竖直平面上、负载在竖直方向进行上下运动时，由于这时负载的重量成为主要的负载，驱动力就与水平方向运动时不同了。

2）运动精度高

由于导轨本身具有较高的刚度，即使将其安装在较粗糙的安装面上（如铣床加工出来的平面），钢球的弹性变形仍然能部分吸收安装面的平面度误差，获得较高的运动精度，因此作为导向部件，它能为各种执行机构提供高精度的导向功能。

根据各种不同使用场合的需要，直线导轨机构设计有不同的精度等级供用户选用，精度等级越高，价格也相应越高。

3）定位精度高

各种执行机构的直线运动除导向精度要求外，还需要在各位置之间进行运动循环，因此还要求在各位置停止时具有较高的定位精度（止停精度）。由于采用滚珠滚动导向，滚珠几乎不产生空转运动，因而可以达到很高的定位精度。

4）多个方向同时具有高刚度

各种执行机构运动时都具有一定的负载，有些是单一的上下方向重量负载，在有些结构质量存在偏心的场合则会存在一定的弯矩负载，如果要专门设计另外的承载机构支承这种弯矩负载将使结构复杂化。

直线导轨机构内部圆弧沟槽的结构正好能适应这一刚度需要，能够承受来自上下、左右等不同方向的负载，必要时在制造过程中施加一定的预紧力后这种刚度还可进一步提高，以适应重负载的需要。所以制造商根据用户的不同需要设计了各种不同的刚度规格，供用户根据不同使用条件进行选择。

5）容许负荷大

由于直线导轨机构的高刚度设计，因而它们能承受的容许负荷大，即使是重载的场合也能正常长期运行，如大型的工业机械手、大型机床等。

6）能长期维持高精度

由于滚珠的滚动运动方式使磨损非常小，因而可以长期维持机构的高精度。例如在实际使用中，发现安装于注塑机自动取料机械手的高质量直线导轨在连续运行十多年后仍然能正常工作并具有良好的精度。

7）可以高速运动

由于生产效率（或生产节拍）的要求，在很多自动机器上，各种执行机构的运动速度要求非常高，最典型的场合如注塑机自动取料机械手、电子制造业中的 SMT 高速贴片机等，这些设备都采用这种直线导轨机构进行导向。表 11-1 为直线导轨机构在部分高速度应用场合下的速度数据。

8）维护保养简单

直线导轨机构在使用过程中基本不需要专门的维护，只需要定期添加润滑油或润滑脂就可以了，因而维护非常简单，也有利于工作环境的清洁。

表 11-1 直线导轨机构高速使用实例

使用设备	使用部位	运行速度/(m/s)
X-Y 工作台	X-Y 轴	2.3
搬运机器人	物品移动部位	4.2
检测装置	被检测物品移动部位	5.0
注塑机	自动取料机械手	2.2
试验设备	X 轴	5.0

9）能耗低

由于直线导轨机构运动阻力很小，驱动力小，润滑简单，与传统的 V-V 沟槽铸件刮削加工面导轨相比，运动阻力大幅降低，因而可以大幅节省能源。例如在大型平面磨床上，如果将原机加工导轨改为直线导轨，则驱动力可以降低为原来的约 1/10，消耗的电力也可以降低为原来的约 1/10，润滑油消耗量可以降低为原来的约 1/16。

10）价格低廉

由于采用专业化生产，可以获得较低的制造成本。这种部件的性价比较高，目前已成为工程上大量使用的标准部件，实际上采用这种高质量的标准部件比采用传统的机加工导轨更便宜。

11）快速交货

由于已经标准化，制造商一般都有库存，因此交货周期较短，能够满足自动机械行业快速交货的基本要求。

由于直线导轨机构具有上述一系列优点，使用直线导轨机构可以直接带来以下好处：

- 大幅降低机器总成本；
- 极容易实现机器的高精度；
- 大幅提高机器生产效率；
- 简化机器设计与制造；
- 节能、维护简便。

11.3 直线导轨机构的使用方式

直线导轨机构是一种标准化导向部件，其使用非常灵活，能够满足各种使用场合的不同要求。读者需要掌握的是如何根据各种具体的使用条件来选择直线导轨合适的使用方式及型号规格，并且熟练地进行机构的装配与调整。其中使用方式与选型是密切相关的，只有掌握了它的正确使用方式后才能正确地进行选型。

根据实际使用经验，可以将直线导轨机构的使用要点总结如下：

- 相对运动方式；
- 导轨系列；
- 公称尺寸；
- 导轨长度；
- 滑块数量；
- 导轨数量；

- 安装方向；
- 预紧力等级；
- 精度等级；
- 典型的装配结构形式。

下面对上述内容逐项进行介绍。

1. 如何选择相对运动方式

由于导轨与滑块是相对运动的两个部分，因此与气缸的使用情况类似，直线导轨机构有以下两种不同的运动方式：

1）导轨固定—滑块运动

这是一种最基本也是最常用的方式。具体使用方法为：将导轨安装在某一固定不动的结构上（如机架），将负载即执行机构（如机械手的抓取装置、机加工刀架、检测模块等）直接通过螺钉安装固定在滑块上方，驱动机构（如气缸）推动滑块运动，由滑块带动执行机构在导轨上作往复直线运动，大多数情况下都采用这种使用方式。图 11-10 为这种运动方式的应用实例，注意在该例中气缸的运动方式为活塞杆固定而缸体运动。

图 11-10　导轨固定—滑块运动实例

2）滑块固定—导轨运动

这是另一种运动方式，具体使用方法为：将滑块安装在一固定不动的结构上，将负载直接安装在导轨上，由导轨带动负载作往复直线运动。

这种方式通常较少使用，主要用在负载工作行程较长（导轨相应较长）、机器上又缺少足够的安装空间时，既解决了安装空间的困难，又满足了大行程的需要。

如注塑机自动取料机械手中，手臂在竖直方向的运动行程较大（一般为 600～1200 mm），而结构上没有也不允许有很长的固定基础用来安装很长的导轨，否则会与注塑机发生干涉。因此采用将滑块固定在机架上，让导轨连同执行机构（手臂抓取机构）上下运动，如图 11-11 所示。

直线导轨机构的上述相对运动方式与气缸的运动方式非常类似，在气动机构中，既可以按通常的方法，将缸体固定，活塞杆推动负载一起运动，也可以反过来将活塞杆固定，缸体与负载连接在一起运动。读者可以参考图 11-18～图 11-23 所示的安装方式，根据实际情况灵活选择相对运动方式。

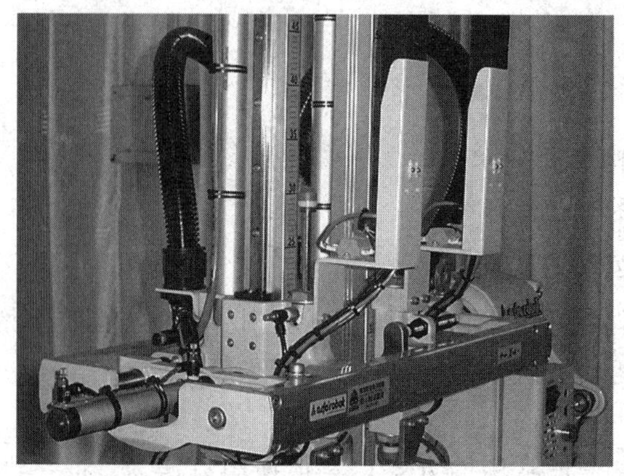

图 11-11　滑块固定—导轨运动实例

2. 如何选择导轨系列

在不同的使用场合载荷情况各不相同,使用要求也不一样。例如按载荷的大小有轻型载荷、普通载荷、重型载荷等;因为空间的原因有些场合对导轨的总高度尺寸很敏感,希望具有较小的高度,因此在不同的场合需要导轨在某一方面具有不同的性能。为了满足各种场合的需要,制造商设计制造了多种系列。下面以部分典型制造商的产品为例说明如何选择合适的导轨系列。

1) 日本 THK 公司

THK 公司的产品系列、规格繁多,典型的系列为:

SSR 系列——径向负荷型,能够承受较大的径向负荷(沿滑块厚度方向的负荷)及横向负荷,适用于载荷主要为径向载荷、要求装配高度低、体积小的场合;

SNR/SNS 系列——高刚性型,其中 SNR 系列为径向负荷型,SNS 系列为 4 方向等负荷型,用于重负荷或超重负荷、振动冲击较大、要求直线导轨机构具有高刚性的场合;

HSR/SHS 系列——4 方向等负荷型,适用于同时存在多个方向载荷的场合;

SHW 系列——宽滑块低重心型,适用于对导轨高度尺寸较敏感的场合;

SRS 系列——小体积轻量型,体积小、质量轻、惯性小、低高度、4 方向等负荷,适用于对体积及质量都敏感的场合;

HRW 系列——宽导轨宽滑块、低高度、4 方向等负荷型,适用于对导轨高度尺寸较敏感、同时存在多个方向载荷的场合。

2) 韩国太敬公司

韩国太敬公司直线导轨机构主要设计有 SBG 系列、SBS 系列、SBM 系列:

SBG 系列为通用系列,公称尺寸范围大,分别为 15、20、25、30、35、45、55、65,适用于大多数对空间尺寸没有特别限制的场合;

SBS 系列为承载能力与 SBG 系列相同、但高度尺寸比 SBG 系列更小的小型导轨,公称尺寸范围为 15、20、25、30、35,适用于对高度尺寸较敏感但载荷又较大的场合;

SBM 系列为不锈钢系列,滑块及导轨全部采用不锈钢材料制造,用于需要耐腐蚀及半导体制造等特殊场合。

除上述系列外,太敬公司还提供多种系列的滑块,如 FL、FLL、SL、SLL、FV 等:

FL 系列滑块为重载荷型，用于重载荷场合；

FLL 系列滑块为超重载荷型，滑块长度在 FL 系列的基础上加长，用于超重载荷场合；

SL 系列滑块为重负荷型，用于重负荷场合；

SLL 系列滑块为超重负荷型，滑块长度在 SL 系列的基础上加长，用于超重负荷场合；

FV 系列滑块为超短滑块，用于对长度尺寸特别敏感的场合。

3. 如何选择公称尺寸

为了满足不同用户各种不同场合的需要，制造商对同一系列的直线导轨按公称尺寸的大小设计制造了一系列的规格供用户选用。最常用的公称尺寸系列为 15、20、25、30、35、45、55、65。

公称尺寸的选择方法为：

根据经验初步选定一种公称尺寸，在此基础上根据使用条件（如负载质量、速度、加速度、行程等）对负载的大小进行详细计算。然后根据有关公式计算出所选导轨的额定寿命，将寿命计算结果与期望的额定工作寿命进行比较，如果能够满足额定寿命要求则该系列及公称尺寸符合要求，否则需要重新选定具有更大公称尺寸的导轨进行核算。

直线导轨的公称尺寸包括导轨和滑块的尺寸，由于它们是成套使用的，所以导轨和滑块都是按相同的公称尺寸配套供应的，通常在订购直线导轨时都按制造商规定的编号规则进行编号，其中有一组数字就表示公称尺寸。负载越大，导轨所需要的公称尺寸也相应越大。

关于负载及额定寿命的详细计算方法，读者可以进一步参考制造商的有关资料。

4. 如何选择导轨长度

导轨长度是根据负载的运动行程来选择设计的，负载运动行程越大，所要求的导轨长度越长。一般是在确定负载需要的运动行程后再选择导轨的长度，但导轨的长度值也不是任意决定的，只能在制造商的长度系列中进行选择。

长度选用的原则：

在满足需要运动行程的前提下按厂家规定的标准长度选取，这与气缸的行程选择方法也是类似的。

导轨在出厂时是按较长的长度生产的，销售时根据用户需要的长度进行裁取。导轨上按一定的孔距设计了一系列的螺钉安装孔，导轨裁取后剩下的部分还要求能方便地裁取，尽量节省材料，导轨的长度计算原理如图 11-12 所示。

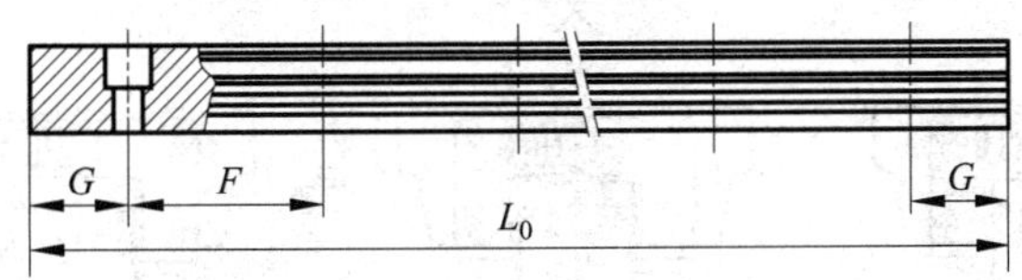

图 11-12　导轨长度组成示意图

根据图 11-12，设计导轨长度时按以下公式进行计算：

$$L_0 = NF + 2G \tag{11-1}$$

式中：L_0——导轨长度，mm；

F——导轨上的螺钉孔中心距，mm；

N——导轨上螺钉孔最小中心距的数量；

G——导轨两端距第一个螺钉孔的距离，mm。

为了方便用户，制造商也按上述规则设计了一系列的标准长度直接供用户选择。表11-2为韩国太敬公司SBG及SBS系列导轨的长度规格。

表11-2 韩国太敬公司SBG及SBS系列导轨标准长度 mm

规格	SBG15 SBS15	SBG20 SBS20	SBG25 SBS25	SBG30 SBS30	SBG35 SBS35	SBG45	SBG55	SBG65
标准长度	160 220 260 460 640 820 1000 1240 1480 2200	280 340 460 640 820 1000 1240 1480 1600 1840 2080 3000	220 280 340 460 640 820 1000 1240 1480 1600 1840 2080 2200 2500 3000	280 440 600 760 1000 1240 1480 1640 1800 2040 2200 2520 3000	280 440 600 760 1000 1240 1480 1640 1800 2040 2200 2520 2840 3000	570 880 1095 1200 1410 1620 1830 2040 2250 2460 3000	780 900 1020 1140 1260 1380 1500 1620 1740 1860 1980 2220 2580 3000	1270 1570 2020 2470 2620 2920 3000
F	60	60	60	80	80	105	120	150
G	20	20	20	20	20	22.5	30	35
最大长度	3000	4000	4000	4000	4000	4000	4000	3300

5. 载荷方向及承载能力

直线导轨机构在使用时可能受到的载荷：垂直于滑块上方安装面的压缩载荷通常称为径向载荷，与此方向相反的载荷通常称为反径向载荷，与滑块上方安装面平行的载荷通常称为横向载荷，如图11-13所示。

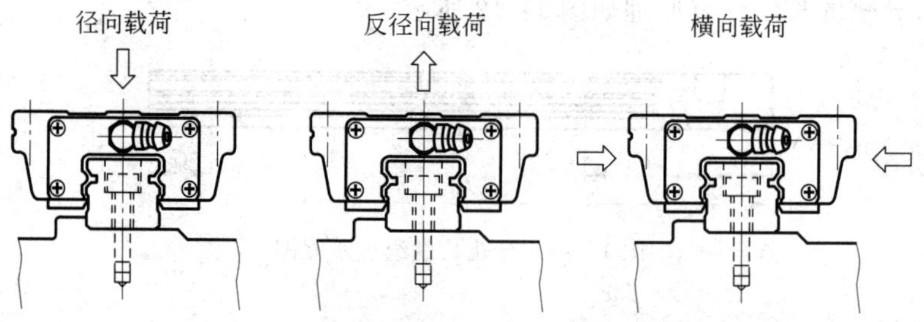

图11-13 直线导轨机构承受的径向载荷及横向载荷

除通常情况下的径向载荷、反径向载荷或横向载荷外，机构运行时还可能受到三个不同方向的力矩载荷，如图 11-14 所示。

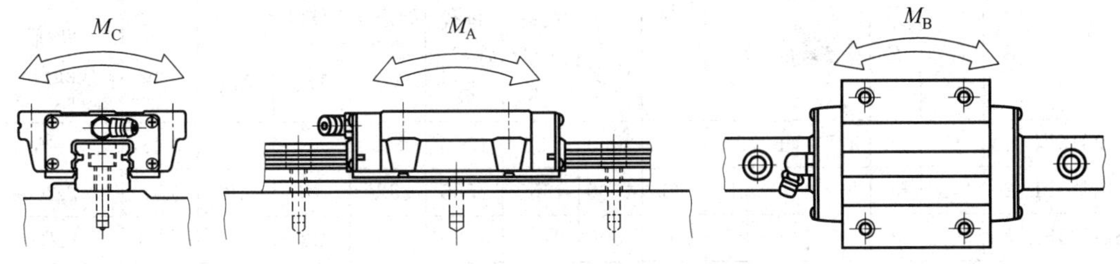

图 11-14　直线导轨机构承受的力矩载荷

各种系列的直线导轨机构中，每种公称尺寸都对应有确定的承载能力，通常用以下指标表示：

- 额定静载荷 C_0；
- 额定动载荷 C；
- 额定静态扭矩（M_A、M_B、M_C）。

制造商在样本资料中给出了各种系列、各种公称尺寸直线导轨机构的详细尺寸及性能参数，例如表 11-3、表 11-4 及图 11-15 为太敬公司 SBG 系列直线导轨机构的详细结构尺寸及承载能力。

表 11-3　韩国太敬公司 SBG 系列直线导轨机构结构尺寸（一）　mm

型号	安装尺寸				滑块尺寸						注油栓		
	H	E	W_2	W	L	安装孔位 $B\times J$	安装孔位 M	L_1	K	T	安装孔	T_1	N
SBG15FL	24	3	16	47	58.8	38×30	M5	38.8	21	7.2	ϕ3.5	4.25	5
SBG20FL	30	3.5	21.5	63	77.2	53×40	M6	50.8	26.5	9	M6×0.75	5.5	10.5
SBG25FL	36	5	23.5	70	86.9	57×45	M8	59.5	29.5	10	M6×0.75	6.8	10.5
SBG30FL	42	6	31	90	99	72×52	M10	70.4	36	12	M6×0.75	8.5	10.5
SBG35FL	48	7.5	33	100	111.6	82×62	M10	80.4	40.5	13	M6×0.75	9.5	10.5
SBG45FL	60	8	37.5	120	140	100×80	M12	98	52	15	PT1/8	10.5	15
SBG55FL	70	10.5	43.5	140	164	116×95	M14	118	59.5	17	PT1/8	12	15
SBG65FL	90	17.5	53.5	170	193	142×110	M16	147	72.5	23	PT1/8	15	15

6. 如何确定采用单滑块还是双滑块

根据每根导轨上使用滑块数量的不同，在使用直线导轨机构时有如图 11-16 所示的不同使用方法：

- 一根导轨上装配一个滑块（单滑块）；
- 一根导轨上装配两个滑块（双滑块）。

表 11-4 韩国太敬公司 SBG 系列直线导轨机构结构尺寸(二)

型号	导轨尺寸/mm						承载能力					质量	
	W_1	H_1	F	$d\times D\times h$	G	最大长度	动载荷 C/kg	静载荷 C_0/kg	静态力矩/(kgf·m)			滑块/kg	导轨/(kg/m)
									M_C	M_A	M_B		
SBG15FL	15	15	60	4.5×7.5×5.3	20	3000	850	1370	7	5	5	0.18	1.45
SBG20FL	20	17.5	60	6×9.5×8.5	20	4000	1450	2560	22	18	18	0.42	2.20
SBG25FL	23	21.8	60	7×11×9	20	4000	2140	4000	36	32	31	0.58	3.10
SBG30FL	28	25	80	9×14×12	20	4000	2980	5490	60	50	49	1.10	4.45
SBG35FL	34	29	80	9×14×12	20	4000	3960	7010	96	75	73	1.57	6.40
SBG45FL	45	38	105	14×20×17	22.5	4000	6290	11292	202	159	157	2.96	11.25
SBG55FL	53	45	120	16×23×20	30	4000	9307	16012	344	274	270	4.49	15.25
SBG65FL	63	58.5	150	18×26×22	35	3000	15100	24500	629	495	484	6.70	23.90

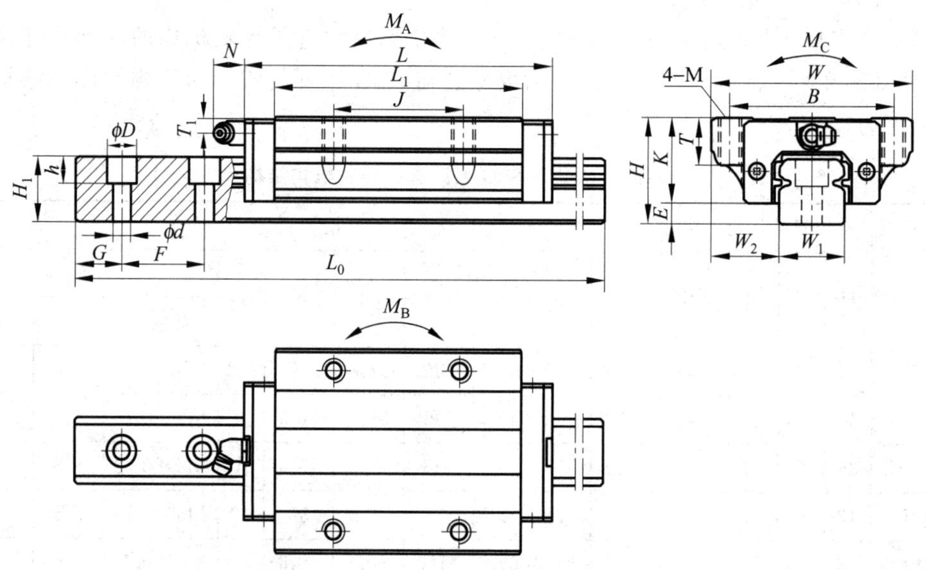

图 11-15 韩国太敬公司 SBG 系列直线导轨结构尺寸示意图

图中虚线部分表示滑块上方安装的工作台,在某些重负荷场合还可能采用三滑块结构。由于滑块为精密部件,滑块的制造成本在整个直线导轨副的制造成本中占的比重很大,采用双滑块其价格比单滑块几乎成倍提高,因此采用单滑块组合能满足使用要求时就不必采用昂贵的双滑块组合。那么如何确定采用单滑块还是双滑块呢?

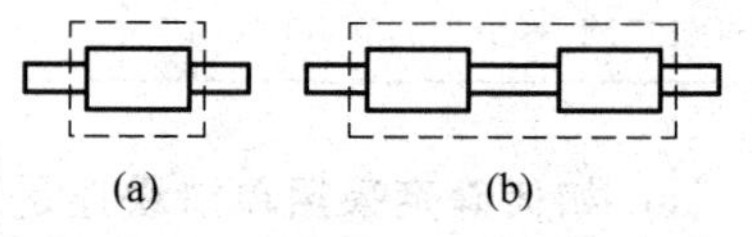

图 11-16 单滑块结构与双滑块结构
(a) 单滑块结构;(b) 双滑块结构

1) 大多数情况下使用双滑块的原因

直线导轨机构在使用时,负载的形式是多种多样的,负载的区别直接影响到采用滑块的数量。下面以最典型的导轨在水平面上安装使用、导轨在下方滑块在上方的情况为例进行说明。

滑块承受垂直作用在它上方的负载(例如工作台的重量),由于单个滑块的安装面尺寸较小,当负载的质量中心刚好位于滑块的中心时,可以将负载简化为一个集中力。

经常碰到的问题是:一方面,滑块上方安装的工作台尺寸远较滑块尺寸大;另一方面,工作台及其上方安装的执行机构经常是偏心结构,负载的质量中心并不是刚好位于滑块的中心,假设负载沿导轨长度方向存在一定的偏心,这种情况下滑块除承受负载的重力外,还要承受因为偏心负载而产生的如图 11-14 所示 M_A 方向的力矩负载。在这种力矩作用下,载荷最后都传递给滑块内部的滚珠,部分滚珠将承受很大的局部载荷。长期在这种状态下工作会造成滚珠的非正常磨损,降低滑块的使用寿命,从而降低机构的使用寿命。

除存在上述质量偏心的负载外,负载加减速运动时的惯性力也会产生与上述影响类似的力矩载荷。此外,滑块上方的执行机构在工作时也可能会产生 M_A 或 M_B 方向的附加力矩。

如果沿长度方向在一根导轨上间隔使用两个滑块,如图 11-16(b)所示,则原来的偏心结构就变成了平衡结构,这样就不仅减小或消除了因为偏心结构给滑块带来的力矩载荷,直线导轨机构承受 M_B 方向附加力矩的能力也将提高,因而可提高整个机构的额定寿命,这就是大多数情况下都使用双滑块的原因。

2) 采用单滑块或双滑块的原则

根据上述分析,采用单滑块还是双滑块主要根据实际使用条件,通过必要的分析计算来决定:

(1) 当负载沿导轨长度方向存在偏心时,为了降低滑块内滚珠的载荷,确保机构的寿命,就需要增加负载的支承点,采用双滑块结构,使原来的偏心结构尽可能成为平衡结构,降低或消除负载偏心力矩的影响。

(2) 当径向载荷较大但结构空间(例如高度尺寸)又非常敏感时,为了保证机构的寿命,采用双滑块结构在设计时可以适当减小导轨的公称尺寸。

(3) 当滑块承受如图 11-14 所示 M_A 方向较大的力矩载荷时,为了降低滚珠的负荷,最好采用双滑块结构。

(4) 当负载沿导轨长度方向的尺寸较短时,在保证额定寿命的前提下可以采用单滑块结构。

7. 如何选择采用单导轨、双导轨或三根导轨

根据同一负载上使用导轨数量的不同,在使用直线导轨机构时通常有三种使用方法:

- 一根导轨(单导轨);
- 两根导轨 (双导轨);
- 三根导轨 (三导轨)。

图 11-17 为导轨各种使用情况的示意图,其中图 11-17(a)为单导轨单滑块结构,图 11-17(b)为双导轨单滑块结构,图 11-17(c)为双导轨双滑块结构,图 11-17(d)为三导轨双滑块结构。

1) 大多数情况下使用两根或两根以上导轨的原因

使用双导轨时成本为使用单导轨的两倍,使用三根导轨时成本将更高,在使用单导轨能满足使用要求的场合就没有必要使用双导轨组合,那么如何决定采用单导轨、双导轨甚至三

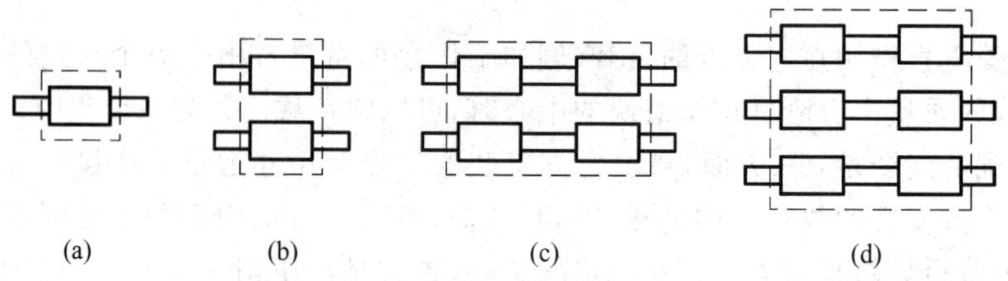

图 11-17 不同导轨数量使用情况示意图

根导轨呢?

使用单导轨、双导轨或者三根导轨的原理与使用单滑块、双滑块的原理是非常类似的,主要是分析载荷的大小及分布情况。

下面仍然以导轨在水平面上安装使用的情况为例,如果安装在滑块上的负载沿滑块宽度方向(不是长度方向)不是对称的而是偏心的结构,则负载工作台对滑块会产生一个如图11-14所示M_C方向的力矩。这种力矩同样会使滑块内部的部分滚珠负载加重,影响其使用寿命。单个滑块承受这种力矩载荷的能力是有限的,超出其力矩载荷承受能力时就需要增加负载的支承点,采用双导轨就是最有效的措施之一,在某些重载荷条件下甚至需要采用三导轨,例如负载工作台沿导轨宽度方向尺寸很大、负载重量非常大时。

2) 采用单导轨、双导轨或三根导轨的原则

(1) 当导轨安装在水平面上,负载沿滑块宽度方向尺寸较小而且没有偏心时可以考虑采用单导轨结构。

(2) 当导轨安装在水平面上,负载工作台沿滑块宽度方向尺寸较大时,为了使运动机构处于最佳平衡状态,必须使用双导轨结构。

(3) 当导轨安装在水平面上,负载工作台沿滑块宽度方向尺寸很大而且重量很大时,为了降低单根导轨的载荷并使运动机构处于最佳平衡状态,可能需要使用3根或更多的导轨。

读者可以进一步参考图11-18~图11-23所示的导轨安装方式,分析各种安装方式中为什么需要采用双导轨结构。

8. 如何选择导轨安装方式

根据使用部位的结构空间情况,导轨的安装有以下非常灵活的安装方式:

- 水平平面上安装;
- 竖直平面上安装;
- 倾斜平面上安装。

1) 水平平面上平行安装

在水平平面上安装导轨,将滑块安装在导轨的上方,再在滑块的上方安装各种执行机构等负载,导轨固定、滑块运动,这是直线导轨机构最基本的使用方式,大量使用在各种自动机械上,如图11-18(a)所示。根据使用条件,也可以将滑块固定,采用导轨活动的方式,如图11-18(b)所示。这两种情况下,滑块承受的都是径向负载。

也有另外一种情况,作为执行机构的负载无法安装在导轨安装基础的上方,只能安装在导轨的下方,这样也是允许的。即将图11-18(a)、图11-18(b)倒过来安装,这样滑块承受的是反径向负载。

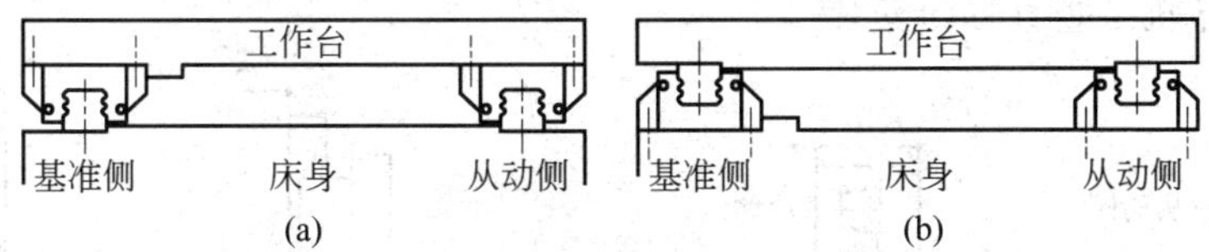

图 11-18　在水平平面上安装导轨

(a) 导轨固定滑块运动；(b) 滑块固定导轨运动

这两种安装方式容易进行高精度装配，是通常推荐优先采用的安装方式，例如各种自动机械沿水平面内（X-Y）两个方向的运动。

2）在两个竖直平面上平行安装

如果要求负载在水平方向运动，但结构上又因为高度方向尺寸受到限制，没有空间让导轨安装在水平面内，就可以考虑将导轨安装在安装基础的外侧侧面，采用导轨固定、滑块运动的方式，如图 11-19(a)所示，也可以采用滑块固定、导轨运动的方式，如图 11-19(b)所示。

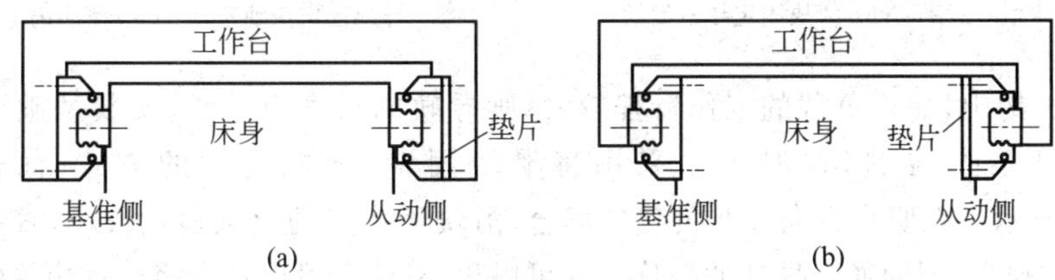

图 11-19　在竖直平面上安装导轨

(a) 导轨固定滑块运动；(b) 滑块固定导轨运动

在如图 11-19 所示的竖直平面上安装导轨时，由于两侧导轨安装平面之间的距离必须形成一个封闭的尺寸链，所以在其中一侧（通常在从动侧）的滑块与负载（或安装基础）之间要设计一个垫片，用于形成封闭尺寸链，该垫片的厚度需要在装配时调整配做。

在有些情况下，如果安装基础的外侧侧面也不允许安装导轨，这时就考虑能否将导轨安装在安装基础的内侧侧面，这样可以使工作台在宽度方向上尺寸非常紧凑。

这两种安装方式都难以进行高精度装配，而直线导轨机构的工作寿命对安装精度又比较敏感，因此通常情况下不推荐优先采用。

3）在同一竖直平面上水平平行安装

当负载在水平方向运动时，有时导轨并不是安装在水平面上，而将两根导轨在竖直平面上平行安装使用，如图 11-20 所示。同样既可以采用导轨固定、滑块运动的方式，如图 11-20(a)所示，也可以采用滑块固定、导轨运动的方式，如图 11-20(b)所示。这两种安装方式容易进行高精度装配，因此通常大量采用，尤其应用在各种机械手沿水平方向运动的手臂上。

4）在同一竖直平面上上下安装

当导轨在竖直平面上安装时，除工作台在水平方向运动外，有些情况下，负载要求在竖直方向运动，例如在竖直方向上取料的机械手手臂、垂直提升机构、三坐标机械手等，这种场合就需要将导轨安装在竖直平面上而且在上下方向安装，如图 11-21(a)所示。如果负载的宽度较小，采用单根导轨就可以了，否则可能需要采用两根导轨平行使用，这就相当于在

图 11-20 中将导轨沿竖直方向安装。

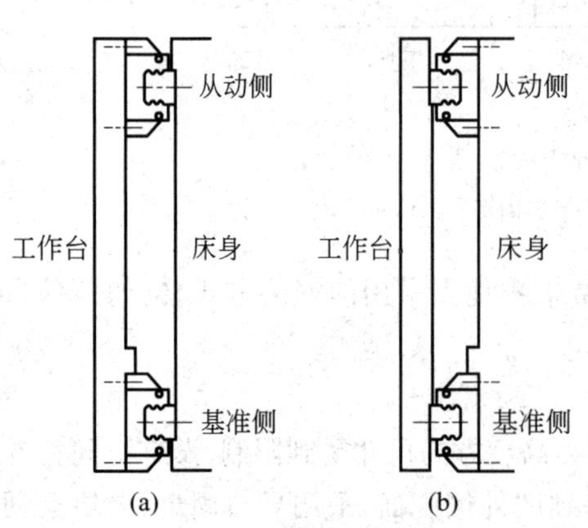

图 11-20 导轨在竖直平面上平行安装

(a) 导轨固定滑块运动；(b) 滑块固定导轨运动

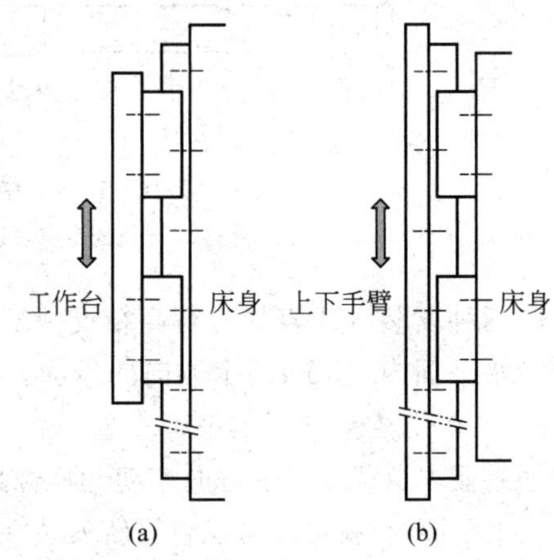

图 11-21 导轨在竖直平面上上下安装

(a) 导轨固定滑块运动；(b) 滑块固定导轨运动

在提升机构中，如果负载的工作行程较大，则导轨的长度也较长，安装基础可能没有足够的长度用于安装导轨，这时可以采用将滑块固定、导轨运动的方式，简化结构，如图 11-21(b)所示。在竖直方向提升负载的场合，滑块所承受的负载显然较小，直线导轨机构主要起导向的作用，因而通常导轨的公称尺寸可以更小，读者可以结合第 6 章相关内容学习。

这两种安装方式容易进行高精度装配，但在装配时需要注意防止滑块与导轨脱落分离掉下，通常都需要在机构上设计防落机构(例如挡块)。这两种安装方式广泛应用在各种机械手的上下运动手臂上，也广泛应用在自动机械的各种沿竖直方向(Z 向)设置的执行机构上。

5) 在两个水平面上平行安装

有些情况下，工作台位于竖直方向，但工作台沿厚度方向的尺寸受到限制，希望尽可能紧凑，这种情况下可以将导轨分别安装在两个不同的水平面内，最大限度地减小工作台沿厚度方向的尺寸，如图 11-22 所示。

与前面所介绍的安装方式类似，既可以采用导轨固定、滑块运动的方式，如图 11-22(a)所示，也可以采用滑块固定、导轨运动的方式，如图 11-22(b)所示。

这两种安装方式由于导轨及滑块都不在一个平面内，所以难以进行高精度装配，同时，从动侧的滑块在安装时需要配做垫片，因此通常情况下不推荐优先采用。

6) 在倾斜平面上安装

有时候负载既不是在水平面上运动，也不是在竖直平面上运动，而是在一个倾斜的平面上运动，这种情况下，也允许直接将导轨安装在倾斜平面上，如图 11-23 所示。这种安装方式容易进行高精度装配。

导轨的安装方式主要根据负载的运动方向、尺寸大小、结构空间等方面进行考虑。在上述各种安装方式中，图 11-18、图 11-20 为较常用而且容易安装的方式，而图 11-19～图 11-23 则具有一定的难度，在装配时需要一定的技巧。

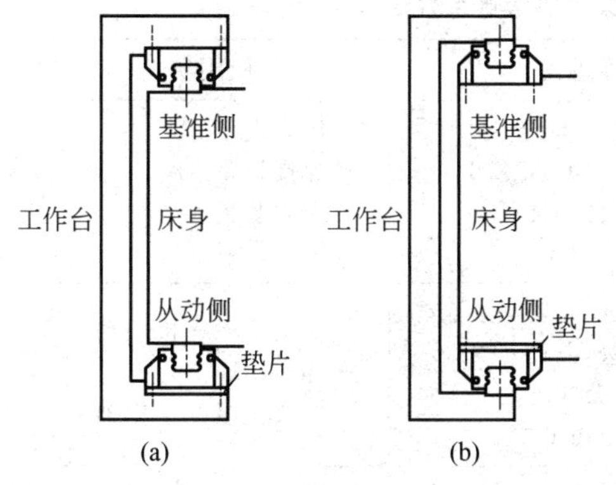

图 11-22　导轨在两个水平面上平行安装

(a) 导轨固定滑块运动；(b) 滑块固定导轨运动

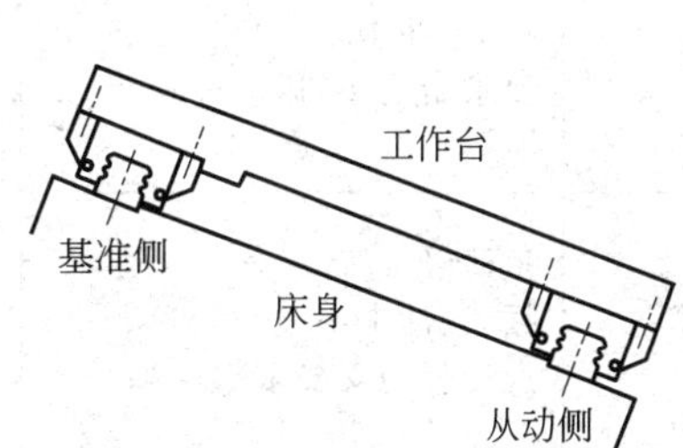

图 11-23　在倾斜平面上安装导轨

9. 如何选定导轨预紧力等级

1) 径向间隙

当负载较小、希望获得轻巧的直线运动而且不要求很高的精度时，直线导轨机构内可以采用间隙结构，允许滑块在厚度方向上作轻微的移动，这种间隙称为径向间隙。间隙结构不仅降低了直线导轨在运行时的阻力，还可以吸收装配时因各种原因产生的轻微误差。

2) 预紧

当负载施加于滑块内的滚珠时，如果滚珠与导轨及滑块之间存在间隙，则滑块与导轨之间首先会产生一定的位移，然后，滚珠与导轨及滑块接触部位会产生一定的弹性变形，这样就降低了负载的运动精度。在有振动及冲击的条件下这种影响会更大。

制造商通过预紧措施解决了上述问题，所谓预紧就是当直线导轨机构出厂前就对滚珠结合部施加内应力。这种内应力不仅可以消除滚珠与导轨及滑块之间的间隙，而且还使滚珠与导轨及滑块接触部位预先产生一定的弹性变形，外部施加给滑块的载荷被内应力吸收、缓冲，减小了弹性变形，因而提高了直线导轨机构的刚度，即提高了机构的承载能力。这种结构通常也称为负间隙结构。

3) 预紧力等级

为了满足不同使用条件的需要，制造商设计了各种不同的预紧力等级供用户选用。各公司的预紧力等级代号稍有区别。例如：

日本 NSK 公司直线导轨提供的预紧力等级为：微间隙(ZT、Z0)、微预压(Z1、ZZ)、小预压(Z2)、中预压(Z3)、重预压(Z4)。

日本 THK 公司直线导轨提供的预紧力等级为：普通间隙(无记号)、轻预紧(C1)、中等预紧(C0)。

日本 IKO 公司直线导轨提供的预紧力等级为：最大间隙(TC)、零或极小间隙(T0)、零或极小预紧(无记号)、轻度预紧(T1)、中等预紧(T2)、重度预紧(T3)。

韩国太敬公司直线导轨提供的预紧力等级为：普通预紧(K1)、轻度预紧(K2)、重度预紧(K3)。

预紧力等级的常用选择方法见表 11-5。

表 11-5 直线导轨预紧力等级选用方法

预紧力等级	使用条件	等级代号	应用实例
间隙	振动、冲击小 要求阻力小、运动极轻快	NSK 公司 ZT、Z0 IKO 公司 TC、T0 THK 公司无记号 太敬公司 K1	包装设备 焊接设备 换刀装置 供料设备
轻预紧	负荷轻 振动、冲击小 运动轻巧又要求精度高	NSK 公司 Z1、Z2、ZZ IKO 公司 T1 THK 公司 C1 太敬公司 K2	磨床工作台进给轴 NC 车床 一般机械的工作轴
中等预紧	中等振动、冲击 中等负荷 有附加扭矩载荷及倾斜载荷	NSK 公司 Z3 IKO 公司 T2 THK 公司 C0	机器人 高速供料设备 精密 X-Y 工作台 线路板打孔机
重度预紧	较大振动、冲击 重载荷 高刚度	NSK 公司 Z4 IKO 公司 T3 太敬公司 K3	加工中心 切削机床的工作轴 磨床砂轮架进给轴 铣床

应注意的是，需要高刚度时，过大的预紧力会使滚珠与导轨及滑块之间产生过大的应力，这也是缩短直线导轨机构工作寿命的主要因素。因此选择合适的预紧力等级对保证直线导轨机构的正常工作寿命非常重要。

10. 如何选定导轨精度等级

在使用直线导轨机构的场合，直线导轨机构的运动精度直接决定了负载的运动精度。如图 11-24 所示，B、D 分别为导轨及滑块沿宽度方向的装配定位基准面，A、C 分别为导轨及滑块沿高度方向的装配定位基准面。直线导轨机构的运动精度主要分为以下几项：

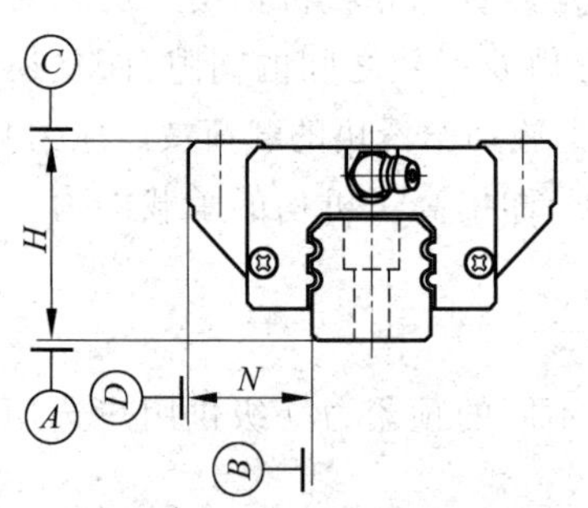

图 11-24 直线导轨机构的运动误差示意图

- 总高度尺寸 H 误差；
- 滑块宽度方向尺寸 N 误差；
- 同一导轨的各个滑块上尺寸 H 及 N 的最大偏差。

为了满足各种使用场合不同运动精度的需要，各制造商都提供不同精度等级的直线导轨机构供用户选用，各制造商的精度等级代号及允许公差值稍有区别。例如韩国太敬公司直线导轨提供的精度等级为：普通精度(N)、高精度(H)、精密级(P)。日本 THK 公司直线导轨提供的精度等级为：普通精度(无记号)、高精度(H)、精密级(P)、超精密级(SP)、超超精密级(UP)。日本 IKO 公司直线导轨提供的精度等级代号与 THK 公司完全相同，但具体允许公差值需要查阅制造商的详细资料。表 11-6 为日本 IKO 公司各精度等级的允许公差值。

表 11-6　日本 IKO 公司直线导轨各精度等级的允许公差值　mm

项目＼等级	普通精度（无记号）	高精度（H）	精密级（P）	超精密级（SP）	超超精密级（UP）
H 误差	±0.080	±0.040	±0.020	±0.010	±0.008
N 误差	±0.100	±0.050	±0.025	±0.015	±0.010
同一导轨的各个滑块上尺寸 H 的最大偏差	0.025	0.015	0.007	0.005	0.003
同一导轨的各个滑块上尺寸 N 的最大偏差	0.030	0.020	0.010	0.007	0.003

虽然精度等级越高，允许公差值越小，但制造成本及价格也越高，所以根据使用要求选用合适的精度等级就可以了，没有必要选用过高的精度等级。

例如普通的搬运设备、焊接设备、木工设备等通常选用普通精度及 H 等级；NC 钻床、激光加工设备、冲压设备、机械手、电子装配设备等通常选用 H 及 P 等级；磨床、坐标镗床、检测设备、三坐标测量仪等通常选用 SP 及 UP 等级。读者可以参考制造商提供的参考资料进行精度等级的选定。

11. 如何设计装配结构形式

在使用单根导轨的场合，安装结构比较简单，但在两根导轨平行使用的场合，就需要根据使用条件对直线导轨安装结构形式进行认真的设计。根据机器上直线导轨使用部位的结构空间情况及使用要求，直线导轨机构主要有以下几种典型的装配结构形式，读者可以根据实际情况进行选用。

1）无振动冲击、一般用途场合的装配结构

在无振动冲击、一般精度与刚度场合，典型的装配结构如图 11-25 所示。

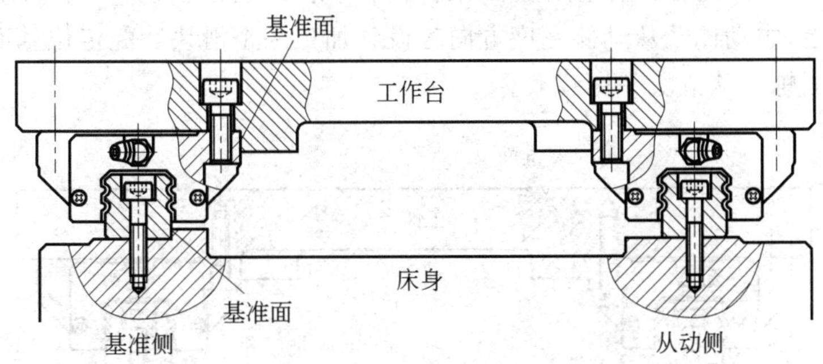

图 11-25　无振动冲击、一般用途场合的装配结构

这种方式是最普通的双导轨装配方式，设计及安装要点为：在机器安装基础上，在基准侧导轨的安装基础上设计加工一个侧面定位基准面，使基准侧导轨的装配基准面贴紧该定位基准面安装，从动侧导轨的方向则以基准侧导轨为基准进行打表找正；在负载工作台与基准侧滑块安装的一侧也设计加工一个宽度方向定位基准面，使基准侧滑块的装配基准面贴紧该定位基准面安装固定，从动侧滑块则直接用螺钉与负载工作台固定。

由于使用时无冲击与振动，一般用途场合下对精度与刚度也无特殊要求，所以从动侧的导轨及滑块都没有设计侧面定位及夹紧结构。

2）机器有振动冲击而且要求高精度与高刚度时的装配结构

在某些场合，不仅机器工作时存在振动、冲击，而且要求负载的直线运动同时具有高精度与高刚度，这种场合通常采用图11-26所示的装配结构。

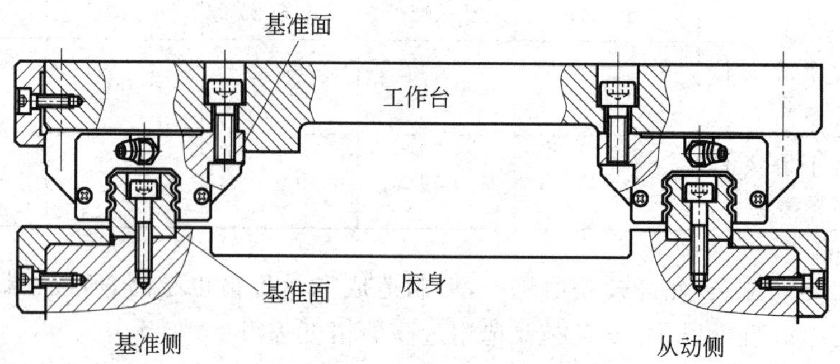

图11-26 机器有振动冲击而且要求高精度与高刚度时的装配结构

在图11-26中，在机器安装基础上，主动侧及从动侧导轨装配部位都设计有定位基准面，导轨基准侧面贴紧该定位基准面安装固定后都通过侧板将导轨夹紧固定；在负载工作台上，工作台在与基准侧滑块安装的一侧也设计加工一个宽度定位基准面，基准侧滑块的基准面贴紧该定位基准面安装固定后，再在侧面通过侧板将滑块夹紧固定；从动侧滑块直接与工作台通过螺钉连接固定，没有设计侧面定位及夹紧结构。

3）从负载工作台上无法固定或拆卸滑块时的装配结构

在图11-25、图11-26中，负载工作台与直线导轨滑块的螺钉装配都是从工作台一侧进行的，有些场合下上述螺钉无法从负载工作台一侧进行装配，需要反方向进行装配，这时通常采用图11-27所示的装配结构。

在图11-27中，在机器安装基础上，在主动侧导轨安装部位设计一个侧面定位基准面；在负载工作台上，主动侧及从动侧宽度方向各设计加工一个滑块装配定位基准面，工作台与滑块之间的紧固螺钉从滑块一侧装入。

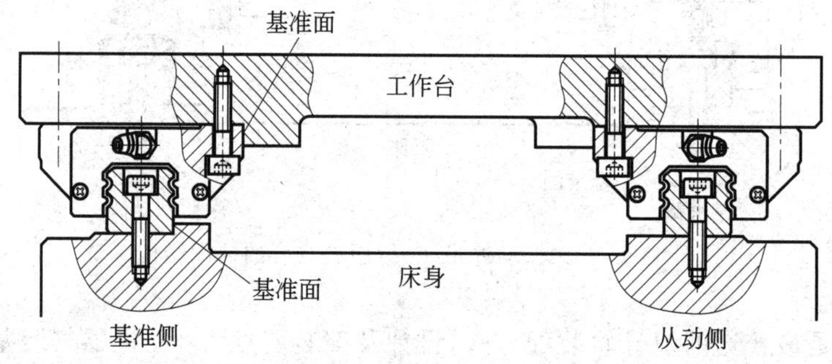

图11-27 从负载工作台上无法固定或拆卸滑块时的装配结构

11.4　直线导轨机构的装配调整与维护

1. 基本装配要求

直线导轨机构属于精密部件，安装后必须保证其处于正常的工作状态，因此在安装时必须严格遵守相关的装配操作规范，装配操作的要点主要有以下几个方面。

1）导轨的平行度

两根或三根导轨平行使用时，必须严格保证导轨之间的平行度，或者说，必须保证平行使用的各条导轨之间的平行度误差不超过或调整到规定的范围内，如图 11-28 所示。

当两根或三根导轨平行使用时，如果不能严格保证导轨之间的平行度，则机构在工作时会对滚珠产生额外的载荷，导轨及滚珠的工作温度就会上升，加剧导轨及滚珠磨损，轻则使滑块的运行变得不灵活，重则会出现卡死现象。导轨的长度越大，允许的平行度最大误差也越大，通常允许的平行度最大误差为 0.030～0.060 mm。

为了保证导轨之间的平行度，当如图 11-26、图 11-28 所示两根导轨都采用侧面基准面定位并夹紧时，则直接通过安装基础上两个侧面定位基准面加工后的平行度来保证；如果如图 11-27 所示只对一根导轨采用侧面定位基准面定位（称为基准侧导轨），则另一根导轨（称为从动侧导轨）需要采用百分表打表的方法来进行精确的校准，确保导轨之间的平行度。打表校准方法如图 11-40 所示。

2）导轨等高

两根或三根导轨平行使用时，在整个导轨长度范围内，必须保证导轨具有相同的高度，或者说，必须保证平行使用的各条导轨之间的高度误差不超过制造商规定的范围，如图 11-29 所示。

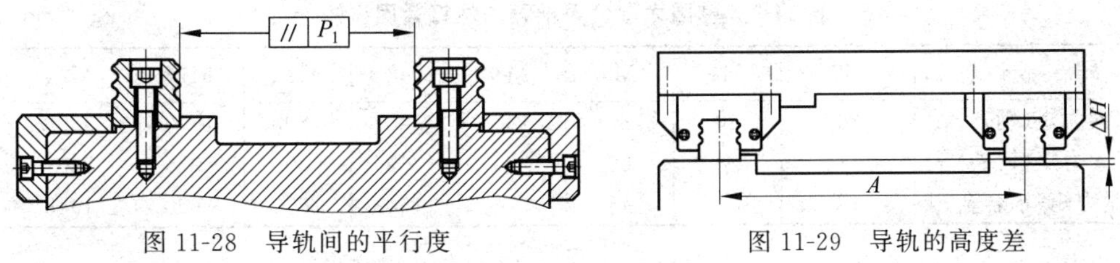

图 11-28　导轨间的平行度　　图 11-29　导轨的高度差

与两根（或三根）导轨平行使用时导轨平行度的影响类似，如果平行使用的导轨高度不一致，同样会使部分滚珠增加额外的载荷，加剧导轨及滚珠磨损，使滑块的运行变得不灵活，降低机器性能，缩短工作寿命，因此必须使导轨高度等高。所以两根（或三根）导轨平行使用时，导轨的安装基础面是通过一次装夹定位一次加工出来的，保证导轨的安装基础面在一个平面上，或将误差控制在允许的范围内。如果导轨的长度很长，通常就需要采用大行程的加工机床（平面铣床、平面磨床）来加工导轨安装基础面。

3）螺钉的拧紧次序及扭力大小

拧紧螺钉时应主要掌握螺钉拧紧的次序及拧紧扭矩，如果随意地拧紧螺钉，有可能使导轨发生轻微的变形弯曲。为了防止或减小导轨内部产生新的应力及变形，螺钉拧紧的次序推荐采用两种方法。

方法一：使待安装的导轨及导轨的定位基准侧面都位于安装操作者的左侧，将导轨侧面基准贴紧安装基础上的装配定位基准面，用夹紧夹具将导轨从侧面夹紧。首先从中间开始，右手使用扭矩扳手拧紧螺钉，并交替依次向两端延伸，如图11-30(a)所示，数字表示拧紧次序。

方法二：其他要求与方法一相同，不同之处为首先从操作者的最远端开始依次向近端拧紧螺钉，如图11-30(b)所示。这样拧紧螺钉的旋转力就可以产生一个使导轨压向左侧基准面的压力，使导轨基准面与安装基础基准面充分贴紧。

采用上述两种紧固次序可以使导轨及滑块的变形最小。

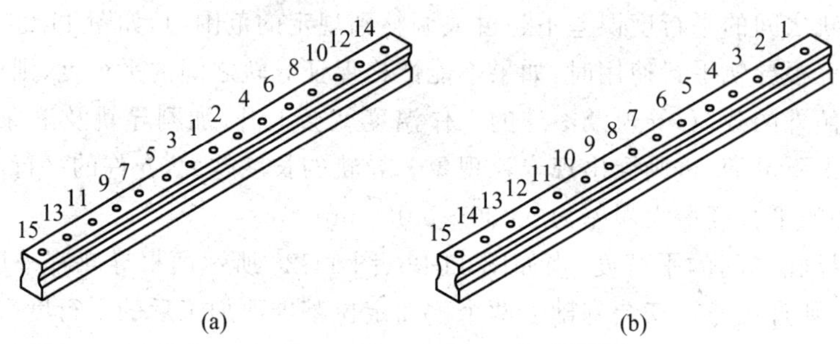

图11-30 导轨上螺钉的拧紧顺序

通常在导轨装配过程中不是一次将螺钉拧紧的，而是先将导轨初步固定，最后再按规定的扭矩及规定的次序依次、逐步拧紧螺钉。

除按规定的次序拧紧及分步拧紧外，螺钉的拧紧还必须按制造商规定的扭矩、用扭矩扳手进行。扭矩的大小视安装面的材料、螺钉的直径大小而异。表11-7为韩国太敬公司推荐的螺钉紧固扭矩部分数据。

表11-7 韩国太敬公司推荐的螺钉紧固扭矩 kgf·cm

螺 栓	M3	M4	M5	M6	M8	M12	M14	M20
扭紧力矩(钢)	20	40	80	130	300	1203	1600	3896
扭紧力矩(铸铁)	13	28	60	94	205	800	1071	2601
扭紧力矩(铝合金)	10	21	45	70	150	600	800	1948

注意：安装基础的螺钉安装孔必须按所选用导轨的螺钉孔距进行设计并保证足够的中心距尺寸精度，以保证螺钉装配时不发生结构干涉。

4) 螺钉的防松

螺钉及垫圈在装配前必须清洗干净，在有振动冲击的场合，直线导轨及相关机构在装配时还必须考虑防松措施。通常的防松措施为：除在螺钉装配时采用弹性垫圈外，装配时还必须在螺钉螺纹尾部涂布螺丝胶水，防止螺钉松动。

根据螺钉使用部位的区别，分别采用低强度、中强度或高强度的螺丝胶水。通常大型基础结构的螺钉采用高强度胶水，经常需要拆卸更换的部分采用低强度胶水。螺丝胶水通常为厌氧胶水，装配后一般24 h内自然固化，固化后即具有一定的强度，防止各螺钉在使用时发生松动，使用非常简单、方便。美国乐泰公司、3M公司等都有各种系列的螺丝紧固胶水，日本及我国台湾、香港地区也有部分相关的胶水制造商。

5）多段导轨的连接装配

单根导轨的最大长度通常为 3～4 m，在有些情况下，当工作台的行程很大或导轨长度很长时，采用单根导轨在制造、运输方面都存在困难，通常采用拼接的方法来解决。制造商会按用户要求将各段导轨的端面进行磨削加工并打上编号，如图 11-31 所示，安装时只要将相同编号的端面连接起来即可获得长度较长的导轨，同时保证各种精度要求。

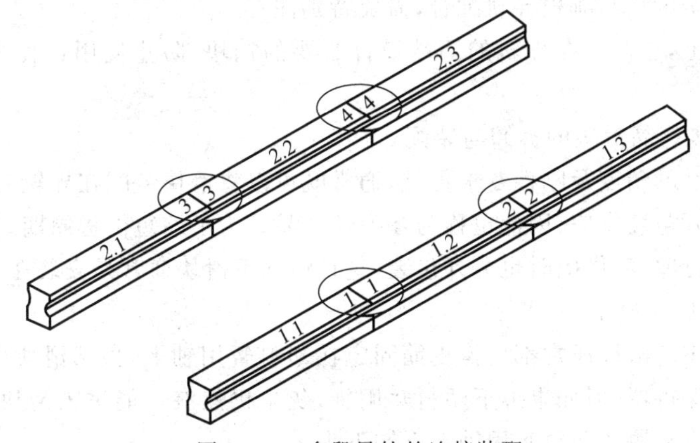

图 11-31　多段导轨的连接装配

在多段导轨的连接装配过程中，除接头编号不得弄错外，另一个重要的问题就是装配时如何将多段导轨严格对齐。

如果导轨装配时是依靠侧面定位基准来定位（例如平行使用的基准侧导轨），则采用图 11-32 所示的方法，先将导轨用夹紧工具在各连接处夹紧，使导轨侧面装配基准面紧贴着定位基准面，然后再按规定的方法依次固定各个位置的螺钉。

如果导轨在安装时没有侧面定位基准面定位（例如平行使用的从动侧导轨），则通常在导轨连接处两侧各使用一根量棒，用夹具将量棒与导轨夹紧即可将导轨位置校直，然后再按规定的方法依次固定各个位置的螺钉，如图 11-33 所示。量棒必须经过磨削加工从而达到很高的直线度，否则量棒的直线度误差又会复制到导轨上。

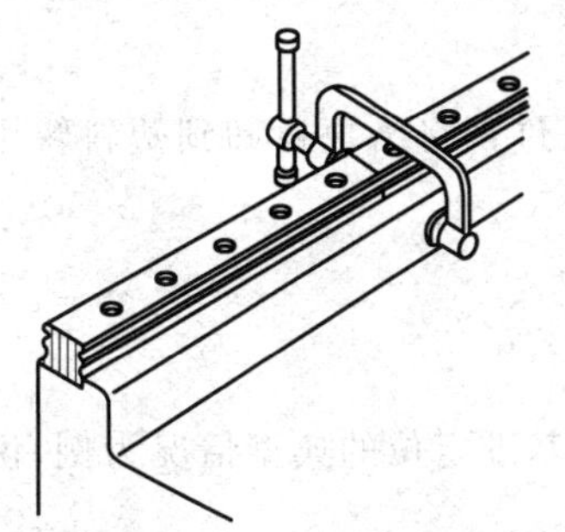

图 11-32　导轨连接使用装配时的对齐（基准侧）

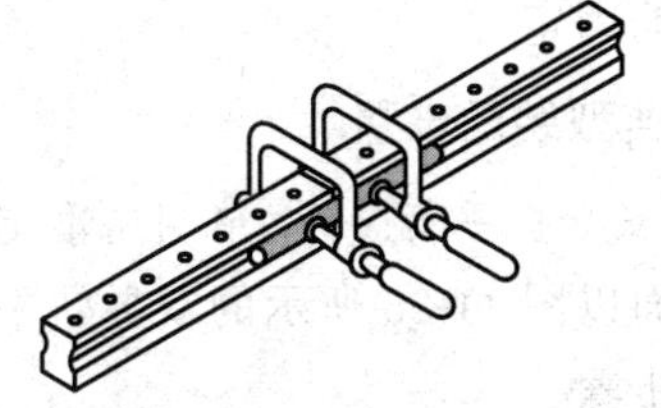

图 11-33　导轨连接使用装配时的对齐（从动侧）

6）预紧级产品与非预紧级产品的装配

直线导轨机构根据精度及刚性要求分为两类：预紧级产品与非预紧级产品，预紧级产品也称为非互换性产品，非预紧级产品也称为互换性产品。

(1) 预紧级产品滑块的拆卸与装配

在安装及使用过程中,通常禁止使滑块脱离导轨或拆卸滑块,因为这样很容易使滑块内的滚珠脱落,使灰尘进入滑块内部,降低部件精度甚至损坏部件。如确需要使滑块脱离导轨,需要在制造商指导下采用专用的暂用导轨轴进行,而且要严格按滑块原来的位置与方向装回。虽然通常制造商在滑块上都作有编号及箭头标记,但在多导轨、多滑块的使用场合仍然很容易搞错哪个滑块与哪根导轨配合,需要特别注意。

在机构设计上,也需要在导轨的两端设计必要的挡块,防止使用过程中滑块从导轨上脱落。

(2) 非预紧级产品滑块的拆卸与装配

非预紧级产品的精度及刚性要求更低,通常既可以将滑块装配在导轨上后供应,也可以将导轨与滑块分开包装供应,因此也称为互换性产品。为了缩短供货周期,部分制造商对导轨及滑块分开进行库存,供应时也分开包装,这种情况下滑块通常是安装在一根塑料暂用导轨轴上的,如图11-34所示。

分开包装供应的滑块通常都用橡皮筋固定在塑料暂用轴上,虽然滑块内部设计有防止滚珠脱落的滚珠保持器,但如果拆下塑料暂用轴,灰尘仍然有可能进入滑块内部,所以在安装滑块前也不要将滑块从塑料暂用轴上拆卸下来。

装配时首先将塑料暂用轴的端面对准导轨的端面并紧挨在一起,使塑料暂用轴与导轨在一条直线上,用手仔细、慢慢地移动滑块直至滑块运动到导轨上,再拿掉塑料暂用轴,如图11-35所示。

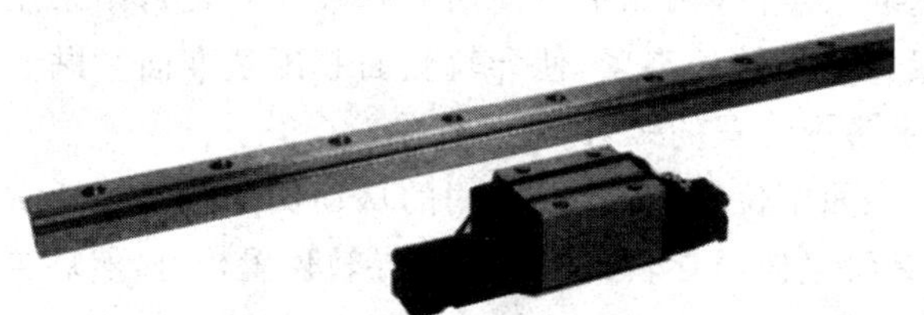

图11-34 分开供应的导轨及滑块(非预紧产品)

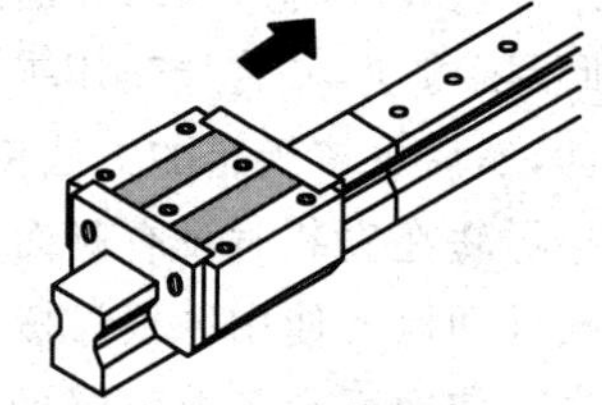

图11-35 分开供应的导轨及滑块(非预紧级产品)装配方法

当使用过程中需要对上述导轨进行拆卸时,也要反过来将滑块拆卸到塑料暂用轴上再用橡皮筋固定。

2. 典型装配步骤

1) 双导轨平行使用、单侧基准定位安装方式

下面以图11-25所示的双导轨平行使用、导轨单侧基准定位的典型情况为例,说明其详细安装步骤。

(1) 装配面与装配基准面的清洁

如图11-36所示,用油石清理导轨装配面与装配基准面的毛刺,并用干净的布将装配面与装配基准面上的油污、灰尘擦拭干净,涂上低粘度的碇子油。

(2) 导轨的初步固定

将基准侧导轨及从动侧导轨轻轻安放到安装基础的装配面上,如图11-37所示,旋入螺

钉(先不拧紧)。注意一定要先确认两根导轨的安装基准侧面，制造商一般都在该侧面上作有专门的标记。

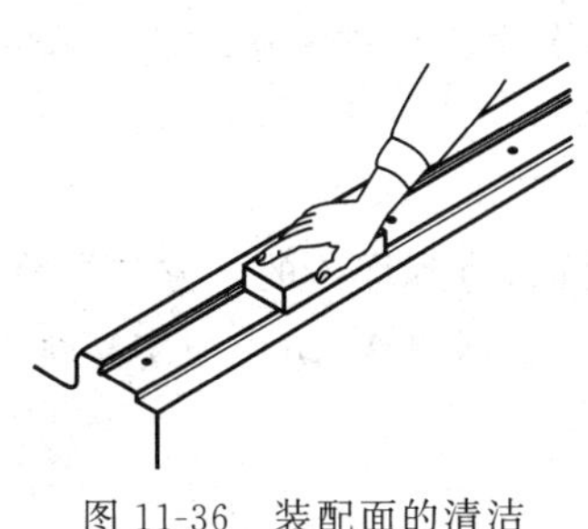
图 11-36　装配面的清洁

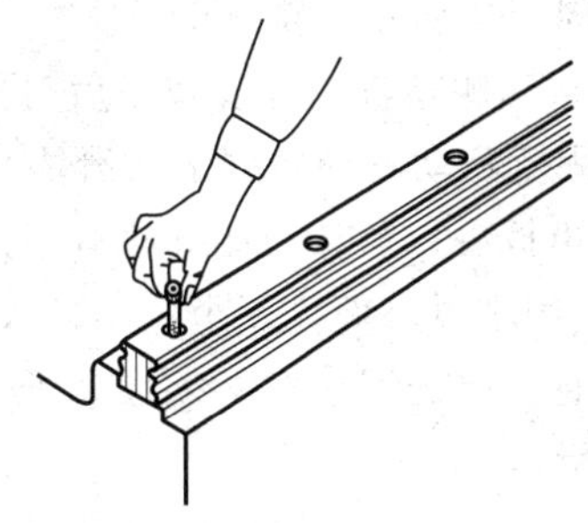
图 11-37　导轨的初步固定

注意：螺钉装配时应仔细检查是否有干涉情况发生，否则应及时查明原因，不得在有干涉的情况下强行安装螺钉，这样将损失导轨的精度。

(3) 固定基准侧导轨

通过夹紧夹具将基准侧导轨的安装基准侧面紧靠在安装基础的定位基准面上，如图 11-38 所示，再按照图 11-30 所示的次序用扭矩扳手按规定的扭矩逐个拧紧螺钉。

(4) 暂时固定基准侧及从动侧导轨的全部滑块

将负载工作台按螺钉安装孔位置对准各滑块后，将负载工作台轻巧地放在滑块上，然后用螺钉将负载工作台暂时固定(先不拧紧)。

(5) 固定基准侧导轨的全部滑块

将基准侧导轨各滑块的装配基准面紧贴在负载工作台的定位基准面上，用扭矩扳手按规定的扭矩将基准侧导轨各滑块的螺钉拧紧。注意拧紧螺钉时要交叉多次进行。

(6) 固定从动侧导轨的一个滑块

用扭矩扳手将从动侧导轨的其中一个滑块用螺钉拧紧，另外一个滑块的螺钉先不拧紧，如图 11-39 所示。

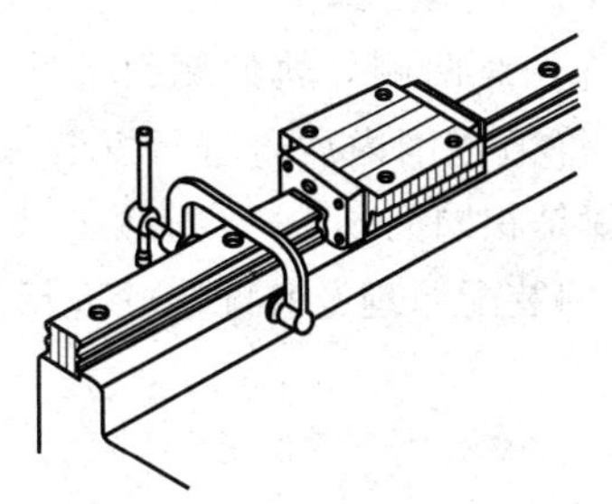
图 11-38　基准侧导轨的固定

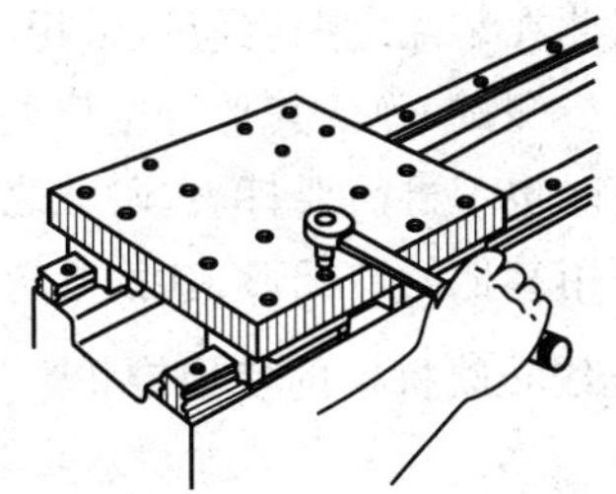
图 11-39　滑块的固定

(7) 根据基准侧导轨打表找正从动侧导轨位置

移动负载工作台，使直线导轨机构运动基本顺畅，然后将百分表座固定在工作台上，百分表表头紧贴在从动侧导轨的侧面基准面上(注意确认该基准面)，在全长度上边移动工作台边用测力计测定移动工作台所需要的轴向拖动力。同时观察百分表指针的跳动情况并用塑料锤轻轻敲击从动侧导轨阻滞点的一侧调整从动侧导轨的方向，直到百分表指针的跳动量为零或达到预期的范围、移动工作台所需要的轴向拖动力最小为止,百分表指针的跳动量也就是两根导轨的平行度误差。打表找正的方法如图 11-40 所示。

(8) 固定从动侧导轨

完成从动侧导轨的打表找正后,再按图 11-30 所示的次序逐个拧紧从动侧导轨的螺钉。

(9) 固定从动侧导轨剩下的滑块

用扭矩扳手拧紧从动侧导轨剩下的一个滑块。

最后,用小锤将埋栓逐个轻轻敲入导轨上螺钉安装孔内,直到埋栓的上方与导轨面为同一平面为止。敲击埋栓时必须在锤子与埋栓之间放入一块塑料垫块,防止损伤导轨表面,如图 11-41 所示。

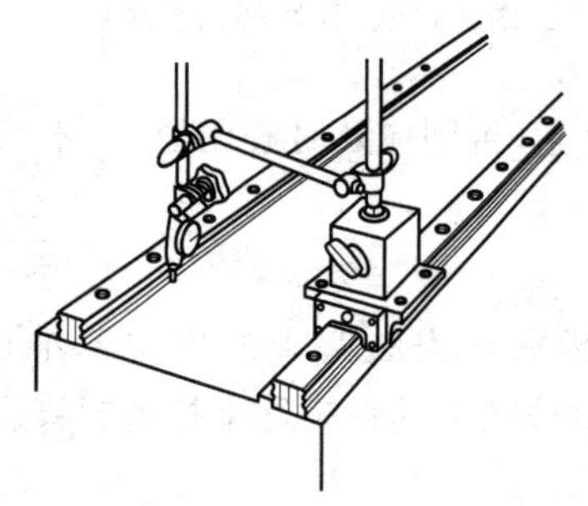

图 11-40 从动侧导轨的打表找正

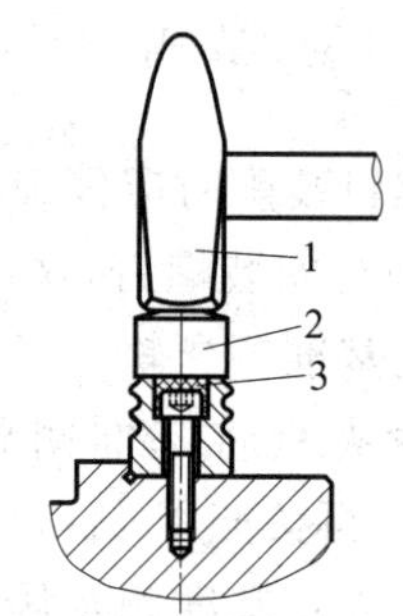

图 11-41 埋栓的装配方法

1—锤子;2—塑料垫块;3—埋栓

2) 双导轨平行使用、双侧基准定位安装方式

当采用图 11-26 所示的双导轨平行使用、双侧基准定位安装方式时,情况又有些差别了。采用双侧基准定位一般用于机床等具有重载荷(尤其是具有横向载荷)的场合,同时还必须在侧面对导轨进行夹紧固定,防止导轨在宽度方向发生松动,提高导轨的安装刚性。

采用这种装配形式时,由于基准侧及从动侧导轨都设计有定位基准面,如果直接按定位基准面装上导轨,有可能因为安装基础的基准存在较大的平行度误差,导致装配后机构运动不良。因此在装配之前就应该采用百分表打表的方法首先对两侧导轨的侧面基准、底面基准分别进行测试,确认其平行度误差在制造商推荐的允许值范围内后再进行安装。安装第二根导轨时也不再需要打表,除此之外,其余的安装步骤是相同的。

当采用其他的装配形式时,参考上述两种使用方式的装配原理及装配步骤进行。

3. 直线导轨机构的使用维护

1) 存放

直线导轨机构属于精密部件,如果以不当的方式存放,有可能引起直线导轨的弯曲变形,所以通常要将导轨放置在水平位置,在导轨下方进行多点支撑。在存放及运输过程中必须轻拿轻放,在使用过程中也不能承受非工作外力的撞击。

2) 防尘

在制造过程中,制造商都在滑块的两端设计有标准的防尘结构(防尘盖),如果有特殊需要,可以在导轨螺钉安装孔中使用一种由合成树脂制造的埋栓,如图 11-42 所示,或者在导轨上使用专用的油封板,如图 11-43 所示。在某些特殊的场合(例如含有大量的粉尘、灰尘、切削砂尘等)，就必须采用波纹套管或伸缩护罩将导轨全部封住，如图 11-44 所示。

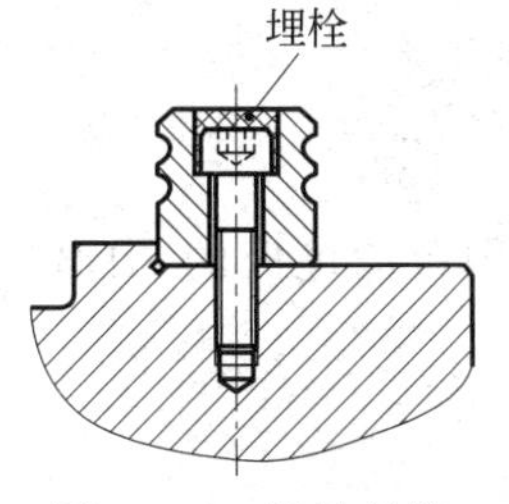

图 11-42　埋栓结构

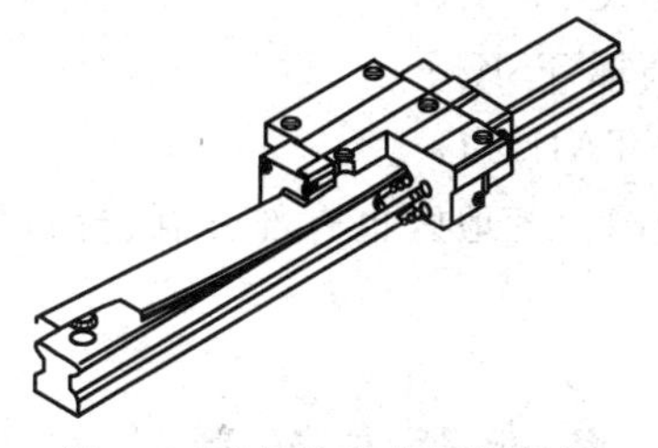
图 11-43　导轨上专用油封板

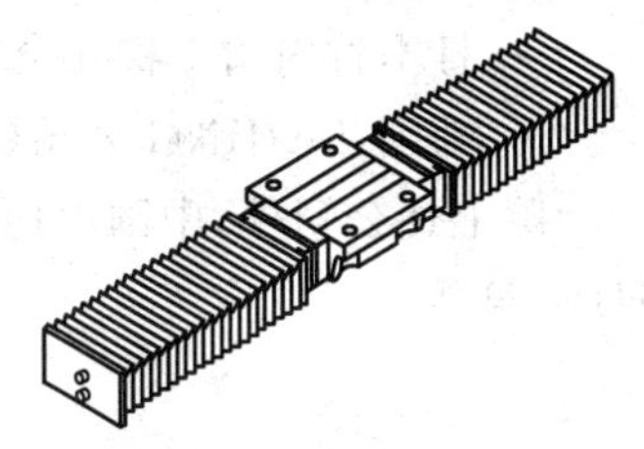
图 11-44　波纹套管

3）润滑

直线导轨机构的维护比较简单，主要的维护工作为定期进行润滑。通常的润滑方法是定期(如每个月一次)在导轨表面上涂一层润滑脂，滑块内部的润滑通过专用的润滑脂补充枪施加。润滑脂补充的频率主要按实际使用的运行距离确定，一般情况下每运行 100 km 的距离就需要补充润滑脂。

润滑脂的牌号：一般用锂基润滑脂，也可以按直线导轨机构制造商推荐的牌号采购。

除采用润滑脂进行润滑外，还可以采用润滑油来润滑，但对于像机床等要求重负荷、高刚性、高速度的场合，一般都推荐使用润滑脂来润滑。

4. 直线导轨型号代号

直线导轨机构的选型与气动元件的选型一样，其详细的系列、参数等都是用一组由符号和数字组成的代号表示的，各个制造商的型号命名方法有很多类似之处，只要熟悉了其中一家制造商的元件选型方法，就可以通过仔细阅读制造商的样本资料举一反三。

按上述各项选定的内容及按制造商规定的型号命名方法写成序号即可直接向厂家订购。

型号命名实例：

例如，选定韩国太敬公司 SBG 系列、公称尺寸为 25、重载荷型滑块系列(FL)、导轨长度为 1000 mm、预紧等级为普通预紧(K1)、精度等级为精密级(P)、单根导轨上使用 2 个滑块、2 根导轨平行使用，则最后代号为“SBG25—FL—2—K1—1000—P—Ⅱ”。

其中：SBG 表示导轨系列为通用系列；25 表示公称尺寸为 25 mm；FL 表示滑块系列为重载荷型；2 表示单根导轨上使用的滑块数量为 2；K1 表示预紧等级为普通预紧；1000 表示导轨长度为 1000 mm；P 表示精度等级为精密级；Ⅱ表示 2 根导轨平行使用。

完成直线导轨机构的详细选型后，查阅制造商提供的详细结构尺寸，并按相关尺寸设计其他的机构。各种型号的图样及尺寸既可以从制造商的网站、样本上获得，也可以从制造商提供的电子文档中将图样直接拷贝到 CAD 设计界面，以简化设计，提高设计速度。通常情况下都能够提供二维 CAD 电子文档，少数制造商还提供三维 CAD 文档。

5. 直线导轨机构的主要制造商

直线导轨机构作为一种基本的直线运动部件，目前主要的制造商有：

- 德国 RK 公司(商标 RK)；
- 日本精工株式会社(商标 NSK)；

- 日本 THK 株式会社(商标 THK);
- 日本东晟株式会社(商标 IKO);
- 日本竹内精工株式会社(商标 TSK);
- 韩国 TAIJING 公司(商标 TAIJING)。

除上述公司外,中国内地及中国台湾地区也有部分制造商,如中国台湾地区的 ABBA、HIWIN 等。

思考题与习题

11.1 为什么在自动化设备中大量采用直线运动机构?

11.2 直线运动系统通常由哪些部分组成?

11.3 直线运动系统通常采用哪些元件来驱动?

11.4 直线运动系统通常采用哪些元件来实现导向功能?

11.5 有哪些方法可以将电机输出的回转运动转换为所需要的直线运动?

11.6 直线导轨机构主要由哪些部分组成?各部分有何作用?

11.7 直线导轨机构有什么特点?

11.8 直线导轨机构运行时为什么运动阻力小而且精度高?

11.9 直线导轨机构在安装时如何定位?

11.10 订购直线导轨机构时如何确定导轨的长度?

11.11 直线导轨机构运行时可以承受哪些载荷?

11.12 如何确定在同一根导轨上所需要采用滑块的数量?

11.13 如何确定采用单导轨或双导轨?

11.14 直线导轨机构主要有哪些安装方式?

11.15 直线导轨机构如何提高其工作时的刚性?在选型时如何选定其刚性?

11.16 在无振动冲击、一般用途场合下双导轨直线导轨机构采用怎样的装配结构?

11.17 在有振动冲击且要求高精度与高刚度时,双导轨直线导轨机构采用怎样的装配结构较合适?

11.18 从负载工作台上无法固定或拆卸滑块时,双导轨直线导轨机构采用怎样的装配结构较合适?

11.19 直线导轨机构选型时有哪些项目需要选定?选型过程按怎样的步骤进行?

11.20 什么叫静安全系数?在直线导轨机构选型时有何作用?

11.21 直线导轨机构的额定寿命一般用什么单位表示?如何计算直线导轨机构的额定寿命?

11.22 直线导轨机构有哪些防尘措施?

11.23 直线导轨机构的型号“SBG25—FLL—2—K2—1640—P—Ⅱ”代表什么意义?

11.24 双导轨直线导轨机构在装配时需要保证哪些技术要求?

11.25 双导轨直线导轨机构装配时如何保证导轨的平行度?

11.26 在装配直线导轨机构过程中,拧紧导轨上的螺钉时有何特殊要求?

11.27 装配直线导轨机构时一般采取哪些防松措施?

11.28 对于图 11-25～图 11-27 所示的双导轨直线导轨机构，应该分别按照怎样的步骤进行装配？

11.29 当一条导轨需要由多段组成时，如何进行导轨的连接装配？

11.30 预紧级直线导轨机构的滑块是否可以随意拆卸？如果需要拆卸应该如何进行并注意什么？

11.31 对非预紧级直线导轨机构的滑块如何进行装配和拆卸？

11.32 直线导轨机构及其安装基础通常设计有哪些安装基准面？装配时如何使用上述安装基准？

11.33 使用双导轨时，如果安装基础上没有或只有一个安装基准面，如何保证两根导轨之间的平行度？

11.34 使用双导轨时，如何检测两根导轨之间的高度误差？

11.35 直线导轨机构在存放及使用时需要注意哪些事项？

第12章　直线轴承原理与设计应用

12.1　直线轴承结构与工作原理

12.1.1　直线轴承的用途

1. 问题的提出

通过第11章的学习读者已经知道，在自动化装备的各种直线运动机构中，除一部分直线运动是通过电机的回转运动转换而来外，大量的直线运动都是由直线运动气缸来驱动的。直线运动是各种自动化装备最基本的结构单元。

为了保证机器的工作精度，首先必须保证各种直线运动机构具有足够的运动精度，这就需要采用高精度的直线导向部件。第11章详细介绍了直线导轨机构，它是一种非常理想的导向部件，除具有很高的导向精度外，还能同时在多个方向提供较高的支承刚度，能够在多个方向承受负载(包括弯曲力矩)，简化了结构，大大方便了机器的设计与制造。但它的缺点是价格相对较高，尤其是在一台设备上使用直线导轨的数量较多时，直线导轨的成本在机器总成本中占有的比重可能很大，因此必须考虑降低制造成本。

事实上，在自动化装备中，也有很多场合负载较小，因而对导向部件的刚性要求不高，只需要导向部件具有足够的直线导向精度，这种场合如果使用直线导轨机构显然一方面性能有多余，另一方面在制造成本上也不经济。如果有一种刚性不高、具有较高的直线导向精度、价格又很低廉的直线导向部件，则既可保证所需要的性能，又可获得最低的成本。

2. 解决方法

为了解决上述问题，需要有一种低成本的直线运动导向部件，为此，许多制造商设计开发了另一类廉价的直线导向部件——直线轴承(部分制造商的资料中也称为线性衬套，本教材统一称为直线轴承)，它的制造成本与价格大大低于直线导轨机构，价格一般约数十元人民币/套，因此在负载较小的场合使用它可以大幅降低设备的制造成本，实际上，它也是一种最廉价的直线运动系统。直线轴承投入市场的时间也远比直线导轨更早，国外早在20世纪80年代就已经大量使用在各种自动化机器设备上。

3. 直线轴承的用途

与直线导轨机构类似，直线轴承属于一种导向部件，用于对各种执行机构的直线运动提供高精度的直线导向功能，使各种执行机构在不同的位置之间进行直线运动循环并完成特定的工作，由于也是采用滚珠进行滚动导向，因而运动阻力极小。使用直线轴承时，除这种导向部件外，还需要驱动部件来驱动执行机构的直线运动。最典型而且大量使用的驱动部件就是直线运动气缸，此外也经常采用电机作为驱动部件，通过滚珠丝杠或同步带来传动。

与直线导轨机构不同的是，直线轴承提供高精度的直线导向功能，但它提供的刚度大幅低于直线导轨机构，因而它只能够承受一般的负载。

作为最基本的自动化装备标准部件，直线轴承经常与直线导轨机构同时在一台设备上使用，其中直线导轨用于精度要求高、负载大、对导向部件刚性要求较高的场合，而在负载小、对导向部件刚性要求不高的场合则使用直线轴承。直线轴承大量应用于计算机及其外部设备、三坐标测量仪、多轴钻床、冲压设备、移载机械手、电子制造装备、包装设备、食品加工设备、医药设备等行业。

图 12-1 为直线轴承在注塑机自动取料机械手中的应用实例，手臂在水平方向的直线运动就是通过两根直线轴及配套的直线轴承进行导向的。

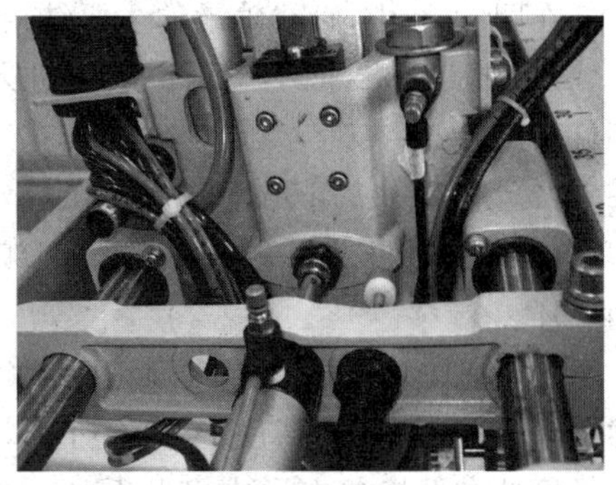

图 12-1　直线轴承在机械手中的应用实例

12.1.2　直线轴承的结构与工作原理

1. 直线轴承的结构系列

直线轴承是一种与直线轴配合起来使用的直线导向部件，为了满足直线轴承在不同场合下性能及安装方式的需要，制造商设计制造了各种不同的结构系列，最基本的结构系列如图 12-2 所示。其中图 12-2(a)为标准型，图 12-2(b)为间隙调整型，图 12-2(c) 为开放型，图 12-2(d)为法兰型，图 12-2(e)为由开放型直线轴承与轴承座、支撑轴组成的滑动单元。

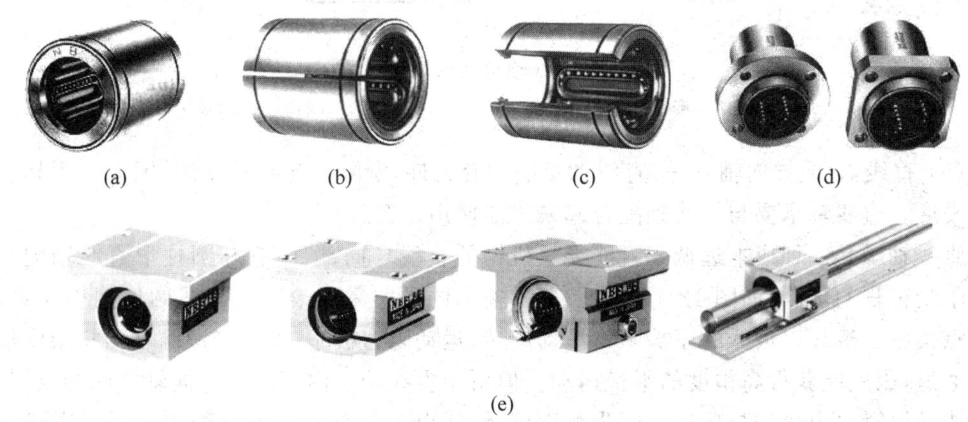

图 12-2　直线轴承的结构形式

在图 12-2 中，标准型、法兰型为最基本的形式，安装简单、占用结构空间非常小，这对结构空间往往比较敏感的自动化装备而言是非常重要的，因而应用十分广泛。其中标准型直接在圆孔中安装，依靠弹性挡圈就可以对直线轴承进行轴向定位，而法兰型直接通过端面的法兰安装，使用时用螺钉紧固即可。

每种结构系列都设计有各种公称尺寸规格，读者只要能够从制造商的产品系列中熟练选定最适合使用条件的系列及规格，设计合适的安装方式即可，选定的公称尺寸规格还要求能达到设计额定寿命。

2. 直线轴承的结构及工作原理

下面以标准型直线轴承为例说明其典型结构。标准型直线轴承的内部结构如图 12-3 所示。

在图12-3中,直线轴承的主要结构及其作用如下:

(1) 橡胶密封圈——防止灰尘进入轴承内部,保护部件精度。

(2) 外筒——用于支承及安装、固定元件。

(3) 滚珠保持器——用于固定滚珠及实现滚珠的运动循环。

(4) 滚珠——导向元件,通过滚珠与所配合直线轴的滚动运动,提供高精度的导向功能,而且运动阻力极小。滚珠在保持器内形成多路循环,每一路循环的滚珠中由于各滚珠沿轴承径向的深度不同,所以又分为承载滚珠与非承载滚珠,如图12-4所示。

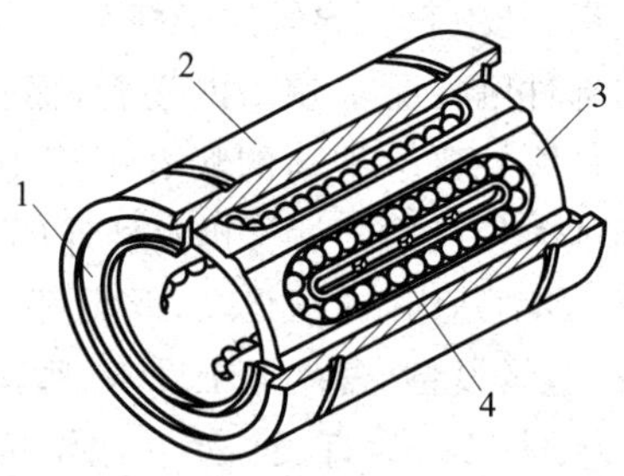

图12-3　直线轴承结构示意图(一)

1—橡胶密封圈;2—外筒;3—滚珠保持器;4—滚珠

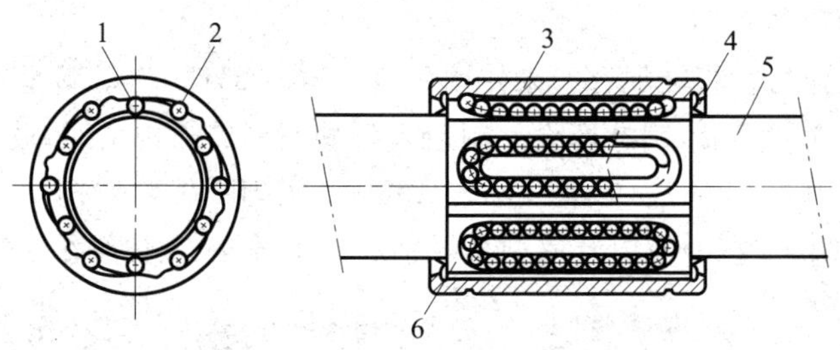

图12-4　直线轴承结构示意图(二)

1—承载滚珠;2—非承载滚珠;3—外筒;4—密封盖;5—直线轴;6—滚珠保持器

(5) 直线轴(或导向轴)——直线轴承的配套元件,实际上起导轨作用,因而必须具有足够的硬度。直线轴承要与直线轴配合起来才能使用。

直线轴承是一种成本远低于直线导轨机构的直线导向部件,它与圆柱形直线轴配合使用时不受行程的限制,如图12-4所示。直线轴承的导向采用滚珠与直线圆形轴表面定位,属于点接触。滚珠以最低的摩擦阻力滚动旋转,运动阻力极小,每一列滚珠在保持架内形成循环通道,因此能获得高精度的平稳运动。但由于直线轴承内滚珠与导向轴之间为点接触,而直线导轨滑块内滚珠与导轨之间为弧面接触,所以直线轴承的承载能力远低于直线导轨机构。在滚珠直径相同的条件下,直线导轨的滚珠承载能力约为直线轴承内滚珠承载能力的13倍,工作寿命相差更大。

12.1.3　直线轴承的特点

直线轴承由于其特殊结构,具有以下特点:

(1) 运动阻力非常小,可以应用于高速直线运动场合。

(2) 由于采用点接触方式进行滚动运动,导向精度高。

(3) 互换性好。由于直线轴承的内径是按标准尺寸加工的,各部分尺寸已经标准化,而直线轴也是在外圆磨床上精密加工出来的,所以能获得很精确的配合公差,因此所有直线轴与直线轴承都可以互换。

(4) 价格低廉,是成本最低的直线导向部件,使用直线轴承的直线运动机构是成本最低的直线运动系统。

(5) 安装方便,占用空间小,可以在任何方向使用,便于自动化装备的高度集成。

(6) 维护简单,只要定期添加润滑油或润滑脂即可。

由于直线轴承具有以上特点,与直线导轨机构类似,采用直线轴承同样可以直接带来以下好处:

(1) 机器总成本大幅降低;

(2) 极容易实现机器的高精度直线运动;

(3) 大幅提高机器生产效率;

(4) 使机器的设计制造简单化;

(5) 节能,维护简便。

12.2　直线轴承的使用方式

12.2.1　直线轴承的典型安装方式

与直线导轨机构的使用类似,直线轴作为导轨,负载滑块为与直线轴承安装在一起的、需要作往复直线运动的各种执行机构,例如机械手的抓取手臂,各种装配机构、调整机构、检测机构等。

与直线导轨机构一般采用平台式搭接方式不同的是,由于直线轴承是圆柱形状,因此只能将直线轴承安装在圆孔内。如果结构上允许,可以将直线轴承直接设计装配在负载滑块的圆孔内。否则,就需要专门设计一个用于过渡连接的连接座,将直线轴承与执行机构连接在一起。

鉴于使用场合结构空间的大小、装配基础结构形状、工作方向等因素的区别,可以灵活选用不同的直线轴承系列及相应的安装方式。对于标准型直线轴承通常有内卡环安装、外卡环安装、固定板安装三种安装方式,对于法兰型、间隙调整型、开放型直线轴承都有相应的标准安装方式,下面分别介绍。

1. 标准型直线轴承的安装方式

标准型直线轴承通常为标准的圆柱形状,可以采用以下三种安装方式。

1) 内卡环安装方式

内卡环安装方式是标准型直线轴承的基本装配方式之一。在作为装配基础的装配孔中加工有两道弹性挡圈安装沟槽,直线轴承装配在装配孔中后,弹性挡圈直接安装在直线轴承的两端,对直线轴承轴向定位,如图 12-5 所示。

该装配方式结构简单,占用的空间最小,在部分结构空间很敏感的场合更突出其优越性,是一种应用非常广泛的安装方式,但要求安装基础具有足够的厚度。

2) 外卡环安装方式

外卡环安装方式是标准型直线轴承的另一种装配方式。将弹性挡圈从轴承装配孔内移到装配基础的外侧安装,如图 12-6 所示。

这种安装方式简单、方便,但直线轴承有一部分外露在装配基础外,用于安装基础厚度不太大的场合。

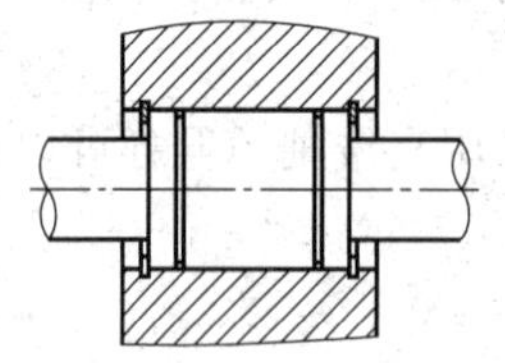
图 12-5 内卡环安装方式

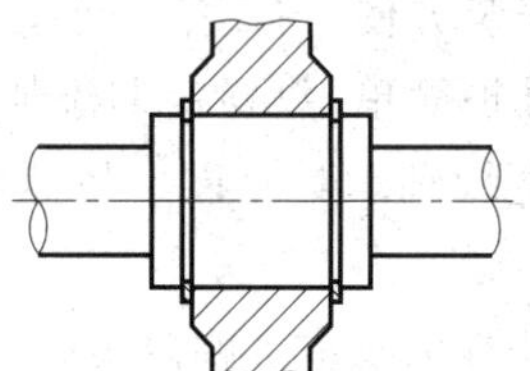
图 12-6 外卡环安装方式

3) 固定板安装方式

固定板安装方式采用在轴承两端加固定板对直线轴承限位并固定,如图 12-7 所示。

由于直线轴承在工作时的轴向负载极小,因此实际工程中经常采用普通的螺钉加上平垫圈安装在轴承的两端外侧,代替固定板对直线轴承进行轴向定位,以简化结构设计,如本章后面的图 12-20 所示。

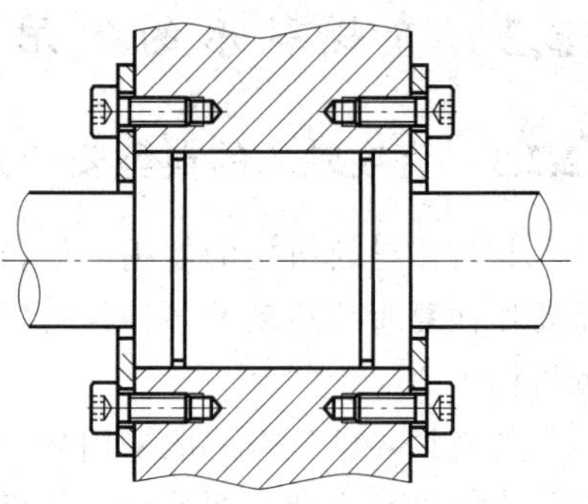
图 12-7 固定板安装方式

2. 法兰型直线轴承的安装方式

法兰型直线轴承由于其特殊的结构,具有以下特点:

(1) 直接安装,不需要其他的安装附件;

(2) 结构紧凑;

(3) 刚性较高;

(4) 高精度。

法兰型直线轴承的装配直接采用法兰安装,用螺钉将直线轴承的法兰固定在装配基础上即可,如图 12-8 所示。根据使用场合载荷的方向及结构空间,设计时可以选用图 12-8(a)、图 12-8(b)、图 12-8(c)所示的三种不同结构。

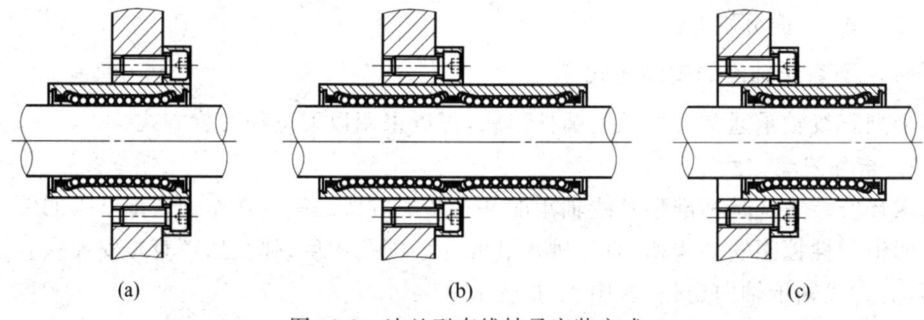

图 12-8 法兰型直线轴承安装方式

需要注意的是,由于标准型及法兰型直线轴承为闭式结构,其孔径是固定的,因而在使用时直线轴承与直线轴之间都采用间隙配合,而且配合间隙是固定的,不能调整。正常情况下,直线轴承与直线轴之间的间隙为 10 μm 左右。显然,采用间隙配合时直线轴承的刚性最低。

为了既采用直线轴承以降低设备制造成本,又要求直线轴承尽可能具有更高的刚性,必须像直线导轨一样对直线轴承进行预紧(通常在直线导轨机构及直线轴承中称为预紧,在滚珠丝杠机构中称为预压),因此这种场合就需要采用间隙调整型直线轴承或开放型直线轴承。

3. 间隙调整型直线轴承的安装方式

间隙调整型直线轴承设计有一条纵向的开口，只要将其安装在一个可以调节直径的圆孔内，通过使轴承在径向产生一定的弹性变形即可以很方便地调整直线轴承的内孔孔径，从而调整直线轴与直线轴承之间的配合间隙。它通常用于需要很小配合间隙或需要提高直线轴承的刚度、对直线轴承进行预紧的场合，其安装方式如图 12-9 所示。

注意：在使用间隙调整型直线轴承时，预紧螺钉与轴承的开口之间在方位上应该相差 90°，这样在紧固螺钉时能够使轴承产生均匀的弹性变形，如图 12-9 所示。

在实际使用时还要注意不能使轴承产生过大的预紧力，否则轴承外筒、滚珠、直线轴的接触部位会产生过大的变形，缩短轴承的使用寿命，所以通常在预紧后要求使配合间隙维持在零或者轻微的预紧状态。

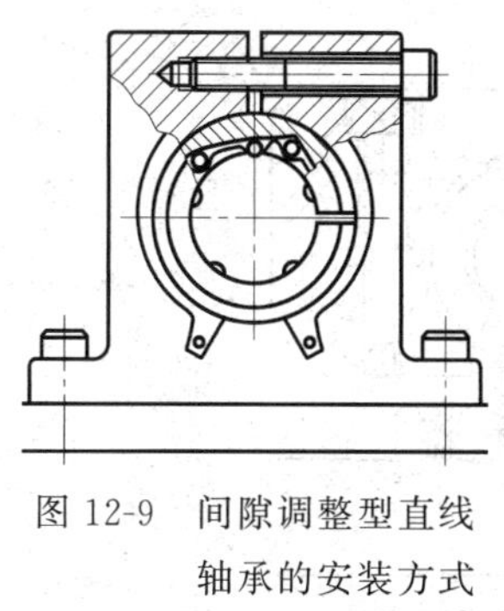

图 12-9　间隙调整型直线轴承的安装方式

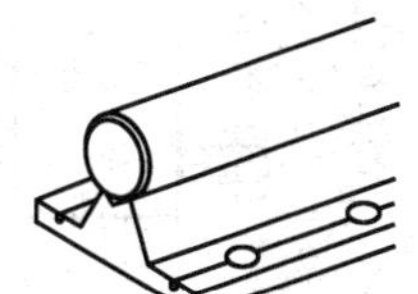

图 12-10　开放型直线轴承配合使用的支撑轴

4. 滑动单元的安装

滑动单元本身就是制造商为用户在采用标准型及法兰型都不方便安装的情况下专门设计制造的，滑动单元不仅将直线轴承安装好后提供给用户，而且还包括了安装结构，用户直接通过螺钉将负载滑块与滑动单元连接在一起就完成了安装。

5. 开放型直线轴承的安装方式

标准型、间隙调整型、法兰型直线轴承都是与普通直线轴配合使用，由于直线轴的刚性是有限的，在某些载荷较大、直线轴较长的场合，直线轴可能会产生一定的弯曲变形，降低机构的寿命，特别是负载工作行程大、直线轴长度较长时这一问题更突出。为了解决上述问题，制造商设计制造了一种特殊的支撑轴，如图 12-10 所示，将这种特殊的支撑轴配合采用开放型直线轴承的滑动单元一起使用，就可以使直线轴的支撑刚性大幅提高并能够实现较大的工作行程。

1) 开放型直线轴承的性能特点

开放型直线轴承与支撑轴、轴承座一起组成滑动单元，其外形如图 12-2(e)所示。由于这种特殊的支撑轴在直线轴整个长度上或多个长度段内将普通直线轴以很高的刚性支撑起来，所以它与由普通直线轴承组成的直线运动系统相比具有以下突出的特点：

(1) 高刚性。这种支撑轴最大的优点为高刚性，直线轴与特殊的支撑底座组合能够保证直线轴避免通常容易产生的变形。

(2) 低成本。由于其结构简单，所以是一种成本很低的直线运动系统。

(3) 结构紧凑、整体高度低。轴承座及支撑底座采用铝合金材料，所以能够大幅降低机构的重量，较低的安装高度特别适合于非常紧凑的机构设计。

(4) 特别适用于大行程的场合。支撑底座通常最大长度可达 2000 mm，直线轴的最大长度可达 2000～4500 mm，可以使用多段支撑底座支撑较长的直线轴。

(5) 可以调整间隙及预紧。通过在轴承座上设计调整机构，可以调整直线轴与轴承之间的配合间隙，必要时还可以进行预紧，进一步提高机构的刚性。

2) 开放型直线轴承的安装方式

图 12-11 为两种典型的开放型直线轴承安装方式示意图，直线轴承装配在一个轴承座内组成滑动单元，在轴承座的下方设计了一个开口结构，当调整螺钉向内旋入时，轴承座在开口处的内侧部分由于厚度较小因而产生弹性变形，向内侧挤压轴承外筒，减小轴承与支撑轴之间的配合间隙乃至产生预紧。

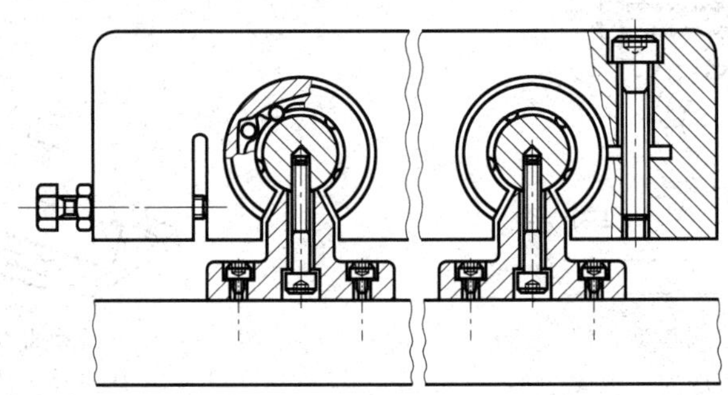

图 12-11 开放型直线轴承的两种典型安装方式

注意：开放型直线轴承在使用时，由于轴承的特殊结构，通常在图 12-11 所示的轴承在上、支撑底座在下的安装方式下使用，而且轴承主要承受垂直向下的径向载荷。

但某些情况下需要将轴承安装在竖直方向使用，或者在与图 12-11 相反的方向(即使直线轴承开口方向向上)使用，这样直线轴承就处于悬挂状态而且轴承开放部位承受负载，直线轴承的承载能力降低。计算时需要将直线轴承的额定载荷按制造商推荐的系数进行修正，以保证机构的寿命。通常情况下避免这样使用。

12.2.2 直线轴与直线轴承的相对运动方式

在直线轴承的使用过程中，直线轴与直线轴承之间是一对直线运动副，以直线运动的方式进行相对运动。与直线导轨机构及直线运动气缸的使用情况非常类似，根据实际情况，直线轴与直线轴承之间的相对运动也可以采用以下两种不同的使用方式。

1. 直线轴固定、直线轴承与负载滑块作往复直线运动

通常情况下都采用这种使用方式。直线轴与安装基础连接在一起，直线轴承安装在负载滑块(或工作台)内。在气缸或同步带的驱动下，负载滑块在直线轴上作往复直线运动，如图 12-12 所示。

图 12-1 所示实例就是采用这种使用方式。该实例为注塑机自动取料机械手，手臂在水平方向的直线运动就是通过两根直线轴及配合的直线轴承进行导向的，直线轴与机架装配

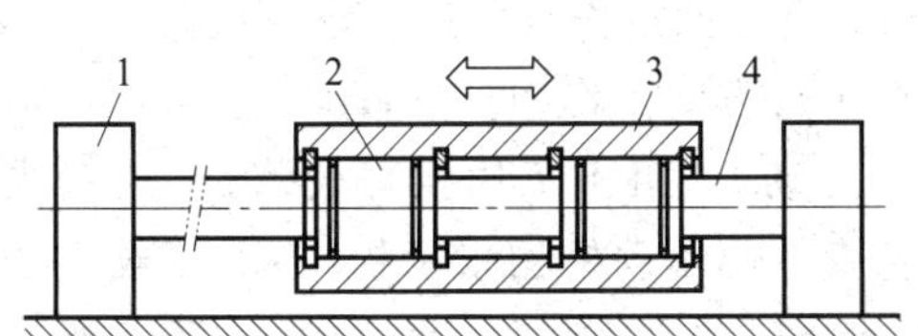

图 12-12　直线轴固定、直线轴承与负载滑块一起作往复直线运动

1—支架；2—直线轴承；3—工作台；4—直线轴

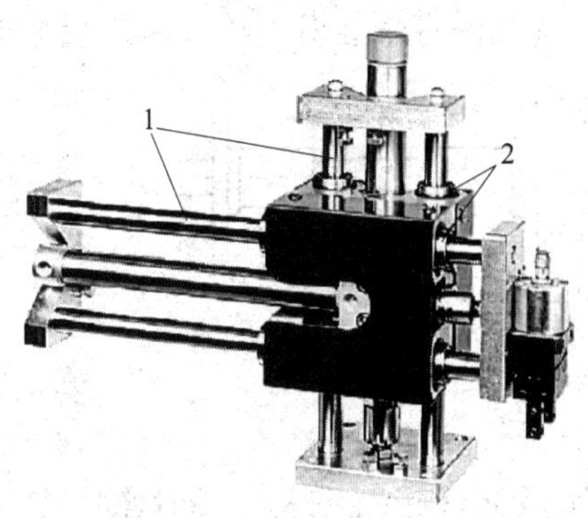

图 12-13　直线轴承固定、直线轴带动负载作往复直线运动

1—直线轴；2—直线轴承

固定在一起，直线轴承与需要水平移动的手臂固定在一起，直线轴是固定的，直线轴承与负载一起作往复直线运动。

2. 直线轴承固定、直线轴带动负载往复运动

在有些情况下采用上述直线轴固定、直线轴承与负载作往复直线运动的方式并不适合，如在垂直方向进行负载提升的各种机械手中，气缸的驱动力是一定的，手臂的重量要求很轻，否则手臂重量过大能够提升的有效负载就减小了，即有效负载能力下降。这种情况下就不宜设计为直线轴固定、负载滑块运动的方式，而应该采用相反的方式，即直线轴承与安装基础固定，负载与直线轴连接在一起随直线轴一起作往复直线运动。因此，这种机械手在设计时一般都将负载（如夹取工件的气动手指、气动夹钳、吸取工件的真空吸盘系统连同拾取的工件等）连接在直线轴的下方，气缸在上方驱动直线轴上下往复运动，最大限度地降低了运动负载的重量。

图 12-13 为典型的直线驱动单元，广泛应用在各种移载机械手上，水平及竖直方向的运动由气缸驱动，直线轴承导向。其中手臂的水平运动采用直线轴承固定、直线轴运动的方式，手臂的竖直运动采用直线轴固定、直线轴承与负载滑块一起运动的方式。

12.2.3　同时使用的直线轴与直线轴承数量

1. 单根直线轴上同时使用的直线轴承数量

单根直线轴上同时使用的直线轴承数量主要与机构的安装方向、载荷类型、使用要求等因素有关。由于直线轴承内部滚珠以点接触的方式进行滚动运动并传递载荷，所以它与直线导轨机构最大的区别就是直线轴承的承载能力远较直线导轨差，而且只能承受径向载荷。

1）单根直线轴上至少使用两只直线轴承的场合

通常情况下，直线轴承至少是成对使用的，即一根直线轴上至少同时间隔使用两只直线轴承，典型的情况如下所述。

（1）机构水平方向工作且工作行程较大时

当机构水平方向工作、直线轴承固定而直线轴及负载运动时，如图 12-14 所示，直线轴及负载的重量都成为直线轴承的径向载荷，如果行程较大但单根直线轴上只使用单只直线轴承,负载的重量会对直线轴承产生弯曲力矩载荷,轴承内部分滚珠将承受很大的局部载荷。长期在这种状态下工作会造成滚珠的非正常磨损,从而降低直线轴承的使用寿命,所以要在单根直线轴上同时使用两只直线轴承,使机构受力均衡,运动平稳。

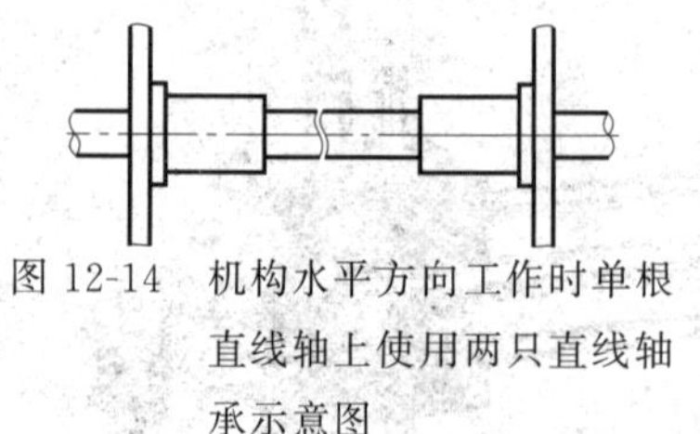

图 12-14 机构水平方向工作时单根直线轴上使用两只直线轴承示意图

(2) 机构竖直方向工作且工作行程较大时

当机构在竖直方向工作、直线轴承固定而直线轴及负载滑块上下运动时,由于工作行程较大,虽然直线轴及负载的重量直接由驱动机构来承担,不直接成为轴承的径向载荷,但由于机构工作时经常是多方向的复合运动,即除了竖直运动外,还可能有水平方向的运动,这样机构启动及停止时的惯性会使竖直方向的直线轴及负载产生惯性摆动。这种惯性冲击同样会给直线轴承带来较大的径向冲击载荷,使轴承内部分滚珠承受很大的局部载荷。长期在这种状态下工作会造成滚珠的非正常磨损,从而降低直线轴承的使用寿命,因此在这种场合单根轴上也要同时采用两只直线轴承。

分析:单根轴上同时采用了两只直线轴承后,由于承受载荷的滚珠数量加大,降低了单只轴承或滚珠的负载,同时使长度方向上各个滚珠承受的载荷更均匀,确保轴承的寿命,尤其在有瞬时冲击载荷时更需要采用这样的设计,以提高整个机构的刚性。图 12-13 及图 12-17 所示机械手中单根直线轴上都同时采用了两只直线轴承。

除上述原因外,单根直线轴上同时间隔使用至少两只直线轴承的另一个原因为:由于直线轴与直线轴承之间通常为间隙配合,而直线轴又具有一定的长度,如果单根直线轴上只采用一只直线轴承,则上述配合间隙在运动负载(例如机械手手臂)的末端会产生误差放大效应。而单根直线轴上同时间隔使用两只直线轴承,则可以减小这种放大效应,而且设计时需要使两只直线轴承之间的距离尽可能大些。因为两只直线轴承之间的距离越大,上述误差放大效应的影响就越小,机构的导向精度也就越高。

2) 单根直线轴上使用单只直线轴承的场合

当轴承承受的径向载荷较小或不承受径向载荷、机构工作行程也较小时,就可以在单根轴上只采用单只直线轴承。例如,机构竖直方向提升负载而且工作行程与直线轴承的长度相比较小时就可以采用这样的结构,如图 12-15 所示。

当机构在水平方向工作且工作行程较小时,如果径向载荷较小,也可以考虑采用这样的结构。

3) 单根直线轴上使用单只直线轴承但希望提高刚性及承载能力的场合

在某些场合,因为种种原因,既希望在单根直线轴上只采用单只直线轴承,简化结构,同时又希望提高导向结构的刚性及轴承的承载能力。为了满足这种需要,制造商专门设计制造了一种加长型直线轴承系列,这种系列轴承的内部沿长度方向安装有 2 套或 3 套滚珠保持器,因而长度也约加长为原来的 2 倍或 3 倍,既有标准型加长系列,也有法兰型加长系列,与普通系列相比,轴承长度加长了,承载滚珠数目增大,承载能力几乎成倍增大,特别适用于需要承受力矩的场合。图 12-16 所示为标准型加长系列直线轴承。

4) 工作行程较大时单根直线轴上使用直线轴承的数目

如果工作行程较大,在只使用单根直线轴的情况下,必须安装两只直线轴承;在两根直线轴平行使用的情况下,必须至少在一根直线轴上安装两只直线轴承。

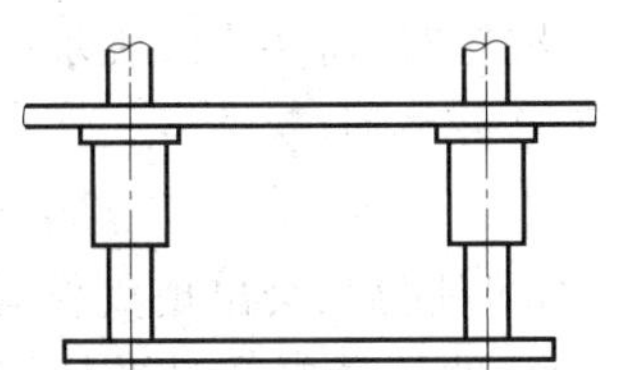

图 12-15　机构竖直方向工作时单根直线轴上使用单只直线轴承示意图

图 12-16　标准型加长系列直线轴承

这样设计的目的是避免滚珠承受过大应力而缩短轴承的使用寿命，同时使机构运行更平稳，并降低摩擦阻力。

2. 同时使用的直线轴数量

直线轴与直线轴承之间的运动为相对直线运动，如果直线轴与直线轴承之间的转动自由度并未限制，它们之间就可以相对转动。而在实际使用时，大多数的直线运动系统都必须使负载在固定不变的方向作直线运动，不允许转动，所以在结构上要消除这种转动的可能性。

同时使用两根直线轴就是最简单的方法，但同时使用两根直线轴也会使制造成本提高，这在对制造成本非常敏感的批量生产中是非常重要的。如果能够使用单根直线轴达到希望的运动要求，就不必同时使用两根直线轴。

同时使用的直线轴数量取决于机器制造成本、运动精度、运动负载结构尺寸。在保证负载直线运动要求的同时，哪些情况下可以只使用单根直线轴、哪些情况下需要使用两根甚至多根直线轴呢？

1）使用单根直线轴

由于直线轴的加工精度较高，制造成本也较高，尤其是工作行程较大时必须使用大长度的直线轴，制造成本更高，大行程高精度直线轴的市场价格几乎接近于相近公称尺寸普通直线导轨机构的价格。为了降低设备的制造成本，在某些使用要求不高的场合下应尽量减少直线轴的数量，例如使用单根直线轴。

使用单根直线轴时必须有其他机构限制负载的回转运动，最简单的方法就是将一个作为驱动部件的直线运动气缸与一根直线轴平行使用，借助气缸的作用限制直线轴的转动。图 12-17 为注塑机自动取料机械手上的类似结构，其中下方安装取料夹钳的手臂就采用了这种结构。在该手臂中，所采用的也是直线轴承固定、直线轴及负载上下运动的方式。

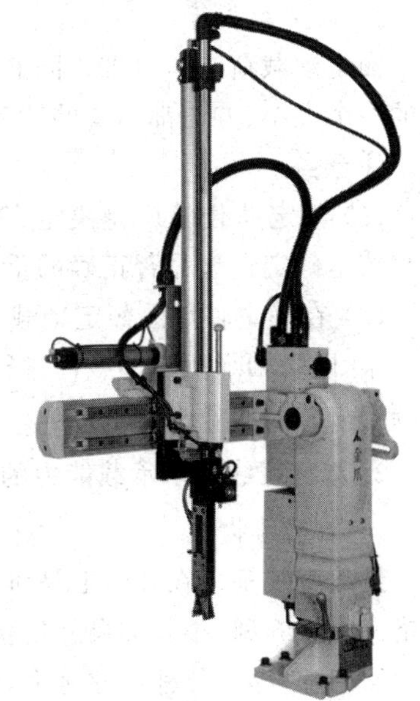

图 12-17　单根直线轴与气缸同时平行使用实例

2）平行使用两根直线轴

将直线运动气缸与一根直线轴平行使用只适用于一般运动要求的场合，在部分对负载的运动精度要求非常高的场合（如精密进给装置等），采用这种结构就不能满足精度要求了。这时需要同时平行使用两根直线轴限制负载的相对转动。平行使用两根直线轴,除了可以进一步提高负载的直线运动导向精度外,还可以提高机构的支承刚度。当然,同时平行使用两根直线轴时,需要直线轴承的数量也提高了一倍。图 12-1、图 11-13、图 11-15 所示的结构就属于这种类型。

3) 平行使用多根直线轴

当运动负载的结构尺寸较大时,如果只采用双直线轴,可能仍然会出现负载运动不平稳的情况,尤其在有振动冲击时,为了提高负载运动的平稳性,就有必要同时平行使用 3 根或 4 根直线轴。

12.2.4 直线轴承的承载能力与载荷方向

1. 直线轴承的承载能力

与直线导轨机构一样,直线轴承的承载能力同样用两个参数来表示,这就是额定静载荷、额定动载荷。

1) 额定静载荷

额定静载荷表示一种径向静载荷,在此径向静载荷作用下,滚珠和滚道分别产生的永久变形的总和约为滚珠直径的 0.0001 倍。通常用 C_0 表示,单位:N。

注意:

(1) 选定直线轴承的型号时,在考虑安全系数(即静安全系数)后,在最大载荷作用下,滚珠承受的载荷不能超过额定静载荷,即使是强冲击下的载荷峰值也不能超过此额定载荷,这也是直线轴承选型的条件之一。如果承受过大的载荷或冲击,滚珠和滚道会产生局部的永久变形,这种永久变形除会降低轴承性能外,还会使滚珠产生早期破损,缩短轴承的使用寿命。

(2) 在确定直线轴承的额定静载荷时,需要确定直线轴承所受载荷方向与滚珠的相对位置关系,以对轴承额定静载荷进行修正(见表 12-1),得出实际的额定静载荷,否则必须按轴承额定静载荷的最小值来计算。

2) 额定动载荷

额定动载荷表示一批相同的直线轴承在相同的条件下运行时,与额定寿命 50 km 相对应的一个大小、方向都不变的载荷。通常用 C 表示,单位:N。

注意:

(1) 额定动载荷 C 是决定直线轴承额定寿命的重要参数,在进行直线轴承的选型时,寿命校核是确定选型是否正确的重要条件。

(2) 在确定轴承的额定动载荷时,同样也需要确定轴承所受载荷方向与滚珠的相对位置关系,以对轴承额定动载荷进行修正(见表 12-1),得出实际的额定动载荷,否则必须按轴承额定动载荷的最小值来计算。

2. 影响直线轴承承载能力的因素

1) 轴承结构

虽然直线轴承在外形上是对称结构,但内部圆周方向滚珠的列数有不同的规格,通常的规格有 4、5、6 列,小公称尺寸规格的直线轴承通常为 4 列,而大公称尺寸规格的直线轴承通常为 5 列和 6 列,公称尺寸越大,滚珠列数也越多。直线轴承的承载能力与滚珠列数直接相关,滚珠列数越多,直线轴承的承载能力也相应越大。

对于加长系列的直线轴承,由于在长度方向增加了滚珠列数,其承载能力也相应提高。

2）载荷方向

直线轴承的承载能力除与轴承内部的滚珠列数直接相关外，还与轴承的安装方向直接相关，即在其他条件相同的前提下，轴承位于不同的安装方向时其承载能力也会明显不同。如果轴承的安装方向为径向载荷由一列滚珠直接承受，则轴承的承载能力最小，如图 12-18(a)所示；如果轴承的安装方向为径向载荷均匀作用在两列滚珠上，则轴承的承载能力最大，如图 12-18(b)所示。

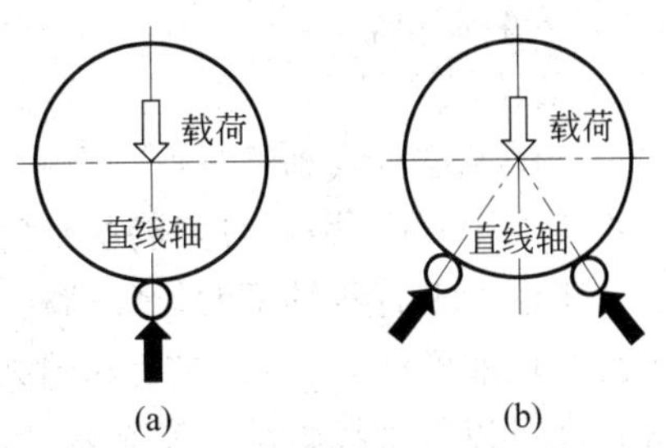

图 12-18　轴承的载荷方向与承载能力

(a) 最小承载能力方向；(b) 最大承载能力方向

因此，为了表示轴承在不同方向上的承载能力，某些制造商在样本资料中直接给出了上述两种方向上的最大与最小承载能力(额定静载荷、额定动载荷)，例如日本 IKO 公司。大多数制造商通常只给出了图 12-18(a)所示方向上的最小承载能力，然后根据轴承实际安装方向及载荷方向，对轴承的承载能力进行修正。根据滚珠的受力结构及力学分析计算，当滚珠列数不同时直线轴承最大承载能力方向上额定静载荷、额定动载荷的修正系数见表 12-1，用户在设计计算时需要根据实际情况进行修正。

表 12-1　直线轴承最大承载能力方向上承载能力修正系数

滚珠列数	载荷方向	额定静载荷修正系数	额定动载荷修正系数
4		1.41	1.20
5		1.46	1.25
6		1.28	1.09

12.3　直线轴承的选型

12.3.1　直线轴承的选型步骤

直线轴承的选型步骤及方法与直线导轨是类似的，但比直线导轨的选型更简单，通常按以下步骤进行。

1. 选定直线轴承系列及安装方式

选择轴承系列就是根据实际使用场合的使用条件及使用要求，从通常的标准型、法兰型、间隙调整型、滑动单元、开放型等不同系列中选择最适合的轴承系列。每种系列都有其特定的适用场合，下面分别介绍。

1）标准型系列

标准型直线轴承是最基本的直线轴承系列，通常情况下都可以考虑使用。由于标准型系列的安装方式为内卡环安装、外卡环安装、固定板安装三种方式，轴承必须装配在一个具有足够深度、能够容纳轴承全部或大部分长度的圆孔内,所以当负载滑块具有足够的厚度而且希望直线轴承内藏安装时就适合选用这种系列。采用这种系列基本不占用额外的结构空间,而且安装简单。

2)法兰型系列

由于法兰型直线轴承具有一个垂直于装配孔的安装法兰,而且法兰安装面与轴承内孔具有精确的垂直度,因此对安装基础的要求大大降低,从而也降低了设备的制造成本。

由于法兰型直线轴承的特殊结构,因此当安装基础不具备足够的厚度来安装标准型直线轴承时就非常适合,例如安装基础为厚度较小的板式结构时,采用法兰型直线轴承只要采用螺钉即可以将直线轴承与安装基础固定在一起。根据结构空间的要求,可以选择圆形法兰或矩形法兰、端面法兰或中间法兰等不同的系列形式。

由于标准型、法兰型直线轴承属于闭式结构,不能调整间隙及预紧,因此都不能用于要求导向间隙极小或要求通过预紧使直线轴承具有更高刚性的场合。

3)间隙调整型系列

间隙调整型直线轴承的设计意图为方便对直线轴承及直线轴之间的配合间隙进行调节,同时还可以进行预紧,因此,在需要非常精确的导向或需要更高的刚性时就可以选择这种系列。

间隙调整型直线轴承设计有一条纵向的开口,只要将其安装在一个可以调节直径的圆孔内,即可以很方便地调整直线轴承的内径,从而调整直线轴与直线轴承之间的配合间隙,不需要对直线轴及直线轴承的配合进行选择。通过预紧螺钉边夹紧轴承安装套边轻轻转动直线轴,可以将配合间隙调整到很小或零间隙。当将配合间隙调整为负间隙时,可以进一步提高直线轴承的刚度。

4)滑动单元

为了简化机器的设计与制造,制造商还专门设计制造了一种可供用户直接安装使用的滑动单元,如图12-2(e)所示。在这种滑动单元中所使用的直线轴承可以为标准型、间隙调整型及开放型,当在结构上标准型及法兰型都不方便进行安装连接时,采用这种滑动单元就成为最简单、最方便的结构,直接通过螺钉将负载滑块与滑动单元上方的安装面连接在一起即可。

5)开放型系列

开放型直线轴承是专门为某些特殊场合设计制造的,例如在机床、特殊机械、传送装置及其他重载荷应用场合,要求采用直线轴承的直线运动机构具有较大的刚度、较高的承载能力,采用通常的直线轴承系列就无法满足上述要求。尤其是在某些负载工作行程大、直线轴长度较长的重载荷场合,直线轴很容易产生一定的弯曲变形,从而降低机构的寿命,这时选择开放型直线轴承就是最好的方法。

开放型直线轴承采用一种具有极高刚性的特殊支撑轴,特别适用于大行程的使用场合,这种特殊支撑轴可以达到2000～4500 mm的长度,同时因为属于开放式结构,能够调整直线轴与轴承之间的间隙,同时还可以对轴承进行预紧。另外,采用开放型直线轴承的直线运动系统,其成本大幅低于采用直线导轨机构的直线运动系统。

所以,在要求具有高刚性、高承载能力、大行程、重载荷、低成本的场合,最适合选择开放型系列。

选定轴承系列后，再根据该系列直线轴承的结构从其标准安装方式中选定合适的安装方式。

2. 选定直线轴承的数量及布置形式

根据机构工作方向(水平方向或竖直方向)、行程大小、载荷大小、空间尺寸等使用条件，决定使用的直线轴数量、每根轴上同时使用的轴承数量、每根轴上轴承之间的距离。设计时应使平行使用的直线轴之间的距离尽可能大，装配在同一根直线轴上的直线轴承之间的距离尽可能大。

3. 初步选定直线轴承的公称尺寸

由于直线轴承的公称尺寸直接决定其承载能力及使用寿命，因此公称尺寸是根据机构的设计寿命来计算选定的。根据使用条件及以往的经验，通常先初步选定一种公称尺寸，再进行轴承载荷及寿命的计算。如果该公称尺寸的直线轴承能够满足使用寿命要求则可以选用，否则需要重新选定更大的公称尺寸，再重复进行寿命校核。直线轴承最常用的公称尺寸系列为 6、8、10、12、13、16、20、25、30。

4. 载荷计算

为了计算并校核直线轴承的工作寿命，需要对作用在每个直线轴承上的平均工作载荷进行详细计算。直线轴承的平均工作载荷通常用 P_C 表示。

因为负载及执行机构重心的位置、外部推力位置及启动、停止时加减速引起的惯性力等因素的影响，使得作用在运动系统中每一个直线轴承上的载荷可能是不同的，需要根据具体的使用条件(例如直线轴承的工作方向、单根轴上同时使用的直线轴承数量、外部载荷大小及方向、机构加减速运动规律等)，按照制造商推荐的计算方法详细计算出每一个直线轴承的工作载荷，而且按最恶劣的工作条件来计算。制造商通常都给出了各种典型使用条件下直线轴承的载荷计算方法，由于每一个直线轴承的载荷可能不同，与直线导轨的工作载荷计算类似，需要对每一个直线轴承进行编号，分别进行计算。

5. 静安全系数校核

对于各种规格的直线轴承，虽然制造商都提供了额定静载荷及额定动载荷，但考虑到振动、冲击或启动、停止时因为惯性力产生的过载，在实际选用时，还必须具有足够的安全余量，这种安全余量与直线导轨一样采用静安全系数来表示。表 12-2 为典型情况下直线轴承静安全系数通常必须达到的最小值。静安全系数表示为

$$f_s=\frac{C_0}{P} \tag{12-1}$$

式中：f_s——静安全系数；

C_0——实际额定静载荷(需要根据载荷方向及轴承内滚珠的位置进行修正)，N；

P——轴承承受的最大工作载荷，N。

表 12-2　静安全系数的最小值

使用条件	f_s	使用条件	f_s
直线轴的偏差与振动较小时	1～3	有振动冲击负荷时	3～5
有压力载荷导致产生弹性变形时	2～4		

进行直线轴承的选型时,静安全系数的校核标准为:实际计算出的静安全系数必须不小于制造商推荐的最小值,否则就需要选用更大的公称尺寸。

6. 直线轴承额定寿命计算及校核

完成直线轴承工作载荷计算并进行静安全系数校核后,就可以对系统中每个直线轴承的预期额定寿命进行计算了,计算方法为

$$L=50\left(\frac{f_H f_T f_C}{f_W}\frac{C}{P_C}\right)^3 \tag{12-2}$$

式中:L ——用行走距离表示的直线轴承预期额定寿命,km;

C——额定动载荷(需要根据载荷方向及轴承内滚珠的位置进行修正),N;

P_C——直线轴承的平均工作载荷计算值,N;

f_H——硬度系数;

f_T——温度系数;

f_C——接触系数;

f_W——载荷系数。

上述各修正系数中,硬度系数、温度系数与直线导轨的相关参数是相同的(参考第11章图11-29、图11-30);接触系数取决于单根直线轴上安装的轴承数目,按表12-3确定;载荷系数取决于机构的运动速度及振动冲击程度,按表12-4确定。

表12-3　接触系数的选取范围

单根轴上安装的轴承数目	接触系数 f_C	单根轴上安装的轴承数目	接触系数 f_C
1	1.00	4	0.66
2	0.81	5	0.61
3	0.72		

表12-4　载荷系数 f_W 的选取范围

冲击及振动情况	运动速度/(m/min)	f_W
外部无冲击振动	低速($V\leqslant 15$)	1.0～1.5
有冲击振动	中速($15<V\leqslant 60$)	1.5～2.0
有冲击振动	高速($V>60$)	2.0～3.5

式(12-2)为用行走距离表示的直线轴承预期额定寿命,通常情况下用工作时间来表示直线轴承的预期额定寿命更直观。当直线轴承的工作行程及往复运动频率确定后,就可以计算出用工作时间表示的直线轴承预期额定寿命:

$$L_h=\frac{L\times 10^6}{2Sn_1\times 60} \tag{12-3}$$

式中:L_h——用工作时间表示的直线轴承预期额定寿命,h;

L——用行走距离表示的直线轴承预期额定寿命,km;

S——工作行程长度,mm;

n_1——直线轴承每分钟运动往复次数,次/min。

注意:

(1) 由于直线轴承在使用时,许多情况下作用在每个直线轴承上的负荷是不同的,因而

每个直线轴承的预期工作寿命也是不同的，因此需要对每个直线轴承的预期工作寿命逐一进行计算。整个机构的额定工作寿命实际上为各直线轴承额定工作寿命中的最小值。

（2）上述计算是在初步选定轴承系列及公称尺寸的基础上进行的，如果计算结果表明该系列及公称尺寸的直线轴承能够满足设计寿命要求则可以选用，否则需要重新选定更大的公称尺寸，再重复进行额定寿命校核，直到能够满足设计寿命要求为止。

7. 精度

直线轴承的尺寸按标准进行制造，各尺寸的公差都在制造商的样本目录中给出，其中间隙调整型及开放型轴承的尺寸公差只适用于未开口前的状态。

8. 确定型号代号及结构尺寸

在选用直线轴承时，与直线导轨机构的选型一样，其详细的系列、参数、型号等都是用一组由符号和数字组成的代号表示的。各制造商的型号命名方法有很多类似之处，只要熟悉了其中一家制造商的元件选型方法，在其他场合就可以通过仔细阅读制造商的样本资料举一反三。

将上述各项选定的内容按供应商规定的型号命名方法写成序号即可以直接向厂家订购。下面以韩国太敬公司的直线轴承为例，用一个实例说明其型号表示方法。

型号命名实例：

型号为“LM30UUOP”的直线轴承所表示的意义为：

LM——直线轴承系列代号（LM 为标准型系列）

30——公称尺寸为 30 mm（加 L 时表示加长型）

UU——两端密封（U 为单面密封、无符号为无密封）

OP——开放型（AJ 为间隙调整型、无符号为标准型）

此外，法兰型系列也用特殊的代号表示，读者可以查阅制造商的样本资料，举一反三。

完成直线轴承的详细选型后，查阅制造商提供的详细结构尺寸，按相关尺寸设计其他机构。各种型号直线轴承的图样及尺寸可以从供应商的网站、样本上获得，也可以从制造商提供的电子文档中将图样直接拷贝到 CAD 设计界面上，以简化设计，提高设计速度。通常情况下制造商都能够提供二维 CAD 文档，少数制造商还提供三维 CAD 文档。

9. 直线轴承的主要制造商

由于直线轴承与直线导轨机构一样都属于最基本的直线运动导向部件，大多数制造商都同时生产制造直线轴承与直线导轨，所以从直线导轨机构的制造商那里就可以直接获得直线轴承的相关信息，在此不再赘述。

12.3.2　直线轴承选型实例

下面以一个典型的使用情况为例说明直线轴承的选型过程。

例 12-1　某直线运动系统用于在水平方向移送负载，除负载滑块及工件的重量外，没有其他外部负载，如图 12-19 所示。采用两根直线轴，每根直线轴上等距离安装两只直线轴承，工作台及上方工件的总重量为 $W=800$ N，重力作用点位于工作台的中心，工作台每分钟往复运动次数 $n_1=30$，行程长度 $S=200$ mm，无惯性负载，环境温度为 100℃以下，轴承最小硬度 HRC60，设计额定寿命为 5000 h。以韩国太敬公司的产品为例，选定合适的轴承型号。

解：

（1）选择轴承系列及安装方式

根据图12-19所示的使用条件，选用标准型系列即可，采用内卡环安装方式。

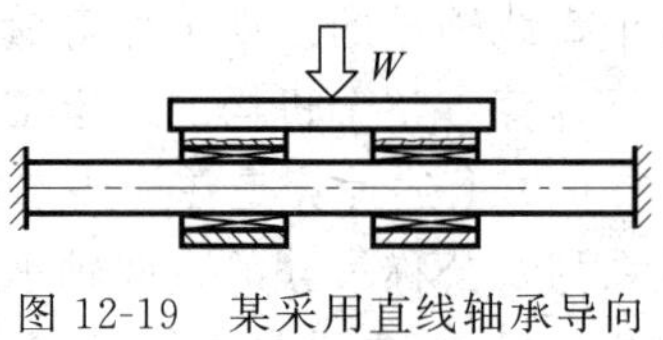

图12-19 某采用直线轴承导向的直线运动系统

(2) 初选轴承公称尺寸

根据以往的经验，初步选用公称尺寸为20的型号LM20UU，查阅制造商的样本资料得最小额定静载荷$C_0=1370$ N，最小额定动载荷$C=882$ N，滚珠列数为4列。

(3) 工作载荷计算

由于机构为对称结构，重力作用点位于工作台的中心，负载由4只直线轴承均匀分担，所以每一只直线轴承承受的平均工作载荷为

$$P_C=\frac{W}{4}=\frac{800}{4}=200\ (\text{N})$$

(4) 静安全系数校核

由于机构工作时无惯性负载，所以直线轴承的最大工作载荷P等于平均工作载荷P_C。根据滚珠列数，装配时按轴承最大承载能力方向进行安装，查阅表12-1得额定静载荷、额定动载荷修正系数分别为1.41、1.20，因此实际承载能力为

$$\text{实际额定静载荷}\ C_0=1370\times1.41=1931.7\ (\text{N})$$

$$\text{额定动载荷}\ C=882\times1.20=1058.4\ (\text{N})$$

根据式(12-1)得

$$f_s=\frac{C_0}{P}=\frac{1931.7}{200}=9.66$$

静安全系数计算结果大于表12-2所示最小值(1～3)，符合要求。

(5) 额定寿命计算及校核

根据使用条件，对相关参数确定如下：

轴承最小硬度为HRC60，根据图11-29，取硬度系数$f_H=1$；

环境温度为100℃以下，根据图11-30，取温度系数$f_T=1$；

单根直线轴上使用的直线轴承数目为2，根据表12-3，取接触系数$f_C=0.81$；

机构运动时无冲击振动，根据表12-4，取载荷系数$f_W=1$。

根据式(12-2)计算用行走距离表示的额定寿命为

$$L=50\left(\frac{f_Hf_Tf_C}{f_W}\frac{C}{P_C}\right)^3=50\times\left(\frac{1\times1\times0.81}{1}\times\frac{1058.4}{200}\right)^3\approx3938\ (\text{km})$$

根据式(12-3)计算用工作时间表示的额定寿命为

$$L_h=\frac{L\times10^6}{2Sn_1\times60}=\frac{3938\times10^6}{2\times200\times30\times60}\approx5470\ (\text{h})$$

计算结果证明所选型号能够满足设计额定寿命为5000 h的要求。

12.4 直线轴承配套件的设计

直线轴承必须与相关的配套件同时使用，这些配套件包括起导轨作用的直线轴、轴承安装所需要的轴承座及轴承装配孔、固定直线轴承用的弹性挡圈等。其中，直线轴由于加工精

度要求高、加工难度大，一般情况下都从专业的制造厂家订购。而工作滑块一般是根据实际使用场合的需要专门设计的。工作滑块上安装固定轴承所需要的装配孔也要灵活设计，必须符合相关的配合公差规范。

1. 配合公差

直线轴承是与直线轴同时使用的，直线轴承与直线轴之间有配合关系，直线轴承与轴承座装配孔之间又有一定的配合关系。因此，在设计直线轴及轴承座时，必须按推荐的标准配合公差设计尺寸，一般按以下配合来设计。

1) 直线轴承与直线轴的配合

对于闭式结构的直线轴承(标准型及法兰型)，由于直线轴承的内径不能调整改变，所以直线轴承与直线轴的配合是固定的，通常为间隙配合。其中直线轴承的内径制造公差已经在制造商的样本资料中给出，而直线轴外径在普通精度要求下一般按 g6 精度制造，在较高精度的精密配合情况下按 h6 或 h5 精度制造。

对于开放式结构的直线轴承(间隙调整型及开放型)，由于直线轴承的内径可以通过安装座进行调整，因此直线轴承与直线轴的配合可以调整到极小间隙甚至零间隙，再进一步预紧时变成负间隙。

2) 直线轴承外筒与轴承座装配孔的配合

直线轴承外筒与轴承座装配孔的配合一般采用间隙配合，其中直线轴承外筒一般采用负公差，而轴承座装配孔孔径一般按 H7 加工，少数小间隙情况下按 J7、J6 加工。

2. 轴承座装配孔的设计

根据所选用的直线轴承，按推荐的配合公差等级设计加工相应的轴承座孔径，弹性挡圈选用标准轴用弹性挡圈(GB/T 893.1—1986、GB/T 894.1—1986)，弹性挡圈安装沟槽尺寸也按上述标准推荐的尺寸进行设计。如果是法兰型直线轴承，还必须设计相配合的螺纹孔。

需要特别强调的是，在轴承座装配孔的设计加工中，必须注意以下两点：

(1) 装配在同一根直线轴上的轴承装配孔应设计为一个孔，制造时一次加工而成，这样才能严格保证两轴承装配孔的同心度。在一个装配孔内的两个轴承之间可以用专用的轴承调整环来隔开，如图 12-20 所示。

(2) 当两根直线轴平行使用时，必须保证两根直线轴在严格平行的状态下工作，否则会出现机构运动不顺畅、摩擦阻力加大甚至机构卡死的情况，导致部件性能下降或损坏，降低直线轴承的使用寿命。因此在设计加工轴承座装配孔时，必须在加工工艺上严格控制两平行装配孔的平行度公差。通常制造商都规定了这种平行度的最大允许误差。

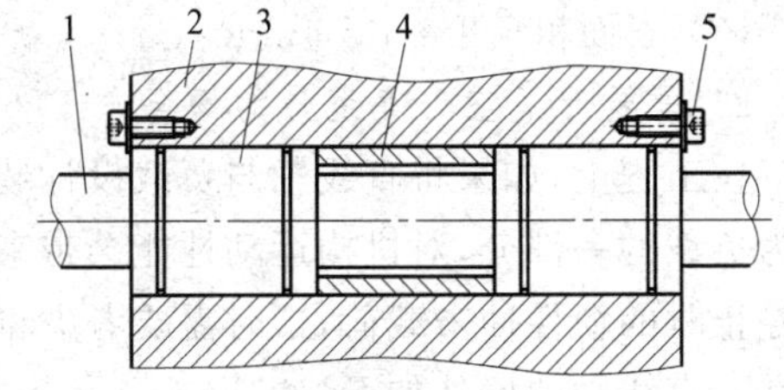

图 12-20　一个装配孔内的两只轴承安装方法

1—直线轴；2—轴承安装座；3—直线轴承；4—调整环；5—轴向定位螺钉

3. 直线轴的设计

直线轴承属于精密部件，具有较高的精度，使用时与其相配合的直线轴也必须同时具有较高的精度及性能，否则仍然达不到所需要的直线运动精度及性能，尤其是在行程较大时整个机构的性能与直线轴的精度及性能密切相关。实践经验表明，很多情况下，直线轴的直线度误差过大及表面硬度偏低是导致这种直线运动系统性能失效的主要原因。

直线轴的主要技术要求及性能体现为：

- 外径公差；
- 圆度误差；
- 直线度误差；
- 表面硬度与硬化层深度；
- 表面粗糙度。

直线轴不仅需要很小的外径公差、很小的圆度误差和直线度误差，还需要具有很低的表面粗糙度及很高的表面耐磨性能，否则运行一段时间直线轴表面磨损后运动系统的精度就会大幅下降，所以直线轴的制造从材料到加工工艺都有非常严格的要求。当直线轴表面硬度偏低时，设计时需要将直线轴承的额定动载荷用硬度系数进行修正。

图 12-21　与直线轴承配合的各种直线轴

基于以上原因，直线轴的制造需要高精度的加工设备及特殊的制造工艺，所以一般都向专业的制造商订购。图 12-21 为与直线轴承配合的各种直线轴，既有实心轴，也有空心轴。

1) 直线轴订购技术要求

订购直线轴时需要明确的内容及一般技术要求如下。

(1) 材质：一般用具有较高耐磨性能的高碳铬轴承钢。

(2) 长度：根据使用场合的工作行程，尽量选用供应商提供的标准长度系列。

(3) 公称直径及公差：公称直径选用标准系列，直径公差在普通精度要求下一般按 g6 精度制造，在较高精度的精密配合情况下按 h6 或 h5 精度制造。

(4) 硬度：HRC58～HRC64 以上。

(5) 硬化层深度：0.8～2.5 mm。

(6) 直线度误差：50 μm/300 mm。

(7) 表面粗糙度：1.5 μm Ra。

2) 需要使用空心直线轴的场合

在工程上，如果将直线轴与负载设计装配在一起作为运动部件，则直线轴本身的重量也成为负载的一部分，对机构运动性能会带来直接的影响，例如增加了无效负载、加大了启动及停止时的惯性冲击载荷，这时需要考虑将直线轴设计为空心轴，以减小直线轴的重量。使用空心直线轴的好处如下：

(1) 降低气缸或电机的载荷

例如，当直线轴在竖直方向提升负载而且行程较大时，为了提高机构的负载提升能力，经常需要将直线轴设计为空心轴，以减轻结构的整体重量，提高机构的效率，否则直线轴的重量增大了，机构能够提升的有效负载就减小了。所以在注塑机自动取料机械手上，为了减轻气缸或电机的载荷，提高机械手的运动速度及有效负载能力，将竖直方向上下运动的直线轴全部设计为空心轴。

(2) 降低机构启动、停止时的惯性负载

减轻运动直线轴的重量除能够提高机构的效率外，由于降低了运动机构的重量，系统启动及停止时的惯性冲击载荷也降低了，这样可以进一步降低驱动部件(例如气缸或电机)的载荷。

(3) 方便压缩空气气管布管及电线走线

在自动机械中，需要使用大量的压缩空气气管及各种电源线、信号线，通常需要在结构上采用塑料拖链及拖管来保护压缩空气气管与电线。但在采用空心直线轴的情况下，气管与电线就可以直接从直线轴中心的孔中穿过，从而减少塑料拖链及拖管的使用，使机器结构简化，使用非常方便，因此在机械手行业中大量采用这种空心直线轴。

12.5　直线轴承的装配调整与维护

直线轴承属于精密部件，在运输和储存过程中必须轻拿轻放，安装时还必须严格遵守相关的操作规范。

1. 直线轴承的装配调整

在安装和使用过程中，一般要注意以下安装要点：

(1) 直线轴端面及轴承座装配孔必须设计加工出倒角，以方便装配。

(2) 装配前要将轴承外筒及轴承座装配孔擦干净，用弹性挡圈专用钳放入一个弹性挡圈，轴承安装到位后再放入另一只弹性挡圈。

(3) 在圆孔中装入直线轴承时应使用专用的辅具进行。图 12-22 为专用辅具结构示意图，辅具小端外径小于轴承内径，辅具大端外径小于轴承外径。轴承装入时必须通过轴承外筒而不是密封盖和滚珠保持器来传递轴向压力，避免直接敲击直线轴承的端面或密封盖，应使用缓冲垫通过专用辅具轻轻地敲击装入。

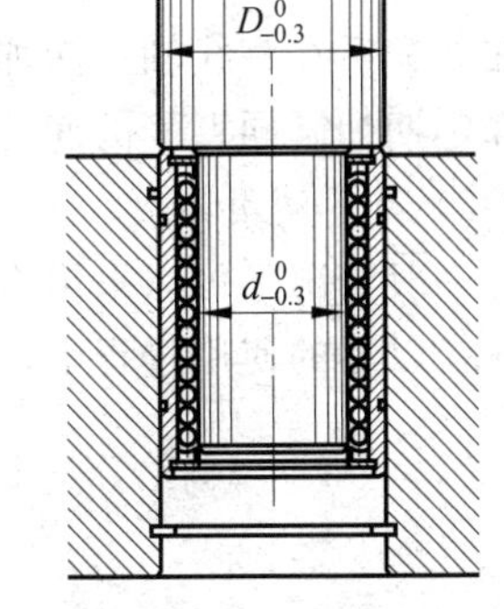

图 12-22　直线轴承装配用专用辅具结构示意图

(4) 装入直线轴时，直线轴应对准孔中心慢慢装入，不允许出现倾斜。如果在倾斜状态强制安装进去，就会导致滚珠保持架变形，这经常是导致滚珠脱落的原因。

(5) 装配时使直线轴承均匀承受载荷，一根直线轴上尽量间隔使用两个或多个直线轴承，尤其在承受力矩载荷时更需要这样设计，而且在设计时尽可能让轴承之间的距离最大，使机构受力均衡、运动平稳。

(6) 两根直线轴平行使用时，应先装配一根轴及配合的直线轴承，然后再以此轴为基准调整另一根直线轴上直线轴承的位置，通过确保两根直线轴之间的平行度，使负载滑块能够在两根直线轴上顺畅运动，实现最小的运动阻力。这与两根直线导轨平行使用时的装配调整原理是类似的。

(7) 装配间隙调整型直线轴承时，注意直线轴承纵向开口方向必须与预紧螺钉方位相差 90°，这样可以在调整间隙时使直线轴承产生均匀的变形。调整间隙时应该在无载荷的情况下进行，首先将直线轴放松到能自由转动的状态，然后边调整预紧螺钉，边轻轻转动直线轴，直到感觉轴的转动有些费力时立即停止预紧，这时的配合间隙就是零或轻微的预压状态。通常情况下，直线轴可以轻松地手动旋转时直线轴与直线轴承之间的配合间隙大约为0～10 μm。

(8) 由于直线轴承的滚珠在圆周方向不同的位置时具有不同的承载能力，装配时应该使载荷均匀作用在两列滚珠上，这样可以使轴承获得最大的承载能力。参考图12-18及表12-1。

(9) 由于结构上的原因，普通的直线轴承不适合旋转运动，因此禁止如图12-23所示在直线轴装入直线轴承后旋转直线轴承或直线轴，否则会由于滚珠的滑动导致直线轴受损。如果机构在直线往复运动的同时还需要进行旋转运动，则需要使用另一类型专用的导向部件——旋转直线轴承。限于篇幅，本教材对此不作介绍，读者可以参考有关制造商的样本资料。

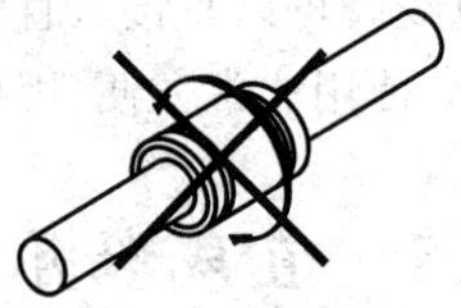

图12-23　禁止在直线轴装入直线轴承后旋转轴承或直线轴

(10) 将直线轴装入直线轴承后，不要撬动直线轴，因为这样极容易使直线轴表面出现压痕导致直线轴损坏。

2. 直线轴承的使用维护

直线轴承属于精密部件，除需要轻拿轻放外，在使用中还应注意不能承受非工作外力的撞击。

直线轴承的维护比较简单，虽然可以在无润滑状态下使用，但通常还应使用润滑脂或润滑油。

1) 使用润滑脂时

推荐使用高质量的2号锂基润滑脂。

两端密封型(UU)直线轴承应在装配前在滚珠内加入润滑脂；对无密封盖的直线轴承应在装配后在直线轴上涂加润滑脂。在以后的使用过程中，应根据使用条件，以适当的时间间隔定期加满同型号的润滑脂。

2) 使用润滑油时

一般情况下可以采用汽轮机油、机油或主轴油当作润滑油，将润滑油涂加到直线轴表面上。在以后的使用过程中，应根据使用条件，以适当的时间间隔定期涂加同型号的润滑油。

思考题与习题

12.1　直线轴承与直线导轨机构相比有哪些优缺点？

12.2　通常情况下直线轴承有哪些结构系列？

12.3　如何在具体使用场合选择合适的直线轴承结构系列？

12.4　直线轴承在使用时是否所有的滚珠都承受载荷？

12.5　标准型直线轴承具有哪些安装方式？

12.6　间隙调整型直线轴承如何安装？安装时应该注意什么？

12.7　开放型直线轴承如何安装？有何特点？

12.8　法兰型直线轴承如何安装？有何特点？

12.9　什么叫直线轴承的预紧？如何预紧？

12.10　什么情况下需要对直线轴承进行预紧？在需要预紧的场合应该选择什么系列的直

线轴承？

12.11　如果负载的工作行程很大而且属于重载荷，应如何设计采用直线轴承的直线运动系统？

12.12　为什么通常在一根直线轴上要同时使用两只直线轴承？

12.13　在一根直线轴上同时使用两只直线轴承时，如何设计轴承的装配孔？如何设计两只直线轴承的位置？为什么？

12.14　在两根直线轴平行使用的情况下，为什么必须至少在一根直线轴上安装两只直线轴承？

12.15　直线轴承的承载能力通常用什么参数表示？

12.16　直线轴承的承载能力是否具有方向性？在什么方向承载能力最小？在什么方向承载能力最大？

12.17　进行直线轴承的选型时，必须满足哪些条件？

12.18　直线轴承的额定寿命与哪些因素有关？

12.19　如何计算直线轴承用行走距离表示的额定寿命？

12.20　如何计算直线轴承用运行时间表示的额定寿命？

12.21　一套直线运动系统内是否所有的直线轴承都具有相同的额定寿命？

12.22　直线轴承的选型通常按怎样的步骤进行？

12.23　直线轴承的型号都采用代号表示，代号为“LM30UUAJ”的直线轴承表示什么意义？

12.24　直线轴与直线轴承之间通常采用什么配合？直线轴的外径一般按什么公差等级加工？

12.25　直线轴承与轴承座装配孔之间通常采用什么配合？轴承座装配孔通常按什么公差等级加工？

12.26　在轴承座装配孔的设计加工过程中需要注意哪些事项？

12.27　当两根直线轴平行使用时，装配时应注意哪些事项？

12.28　向制造商订购直线轴时需要提出哪些技术要求？

12.29　为什么当一根直线轴上使用两个直线轴承时，在设计时应尽可能使两个直线轴承之间的距离最大？

12.30　直线轴承在装配时需要注意哪些事项？

第 13 章　滚珠丝杠机构原理与设计应用

13.1　滚珠丝杠机构结构与工作原理

13.1.1　滚珠丝杠机构的用途

1. 问题的提出

1）普通直线运动机构的局限性

第 11 章、第 12 章介绍了直线导轨及直线轴承这两种基本的直线导向部件，在各种自动机械中，由普通直线运动气缸与这些直线导向部件组成的系统是最基本也是应用最广泛的直线运动系统，但这种系统也存在以下不足之处：

- 一般情况下只能在两点间定位，无法在运动中根据需要实现多点停留。
- 机构的运动速度只能靠单向节流阀的单一状态确定，一旦调整好后就固定下来，无法实现灵活的变速。

上述局限性使得这种基本的直线运动系统在某些特殊场合无法满足使用要求。

2）自动机械中特殊的直线运动

在自动机械中，许多情况下除要求直线运动系统具有较高的运动精度外，还要求系统能满足更多的要求，例如：

- 多点停留，根据需要可以使机构在工作行程中的任意点停留。
- 无级调速，根据需要可以灵活地改变机构的运动速度。

需要具备上述功能的典型场合如：电子精密机械进给机构、各种数控机床、伺服机械手、半导体生产设备、工业装配机器人等。

显然，由普通直线运动气缸组成的直线运动系统无法实现上述功能，必须采用一种特殊的机构，这就是本章要介绍的滚珠丝杠机构。

2. 解决方法

既然使用普通直线运动气缸难以实现多点停留与无级调速，而电机的回转输出刚好又具备启动、停止及速度控制都非常方便的特点，如果充分利用这些优点，将电机作为直线运动系统的驱动部件与其他导向部件结合在一起，就有可能实现能够多点停留、无级调速的特殊直线运动。

但问题是电机输出的是回转运动，不是大多数情况下所需要的直线运动，如果有一种精密转换机构，能将电机输出的回转运动高精度地转换为所需要的直线运动，则上述问题就解决了。

为了解决这一问题，满足市场需求，相关的制造商设计开发了一种专门用于上述两种运动形式之间的精密转换机构，这就是滚珠丝杠机构和螺纹丝杠机构，它不仅可以将电机的旋转运动高精度地转换为机构所需要的直线运动，也可很容易地将直线运动转换为旋转运动。其中，滚珠丝杠机构由于性能较螺纹丝杠机构更优越，因而得到了更广泛的应用，成为各种自动机械的重要标准化部件。图 13-1 为典型的滚珠丝杠机构外形图。

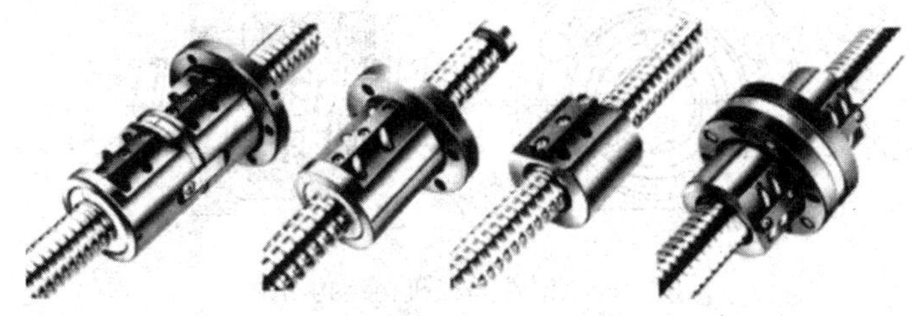

图 13-1　典型的滚珠丝杠机构

通过采用标准化的滚珠丝杠机构，同时结合采用直线轴承、直线导轨等标准导向部件，可以实现各种多功能、高精度的直线运动系统，大大简化设备的复杂程度，同时也降低设计与制造成本。

3. 应用

滚珠丝杠机构作为一种高精度的传动部件，大量应用在数控机床、自动化加工中心、电子精密机械进给机构、伺服机械手、工业装配机器人、半导体生产设备、食品加工与包装、医疗设备等各种领域。

图 13-2 为滚珠丝杠应用于数控机床中的各种进给系统示意图，图 13-3 为滚珠丝杠应用于各种精密进给机构的 X-Y 工作台，其中伺服电机为驱动部件，直线导轨为导向部件，滚珠丝杠为运动转换部件。

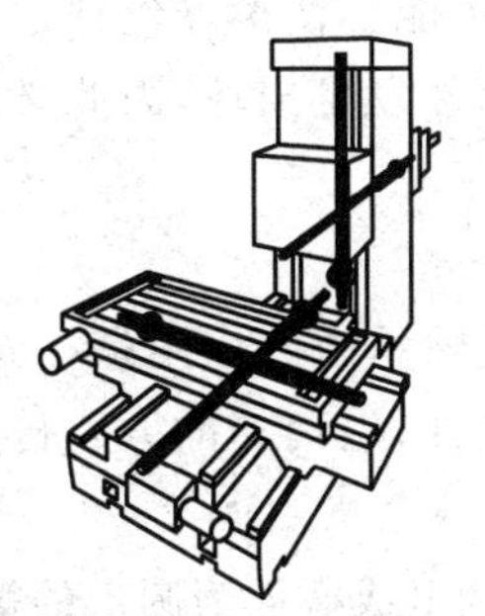

图 13-2　滚珠丝杠应用于数控机床中的各种进给系统示意图

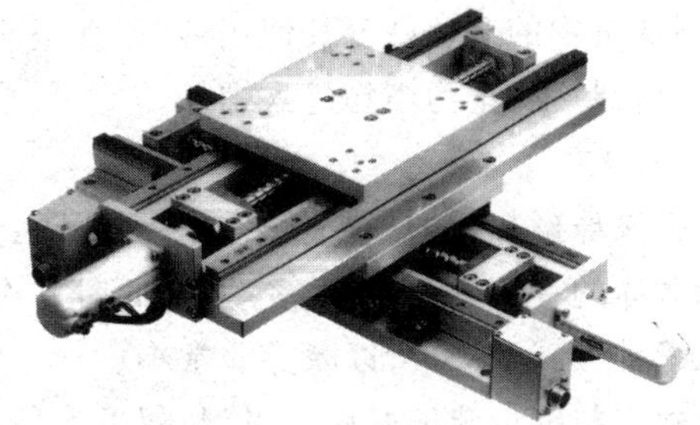

图 13-3　滚珠丝杠应用于各种精密进给机构的 X-Y 工作台

13.1.2　滚珠丝杠机构的结构与工作原理

1. 滚珠丝杠机构的结构

如果将滚珠丝杠机构沿纵向剖开，可以看到它主要由丝杠、螺母、滚珠、滚珠回流管、防尘片等部分组成，其内部结构如图 13-4 所示。

在图 13-4 中，各部分结构的作用如下：

1）丝杠

丝杠属于转动部件，是一种直线度非常高、上面加工有半圆形螺旋槽的螺纹轴，半圆形螺旋槽是滚珠滚动的滚道。丝杠具有很高的硬度，通常在表面淬火后再进行磨削加工，保证具有优良的耐磨性能。丝杠一般与驱动部件连接在一起，丝杠的转动由电机直接或间接驱

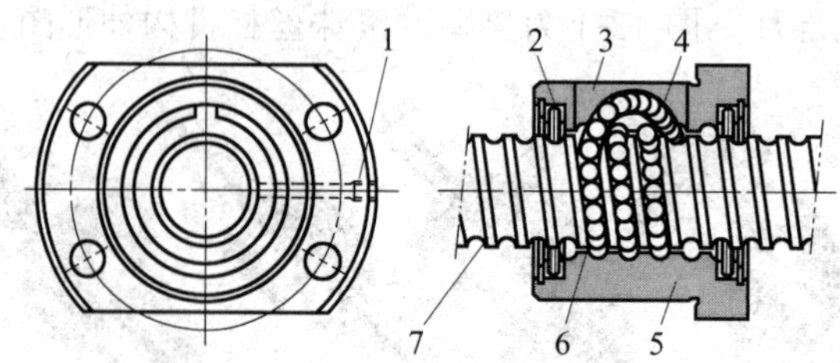

图 13-4 滚珠丝杠机构结构组成

1—油孔；2—曲折式防尘片；3—树脂；4—滚珠回流管；5—螺母；6—滚珠；7—丝杠

动，既可以采用直联的方法，即将电机输出轴通过专用的弹性联轴器与丝杠相连，传动比为1；也可以通过其他的传动环节使电机输出轴与丝杠相连，例如同步带、齿轮等。

2）螺母

螺母是用来固定需要移动的负载的，其作用类似于直线导轨机构的滑块。一般将所需要移动的各种负载(例如工作台、移动滑块)与螺母连接在一起，再在工作台或移动滑块上安装各种执行机构。

螺母内部加工有与丝杠类似的半圆形滚道，而且设计有供滚珠循环运动的回流管，螺母是滚珠丝杠机构的重要部件，滚珠丝杠机构的性能与质量很大程度上依赖于螺母。

3）防尘片

防尘片的作用为防止外部污染物进入螺母内部。由于滚珠丝杠机构属于精密部件，如果在使用时污染物(例如灰尘、碎屑、金属渣等)进入螺母，可能会使滚珠丝杠运动副严重磨损，降低机构的运动精度及使用寿命，甚至使丝杠或其他部件发生损坏，因此必须对丝杠螺母进行密封，防止污染物进入螺母。

4）滚珠

在滚珠丝杠机构中，滚珠的作用与其在直线导轨、直线轴承中的作用是相同的，滚珠作为承载体的一部分，直接承受载荷，同时又作为中间传动元件，以滚动的方式传递运动。由于以滚动方式运动，所以摩擦非常小。

丝杠与螺母装配好后，丝杠与螺母上的半圆形螺旋槽就组成截面为圆形的螺旋滚道，丝杠转动时，滚珠在螺旋滚道内向前滚动，驱动螺母直线运动。为了防止滚珠从螺母的另一端跑出来并循环利用滚珠，滚珠在丝杠上滚过数圈后，通过回程引导装置(例如回流管)又逐个返回到丝杠与螺母之间的滚道，构成一个闭合的循环回路，如此往复循环。

5）油孔

滚珠丝杠机构运行时需要良好的润滑，因此应定期加注润滑油或润滑脂。油孔供加注润滑油或润滑脂用。

除上述结构外，由于负载需要作高精度的直线运动，通常滚珠丝杠机构必须与直线导轨或直线轴承等直线导向部件同时使用。滚珠丝杠机构用于驱动负载前后运动，而直线导向部件则对负载提供直线导向作用。

2. 滚珠丝杠机构的工作原理

滚珠丝杠机构的工作原理与螺母和螺杆之间的传动原理基本相同。当丝杠能够转动而螺母不能转动时，转动丝杠，由于螺母及负载滑块与导向部件(如直线导轨、直线轴承)连接在一起，所以螺母的转动自由度就被限制了，这样螺母及与其连接在一起的负载滑块只能在导向部件作用下作直线运动。

当改变电机的转向时，丝杠的转动方向也同时发生改变，螺母及负载滑块将进行反方向的直线运动，所以负载滑块能进行往返直线运动。由于电机可以在需要的位置启动或停止，所以很容易实现负载滑块的启动或停止，也很容易通过控制电机的回转速度控制负载滑块的直线运动速度。

3. 滚珠丝杠机构的类型

1）按制造方法区分

根据加工制造方法及精度的区别，目前市场上的滚珠丝杠机构主要有以下两种类型：

- 磨制滚珠丝杠；
- 轧制滚珠丝杠。

磨制滚珠丝杠是用精密磨削方法加工出来的，精度更高，但制造成本较高，因而价格也更贵。另一种轧制滚珠丝杠（工程上也称为转造滚珠丝杠）是指用精密滚轧成形方法加工制造出来的，精度稍低，但制造成本较低，因而价格也更便宜。在满足使用精度的前提下应尽可能选用轧制滚珠丝杠，以降低机器制造成本。

2）按滚珠循环方式区分

滚珠丝杠机构在工作时，内部的滚珠是以循环滚动的方式运动的，根据滚珠循环方式的不同，可以将滚珠丝杠机构分为以下两种类型：

- 内循环式；
- 外循环式。

图 13-5、图 13-6 分别为内循环式及外循环式滚珠螺母的外形图，主要区别就是在外循环式螺母的外部设计了一条金属管道（通常称为回流管），使滚珠通过此管道返回。显然，内循环式螺母比外循环式螺母径向尺寸更小，结构更紧凑，刚性更好，但制造难度也更高，主要是反向器制造难度大，因而价格也相应更高。

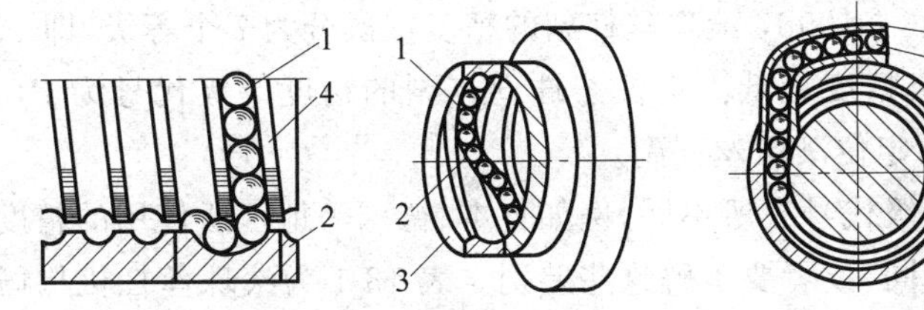

图 13-5　内循环式螺母

1—滚珠；2—反向器；3—螺母；4—丝杠

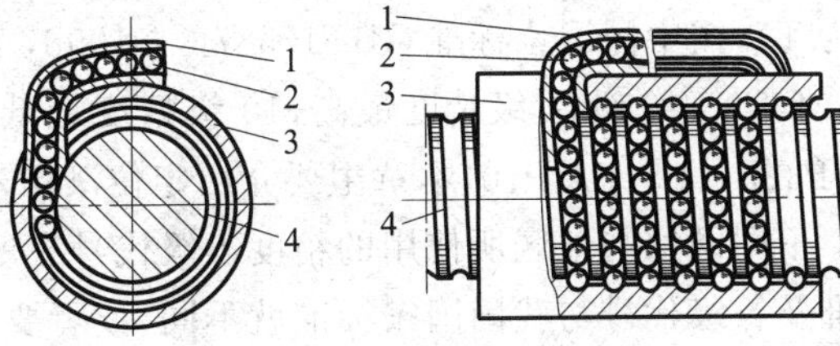

图 13-6　外循环式螺母

1—回流管；2—滚珠；3—螺母；4—丝杠

4. 螺母类型

滚珠螺母是滚珠丝杠机构的核心部分，滚珠螺母的品质决定了整个滚珠丝杠机构的运转特性，螺母的类型也直接决定了螺母的安装方式，滚珠螺母按形状主要有两种基本类型：

- 法兰型；
- 圆筒型。

上述两种类型的滚珠螺母如图 13-7、图 13-8 所示。其中法兰型滚珠螺母有标准的圆法兰型螺母,也有为了减小螺母法兰安装高度在此基础上加工出的不规则法兰型,法兰上附有安装孔,将法兰与移动滑块用螺钉连接即可。圆筒型滚珠螺母附有键槽,对移动滑块与滚珠螺母采用键连接。

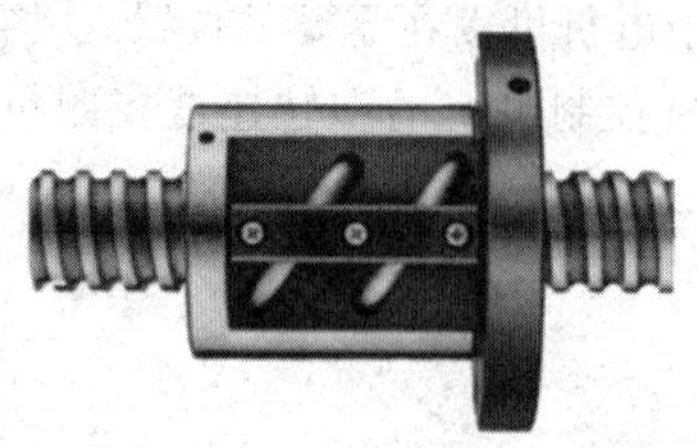
图 13-7　法兰型滚珠螺母

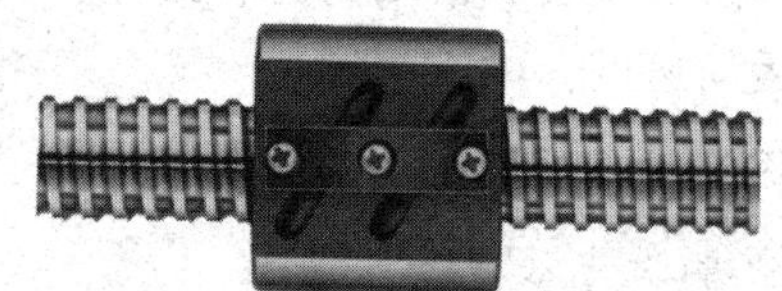
图 13-8　圆筒型滚珠螺母

实际使用时,由于经常需要通过预压的方式消除轴向间隙,所以经常采用由两个螺母组成的双螺母结构。

螺母类型的选择方法如下:

不同类型的螺母其特性各不相同,选定螺母系列时,主要考虑精度、占用空间尺寸、负载大小、转速、制造成本、交货期等因素。

外循环式螺母制造成本低,最适合批量生产,适用于导程/丝杠外径比较大的场合。内循环式螺母外径尺寸小,结构紧凑,占用空间少,适用于导程/丝杠外径比较小的场合。端盖循环式螺母刚性好,适用于高载荷、高速进给的场合。

选定法兰形状时主要根据螺母允许的安装空间大小来确定。如果结构上有足够的空间,可以选用圆法兰,否则就选用不规则法兰或圆筒型,降低螺母的安装高度。

选定螺母是否预压及何种预压等级直接决定丝杠轴向间隙的大小及轴向刚性。

5. 精度等级与导程

1) 精度等级

根据用途及要求将滚珠丝杠副分为定位滚珠丝杠副(代号为P)和传动滚珠丝杠副(代号为T),按中国国家标准GBT17587.3—1998,滚珠丝杠副的精度依次分为7个等级,即1、2、3、4、5、7、10级,1级精度最高,10级精度最低。定位滚珠丝杠副的精度等级代号为P1、P2、P3、P4、P5、P7、P10,本章主要介绍定位滚珠丝杠副。

不同国家与地区所使用的精度等级代号有所不同,例如日本、德国等地区所使用的精度标准及等级代号与我国国家标准就不同,读者要了解这些差别。表13-1为滚珠丝杠机构国内外精度标准及等级对照。

表 13-1　滚珠丝杠机构国内外精度标准及等级对照表

国家与地区	中国	日本	德国	中国香港、台湾地区	国际标准化组织
标准代号	GBT17587.3—1998	JISB1191 JISB 1192	DIN69051	JISB1191 JISB1192	ISO3408—4
精度等级对照	—	C0	—	C0	—
	P1	C1	P1	C1	P1
	P2	C2	—	C2	—

续表

国家与地区	中国	日本	德国	中国香港、台湾地区	国际标准化组织
标准代号	GBT17587.3—1998	JISB1191 JISB 1192	DIN69051	JISB1191 JISB1192	ISO3408—4
精度等级对照	P3	C3	P3	C3	P3
	P4	—	—	—	—
	P5	C5	P5	C5	P5
	P7	C7	P7	C7	P7
	—	C8	P9	C8	P9
	P10	C10	P10	C10	P10

不同的精度等级表示一定长度的滚珠丝杠机构所对应的导程允许误差(包括导程累积误差与变动量)。例如表 13-2 为日本 THK 公司滚珠丝杠机构的精度等级—导程累积误差表。

表 13-2　日本 THK 公司滚珠丝杠机构精度等级—导程累积误差表　μm

丝杠类别		磨制滚珠丝杠										轧制滚珠丝杠	
精度等级		C0		C1		C2		C3		C5		C7	C8
螺纹长/mm		$\pm E$	e	$\pm E$	e	$\pm E$	e	$\pm E$	e	$\pm E$	e	$\pm E$	$\pm E$
—	315	4	3.5	6	5	8	7	12	8	23	18	每 300mm ±0.05mm	每 300mm ±0.1mm
315	400	5	3.5	7	5	9	7	13	10	25	20		
400	500	6	4	8	5	10	7	15	10	27	20		
500	630	6	4	9	6	11	8	16	12	30	23		
630	800	7	5	10	7	13	9	18	13	35	25		
800	1000	8	6	11	8	15	10	21	15	40	27		
1000	1250	9	6	13	9	18	11	24	16	46	30		
1250	1600	11	7	15	10	21	13	29	18	54	35		
1600	2000	—	—	18	11	25	15	35	21	65	40		
2000	2500	—	—	22	13	30	18	41	24	77	46		
2500	3150	—	—	26	15	36	21	50	19	93	54		
3150	4000	—	—	—	—	—	—	—	—	115	65		
4000	5000	—	—	—	—	—	—	—	—	140	77		

注：$\pm E$ 表示导程累积误差，e 表示变动量。

2）精度等级选定方法

根据滚珠丝杠机构在具体使用场合所需要提供的定位精度(允许误差)，按照其具体长度，对照不同等级滚珠丝杠机构所对应的导程累积误差表(例如表 13-2)，判定选择轧制滚珠丝杠还是磨制滚珠丝杠，选择能满足定位精度的最低等级，也就是选用最经济的精度等级。

滚珠丝杠机构的精度应根据实际要求来选用，不要无必要地选用过高的精度，使用轧制滚珠丝杠能够满足使用要求时就不必使用磨制滚珠丝杠，因为精度等级越高，制造成本也越高，价格越贵，尽可能选用价格低廉的轧制滚珠丝杠，以降低设备制造成本。通常情况下各种典型设备所选用的精度参考等级如表 13-3 所示。

表 13-3　典型设备使用滚珠丝杠机构的精度等级

机器类型		推荐精度等级						
		C0	C1	C2	C3	C5	C7	C10
加工中心、铣床	X、Y		•	•	•	•		
	Z			•	•	•		
移载机械手					•	•	•	
半导体邦定机			•	•				
半导体刻蚀机					•	•	•	•
线路板贴片机				•	•	•		
线路板开孔机				•	•	•		
激光加工设备					•	•		
各种工装夹具				•	•	•	•	•
木工机械						•	•	•
通用机械					•	•	•	•
三坐标测量仪		•	•	•				
注塑机						•	•	•

例 13-1　某滚珠丝杠驱动的直线运动机构工作行程 1000 mm，要求从一个方向进行定位时机构的定位精度为±0.3 mm，以日本 THK 公司的滚珠丝杠机构为例，请选择丝杠导程精度。

解：查阅该公司产品样本精度资料(表 13-2)，在满足使用要求的情况下尽可能选择最低精度等级。

将 1000 mm 工作行程误差±0.3 mm 换算为每 300 mm 允许的误差如下：

$$\frac{\pm 0.3}{1000}=\frac{\pm 0.090}{300}$$

根据表 13-2，要满足±0.090 mm/300 mm 的精度，选择 THK 公司精度等级为 C7 的轧制滚珠丝杠就可以了，其导程误差为±0.05 mm/300 mm。

3）标准导程

导程表示丝杠转动一周(360°)时螺母沿轴向移动的距离，单位：mm。

制造商在设计开发滚珠丝杠时，已经就滚珠丝杠运动副设计了一系列的丝杠外径与导程组合，并将其标准化，只要根据使用条件选用标准的丝杠外径与导程系列即可。例如

表 13-4 为日本 THK 公司磨制滚珠丝杠外径与导程的标准组合，符号“•”表示为标准产品。

表 13-4　日本 THK 公司磨制滚珠丝杠外径与导程标准组合　　mm

丝杠外径	导程																					
	1	2	4	5	6	8	10	12	15	16	20	24	25	30	32	36	40	50	60	80	90	100
4	•																					
6	•																					
8	•	•						•														
10		•	•				•		•													
12		•		•																		
13											•											
14		•	•	•		•																
15							•				•			•			•					
16			•	•	•		•			•												
18							•															
20			•	•	•	•	•	•			•						•		•			
25			•	•	•	•	•	•		•	•		•					•				
28				•	•	•	•															
30																			•		•	
32			•	•	•	•	•	•			•				•							
36					•	•	•	•		•	•	•				•						
40				•	•	•	•	•		•	•						•			•		
45					•	•	•	•			•											
50				•		•	•	•		•	•							•				•
55							•	•		•	•											
63							•	•		•	•											
70							•	•			•											
80											•											
100											•											

虽然制造商也能提供除标准丝杠外径与导程组合之外的规格，但通常情况下都应订购标准规格，以降低制造成本。

4）导程方向

丝杠标准导程方向为右旋，制造商也可以提供左旋产品，但一般情况下都选择标准导程方向。

5）导程的计算与选定方法

导程的计算与驱动电机是否带减速器有关，下面以典型的安装情况——电机带减速器通过弹性联轴器与丝杠连接（即直联）的情况为例，说明导程的具体计算方法。假设电机所带减速器减速比为 i。

根据导程的定义，电机所需要的转速 N_M 与最大进给速度 V_{max}、丝杠导程 P_B、减速比 i 之间的关系为

$$N_M = \frac{V_{max} \times 10^3 \times 60}{P_B \times i} \tag{13-1}$$

式中：N_M——电机所需要的转速，r/min；

V_{max}——最大进给速度，m/s；

P_B——滚珠丝杠的导程，mm；

i——电机至丝杠的减速比，当电机带减速器与丝杠直联时即为减速器的减速比。

使用时要求电机的额定转速 N_R 必须大于上述计算值 N_M：

$$N_R \geqslant N_M \tag{13-2}$$

式中：N_R——电机额定转速，r/min。

根据式(13-1)、式(13-2)可以得出：

$$P_B \geqslant \frac{V_{max} \times 10^3 \times 60}{N_R \times i} \tag{13-3}$$

式(13-3)表示为了满足最大进给速度要求丝杠必须具有的最小导程，实际设计计算过程中通常根据电机的额定转速 N_R、减速器减速比 i、最大进给速度 V_{max} 来计算丝杠所需要的最小导程 P_B，根据式(13-3)的计算结果，再从制造商样本资料（例如表13-4）中选用比计算值大的标准导程值。

分析：在电机与丝杠非直联安装，例如通过同步带轮或齿轮传动来驱动丝杠的情况下，同步带传动或齿轮传动的传动比与通常的齿轮减速器减速比的作用也是类似的，区别在于同步带或齿轮传动属于一个传动环节，而齿轮减速器内部一般具有多对齿轮传动。作为一个特例，在直联的情况下，弹性联轴器作为一个传动环节其传动比或减速比等于1。

例 13-2 由某滚珠丝杠驱动的直线运动机构要求最高速度为1 m/s，驱动电机的额定转速为3000 r/min，电机与丝杠通过弹性联轴器直接连接，请计算该机构至少需要选用多大导程的滚珠丝杠。

解：根据式(13-3)进行计算如下：

$$P_B \geqslant \frac{V_{max} \times 10^3 \times 60}{N_R \times i} = \frac{1 \times 10^3 \times 60}{3000 \times 1} = 20(\text{mm})$$

根据计算结果，需要选用20 mm或更大导程的滚珠丝杠。

分析：根据式(13-3)，当电机的额定转速 N_R、丝杠导程 P_B、减速器减速比 i 确定后，机构的最大运动速度 V_{max} 也就确定了：

$$V_{max} \leqslant \frac{P_B \times N_R \times i \times 10^{-3}}{60} \tag{13-4}$$

式(13-4)中，$N_R \times i$ 实际上就是丝杠最后获得的转速，为了提高机器的生产效率，机器的运动速度（例如机床的进给速度）每年都在不断提高，因而机构的运动速度也越来越高，假

设用 N 表示丝杠最后获得的转速，根据式(13-4)可以看出，提高机构运动速度有两种途径：

- 提高丝杠的转速；
- 采用大导程丝杠。

在实际工程中，提高丝杠的转速也受到限制，丝杠转速接近导致其共振的临界转速时丝杠会发生共振，而且丝杠外径还受到 DN 值(丝杠外径×转速)的限制。

增大丝杠导程 P_B 也可以提高机构运动速度，但导程 P_B 过大时，不仅增加了滚珠丝杠副的制造难度，精度难以提高，而且丝杠的刚度也降低，更重要的是，增大丝杠导程会增加驱动电机的启动扭矩，对驱动电机的要求更高。

可见，设计高速滚珠丝杠运动副时合理选择丝杠副的转速 N、丝杠外径 D_B 与导程 P_B 非常重要。

有关滚珠丝杠机构的详细计算、选型过程请读者进一步参阅相关制造商的样本资料和范例。

6. 滚珠丝杠机构的主要误差来源及减小误差的方法

1) 主要误差来源

滚珠丝杠机构作为一种精密的传动部件，当应用在各种对精度要求较高的进给系统中时，负载滑块的位移误差主要来源于以下几个方面：

(1) 丝杠导程精度

选择滚珠丝杠机构时，根据使用条件，所选定的型号规格必须具有足够的导程精度等级。

(2) 轴向间隙

轴向间隙是指丝杠与滚珠螺母之间存在的间隙。当沿着同一方向进给而且外部负载方向不变时，轴向间隙不会成为影响定位精度的主要因素，但当进给方向相反或承受相反方向的轴向载荷时，轴向间隙就会发生作用，直接成为负载滑块的位移误差，影响负载滑块的定位精度。

根据轴向间隙的大小，制造商规定了不同的轴向间隙等级代号，选用时从制造商资料中选定合适的轴向间隙等级，如果选用了不必要的、过小的轴向间隙，会增加滚珠丝杠机构的成本。而要消除这种轴向间隙，需要采用后面要介绍的预压措施，但制造成本更高，所以需要根据实际使用要求选用合适的轴向间隙等级或预压措施，降低机器的制造成本。

(3) 传动系统的轴向刚性

在轴向载荷的作用下，因为各种环节的结构刚性，会使负载滑块在轴向产生一个弹性位移量，影响负载滑块的轴向位移精度。例如：丝杠本身的轴向刚性、滚珠螺母的轴向刚性、支承轴承的轴向刚性、螺母座与轴承座的轴向刚性等。

在轴向载荷的作用下，丝杠会产生一定的弹性变形，滚珠与滚道接触处也会产生一定的弹性变形，支承轴承的滚珠与轴承内外圈之间也会产生一定的轴向弹性变形，螺母座与轴承座的轴向刚性同样也会在轴向产生弹性变形，上述各种弹性变形最后都反映在负载滑块的轴向位移上，直接成为位移误差。

(4) 热变形对丝杠的影响

如果滚珠丝杠副在运行中产生温度上升，根据热胀冷缩的原理，丝杠轴向长度就会因为热膨胀而伸长，从而造成定位误差，例如长度为 1000 mm 的丝杠，当温度上升 1℃时，丝杠轴向长度则增大约 12 μm。尤其当丝杠高速运转时，发热量也相应增大导致温度上升，降低定位精度。因此，当定位精度要求严格时，必须考虑热变形对丝杠的影响。

2）减小系统误差的方法

在上述各种影响因素中，提高传动系统的轴向刚性、采取必要的措施以减小热变形的影响都可以减小上述系统误差，但消除滚珠丝杠机构的轴向间隙是最有效的方法，工程上通常都采用预压的方法来消除丝杠与滚珠螺母之间的轴向间隙。这种预压与直线导轨机构、直线轴承的预紧作用是一样的，其目的为：

- 消除滚珠丝杠副的轴向间隙；
- 增大滚珠丝杠副的轴向刚性。

通过预压措施，可以将滚珠丝杠副的轴向间隙减小到零。由于当承受轴向载荷时，滚珠与螺纹滚道接触部位会产生一定的弹性变形，这种弹性变形又会成为新的轴向间隙，通过预压措施，使这种弹性变形在承受轴向载荷前就提前发生，使系统在有工作负载情况下的轴向工作间隙（弹性变形）减小为零或降低为最小，提高了部件的轴向刚度。在需要高精度定位时，施加预压是消除轴向间隙非常有效的手段。

施加预压的典型方法通常有：

- 双螺母定位预压（伸张预压力、压缩预压力）；
- 双螺母弹簧预压；
- 错位预压；
- 超尺寸滚珠预压。

双螺母定位预压属于最普通的预压方式，是指对一根丝杠同时使用两个滚珠螺母（双螺母），在两个滚珠螺母之间插入合适厚度的垫片，对两个滚珠螺母施加预压力，达到消除间隙的目的，根据垫片的厚度又可以分为施加伸张预压力及压缩预压力，图 13-9 和图 13-10 分别为施加上述预压力时的工作原理示意图。

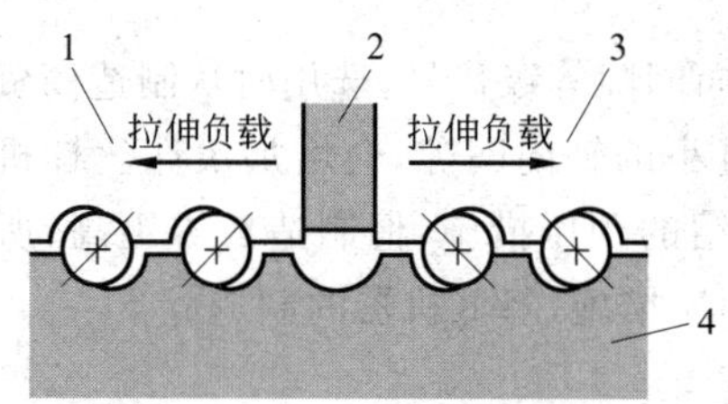

图 13-9 伸张预压力

1—螺母 A；2—厚垫片；3—螺母 B；4—丝杠

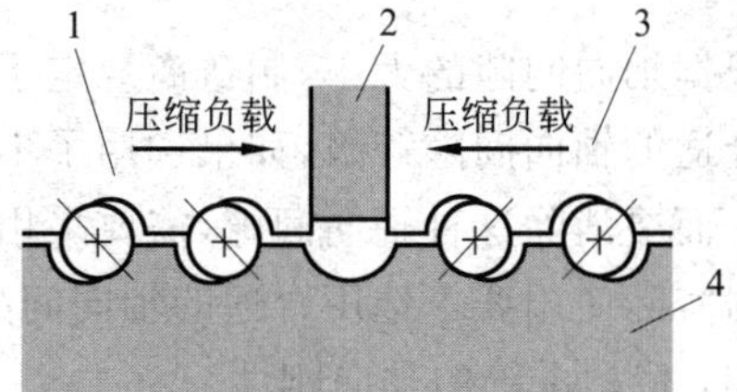

图 13-10 压缩预压力

1—螺母 A；2—厚垫片；3—螺母 B；4—丝杠

在图 13-9 中，在两个螺母之间施加一个较厚的垫片，再将两个螺母压紧连接；在图 13-10 中，在两个螺母之间施加一个较薄的垫片，再将两个螺母压紧连接。两种方法都可以消除螺母与丝杠之间的间隙。根据上述原理，在工程上预压滚珠螺母常用以下三种组合方式：

- 圆筒型双螺母组合（压缩预压力）；
- 法兰型双螺母组合（伸张预压力）；
- 法兰/圆筒型双螺母组合（伸张预压力）。

上述三种组合方式分别如图 13-11～图 13-13 所示。

图 13-11 圆筒型双螺母组合(伸张预压力)

图 13-12 法兰型双螺母组合(压缩预压力)

双螺母定位预压虽然结构简单,螺母刚性高,但是不方便调整,在滚道有磨损时不能随时消除间隙和进一步预压。

双螺母弹簧预压是指在两个螺母之间安装一个压缩弹簧,使弹簧始终对两侧的螺母施加一个推力,如图 13-14 所示。

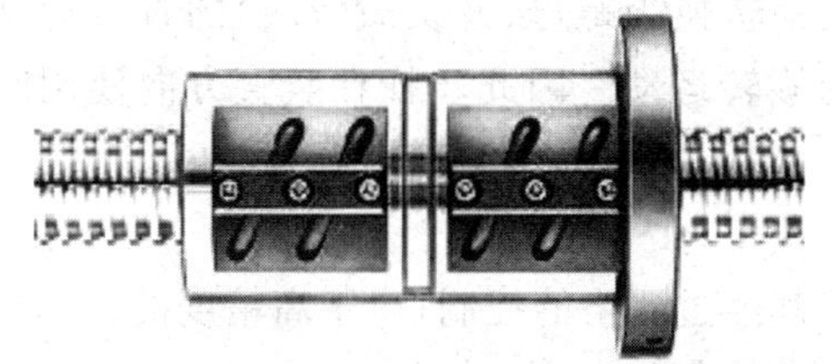
图 13-13 法兰/圆筒型双螺母组合(伸张预压力)

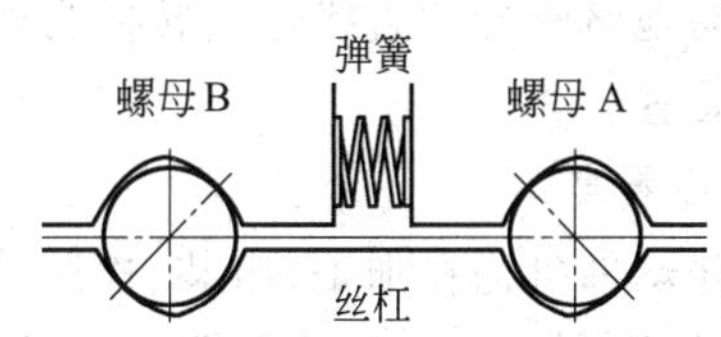

图 13-14 双螺母弹簧预压示意图

错位预压是指在单螺母中央附近相邻的两个滚道之间适当加大距离,使两个滚道之间的距离在导程的基础上增加一个预压量大小,如图 13-15 所示。

超尺寸滚珠预压指在螺母中插入比滚道空间尺寸略大的滚珠,使滚珠与滚道之间 4 点接触,如图 13-16 所示。

对于上述不同的螺母类型(或双螺母组合)及预压等级,制造商都用规定的代号来表示,并提供详细的图纸、结构尺寸、承载能力(额定动载荷 C_a、额定静载荷 C_{0a}),供用户直接选用,在交货前就已经将上述间隙调整消除完毕。

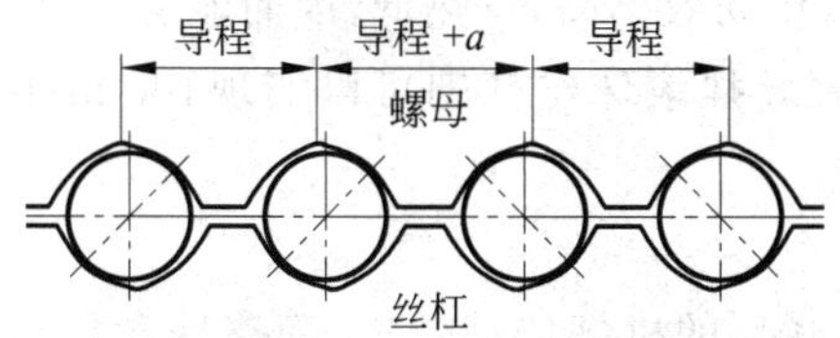

图 13-15 错位预压原理示意图

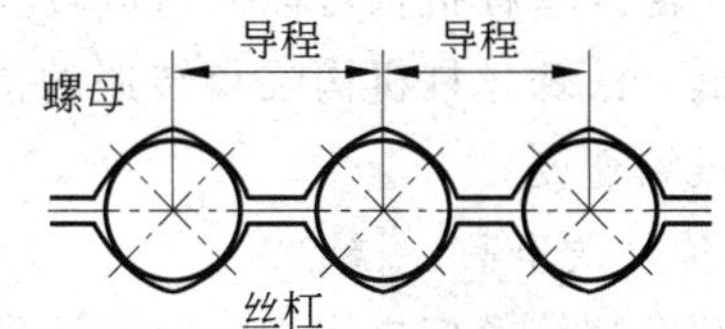

图 13-16 超尺寸滚珠预压原理示意图

随着预压负载的加大,螺母的刚性有所提高,但预压负载过大时不仅会缩短机构寿命,还会使发热量加大,产生不良影响,所以通常最大预压负载限定为额定动载荷 C_a 的 10%。表 13-5 为滚珠丝杠机构用于不同用途机器设备时的预压量大小。

表 13-5　滚珠丝杠机构用于不同用途机器设备时的预压量大小

滚珠丝杠机构的使用场合	预　压　量
机器人、搬运设备等	间隙(无预压)或 $0 \sim 0.01C_a$
半导体设备等定位精度较高的场合	$0.01C_a \sim 0.04C_a$
中、高速切削机床	$0.035C_a \sim 0.075C_a$
低、中速需要较高刚性的设备	$0.07C_a \sim 0.1C_a$

7. 滚珠丝杠机构的优点

滚珠丝杠机构具有以下突出的优点：

1) 驱动扭矩小

由于滚珠丝杠机构运行时滚珠沿丝杠与螺母共同组成的螺旋滚道作滚动运动，运动阻力极小，驱动扭矩仅为螺纹丝杠机构的1/3以下，只需要很小的驱动功率。

2) 运动可逆

滚珠丝杠机构不仅可以将丝杠的旋转运动转换为螺母(及负载滑块)的直线运动，也可以很容易地将螺母的直线运动转换为丝杠的旋转运动。因此丝杠在竖直方向使用时，应增加制动装置。

3) 高精度

滚珠丝杠机构在加工、组装、检测等环节都经过严格的控制，属于高精度的传动机构，加上运行时发热较少，可以实现很高的传动精度，使负载精确定位。

4) 能微量进给

由于滚珠丝杠机构中的滚珠为滚动运动方式，启动扭矩极小，不会出现如滑动运动中容易出现的低速蠕动或爬行现象，所以能实现高精度微量进给，最小进给量可达 0.1 μm。

5) 高刚性

如果滚珠丝杠机构存在轴向间隙，当改变轴向负载的方向时，上述轴向间隙就成为负载运动误差的重要来源。通过对滚珠丝杠机构施加预压，可以使上述轴向间隙为零或零以下(负间隙)，从而获得高刚性，提高机构在负载状态下的运动精度。

6) 能高速进给

由于滚珠丝杠机构可以制造成较大的导程，传动效率高，发热低，因而能实现高速进给。在保证低于滚珠丝杠机构临界转速的前提下，大导程滚珠丝杠副可以实现100 m/min甚至更高的进给速度。

7) 传动效率高

通常在螺纹丝杠机构中仅能够达到20%～40%的机械传动效率，而滚珠丝杠机构可以获得很高的机械传动效率，最高可以达到98%。

8) 使用寿命长

滚珠丝杠机构中螺母及丝杠的硬度均达到HRC58～HRC62，滚珠硬度达到HRC62～HRC66，而且采用滚动的相对运动方式，几乎在没有磨损的状态下运行，因而可以达到较长的使用寿命。

滚珠丝杠机构的缺点为价格较贵，但由于具有上述一系列的突出优点，能够在自动机械的各种场合实现所需要的精密传动，因而仍然在工程上得到了极广泛的应用。表13-6为滚珠丝杠机构与螺纹丝杠机构的性能对比。

表 13-6　滚珠丝杠机构与螺纹丝杠机构性能对比

滚珠丝杠机构	螺纹丝杠机构
传动效率高，η=92%～98%，是螺纹丝杠的2～4倍	传动效率低，η=20%～40%
轴向刚度高	轴向刚度低
可以消除轴向间隙，传动精度高	有轴向间隙，反向时有空行程误差
摩擦阻力小，启动力矩小，传动灵敏，同步性好，低速时不易爬行	摩擦阻力大，低速可能出现爬行
导程大	导程较小
运动可逆，不能自锁	运动不可逆，能自锁，因而可用于压力机、千斤顶等机构中
磨损小，寿命长	磨损比滚珠丝杠大
价格较贵	价格便宜

13.2　滚珠丝杠机构的端部支承设计

13.2.1　滚珠丝杠机构的端部支承方式

为了提高进给系统的工作精度，滚珠丝杠机构必须具有较高的传动刚度，除了提高滚珠丝杠副本身的刚度外，滚珠丝杠机构必须设计具有足够刚性的支撑结构，而且还要进行正确的安装。影响支撑结构刚性的因素包括轴承座的刚度、轴承座与机器结构的接触面积、轴承的刚度等。下面就滚珠丝杠机构的端部支撑结构进行介绍。

1. 滚珠丝杠的载荷与载荷方向

滚珠螺母是滚珠丝杠机构的核心部件。滚珠丝杠机构在运行时滚珠螺母不能承受径向载荷或扭矩载荷，只能承受沿丝杠轴向方向的载荷，而且要注意使作用在滚珠丝杠副上的轴向载荷通过丝杠轴心，设计时不能将径向负荷、扭矩载荷直接施加到螺母上，否则会大大缩短滚珠丝杠机构的寿命或导致运行不良，因为径向载荷或扭矩载荷会使丝杠发生弯曲，螺母中部分滚珠过载，从而导致传动不平稳、精度下降、寿命急剧缩短。丝杠承受的径向载荷主要是丝杠的自重。

滚珠丝杠机构通常都是与导向部件(例如直线导轨、直线轴承)同时使用的。滚珠丝杠机构只通过滚珠螺母提供负载工作台沿导向方向直线运动所需要的轴向力，而作为负载的工作台及其承受的各种径向载荷、扭矩载荷都由高刚性的导向部件来承受。

2. 丝杠端部支承结构

滚珠丝杠机构在使用过程中，丝杠有以下两种基本的支承结构：

1) 固定端

固定端也称为固定侧，为了方便用户，制造商将其设计成为标准结构，组成支撑单元，供用户作为标准件直接进行订购。图 13-17 为固定端支撑单元的典型结构。

从图 13-17 可以看出，固定端支撑单元将轴承座、轴承、轴承外端盖、调整环、锁紧螺母、密封圈等零部件全部集成在一起，在轴承座内采用两只角接触球轴承支承丝杠端部，这种轴承使丝杠在固定端轴向、径向均受约束。装配时用锁紧螺母和轴承外端盖分别将轴承内圈和外圈压紧，并可以调整预压。

2）支撑端

支撑端也称为支撑侧，为了方便用户，制造商同样将其设计成为标准结构，组成支撑单元，供用户作为标准件直接进行订购。图 13-18 为支撑端支撑单元的典型结构。

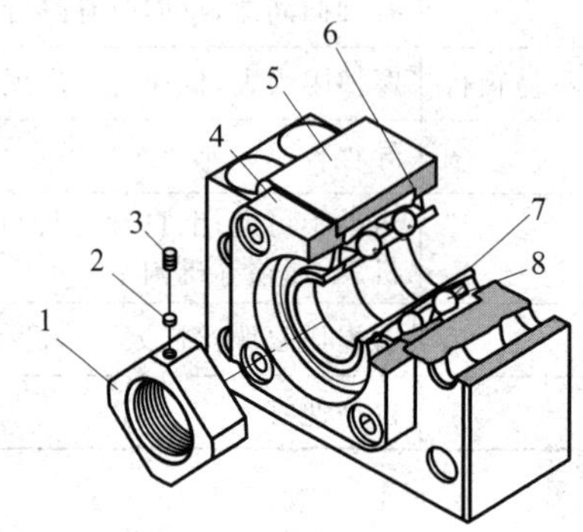

图 13-17　固定端支撑单元结构

1—锁紧螺母；2—保护垫片；3—锁紧螺钉；4—轴承外端盖；5—轴承座；6—密封圈；7—调整环；8—轴承

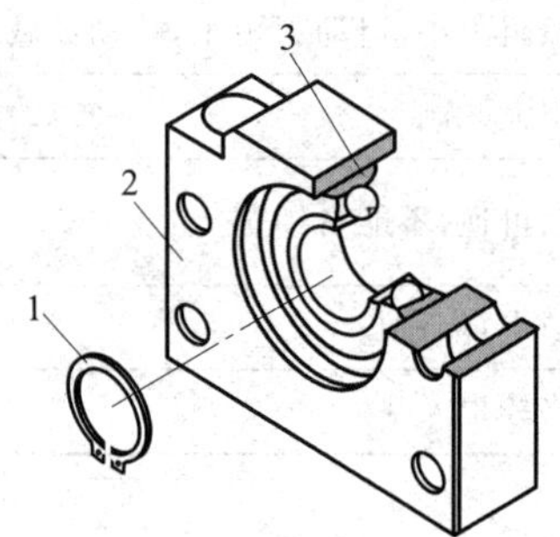

图 13-18　支撑端支撑单元结构

1—弹性挡圈；2—轴承座；3—轴承

支撑端结构较简单，仅由轴承座、弹性挡圈、轴承组成，在支座内采用普通向心球轴承支承丝杠端部。由于这种轴承只在径向提供约束，而轴向则是自由的，不施加限制，当丝杠因为热变形而长度有微量伸长时，支撑端就可以作微量的轴向浮动，保证丝杠仍然处于直线状态。

为了方便用户，制造商根据各种情况设计制造了多种形状的丝杠端部支撑单元，将上述支撑单元作为标准件供用户选用，在制造过程中采用最佳的轴承匹配并对轴承进行了预压，还封入了润滑脂，保证装配具有较高的精度。用户直接在制造商的样本资料中选定合适的规格就可以了，订购后直接进行装配，交货迅速，价格低廉，简化了设计与制造，降低了设计与制造成本。这种支撑单元通常都设计为方形或圆形两种形式，图 13-19 为工程上常用的方形、圆形支撑单元外形图。

方形、圆形支撑单元的区别主要是安装方式的不同，其中方形支撑单元既可以用螺钉上下安装固定，也可以用螺钉在端面安装固定；圆形支撑单元则直接将支撑单元装入安装孔中，通过法兰固定。

3）支撑单元的选型方法

下面以 THK 公司的产品为例，说明支撑单元的选型方法。

在 THK 公司的样本资料中，固定端支撑单元中，方形结构的系列代号为 EK、BK(内径范围 ϕ4～ϕ40 mm)，圆形结构的系列代号为 FK(内径范围 ϕ6～ϕ30 mm)；支撑端支撑单元中，方形结构的系列代号为 EF、BF(内径范围 ϕ6～ϕ40 mm)，圆形结构的系列代号为 FF(内径范围 ϕ6～ϕ30 mm)。每一种内径的支撑单元都与一定的丝杠外径范围相对应，只要按照制造商的资料直接选取即可。

选型方法及步骤为：

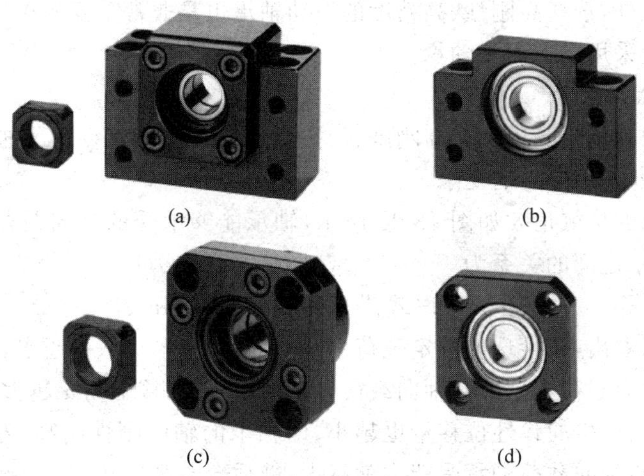

图 13-19　工程上常用的丝杠端部支撑单元
(a) 方形固定端支撑单元；(b) 方形支撑端支撑单元；(c) 圆形固定端支撑单元；(d) 圆形支撑端支撑单元

(1) 根据丝杠安装结构选定支撑单元的系列；
(2) 根据丝杠外径选定合适的支撑单元型号。
表 13-7 为 THK 公司支撑单元选型表。

表 13-7　THK 公司支撑单元选型表　mm

固定端支撑单元		支撑端支撑单元		适用丝杠外径
内径	适用型号	内径	适用型号	
4	EK4、FK4			$\phi 4$
5	EK5、FK5			$\phi 6$
6	EK6、FK6	6	EF6、FF6	$\phi 8$
8	EK8、FK8	8	EF8、FF6	$\phi 10$
10	EK10、FK10、BK10	10	EF10、FF10、BF10	$\phi 10$、$\phi 12$、$\phi 14$
12	EK12、FK12、BK12	12	EF12、FF12、BF12	$\phi 14$、$\phi 15$、$\phi 16$
15	EK15、FK15、BK15	15	EF15、FF15、BF15	$\phi 20$
17	BK17	17	BF17	$\phi 20$、$\phi 25$
20	EK20、FK20、BK20	20	EF20、FF20、BF20	$\phi 25$、$\phi 28$、$\phi 32$
25	FK25、BK25	25	FF25、BF25	$\phi 36$
30	FK30、BK30	30	FF30、BF30	$\phi 40$、$\phi 45$
35	BK35	35	BF35	$\phi 45$
40	BK40	40	BF40	$\phi 50$

根据丝杠的外径及安装结构可以从表 13-7 中直接选定合适的支撑单元型号。注意支撑单元型号与丝杠端部形状是对应的，不同的制造商其支撑单元尺寸有别，所以选定支撑单元型号时必须按照制造商推荐的形状设计丝杠端部形状。

3. 丝杠端部支撑单元所采用的轴承

滚珠丝杠机构属于精密传动部件，整个机构的刚性对传动精度至关重要，而两端支承的结构刚性对整个机构的刚性有直接影响。为了提高支撑结构的轴向刚性，除轴承座本身必须具有良好的刚性外，选择高刚性、高精度的滚动轴承也是非常重要的措施。

滚珠丝杠一般采用以下两类轴承：

1) 轴向角接触球轴承

轴向角接触球轴承是一种具有高刚度、低扭矩、高精度、能承受很大轴向负载的特殊角接触球轴承，用于丝杠固定端的支承。

角接触球轴承的接触角 α 如图 13-20 所示，轴承能够承受的轴向载荷 F_a 与滚珠载荷、滚珠数目、接触角 α 之间的关系为

$$F_a = 滚珠载荷 \times 滚珠数目 \times \sin\alpha \tag{13-5}$$

根据式(13-5)可以看出，在滚珠的额定载荷一定的前提下，滚珠数目越多，接触角 α 越大，则轴承能够承受的轴向载荷也越大。轴向载荷一定的前提下，接触角 α 越大，则单个滚珠承受的载荷就越小，因而产生的弹性位移量也越小，即轴承的轴向刚性越高，寿命越长；相反，接触角 α 越小，则轴承径向载荷的承受能力就越大，越适合于高速转动。

通常的角接触球轴承的接触角为 15°～30°。而用于滚珠丝杠机构的角接触球轴承其接触角专门设计为 60°，使轴承的轴向刚性比普通角接触球轴承提高两倍以上，同时增加了滚珠的数目并相应减小了滚珠的直径，使轴承具有很低的启动扭矩，其摩擦扭矩比圆锥或圆柱滚子轴承小，用很小的驱动力就可以获得高精度的回转运动，能获得稳定的回转性能，使用方便。该类轴承可以同时承受径向载荷和轴向载荷，能在较高的转速下工作，由于滚珠数量比深沟球轴承多，因而负荷容量在球轴承中最大。

因为单只角接触球轴承只能承受一个方向的轴向载荷，所以它必须与第二只角接触球轴承配对使用，一般以两个一组或四个一组成对使用。由于轴承的安装具有方向性，为了避免在装配组合时发生错误，所以成对使用的轴承外表通常打有“V”形标记，当成对轴承组合后能够形成一个 V 字时即说明排列正确，如图 13-21 所示。

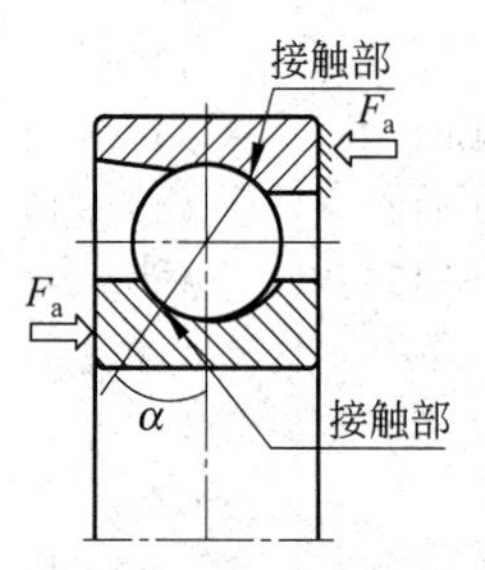

图 13-20 滚珠丝杠机构专用角接触球轴承的接触角

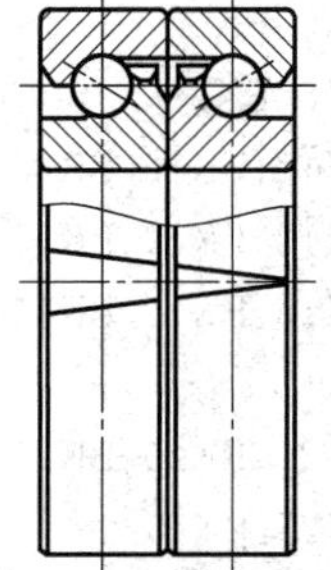
图 13-21 成对角接触球轴承外圈上的标记

角接触球轴承成对使用时，利用内外圈的相对位移可以调整轴向游隙，装配时只要用锁紧螺母和轴承端盖分别将轴承内环和外环压紧，即能获得需要的预压力。

2) 深沟球轴承

除采用角接触球轴承外，根据滚珠丝杠机构使用场合的不同，还可以采用深沟球轴承。深沟球轴承用于丝杠的支撑端支承，只承受径向载荷。该支撑端在轴向是自由的，以补偿丝杠热变形的影响。

4. 滚珠丝杠机构的典型安装方式

根据使用场合的不同，滚珠丝杠机构两端的支撑结构有 4 种不同的安装方式：

- 一端固定一端支承；
- 两端固定；
- 两端支承；
- 一端固定一端自由。

所谓“固定”支承就是指采用一对角接触球轴承支承，使丝杠端部在轴向、径向均受约束。

所谓“支承”也称为简支支承，就是采用深沟球轴承，只在径向提供约束，在轴向则是自由的而不施加限制，当丝杠因为热变形而有微量伸长时，丝杠端部可以作微量的轴向浮动。

所谓“自由”支承就是指丝杠端部没有支撑结构，呈悬空状态。

下面分别对这几种安装方式进行介绍。

1）一端固定一端支承

滚珠丝杠机构最典型、最常用的安装方式为通常所说的一端固定一端支承安装方式，也就是说丝杠一端采用固定端，另一端采用支撑端。图 13-22 为其安装结构示意图。

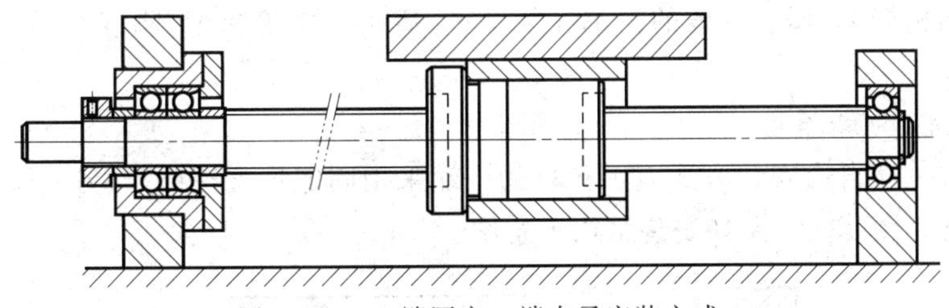

图 13-22　一端固定一端支承安装方式

应用场合：

该方式适用于中等速度、刚度及精度都较高的场合，也适用于长丝杠、卧式丝杠。

2）两端固定

两端固定安装方式就是在丝杠的两端均采用两只角接触球轴承支承，使丝杠在轴向、径向均受约束，分别用锁紧螺母和轴承端盖将轴承内环和外环压紧。图 13-23 为其安装结构示意图。

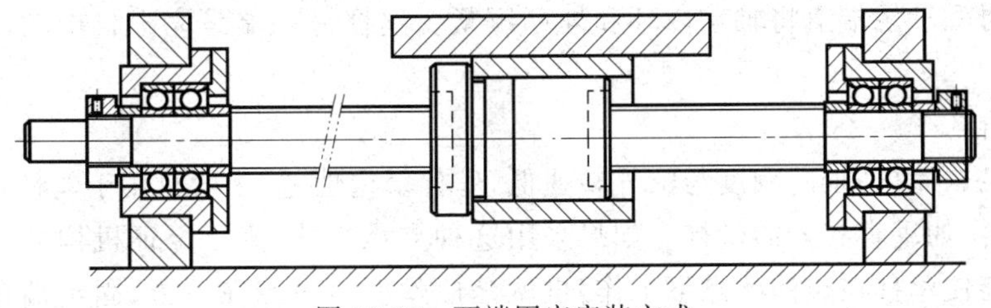

图 13-23　两端固定安装方式

这种安装方式下丝杠与轴承间无轴向间隙，两端轴承都能够施加预压，经预压调整后，丝杠的轴向刚度比一端固定一端支承安装方式约高 4 倍，且无压杆稳定性问题，固有频率也比一端固定一端支承安装方式高，因而丝杠的临界转速大幅提高。但这种安装方式也有缺点，如结构复杂、对丝杠的热变形伸长较为敏感等。

应用场合：

该方式适用于高速回转、高精度而且丝杠长度较大的场合。

3）两端支承

两端支承安装方式就是在丝杠两端均采用深沟球轴承支承，两端轴承均只在径向对丝杠施加限制，轴向未限制。图13-24为其安装结构示意图。

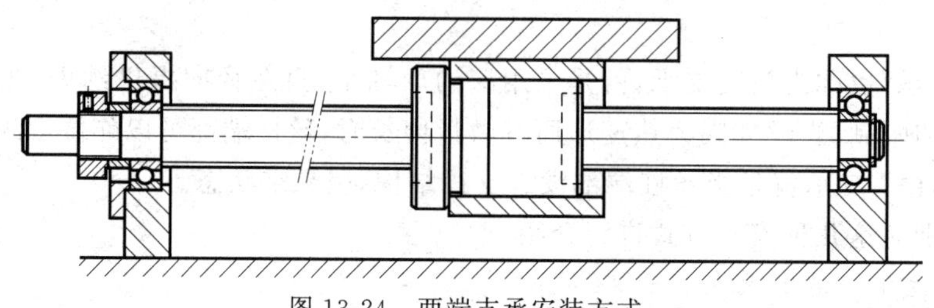

图13-24 两端支承安装方式

应用场合：

该方式结构简单，属于一般的简单安装方式，适用于中等速度、刚度与精度都要求不高的一般场合。

4）一端固定一端自由

一端固定一端自由安装方式表示丝杠的一端采用固定端支撑单元，另一端则让其悬空，处于自由状态。图13-25为其安装结构示意图。

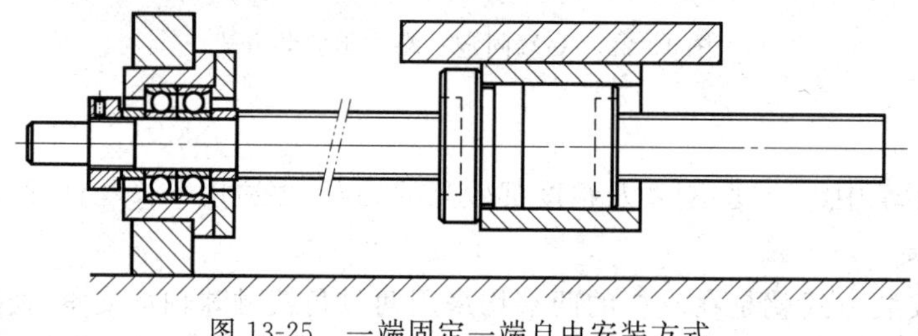

图13-25 一端固定一端自由安装方式

这种安装方式在固定端同样采用两只角接触球轴承，使丝杠在轴向、径向均受约束，分别用锁紧螺母和轴承端盖将轴承内环和外环压紧。丝杠另一端是完全自由的，不施加任何支撑结构。

应用场合：

该方式结构简单，轴向刚度与临界转速低，丝杠稳定性差，一般只用于丝杠长度较短、转速较低的场合，如垂直布置的丝杠。如果采用这种支承方式，为了保证机构的工作精度，设计时应尽可能使丝杠在拉伸状态下工作，也就是使丝杠自由端在下方、固定端在上方，依靠丝杠及负载的重量使丝杠处于拉伸状态。

通常情况下尽可能采用“两端固定”或“一端固定一端支承”的安装方式，支承轴承选用大接触角(60°)的高刚度专用角接触球轴承。

5. 丝杠端部形状设计

丝杠端部的形状是根据丝杠两端的支撑结构形式及传动结构形式来设计的，当确定丝杠端部的支撑结构形式及传动结构形式后，丝杠端部的形状设计就可以确定了。支撑结构决定丝杠与轴承之间的配合结构，传动结构决定丝杠如何与电机输出轴连接。

例如电机通过联轴器直接驱动丝杠时，丝杠端部就必须设计为光轴的形式；如果电机通过齿轮或同步带轮驱动丝杠，则丝杠端部就必须设计键槽结构；如果丝杠端部采用支撑端支撑单元，则丝杠端部就必须设计为带弹性挡圈安装沟槽的结构；如果丝杠端部采用固定端支撑单元，则丝杠端部就必须设计为带锁紧螺纹的结构。图 13-26 为常用的几种丝杠端部形状。

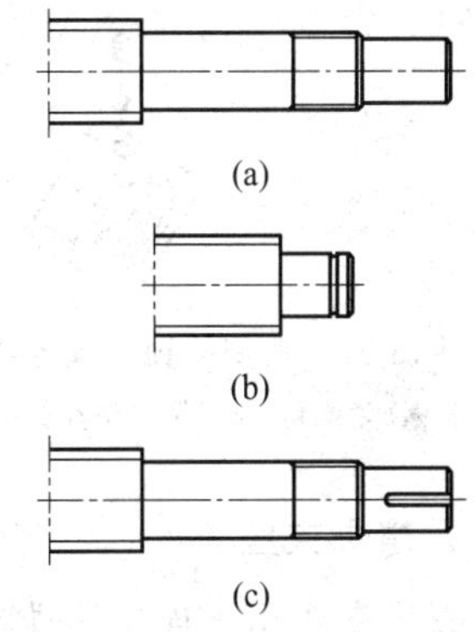

图 13-26　常用的丝杠端部形状

图 13-26(a)为典型的丝杠固定端端部形状，用于安装固定端支撑单元。光轴部分用于与弹性联轴器装配在一起，再通过联轴器与电机输出轴连接。

图 13-26(b)为典型的丝杠支撑端端部形状，用于安装支撑端支撑单元。端部装入轴承孔后，用弹性挡圈将轴承轴向定位，丝杠端部与轴承一起可以在轴承座内作轴向移动。

图 13-26(c)也属于典型的丝杠固定端端部形状，用于安装固定端支撑单元。端部带键槽部分用于连接装配同步带轮或齿轮。

在制造商的样本资料中，上述端部形状都给出了详细尺寸，并给出了配合选用的丝杠支撑单元型号，只要按照制造商给出的详细尺寸设计丝杠端部，再选用相应的支撑单元即可。

除上述典型端部形状外，还有一些其他形状，读者可以进一步参考有关制造商的样本资料进行设计。

13.2.2　滚珠丝杠机构的装配附件及其选型

在使用滚珠丝杠机构时，除向制造商订购所需要的滚珠螺母及丝杠外，根据滚珠丝杠机构的安装方式，还需要订购以下装配附件：

- 丝杠支撑单元；
- 锁紧螺母；
- 螺母支座；
- 弹性联轴器。

1. 丝杠支撑单元

在支撑单元中，制造商将轴承座、轴承、锁紧螺母、调整环、密封圈等零部件集成到一起，并完成了装配与调整，用户订购回来后直接与丝杠进行装配调试即可使用。通常情况下都采用直接订购的方式，简化设计与制造。关于支撑单元的形式及订购方法见前面的介绍。

如果自行设计加工支撑单元，则需要订购轴承、锁紧螺母。

2. 锁紧螺母

锁紧螺母的作用为对丝杠与轴承进行轴向固定。为了保证锁紧螺母在滚珠丝杠运行过程中不致松动，在锁紧螺母上还设计了紧定螺钉及保护垫片，以获得完全没有松弛的固定。

图 13-27 为典型的锁紧螺母结构示意图。

由于锁紧螺母在与丝杠端部螺纹配合的同时,在端面还必须与轴承端面紧密接触,所以锁紧螺母的端面是经过磨削加工的平面,保证端面具有较高的平面度、垂直度和较低的表面粗糙度。

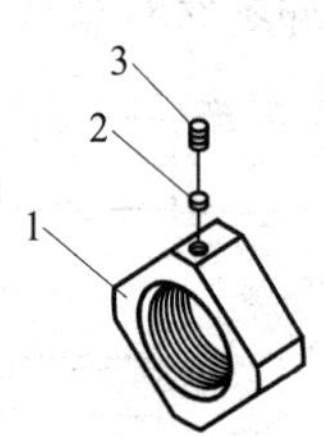

图 13-27 典型的锁紧螺母结构示意图
1—锁紧螺母;2—保护垫片;3—紧定螺钉

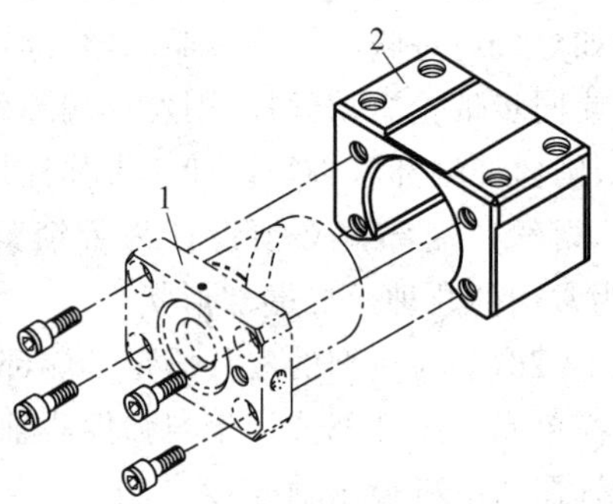

图 13-28 螺母支座的结构及使用方法
1—滚珠螺母;2—螺母支座

3. 螺母支座

螺母支座用于连接滚珠螺母与负载滑块(即工作台),如图 13-28 所示。将滚珠螺母直接用螺钉连接在螺母支座上,然后将负载滑块用螺钉直接固定在螺母支座上方平面的螺纹孔中即可,安装简单,只要使用螺钉就可以完成装配,简化设计与制造,同时使机构具有较低的安装高度,结构非常紧凑。

由于滚珠丝杠机构在装配时需要进行精确的位置调整,所以螺母支座与滚珠螺母的装配孔一般都设计有约 0.4 mm 的间隙,供装配调试时调整滚珠螺母的位置用。

4. 弹性联轴器

1) 弹性联轴器的作用

当各种机器设备的轴与轴之间要连接传递动力时,一般采用皮带传动、链传动或齿轮传动,但在结构空间非常紧凑的情况下,如果要求两轴在同一直线上而且等速转动,就必须使用联轴器来连接。联轴器的作用就是将位于同一直线上的两根传动轴连接起来并传递扭矩。

联轴器一般分为两大类,即刚性联轴器和弹性联轴器,弹性联轴器也称为柔性联轴器。由于刚性联轴器对于两轴之间同心度的要求非常高,而因加工精度、装配精度的影响,两轴之间不可能完全位于同一直线上,而且轴的热膨胀、轴的受力弯曲等因素将使两轴间的同心度产生变化,只有弹性联轴器才具有补偿两轴相对位置偏差的功能,因此在实际应用中大量采用弹性联轴器连接两轴并传递扭矩。通过弹性联轴器本身的弹性变形吸收补偿两轴间的相对位置偏差,可以延长机构的寿命,确保设备的运行精度。图 13-29 为典型的弹性联轴器外形图。

弹性联轴器广泛应用于各种精密传动场合,是滚珠丝杠机构常用的配套部件,此外还广泛应用于半导体设备,各种步进及伺服驱动机构,高速、高精密位置控制系统,数控机床,电子制造装备,各种自动化专机等。使用时一端与电机的输出轴连接,另一端与需要被带动的负载轴连接,使用螺钉即可实现连接。

图 13-29　典型的弹性联轴器

2) 传动轴之间的误差种类

因为加工及装配的原因,需要用弹性联轴器连接的两根传动轴之间可能存在的位置度偏差主要为:

- 偏心(两轴心的平行误差);
- 偏角(两轴心的角度误差);
- 轴向偏移(径向跳动)。

上述可能的位置度偏差如图 13-30 所示。

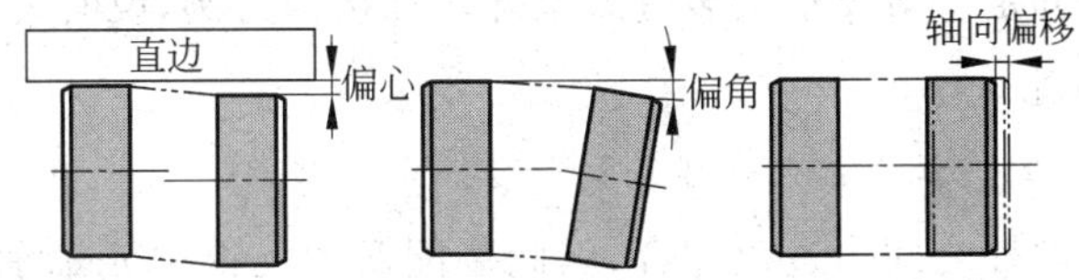

图 13-30　两根传动轴之间可能存在的位置度偏差示意图

3) 弹性联轴器用于滚珠丝杠机构时的特殊要求

弹性联轴器由轴套以及弹性体等部分组成,不同弹性体的各项性能均不相同。通常具有零空程、高扭矩传递能力、可以随时任意改变转动方向实现正反转、安装方便、缓冲吸振等特点。

当弹性联轴器用于连接滚珠丝杠与伺服电机(或步进电机)时,由于滚珠丝杠机构属于精密传动部件,因此用于滚珠丝杠机构的弹性联轴器必须具备以下特殊的性能。

- 零间隙:联轴器整体在传动过程中不允许有间隙,包括正向间隙以及回程间隙;
- 高刚性:即不允许出现传动的迟滞性,否则将严重影响滚珠丝杠传动的精度;
- 低惯量:在保证传动强度的基础上,应尽可能降低滚珠丝杠联轴器的质量,从而降低其转动惯量。

需要注意的是,弹性联轴器的位置误差补偿能力是有限度的,超过一定的偏差范围,弹性联轴器在工作过程中就会产生振动、非正常摩擦磨损、噪声,加速弹性联轴器的疲劳甚至断裂。因此在设计和装配自动化机构时,要特别注意需要连接的轴之间的上述几何偏差,装配时要进行仔细的调整与检测,使位置偏差尽可能小并确保在弹性联轴器允许的范围内。

4) 弹性联轴器的选用

弹性联轴器已经被制造商作为一种通用的标准件生产供应,每一种联轴器都有各自的特点和适用范围,基本能够满足各种使用条件的需要。滚珠丝杠制造商也将联轴器作为滚珠丝杠的附件来销售,一般情况下设计人员无需自行设计联轴器,根据制造商的资料进行选型订购即可。

通常选用弹性联轴器的原则为:

在传递小转矩和以传递运动为主的传动轴系中，要求联轴器具有较高的传动精度，宜选用采用金属弹性元件的弹性联轴器。

在传递大转矩和以传递动力为主的传动轴系中，对传动精度亦有要求。高转速时，应避免选用非金属弹性元件弹性联轴器和可动元件之间有间隙的挠性联轴器，宜选用传动精度高的膜片联轴器。

通常情况下丝杠与驱动电机连接处推荐采用直联方式，建议采用无间隙的弹性联轴器，避免采用齿轮和键传递动力。

13.3　滚珠丝杠机构的装配调整与维护

13.3.1　滚珠丝杠机构的装配调整

滚珠丝杠副是精密传动部件，应由专业人员装配、维修，安装滚珠丝杠副需要专门的技能及必要的测量工具，在安装过程中需要轻拿轻放并按一定的规范进行装配。下面以采用标准支撑单元的一端固定一端支承安装方式滚珠丝杠机构为例，说明具体的装配步骤。

1. 支撑单元的装配

1）将固定端支撑单元安装到丝杠上

由于轴承内圈与丝杠之间为过盈配合，因此装配两侧支撑单元轴承时不能使轴承直接受到冲击，需要使用专用的轴承装配衬套，如图13-31所示。

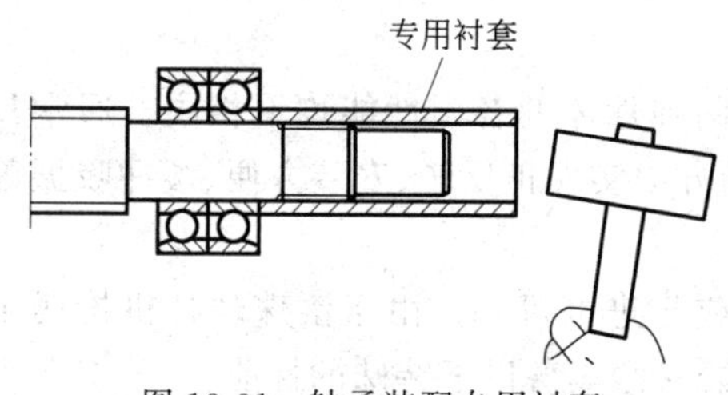

图13-31　轴承装配专用衬套

注意：不要将成套的支撑单元拆开，以免损坏其精度。将丝杠装入支撑单元时，不要将密封圈的凸缘弄翻。

2）用锁紧螺母将固定端支撑单元固定

将固定端支撑单元装入丝杠后，拧紧锁紧螺母，用垫片和无头紧固螺钉将锁紧螺母固定。为了防止锁紧螺母在工作过程中松动，用垫片和无头六角螺钉将锁紧螺母固定时，一般要在螺钉螺纹上涂加螺丝胶水后再固定，螺丝胶水会自然固化。在严酷的条件下使用时还必须考虑其他零部件的松弛问题。

为了减少锁紧螺母与调整环、轴承接触面的变形，装配时首先用两倍的拧紧力矩将锁紧螺母锁紧，然后再放松，之后再用规定的扭矩将锁紧螺母重新锁紧。

3）装入螺母支座

将螺母支座装入滚珠螺母，用螺钉暂时固定(不拧紧)。注意在装入螺母支座时，如果滚珠螺母是带外循环回流管的结构，应该转动滚珠螺母，使回流管位于靠工作台的一侧，这样滚珠在循环时可以依靠自身的重力使运动更顺畅。

有时候不采用螺母支座进行过渡连接，而是在工作台的下方直接设计滚珠螺母安装孔，装配时将滚珠螺母直接装入工作台。

如果滚珠螺母外径大于支撑端轴承外径，则可以在装入支撑端轴承后再装入螺母支座或工作台。如果滚珠螺母外径小于支撑端轴承外径，则必须在装入支撑端轴承之前先将滚珠螺母装入螺母支座或工作台并暂时固定，否则可能出现支撑端轴承装配完毕后滚珠螺母无法装入螺母支座或工作台的情况。

4）将支撑端支撑单元安装到丝杠上

用轴承装配专用衬套将支撑端轴承装入丝杠支撑端，再用专用工具钳将弹性挡圈装入丝杠的定位沟槽内对轴承轴向固定，最后将轴承装入支撑端支撑单元轴承孔内。

上述各步骤见图 13-32 所示装配示意图。

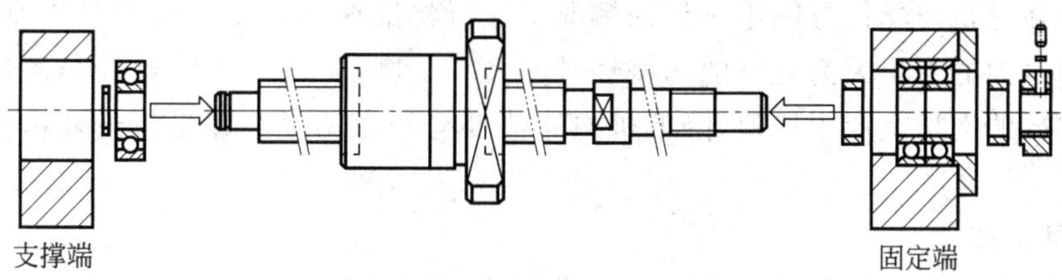

图 13-32　两端支撑单元装配示意图

2. 与工作台及底座的安装

1）装配要点

（1）滚珠丝杠与直线导轨或直线轴承同时使用

由于滚珠丝杠机构只是一种传动部件，滚珠螺母只对负载工作台提供一个直线运动的牵引力，工作台的直线运动还需要专门的导向部件来导向，所以，滚珠丝杠机构一般是与直线导轨机构或直线轴承同时使用的，负载工作台同时与滚珠螺母支座及直线导轨的滑块（或直线轴承）装配连接在一起，如图 13-33 所示。

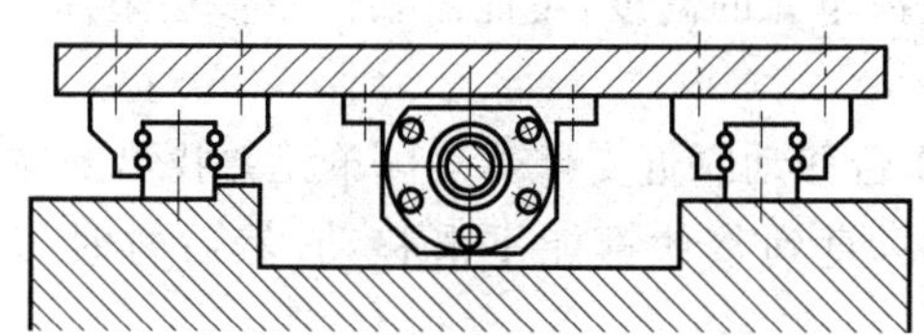

图 13-33　滚珠丝杠与直线导轨同时使用示意图

（2）工作台的运动方向

如图 13-33 所示，通常在装配直线导轨时在直线导轨的安装基础上设计加工有专门的导向定位边（单侧或双侧），因此当按照直线导轨的装配操作规范将工作台与直线导轨的滑块装配固定完毕后，工作台的运动方向就已经确定了。

（3）两端支撑单元的轴承座孔中心与螺母支座孔中心要精确调整到“三点同心”的最佳状态，即三个安装孔中心必须精确调整到位于一条直线上，不允许在不同心的情况下强制安装，否则会破坏滚珠丝杠的精度，这也是前面将螺母支座装入滚珠螺母后暂时不拧紧的原因，因为还需要进行仔细的调整。通常在螺母支座与滚珠螺母之间设计有必要的配合间隙便于调整滚珠螺母的安装。

（4）通常首先装配直线导轨及工作台，固定工作台的运动方向后，再以此为基准调整滚珠丝杠的方向并使之与工作台运动方向严格平行。所以，将支撑单元最后固定在底座上、将滚珠螺母支座与滚珠螺母最后固定、将滚珠螺母支座最后固定到工作台上之前，这四个部位都应进行仔细的调整，使由支撑单元、丝杠、滚珠螺母确定的运动方向与工作台的运动方向在高度、左右方向调整到严格平行。只有将上述两部分机构的运动方向仔细调整为一致后，系统的运动才能平滑顺畅，否则会发生过定位现象，使机构运动发生干涉。

除以工作台的运动方向为基准调整滚珠丝杠方向的装配方法外，在某些情况下有时也采用另外一种装配方法，即首先装配固定滚珠丝杠的运动方向，再以此为基准调整工作台(及直线导轨)的运动方向。

不允许在导轨与丝杠方向不一致的情况下强行将滚珠螺母安装于螺母支座上，装配时也不能施加过大的力。因为丝杠的沟槽经过淬火和研磨加工，如果将丝杠与滚珠螺母强行拧入会在丝杠的沟槽上产生压痕，降低机构的精度与寿命。滚珠螺母与丝杠错扣也会缩短寿命。

2) 装配步骤

(1) 将螺母支座暂时固定到工作台上，螺钉不拧紧。

(2) 将固定端支撑单元暂时拧紧在底座上，转动丝杠，使工作台移动靠近固定端支撑单元并找出支撑单元的中心，调整螺母支座位置使螺母能够随工作台平滑移动，然后将支撑单元初步固定在底座上。注意拧紧支撑单元的固定螺钉时应交叉进行。

注意：由于通常都是以由直线导轨确定的工作台运动方向为基准来调整滚珠丝杠的方向，因此需要调整支撑单元的位置使支撑单元及丝杠中心位于一条直线上并与工作台方向一致。支撑单元在水平面内的左右摆动及移动调整都非常容易，而丝杠在高度方向的调整就困难了，只能用垫片来调节轴承中心偏低的支撑单元高度。这种专用垫片通常用厚度很薄的黄铜箔制造，并有从十分之几至百分之几毫米的多种厚度规格。调整时根据需要选用不同的垫片组合来调节支撑单元的高度，可能需要使用多层垫片，垫片可根据需要剪成适当的形状。

(3) 转动丝杠，使工作台移动靠近支撑端支撑单元并找出支撑单元的中心，反复转动丝杠使工作台往返移动数次，直到整体都能平滑移动，然后暂时将支撑单元初步固定在底座上。

上述各步骤见图13-34所示装配示意图。

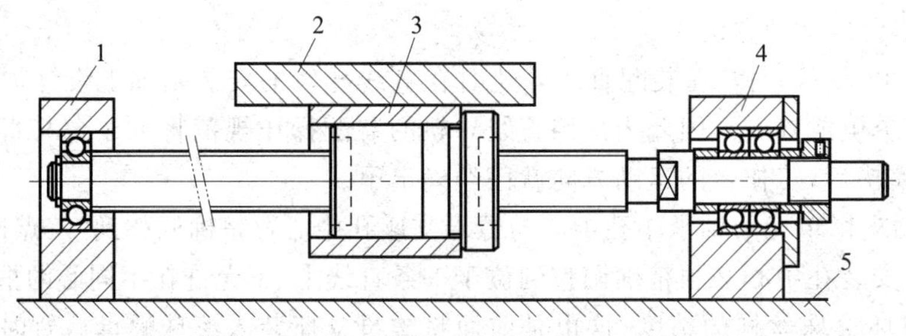

图13-34　与工作台及底座的安装过程示意图

1—支撑端支撑单元；2—负载工作台；3—螺母支座；4—固定端支撑单元；5—底座

3. 确认精度及最后拧紧螺钉

如图13-35所示，往复转动丝杠使工作台左右往返移动，调整支撑单元的位置直到工作台能够随导向部件(如直线导轨)进行平滑稳定的运动，如果出现运动不顺畅现象就重复前

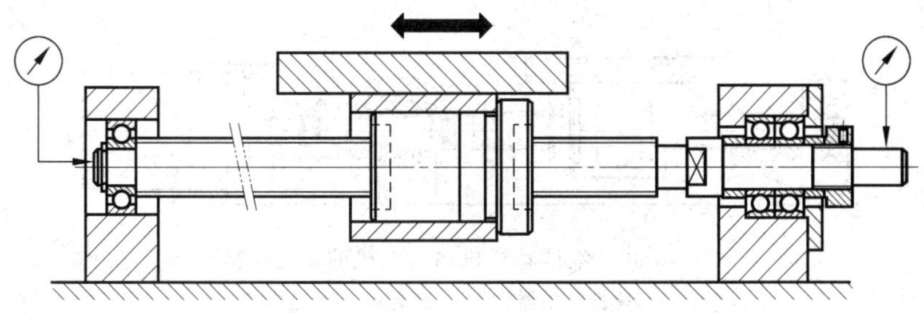

图 13-35　确认精度及最后拧紧螺钉示意图

面的调整步骤。用扭矩测试工具测试丝杠转动所需要的扭矩，用千分表测试滚珠丝杠轴端的端面跳动及径向跳动，一直调整到最佳状态（上述位置度误差达到最小、转动丝杠所需要的扭矩也最小），然后按滚珠螺母、螺母支座（或工作台）、固定端支撑单元、支撑端支撑单元的顺序将各连接螺钉最后拧紧。注意拧紧螺钉时应交叉进行。

4. 与电机的连接

1）装配要求

电机与丝杠一般通过弹性联轴器来连接。由于弹性联轴器在运行时只允许丝杠轴端与电机输出轴的位置度存在很小的偏差，最理想的情况是两根轴的中心位于一条直线上，因此装配电机时的调整原理与滚珠丝杠的调整原理是相同的，需要对电机输出轴在水平面左右方向、竖直面高度方向进行精确的调整，这样才能确保弹性联轴器、电机及滚珠丝杠的工作寿命。

2）装配步骤

（1）将电机初步安装固定到电机支座上，暂时拧紧螺钉。

（2）将电机支座初步安装固定到底座上，暂时拧紧螺钉。

（3）用弹性联轴器将电机输出轴与滚珠丝杠连接起来，暂时拧紧螺钉。

（4）用千分表按图 13-30 所示误差示意图测试电机轴的位置偏差，测试两根轴的中心在高度方向是否等高、在水平面内是否平行、在竖直面内是否倾斜。根据测试结果调整电机支座的左右位置，必要时采用铜箔垫片调整电机支座的高度，直到将两根轴的位置度偏差调整到最小并且在弹性联轴器允许的范围内，边运转边调整。

（5）确认位置度偏差达到弹性联轴器的允许值后，将各固定螺钉拧紧，注意交叉拧紧螺钉。

（6）试运行，仔细观察机构的运转情况，如有异常情况及时停止运行并检查原因后重新进行调整，保证装配精度使系统能正常可靠运行。

上述装配过程如图 13-36 所示。

13.3.2　滚珠丝杠机构的使用维护

1. 滚珠丝杠型号编号规则

为了适应各种场合的不同用途，制造商一般都能够提供种类丰富的规格供用户选用，滚珠丝杠机构的规格最后都由一组编号来表示，订购时直接用这种编号来表示。不同的制造商其编号规则各有区别，但大致类似，只要仔细阅读制造商的样本资料即可。

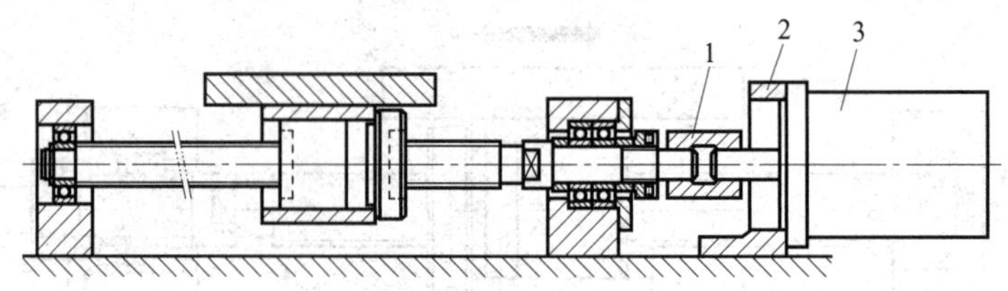

图 13-36 滚珠丝杠机构与电机的装配连接

1—弹性联轴器；2—电机支座；3—电机

许多情况下需要制造商对丝杠按用户要求专门加工后再提供，因此订购时经常需要用户附加丝杠加工图纸。为了既保证滚珠丝杠机构的性能，又方便用户进行必要的二次加工，一般只对丝杠有效螺纹部分进行淬火热处理，丝杠其余部位仍可进行机械加工。

下面以 THK 公司的滚珠丝杠机构为例，说明其型号编号规则。

例如，某滚珠丝杠副的代号为"BNFN2005L-5RRG0＋610LC5"，各代号所表示的意义分别为：

BNFN2005 为公称型号，其中 BNFN 表示螺母型式，20 表示丝杠外径为 20 mm，05 表示导程为 5 mm；

L 表示为左螺纹，无代号时表示为右螺纹；

5 表示螺母滚珠回路数为 5；

RR 表示密封圈代号；

G0 表示轴向间隙等级代号；

610L 表示丝杠全长为 610 mm；

C5 表示精度等级。

2. 滚珠丝杠机构使用维护

滚珠丝杠机构为精密传动部件，在装配、使用及维护过程中应注意以下要点：

1) 保护

轻拿轻放，禁止敲击丝杠及滚珠螺母，如循环滚珠、回流管、丝杠外径、沟槽等出现伤痕、损伤等现象时，会造成循环不良，从而导致产品丧失功能。尤其是外循环式回流管凸出在螺母的外部，很容易受到碰撞或损伤，需要特别小心，防止碰撞或损伤，严禁敲击和拆卸回流管，以免造成钢球堵塞，运动不流畅。

2) 不要将滚珠螺母与丝杠分开

滚珠丝杠副在出厂前已按用户要求调整至所需预压力，注意不要将螺母与丝杠分开，随意拆开螺母组件将会导致钢球散落，预压力消失，一旦滚珠散落，如再强行装上，会损坏返向器。重新组装容易因组装错误而使滚珠丝杠丧失功能，也容易导致灰尘的进入，使精度下降或导致故障。如确实需要分开，必须采用专用的工具，同时注意滚珠不要脱落，回流管不能碰撞、损伤。如发现滚珠散落，应及时与制造商联系，由制造商提供支持。

3) 避免滚珠螺母因自重从丝杠上脱落

因丝杠与滚珠螺母之间的摩擦力很小，如果将无预压(或轻微预压)的滚珠丝杠垂直放置，滚珠螺母会因自重而从丝杠上脱落，因此要注意避免将无预压的滚珠丝杠机构处于直立状态，防止滚珠螺母因自重而脱落，垂直使用时尤其要小心。不慎摔落可能会损伤部件，这时建议由制造商进行检查。

垂直使用滚珠丝杠时，建议通过设置安全螺母等防护结构来预防工作台的脱落。

4）禁止超越行程使用

在滚珠丝杠副的行程两端应设置行程保护装置，防止超越行程使用。如果超越行程使用，滚珠丝杠副受到撞击可能会出现滚珠脱落、循环零部件受损、沟槽轨道产生压痕等故障，从而造成运转不良、精度下降、缩短寿命甚至损坏，因此禁止超越行程使用。如万一出现超越行程使用，最好的方法为请制造商协助检查。

5）保管及放置

因为滚珠丝杠副从制造商的工厂出厂时都有专门的包装，装配前不要轻易打开或撕破内包装，否则容易发生灰尘进入或部件生锈的现象。建议采用以下摆放形式进行保管：

- 以制造商原始包装水平摆放；
- 在清洁处垫放枕木，水平摆放；
- 在清洁处垂直悬吊保管。

6）装配前的清洗

安装前必须用溶剂对丝杠进行清洗，然后加以适当的润滑脂或润滑油，再进行装配。

7）防尘措施

滚珠丝杠机构为精密部件，制造误差及预压变形都是以微米为单位来度量，如果有灰尘、污物、铁屑及异物侵入内部，不仅会妨碍滚珠的正常工作，还会使磨损急剧增加。这种磨损对性能的影响非常敏感，成为机构破损失效的主要原因之一，因此应尽可能在清洁的环境中使用，避免灰尘和粉屑等进入滚珠丝杠内。

如果环境无法避免灰尘，就必须设置有效的防尘装置，对丝杠进行防护，通常采用毛毡圈或非接触式迷宫密封圈对螺母进行密封。除滚珠丝杠副本身的防尘外，外露的丝杠也应安装防护装置，以免灰尘、杂物进入滚珠丝杠副，如采用伸缩套管、折叠式波纹保护套等。

8）润滑

合理润滑是减小驱动转矩、提高传动效率、延长滚珠丝杠副使用寿命的重要环节。接触表面的油膜还有吸振、减小传动噪声和冲洗丝杠上的粉尘等杂物的作用。因此必须根据各种使用条件选择合适的润滑材料和润滑方法，润滑不当可能会降低部件的性能甚至损坏部件。

使用前需要确认润滑状态，如润滑不好有可能会在短期内丧失滚珠丝杠的性能。当涂有润滑脂时可以直接使用，但在使用过程中，如润滑脂表面粘有灰尘时，需要用清洁的白煤油洗净，重新涂上与原润滑脂相同的新润滑脂后再使用，应避免不同性质的润滑脂混合使用。

定期进行润滑脂的检查和润滑剂的更换，根据使用环境设定适当的更换周期，当发现污染明显时及时将旧润滑剂擦净后重新涂上新的润滑剂。

9）使用温度

在正确的润滑条件下，滚珠丝杠副的允许运行温度范围通常为－30～＋80℃，注意不要在超越此温度条件下使用,在温度低于−20℃时,驱动力矩会增加。当需要在80℃以上的温度下使用时,建议与制造商协商。

由于热变形对滚珠丝杠副的定位精度有重要的影响,其热源不仅为螺旋副的摩擦热,还有其他机械部件工作时产生的热,致使丝杠热膨胀而伸长,为此必须采取必要的措施控制热源,降低丝杠热变形的影响。

3. 滚珠丝杠机构的主要制造商

滚珠丝杠机构作为一种重要的精密传动部件,直线导轨、直线轴承机构的制造商一般也同时生产滚珠丝杠机构。目前滚珠丝杠机构主要的制造商有:

- 日本NSK公司;
- 日本THK公司;
- 日本TSK公司;
- 德国Bosch公司;
- 韩国TAIJING公司。

除上述公司外,中国内地及中国台湾地区也有部分制造商,如中国台湾地区的泷孚公司等。

思考题与习题

13.1 哪些场合需要使用滚珠丝杠机构?

13.2 简述滚珠丝杠机构的结构和工作原理。

13.3 工程上的滚珠丝杠机构有哪些类型?

13.4 滚珠丝杠机构有哪些优点?

13.5 滚珠丝杠机构在工作时能够承受哪些载荷?不能承受哪些载荷?

13.6 滚珠丝杠机构有哪些标准支撑单元?标准支撑单元由哪些零件组成?

13.7 滚珠丝杠机构的端部支承采用哪些轴承?各有何特点?

13.8 滚珠丝杠机构的端部有哪些支承方式?如何选用?

13.9 滚珠丝杠机构的端部有哪些典型结构形式?设计时应注意什么?

13.10 弹性联轴器在使用时对被连接两根轴的位置度有哪些要求?

13.11 用于滚珠丝杠机构的弹性联轴器有什么特殊要求?

13.12 在滚珠丝杠机构的计算选型过程中主要选定哪些内容?

13.13 在国家标准中滚珠丝杠副的精度共分为多少个等级?等级代号是什么?

13.14 如何根据使用条件选定导程?

13.15 如何根据使用条件选定丝杠外径?

13.16 在采用滚珠丝杠机构的高速移送场合,最大轴向载荷如何计算?

13.17 什么叫丝杠的临界转速?如何计算?

13.18 如何消除丝杠与滚珠螺母之间的轴向间隙?

13.19 滚珠丝杠机构主要有哪些误差来源?

13.20　装配滚珠丝杠机构时如何将两端的轴承装入丝杠端部？装入支撑单元时需要注意什么？

13.21　滚珠丝杠通常都是与直线导轨或直线轴承同时使用，使用直线导轨机构导向时整个滚珠丝杠系统如何装配？

13.22　滚珠丝杠机构装配调试完成后如何装配电机及弹性联轴器？

13.23　在使用滚珠丝杠机构时，能否拆卸滚珠螺母？

13.24　在使用滚珠丝杠机构时，需要注意哪些事项？

第14章　自动机械传动系统设计

通过前面各章的学习，读者已经知道在自动机械中大量采用了各种执行电机（普通感应电机、步进电机、伺服电机等），它们广泛应用在以下场合：

- 各种自动化输送线（皮带输送线、链条输送线、滚筒输送线等）；
- 各种移载机械手；
- 各种精密进给系统（步进驱动、伺服驱动）；
- 各种间歇回转机构（如槽轮机构、棘轮机构、凸轮分度器等）。

在上述各种应用场合中，部分情况下电机（或通过减速器后）可以直接与负载连接在一起，也就是通常所说的直连连接。例如在采用滚珠丝杠机构的精密进给系统中就经常采用直连连接，省略了其他传动环节，使结构大为简化。

在更多情况下，或者因为结构空间方面受到限制，或者因为传动比方面的需要，或者因为需要改变传动方向，电机无法直接与负载连接在一起，需要采用其他中间传动环节来实现，因此，在自动机械中有大量的传动环节需要进行设计。

工程上最基本的传动方式为3类：

- 齿轮传动；
- 带传动；
- 链传动。

在自动机械工程设计中，上述3种传动方式都要采用，但目前在更多的场合下是使用带传动（特别是同步带传动）和链传动。

由于齿轮传动本身具有一定的不足之处，例如使用灵活性较差、需要专门设计加工制造、调整不方便、互换性差等，因而齿轮传动受到一定的限制。

同步带传动和链传动方式因为具有众多的优越性，目前在自动机械中得到大量应用，尤其是同步带传动广泛应用在各种输送线、机械手、工业机器人等应用场合。

同步带传动和链传动的优越性主要为：

- 由于同步带传动和链传动部件都属于标准件，价格低廉，采用这两种传动方式可以大大简化设计和制造过程，降低设计和制造成本；
- 部件已经高度标准化、商品化，采购非常方便；
- 性能与质量完全能满足各种自动机械的应用要求。

综上所述，熟练进行各种传动方式的设计是进行自动机械结构设计的基础，尤其是同步带传动和链传动，否则就很难从事自动机械结构设计工作。虽然在专业基础课程中（例如机械设计基础）对同步带传动和链传动有初步的介绍，但仅有初步的了解远远不够，离实际的设计要求还有较大的距离。因此本章从设计选型应用的角度来介绍如何进行上述两种传动环节的设计选型，14.1节介绍同步带传动机构设计，14.2节介绍链传动机构设计。关于齿轮传动，由于在通常的机械设计基础课程中都有较详细的介绍，在此不再赘述，读者可以根据需要参考有关书籍和设计手册。

14.1　同步带传动原理与设计应用

14.1.1　同步带传动在自动机械中的应用

1. 自动机械中大量采用同步带传动机构的原因

在自动机械中大量采用同步带传动，一方面是因为同步带传动同时具备 3 大基本传动方式（带传动、链传动、齿轮传动）各自的优点，另一方面是因为最近几年相关技术（材料技术、橡胶机械技术等）的飞速发展，使同步带成为标准化产品投入了大批量、商业化生产，产品质量能够满足各种使用场合的要求。由于同步带在制造时按大宽度一次成形加工，然后再根据标准尺寸切割成各种宽度规格，同步带轮也大量使用标准铝型材进行加工，因此制造成本大幅降低，价格非常低廉。目前江苏、浙江地区已经有多家国内企业和合资企业大批量生产各种同步带产品，使同步带产品的采购非常方便。

2. 同步带传动机构的特点

同步带之所以在工程上获得大量使用，是因为它们具有以下突出的优点：

(1) 传动速比恒定，无通常平皮带传动的滑移现象；

(2) 同步带结构的柔性具有吸振作用，运动平稳，运行噪声小；

(3) 传动效率高，一般可达 98%～99%；

(4) 传动比范围大，一般可达 1∶10，可适应各种传动比场合；

(5) 允许的线速度比链传动及齿轮传动都高；

(6) 单位质量皮带能够传递的功率大；

(7) 价格低廉，安装维护简单方便。

3. 同步带传动机构主要应用场合

同步带传动目前除被大量应用在各种自动化装配专机、自动化装配生产线、机械手、工业机器人等自动机械外，还广泛应用在机床、包装机械、仪器仪表、办公设备、家用电器、汽车等行业。图 14-1～图 14-3 为同步带传动在自动机械中的部分应用实例。

图 14-1　同步带传动在工业机器人上的应用

图 14-2　同步带传动在机械手中的应用

在上述设备或产品中，同步带传动机构的作用主要为：

- 传递电机扭矩；
- 提供牵引力使其他机构在一定行程范围内往复运动（直线运动或摆动运动）。

对于电机扭矩传递，读者很容易理解，但对于提供牵引力使其他机构在一定行程范围内作往复直线运动或往复摆动运动可能并不熟悉。其实这在各种自动机械中是一种非常典型的结构，尤其大量应用在移动式机械手、摆动式机械手、机器人的驱动系统上，因为上述机构不是连续运行的，而是特殊的往复运动。图14-4为同步带传动的原理示意图。

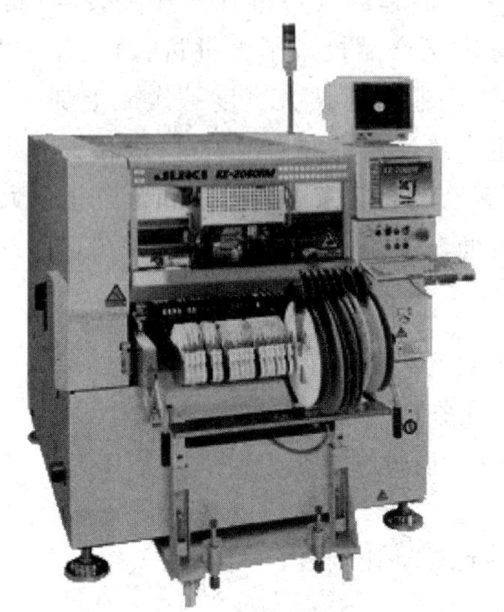

图14-3 同步带传动在SMT高速贴片机中的应用

图14-4 同步带传动原理示意图

14.1.2 同步带传动结构原理

1. 同步带结构类型

工程上具有多种不同的同步带类型，其区别主要体现在齿形上，目前最常用的同步带主要有两种类型：一种为梯形齿形同步带，如图14-5所示。另一种为圆弧齿形同步带，如图14-6所示。

同步带是一种环形的、内侧带齿的皮带，它必须由同步带轮来带动，图14-7为典型形状的同步带轮。为了防止同步带偏离带轮，经常在同步带轮的两侧设置挡边。

图14-5 梯形齿型同步带

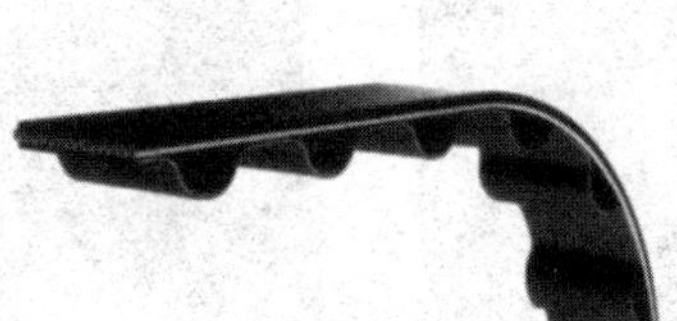

图14-6 圆弧齿型同步带

图14-7 典型形状的同步带轮

2. 同步带材料及性能

组成同步带材料的主要成分为橡胶，内含钢丝或玻璃纤维组成的骨架材料。通常采用的橡胶材料有聚氨酯橡胶及氯丁橡胶两种，具有优良的耐屈挠性能，伸长率小，强度高，同时还具有耐油、耐热、耐老化等特点。

3. 基本概念

1）同步带

同步带是一种带齿的柔性环形皮带，与之相配的同步带轮上加工有匹配的齿槽，依靠齿的啮合来传递动力，因为无相对滑动，保证了两轮之间的同步，因此称同步带。同步带与同步带轮组成的传动系统称同步带传动系统。

2）同步带轮

同步带轮是一种带齿的传动轮，它与同步带配合使用，根据作用的区别，又分为主动轮、从动轮、张紧轮（有些场合需要采用张紧轮对同步带进行张紧）。

3）节距

节距是指在同步带轮或同步带中心节线上测得的相邻两齿之间的距离，一般用 p 表示，单位为 mm。图 14-8、图 14-9 所示为两种基本类型的同步带节距示意图。

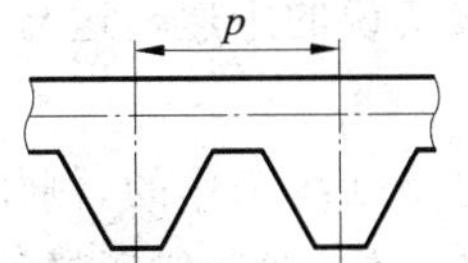

图 14-8　梯形齿型同步带节距

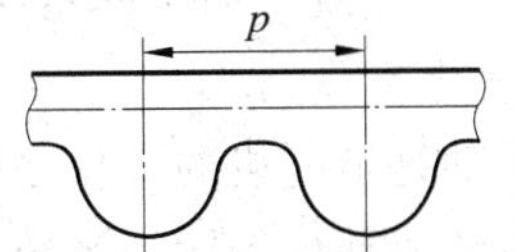

图 14-9　圆弧齿型同步带节距

常用的节距规格为 3 mm、5 mm、8 mm、14 mm、20 mm，一般分别用代号 3M、5M、8M、14M、20M 来表示。

4）节线、节线长度

由于同步带在内侧及外侧的长度不同，而且当同步带发生弯曲时长度也会发生变化，但当同步带在纵截面内弯曲时，皮带中始终有一条保持原长度不变的周线。为了方便度量同步带的长度，工程上将始终保持原长度不变的任意一条周线称为节线，该节线的长度称为节线长度，单位为 mm。节线长度也是同步带的公称长度，设计及订购时都是按节线长度来进行的。

5）同步带轮节圆、节圆直径

图 14-10、图 14-11 所示为两种基本类型的同步带轮节圆与节圆直径示意图。需要注意的是同步带轮的节圆直径比同步带轮的外径大。

6）齿数

齿数指同步带轮或同步带上齿的总数量，分同步带齿数、同步带轮齿数，一般用 Z 表示。

4. 同步带传动原理

同步带是一种带齿的柔性环形皮带，同步带轮上加工有与同步带齿型相匹配的槽，依靠齿与槽的啮合来传递动力。同步带与同步带轮之间无相对滑动，所以保证了两同步带轮之间的同步。

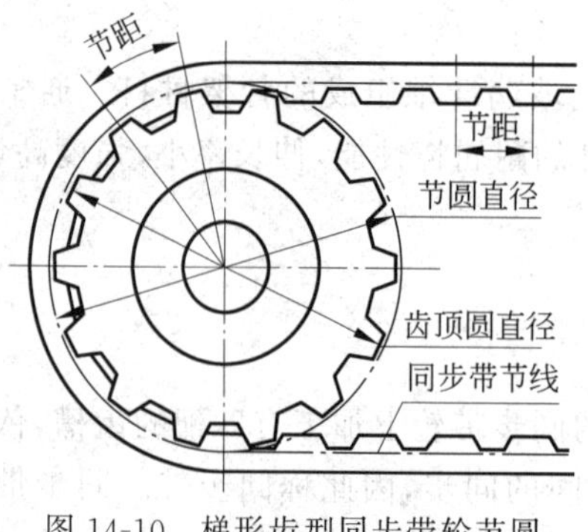

图 14-10 梯形齿型同步带轮节圆

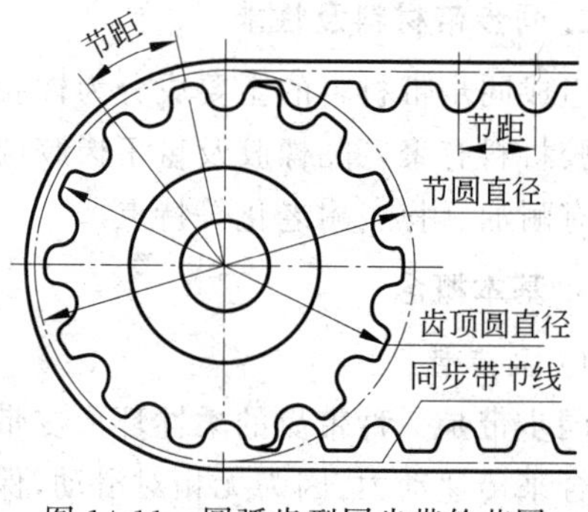

图 14-11 圆弧齿型同步带轮节圆

5. 同步带的使用方式

在工程上,同步带传动主要有以下几种运动方式:

1) 连续传动

连续传动就是指一般的传动场合,电机是连续运转的,同步带、同步带轮也是连续传动运行。例如电机通过同步带传动系统驱动皮带输送系统,输送皮带一般情况下是连续运行的,但皮带的速度既可以是固定的,也可以是变化的,即一般所说的定速输送与变速输送。

2) 断续传动

断续传动是指电机的工作是断续进行的,因而同步带也是断续工作的,例如电机通过同步带传动系统驱动皮带输送系统,输送皮带有时也采用断续工作,即一般所说的间歇输送。

3) 往复传动

往复传动是指电机的工作是断续的,而且方向也是往复变化的。最典型的情况就是第6章中介绍的伺服机械手,由于机械手臂的运动是往复进行的,可以巧妙地利用同步带驱动手臂作两个方向的往复直线运动。

在半导体制造设备中,采用同步带驱动的摆动式取料机械手是非常典型的应用实例。

6. 同步带、同步带轮各参数之间的关系

(1) 同步带节线长度

$$L = pZ \tag{14-1}$$

(2) 同步带轮节圆直径

$$d = \frac{pZ}{\pi} \tag{14-2}$$

式中:L——同步带节线长度,mm;

d——同步带轮节圆直径,mm;

p——同步带节距,mm;

Z——计算同步带时为同步带齿数,计算同步带轮时为同步带轮齿数。

(3) 同步带、同步带轮的节距关系

同步带轮与配套的同步带必须具有相等的节距,否则将无法正常啮合工作。

(4) 传动比

同步带传动的传动比一般用 i 表示:

$$i=\frac{n_1}{n_2}=\frac{Z_2}{Z_1} \tag{14-3}$$

式中：n_1——主动轮转速，r/min；

n_2——从动轮转速，r/min；

Z_1——主动轮齿数；

Z_2——从动轮齿数。

7. 同步带、同步带轮的表示方法

1）同步带的表示方法

同步带一般直接用一组代号表示，向制造商订购时直接使用这种代号。不同的制造商其编号规则虽各有区别，但大同小异。下面以某制造商的编号规则为例说明。如“HTD—720—8M—30”表示的意义为：

HTD——同步带类型(HTD 为圆弧齿型同步带)；

720——同步带长度(720 mm)；

8M——同步带节距(8 mm)；

30——同步带宽度(30 mm)。

2）同步带轮的表示方法

同步带轮也可以用一组代号来表示，同步带制造商一般也同时进行同步带轮的配套加工。由于同步带轮还包括安装尺寸，所以一般还需要向制造商另附同步带轮图纸，进一步明确以下内容：

(1) 安装孔径尺寸及公差、键槽及其他结构尺寸；

(2) 同步带轮材料，一般用 45＃钢、铝合金、铸铁；

(3) 其他技术要求，如形位公差等。

同步带轮一般由轮齿、轮毂和挡边组成，如图 14-12 所示。

下面以某制造商的编号规则为例说明(附图省略)。如“P28—HTD—8M—30—F”表示的意义为：

P28——齿数(28)；

HTD——同步带轮齿型(HTD 为圆弧齿型)；

8M——同步带轮节距(8 mm)；

30——同步带轮宽度(30 mm)；

F——同步带轮两侧带挡边。

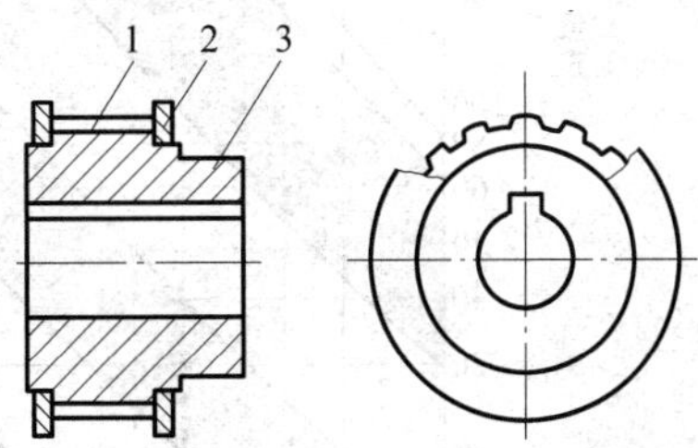

图 14-12　同步带轮结构

1—轮齿；2—挡边；3—轮毂

14.1.3　同步带传动选型设计步骤与选型实例

1. 同步带传动选型设计步骤

同步带传动机构一般按以下步骤进行计算与选型。

1）设计条件

同步带传动设计，通常都是在以下已知条件下进行的：

(1) 同步带需要传递的功率；

(2) 主动轮转速、从动轮转速或传动比；

(3) 同步带轮安装中心距离;

(4) 工作条件等。

需要计算选型确定的项目包括:同步带节距、宽度、节线长度、实际中心距、同步带轮齿数等,并将各参数用符号表示,再向制造商订购同步带、同步带轮。

2) 根据转速、功率选定同步带带型

同步带带型选型就是根据同步带所需要传递的负载功率及主动轮转速选择合适的同步带齿型及节距。

不同节距齿型的同步带其单位宽度所能够传递的功率是不同的,同一规格的同步带在不同的转速下所能够传递的功率也不同。为了方便用户正确地选用同步带,制造商对不同类型、不同节距的同步带在不同转速下能够传递的功率制成图表,用户可以根据图表直接选用合适的同步带类型和节距。

例如图14-13为圆弧齿型同步带带型选型图,图中3M、5M、8M、14M、20M表示常用的节距规格。3M表示同步带的节距为3 mm(其余类似),每一种节距都有其合适的工作范围,阴影部分表示相邻的两种节距的同步带使用范围重叠的部分,涉及的两种节距同步带都可以使用。

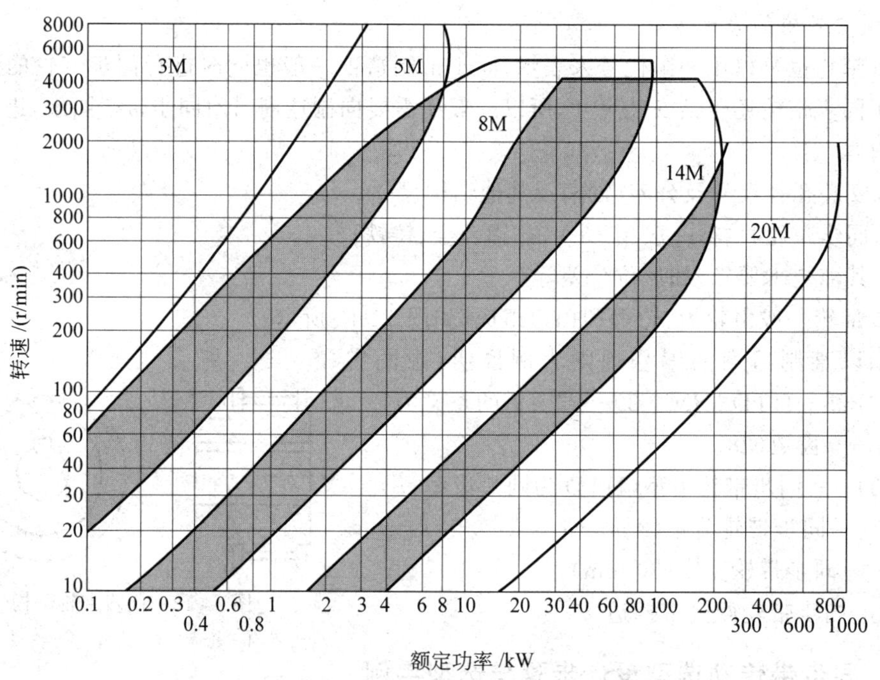

图14-13 圆弧齿型同步带带型选型图

3) 选定同步带轮齿数

选择同步带轮的目的是根据条件选择合适的同步带轮直径。由于节距确定后,同步带轮直径就直接由齿数决定,所以这里实际上也是选择合适的同步带轮齿数,同时计算出同步带轮的直径尺寸。根据后面的计算可知,采用同步带轮的节圆直径最方便。

设计同步带轮时,在传动比一定的情况下,同步带轮的齿数越小,同步带轮的直径也越小,传动机构结构也越紧凑,但同步带工作时同时啮合的齿数也越少,容易造成同步带带齿承载过大而剪断的现象。此外，同步带轮直径越小，同步带工作时的弯曲应力越大，容易造成疲劳破坏，所以带轮的直径不能过小。也就是说，在一定的主动轮转速、一定的节距前提下，同步带主动轮齿数 Z_1 不能低于某一最低齿数 $Z_{\min}$，即

$$Z_1 \geqslant Z_{\min} \tag{14-4}$$

根据不同的带轮转速与节距，制造商将上述最低齿数 $Z_{\min}$ 编成表格（见表 14-1）。使用时直接根据节距及转速就可以查出主动轮需要的最小齿数。

表 14-1　同步带轮最低齿数

同步带轮转速 /(r/min)	不同同步带型号下的最小齿数 $Z_{\min}$				
	3M	5M	8M	14M	20M
≤900	10	14	22	28	34
>900～1400	14	20	28	28	34
>1400～1800	16	24	32	32	38
>1800～3600	20	28	36	—	—
>3600～4800	22	30	—	—	—

同步带轮也是对每种节距按一定的标准齿数、宽度设计成各种系列规格，根据上述主动轮最低齿数，可以根据制造商的样本选择标准的同步带轮。

主动轮齿数 Z_1 确定后，根据式(14-3)就可以计算出从动轮的齿数 Z_2。同样可以直接根据制造商的样本选择与计算值最接近的从动轮标准齿数。例如某制造商节距为 8M 的同步带轮齿数系列为 22、23、24、…、56，齿数大小是连续排列的。

确定同步带轮的齿数后，就可以计算出同步带轮的节圆直径，初步估计传动系统所需要的空间尺寸。

4) 计算同步带理论节线长度

确定了同步带轮的齿数后，根据同步带轮安装中心距离要求，可以计算出满足上述条件的同步带理论节线长度。之所以称为理论节线长度，是因为同步带长度是按一定的间隔范围设计制造的，并不是任意的长度都可以订购。根据后面的计算可知，同步带理论节线长度仅仅作为选型的参考依据。

计算同步带理论节线长度时，通常将同步带传动系统进行简化，同步带用节线表示，同步带轮用节圆表示，如图 14-14 所示。

同步带轮的节圆直径分别可以由式(14-2)计算得出，根据图 14-14 所示的几何关系，同步带的理论节线长度为

$$L = 2a + \frac{(d_1 + d_2)\pi}{2} + \frac{(d_1 - d_2)^2}{4a} \tag{14-5}$$

式中：L——同步带的理论节线长度，mm；

a——同步带轮的初定中心距，mm；

d_1——同步带轮主动轮节圆直径，mm；

d_2——同步带轮从动轮节圆直径，mm。

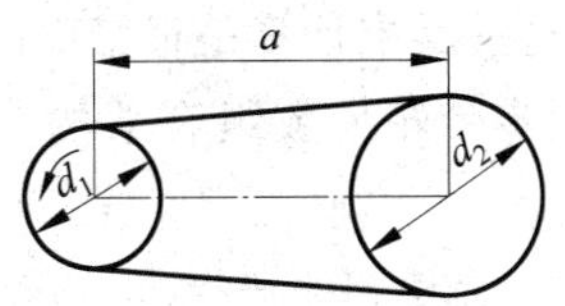

图 14-14　同步带传动系统示意图

实际工程设计中通常并非一定要根据式(14-5)计算同步带的理论节线长度，可以有更简便的方法，只要在

CAD设计界面上直接量取图14-14中各段直线及圆弧的长度相加即可得出。

5）选定同步带标准节线长度

同步带的长度都是按其节线长度来度量的，同步带的公称长度就是其节线长度。为了满足用户在各种情况下的需要，制造商是按一定的长度系列来进行生产的，每相邻长度规格的两种同步带其长度有一定的间距，通常只能从制造商的产品系列中选定与理论长度最接近的标准长度。例如表14-2为某公司节距为8M的圆弧齿型同步带标准长度系列规格。

表14-2　节距8M的圆弧齿型同步带标准长度系列

长度代号	节线长度/mm	齿数	长度代号	节线长度/mm	齿数
416	416	52	1248	1248	156
424	424	53	1280	1280	160
480	480	60	1393	1393	174
560	560	70	1400	1400	175
600	600	75	1424	1424	178
640	640	80	1440	1440	180
720	720	90	1600	1600	200
760	760	95	1760	1760	220
800	800	100	1800	1800	225
840	840	105	2000	2000	250
856	856	107	2240	2240	280
880	880	110	2272	2272	284
920	920	115	2400	2400	300
960	960	120	2600	2600	325
1000	1000	125	2800	2800	350
1040	1040	130	3048	3048	381
1056	1056	132	3200	3200	400
1080	1080	135	3280	3280	410
1120	1120	140	3600	3600	450
1200	1200	150	4400	4400	550

通常根据条件计算出的理论节线长度与标准节线长度都存在一定差距，选用时应根据计算出的理论节线长度，在制造商的同步带标准长度系列中选定与计算值最接近的标准长度。

6）确定实际中心距

由于选定的同步带标准长度不是与初始选定的中心距严格对应的，按选定的同步带标准长度及同步带轮尺寸对应的实际中心距也肯定不同于初始选定的中心距，若按原定中心距装上选择好的同步带必然会出现过紧、过松或装不上的情况，所以选定同步带标准长度后，必须按选定的同步带标准长度，重新根据式(14-5)进行反推，计算出实际所需要的中心距。

这一反推计算是很繁琐的，为了简化计算，方便用户，制造商已经将各种同步带标准长度、同步带轮齿数组合下的实际中心距制成相应的表格，只需要查表就可得知实际的中心距。

7）选定同步带宽度

同步带节距、长度、同步带轮齿数确定后，唯一未确定的参数就是同步带的宽度及同步带轮的宽度。其中同步带轮的宽度是与同步带的宽度相匹配的，同步带的宽度是决定同步带功率传递能力的重要参数，其他条件一定时同步带宽度越大，同步带能够传递的功率也越大。如果同步带宽度不够将造成振动甚至断裂等失效现象。

同步带宽度的选定原则：

选定同步带宽度时必须保证同步带宽度大于以下最小值：

$$b_S \geqslant b_{S0}\left(\frac{P}{K_L K_Z P_0}\right)^{\frac{1}{1.14}} \tag{14-6}$$

式中：以下参数可以从制造商的样本资料或有关同步带设计手册中查得：

b_S——同步带实际宽度，mm；

b_{S0}——某种节距同步带系列的最小宽度，mm；

P——设计负载功率，W；

P_0——最小同步带宽度能传递的额定功率，W；

K_L——同步带长度系数，根据实际同步带长度范围查表取值；

K_Z——啮合齿数系数，根据同步带与同步带轮的实际啮合齿数确定，当啮合齿数 $Z_m \geqslant 6$ 时 $K_Z=1$，当啮合齿数 $Z_m<6$ 时 $K_Z=1-0.2(6-Z_m)$。

同步带宽度也是按系列生产的，例如表 14-3 为某制造商提供的圆弧齿型同步带标准宽度系列。

表 14-3　某制造商提供的圆弧齿型同步带标准宽度系列　mm

同步带节距	同步带标准宽度
3M	6、9、15
5M	9、15、20、25、30、40
8M	20、25、30、40、50、60、70、85
14M	30、40、55、85、100、115、130、150、170
20M	70、85、100、115、130、150、170、230、290、340

最后，将同步带、同步带轮用制造商规定的标准代号表示，并向制造商订购。

2. 同步带传动选型设计实例

下面以第 3 章皮带输送系统的设计为例，说明其中同步带传动机构的详细设计步骤与选型方法。

例 14-1　某沿水平方向输送的皮带输送系统，假设皮带主动轮采用电机通过同步带进行驱动，要求如下：

皮带运行速度 $V=3\sim6$ m/min；

皮带主动轮直径 $D=80$ mm；

设计负载功率 $P=80$ W；

同步带轮初定中心距 $a=250$ mm；

同步带传动比 $i=1$。

试根据上述使用要求，设计同步带传动系统。

解：

(1) 输送皮带速度计算

根据希望的皮带运行速度选取合适的减速器减速比。

电机输出转速 1350 r/min 后，首先通过减速器减速，然后通过同步带连接到皮带主动轮。由于同步带传动比 $i=1$，所以皮带主动轮的转速与电机减速器的输出转速相等。

设皮带轮主动轮转速为 n_1，根据皮带速度 $V=n_1\pi D$，得

$$n_1=\frac{V}{\pi D}=\frac{(3\sim 6)\times 10^3}{\pi\times 80}=12\sim 24\ (\text{r/min})$$

经过试算，发现选择减速器的减速比为 75 时为最佳选择，此时减速器输出转速为 1350/75=18 r/min，皮带主动轮的转速 n_1 也为 18 r/min。

输送皮带速度验算：

$$V=n_1\pi D=18\times\pi\times 80\times 10^{-3}=4.5\ (\text{m/min})$$

经过验算可知，实际皮带速度符合设计要求。

(2) 根据转速、功率选定同步带带型

根据图 14-13，本例中主动轮转速 18 r/min 及负载功率 80 W 都属于节距为 8M 的圆弧齿型同步带工作范围，因此最后选定 8M 的圆弧齿型同步带，即节距为 8 mm。

(3) 选定同步带轮齿数

根据本例的工作条件，同步带轮节距为 8M、同步带主动轮转速为 18 r/min 情况下，根据表 14-1 可知同步带主动轮齿数不能低于最低齿数 22，根据空间情况最后选定齿数 28。

(4) 计算同步带理论节线长度

本例中初定的中心距 $a=250$ mm，根据式(14-2)得到同步带轮的节圆直径为

$$d_1=d_2=\frac{Zp}{\pi}=\frac{28\times 8}{\pi}=71.3\ (\text{mm})$$

根据式(14-5)得到需要的同步带理论节线长度为

$$\begin{aligned}L&=2a+\frac{(d_1+d_2)\pi}{2}+\frac{(d_1-d_2)^2}{4a}\\&=2\times 250+\frac{(71.3+71.3)\times\pi}{2}+0=724\ (\text{mm})\end{aligned}$$

由表 14-2 查阅制造商提供的同步带标准节线长度系列可知，理论节线长度 724 mm 并不是标准长度，但最接近该计算值的标准长度为 720 mm，因此最后选定同步带实际节线长度 720 mm。

(5) 确定实际中心距

按同步带实际节线长度 720 mm，同步带轮齿数 $Z_1=Z_2=28$，直接查阅制造商的相关表格资料可得满足上述条件的同步带轮实际中心距为 248 mm，与原初定的中心距 250 mm 稍有差别。实际中心距也可以根据式(14-5)进行反向计算。

(6) 选定同步带宽度

根据式(14-6)计算同步带宽度，其中所需要的参数分别为

b_{S0}——节距为 8M 的同步带系列的最小宽度为 20 mm；

P——设计负载功率 80 W；

P_0——8M 系列同步带最小宽度为 20 mm 时能传递的额定功率为 60 W；

K_L——同步带长度系数，实际同步带长度 720 mm 时查阅制造商资料数据取值 $K_L=0.9$；

K_Z——啮合齿数系数，在传动比 $i=1$ 时，共有一半的齿参与啮合，所以啮合齿数 $Z_m=28/2=14$，啮合系数 $K_Z=1$。

实际带宽要求满足条件：

$$b_S \geqslant b_{S0}\left(\frac{P}{K_L K_Z P_0}\right)^{\frac{1}{1.14}} = 20 \times \left(\frac{80}{0.9 \times 1 \times 60}\right)^{\frac{1}{1.14}} = 28.2\ (\text{mm})$$

查表 14-3，8M 节距的圆弧齿型同步带标准宽度为 20 mm、25 mm、30 mm、40 mm、50 mm、60 mm、70 mm、85 mm。根据上述计算结果，最后选定同步带的标准宽度为 30 mm。

最后，将同步带、同步带轮用制造商规定的标准代号表示，并向制造商订购。

本例中同步带可以表示为“HTD—720—8M—30”，同步带轮也可以表示为“P28—HTD—8M—30—F”，其中主动轮与从动轮规格相同。为了表示材料及键槽尺寸，订购时要附加同步带轮图纸(略)。

14.1.4　同步带传动机构的安装调整与使用维护

同步带的安装调整要点主要指同步带的预紧方法及预紧结构。

1. 同步带的预紧方法与标准

1) 对同步带进行预紧的原因

同步带传动时必须有适当的预紧力，预紧力过小，容易在频繁启动或有冲击负荷时，导致同步带齿从带轮齿槽中跳出(工程上称为“爬齿”或“跳齿”现象)；预紧力过大，则同步带工作应力过高，容易使同步带寿命降低，同时带来振动、噪声等问题。因此，为保证同步带的有效运行及正常寿命，必须有适当的预紧力。

2) 预紧力的标准

如何保证同步带的预紧力刚好合适呢？

工程上衡量同步带预紧力的标准是：一般在两带轮之间的同步带跨度中点施加一个标准的垂直于皮带的检测力 G，如图 14-15 所示，合适的预紧力应该使每 100 mm 跨度长度产生的挠度 f 为 1.6 mm，即皮带在带轮间切线长度为 t 时，挠度 f 应该等于 $0.016 \times t$(mm)。

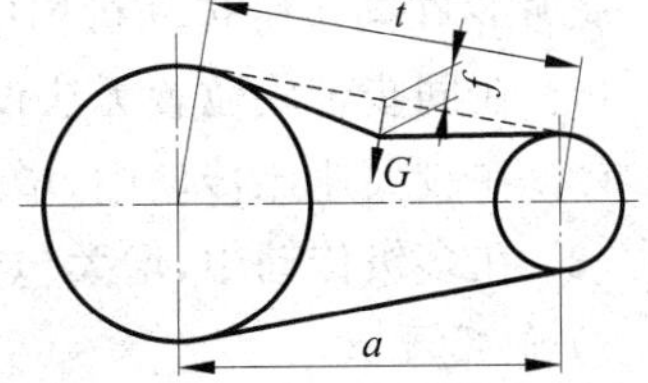

图 14-15　同步带预紧力的测定方法示意图

标准检测力 G 根据带型、带宽、节距、预紧力的区别有不同的规定值，读者可以根据同步带制造商提供的设计数据进行选取。例如表 14-4 为某同步带制造商提供的圆弧齿形同步带预紧力及垂直检测力部分设计数据。

3) 预紧的措施

工程上有以下两种方法可以实现同步带的预紧：

(1) 改变同步带轮之间的中心距

一般情况下，在设计时应尽可能将其中一个同步带轮的安装位置设计成可调整的，通过

表 14-4　圆弧齿形同步带预紧力及垂直检测力部分设计数据

节距	带宽/mm	预紧力 F_0/N	垂直检测力 G/N
3M	6	29.4	2.0
	9	14.1	2.9
	15	73.5	4.9
5M	9	54.9	3.9
	15	96.0	6.9
	20	137.2	9.8
	25	178.4	12.7
	30	219.5	15.7

调节此同步带轮的位置实现同步带的张紧。这是工程上优先采用的方法,因为这样在结构上最简单。

(2) 使用张紧轮

在同步带轮的位置无法设计成可调整的场合,可以增加使用张紧轮,但张紧轮的位置必须设计成可调整的。其位置既可以安装在同步带内侧,如图 14-16 所示,也可以安装在同步带外侧,如图 14-17 所示。

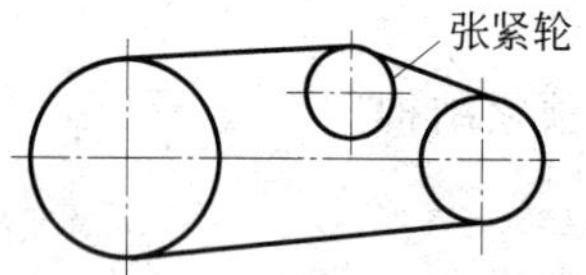

图 14-16　在同步带内侧使用张紧轮

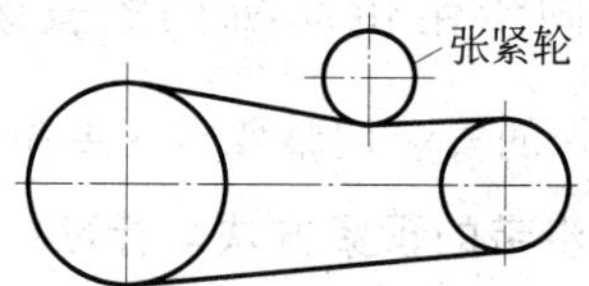

图 14-17　在同步带外侧使用张紧轮

2. 张紧轮的作用及使用要点

1) 张紧轮的作用

张紧轮在同步带传动机构中主要有以下作用:

(1) 在同步带轮位置无法设计成可调整的场合,作为皮带张紧的一种方法;

(2) 在较大速比传动中,增大小直径同步带轮与同步带之间的包角(啮合齿数);

(3) 在多级传动中,增大包角、张紧同步带。

2) 使用要点

(1) 当张紧轮布置在同步带内侧时,显然张紧轮必须是一个具有相同节距的同步带轮,且一般要安装在同步带的松边侧。

(2) 当张紧轮布置在同步带外侧时,由于同步带外侧通常为光面,所以这时张紧轮不需要带齿,只需要一个能够任意转动的平带轮即可,其直径必须大于最少许用齿数的同步带轮直径,且安装在同步带的松边侧。工程上经常采用标准的滚动轴承来代替,非常简便实用。

3. 同步带与同步带轮的使用维护

除一般储存、运输过程中的注意事项外,还要注意以下要点:

(1) 同步带在储存、运输过程中要防止承受过大的重力而变形,不得折压堆放,不得将皮带直接放在地上,不得使皮带长期处于不正常的弯曲状态存放,而应将其悬挂在架上或平放在货架上。

(2) 储存、运输过程中,同步带不得折扭、急剧弯曲,否则可能引起皮带抗拉层折断。

(3) 已经使用的同步带,如果传动装置要停用很长时间,应将同步带拆下保存,以免同步带在同步带轮上产生永久变形。

(4) 安装同步带时应该先缩短中心距,放松张紧轮,不得强行将同步带从同步带轮挡边上硬拉拖磨装入,拆卸时也按类似的方法操作。

(5) 安装使用过程中应避免过载、过紧、过松、同步带轮不平行、同步带轮宽度不够等现象,尤其应调整主动轮与从动轮之间的平行度,否则同步带沿宽度方向的张力不均匀,会影响同步带的使用寿命或导致同步带的失效,这与齿轮传动、链传动的要求类似。

(6) 在启动时如果发生中心距改变、皮带松弛、爬齿等现象,应检查同步带轮的安装机架是否松动,同步带轮轴的定位是否准确,并加以调整紧固。

(7) 注意张紧轮一定要安装在同步带的松边一侧。

(8) 同步带轮(包括张紧轮)在储存、运输过程中不得碰撞而使齿槽、挡边等结构变形,否则将导致无法使用。

(9) 为了保证操作及维护人员的安全,同步带传动装置与链传动、齿轮传动装置一样,一般要加装防护罩,防止同步带运行时咬入异物。在运行中咬入固体异物,不仅会损坏同步带,而且还会严重影响同步带与同步带轮之间的啮合。

(10) 注意不要使油类物质粘附在同步带上,否则可能使同步带橡胶齿形发生膨胀而显著缩短同步带的寿命。

4. 同步带传动机构的失效及预防措施

同步带传动在安装及使用过程中会出现各种问题及故障,工程上将其统称为失效。了解各种常见失效现象产生的原因,对于同步带传动的装配调试及维护调整都是至关重要的,因为装配调试及调整维护的措施实际上都是针对上述原因进行的。

同步带传动常见的失效形式及其防止措施见表 14-5。

表 14-5　同步带传动常见的失效形式及其防止措施

失效形式	可能的原因	防止措施
同步带断裂	过载 预紧力过大 同步带轮直径过小 同步带爬上同步带轮挡圈	检查设计,选择正确的同步带宽度 调整合适的预紧力 选择合适的同步带轮 调整轴平行度,检查挡圈
带边过度磨损	同步带轮不平行 轴承部位刚度不够 挡圈弯曲或表面粗糙	调整同步带轮平行度 增加刚度 修正或更换挡圈
带齿过度磨损	过载 预紧力过大 轮齿表面粗糙 同步带轮严重径向跳动 粉尘或砂粒	检查设计,选择正确的同步带宽度 调整合适的预紧力 检查调整同步带轮表面粗糙度 检查调整同步带轮径向圆跳动 避免杂物进入

续表

失效形式	可能的原因	防止措施
带齿剪断	过载或过大冲击载荷 啮合齿数过少,或同步带齿数是同步带轮齿数的倍数 预紧力不合理 同步带轮直径过小	检查设计 检查设计,使同步带齿数为奇数 调整合适的预紧力 增大同步带轮直径
同步带纵裂	同步带跑出同步带轮 同步带跑偏到挡圈上	检查调整同步带轮平行度 调整同步带轮平行度,检查挡圈
运行噪声过大	过载 预紧力过大 同步带轮不平行 同步带轮直径比带宽小 同步带与同步带轮啮合不良	检查设计 调整预紧力 调整同步带轮平行度 检查同步带轮设计 检查皮带与同步带轮
同步带伸长	轴固定松动,中心距变小 张紧轮松动 过载	改进设计、检查安装 检查张紧轮,安装时注意紧固张紧轮 检查设计,改变同步带宽度

5. 国内主要同步带生产厂家

为了方便读者了解国内同步带的生产情况及订购,现将国内同步带的主要生产厂家汇总如下,有关详细情况读者可以通过制造商的网站进行了解:

- 中外合资宁波东方明珠传动带有限公司;
- 宁波伏龙同步带有限公司;
- 浙江慈溪恒力同步带轮有限公司;
- 浙江慈溪汇鑫同步带有限公司。

14.2 链传动原理与设计应用

在自动机械中,除同步带传动外,另一种大量使用的传动方式就是链传动。虽然链传动在一般的机械设计基础课程中都有简单介绍,但仅有初步了解仍然难以熟练进行链传动系统的设计,因此本节从设计选型应用的角度来介绍如何进行链传动系统的设计。

14.2.1 链传动在自动机械中的应用

1. 链传动的主要特点

(1) 链条是中间挠性件,略具缓冲的作用,可用于中心距较大的场合;

(2) 与平皮带传动相比,链传动是啮合传动,没有弹性滑动和打滑,能保持准确的平均传动比,但瞬时传动比不恒定;

(3) 链传动的制造和安装精度要求较低;

(4) 链传动能在温度较高、有油污及粉尘等恶劣环境条件下工作。

2. 链传动的主要应用场合

链传动广泛应用于工况较为恶劣、传动比精度要求不是很高的场合(如矿业、冶金、起重、运输、石油、化工等)。

在自动机械中,主要应用在以下场合:

- 各种输送线(如皮带输送线、链输送线、滚筒输送线等)的驱动系统;
- 各种输送线上的顶升旋转模块、顶升平移模块;
- 大型移载机构的动力驱动系统等。

在上述场合,链传动与电机一起组成上述设备的动力驱动系统。

14.2.2　链传动结构原理

如图 14-18 所示,链传动系统由安装在两平行轴上的主动链轮 1、从动链轮 3 和绕在链轮上的环形链条 2 组成,以链条作中间挠性件,靠链条与链轮轮齿的啮合来传递动力。

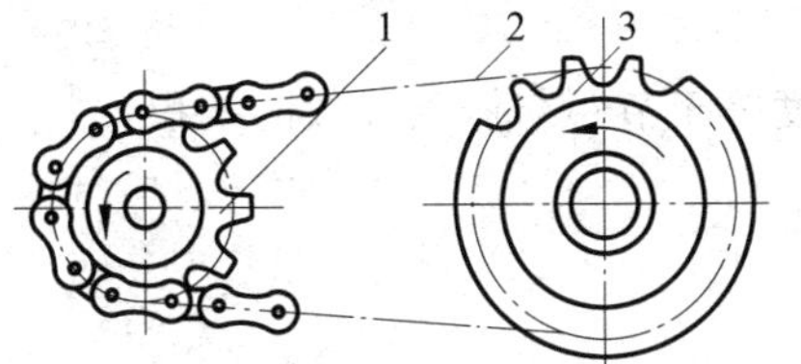

图 14-18　链传动系统组成示意图

通常情况下,链传动的技术参数为

传动比 $i \leqslant 8$;

中心距 $a \leqslant 5 \sim 6$ m;

传递功率 $P \leqslant 100$ kW;

圆周速度 $V \leqslant 15$ m/s;

传动效率 η 约为 0.89～0.95。

链传动系统的主要结构为链条与链轮。作为传递动力的链条,主要有以下两种:

- 套筒滚子链;
- 齿形链。

上述链条都已经形成标准化、系列化生产,可以直接从制造商处订购。为了熟悉链传动的设计选型工作,首先需要了解链条与链轮的结构,下面主要对应用最多的套筒滚子链(工程上简称滚子链)进行介绍。

1. 链条

图 14-19 所示为滚子链的结构示意图。滚子链由内链板 1、外链板 2、套筒 3、销轴 4 和滚子 5 组成,也称为套筒滚子链。

1) 链条的主要结构

内链板紧压在套筒两端,销轴与外链板铆牢,分别称为内、外链节,这样内外链节就构成一个铰链。

滚子与套筒、套筒与销轴之间均为间隙配合。

当链条在链轮上啮入和啮出时,内外链节作相对转动,同时,滚子沿链轮轮齿滚动,减少链条与轮齿的磨损。

内链板、外链板均设计制造成“8”字形,以减轻材料重量并使链板各横截面的强度大致相等。

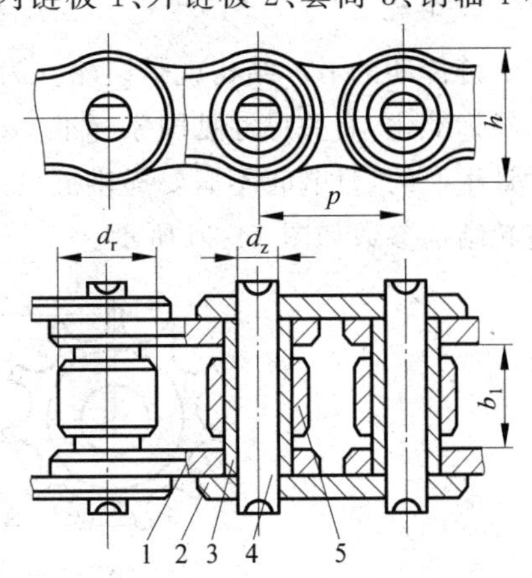

图 14-19　滚子链结构示意图

链条各零件由碳素钢或合金钢制成,并经热处理,使其具有高强度和高耐磨性。

2）节距

链条的重要参数是节距,一般用 p 表示。节距越大,链条各零件的尺寸越大,所能传递的功率也越大。为了减小链传动系统的空间尺寸,通常采用较小节距的多排链条。节距的选择是链条选型的重要参数之一。

工程上为了方便设计使用并统一标准,根据节距的大小将链条设计为标准系列,一般以英寸(in)为单位,制造商按标准进行生产,表 14-6 为滚子链链条的常用标准节距系列尺寸。

表 14-6 滚子链链条的标准节距常用系列尺寸

mm	6.35	9.525	12.7	15.875	19.05	25.4	31.75	38.1
in	1/4	3/8	1/2	5/8	3/4	1	1.25	1.5

3）链条节数与长度

链条的长度计算方法与同步带是类似的,链条长度等于节距与链条节数的乘积:

$$L = Np \tag{14-7}$$

式中: L——链条的长度,mm;

N——链条的节数;

p——链条的节距,mm。

链条的节数实际上代表了链条的长度,一般链条节数都取为偶数,目的是避免使用过渡接头,方便链条两端的连接。

4）链条的表示方法

由于一定节距链条的尺寸是标准的,只是链条长度的区别,通常对链条都采用一组符号表示。不同制造商的表示方法稍有区别,只要仔细阅读制造商的样本资料即可。

例如某制造商代号为“CHE80—200”的滚子链链条表示的意义为: 节距为 25.4 mm、长度为 200 节、材料为普通碳素钢的滚子链链条。

又如某制造商代号为“CHES50—300”的滚子链链条表示的意义为: 节距为 15.875 mm、长度为 300 节、材料为不锈钢的滚子链链条。

2. 链轮

链传动的另一结构就是链轮。为了方便设计使用并统一标准,滚子链链轮的齿形尺寸已经标准化,有关尺寸见国家标准 GB 1244—1985。各制造商都是按上述标准规定的尺寸设计生产的,订购时不需要提供链轮齿形尺寸,只需要提出链轮的规格即可。典型的滚子链链轮结构参数如图 14-20 所示。

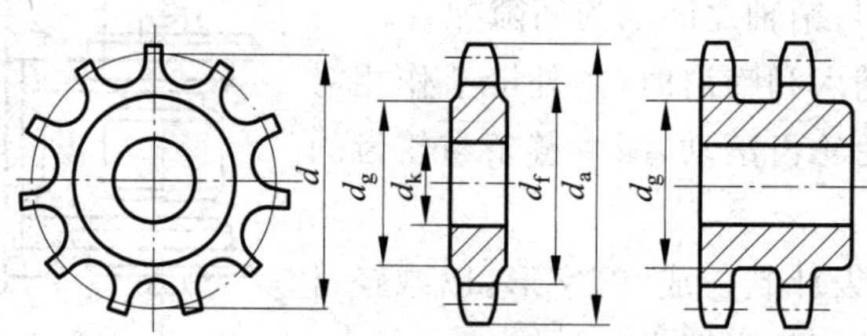

图 14-20 滚子链链轮结构参数示意图

1）链轮结构参数

有关滚子链链轮的几个重要参数如下：

（1）分度圆

链轮上被链条节距等分的圆称为分度圆，分度圆所在圆的直径称为分度圆直径，一般用 d 表示，如图 14-20 所示。

（2）齿数

链轮圆周上的总齿数，通常用 Z 表示。一般将链轮齿数取为奇数，目的是有利于链条、链轮的均匀磨损，提高寿命。

（3）齿根圆

链轮齿根部所在的圆称为齿根圆，该圆的直径称为齿根圆直径，一般用 d_f 表示（图 14-20）。

（4）齿顶圆

链轮外径所在的圆称为齿顶圆，该圆的直径称为齿顶圆直径，一般用 d_a 表示（图 14-20）。

链条的节距 p、链轮齿数 Z 确定后，则链轮分度圆直径为

$$d=\frac{p}{\sin\left(\frac{180°}{Z}\right)} \tag{14-8}$$

式中：d——分度圆直径，mm；

p——链条的节距，mm；

Z——链轮的齿数。

分度圆是进行各种理论计算的基本圆，如计算链条长度、扭矩及功率时都需要用到分度圆直径。

（5）传动比

传动比是进行速度计算的重要参数，传动比的计算方法与同步带传动的传动比是类似的：

$$i=\frac{n_1}{n_2}=\frac{Z_2}{Z_1} \tag{14-9}$$

式中：n_1——小链轮（主动链轮）转速，r/min；

n_2——大链轮转速（从动链轮），r/min；

Z_1——小链轮齿数；

Z_2——大链轮齿数。

在滚子链链传动中，传动比一般≤7，推荐使用 2～3.5，最好为 5 左右。

由于链条是分段的，不像同步带那样具有柔性结构，所以链条的瞬时速度及瞬时传动比都是变化的，这是不同于同步带传动之处。

2）链轮的材料与热处理

链轮在工作过程中需要承受负载和冲击，尤其是链轮轮齿部位承受的冲击最大，因此链轮的轮齿应具有足够的接触强度和耐磨性，故齿面一般都经过热处理。由于小链轮的啮合次数比大链轮更多，所受冲击力也大，故小链轮所用材料应优于大链轮。

常用的链轮材料：碳素钢(如Q235、Q275、45、ZG310—570等)、灰铸铁(如HT200)、不锈钢等，重要的链轮可采用性能更优的合金钢。

3）链轮的表示方法

与链条类似，链轮一般按标准尺寸设计制造成标准件专业化生产，以降低制造成本，通常都直接向制造商订购。由于链轮是按标准尺寸设计制造的，与链条类似，链轮也采用一组符号表示。不同制造商的表示方法稍有区别，只要仔细阅读制造商的样本资料即可。

例如某制造商代号为"SP50B20—N—25"的滚子链链轮表示的意义为：节距为15.875 mm、材料为普通碳素钢、齿数为20、采用带键槽安装孔且安装孔直径为25 mm。

又如某制造商代号为"SSP50B32—N—25"的滚子链链轮表示的意义为：节距为15.875 mm、材料为不锈钢、齿数为32、采用带键槽安装孔且安装孔直径为25 mm。

14.2.3　链传动设计选型步骤与选型实例

1. 链传动设计选型步骤

下面以最常用的滚子链链传动为例，说明链传动系统设计的一般步骤。由于链条的运行速度不同时链条的选用方法也有所区别，因此分别进行介绍。

1）一般情况下的设计选型步骤

一般情况指链条以中、高速运行(大于50 m/min)，这种情况下链条的失效是疲劳或冲击疲劳破坏，通常按链条功率曲线进行选型。设计选型步骤如下：

(1) 设计条件

在链传动系统设计过程中，通常都是在以下已知条件下进行的：链条需要传递的功率、主动链轮转速、从动链轮转速或传动比、初定的链轮安装中心距离、负载类型及工作条件等。

需要计算选型确定的项目包括：链条节距、链条长度、实际中心距、链轮齿数等，并将各参数用符号表示再向制造商订购链条、链轮。

(2) 根据小链轮转速、功率选定链条节距及小链轮齿数

不同节距的链条能够传递的功率是不同的。为了方便用户正确地选用链条及链轮，制造商对不同节距的链条在不同转速下能够传递的功率制成滚子链条功率曲线图，用户可以根据功率曲线图直接选用合适规格的滚子链条及链轮。

图14-21为滚子链条功率曲线图，横坐标表示小链轮转速，纵坐标表示传递的功率(同时有单列、双列、3列)，曲线表示链条的规格(节距)及小链轮的齿数，当使用条件中小链轮转速与修正功率对应的交点位于某一链条规格曲线的下方时，表示可以选用该规格链条，但为了使传递平滑而且具有最低的噪声，需要选择符合条件的最小节距链条。该交点所在的上下两条平行曲线表示小链轮所需要的齿数所在的范围(最大齿数、最低齿数)，这样就可以快速选定链条规格及小链轮所需要的齿数。

当安装空间受到限制、中心距较小需要尽量减小链轮外径尺寸时，最好使用小节距多列链条。

为了考虑链条的列数、负载变化情况的影响，通常分别用多列修正系数、工作情况系数对实际传递功率进行修正，称之为功率修正值。其中链条列数的多列修正系数如表14-7所示，工作情况系数如表14-8所示。

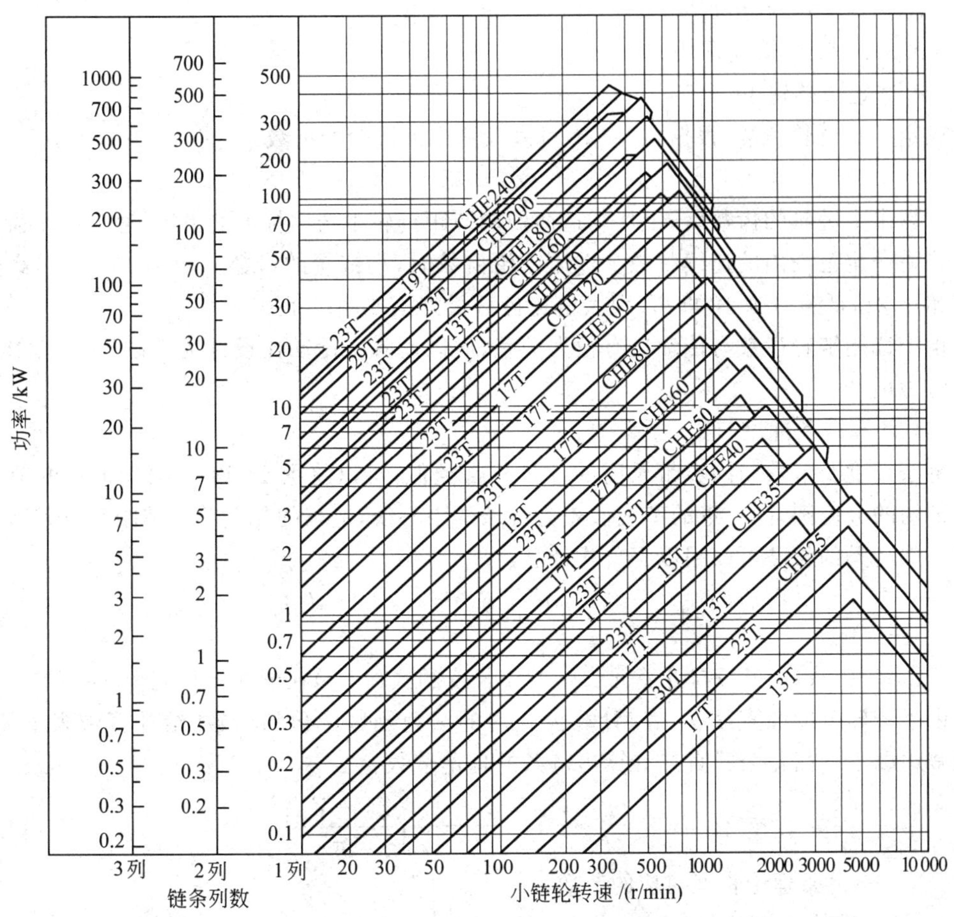

图 14-21　滚子链条功率曲线图

表 14-7　多列修正系数 K_{pt}

链条列数	1	2	3	4	5	6
K_{pt}	1.0	1.7	2.5	3.3	3.9	4.6

表 14-8　工作情况系数 K_A

冲击种类＼原动机	马达 透平机	内燃机		使用实例
		液力传动	机械传动	
平稳传动	1.0	1.0	1.2	皮带输送线、链条输送线等负载稳定的一般机械
中等冲击	1.3	1.2	1.4	负载轻微变动的输送线、干燥机、一般机械
较大冲击	1.5	1.4	1.7	碎石机、矿山机械、搅拌机、振动机械等

功率修正值计算公式为

$$P_0=\frac{PK_A}{K_{pt}} \tag{14-10}$$

式中：P_0——功率修正值，kW；

P——链条传递的功率，kW；

K_{pt}——多列修正系数；

K_A——工作情况系数。

(3) 选定大链轮齿数

确定了小链轮齿数，根据式(14-9)可以计算出大链轮的齿数：

$$Z_2 = iZ_1$$

计算出大链轮的齿数后，再从制造商的同节距链轮中选用标准的齿数，通常链轮齿数标准规格是一定范围内的连续整数。选用链轮齿数时，小链轮的齿数一般为17以上，高速时不宜超过21，低速时为12即可，但大链轮齿数最好不要超过120。

由于选用链轮齿数与传动比有很大关系，所以通常将传动比设计为7以下，传动比为5左右时为最佳。

(4) 计算链条理论节数

链条长度及节数与同步带长度的计算非常类似，可以将图14-14中同步带轮的节圆假想为链轮的分度圆，同步带的节线假想为链条的中心线，链条的长度等于节距与链条节数的乘积。则链条的长度可以用以下公式计算：

$$L = 2a + \frac{(d_1 + d_2)\pi}{2} + \frac{(d_1 - d_2)^2}{4a} \tag{14-11}$$

可以发现，式(14-11)与计算同步带节线长度的式(14-5)在形式上是完全一样的。

由于链轮分度圆直径 d_1、d_2 计算公式内的三角函数中包括齿数，给计算带来不便，因此通常用以下的简化公式直接计算出链条的理论节数：

$$N = \frac{2a}{p} + \frac{Z_1 + Z_2}{2} + \frac{p}{a}\left(\frac{Z_2 - Z_1}{2\pi}\right)^2 \tag{14-12}$$

式中：N——链条理论长度对应的节数；

a——链轮的初定中心距，mm；

Z_1——链轮主动轮齿数；

Z_2——链轮从动轮齿数。

为了简化计算，通常将链轮的中心距设计为链条节距的倍数，较为理想的距离为链条节距的30～50倍，变化负载场合选择在20倍以下。

(5) 确定链条节数

根据式(14-12)计算出的理论节数极可能是一个非整数，因此必须采用四舍五入的方法将计算值调整为整数，而且尽可能调整为偶数。如果因为链轮中心距的限制无法将其确定为一个偶数节数，则必须使用偏置链节。所以最好的方法是尽可能改变链轮中心距得到偶数节数，这与同步带的长度确定方法稍有区别。

(6) 计算实际中心距

由于在确定链条节数时都对理论节数进行了调整，所以最后确定的链条节数与链轮的初始选定中心距是不吻合的，因此需要根据式(14-12)按实际的链条节数或链条实际长度对链轮中心距进行反向计算，计算出链轮中心距的精确尺寸：

$$a = \frac{p}{4}\left[\left(N - \frac{Z_1 + Z_2}{2}\right) + \sqrt{\left(N - \frac{Z_1 + Z_2}{2}\right)^2 - 8\left(\frac{Z_2 - Z_1}{2\pi}\right)^2}\right] \tag{14-13}$$

最后，根据选定的链条链轮参数，按制造商的命名方法确定链条链轮的具体型号规格。

上述选型过程与同步带传递系统的计算选型过程非常类似，读者可以将两部分内容进行对比，找出各自的异同点。

2）低速情况下的设计选型步骤

链条在低速(低于 50 m/min)条件下，几乎不必考虑因链条的磨损造成的延伸率，主要由疲劳强度决定链条的寿命，因此这种情况下需要对链条的静强度进行校核，同时选用比中、高速情况下节距略小的链条及链轮。

这种情况下链条链轮的选型计算方法与前面所介绍的方法稍有区别，具体步骤为：

(1) 根据小链轮转速、功率选定链条节距及小链轮齿数。

链条节距及小链轮齿数的选型方法与一般情况下相同，只是选择时可以适当降低链条节距及小链轮齿数。

(2) 计算链条速度。

链条速度可以通过下式得出

$$V=\frac{pZn}{60}\times 10^{-3} \tag{14-14}$$

式中：V——链条的运行速度，m/s；

p——链条的节距，mm；

n——链轮转速，r/min；

Z——链轮齿数。

(3) 计算链条的实际最大张力。

为了校核链条的静强度，需要根据链条传递的功率及运行速度计算出链条的实际最大张力，考虑到实际工作时冲击的影响及运行速度的区别，需要按不同的负载冲击情况及运行速度进行修正：

$$F=K_A K_V \frac{P}{V}\times 10^{-3} \tag{14-15}$$

式中：F——链条的实际最大张力，N；

P——链条传递的功率，kW；

V——链条的运行速度，m/s；

K_A——工作情况系数，见表 14-8；

K_V——速度系数，见表 14-9。

表 14-9　速度系数表

链条速度/(m/min)	0～15	15～30	30～50	50～70
速度系数	1.0	1.2	1.4	1.6

(4) 链条最大允许张力校核。

在制造商的样本资料中，每种规格的链条都给出了允许最大张力。将按步骤(1)所选定的链条允许最大张力与根据式(14-15)计算出的链条实际最大张力进行比较，确认链条实际最大张力是否小于链条允许最大张力，如果满足条件则所选定的链条能够使用，否则就需要重新选定链条及链轮。

(5) 选定大链轮齿数。

(6) 计算链条理论节数。

(7) 确定链条节数。

(8) 计算实际中心距。

(9) 根据选定的链条链轮参数,按制造商的命名方法确定链条链轮的具体型号规格。

其中步骤(5)~步骤(9)与一般情况下的选型方法完全相同。

2. 链传动设计选型实例

例 14-2 假设一条水平方向输送的倍速链输送线由单列滚子链传动系统进行驱动,小链轮转速 $n_1=1000$ r/min,大链轮转速 $n_2=350$ r/min,链条需要传递的功率为2.5 kW,平稳传动,初定链轮中心距 $a=250$ mm,中心距可以调整。设计该链传动系统,以日本 MISUMI 公司的产品为例,选择合适型号的链条、链轮。

解:

(1) 选定链条节距及小链轮齿数

根据负载类型按表 14-8 确定工作情况系数 $K_A=1$,根据单列链条按表 14-7 确定多列修正系数 $K_{pt}=1$。根据式(14-10)得功率修正值为

$$P_0=\frac{PK_A}{K_{pt}}=\frac{2.5\times 1}{1}=2.5\ (\text{kW})$$

根据小链轮转速、功率修正值查阅图 14-21 所示的滚子链条功率曲线图,确认应选定 CHE40 链条,小链轮齿数应为 13 T 与 17 T 之间,选择 14 T,即小链轮齿数 $Z_1=14$。根据链条样本资料得出链条节距 $p=12.7$ mm。

(2) 计算链条速度

根据式(14-14):

$$V=\frac{pZn}{60}\times 10^{-3}=\frac{12.7\times 14\times 1000}{60}\times 10^{-3}=2.96\ (\text{m/s})$$

根据链条速度,可以按一般情况下的设计选型步骤进行选型。

(3) 确定大链轮齿数 Z_2

根据式(14-9):

$$Z_2=iZ_1=\frac{n_1}{n_2}Z_1=\frac{1000}{350}\times 14=40$$

(4) 计算链条理论节数

根据式(14-12),链条的理论节数为

$$\begin{aligned}N&=\frac{2a}{p}+\frac{Z_1+Z_2}{2}+\frac{p}{a}\left(\frac{Z_2-Z_1}{2\pi}\right)^2\\&=\frac{2\times 250}{12.7}+\frac{14+40}{2}+\frac{12.7}{250}\left(\frac{40-14}{2\pi}\right)^2\\&=67.2\end{aligned}$$

(5) 确定链条节数

将计算出的理论节数调整为一个偶数,所以确定链条节数为 68 节。

(6) 计算实际中心距

根据式(14-13),链条实际节数对应的实际中心距为

$$a=\frac{p}{4}\left[\left(N-\frac{Z_1+Z_2}{2}\right)+\sqrt{\left(N-\frac{Z_1+Z_2}{2}\right)^2-8\left(\frac{Z_2-Z_1}{2\pi}\right)^2}\right]$$

$$=\frac{12.7}{4}\left[\left(68-\frac{14+40}{2}\right)+\sqrt{\left(68-\frac{14+40}{2}\right)^2-8\left(\frac{40-14}{2\pi}\right)^2}\right]$$

$$=254.9\ (\mathrm{mm})$$

(7) 确定链条链轮型号

查阅 MISUMI 公司的样本资料，选择材料为普通碳素钢的链条链轮，根据安装结构，小链轮安装轴孔径为 16，大链轮安装轴孔径为 30。根据选定的链条链轮参数，按制造商的命名方法确定链条链轮的具体型号规格为

链条：CHE40—68；

小链轮：SP40B14—N—16；

大链轮：SP40B40—N—30。

14.2.4 链传动系统的安装调整与使用维护

1. 链传动系统的空间布置

与同步带传动系统不同的是，因为同步带的质量很轻，所以同步带传动系统的安装不受方向的限制，各个方向都可以安装使用，但链传动系统的安装在方向上是有限制的，它的空间布置有一定的要求，其原则如下：

(1) 链条因自重会下垂，因此两链轮的回转平面应布置在同一竖直平面内，不允许布置在水平面或倾斜面内。

(2) 与同步带传动类似，通常要将链条的紧边布置在上方，松边布置在下方，因为当紧边在下方时上方的链条与链轮之间脱离不顺畅并有可能出现链条咬入的情况，因此考虑电机的转向及安装方位时应考虑这种情况。安装形式如图 14-22 所示，其中图 14-22(a)为合理的设计，图 14-22(b)为不合理的设计。

(3) 当两只链轮分别位于上下位置时，必须考虑可能的链条松脱现象。

当如图 14-23(b)所示上下布置时，下方的链轮有时会出现链条松脱或啮合不良现象，建议要么将链轮设计在两只链轮中心线与水平方向的夹角 $\alpha<60°$ 的方向，如图 14-23(a)所示；要么在链条的松边内侧或外侧使用张紧链轮，如图 14-23(c)所示。由于机构或空间关系必须上下设计链轮时，建议将大链轮设计在下方。

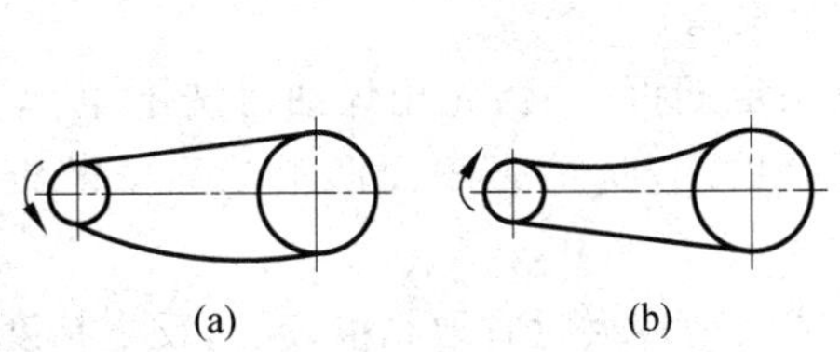

图 14-22　链条的紧边应位于上方

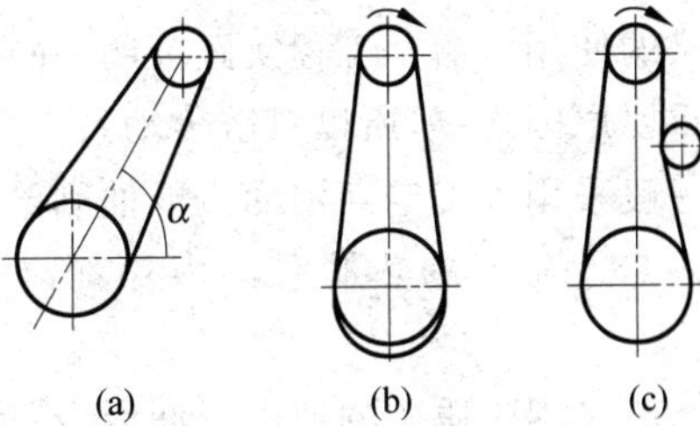

图 14-23　防止链条脱离的设计

2. 链条的张紧

为了避免链条的下垂过大引起啮合不良和振动，需要在链传动系统中设计张紧装置，张紧装置的原理与同步带的张紧是类似的。张紧的原则如下：

(1) 一般尽可能将两链轮设计为中心距可调整形式，即将其中一个链轮设计为安装中心可调整的结构，这是最简单的设计。

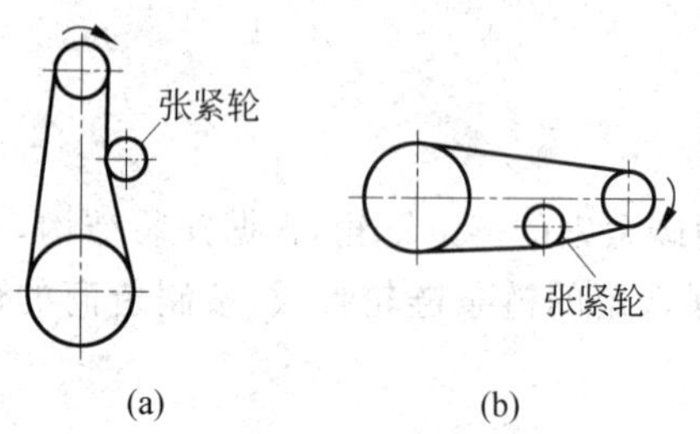

图 14-24 链传动张紧轮位置示意图

(2) 当无法将两链轮设计为中心距可调整形式时，可以采用张紧轮对链条进行张紧。张紧轮要安装在链条的松边一侧，因为如果将张紧轮安装在链条紧边一侧时会额外增加链条的载荷，加剧链条的磨损。张紧轮既可以安装在链条外侧，如图 14-24(a)所示；也可以安装在链条内侧，如图 14-24(b)所示。张紧轮一般采用与小链轮相同或相近的链轮。

3. 链传动的维护

除一般储存、运输过程中的注意事项外，还要注意以下要点：

(1) 链条在储存、运输过程中要防止承受过大的重压而变形，应将其悬挂在架上或平放在货架上。

(2) 安装链条时应该缩短中心距，放松张紧轮，不得强行将链条压入链轮，拆卸时也按类似的方法。

(3) 安装使用过程中应避免过载、过紧、过松、链轮不平行等现象，尤其应调整链轮传动轴之间的平行度以及链轮的位置，确保链条的运动在一个平面内进行，否则链条的运动将会发生不正常的磨损，同时产生异常的振动和噪声，降低链条链轮的使用寿命或导致链条链轮的失效。

(4) 在启动时如果发生中心距改变、链条松弛等现象，应检查链轮的安装机架是否松动，链轮传动轴的定位是否准确，并加以调整紧固。

(5) 注意张紧链轮一定要安装在链条的松边一侧。

(6) 为了保证操作及维护人员的安全，链传动与同步带传动装置、齿轮传动装置一样，要加装防护罩，防止异物被咬入，造成链条链轮损坏或安全事故。

(7) 注意定期对链条进行润滑。

4. 链传动的润滑

良好的润滑可以在链条链轮表面形成油膜，有利于减少磨损并起到减缓冲击的作用，延长链条的使用寿命。工程实践证明，在很多情况下，缺乏合理的润滑往往是降低链条使用寿命的重要原因之一，所以对链传动系统要进行合理的润滑。

一般采用人工定期用油壶或油刷给油，或将链条定期拆下后，先用煤油清洗干净，干燥后放入 78～80℃的热润滑油中片刻，待油吸满后取出冷却，擦去表面润滑油后安装继续使用。

一般采用优质矿物油进行润滑，环境温度较高或载荷较大时宜取粘度高者，反之粘度宜取低。

5. 链传动的失效

链传动在装配调整过程中及以后的使用过程中经常会出现各种问题或故障，通常将其统称为失效，其失效主要有以下几种形式：

1）链传动系统的振动与噪声

当主动链轮、从动链轮的传动轴实际中心线不平行，或者两链轮不在一个平面内工作时，链条的运动平面实际上不是一个平面，链条的受力状态也会发生变化，此时会引起异常的振动与噪声，同时还会加快链条的磨损。这种现象经常出现在链传动系统的装配调试过程中，在使用过程中如果结构松动使链轮位置发生变化也会出现上述现象，此时应检验主动链轮、从动链轮的实际轴线是否平行，以及两链轮是否在一个平面内。

在链传动系统的设计与装配过程中，应严格保证链轮传动轴之间的平行度，并使两链轮在一个平面内，保证链条平稳运行。

2）链板疲劳破坏

链条在松边拉力和紧边拉力的反复作用下，经过一定的循环次数，链板会发生疲劳破坏。正常润滑条件下，链板疲劳强度是限定链传动承载能力的主要因素。

3）滚子、套筒的冲击疲劳破坏

链传动的啮入冲击首先由滚子和套筒承受。在反复多次的冲击下，经过一定循环次数，滚子、套筒可能会发生冲击疲劳破坏。这种失效形式多发生于中、高速闭式链传动中。

4）销轴与套筒的胶合

润滑不当或速度过高时，销轴和套筒的工作表面温度会升高，当得不到良好的润滑冷却时就会因高温而发生胶合，胶合现象限定了链传动的极限转速。

5）链条铰链磨损

铰链磨损后链节会变长，这样容易引起跳齿或脱链。在开放式传动、环境条件恶劣或润滑密封不良时，极易引起铰链磨损，从而降低链条的使用寿命。

6）过载拉断

这种拉断常发生于低速重载的传动中。

6. 链条链轮供应商

链条链轮属于普通的传动部件，制造的厂家较多，读者可以在网上查找制造商的相关信息，在此不作介绍。

思考题与习题

14.1　同步带传动在自动机械中主要有哪些用途？

14.2　齿轮传动、链传动、同步带传动 3 种传动方式各有哪些优点及缺点？

14.3　什么叫同步带的节距？

14.4　如何度量同步带的长度？

14.5　同步带最常用的类型有哪些？

14.6　同步带轮的大小如何度量？其节圆有何特点？如何计算节圆直径？

14.7　在同步带轮的齿数、节距、两轮中心距已知的情况下，同步带的长度如何计算？同步带的长度最终是如何确定的？

14.8　如何计算同步带传动的传动比？

14.9　订购同步带时需明确哪些参数？代号“HTD—1000—5M—40” 表示什么意义？

14.10　订购同步带轮时需明确哪些参数？代号“P25—HTD—5M—40—F”表示什么意义？

14.11　同步带轮传递的功率及扭矩之间有何关系?

14.12　同步带选型一般按什么步骤进行?

14.13　为什么需要对同步带进行张紧?张紧力过小或过大分别会导致什么问题?

14.14　张紧轮一般安装在同步带的什么部位?

14.15　使用张紧轮在同步带内侧与外侧对同步带进行张紧时,张紧轮的结构有何不同?

14.16　如何判断同步带的张紧力是否合适?

14.17　在使用同步带的过程中主要需要注意哪些事项?

14.18　同步带的使用过程中经常出现的失效现象有哪些?如何预防?

14.19　一般在哪些场合选用链传动?

14.20　如何计算链传动的传动比?

14.21　链条长度与同步带长度的计算方法有何区别?

14.22　最常用的套筒滚子链条由哪些部分组成?

14.23　链条的大小如何度量?套筒滚子链条有哪些节距?

14.24　在链轮的齿数、节距、链轮中心距已知的情况下,链条的长度如何计算?链条的长度最终是如何确定的?

14.25　链轮的大小如何度量?如何计算其分度圆直径?

14.26　如何向制造商订购链条与链轮?

14.27　设计链传动时其空间布置有何要求?链条的松边与紧边在空间上一般如何排布?

14.28　链传动在设计与安装过程中对两链轮传动轴的空间位置有何特殊要求?如何减小链传动运行过程中的振动与噪声?

第 15 章　手工装配流水线节拍分析与工序设计

手工装配流水线作为一种技术含量不高的生产模式大量应用于国内各种制造业，目前国内制造业相当多的产品都是在这种生产方式下装配制造出来的，而且在今后相当长时期内，这种生产模式仍将继续在国内制造业中发挥重要的作用。

由于自动化装配（或加工）都是在手工操作的基础上发展起来的，自动化生产线也是在手工装配流水线的基础上发展起来的，两者在设计原理（包括节拍时间）方面有很多相似之处，只有在理解手工装配流水线的基础上才能更好地理解自动化专机及自动化生产线的设计过程。

为了帮助读者更好地理解自动化生产线，本章专门对手工装配流水线的设计过程进行介绍。学习完本章后，读者应掌握手工装配流水线的基本结构、设计过程及科学设计方法，具有对工程上实际的手工装配流水线进行分析、评价与完善的能力，同时为学习自动化生产线的设计打下良好基础。

15.1　手工装配流水线的基本结构

1. 手工装配流水线的特点与应用

1）手工装配流水线的工程应用

在目前国内制造业中，虽然部分企业采用了较先进的自动化生产线，但手工装配流水线仍然是最基本的生产方式，这种制造方式目前仍然大量存在于国内的家电、轻工、电子、玩具等制造行业中，相当多产品的装配都是在上述手工装配流水线上进行的。由于上述生产线主要用于进行产品的装配作业，所以一般将这些生产线称为手工装配流水线。

（1）适合采用手工装配流水线生产的产品

通常在以下情况下可以考虑采用手工装配流水线进行生产：

- 产品的需求量较大；
- 产品相同或相似；
- 产品的装配过程可以分解为小的操作工序；
- 采用自动化装配在技术上难度较大或成本上不经济。

适合采用手工装配流水线进行生产的产品有：音响设备、电视机、照相机、厨房设备、洗衣机、干衣机、电机、家具、灯具、箱包、微波炉、计算机及外围设备、电动工具、泵、电冰箱、空调器、冷柜、炉具、电话机、面包机、摩托车、卡车、汽车、DVD 等。目前国内的上述产品实际上都是采用这种生产模式进行生产的。图 15-1～图 15-3 为典型的手工装配流水线实例。

（2）适合在手工装配流水线上进行的工序

通常有：采用胶水的粘结工序、密封件的安装、电弧焊、火焰钎焊、锡焊、点焊、开口销连接、零件的插入、挤压装配、铆接、搭扣连接、螺钉螺母连接等。

图 15-1 PCB线路板手工装配流水线

图 15-2 空调器手工装配流水线

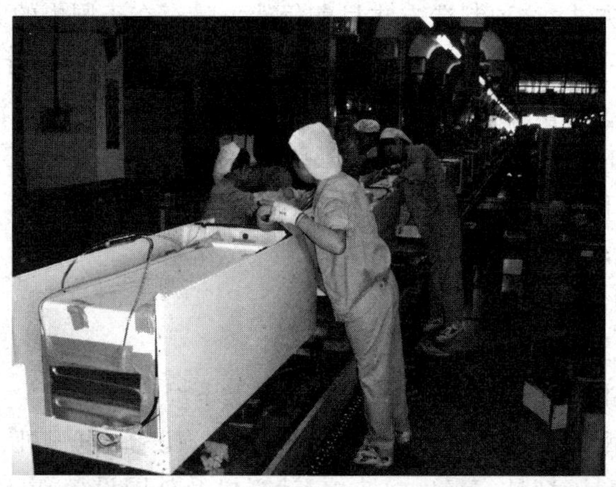

图 15-3 电冰箱手工装配流水线

2）手工装配流水线的优点

国内之所以仍然大量采用手工装配流水线组织生产，主要是因为这种生产方式具有以下特点：

（1）成本低廉。可以充分利用国内大量廉价的劳动力资源，而且由于每一个工人长期专门从事某项或某几项工序操作，工人的操作可以达到相当熟练的水平并具有相当的技巧。

(2) 生产组织灵活。能够适应多品种小批量生产的需要，某些多品种小批量产品的类型、规格需要经常更换，不适合组织自动化生产。

(3) 某些产品的制造过程更适合采用手工装配流水线，因为手工装配流水线比自动化生产线更容易实现。如果要实现自动化生产，设备的难度将很大，制造成本昂贵。

(4) 很多情况下，成本最低的制造方法经常是自动化生产与人工生产相结合进行的。在实际工程中，市场竞争越来越激烈，用户对产品的要求是质量更高、新产品周期更短、产品价格更低，企业追求的目标始终是时间更短、质量更高、成本更低，降低成本成为企业竞争的重要手段之一。由于某些产品的部分或全部工序中，采用手工装配流水线的制造成本仍然是最低的，因此很多情况下，成本最低的制造方法经常是自动化生产与人工生产相结合进行的，即使在目前设备自动化程度较高的企业，也可能是自动化专机、自动化生产线与手工装配流水线并存。

(5) 手工装配流水线是实现自动化制造的基础。自动化生产线都是在手工装配流水线的基础上发展起来的，工业发达国家早期的制造业就是大量采用了这种手工装配流水线，之后，为了降低人工成本，提高产品质量，再在此基础上逐步发展自动化生产线。手工装配流水线是实现自动化制造的重要基础。

当然，这种生产方式的不足之处也是很明显的，由于技术含量较低，它主要用于技术含量较低的劳动密集型企业。这在企业发展的初期是必要的，但要进一步提高产品的技术层次和市场竞争力就受到了限制。

2. 手工装配流水线的基本结构

所谓手工装配流水线就是在自动化输送装置(如皮带输送线、链条输送线等)基础上由一系列工人按一定的次序组成的工作站系统，如图 15-4 所示。每位工人(或多位)作为一个工作站或一个工位，完成产品制造装配过程中的不同工序，当产品经过全部工人的装配操作后即完成全部装配操作，并最终变为成品，如果生产线只完成部分工序的装配检测工作，则生产出来的就是半成品。

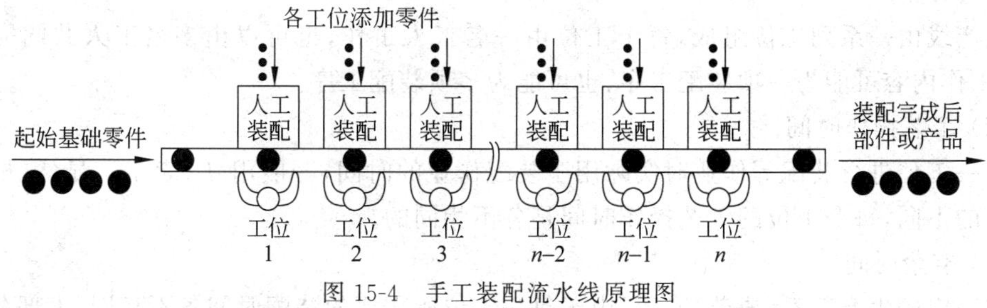

图 15-4　手工装配流水线原理图

1) 手工装配流水线基本要点

对手工装配流水线的组成，需要理解以下要点：

(1) 在手工装配流水线上，产品的输送系统有多种形式，如皮带输送线、倍速链输送线、滚筒输送线、悬挂链输送线等。输送的方式既可以是连续的，也可以是间歇式的。

(2) 工人的操作方式也多样，通常有以下方式：

- 直接在输送线上的产品上进行装配,产品随输送线一起运动,工人也随之移动,操作完成后工人再返回原位置;
- 将产品从输送线上取下,在输送线旁边的工作台上完成装配后再送回到输送线上;
- 工件通过工装板在输送线上输送,工装板到达装配位置后停下来重新定位,由工人进行装配,装配完成后工装板及工件再随输送线运动。

(3) 工人的工作既可以坐着进行,例如一些零件较小的小型产品的装配,也可以站立进行,例如在大型产品(如轿车、电冰箱、空调器等)的悬挂链输送线(或滚筒输送线)上,工人可以在工位的一定区域内活动,边装配边随输送线上的产品同时移动位置直到完成装配为止。

(4) 根据工序所需要的时间长短,每个工位的操作工序既可以是工序时间较长的单个工序,也可以是工序时间较短的多个工序。

(5) 每个工位的排列次序是根据产品的生产工艺流程要求经过特别设计安排的,一般不能调换。

(6) 每个工位既可以是单个工人,也可以是多个工人共同进行操作。

(7) 工人在操作过程中可以是手工装配,但更多地使用了手动或电动、气动工具。

(8) 在手工装配流水线上,可以有少数工序是由机器自动完成的,或者在工人的辅助操作下由机器完成。

(9) 在生产线上如果大部分工序都由机器自动完成,只采用少数工人进行辅助工作,这就变成由手工装配与自动化装配设备共同组成的半自动化生产线。如果全部都由机器自动完成,就变成全自动化生产线。

(10) 根据实际产品的生产工艺,在手工装配流水线上可以进行各种装配操作,如焊接、放入零件或部件、螺钉螺母装配紧固、胶水涂布、贴标签条码、压紧、各种检测、包装等。

2) 手工装配流水线基本概念

为了更好地理解手工装配流水线的工作过程与设计原理,首先需要了解一些重要的基本概念,这些概念与自动化生产线是相近或相似的,因而掌握这些概念对学习自动化生产线的设计也非常重要。

(1) 工位

生产线由一系列工位组成,每个工位由一名工人工作,也可以由多名工人共同完成工作,其工作内容可能为一项装配工序,也可能为多项装配工序。

(2) 工艺操作时间

某一工位进行装配等作业时实际用于装配作业的时间,一般用 T_{si} 表示。显然,根据工序内容的不同,每个工位的工艺操作时间是各不相同的。

(3) 空余时间

在一定的生产节奏(或节拍)下,由于每一工位所需要的装配时间各不相同,大部分工位完成工作后各自尚有一定的剩余时间,该时间通常称为空余时间,一般用 T_{di} 表示。后工位的工作需要等待前一工位完成后才能进行,以使整条生产线以相同的节奏进行。

(4) 再定位时间

在手工装配流水线上,经常需要部分时间进行一些辅助操作,例如:

工件在随行夹具上随流水线一起运动,工人边操作边随流水线一起移动位置,完成工序操作后又马上返回到原位置开始对下一个刚完成上一道工序的工件进行操作;

工件在工装板上随流水线一起运动，工装板输送到位后需要通过一定的机构(例如定位销)对工装板进行再定位，然后工人才开始工序操作。

通常将上述时间称为再定位时间，再定位时间包括工人的再定位时间、工件(工装板)的再定位时间或两者之和(如果同时存在)，尽管每个工位的再定位时间会有所不同，但分析时一般假设各工位上述时间相等而且取各工位上述时间的平均值，通常用 T_r 表示。

(5) 总装配时间

在流水线上装配产品的各道装配工序时间的总和，一般用 T_{WC}表示，单位：min。

(6) 瓶颈工位

因为不可能将产品的全部装配工作平均地分配到每个工位，所以在流水线上的一系列工位中所需要的工艺操作时间是各不相同的，有的工位工艺操作时间短，有的工位工艺操作时间长，但必有一个工艺操作时间最长的工位。一条流水线至少有一个工位为瓶颈工位，它所需要的工作时间最长，而空余时间最短。

需要特别强调的是，正是瓶颈工位决定了整条流水线的节拍速度，或者说，流水线的节拍时间主要受瓶颈工位抑制和确定，这在自动化生产线的设计中同样是非常重要的问题。

(7) 平均生产效率

平均生产效率是指手工装配流水线单位时间内所能完成产品(或半成品)的件数，一般用 R_P 表示，单位：件/h、件/min。

对自动化专机或自动化生产线而言，其平均生产效率也具有同样的意义，即自动化专机或自动化生产线单位时间内所能完成产品(或半成品)的件数。

(8) 节拍时间

手工装配流水线在稳定生产前提下每生产一件产品(或半成品)所需要的时间，一般用 T_C 表示，单位：min/件、s/件。

由于流水线是以相同的节奏进行的，所以节拍时间实际上是指流水线稳定生产时每完成相邻两个产品之间的时间间隔，它也是每个工位的平均占用时间(包括再定位时间、工艺操作时间、空余时间)。

对于自动化专机或自动化生产线而言，其节拍时间也具有同样的意义，即自动化专机或自动化生产线每完成相邻两个产品之间的时间间隔。

图 15-5 所示为手工装配流水线上各工位的时间构成示意图。

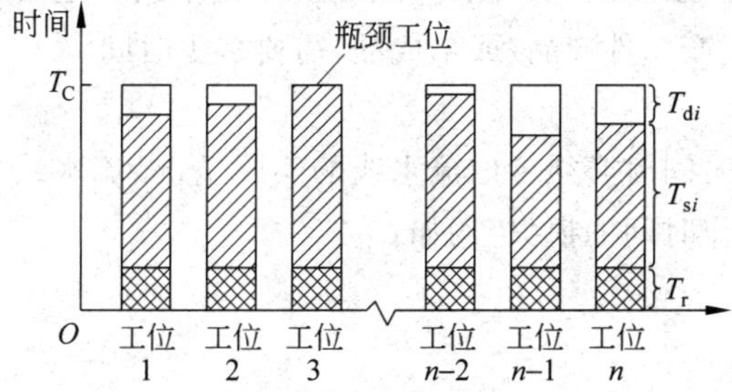

图 15-5　手工装配流水线上各工位的时间构成示意图

根据手工装配流水线的工作原理可知，每一工位在时间上构成以下关系：

$$T_C = T_{si} + T_r + T_{di} \tag{15-1}$$

式中：T_C——节拍时间，min/件、s/件；

T_{si}——各工位工艺操作时间，min/件、s/件，$i=1,2,\cdots,n$；

T_r——再定位时间，假设各工位该时间都相等，min/件、s/件；

T_{di}——各工位空余时间，min/件、s/件，$i=1,2,\cdots,n$；

n——工位数量。

分析：对每一工位而言，节拍时间在时间上等于该工位的再定位时间、工艺操作时间、空余时间三者之和。虽然各工位上的再定位时间、工艺操作时间、空余时间可能各有差别，但流水线上每一工位的节拍时间是相同的，或者说各工位都是以相同的节拍时间来进行生产作业的，各工位的区别仅在于各自的操作内容、工艺操作时间、再定位时间、空余时间互不相同而已。

15.2　手工装配流水线节拍分析

1. 平均生产效率

手工装配流水线在设计时就是为了满足某类产品一定的产量需要，而这通常都是用年产量来表示的。管理人员经常要决定每周开多少班、每班开多少小时，因此必须知道流水线的生产能力。这种生产能力通常用平均生产效率来表示，也就是装配流水线单位时间内需要生产完成产品的平均数量，它可以由年产量计划被一年中总有效生产时间相除得出，因此可以表达为

$$R_P=\frac{D_a}{50SH} \tag{15-2}$$

式中：R_P——平均生产效率，件/h；

D_a——年产量计划，件/年；

S——每周工作天数；

H——每天工作时间，h；

式中 $50SH$ 代表每年50周的总工作小时数。

2. 实际节拍时间

平均生产效率表示流水线的生产能力，但在设计流水线时通常都要确定流水线的节拍时间，也就是流水线每生产一件产品(或半成品)需要多少时间。

1) 流水线使用效率

确定流水线的节拍时间时必须考虑流水线的实际情况，流水线在实际运行时经常会因为种种原因导致实际工作时间的损失，例如：

- 设备故障停机；
- 意外停电；
- 零件缺料；
- 产品质量问题；
- 工人健康问题等。

因此流水线每班的工作时间利用率就达不到100%，也就是说流水线的实际开工运行

时间要少于理论上可以运行的时间，这种时间损失通常用流水线的使用效率 η 来表示。显然流水线的使用效率 η 总是小于 100%，实际工程中手工装配流水线的使用效率一般可以达到 90%～98%。

2）实际节拍时间

节拍时间与生产效率都是描述设备或生产线的生产能力，只是单位不同而已。既然平均生产效率是指单位时间内平均生产产品的数量，那么反过来，每生产一件产品所需要的平均时间也就可以很容易计算出来了，它们两者互为倒数关系。考虑流水线的实际使用效率后，实际的节拍时间可以表示为

$$T_C = \frac{60\eta}{R_P} \tag{15-3}$$

式中：η——流水线使用效率；

T_C——实际节拍时间，min/件。

节拍时间是由工序操作的复杂程度决定的，在稳定生产条件下通常是大致不变的，而生产效率则由于输送线故障检修、停电、缺料等原因影响而产生较大的变化。在最理想的情况下，也就是当流水线的使用效率为 100%时，流水线的理想生产效率为

$$R_C = \frac{60}{T_C} \tag{15-4}$$

式中：R_C——流水线的理想生产效率，件/h。

显然，式(15-4)得出的理想生产效率要比所需要的平均生产效率 R_P 高，因为流水线的使用效率 η 低于 100%，因此流水线的使用效率 η 也可以表示为

$$\eta = \frac{R_P}{R_C} \times 100\% \tag{15-5}$$

由于瓶颈工位决定了整条流水线的节拍时间，而该工位上工人的操作速度是有变化的，因此整条流水线的实际节拍时间不是固定的，而是动态变化的，通常所指的整条流水线的节拍时间实际上是平均节拍时间。

15.3　手工装配流水线工序设计与工人数量计算

1. 手工装配流水线的主要设计内容

在设计手工装配流水线时，主要需要确定以下内容：

- 流水线以什么工序流程进行？
- 需要多少工位？
- 需要多少工人？在同样的节拍时间下如何使流水线所需要的工人数量最少？
- 流水线的生产效率能够达到多少？能否满足该产品年生产计划提出的要求？
- 流水线的实际节拍时间为多少？平均多长时间间隔生产出一件产品？

对上述问题进行分析可知，流水线的设计内容主要为工序流程设计、工人数量设计、各工位工时定额设计、生产线节拍设计计算。

在手工装配流水线生产方式下，人工成本在产品制造成本中占有的比重较大，工人数量不必要地增加也就增加了制造成本。在满足生产能力和产品质量的前提下，如何以最低的

制造成本组织生产,始终是流水线设计的关键内容。

实际上,只有进行工序设计、确定工位数量、工人数量后,流水线才能以一定的节拍组织生产,而只有合理地进行工序设计,才能在满足年生产计划要求的前提下以最少数量的工人(最低的制造成本)来组织生产,这也是流水线的设计目标,所以,如何确定流水线所需要工人的数量并使之最小是流水线设计的重要内容。

2. 影响流水线所需要工人数量的因素

设计手工装配流水线上所需要工人数量的原则:在满足生产能力的前提下,以工人数量最少为最优目标。

通过对一般的生产作业过程进行分析可知,流水线所需要的工人数量主要与以下因素有关:

- 完成产品装配所需要的工序数量;
- 产品制造工序的难易程度;
- 产品的设计质量与装配工艺性能;
- 产品的年生产计划;
- 是否采用快速有效的装配作业方法、工具;
- 工人的技能水平与熟练程度。

在上述因素中,部分因素是通过技术人员的努力可以改善、提高的,从而减少所需要的工人数量,如改善产品设计、提高产品的装配工艺性能、改善作业方法、提高工人的熟练程度等,这也始终是产品设计及工序设计努力的方向。

3. 流水线理论上所需要的最少工人数量

流水线上所需要的最少工人数量通常用 W 表示,下面先在以下最简单的假设条件下计算所需要的工人数量:

假设把产品的总装配时间 T_{WC}(单位:min)平均分配到各个工位上,或者说每个工位的装配作业所需要的时间是均等的;

每个工位上只由一名工人来承担;

每个工位上没有再定位时间和空余时间,全部时间都用于装配操作;

由于每个工位都按同样的节奏进行,所占用的全部时间都是节拍时间 T_C。

由于在流水线上装配的产品各工序装配时间的总和被平均地分配到各工位,每个工位都用与节拍时间相等的时间来装配作业,各工位上又只有一名工人,所以工位数量 W 也就等于工人数量并可由以下公式计算:

$$W = \text{最小整数} \geqslant \frac{T_{WC}}{T_C} \tag{15-6}$$

式中:T_{WC}——总装配时间,min;

T_C——节拍时间,min/件。

式(15-6)表明工位数量 W 为不小于总装配时间 T_{WC} 与节拍时间 T_C 之比的最小整数。

分析:上述计算是在最理想的情况下进行的,所计算出的是最理想情况下的最少工人数量,实际工程上所需要的工人数量一定比上述计算结果多,因为实际的流水线不可能与上述假设的条件相同,例如存在以下情况:

- 由于各工位的工序操作内容各不相同，因此不可能用均等的时间完成各自的工序操作，有的工位工艺操作时间长，有的工位工艺操作时间短。
- 各工位不可能没有空余时间。
- 再定位时间——在每一个工位上，有时需要部分时间对工件或工装板进行再定位，因此，该工位实际所需要的时间变长了。
- 检查前工序质量所需要的时间——后工序对前工序质量进行检查是生产过程中的重要质量保证措施之一，在生产中不可避免地需要部分时间对前工序的质量进行检查，这就是工程上所说的“互检”，需要考虑这一变化因素。
- 零件缺陷或前工序质量问题——当出现有缺陷的零件或前工序质量存在问题时，该工位的工人需要处理缺陷零件或重新进行前工序的装配，因而工作会适当延迟。
- 装配时间的均衡问题——实际上不可能将产品的总装配时间平均地分配到每一个工位上，部分工位的装配所需要的时间将少于实际的节拍时间——这必然会使所需要的工人数量增加。

考虑这些问题后将会使流水线上实际需要的工人数量比上述理论数量多。后面将介绍如何计算流水线上实际需要的工人数量。

4. 流水线的工序设计

产品的装配过程是由一系列的工序组成的，流水线就是按一定的合理次序完成产品的装配过程，因此工序设计是流水线设计的重要内容。工序设计主要包含以下两方面的问题：

(1) 各工序的安排次序必须符合产品本身的装配工艺流程；

(2) 根据需要对工序进行分解，但工序的分解及安排必须考虑流水线的平衡问题，即如何在满足节拍时间的前提下使流水线所需要的工人数量最少。

在以后的学习中，读者将体会到工序设计同样是自动化生产线设计的重要问题，并与手工装配流水线有许多类似之处。

5. 流水线的平衡

在设计手工装配流水线时，在同样的节拍时间下，流水线上实际所需要的工人数量必须是一种最优的方案，即在满足节拍要求的前提下所需要的工人数量必须是最少的，这就取决于如何合理地进行流水线的工序设计，尽可能缩小各工位之间的工艺操作时间差距，尽可能缩短各工位的空余时间，减少人力资源的浪费，使所需要的工人数量最少，实现最低的制造成本，这就是通常所说的生产线的平衡问题。因此，在流水线的设计过程中需要具有一定的理论基础和技巧。

在实际的手工装配流水线设计过程中，通常采用以下措施进行流水线的平衡：

(1) 将复杂工序尽可能分解为多个简单工序，直接缩短流水线的节拍时间。

(2) 对于实在无法分解为多个简单工序的复杂工序，可以在该工位上设置 2 名或多名工人同时从事该工序的操作，从而满足更短节拍时间的要求。

例如某流水线的节拍时间为 0.6 min/件，而某复杂工序的工序操作时间为 1.1 min/件，在该工位上设置 2 名工人都独立进行该工序的操作，该工位就相当于平均 0.55 min 完成 1 件产品的工序操作，这样就可以满足流水线 0.6 min/件的节拍时间要求。

(3) 将普通的直线形流水线设计为相互错开、相对独立的多个工段，这样每个工段可以根据某些工序的特点实现更高的生产效率，从而提高整条流水线的生产效率。

(4) 在某些含有机器自动操作或半自动化操作的流水线上(这实际上属于混合型的自动化生产线)，将人工操作与机器的自动或半自动操作结合起来，可以充分利用工人的闲暇时间，提高流水线的生产效率。

通过上述措施，可以实现流水线的平衡，使流水线所需要的工人数量最少，提高整条流水线的生产效率，从而达到将制造成本降为最低的目标。

6. 流水线实际所需要工人数量的设计

流水线实际所需要工人数量要比理论最少工人数量大，科学的工人数量设计方法是与工序分配同时进行的，国外广泛使用一种被称为“网络图法”的设计方法，一般按以下步骤进行设计：

(1) 将总装配工作量分解为合理的、最小的、不能再细分的一系列单个工序，每个工序都需要对应的、一定的工艺操作时间。

(2) 根据产品的年生产计划计算出流水装配线的节拍时间。

(3) 将上述一系列工序以单个(或多个)工序分配给每一个工位，分配的原则是：

① 尽可能使每个工位的工人分配到工艺操作时间相近的工作量，缩小各工位之间工艺操作时间的差距；

② 每个工位的总工艺操作时间都不能超过瓶颈工位(工艺操作时间最长的工位)的工艺操作时间；

③ 瓶颈工位的工艺操作时间不得高于节拍时间；

④ 各工位上的工序内容同时还必须严格符合产品的装配工艺先后次序。

(4) 采用“网络图法”对全部工序向各工位进行分配。

① 将全部装配工作分解为合理的、最小的、不能再细分的单个工序。

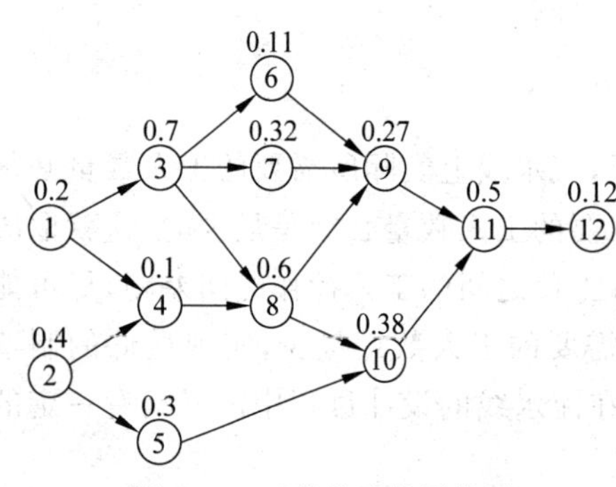

图 15-6 工序分配的网络图

② 将各工序按工艺流程的先后次序以接点的形式画成网络图，节点序号即表示工序号，并将该工序对应的工艺操作时间写在序号旁，箭头方向表示两相邻工序的先后次序，如图 15-6 所示。

③ 从网络图最初的节点(工序)开始，将相邻的、符合工艺次序、且总工艺操作时间不超过允许的工艺操作时间(节拍时间)的一个(或多个)工序分配给第 1 个工位，如果可能超过允许的工艺操作时间，则将该工序分配到下一个工位。

④ 从剩余的最前面的节点开始，继续按上述要求依次分配给第 2、3、……个工位，直到将全部的工序分配完为止，全部的工位数就是所需要的工人数量。

下面以一个实例来说明上述过程。

例 15-1 某小型电器产品(电动搅拌器具)的生产装配由一人工装配流水线来完成，每个操作工序所需要的时间及工序的次序见表 15-1，产品生产计划为 10 万件/a，每年工作 50 周，每周工作 5 d，每天工作 7.5 h，根据以往的经验，流水线的效率可以达到 96%，每道工序的再定位时间约为 0.08 min(约 5 s)。

表 15-1　工序内容与装配时间

工序号	工　序　内　容	工序装配时间/min	工序次序(在工序××后)
1	将零件框中的支架放入定位夹具中	0.2	—
2	在电源线上装上插头、插头包上塑料保护套	0.4	—
3	将底座安装到支架上	0.7	1
4	将电源线连接到电机上	0.1	1,2
5	将电源线连接到开关上	0.3	2
6	将机构装配到底座上	0.11	3
7	将叶状刀片部件装到底座上	0.32	3
8	将电机装到底座上	0.6	3,4
9	将叶状刀片部件连接到电机上	0.27	6,7,8
10	将开关装配到电机底座上	0.38	5,8
11	装入盖子、检查、测试	0.5	9,10
12	将产品放入包装盒	0.12	11

试计算：

(1) 总装配时间 T_{WC}；

(2) 为达到年生产量所需要的生产效率 R_P；

(3) 实际节拍时间 T_C；

(4) 理论上需要的最少工人数量 W；

(5) 瓶颈工序的工艺操作时间 T_S。

解：

(1) 总装配时间

总装配时间等于各工序装配工艺操作时间之和：

$$\begin{aligned} T_{WC} &= 0.2 + 0.4 + 0.7 + 0.1 + 0.3 + 0.11 + 0.32 \\ &\quad + 0.6 + 0.27 + 0.38 + 0.5 + 0.12 \\ &= 4.0\ (\text{min}) \end{aligned}$$

(2) 根据式(15-2)，为达到 10 万件/a 的年生产量，所需要的生产效率 R_P 至少为

$$R_P = \frac{D_a}{50SH} = \frac{100\,000}{50 \times 5 \times 7.5} = 53.33\ (件/\text{h})$$

(3) 实际节拍时间

根据式(15-3)，实际节拍时间为

$$T_C = \frac{60\eta}{R_P} = \frac{60 \times 0.96}{53.33} = 1.08\ (\text{min}/件)$$

(4) 理论上所需要的最少工人数量

根据式(15-6)，理论上所需要的最少工人数量为

$$W = 最小整数 \geqslant \frac{T_{WC}}{T_C} = \frac{4.0}{1.08} = 3.7$$

$$W = 4(人)$$

通过后面的分析会发现，实际的流水线是 4 人无法完成的，即可能无法按规定的要求由

4人分担全部工序。

(5) 瓶颈工位的工艺操作时间

瓶颈工位的工艺操作时间等于节拍时间与再定位时间之差:

$$T_S = 1.08 - 0.08 = 1.00\ (\text{min})$$

例 15-2 试对例15-1按实际流水线的设计方法进行工序分配,并进行工序平衡,使流水线实际需要的工人数量最少。

解:(1) 将每个工序按工艺操作时间的长短次序排序,如表15-2所示。

表 15-2 各工序按工艺操作时间长短排序

工序号	工序装配时间/min	工序次序(在工序××后)	工序号	工序装配时间/min	工序次序(在工序××后)
3	0.7	1	5	0.3	2
8	0.6	3,4	9	0.27	6,7,8
11	0.5	9,10	1	0.2	—
2	0.4	—	12	0.12	11
10	0.38	5,8	6	0.11	3
7	0.32	3	4	0.1	1,2

(2) 按工艺次序画出网络图,如图15-7所示,"○"内的序号表示工序号,序号旁数字表示工序所需要的装配时间。

(3) 对上述各工序按前面所述的分配原则进行分配,要求每个工位分配到的总装配时间小于已计算出的节拍时间1.08 min,而且符合工序的先后次序要求,同时对生产线进行平衡,使生产线实际需要的工人数量最少。

分配结果为5个工位,采用5名工人,分配的工序内容如图15-8所示。

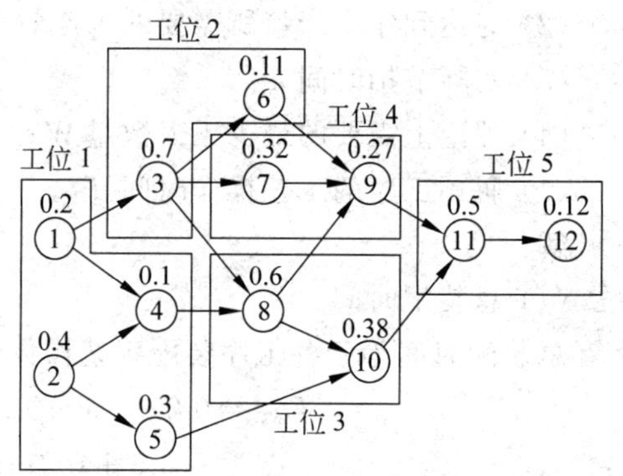

图 15-7 工序分配过程示意图

每个工位分配的工序及工艺操作时间如表15-3所示。

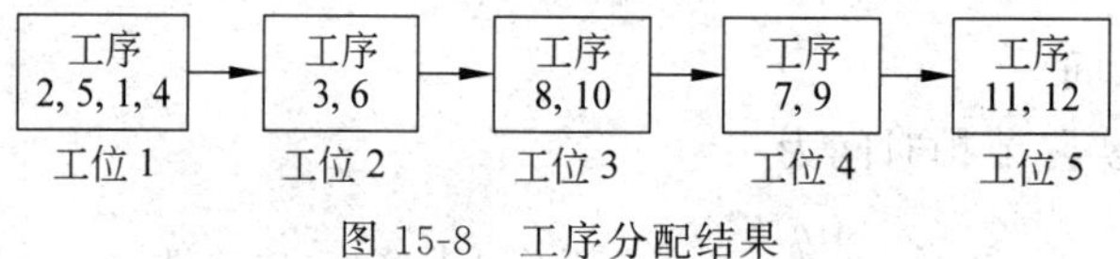

图 15-8 工序分配结果

表 15-3 各工位分配工序及工艺操作时间

工位	分配的工序	工序装配时间/min	工位总工艺操作时间/min
1	工序 2 工序 5 工序 1 工序 4	0.4 0.3 0.2 0.1	1.0

续表

工位	分配的工序	工序装配时间/min	工位总工艺操作时间/min
2	工序 3 工序 6	0.7 0.11	0.81
3	工序 8 工序 10	0.6 0.38	0.98
4	工序 7 工序 9	0.32 0.27	0.59
5	工序 11 工序 12	0.5 0.12	0.62

由表 15-3 可知，工位 1 的总工艺操作时间最长，因此该工位为瓶颈工位。

7. 流水线的评价

手工装配流水线的设计目标是用最少的工人数量，达到最大的劳动生产效率。由于手工装配流水线的设计可能因人而异，直接影响流水线运行的效果和效率，那么如何对手工装配流水线设计的质量进行评价呢？由于影响流水线劳动生产效率的因素主要为以下三个方面，因此通常从以下三个方面评价手工装配流水线的设计效果。

1）流水线平衡效率

由于不可能均等地将总装配时间分配给各工位，因此也就不可能获得理想的平衡效果。为了衡量流水线的平衡效果，通常用一个参数来衡量，这就是流水线的平衡效率，通常用 η_b 来表示：

$$\eta_b=\frac{T_{WC}}{W\times T_S}\times 100\% \tag{15-7}$$

式中：T_{WC}——产品各工序总装配时间，min；

W——实际工人数量；

T_S——各工位中的最大工艺操作时间，min/件。

平衡效率 η_b 越高，表示产品总装配时间 T_{WC} 与 WT_S 越接近，空余时间越短，生产线平衡效果越好，因而平衡效率 η_b 可以表示流水线平衡的优劣。最理想的平衡水平为平衡效率等于 100%，实际工程中比较典型的平衡效率一般在 90%～95%之间。

2）流水线实际使用效率

前面已经介绍因为种种原因使得流水线实际的开工运行时间要少于理论上可以运行的时间，因此流水线的使用效率 η 总是小于 100%，实际大小取决于设备的管理维护水平及生产组织管理工作的质量。

3）再定位效率

如前所述，在每个工位的时间构成中，工人需要将工件从输送线上取下、完成装配后将工件又送回输送线，或者工人需要随工件一起在输送线的不同位置之间来回移动，或者需要对工装板进行再定位，因此存在上述再定位时间损失，这就是前面所述的各工位平均再定位时间 T_r。通常将流水线各工位中的最大工艺操作时间 $\max\{T_{si}\}$ 与整条流水线节拍时间 T_C 的比值定义为再定位效率，通常用 η_r 表示：

$$\eta_r = \frac{\max\{T_{si}\}}{T_C} \times 100\% = \frac{T_C - T_r}{T_C} \times 100\% \tag{15-8}$$

式中 $\max\{T_{si}\}$ 实际上就是瓶颈工位的工艺操作时间 T_S，T_r 为各工序平均再定位时间。

考虑流水线的平衡效率 η_b、再定位效率 η_r、使用效率 η 后，生产线实际需要的工人数量 W 为

$$W = 最小整数 \geqslant \frac{R_P \times T_{WC}}{60\eta\eta_b\eta_r} = \frac{T_{WC}}{T_C\eta_b\eta_r} = \frac{T_{WC}}{T_S\eta_b} \tag{15-9}$$

式中：T_{WC}——总装配时间，min；

T_C——实际节拍时间，min/件；

η_b——生产线的平衡效率；

η_r——生产线的再定位效率；

T_S——瓶颈工位的工艺操作时间，min。

例 15-3 计算例 15-2 中流水线的平衡效率。

解：根据式(15-7)，流水线的平衡效率为

$$\eta_b = \frac{T_{WC}}{WT_S} \times 100\% = \frac{4.0}{5 \times 1.0} \times 100\% = 80\%$$

思考题与习题

15.1 手工装配流水线具有哪些优点？

15.2 为什么在许多设备自动化程度较高的企业中仍然是自动化生产线与手工装配流水线同时并存使用？

15.3 手工装配流水线在结构上由哪些部分组成？

15.4 什么叫工艺操作时间？什么叫再定位时间？

15.5 手工装配流水线上每个工位的时间由哪几部分构成？每个工位上的各部分时间有何区别？

15.6 什么叫瓶颈工位？瓶颈工位对手工装配流水线有何影响？

15.7 什么叫手工装配流水线的生产效率？如何确定手工装配流水线所需要的生产效率？

15.8 什么叫手工装配流水线的节拍时间？设计手工装配流水线时如何确定流水线的实际节拍时间？

15.9 设计手工装配流水线时主要设计哪些内容？

15.10 手工装配流水线上所需要的工人数量主要与哪些因素有关？

15.11 进行手工装配流水线的工序设计时需要注意哪些问题？

15.12 简述如何用网络图法确定手工装配流水线所需要的工人数量。

15.13 如何评价手工装配流水线的设计质量？

第16章　自动机械节拍分析与工序设计

在自动化制造生产中，自动化专机或自动化生产线的生产效率及节拍时间是企业管理人员进行设备规划及组织生产过程的重要依据，在进行具体的自动机械结构设计之前必须明确上述指标。

什么叫自动化专机或自动化生产线的节拍时间及生产效率？

所谓自动化专机或自动化生产线的节拍时间就是专机或生产线每生产一件产品或半成品所需要的时间间隔，而生产效率就是专机或生产线在单位时间内能够生产出来的成品或半成品的数量，这与手工装配流水线的节拍时间及生产效率是类似的。节拍时间在数值上与生产效率互为倒数关系，工程上一般在讲设备的生产能力时使用生产效率，而讲设备的生产速度快慢时则使用节拍时间。

为了正确理解节拍时间并能够在自动机械设计过程中进行节拍分析和设计，必须清楚地理解以下问题：

- 自动机械的节拍时间与哪些因素有关？
- 如何设计自动机械的节拍时间？
- 自动机械的生产效率与哪些因素有关？
- 如何使自动机械的生产效率最高？
- 自动化加工生产线与自动化装配生产线的节拍时间有哪些区别？

自动化专机或自动化生产线的生产效率及节拍时间是在总体方案设计阶段就必须设计确定的，是自动机械设计的重要内容之一。一个设计人员如果不熟悉节拍时间的设计，也就难以进行总体方案设计。为了使读者熟练掌握自动机械的节拍设计原理，为从事工程设计及管理工作打好基础，本章将详细介绍工程上各种典型自动化专机的节拍时间设计过程，在此基础上再介绍自动化生产线的节拍时间设计原理。

由于自动化生产线是在手工装配流水线的基础上发展起来的，两者在节拍时间的设计方面有很多相似之处，第15章已经对手工装配流水线的设计进行了详细介绍，在此基础上就很容易理解自动化生产线节拍时间的设计原理了。本章首先在16.1节～16.3节中对几种典型的自动化专机的节拍时间设计过程进行介绍，然后在16.4节、16.5节分别对自动化加工生产线及自动化装配生产线的节拍时间设计原理进行介绍。由于工序设计与自动化生产线的节拍时间密切相关并直接决定生产线设计的质量，所以在16.6节对自动化生产线的工序设计过程进行简要介绍，在16.7节对自动机械设计中的一般优化设计方法进行介绍。

学习完本章后，读者应具有对常见类型自动化专机的节拍时间进行计算分析和设计的能力，同时能够对自动化生产线的节拍时间进行分析和设计。

16.1　由单个装配工作站组成的自动化专机节拍分析

由于自动化生产线制造成本较高，一次性投入较大，因此在国内制造业中的使用受到限制；相反，由单个装配工作站组成的自动化专机由于是单台的专机，一次性资金投入较自动化生产线大幅降低,因而普及的速度较快。由单个装配工作站组成的自动化专机是自动装配机械的基本形式,由于各种自动化标准部件的大量采用,例如气动元件、直线导轨机构、直线轴承、滚珠丝杠机构、各种执行电机、各种铝型材及连接件等,使得自动化专机的设计制造日益简化,制造成本大幅降低,制造周期越来越短。

1. 专机结构原理

这种主要由直线运动机构组成的自动化装配专机通常的结构如下。

(1) 在水平面上互相垂直的左右、前后方向上分别完成零件的上料、卸料动作(或将工件从零暂存位置移送到装配操作位置),上下方向则通常设计各种装配执行机构,完成产品的各种加工、装配或检测工艺工作(如螺钉螺母连接、铆接、焊接、检测等);

(2) 上料、卸料动作通常采用振盘、料仓送料装置、机械手等装置完成,也可以采用人工辅助完成,这时就成为半自动专机。

这类自动化专机是自动机械最基本的结构形式,各种复杂的自动化装备都是由各种各样的直线运动模块组合而成的,坐标式移载机械手也属于这种结构类型。图16-1为这种类型自动化专机的结构原理图。

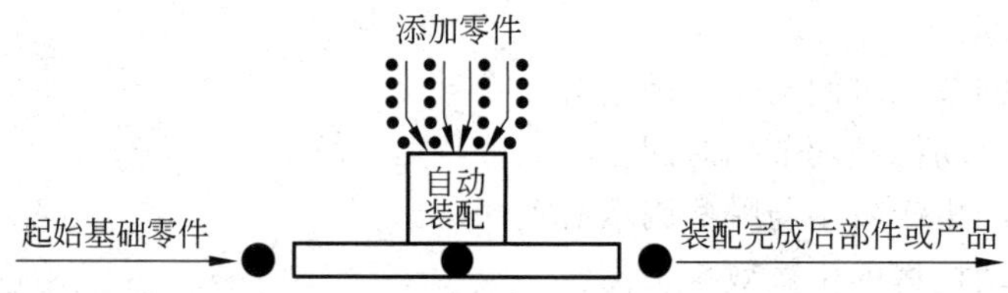

图16-1 由单个装配工作站组成的自动化专机结构原理图

2. 由单个装配工作站组成的自动化专机节拍分析

1) 理论节拍时间

由单个装配工作站组成的自动化专机大量采用了各种直线运动部件,例如气缸、直线导轨机构、直线轴承、滚珠丝杠机构等,这是一类非常具有代表性的自动化专机结构,这种设计方法大量使用在各种行业的自动化装配、加工、检测等制造工序。它们的节拍时间都是由以下部分组成的:

(1) 工艺操作时间——直接完成机器的核心功能(例如各种装配、检测、灌装、标示、包装等工序动作)占用的时间。由于受工艺要求的限制,工艺操作时间往往在机器节拍时间中占有较大的比重。

(2) 辅助作业时间——一个循环周期内完成工件的上料、换向、夹紧、卸料等辅助动作所需要的时间。

因此,在假设各种操作动作没有重叠的前提下,这类自动化专机的理论节拍时间可以根据下式计算:

$$T_C = T_s + T_r \tag{16-1}$$

式中:T_C——专机的理论节拍时间,min/件或s/件;

T_s——专机工艺操作时间的总和,min/件或s/件;

T_r——专机辅助作业时间的总和,min/件或s/件。

辅助作业时间在机器的节拍时间中也是必不可少的。在上料动作中,通常采用料仓送料、振盘送料、机械手上料等各种送料方式。在某些同时采用振盘及机械手上料的场合，振盘通常只将工件输送到暂存位置，然后由机械手或其他机构将工件从暂存位置移送到装配操作位置，这时振盘的补料动作是与机器的其他动作重叠的，因此振盘的补料动作并不占用机器的节拍时间。

在某些半自动专机中采用人工上料或卸料操作，替代某些复杂、昂贵的自动上下料机构，这时人工上料或卸料操作时间也属于辅助作业时间，需要通过实际人工操作来进行测试确定。

2）理论生产效率

专机的生产效率表示专机在单位时间内能够完成加工或装配的产品数量，单位通常用件/h表示，在理论节拍时间的基础上就可以计算出机器的理论生产效率

$$R_C = \frac{60}{T_C} = \frac{60}{T_s + T_r} \tag{16-2}$$

专机的生产效率与节拍时间都是衡量机器生产能力的参数，节拍时间从完成单个产品所需要的时间方面进行描述，而生产效率从单位时间内机器能够完成的产品数量进行描述。

3）实际节拍时间

必须注意到，式(16-1)、式(16-2)是以机器的理想状态为前提进行计算的。实际上，在自动化装配生产中存在一种特殊的现象，这就是经常会因为零件尺寸不一致而造成供料堵塞、机器自动暂停的现象，这一问题一直是自动化装配生产中最头痛的问题，而在自动化加工生产中通常不存在这一问题。因此，实际的节拍时间应该考虑零件送料堵塞停机带来的时间损失，专机实际的生产效率也会因此而降低。

考虑这一问题的方法如下：

通常这种自动化装配专机都由一些零件添加动作及连接（例如螺钉拧紧、铆接等）动作组成，对于零件质量问题导致的送料堵塞可以用该零件的质量缺陷率及一个缺陷零件会造成送料堵塞停机的平均概率来衡量，对于那些不涉及零件添加的连接动作，也可以采用每次会发生停机的概率来表示。因此每次装配循环（即一个节拍循环）有可能带来的平均停机时间及实际节拍时间分别为

$$p_i = q_i m_i \tag{16-3}$$

$$F = \sum_{i=1}^{n} p_i \tag{16-4}$$

$$T_P = T_C + F T_d \tag{16-5}$$

式中：p_i——每个零件在每次装配循环中会产生堵塞停机的平均概率，或不添加零件动作的平均概率，$i=1,2,\cdots,n$；

m_i——零件的质量缺陷率，$i=1,2,\cdots,n$，%；

q_i——每个缺陷零件在装配时会造成送料堵塞停机的平均概率，$i=1,2,\cdots,n$，%；

n——专机上具体的装配动作数量；

F——专机每个节拍循环的平均停机概率，次/循环；

T_d——专机每次送料堵塞停机及清除缺陷零件所需要的平均时间，min/次；

T_C——专机的理论节拍时间，min/件；

T_P——专机的实际平均节拍时间，min/件。

4）实际生产效率

实际的生产效率为

$$R_P = \frac{60}{T_P} \tag{16-6}$$

5）专机的使用效率

考虑上述送料堵塞停机的时间损失后，专机的实际使用效率为

$$\eta = \frac{T_C}{T_P} \times 100\% \tag{16-7}$$

式中：R_P——专机的实际生产效率，件/h；

η——专机的使用效率，%。

下面以一个实际的例子说明这类自动化装配专机的节拍时间及生产效率是如何计算的。

例 16-1 某电器开关的部分装配在一台由单个工作站组成的自动化装配专机上进行，专机一次装配循环共需要装配 3 个不同的零件，然后再加上 1 个连接动作，各个零件的缺陷率及每个缺陷零件在装配时会造成送料堵塞停机的平均概率如表 16-1 所示。

表 16-1 专机工艺参数

动作序号	操作内容	需要时间/s	零件缺陷率	每个缺陷零件造成停机的平均概率	每次节拍循环造成停机的平均概率
1	添加接线端子	4	2%	100%	
2	添加弹簧片	3	1%	70%	
3	添加铆钉	3.5	2%	80%	
4	铆钉铆接	5			1.5%

添加基础零件的时间为 3 s，完成装配后卸料所需要时间为 4 s，每次发生零件堵塞停机及清除缺陷零件所需要的平均时间为 1.6 min。试计算：(1)专机的理论节拍时间；(2)理论生产效率；(3)专机的实际节拍时间；(4)实际生产效率；(5)专机的使用效率。

解：

(1) 专机的理论节拍时间

根据式(16-1)得专机理论节拍时间为

$$T_C = T_s + T_r = (4+3+3.5+5) + (3+4) = 22.5\ (\text{s/件})$$

(2) 理论生产效率

根据式(16-2)得专机理论生产效率为

$$R_C = \frac{60}{T_C} = \frac{60}{22.5} = 2.67(\text{件/min}) = 160(\text{件/h})$$

(3) 专机的实际节拍时间

根据式(16-5)得专机实际节拍时间为

$$\begin{aligned} T_P &= T_C + FT_d \\ &= 22.5 + (0.02\times1.0 + 0.01\times0.7 + 0.02\times0.8 + 0.015)\times1.6\times60 \\ &= 28.1\ (\text{s/件}) \end{aligned}$$

(4) 实际生产效率

根据式(16-6)得专机实际生产效率为

$$R_P = \frac{60}{T_P} = \frac{60}{28.1} = 2.14\ (件/\mathrm{min}) = 128(件/\mathrm{h})$$

(5) 专机的使用效率

根据式(16-7)得专机的使用效率为

$$\eta = \frac{T_C}{T_P} \times 100\% = \frac{22.5}{28.1} \times 100\% = 80.1\%$$

通过本例的计算可知，由于零件的质量缺陷导致送料堵塞停机，使机器的实际节拍时间比理论节拍时间长，机器的使用效率也随之降低，因此保证零件的质量在自动化装配生产中非常重要。工程实践也证明了这一点，因此必须予以高度重视。

3. 节拍分析实例

下面再以一个简单的工程实例分析来说明这种自动化装配专机的节拍时间是如何确定的，以及如何通过节拍时间优化设计来缩短机器的节拍时间，提高机器的生产效率。为了使读者感觉更直观，这里将通常的装配操作用一个钻孔操作来代替。

例 16-2　某自动化钻孔专机如图 16-2 所示，工件采用料仓自动送料，试设计机构中各气缸的动作次序，并计算分析专机的节拍时间。

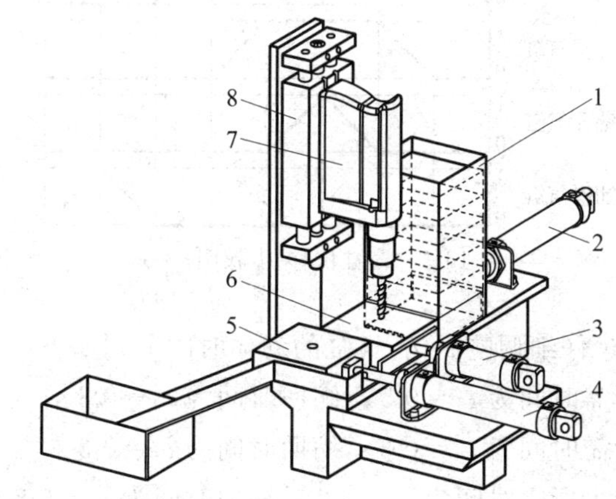

图 16-2　自动化钻孔专机实例

1—料仓；2—送料气缸；3—夹紧气缸；4—卸料气缸；5—已加工工件；6—待加工工件；7—电钻；8—钻孔驱动气缸

解：

(1) 机器工作过程

在图 16-2 中，各部分的动作过程如下：

工件叠放在料仓中，送料气缸自动推出料仓最下方的待加工工件 6，气缸的运动行程由已加工工件 5 来决定，工件 6 在前进方向由工件 5 来定位，在宽度方向则依靠两侧的挡板进行导向和定位。

工件 6 被推送到加工位置后，夹紧气缸伸出，对工件 6 从宽度方向进行夹紧，然后电钻上下驱动气缸驱动旋转的钻孔工具向下运动至要求的高度，将工件 6 在规定的位置钻孔至规定的深度后驱动气缸再返回，完成钻孔过程。

完成钻孔过程后，夹紧气缸缩回，对工件 6 撤销夹紧状态。

夹紧气缸缩回到位后,送料气缸也缩回。卸料气缸伸出将上一循环完成的已加工工件5推出,工件5沿倾斜的滑道滑下落入储料仓,卸料气缸伸出到位后自动缩回,完成一个工作循环。这时送料气缸可以开始下一次循环的送料动作。

(2) 机器动作次序

① 送料气缸伸出,将工件6推送到加工位置;

② 夹紧气缸伸出,从工件宽度方向对工件6进行夹紧;

③ 电钻上下驱动气缸驱动旋转的钻孔工具向下运动至要求的高度;

④ 电钻上下驱动气缸驱动旋转的钻孔工具向上缩回;

⑤ 夹紧气缸缩回,撤销夹紧状态;

⑥ 夹紧气缸缩回到位后,送料气缸缩回;

⑦ 卸料气缸伸出将工件5推出;

⑧ 卸料气缸缩回。

根据上述工作过程,可以将各气缸的动作次序用位移-步骤图表示,如图16-3所示。

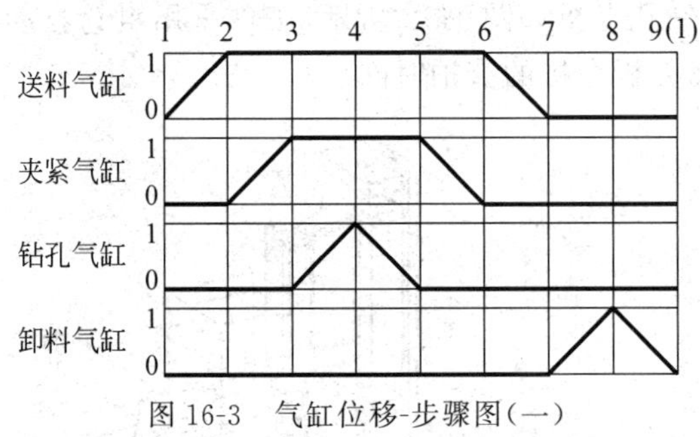

图16-3 气缸位移-步骤图(一)

假设机构的速度经过仔细调整后,各气缸的动作时间分别如下:

① 送料气缸伸出所需时间为 $t_1=0.5$ s,缩回时间为 $t_2=0.3$ s;

② 夹紧气缸伸出所需时间为 $t_3=0.3$ s,缩回时间为 $t_4=0.3$ s;

③ 电钻驱动气缸伸出所需时间为 $t_5=1.2$ s,缩回时间为 $t_6=0.8$ s;

④ 卸料气缸伸出所需时间为 $t_7=0.6$ s,缩回时间为 $t_8=0.4$ s。

(3) 节拍时间计算

目前在实际工程中,各种自动机械的控制系统普遍采用PLC控制系统,机器的节拍时间直接与PLC控制程序有关。为了分析机器的节拍时间组成原理,下面将每一只气缸的动作分别用位移-时间图来表示,如图16-4所示。

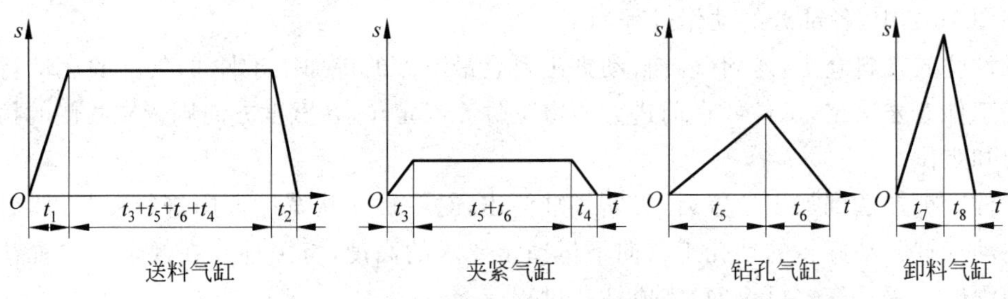

图16-4 各气缸位移-时间图(一)

根据图 16-3、图 16-4，将各气缸的位移-时间图按实际时间关系合成在一起，结果如图 16-5 所示。

由图 16-5 可以看出，全部 4 只气缸的 8 个动作都是分步连续进行的，各动作之间没有重叠的动作。因而不难看出，整台机器完成一个工作循环的时间为各气缸全部动作时间之和，所以该机器的节拍时间为

$$
\begin{aligned}
T_C &= t_1 + t_3 + t_5 + t_6 + t_4 + t_2 + t_7 + t_8 \\
&= 0.5 + 0.3 + 1.2 + 0.8 + 0.3 + 0.3 + 0.6 + 0.4 \\
&= 4.4\ (\text{s/ 件})
\end{aligned}
$$

(4) 节拍时间优化

在上述分析计算过程中，发现整台机器的节拍时间等于各气缸全部动作时间之和。在实际工程中，人们都希望机器具有最高的生产效率，即希望节拍时间越短越好，有没有可能进一步缩短机器的节拍时间呢？

机器的各种动作的时间主要分为两类：一类为工艺操作时间，直接完成机器的装配、加工、检测或包装等工序操作，例如本例中电钻驱动气缸伸出时间 t_5 及缩回时间 t_6。另一类为辅助作业时间，完成工件的上料、换向、夹紧、卸料等动作，例如本例中送料气缸伸出时间 t_1 及缩回时间 t_2、夹紧气缸伸出时间 t_3 及缩回时间 t_4、卸料气缸伸出时间 t_7 及缩回时间 t_8。

通常情况下，降低工艺作业时间的难度是很大的，降低辅助作业时间则容易得多，例如将进行辅助作业的气缸运动速度提高、将气缸非工作行程的运动速度提高、将辅助作业时间在允许的情况下重叠等，这些措施都可以降低辅助作业时间，从而缩短机器的节拍时间。从图 16-4 中也可以看出，送料气缸、电钻驱动气缸、卸料气缸非工作行程（缩回）的运动速度明显比工作行程（伸出）运动速度高。

经过分析，还可以将部分动作重叠，例如送料气缸的缩回动作完全可以与其他动作同时进行而不影响机器的加工工艺，以缩短机器的节拍时间。这样优化后的气缸位移-步骤图如图 16-6 所示。

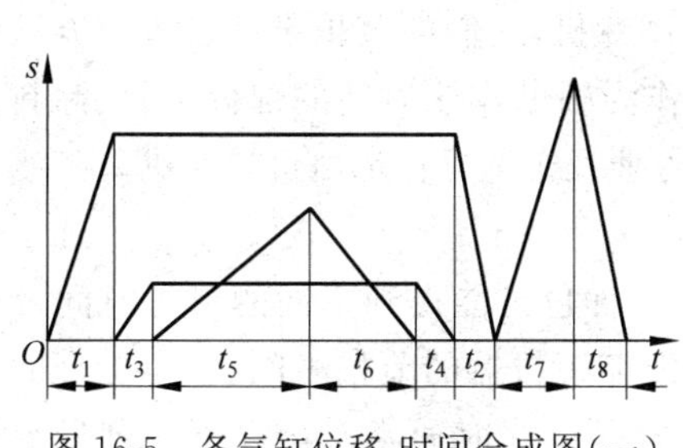

图 16-5　各气缸位移-时间合成图（一）

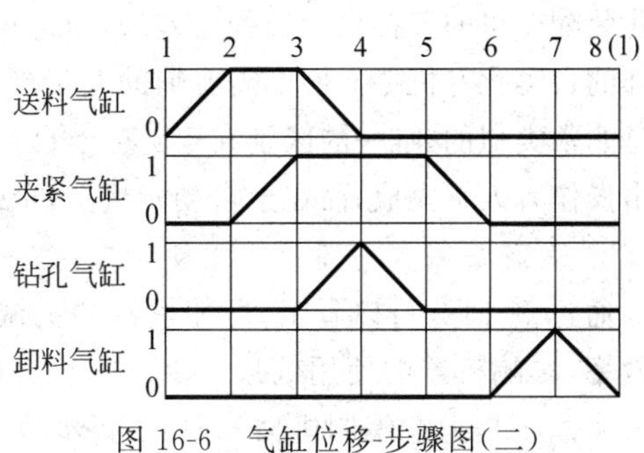

图 16-6　气缸位移-步骤图（二）

为了计算机器的节拍时间，采用类似前面的方法将各气缸的位移-时间图表示为图 16-7。

根据图 16-6、图 16-7，将各气缸的位移-时间图按实际时间关系合成在一起，结果如图 16-8 所示。

由图 16-8 可以看出，送料气缸的缩回动作是与电钻驱动气缸的伸出时间重叠在一起

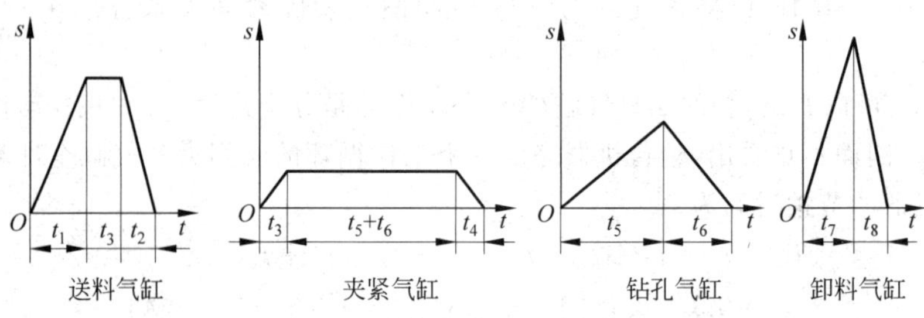

图 16-7 各气缸位移-时间图(二)

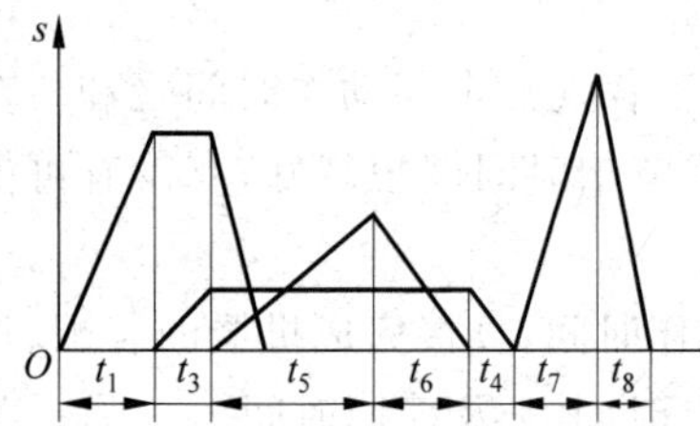

图 16-8 各气缸位移-时间合成图(二)

的。不难看出,整台机器完成一个工作循环的时间或节拍时间为

$$\begin{aligned}T_C &= t_1 + t_3 + t_5 + t_6 + t_4 + t_7 + t_8 \\ &= 0.5 + 0.3 + 1.2 + 0.8 + 0.3 + 0.6 + 0.4 \\ &= 4.1\ (\text{s})\end{aligned}$$

与前面的方法相比,这种方法将机器的节拍时间缩短了 0.3 s。编写 PLC 程序时,还可以通过延时的方法使机器的部分辅助作业时间重叠,进一步缩短机器的节拍时间。

4. 分析总结

1) 全自动化专机的节拍时间

在自动化专机中,机器的节拍时间通常并不单纯为各种工艺操作时间及辅助作业时间的简单累加,如果能使部分动作在时间上进行重叠就可以缩短机器的节拍时间。

另外,考虑因为零件缺陷导致送料堵塞停机的时间损失后,实际的节拍时间会变长,机器的使用效率也随之下降,因此在自动化装配生产中提高零件的质量水平非常重要。

2) 半自动专机的节拍时间

例 16-1、例 16-2 的实例分析主要是为了说明这种由各种直线运动系统组成的单工作站自动化装配专机的节拍设计过程与方法,通过这两个例子可以将上述设计方法引申到其他各种各样的自动化专机上。例如需要辅助人工操作的半自动专机,它们的节拍设计过程与方法其实是非常类似的,唯一的区别在于:在半自动专机上,作为辅助作业时间的部分上料、卸料动作由操作者人工完成,而在全自动专机上,全部的辅助作业及工艺操作都由机器完成。

3) 两种最基本的节拍优化设计方法

通过例 16-2 可以看出,即使机器的机械结构完全一样也可能得到不同的节拍时间及生产效率,影响机器的使用效果。因此在设计时要尽可能缩短机器的节拍时间,获得更高的生产效率。工程上在编制机器气缸位移-步骤图及 PLC 控制程序时通常采用以下两种最基本的节拍优化设计方法。

(1) 时间同步优化

机器的节拍时间并不简单是上述各种动作时间的总和,有些情况下节拍时间等于上述各种动作时间的总和,但很多情况下并非如此。因为为了缩短机器的节拍时间,提高生产效率,部分机构的运动在满足工艺要求的前提下完全是可以重叠的,就如对图 16-10 的分析一样,在可能的情况下使部分机构的动作(通常为辅助操作)尽可能地重叠或同时进行,这就是机构运动时间的同步优化。

(2) 空间重叠优化

除机构运动时间方面的重叠优化外，有些情况下，部分机构的运动在空间上有可能会发生干涉。为了缩短机器的节拍时间，可以使上述机构同时动作，使它们的运动轨迹在空间进行部分重叠。这种重叠是以相关机构不发生空间上的干涉为前提的，这就是机构运动空间的优化，这样设计还是为了使机器的整个节拍时间更短。

时间同步优化、空间重叠优化是两种最基本的节拍优化设计方法，如果不掌握上述优化设计方法就很难设计出最合理的气缸位移-步骤图及 PLC 控制程序。

4) 直接影响机器节拍时间的因素及相关设计原则

机器的节拍时间与机构的运动速度、工作距离直接相关，因此在设计各种机构时需要注意掌握以下设计原则：

(1) 尽可能减少机构不必要的运动行程，这样可以缩短机器的节拍时间。

选定气缸的标准行程及设计气缸的实际运动行程时需要注意这点。例如图 16-3 中夹紧气缸的运动行程可以设计得非常小，减少多余的运动时间，而送料气缸的行程只需要比工件的移动距离稍大即可。机构多余的运动行程不仅浪费时间，加大了机器节拍时间，而且还会加大不希望的冲击与振动。

(2) 在不影响机构工作效果的前提下，尽可能优化机构的运动速度。

如气缸驱动的场合，气缸的工作行程运动速度可能受到振动冲击或工艺要求的限制不能调整到很高，但气缸非工作行程由于没有特殊的工艺要求限制就可以调整到较高的运动速度。

例如图 16-2 中送料气缸伸出及电钻驱动气缸伸出时的运动速度就受到限制，尤其是电钻驱动气缸伸出时的运动速度受到钻孔加工工艺的限制，钻孔时的进给运动必须调整到较小的进给速度，而气缸缩回时则可以将运动速度调整得较快。这可以从图 16-4 所示各气缸的位移-时间图体现出来，送料气缸及卸料气缸的返回速度大幅高于伸出速度。对完全不受工艺限制的部分运动可以通过在气动回路中使用快速排气阀等措施实现最快的运动速度。

又如在注塑机自动取料机械手中，注塑机的节拍时间(或生产效率)是非常敏感的生产指标，因为大型注塑机都属于昂贵设备，机器的一次性投入较大，单位时间生产出的塑料件产品数量越多，则单件塑料件产品所分摊的设备成本就越低。取料方向机构的运动时间都作为机器节拍时间的一部分，为了降低机械手取料的节拍时间，此类机械手在大行程的取料运动方向都采用高速气缸，气缸的最大运动速度可达 3 m/s。大型机械手的横向运动都是通过电机驱动的，为了缩短节拍时间，提高取料速度，电机的驱动是按图 6-44 所示模式进行的(参考第 6 章)，在开始阶段，电机需要加速使机构加速运动，在运行中间段机构高速运动，在停止前电机经过一个减速阶段最后才平稳地停下来，既减小了振动冲击，又缩短了整个循环周期时间。

16.2　间歇回转分度式自动化专机节拍分析与设计

除上一节介绍的由各种直线运动机构组成的自动化专机外，另一类非常典型的自动化专机是间歇回转分度式自动化专机，它的核心部件就是在第 8 章中介绍的驱动转盘作间歇回转运动的凸轮分度器。

这种自动化专机将一般在直线型生产线上完成的多个工序的工艺操作集成在一个尺寸较小的转盘上完成，将多个工作站集成在一起，因此是结构最紧凑、占用空间最小、效率最高的自动化专机形式之一，既可以用作自动化装配专机，也可以用作自动化机械加工专机。它广泛应用于半导体芯片、电子、电器、开关、继电器、仪表、五金、轻工、食品、饮料、机械加工等行业。

16.2.1 间歇回转分度式自动化专机的节拍时间与生产效率

第8章详细讲述了凸轮分度器的基本工作原理及工程应用，同时在介绍分度角的基础上，对凸轮分度器节拍时间的组成进行了初步介绍。该类机器就是最典型的间歇回转分度式自动化专机，由于此类机器的转盘与凸轮分度器的输出轴是连接在一起的，因此转盘的运动情况与凸轮分度器输出轴是完全一样的。

1. 间歇回转分度式自动化专机的结构原理

间歇回转分度式自动化专机在机械结构上主要由以下三大部分组成：

- 圆形转盘及安装在转盘上的定位夹具；
- 安装在转盘上方或侧面的各种装配、加工或检测执行机构；
- 驱动转盘间歇回转的凸轮分度器。

图16-9为典型的间歇回转分度式自动化装配专机实例。

这种专机通常由高精度的间歇分度装置——凸轮分度器来驱动转盘间歇回转，转盘上设计有与凸轮分度器回转一周相同的工位数并设计有定位夹具。

根据各种工序的具体内容，各工位的装配执行机构一般设计在转盘上各定位夹具的上方，因为大多数的装配都是从上而下进行的，少数情况下也可以将执行机构设计在定位夹具的径向外侧。转盘停顿的间歇内各工位同时进行各自的工艺操作，如各种产品的铆接、焊接、螺钉螺母装配、检测等，当然偶尔也有个别工位没有执行机构的情况。转盘每转动一个工位，转盘上的工件随转盘一起依次交换一个位置，转盘回转一周的过程中每个产品也就经过了全部工位并在每个工位上进行了相应的加工或装配操作，转盘回转一周则完成了全部的加工或装配作业使产品成为半成品或成品。

转盘上除各种装配工位外，还有两个工位，分别为上料工位、卸料工位，供初始零件的上料和成品(或半成品)的卸料。在各工位的加工或装配过程中，由于经常需要装配新的零件，所以还有相应的自动上料装置，如料仓送料装置、振盘等，尤其大量采用振盘。

这种类型的自动化专机既可以应用于各种自动化装配、检测，也可以应用于自动化机械加工(如铣削、钻孔及其他类似需要旋转刀具加工的工艺)。图16-10为这种自动化专机的结构原理示意图。

虽然这种类型的自动化设备一般都作为自动化专机使用，但读者只要认真体会就会发现实际上它们的工作过程与自动化生产线是非常相似的，只不过将自动化生产线上通常在直线方向排列的各工作站排列在圆形的转盘上，其工位数量可以少到几个工位、多达几十个工位。更重要的是，这种类型的自动化专机结构非常紧凑，制造成本相对较低，所占用的空间也最少。

图 16-9　典型的间歇回转分度式自动化装配专机实例

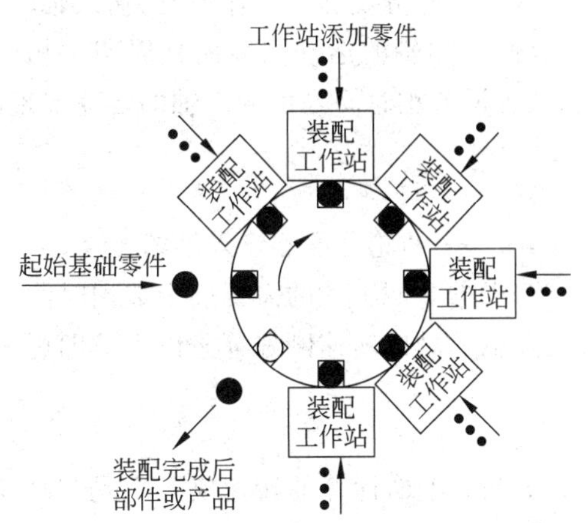

图 16-10　间歇回转分度式自动化装配专机结构原理示意图

2. 间歇回转分度式自动化专机的节拍原理

这种专机各工位上需要完成的工作既可以是单道工序，也可以是两道或多道简单工序，各工位的加工或装配时间因为工序的内容不同而不同，有的工位需要时间短，有的工位需要时间长。但在转盘一次停顿的时间内，各工位都要完成各自的加工或装配工作，或者说各工位中需要时间最长的工位其全部工艺操作时间不得超过转盘一次停顿的时间。

反过来，在设计这种自动化专机时，只要转盘的停顿时间不低于各工位中的最长全部工艺操作时间就可以了。为了提高设备的生产效率，转盘的停顿时间在大于各工位中的最长工艺操作时间的前提下还应尽可能短。由于凸轮分度器的转位时间、停顿时间受内部凸轮机构的限制，停顿时间调整的范围是有限制的，所以一般情况下凸轮分度器的停顿时间都比各工位中的最长工艺操作时间稍长。这就是这类自动化专机节拍时间设计的原则和方法。

3. 节拍时间的确定方法

根据上述工作原理可知，上述回转分度式自动化专机的节拍时间实际上就是设备完成一个转位动作、一个停顿时间的总周期时间：

$$T_C = T_h + T_0 \tag{16-8}$$

式中：T_C——节拍时间，s/件；

T_h——转位时间，s；

T_0——停顿时间，s。

$$T_0 \geqslant \max\{T_{si}\} \tag{16-9}$$

式中：T_{si}——各工位的全部工艺操作时间，s/件，$i=1,2,\cdots,n$；

n——专机的工位数。

式(16-9)表示转盘每次的停顿时间必须大于工艺操作时间最长的工位的全部工艺操作时间。通过后面的分析将会发现，上述计算的节拍时间只是通常期望的理论节拍时间，实际的节拍时间还需要根据凸轮分度器的输入转速稍作调整。

4. 节拍时间的实现

根据前面的分析，节拍时间是转盘一个转位、停顿循环周期的总时间。

根据凸轮分度器的工作原理，输入轴转动一周，输出轴完成一个转位、停顿的循环周期，输入轴、输出轴的运动同步而且周期是相同的，所以节拍时间也等于输入轴转动一周的时间，或者说节拍时间是由输入轴的转速实现的：

$$T_C = \frac{60}{n} \tag{16-10}$$

式中：n——凸轮分度器输入轴的转速，r/min。

当根据装配工艺的需要确定节拍时间 T_C 后，还要再设计合适的电机驱动系统，使凸轮分度器输入轴的转速刚好等于以下值即可实现所要求的节拍时间：

$$n = \frac{60}{T_C} \tag{16-11}$$

分析：上面计算的转速实际上是与期望的理论节拍时间所对应的输入轴理论转速，而凸轮分度器输入轴的转速是通过传动系统获得的，电机的标准输出转速首先经过减速器再传递到凸轮分度器输入轴。有些情况下经过减速器后再通过皮带传动系统，最后将扭矩传递到凸轮分度器输入轴。

由此可见，凸轮分度器输入轴最后获得的转速受到一定的限制(如减速器的传动比、皮带传动传动比)，所以其调整的范围是有限的，不一定刚好等于所期望的输入轴理论转速，所以实际的节拍时间也就不一定刚好等于期望的理论节拍时间。实际的节拍时间是根据实际的输入轴转速最终决定的，可能与期望的理论节拍时间稍有差异。通过下面的实例计算可以更好地认识这种设计过程。

例 16-3 假设某小型电器部件产品的装配共有 6 道工序，需要的装配时间分别为 1 s、1.2 s、1.5 s、1.1 s、1.4 s、1.8 s，上述装配工序计划用一台由凸轮分度器驱动的间歇回转分度类自动化专机来完成，试确定配套凸轮分度器的工位数、分度角以及节拍时间。

解：

(1) 由于共有 6 道工序，确定在每个工位上安排一道工序，考虑上料、下料各需要占用一个工位，所以选择标准工位数为 8 的凸轮分度器。

(2) 由于产品为小型电器部件，零件质量较小，所以转盘的直径和质量都可以设计得较小，转盘的转动惯量也较小，因而可以选择较小的分度角，以提高转位速度。最后选择 120°的标准分度角。

(3) 凸轮分度器的分度角为 120°，即表明停止角为 $360°-120°=240°$。在一个节拍循环中，转位时间与停顿时间的比例为 $120:240=1:2$。

最长的工序工艺操作时间为 1.8 s。根据节拍设计的原则，凸轮分度器的停顿时间应不小于耗时最长工位的工艺操作时间，所以凸轮分度器的停顿时间应≥1.8 s。

取凸轮分度器的停顿时间为 2 s，则转位时间为 1 s(与此类似，若停顿时间为 2.5 s，则转位时间为 1.25 s)，总节拍时间为 3 s/件。

总节拍时间为 3 s/件的意义为：凸轮分度器的输入轴在 3 s 内旋转 1 周(360°)，凸轮分度器的输出轴(连同机器转盘)在 1 s 内实现变位 45°(360°/8=45°)，然后再停顿 2 s，完成一个循环，如此往复循环。

5. 间歇回转分度式自动化专机的生产效率

根据生产效率的定义，可知这种自动化专机的生产效率为

$$R_P = \frac{60}{T_C} \tag{16-12}$$

式中：R_P——平均生产效率，件/min；

T_C——节拍时间，s/件。

分析：

(1) 式(16-12)中没有包含转盘工位数量，因此间歇回转分度式自动化专机的节拍时间或生产效率与转盘工位数量、转盘直径无直接关系，只与根据工艺操作需要确定的转盘转位时间、停顿时间有关。

(2) 与前面介绍的由单个装配工作站组成的自动化专机类似，当这种专机用于自动化装配专机时，同样会存在因为零件质量造成送料堵塞、停机的情况，因此上述关于节拍时间及生产效率的分析都是基于最理想的情况，实际的节拍时间及生产效率需要按同样的方法进行处理。当这种专机为自动化机械加工专机时，通常不会出现这种情况。

(3) 间歇回转分度式自动化专机由于集成了多个工作站系统，因此它同时包含了自动化专机及自动化生产线的工作原理，只不过它采用的是同步的输送系统。

6. 采用步进电机或伺服电机直接驱动的间歇回转分度式自动化专机

采用凸轮分度器来设计间歇回转分度式自动化专机是工程上的传统方法。虽然凸轮分度器具有高精度、高负载能力、高可靠性、长寿命、免维护等优点，但使用凸轮分度器相对成本较高，目前工程上还有另一种相对廉价的方法。这种更廉价的方法就是采用步进电机或伺服电机直接驱动转盘，如图 16-11 所示。

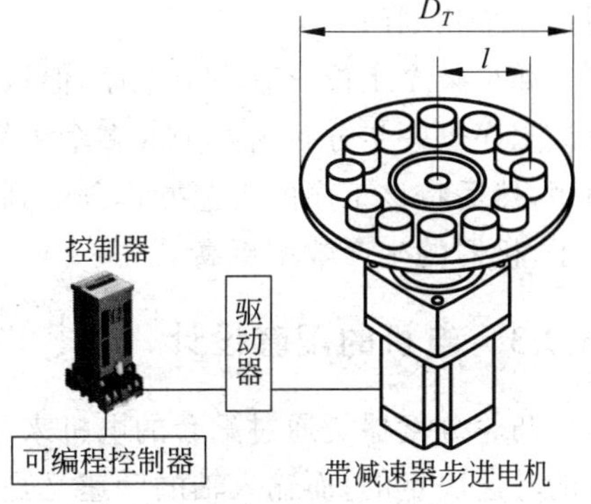

图 16-11　直接采用步进电机驱动的间歇回转分度式自动化专机

由于这类专机的负载扭矩较大，尤其是转盘、工件及定位夹具的转动惯量较大，启动时会产生较大的惯性扭矩，因此，一般都采用带减速器的步进电机或伺服电机，提高扭矩输出能力。

采用步进电机或伺服电机直接驱动转盘分别具有以下优缺点。

优点：

- 成本低廉，步进电机或伺服电机较凸轮分度器能够大幅降低机器的制造成本；
- 控制更方便，因为其节拍完全靠控制电机的启动与停止来实现，控制非常灵活，能够极方便地调整机器的节拍时间及其构成，这是采用凸轮分度器所无法相比的；
- 结构简单，占有空间更小。

缺点：

- 负载能力无法与凸轮分度器相比，因此在小负载情况下比较合适，不适合用于大型转盘的情况，尤其是采用步进电机时负载能力更低。
- 可靠性低于凸轮分度器。由于凸轮分度器完全采用刚性的凸轮机构来实现其转位、停顿动作，这是采用步进电机或伺服电机驱动直接靠控制电机的启动与停止来实现节拍的方法所无法相比的。

16.2.2 提高间歇回转分度式自动化专机生产效率的途径

人们通常都希望节拍时间越短越好,因为节拍时间越短,生产效率越高,单位时间内设备所完成的产品数量就越多。

既然节拍时间由凸轮分度器的转位时间与停顿时间组成,所以要缩短节拍时间也只能从上述两部分时间方面去努力。

1. 尽可能缩短转位时间

转位时间属于辅助作业时间,不直接用于装配作业,辅助作业时间越短,设备的生产效率就越高,所以首先应尽可能缩短转位时间。根据前面的介绍,转位时间实际上是由凸轮分度器的分度角决定的,分度角决定了转位时间占总节拍时间的比例。分度角越小,转位时间占总节拍时间的比例也越小,即转位越快,因此在负载不大的情况下应尽可能选择较小的凸轮分度器分度角。

2. 设计时注意工序的平衡

转盘停顿时间用于各工位的工艺操作,该时间受各工位中全部工艺操作时间最长的工位限制,所以一方面在工序的分配方面要尽可能均衡,尽量减小各工位之间作业时间的差距;另一方面不要将过多的工序集中在一个工位上。这与手工装配流水线上工序的平衡原理是完全相同的。

如果某个工位只有一个工序,但该工序的工艺操作时间相对其他工序过长,则可以考虑将该工序进一步分解为两个或多个更简单的工序,这样就可以使单个工序的工艺操作时间缩短,然后将该工序的工艺操作分配到多个工位上。这样虽然工位数增加了,但节拍时间更短了,机器的生产效率更高。

16.2.3 电机的配套设计

凸轮分度器是通过配套的电机来驱动的,专机的节拍时间实际上是由凸轮分度器输入轴的转速决定的,而输入轴的转速又是由电机驱动系统实现的。

转盘以及转盘上面的夹具、工件都具有一定的质量,转盘转动启动时会产生一定的惯性扭矩,转盘直径越大、质量越大,转盘转动时的惯性扭矩也越大。上述负载都靠电机来驱动,配套的电机需要具有上述负载能力。因此,在进行电机的选型时,主要考虑以下两个问题。

1. 扭矩的匹配

电机的输出扭矩应满足其负载扭矩的要求。确定电机输出扭矩时应根据转盘的直径与质量、夹具的质量与数量、工件的质量与数量、夹具对角中心距等参数对负载扭矩进行计算,得到凸轮分度器输入轴所需要的扭矩,最后根据实际的传动关系计算出电机所需要的输出扭矩并保证一定的安全余量。读者可以参考第8章中有关凸轮分度器选型的相关内容。

2. 输出转速的匹配——与需要的节拍时间相匹配

凸轮分度器是由电机驱动的,电机通过减速器后既可以直接与凸轮分度器连接,也可以经过传动皮带再驱动凸轮分度器输入轴。凸轮分度器输入轴得到的转速必须根据所要求的节拍时间进行设计计算,其输入轴每旋转一周,凸轮分度器输出轴完成一个转位与停顿的循环周期。输入轴每旋转一周的时间周期也就是输出轴完成一个转位与停顿动作的时间周期，因此凸轮分度器输入轴转速决定了专机的节拍时间，设计凸轮分度器输入轴的转速实际上就是设计专机的节拍时间。

当根据实际装配工序确定节拍时间后，下一步就是要根据确定的节拍时间来选择合适的凸轮分度器，同时还要选择配套的电机及减速器，如果电机经过减速器后还经过传动皮带，则需要进一步设计皮带传动的传动比。经过全部传动环节后，凸轮分度器输入轴获得的转速应该满足希望的节拍时间要求。

向凸轮分度器制造商进行订购时，制造商一般都可以根据用户需要的节拍时间、负载情况等，代替客户进行凸轮分度器的计算选型，配套合适的电机及减速器并安装好后成套提供给客户，所以电机的配套设计工作也可以由凸轮分度器的制造商帮助进行。

例 16-4　某间歇回转分度式自动化专机用凸轮分度器来驱动，电机经过减速器后直接与凸轮分度器输入轴连接。根据实际装配工序的工艺操作时间，初步确定节拍时间为 3 s，试确定电机减速器的减速比及实际的节拍时间。

解：首先计算凸轮分度器输入轴的转速，初定节拍时间为 3 s/件，即表示输入轴旋转 1 周需要时间为 3 s，因此输入轴转速为 60/3＝20(r/min)。

采用标准感应电机，电机输出转速为 1450 r/min，需要经过减速器减速，将电机输出转速改变为输入轴所需要的 20 r/min。选用具有合适减速比的减速器，对照减速器制造商的资料，在齿轮减速器的各种减速比系列中只有 75 比较合适。如选用减速比为 75 的减速器，则减速器实际输出转速为

$$1450/75=19.3\ (\text{r/min})$$

该转速实际上也就是凸轮分度器输入轴的转速，由于实际的输入轴转速与期望的理论输入轴转速有一定差异，所以实际的节拍时间与期望的理论节拍时间也有一定差异，根据式(16-11)得出实际的节拍时间为

$$T_{\text{C}}=\frac{60}{n}=\frac{60}{19.3}=3.1\ (\text{s/件})$$

分析：虽然有一系列具有不同减速比的减速器可供选择，可以获得一系列不同的输入轴转速，即一系列不同的节拍时间，但仍然受到减速比系列的限制。

16.2.4　节拍时间的变化与调整

在实际工程应用中，由于产品的制造工序内容及要求各不相同，因此机器的节拍时间也各不相同，需要根据实际情况设计并实现要求的节拍时间，有时候可能还需要对现有机器的节拍时间进行调整。那么如何对现有机器的节拍时间进行调整呢？

要改变凸轮分度器的节拍时间，主要有两种方法。

1. 改变电机驱动系统的传动比

通过例 16-4 可知，只要改变电机减速器的减速比就可以改变凸轮分度器输入轴的转速，这样也就改变了节拍时间。由于有一系列具有不同减速比的减速器可供选择，因此改变减速器的减速比可以获得多种不同的输入轴转速，即多种不同的节拍时间。

当电机经过减速器后如果还采用同步带传动，还可以通过改变同步带传动的传动比(即改变同步带轮的齿数比或直径比)来获得不同的输入轴转速，以获得不同的节拍时间。

2. 通过控制系统来实现不同的节拍时间

一般情况下，自动化专机都是固定的专用设备，节拍时间一般也无必要调整。但当因为设计或其他原因需要改变机器的节拍时间时，改变输入轴转速显然比较麻烦，此时可以通过控制系统来实现，而且非常容易。

具体方法为：

输入轴转速一定的情况下，转位时间也是一定的，如果希望增加工序可供操作的时间(即停顿时间)，可以通过控制系统在转位结束后(设置相应的传感器进行状态确认)将电机的电源切断，经过一定时间的延时，然后再接通电机电源开始下一个转位动作循环。这样就在转位时间不变的情况下增加了停顿时间，实际上也就是延长了整个节拍时间。

这种控制方法由于使用方便，可以非常方便地调整机器的节拍时间，因而在工程上较多使用，但这是以增加电机的启动、停止次数为代价的。

例 16-5　假设某采用凸轮分度器驱动的间歇回转式自动化装配专机整个节拍时间为 3 s，其中转位时间为 1 s，停顿时间为 2 s，现需要使转位时间保持不变，将停顿时间增加至 2.5 s，试通过控制系统来实现。

解　在每次转位结束后，通过控制系统将电机的电源切断，再延时 0.5 s，然后再接通电机电源，构成一个新的工作周期，则实际的节拍时间由 3 s 增加至 3.5 s。依次循环。

16.3　连续回转式自动化专机节拍分析

1. 连续回转式自动化专机的结构原理

连续回转式自动化专机由于在结构上与间歇回转分度式自动化专机非常相似，在熟悉间歇回转分度式自动化专机节拍原理的基础上，只要弄清楚两类设备之间的区别及相似之处，就可以很容易地理解其节拍原理。以下是两种类型设备与节拍时间有关的相似之处与不同之处。

相似之处：

- 都有一个圆形的回转转盘；
- 执行机构一般都设计在转盘上方；
- 都分为若干个工位；
- 转盘都由电机驱动作旋转运动循环。

不同之处：

- 连续回转式自动化专机的工艺操作是在转盘转动的过程中连续进行并最后完成的，而间歇回转分度式自动化专机的工艺操作是在转盘停顿的时间间隙中进行并逐步完成的，工艺操作时转盘及工件一般都在静止状态(极少数情况下工件也需要一定的运动，例如回转类工件在圆周方向的环缝焊接就需要工件在连续回转状态下进行)；
- 连续回转式自动化专机只适合少数特定的操作工艺，如液体定量灌装、电器部件的热风软钎焊等，而间歇回转分度式自动化专机适合许多行业大量的装配、检测、加工等工艺操作，是一种非常通用的自动机械型式。

图 16-12 为典型的连续回转式化妆品自动化灌装专机实例，在专机上除完成液体的自动灌装外，还完成了瓶盖自动上料及拧紧动作。

图 16-12　典型的连续回转式自动化液体灌装专机实例

2. 生产效率

根据生产效率的定义可知

$$R_P = nS \tag{16-13}$$

式中：R_P——平均生产效率，件/min；

n——转盘转速，r/min；

S——转盘工位数（工程上也称为设备的头数）。

这种自动化专机的生产效率与工位数及转盘转速成正比。显然，转盘转速越高、转盘上工位数越多，专机的生产效率也越高，所以目前高效率的此类自动化专机工位数越来越多。

3. 节拍时间

根据节拍时间的定义可知

$$T_C = \frac{60}{nS} \tag{16-14}$$

式中：T_C——节拍时间，s/件。

4. 典型工程实例——啤酒灌装自动化专机节拍分析

啤酒灌装（饮料灌装也与此类似）自动化专机是此类专机的典型实例之一。啤酒灌装一般都采用此类连续回转式自动化灌装设备，啤酒通过转盘上方的灌装头与转盘同步旋转，灌装容器（玻璃瓶或塑料瓶）放置在转盘上各工位的定位夹具上，啤酒通过转盘上方的灌装头对灌装容器完成定量灌装过程。图 16-13 为啤酒灌装设备工作示意图。

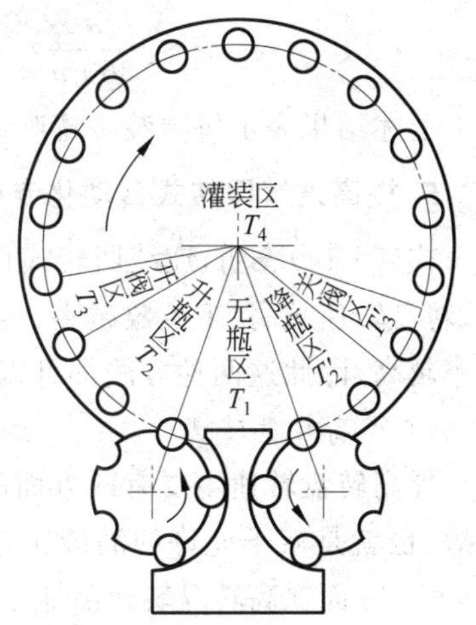

图 16-13　啤酒灌装设备工作示意图

在图 16-13 中，转盘旋转一周的过程中，共分为 6 个工作区域：由进瓶出瓶拨轮机构尺寸决定的无瓶区、瓶子上升及下降的区域、灌装阀门打开及关闭的区域、对瓶子灌装的区域，各区域占用的回转时间分别如图

16-13 所示。除灌装区所占用的时间属于工艺操作时间外,其他区域占用的时间都属于辅助操作时间。

与间歇回转分度式自动化专机的工序设计原理相似,工件(瓶子)经过灌装区的时间 T_4 必须大于实际灌装操作所需要的时间 t,这样才能保证对瓶子进行可靠的灌装。

工件(瓶子)经过灌装区的时间 T_4 为

$$T_4 = \frac{1}{n}\frac{\alpha}{360^\circ} \tag{16-15}$$

式中:T_4——工件(瓶子)经过灌装区的时间,min;

n——转盘的转速,r/min;

α——灌装区对应的角度(通常也称为灌装角),(°)。

为了保证灌装工艺要求,上述时间 T_4 必须大于实际灌装操作所需要的时间 t,所以转盘的转速必须满足以下要求:

$$\frac{1}{n}\frac{\alpha}{360^\circ} \geqslant t$$

$$n \leqslant \frac{\alpha}{360^\circ t} \tag{16-16}$$

例 16-6 设某啤酒灌装自动化专机的灌装速度为 2500 件/min,转盘工位数为 180 头,灌装角度 α 为 280°。试计算:(1)转盘的转速 n;(2)每灌装一罐啤酒所需要的最大工艺操作时间 t。

解:

(1) 转盘的转速 n

根据式(16-13)得

$$n = \frac{R_\mathrm{P}}{S} = \frac{2500}{180} = 13.9\ (\mathrm{r/min})$$

(2) 每灌装一罐啤酒所需要的工艺操作时间 t

根据式(16-16)得

$$t \leqslant \frac{\alpha}{360^\circ n} = \frac{280^\circ}{360^\circ \times 13.9} = 0.056\ (\mathrm{min}) = 3.36\ (\mathrm{s})$$

上述结果表示每灌装一罐啤酒所需要的最大工艺操作时间不能超过 3.36 s。

5. 提高连续回转式自动化专机生产效率的途径

式(16-14)表明,连续回转式自动化专机的节拍时间 T_C 与工位数 S、转盘转速 n 成反比,转盘转速越高、工位数越多,自动化专机的节拍时间就越短,也就是说自动化专机的生产效率越高,因此这两种方法都可以提高此类设备的生产效率。

1) 提高转盘转速

提高转盘转速主要有两方面的问题:一方面转盘转速提高,瓶子经过灌装区的时间就缩短,也就是瓶子允许的灌装工艺操作时间缩短,必须保证该时间能够完成所需要的灌装量;另一方面提高转盘转速后瓶子受到的离心力增加,也会降低瓶子的平稳性。

2) 提高转盘工位数

增加工位数 S,意味着转盘直径随之增大,这不仅会使机器庞大、笨重,而且在转盘转速一定的情况下，还必须考虑瓶子自由放置在转盘上时受到的离心惯性力必须小于瓶子与转盘之间的摩擦力，否则瓶子就会沿其运动轨迹的切线方向抛出，降低瓶子的平稳性，影响正常工艺操作。但相对而言，克服这种影响要容易些，所以实际上目前此类设备正向提高工位数的方向发展。

3）采用高性能的灌装阀

根据图 16-13，灌装阀开阀、关阀所占用的时间也直接影响灌装区的大小。如果提高灌装阀开阀、关阀的速度，减少灌装阀开阀、关阀所占用的时间，那么灌装角就可以增大，相应地，也就可以进一步提高转盘的转速，从而提高机器的生产效率。

16.4　自动化机械加工生产线结构组成及节拍分析

根据制造行业及工艺上的区别，自动化生产线具有很多类型，例如自动化机械加工生产线、自动化装配生产线、自动化喷涂生产线、自动化焊接生产线、自动化电镀生产线等。其中最典型的是以下两种：一种为自动化机械加工生产线，用于机械零件加工行业；另一种为自动化装配生产线，用于各种产品的后期装配生产。本节主要介绍自动化机械加工生产线的结构组成及节拍原理。

16.4.1　自动化机械加工生产线结构组成

1. 自动化机械加工生产线结构形式

自动化机械加工生产线主要从事零件的铣削、钻孔及其他类似的回转切削加工工序，主要应用于以下零件加工场合：

- 零件大批量生产；
- 零件设计成熟；
- 长期生产；
- 需要多种加工工序。

在上述场合，采用自动化机械加工生产线就可以显示出它的巨大优越性，例如：很低的人工成本、很低的制造成本、零件制造周期短、占用场地最少等。

在自动化机械加工生产线中，根据生产线结构形式可以分为以下两种类型：

- 未设置内部零件存储缓冲区的自动化机械加工生产线；
- 设置内部零件存储缓冲区的自动化机械加工生产线。

上述两类自动化机械加工生产线的节拍原理存在较大的区别，本节主要介绍未设置内部零件存储缓冲区的自动化机械加工生产线结构组成及节拍原理。

1）未设置内部零件存储缓冲区的自动化机械加工生产线

（1）结构组成

这种自动化机械加工生产线的基本结构原理如图 16-14 所示。

这种自动化机械加工生产线在机械结构上主要由以下三部分组成：

- 零件自动输送系统；
- 单个的机械加工工作站（如自动机床）；
- 控制系统。

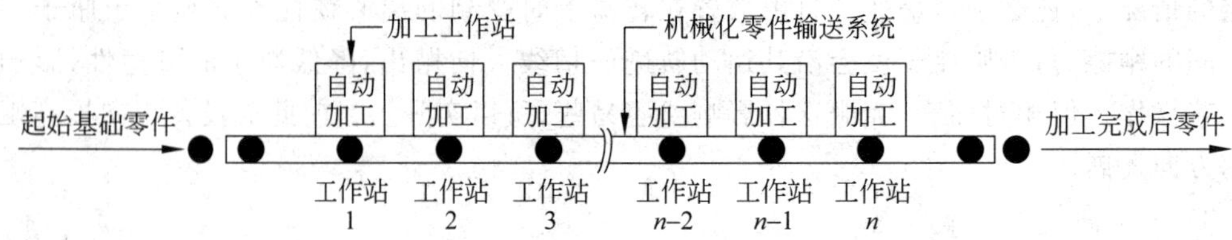

图 16-14 典型的自动化机械加工生产线结构原理示意图

通过输送系统将各台机械加工工作站连接在一起,原始零件(未加工的零件)从生产线的一端进入,在一台工作站上完成加工后再由输送系统输送到相邻的下一台工作站,每一台工作站完成不同的加工工序,经过最后一台工作站后得到完成全部加工工序的零件。

在生产线上可能还有部分检测工作站,用于对工件加工过程中的加工质量进行自动检测。此外还可能有部分人工操作的工作站,用于代替技术上极难实现自动化加工或在成本上不经济的自动化加工工序。

由于零件的机械加工通常都要求较高的加工精度,对零件的定位精度自然要求较高,因此零件的自动输送采用一种专用的夹具——随行夹具来输送。随行夹具不仅可以对待加工的零件进行精确的定位,还可以移动、定位及在加工工作站上夹紧。由于零件可以在随行夹具上精确定位,而随行夹具又可以在具体的加工工作站上准确定位,因而可以确保零件相对于加工刀具的准确定位。又由于随行夹具需要循环使用,所以这种自动化加工生产线通常都是首尾封闭的。

(2) 结构形式

自动化加工生产线通常可以采用多种结构形式。在场地有限的地方,采用直线形式的生产线可能场地不够,为了减少生产线占用的场地,或者当生产线长度太长时,可以按 L 形设计生产线,如图 16-15 所示。

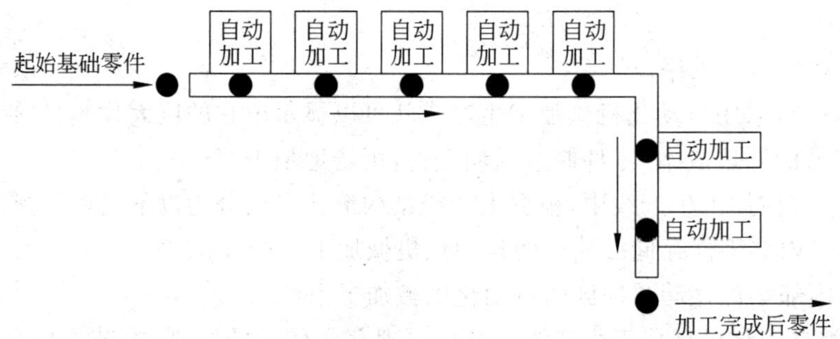

图 16-15 L 形自动化加工生产线

如果生产线按 L 形排布时仍然存在场地方面的限制,为了进一步减少生产线占用的场地,可以按 U 形设计生产线,如图 16-16 所示。采用这种形式的设计还有一个好处就是可以方便地在生产线上对工件进行换向,以加工工件不同的表面。

由于这种生产线上经常需要采用重复使用的随行夹具,为了避免随行夹具运输上的麻烦,生产线按矩形设计就可以很方便地实现随行夹具的自动循环,同时还可以设计专门的清洗工作站对随行夹具进行清洗,保证重复使用的随行夹具符合使用要求,如图 16-17 所示。

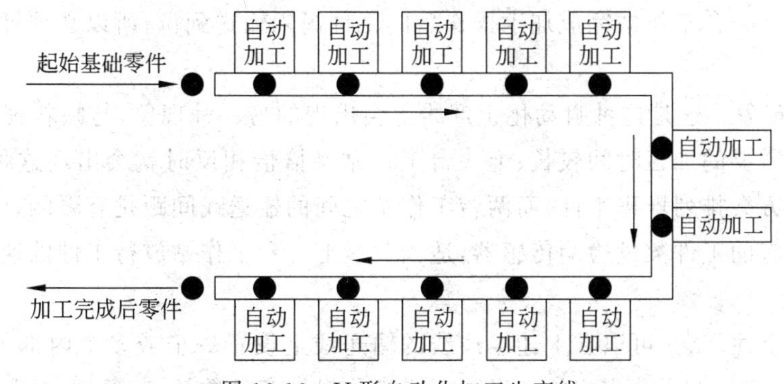

图 16-16　U 形自动化加工生产线

采用这种方式既保留了直线形式的方便，又最大限度地减少了生产线占用的场地。

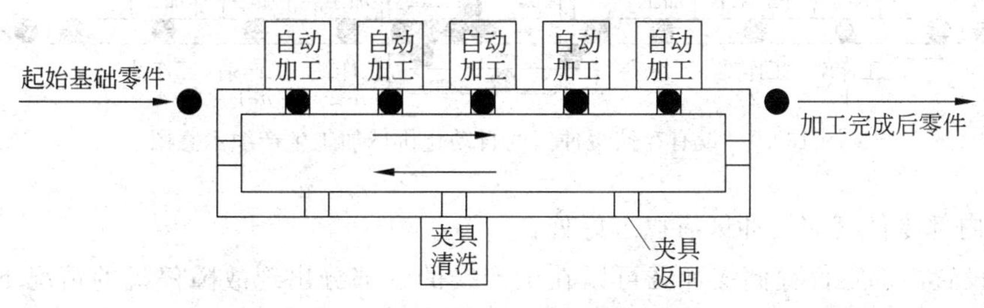

图 16-17　矩形自动化加工生产线

除上述形式外，还有另外一种特殊情况，这就是直接将随行夹具固定连接在输送线上(最方便也最常见的就是固定在链输送线的链条上)，随行夹具始终与链条一起在输送线的上下两部分之间循环。在上半部分输送线的上方设计各种加工工作站进行零件的加工，输送线的下半部分则将随行夹具送回到上方供反复循环使用。图 16-18 为其工作原理示意图。

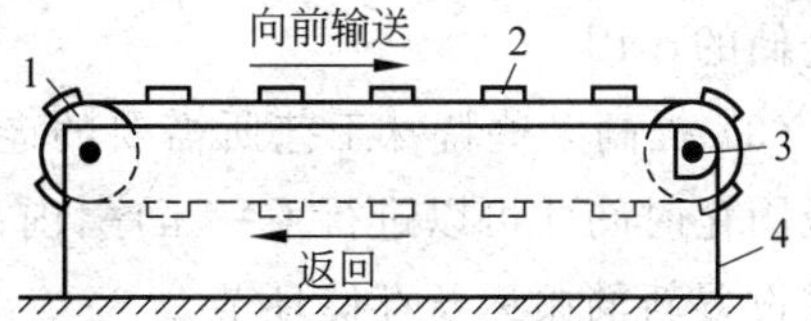

图 16-18　上下输送型加工或装配生产线

1—张紧轮；2—定位夹具；3—分度机构；4—机架

这种输送方式也可以用于自动化装配生产线，在上半部分输送线的上方设计各种装配工作站进行零件的装配。

还有一些场合可以采用托盘在输送线(如皮带输送线、链板输送线等)上实现零件的自动输送，零件在托盘上能够准确定位，而托盘在输送线上通过一定的机构进行准确定位，例如采用定位销对托盘进行定位。

2) 设置内部零件存储缓冲区的自动化机械加工生产线

前面介绍的未设置内部存储区的各种机械加工自动化生产线具有以下共同特点：

(1) 工作站之间的依赖性。这种生产线各相邻工作站之间的工序操作具有依赖性，只有前一台工作站的操作完成后工件才能经过输送线输送到相邻的下一台工作站进行操作，一旦其中一台工作站出现故障，则整条生产线都会停下来，给生产组织带来较大的损失。所以在这类生产线上，各台工作站及生产线控制系统的可靠性是非常关键的设计指标。

(2) 缺料现象。这是这种自动化生产线上会出现的一种现象，当某台工作站的工艺操作较简单、所需要工艺操作时间较短、上一台工作站又恰恰相反时就会出现这种现象。这时该工作站因为上一台工作站完成加工操作后的工件尚未输送到位，所以必须等待，机器处于待料状态。

(3) 堵塞现象。这是这种自动化生产线上会出现的另一种现象，与缺料现象刚好相反，当某台工作站需要的加工时间较长、上一台工作站又恰恰相反时就会出现这种现象。这时该工作站的前方会排列堆积工件，而两台工作站之间的输送线间距是有限的，所以必须在输送线上设计相应的工件数量检测传感器，适当放慢上一台工作站放行工件的速度，避免过多的工件堆积。

为了解决上述问题，可以在上述生产线的输送线上设置一个或多个内部零件存储缓冲区，也就是增加某一工作站完成加工操作后零件临时储存的数量，其原理如图16-19所示。

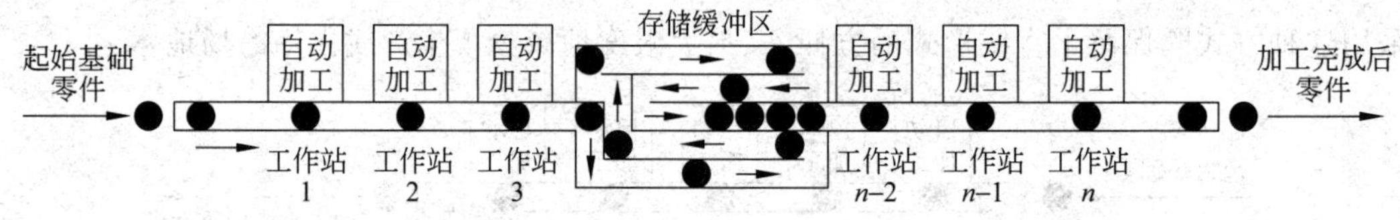

图16-19　设有存储缓冲区的自动化机械加工生产线示意图

设置内部零件存储缓冲区有以下好处：

(1) 设置内部零件存储缓冲区可以在生产线的一部分出现故障停机的情况下，另一部分仍然可以继续运行。因此通常将内部零件存储缓冲区设置在容易出现故障的专机前后，一旦上述专机出现故障需要停机检修，则它前后的专机仍然可以正常工作。

(2) 内部零件存储缓冲区可以自动存储工件并自动向下一段生产线输送工件，起到临时仓储的作用。

(3) 提高某些特殊工艺所需要的老化时间。例如在喷涂及粘结工序中，需要足够的老化或固化时间才可以进行下一工序，内部零件存储缓冲区刚好可以起到这种作用，而不必对工件设置新的搬运及存储环节。

(4) 平衡各专机的节拍时间。它不仅在自动化生产线中可以起到这种作用，在手工装配流水线上同样如此。在手工装配流水线上各工位不可能具有相同的工序工艺操作时间，当工序工艺操作时间很短时设置内部零件存储缓冲区可以提高流水线的劳动生产率。

16.4.2　自动化机械加工生产线节拍分析

为了使读者掌握最常用的自动化生产线节拍设计原理，这里只对普通的未设置内部零件存储缓冲区的自动化生产线节拍设计原理进行介绍，对于另一类设置有内部零件存储缓冲区的自动化生产线的节拍设计原理读者可以参考有关的资料。

1) 假设条件

在对这类自动化生产线的节拍原理进行分析之前，首先对它作以下假设：

(1) 这类自动化生产线的工序内容仅限于各种机械加工工艺，不针对各种产品装配工艺；

(2) 生产线上各台工作站的工序操作时间是固定的，尽管各工作站的工序操作时间不同；

(3) 生产线上不采用内部零件存储缓冲区，一台工作站完成工序加工后的零件直接输送到下一台工作站。

2) 理论节拍时间及生产效率

通过对上述这类普通自动化生产线的工序特点进行分析，不难理解，这种自动化生产线的节拍构成原理与手工装配流水线的节拍原理是相同的，零件首先输送到第一台工作站，完成加工操作后以一个规律性的时间间隔向相邻的下一台工作站输送。每一台工作站都以一定的时间间隔向相邻的下一台工作站输送完成工序操作后的零件，这种时间间隔就是该台工作站的节拍时间。

与手工装配流水线类似，由于每台工作站完成的工序内容各不相同，每台工作站的节拍时间也会各不相同，有的工作站工序内容简单，节拍时间就短，需要等待其他工作站完成加工，有的工作站工序内容更复杂，节拍时间就更长。生产线末端的一台工作站也是以一定的时间间隔输送完成全部加工后的零件，该台工作站每完成一件产品的时间间隔就是整条生产线的理论节拍时间：

$$T_C = \max\{T_{si}\} + T_r \tag{16-17}$$

理论生产效率为

$$R_C = \frac{60}{T_C} \tag{16-18}$$

式中：T_C——自动化加工生产线的理论节拍时间，min/件；

T_{si}——自动化加工生产线中各工作站的节拍时间，min/件，$i=1,2,\cdots,n$，n 为工作站数量；

$\max\{T_{si}\}$——自动化加工生产线中工序时间最长的工作站节拍时间，min/件；

T_r——在输送线上对随行夹具(工件)进行再定位所需要的时间，假设各工作站该时间相等，min/件；

R_C——自动化加工生产线的理论生产效率，件/h。

分析：式(16-17)表明这种自动化生产线的节拍时间实际上主要是由整条生产线中节拍时间最长的工作站决定的。因为其余工作站需要的工序时间都比该工作站需要的工序时间短，所以都必须等待该工作站完成其工序操作，也就是说其余工作站都有空余等待的时间，这与手工装配流水线的节拍原理是非常类似的。

此外，如果工件在输送线上不通过工装板输送并再定位，则将再定位时间也取消了。

例 16-7 某零件的自动化加工生产线由 10 台自动化工作站组成，各工作站各自完成不同的加工工序，其节拍时间分别为：20 s/件、22 s/件、25 s/件、21 s/件、26 s/件、5 s/件、10 s/件、18 s/件、9 s/件、12 s/件。生产线上未设置内部零件存储缓冲区，零件在输送线上不需要再定位，试确定该自动化生产线的节拍时间。

解：生产线上各工作站中有一台工作站所需要的工序时间最长，根据式(16-17)，该工作站的节拍时间 26 s/件即为整条自动化加工生产线的节拍时间。

3) 实际平均节拍时间及生产效率

在实际工程中，上述理论节拍时间及生产效率是最理想情况下的结果，实际情况是生产线不可能不出现因为故障而需要停机检修的情况，例如：

- 专机上加工工具的失效与更换；
- 工具的定期更换；
- 专机上工装夹具的调整；
- 电气元件及机械元件的失效损坏与更换；
- 第一台专机就缺料；
- 设备的定期保养等。

这些情况下工作站及生产线需要全部停止运行，这样就降低了生产线的生产效率，所以生产线实际的生产效率都低于理论生产效率。实际平均节拍时间为

$$T_P = T_C + FT_d \tag{16-19}$$

实际的生产效率为

$$R_P = \frac{60}{T_P} \tag{16-20}$$

式中：T_P——自动化生产线的实际平均节拍时间，min/件；

T_C——自动化生产线的理论节拍时间，min/件；

F——自动化生产线中每个节拍的平均停机检修频率，次/循环；

T_d——自动化生产线每次检修所需要的平均时间，min/次；

R_P——自动化生产线的实际生产效率，件/h。

由理论节拍时间及实际平均节拍时间可以得到生产线的使用效率：

$$\eta = \frac{T_C}{T_P} \times 100\% \tag{16-21}$$

由于设备需要停机检修导致生产线的使用效率低于100%，使自动化生产线实际的生产效率往往大幅低于理论生产效率。所以对于自动化生产线而言，设备的可靠性远比生产线的生产效率显得更为重要，这也是在生产线的设计及使用管理过程中需要对此仔细领会并高度重视的原因。下面通过一个实例进行说明。

例 16-8 某零件的自动化加工生产线由10台自动化工作站组成，生产线的理论节拍时间为0.5 min/件，每个节拍的平均停机检修频率为0.075次/循环，每次停机检修的平均时间为4.0 min/次，生产线上未设置内部零件存储缓冲区。试确定：(1)该生产线的实际平均节拍时间；(2)该生产线的使用效率。

解：

(1) 生产线的实际平均节拍时间

根据式(16-19)，生产线的实际平均节拍时间为

$$T_P = T_C + FT_d = 0.5 + 0.075 \times 4.0 = 0.8\ (\text{min/件})$$

(2) 生产线的使用效率

根据式(16-21)，生产线的使用效率为

$$\eta = \frac{T_C}{T_P} \times 100\% = \frac{0.5}{0.8} \times 100\% = 62.5\%$$

可见，因为设备的故障停机检修使自动化生产线的实际使用效率仅达到62.5%，远低于理想情况下的100%，说明自动化生产线的可靠性非常重要。

16.5　自动化装配生产线结构组成及节拍分析

16.5.1　自动化装配生产线结构组成及形式

1. 自动化装配生产线结构组成

与自动化机械加工生产线不同的是，自动化机械加工生产线的加工对象是单个的机械零件，而自动化装配生产线主要从事产品制造后期的各种装配、检测、标示、包装等工序，操作的对象包括多个各种各样的零件、部件，最后完成的是成品或半成品，主要应用于产品设计成熟、市场需求量巨大、需要多种装配工序、长期生产的产品制造场合。其优越性为产品性能及质量稳定、所需人工少、效率高、单件产品的制造成本大幅降低、占用场地最少等。

适合自动化装配生产线进行生产的产品通常为：

轴承、齿轮变速器、香烟、计算机硬盘、计算机光盘驱动器、电气开关、继电器、灯泡、锁具、笔、印刷线路板、小型电机、微型泵和食品包装等。

自动化装配生产线的结构原理与自动化机械加工生产线、手工装配流水线是非常相似的，只不过在手工装配流水线上的操作者是工人，自动化机械加工生产线上的操作者是各种工作站或自动机床，而在自动化装配生产线上则由各种自动化装配专机来完成各种装配工序。其结构原理如图 16-20 所示。

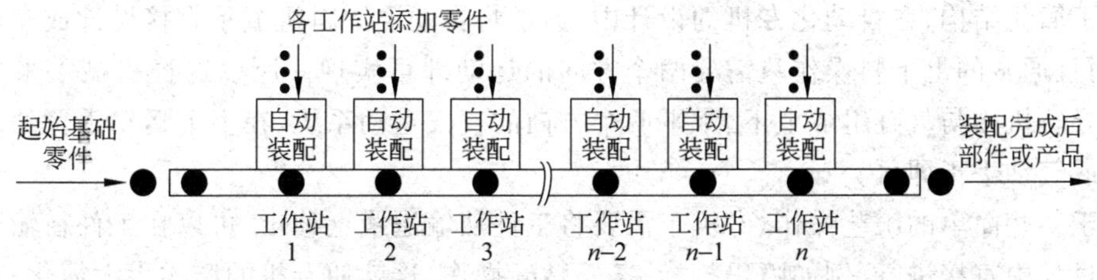

图 16-20　典型的自动化装配生产线结构原理示意图

自动化装配生产线在结构上主要包括：

- 输送系统；
- 各种分料、挡停及换向机构；
- 各种自动上下料装置；
- 各种自动化装配专机；
- 传感器与控制系统。

除此之外，经常还可能有部分人工操作的工序，用于代替技术上极难实现自动化或在成本上并不经济的装配工序，组成同时包括机器自动操作与人工操作的混合型自动化装配生产线。

1）输送系统

输送系统通常采用各种输送线，其作用一方面为自动输送工件，另一方面为将各种自动化装配专机连接成一个协调运行的系统。输送系统通常都采用连续运行的方式。最典型的输送线如：

- 皮带输送线；

• 平顶链输送线等。

通常将输送线设计为直线形式,各种自动化装配专机直接放置在输送线的上方。自动化专机及输送线都是在各种铝型材的基础上设计制造出来的,经过调试后,通过专用的连接件将自动化专机与输送线连接固定,使它们成为一个整体。

2) 各种分料、挡停换向机构

在第9章中介绍了工件的分隔与暂停。由于工件是按专机排列次序经过逐台专机的装配直至最后完成全部装配工序的,通常在输送线上每一台专机的前方都先设计有分料机构,将连续排列的工件分隔开,然后再设置各种挡停机构,组成各专机所需要的工件暂存位置。工件到达该挡停暂存位置后,经过传感器确认后专机上的机械手从该位置抓取工件放入定位夹具,然后进行装配工艺操作。最后由专机上的机械手将完成装配操作的工件又送回输送线继续向下一台专机输送。

在需要改变工件的姿态时,就需要设置合适的换向机构,改变工件的姿态方向后再进行工序操作。

3) 各种自动上下料装置

由于主要的装配工序都是由各种自动化装配专机完成的,各种自动化装配专机自然也相应需要各自的自动上下料装置,应用最多的就是振盘及机械手。振盘用于自动输送小型零件,如螺钉、螺母、铆钉、小型冲压件、小型注塑件、小型压铸件等,而机械手抓取的对象更广,既可以抓取很微小的零件,也可以抓取具有一定尺寸和重量的零件。

为了简化结构,在自动化专机的设计中,通常将自动上下料机械手直接设计成专机的一部分,而且通常的上下料操作只需要两个方向的运动即可实现。所以这种机械手采用配套的直线导轨机构与气缸组成上下、水平两个方向的直线运动系统,在上下运动手臂的末端加上吸盘或气动手指即可。

对于某些简单的工艺操作,专机不需要将工件从输送线上移出,可以在工件在输送线上的输送过程中直接进行,例如喷码打标、条码贴标操作,这就使专机的结构大大简化;有些工艺需要使工件在静止状态下进行,这时就需要通过挡停机构使工件停留在输送线上,然后直接进行。而有些工序不仅需要工件在静止状态下进行,而且还需要一定的精度,例如激光打标操作,这时如果仅仅将工件挡停在输送线上还不够,因为输送线通常是连续运行的,在输送线的作用下工件仍然会产生轻微的抖动,需要设计气动机构将工件向上顶升一定距离,使工件脱离输送皮带或输送链板后再进行工序操作,完成工序操作后再将工件放下到输送皮带或输送链板上继续输送。

4) 各种自动化装配专机

各种自动化装配专机就是前面各章内容的组合,包括自动上下料装置、定位夹具、装配执行机构、传感器与控制系统等,其中定位夹具根据具体工件的形状尺寸来设计,装配执行机构则随需要完成的工序专门设计,而且大量采用直线导轨机构、直线轴承、滚珠丝杠机构等部件。通常在这类自动化装配专机上完成的工序有:自动粘结、零件的插入、半导体表面贴装、各种螺钉螺母连接、铆接、调整、检测、标示、包装等。除装配工序外,在这种自动化装配生产线上也可以采用部分简单的机械加工工序。

5) 传感器与控制系统

每台专机要完成各自的装配操作循环,必须具有相应的传感器与控制系统,除此之外,为了使各台专机的装配循环组成一个协调的系统，在输送线上还必须设置各种对工件位置进行检测确认的传感器。例如工件确实存在而且控制系统需要放行工件时分料机构才开始动作、工件暂存位置确实有工件而且控制系统需要机械手抓取工件进行上料时机械手才开始取料，等等。

通常采用顺序控制系统协调控制各专机的工序操作，前一台专机的工序完成后才进行下一专机的工序操作，当前一台专机尚未完成工艺操作时相邻的下一台专机就必须处于等待状态，直到工件经过最后一台专机后完成生产线上全部的工艺操作，这与手工装配流水线的过程非常相似。

2. 自动化装配生产线结构形式

自动化装配生产线最典型的结构形式就是如图 16-20 所示的直线形式，这样输送系统最简单，制造也更容易。

除典型的直线形式外，为了最大限度地节省使用场地，有时还可以采用一种环形形式，如图 16-21 所示。由于平顶链输送线能够自由转弯，所以非常适合作为这种环形生产线的输送系统。

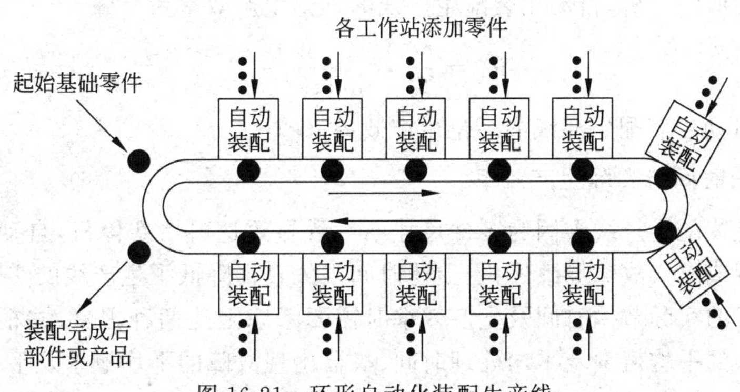

图 16-21　环形自动化装配生产线

16.5.2　自动化装配生产线节拍分析

1. 理论节拍时间

由于自动化装配生产线的工作过程与手工装配流水线的工作过程非常类似，所以很多概念和方法都可以引用。

工件从输送线的一端进入，首先进入第一台专机进行装配工序操作，工序操作完成后才通过输送线进入相邻的下一台专机进行工序操作，直至最后一台专机完成工序操作后得到成品或半成品。

由于各台专机的工序操作内容各不相同，工序复杂程度各异，因此各台专机完成工艺操作需要的时间（也就是各专机的节拍时间）也是各不相同的，在全部专机中必有一台专机的工艺操作时间最长，该专机的作用类似于手工装配流水线上的瓶颈工位。当某一台专机还未完成工序操作，即使下一台专机已经完成了工序操作也必须暂停等待。

在 16.1 节中曾经特别提出，由于自动化装配过程中存在一个特殊的现象，这就是因为零件质量一致性方面的缺陷会经常造成送料装置（如振盘的输料槽）堵塞停机的现象。一旦出现这种情况，不仅该台专机会暂停等待，而且该台专机后方的所有专机都会暂时停机，以下不考虑这种情况，只分析生产线在正常运行情况下的理论节拍时间。

与手工装配流水线非常类似，假设各专机的节拍时间是固定的，输送线连续运行，只要工件没有被阻挡就继续向前输送，则这种自动化装配生产线的节拍时间就等于节拍时间最长的专机的节拍时间，即

$$T_C = \max\{T_{si}\} \tag{16-22}$$

式中：T_C——自动化装配生产线的理论节拍时间，min/件；

T_{si}——自动化装配生产线中各专机的节拍时间，min/件，$i=1,2,\cdots,n$，n 为专机的台数，如果含有人工操作工位则同时包括人工操作工位数量。

由于某些原因，例如自动化装配生产线经常是在手工装配流水线的基础上经过多年时间逐步改造而成的，某些手工操作工序确实很难改造为自动化操作或成本太高，因此实际的自动化装配生产线经常是自动化专机与部分人工操作组合而成的混合型装配生产线，而且决定生产线节拍时间的工位也可能是人工操作工位。

2. 理论生产效率

根据前面类似的分析，自动化装配生产线的理论生产效率为

$$R_C = \frac{60}{T_C} = \frac{60}{\max\{T_{si}\}} \tag{16-23}$$

式中：R_C——自动化装配生产线的理论生产效率，件/h。

3. 实际节拍时间与实际生产效率

由于自动化装配生产线会因为零件尺寸不一致导致送料堵塞停机，自动化专机及输送线也会因为机械或电气故障导致停机，上述时间损失直接降低了生产线的实际生产效率，因此在评估生产线的实际节拍时间及生产效率时需要考虑上述两种因素，并根据使用经验统计出现零件堵塞的平均概率及平均处理时间、机器出现故障的平均概率及平均处理时间，然后分摊到每一个工作循环。这种处理方法与前面在自动化机械加工生产线中类似问题的处理方法是一样的。

实际平均节拍时间为

$$T_P = T_C + npT_d \tag{16-24}$$

实际平均生产效率为

$$R_P = \frac{60}{T_P} \tag{16-25}$$

式中：T_P——自动化装配生产线的实际平均节拍时间，min/件；

T_C——自动化装配生产线上耗时最长专机的节拍时间，min/件；

n——自动化装配生产线中自动专机的数量；

p——自动化装配生产线中每台专机每个节拍的平均停机频率，次/循环；

T_d——自动化装配生产线每次平均停机时间，min/次；

R_P——自动化装配生产线的实际平均生产效率，件/h。

例 16-9 某产品的装配由一条包含人工操作的混合型自动化装配生产线完成，目前生产线由 7 台自动化专机及 4 个人工操作工位组成，在所有的自动化专机及人工操作工位中，需要节拍时间最长的位置发生在一个人工操作工位上，该节拍时间为 35 s/件。现计划用一

台新的自动化专机替代该人工操作工位，替代后可以将生产线的节拍时间降低为 25 s/件。每台专机每个节拍的平均停机频率为 0.01，每次平均停机时间为 4.0 min。

试计算：(1)目前的理论节拍时间、实际平均节拍时间、实际平均生产效率；(2)用专机替代该人工操作工位后的理论节拍时间、实际平均节拍时间、实际平均生产效率。

解：

(1) 目前的理论节拍时间、实际平均节拍时间、实际平均生产效率

根据式(16-22)可知，目前的理论节拍时间为

$$T_C = 35\ \text{s/件}$$

根据式(16-24)可知，目前的实际平均节拍时间为

$$T_P = T_C + npT_d = 35 + 7 \times 0.01 \times 4.0 = 35.28\ (\text{s/件})$$

根据式(16-25)可知，目前的实际平均生产效率为

$$R_P = \frac{60}{T_P} = \frac{60}{35.28} = 1.68\ (\text{件/min}) = 100.6\ (\text{件/h})$$

(2) 替代该人工操作工位后的理论节拍时间、实际平均节拍时间、实际平均生产效率

根据式(16-22)可知，替代后的理论节拍时间为

$$T_C = 25\ \text{s/件}$$

根据式(16-24)可知，替代后的实际平均节拍时间为

$$T_P = T_C + npT_d = 25 + 8 \times 0.01 \times 4.0 = 25.32\ (\text{s/件})$$

根据式(16-25)可知，替代后的实际平均生产效率为

$$R_P = \frac{60}{T_P} = \frac{60}{25.32} = 2.37\ (\text{件/min}) = 142.2\ (\text{件/h})$$

4. 提高自动化装配生产线生产效率的途径

自动化装配生产线的生产效率决定了生产线单位时间内所完成产品的数量，生产效率越高，分摊到每件产品上的设备成本也就越低，因此需要想方设法提高自动化装配生产线的生产效率。现将各种可能的途径总结如下：

1) 提高整条生产线中节拍时间最长的专机的生产速度

根据上述分析，自动化装配生产线的节拍时间由整条生产线中节拍时间最长的专机决定。因此，为了提高自动化装配生产线的生产效率，提高节拍时间最长的专机的生产速度无疑是关键的途径。

可以考虑采用新的工艺方法、合理的机器结构，在时间与空间方面对专机的动作时序及机构进行优化，缩短基本工艺操作时间；另外尽可能缩短该专机的辅助操作时间，达到缩短该专机节拍时间的目的。

2) 提高装配零件的质量水平

在自动化加工生产线上不存在这一问题，但在自动化装配生产线上这一问题就非常重要，因为零件质量问题会产生送料堵塞、停机，使专机和生产线使用效率下降。

3) 尽量平衡各专机的节拍时间

在整条生产线的工序设计过程中，应该对各专机的工序操作内容合理地进行分配，以尽量缩短各专机节拍时间之间的差距。不要将过多的工序操作集中在其中一台专机上，必要时要将复杂的工序操作分解为多个简单的工序由多台专机分别完成，这样可以减少其他专

机待料等待的时间,提高生产线的利用率,同时也降低了专机的复杂程度,这对于提高专机及生产线的可靠性也是非常重要的。对专机的功能及结构不宜追求过于复杂化,或片面地认为机器越复杂越好,这种设计原理与手工装配流水线的设计原理是相同的。

上述工作实际上就是自动化生产线工序设计的重要内容,一般在生产线总体方案设计阶段进行。只有在总体方案与工序设计完成之后才能进行各专机的详细机械结构设计。

4)提高专机的可靠性

由于自动化装配生产线上任何一台专机出现故障都会使整条生产线停机,造成更大的损失,因此提高专机的可靠性比生产线的生产效率更为重要,这与自动化机械加工生产线是一致的,应通过设计及管理环节尽可能缩短停机时间和停机次数。

提高专机可靠性的方法主要为:在同样功能的前提下将机器尽可能设计成最简单的结构,采用质量可靠的元器件、部件,提高设备维护水平。

5)在专机的设计过程中要考虑设备的可维修性,简化设备结构

提高设备的可维修性,不仅可以减少故障出现的频率,而且一旦出现故障也可以减少维修占用的时间,因为生产线不可能不出现因故障而停机检修的情况。

16.6 自动化生产线工序设计

根据前面对自动化装配生产线节拍时间的分析可知,整条生产线的节拍时间与组成生产线的各专机的节拍时间尤其是个别专机的节拍时间密切相关,节拍设计是自动化生产线设计的重要内容之一。第2章对自动化生产线的设计制造流程进行了介绍,节拍设计就是在生产线总体方案设计阶段进行的,生产线的节拍时间不仅与专机本身的速度(节拍时间)有关,更与生产线的工序设计密切相关,自动化装配生产线的工序设计是节拍设计的基础。本节主要介绍自动化装配生产线设计过程中进行工序分析及优化设计的方法。

1. 工序设计的重要性

从第2章对自动化生产线设计制造流程的分析可知,总体方案设计是整个设计制造流程中最重要的环节,总体方案设计是否正确与合理,对生产线的节拍时间(或生产效率)、运行可靠性、设备复杂程度、成本造价、设计制造周期等起着决定性的作用,因而也决定了整条生产线工程项目的成功与否。一旦总体方案设计考虑不周,直至工程后期才发现,将可能造成巨大的经济损失,所以在项目设计的前期就需要投入大量的时间和精力进行总体方案的规划设计。

工程经验表明,自动化装配生产线设计制造项目的技术水平主要体现在以下两个方面:

1)专机的设计制造水平

专机的用途为在生产线上完成特定的工序操作,如加工、装配检测等,专机的技术含量并不仅仅是有形的设备硬件,更重要的是它所包含的工艺技术,例如技术原理、采用的工艺方法、工具等。这些特定的工艺技术有些是经过了长时期的研究、使用验证、改进完善与提高过程,有些则属于新工艺,缺少可借鉴的理论与经验,需要从研究开始。一名优秀的自动化专机设计人员不仅仅是一位自动机械设备的设计工程师,更必须是一位优秀的工艺工程师,需要具有丰富的工艺技术经验,只有这样才有可能设计出具有一流技术水平的自动化专机。

2) 系统集成与优化水平

自动化生产线的设计不同于自动化专机的设计，仅仅具有技术水平较高的自动化专机并不一定能够组合得到综合性能优良的自动化生产线，因为自动化生产线的实际综合性能(实际节拍时间、实际生产效率、可靠性、可维修性、制造成本等)并不单纯取决于各台专机的性能。例如如果工序次序安排不合理就有可能增加重复的换向等辅助操作，专机的节拍时间过于悬殊就会导致整条生产线部分专机的时间浪费，如果某台专机的工序安排不合理导致可靠性较低，将可能直接导致整条生产线的使用效率大幅降低等，因此系统集成与优化能力在自动化装配生产线的设计过程中尤为重要。

在国外的自动化装备制造行业，装备制造商不仅在装备设计与制造领域具有丰富的工程经验和雄厚的技术开发实力，在产品的制造工艺领域，他们也同样具有丰富的设计与工程经验。很多著名的装备制造商既是自动化装备的开发生产商，同时又是各种制造工艺技术的研究开发生产商，例如 SIEMENS、BOSCH、Fanuc、Honeywell、YOKOGAWA、日立制作所、三菱电机等，他们不仅能够设计制造出一流水平的自动化装备，同时还能为客户提出一流水平的工艺解决方案。

在国内自动化装备行业却存在一种特殊的现象，这就是装备制造领域的技术资源与工艺研究领域的技术资源大多是相互脱节的，装备制造企业缺乏产品工艺领域的经验，工艺领域的经验主要集中在产品制造企业，但他们又严重缺乏装备制造行业的资源与经验。

国内通常是由产品的制造企业向装备制造商提出生产线的技术要求，包括生产能力(生产效率)、工艺流程、工序要求等，装备制造商根据上述要求进行自动化专机或自动化生产线的设计制造。

产品制造企业的技术人员熟悉产品的制造工艺、工序要求、质量控制要点等，这是他们的优势，但他们往往对自动化装备的了解和认识有限，因此他们完成的产品设计、工艺流程、工艺方法往往并不适合自动化生产模式，甚至可能在自动化生产条件下难以实现，或者虽然可以实现但设备制造成本非常昂贵。因此，自动化装备制造商必须针对产品制造企业提出的工艺方案进行更深入的研究，经常需要对用户提出来的工艺方案包括产品设计图纸进行修改。在上述过程中，装备设计人员需要与产品制造企业的工艺人员及设计人员进行充分的交流和合作，最终才能共同确定总体设计方案。第 5 章中介绍的面向自动送料及自动化装配的零件设计就属于这一工作的一部分。

2. 工序设计的主要内容

在总体方案设计过程中，工序设计又是最主要的工作，工序设计的主要内容如下。

1) 确定工序的合理先后次序

工序的先后次序既要满足制造工艺的次序，也要从降低设备制造难度及成本、简化生产线设计制造的角度进行分析优化。

2) 对每台专机的工序内容进行合理分配和优化

分配给每台专机的工序内容要合理，不要使某一台专机的功能过于复杂，这样既可能使该专机的节拍时间过长，还可能使其结构过于复杂，降低设备的可靠性及可维修性，一旦出现故障将导致整条生产线停机。

3) 分析优化工件在全生产线上的姿态方向

工件都是以确定的姿态方向在输送线上进行输送的，同样，在专机的操作中，工件的抓取、工艺操作、返回输送线时也都是以确定的姿态方向进行的。因为各专机的工序内容各不相同,工件在被抓取及工艺操作时的姿态方向也会各不相同,这就难免需要对工件的姿态方向频繁地进行改变,这些都需要专门的换向机构来实现,而且在输送线上需要设置各种相关的分料机构、挡停机构(见第9章)。工序设计时需要全盘考虑工件在生产线上的分料机构、换向机构、挡停机构,尽可能使这些机构的数量与种类最少,简化生产线设计制造。

4) 考虑节拍的平衡

与手工装配流水线的节拍原理类似,在各台专机中需要尽可能使它们各自的节拍时间均衡,只有这样才能充分发挥整条生产线的效益,避免部分专机的浪费。

5) 提高整条生产线的可靠性

从工序设计的角度进行分析优化,不仅要简化专机的结构,提高专机的可靠性,还要使整条生产线结构简单、故障停机次数少、维修快捷,提高整条生产线的可靠性。

由此可见,自动化装配生产线的工序设计不同于采用单机独立操作情况下的工序设计,自动化装配生产线工序设计的质量和水平直接决定了生产线上各专机的复杂程度、可靠性、整条生产线的生产效率、生产线制造成本等综合性能。

3. 工序设计实例

以下以国内某自动化装备企业完成的某塑壳断路器自动化装配检测生产线项目为例,说明自动化生产线的总体方案设计过程。

1) 产品介绍

HSM1—125、HSM1—160 系列塑壳断路器(以下简称断路器)是国内某大型开关制造企业设计开发的新型断路器之一,具有结构紧凑、体积小、短路分断能力高等特点。其中HSM1—125 系列产品外形尺寸为 120 mm×76 mm×70 mm,质量为 900 g;HSM1—160 系列产品外形尺寸为 120 mm×90 mm×70 mm,质量为 1100 g。图 16-22 为上述系列产品的外形图。

图 16-22 HSM1—125、HSM1—160 系列塑壳断路器

为了满足产品大规模生产的需要,该企业需要委托自动化装备制造商专门设计制造该产品的自动化检测、装配、校核生产线,要求在生产线上同时实现上述两种系列断路器的瞬时检验、延时调试、延时检验三大类型装配检测工序。

2) 节拍要求与设计

该企业提出的生产能力为单班产量 500 件。根据该生产能力,考虑设备按 90%的实际利用率计算有效工作时间,每条生产线的节拍时间计算如下:

$$每天有效工作时间 = 8\ \text{h} \times 0.9 \times 3600\ \text{s/h} = 25\,920\ (\text{s})$$

$$节拍时间=\frac{25\,920}{500}\approx 52\ (\mathrm{s}/件)$$

根据自动化生产线节拍时间的定义，计算结果表明在该生产线上各专机的节拍时间必须都不能超过 52 s，为达到这一节拍要求，在设计过程中进行了以下工作：

(1) 在不影响产品制造的前提下根据用户提出的工艺方案重新调整设计了生产工艺流程；

(2) 对少数初步估计专机占用时间超过 52 s 的工序进行分解，将耗时长的复杂工序分解为两个或多个工序由多台专机进行。

经过上述工作，最后确定生产线整体设计方案，工程完成后将整条生产线的节拍时间降低到 45 s/件，满足了企业提出的节拍要求。

3) 详细工艺流程

最后确定的自动化生产线详细工艺流程为：

条码打印及贴标→触头开距超程检测→脱扣力检测→瞬时测试→触头及螺钉装配→触头压力检测→条码阅读与产品翻转→单相延时调试①→缓存冷却降温→单相延时调试②→缓存冷却降温→单相延时调试③→缓存冷却降温→螺帽装配→自动点漆→三相串联延时校验→可靠性检测→耐压测试。

4) 总体设计方案

根据上述生产工艺流程，设计了以下总体设计方案：

(1) 工件自动输送系统

采用平行设置的三条皮带输送线，用于产品的自动输送。其中两条输送线输送方向相同，由各台专机的机械手交替在这两条输送线上取料和卸料，取料的输送线作为待装配校检件上料道，卸料的输送线作为合格品下料道，简单的、占用时间较少的工序(如自动贴标、自动点漆等)则直接在同一条输送线上进行。第三条输送线专门用于不合格品的输送，其输送方向与另两条输送线相反，称为不合格品卸料道。

上述三条并行输送线由多段串联构成总长约 25 m 的输送系统，很好地解决了工件输送与物流规划、合格品与不合格品分拣等关键技术，输送线上两侧的定位挡板可以非常方便地更换，调整工件定位宽度，使整条自动化生产线能够适应不同宽度尺寸的产品系列。图 16-23 为制造完成后的皮带输送系统。图 16-24 为工件在输送线上的分料、阻挡、上下料及输送方法示意图。

图 16-23　皮带输送系统

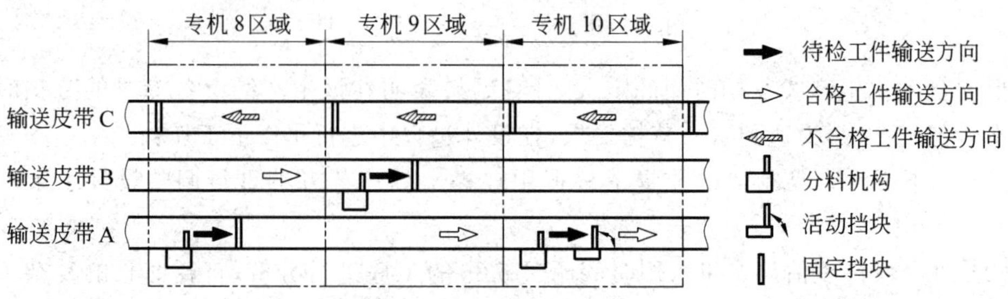

图16-24 工件的分料、阻挡、上下料、输送方法示意图

(2) 输送系统与各专机的连接及控制

各专机按最后确定的工艺流程依次在输送线上方排布，调试完成后将各专机与输送线之间的相对位置通过铝型材连接固定。工件在通过输送线进入每台专机区域后先设置活动挡块或固定挡块，供各专机的取料机械手抓取工件。当抓取工件和卸下工件在同一条输送线上进行时，该挡块必须采用活动挡块；当抓取工件和卸下工件分别在两条输送线上进行时，该挡料机构就可以采用简单的固定挡块，在挡块上同时设置检测工件用的接近开关传感器。

各专机采用PLC控制系统控制专机的运行，采用MPI网完成生产线参数与专机状态的监控、上下载，网络监控系统主要通过MPI网络将各专机电控系统的PLC、触摸屏进行网络连接。

(3) 工件的姿态方向控制

如果工件输送进来时的姿态方向与工件在该专机上进行工序操作时的姿态方向不同，则必须在皮带输送线上或取料机械手上设计必要的翻转换向机构，改变工件的姿态方向。但在生产线的总体设计时，必须全盘考虑各专机取料及卸料时工件的姿态方向，尽可能将工件在输送时姿态方向一致的工序连续安排在一起，使整体生产线上工件的换向次数及换向机构最少，以简化生产线设计与制造，同时又能够满足各工序的操作需要。

由于工件形状为标准的矩形，所以工件在输送线上始终以卧式、立式两种姿态输送。在整条生产线上设计采用了以下3种姿态换向机构：

- 挡杆——在输送皮带上方设置固定挡杆，工件经过时因为重心位置发生改变自动由立式姿态翻转为卧式姿态，如图9-28所示。
- 气缸翻转机构——气缸驱动定位夹具在工序操作前后绕回转轴实现90°往复翻转，如图9-25所示。
- 机械手手指翻转机构——在气动手指的夹块上设计轴承回转机构，通过在工件上选取适当的部位夹取工件，使工件在重力作用下实现180°自动翻转，如图9-26所示。

(4) 工件的暂停与分隔控制

由于工件的质量较大，在机械手上采用气动手指夹取工件时非常方便工件的定位，所以整条生产线上各专机的上下料机械手全部采用气动手指夹取工件。

由于工件的外形接近标准的矩形，所以当工件在输送皮带上排列在一起时相邻的工件之间就没有空间。根据第9章介绍的理由，为了方便机械手夹取工件，在每台专机机械手的取料位置(工件暂停位置)必须设计一个挡料机构：如果专机完成工序操作后仍然由原输送

图 16-25　HSM1—125、HSM1—160 系列塑壳断路器自动化装配检测生产线

皮带向前输送，该挡料机构就设计为活动挡块；如果专机完成工序操作后改由另一条输送皮带向前输送，该挡料机构就可以简单地设计为固定挡块；对于某些专机一次同时对三个工件进行工序操作，机械手一次同时抓取三个工件，则必须在工件暂停位置依次设置三个活动挡块，活动挡块如图 9-5 所示。

除设计挡料机构外，在工件进入挡料位置之前，还必须设计分料机构，保证每次只放行一个工件。分料机构如图 9-18 所示。

根据上述要求，最后在输送线上采用 19 处固定挡块、8 处活动挡块、11 处分料机构，有关工件在输送线上的分料、阻挡、上下料及输送方法如图 16-24 所示。

(5) 部分人工操作工序的处理

在产品的整个生产流程中，部分零件的装配工序如果采用自动化装配方式将会使设备过于复杂，设备造价太高，因此上述少数工序的装配采用人工操作，在输送线上留出人工操作的空间。考虑今后根据需要换为自动装配时，只要将相应的自动化装配单元安装在预留位置即可。所以该生产线是以自动操作为主、人工操作为辅的半自动化生产线。

5) 专机机械结构设计

在总体方案设计完成后就直接进行各专机的详细机械结构设计。在总体方案设计中已经确定了各个专机的取料位置、取料时工件的姿态方向、专机工序操作的具体内容、操作完成后工件卸料的位置与姿态方向。设计人员分别根据上述条件进行各专机的详细机械结构设计，与通常自动化专机结构设计的区别为：在自动化生产线上需要将各专机取料与卸料位置、工件姿态方向控制、对工件的传感器检测确认等工作通过输送系统有机地组合成一个系统。

各专机按具体工艺要求独立地完成特定的工序操作，在专机的机械结构设计过程中，最典型的专机结构由输送线上方的 X-Y 两坐标上下料机械手、定位夹具、装配(或检测)执行机构、传感检测等部分组成，工件的输送、暂存、检测确认等功能则作为输送系统的内容一起设计完成。

图 16-25 为最后制造完成的该自动化生产线，除自动打标贴标机、气动元件、直线导轨、直线轴承、滚珠丝杠、铝型材及连接件、传感器、PLC、触摸屏等专用电气部件可向专业公司订购外，其余结构均由公司技术人员自行设计、加工、装配、调试完成，目前已在企业正常生产运行近 20 年。

16.7 自动机械优化设计

由上一节内容可知，在自动化生产线的设计过程中，工序设计及节拍设计直接影响到生产线的综合性能与设计制造成本。实际上，影响自动化专机及生产线综合性能的因素还不止这些，在自动机械的设计过程中，设计质量始终是影响项目成功与否的重要因素。

对于目前国内大部分中小自动化装备制造企业而言，由于在设计技术方面与国外先进的装备制造企业存在较大的差距，设计环节的设计质量对设计人员的经验依赖性较大，难免在设计过程中出现各种缺陷甚至失误，这些缺陷或失误又往往在装配调试阶段才暴露出来，造成时间和经济上的损失。

目前比较成熟的经验就是大幅提高设计的标准化，即尽可能采用已经经过实践检验过的各种机构，使其逐步成为公司的标准化机构。全新设计的机构要经过充分的验证后再采用，以此来减少设计缺陷与失误。这种方法虽然不利于设计人员的创新，但可以有效地减少设计缺陷与失误。

1. 采用先进设计方法的优点

随着现代设计技术的快速发展，目前国外已经广泛在各种产品(包括自动化装备)的设计开发中采用先进的设计分析方法，这就是计算机辅助工程(CAE)。通过在设计过程中进行大量的仿真分析，可以实现以下目标：

- 在设计阶段就及早发现设计方案上的缺陷甚至错误，避免在装配调试阶段才发现而进行事后弥补；
- 在设计阶段就可以对不同的设计方案进行快速的分析对比，确定最佳设计方案；
- 对设计方案进行科学的优化，将过去的经验设计提升为真正的创新设计，逐步形成企业的自主创新设计能力。

2. 国外自动化装备行业广泛采用的先进设计方法

以下是国外在自动化装备行业广泛采用的先进设计方法：

(1) 全面采用三维CAD设计软件，避免或消除机构在空间尺寸方面的设计缺陷与失误。

(2) 采用运动仿真分析软件(例如美国MSC公司ADAMS软件)对设计方案进行机构运动分析，可以完成以下工作：

- 生成动画；
- 进行动态干涉检查；
- 对相关运动结果进行仿真输出。

例如可以仿真机构的空间运动轨迹、力学特性(如位移、速度、加速度、力、力矩)、节拍时间等，因而可以对机器运动情况及工作效率进行全面的模拟仿真，同时相关输出结果可以对元件及部件的选型提供科学的理论指导。

(3) 采用结构动力学仿真分析软件对机构进行结构动力学分析，对重要结构的刚度、强度、振动特性等进行校验、优化。

(4) 采用气动仿真分析软件，对气动机构的运动过程进行模拟仿真。例如德国FESTO

公司开发的优秀气动设计软件 FLUID-SIM 可以将 PLC 程序直接与气动系统连接起来进行运动模拟，在计算机中的气动系统中模拟运行 PLC 程序，检验其中可能的错误并及时修改程序，避免在装配调试阶段才发现程序设计错误，缩短设备调试时间。

(5) 采用机器人运动仿真分析软件，在进行机器人运动编程的基础上，对机器人的运动轨迹进行模拟仿真分析。

这些先进设计技术的采用将大幅提高机器设计的质量，提高国内企业的自主创新设计能力及掌握核心技术的能力，提高设备的可靠性，缩短设计制造周期。图 16-26 为采用美国 MSC 公司 ADAMS 软件对装配流水线进行的仿真分析实例。图 16-27 为对机器人装配过程进行的仿真分析实例。

图 16-26　对装配流水线进行仿真分析实例

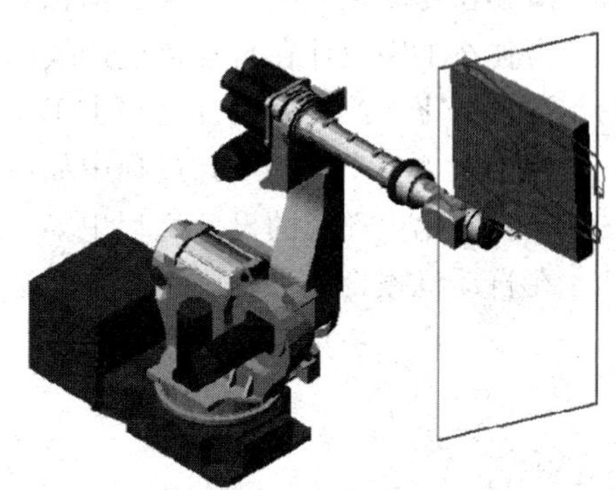

图 16-27　对 FANUC 机器人装配进行仿真分析实例

思考题与习题

16.1　什么叫自动化专机或自动化生产线的节拍时间？自动化专机的节拍时间是否等于全部机构动作时间相加？

16.2　什么叫自动化专机或自动化生产线的生产效率？

16.3　如何确定由直线运动机构组成的单工作站自动化装配专机的节拍时间？如何对这类专机的节拍时间进行优化？

16.4　什么叫时间同步优化方法？什么叫空间重叠优化方法？

16.5　简述间歇回转分度式自动化专机的结构原理。

16.6　如何计算间歇回转分度式自动化专机的节拍时间及生产效率？

16.7　在进行凸轮分度器的选型时，如何根据实际工序情况确定间歇回转分度式自动化专机的节拍时间？

16.8　如何提高间歇回转分度式自动化专机的生产效率？

16.9　连续回转式自动化专机与间歇回转分度式自动化专机在结构原理上有哪些区别？

16.10　如何计算连续回转式自动化专机的节拍时间及生产效率？

16.11　通常如何提高连续回转式自动化专机的生产效率？

16.12　简述未设置内部零件存储缓冲区的自动化加工生产线的工作原理。

16.13　简述未设置内部零件存储缓冲区的自动化加工生产线有哪些缺点，如何解决？

16.14 如何计算未设置内部零件存储缓冲区自动化加工生产线的理论节拍时间及理论生产效率?

16.15 如何计算未设置内部零件存储缓冲区的自动化加工生产线的实际节拍时间及实际生产效率?为什么这种生产线的实际平均生产效率要低于理论生产效率?

16.16 简述自动化装配生产线的结构及工作过程。

16.17 简述自动化装配生产线、手工装配流水线、自动化机械加工生产线三者的区别。

16.18 什么叫生产线的使用效率?

16.19 如何计算自动化装配生产线的节拍时间?

16.20 如果提高自动化装配生产线的生产效率?

16.21 简述在自动化装配专机及自动化装配生产线上为什么待装配零件的质量非常重要。

16.22 为什么工序设计在自动化生产线的设计过程中具有非常重要的意义?

16.23 在自动化生产线的设计过程中工序设计的内容主要有哪些?

16.24 在自动化生产线的设计过程中如何设计工件在生产线上的姿态方向?

16.25 在自动化生产线的设计过程中如何进行工序的平衡?

16.26 在自动机械设计过程中有哪些先进的设计方法?

第 17 章　气缸的选型与安装

对初学者而言，气缸的选型与安装设计往往是实际工作中最大的困难。熟练进行气动系统的选型设计、装配、调试是从事自动机械结构设计的基础，因为种种原因，目前国内院校的“液压与气动技术”课程基本都偏重于基础理论知识的介绍，对从事自动机械结构设计、装配调试及管理维护的技术人员而言，这是远远不够的，实际工作要求必须能够熟练地根据实际场合的特定使用要求进行气动元件的选型及气缸的安装结构设计。

在大多数的自动机械应用中，我们需要进行的工作经常是采用气缸进行物料（或机构）的移位、工件的夹紧、挡停、升举、提供各种执行机构（例如铆接、管材的切断、旋压成型等）需要的驱动力，或者通过气动手指（或真空吸盘）进行工件的搬运，由于气动元件都是专业制造商制造供应的标准件，因此我们需要从供应商的样本目录中熟练进行各种气动元件的合理选型。包括：气动回路设计、气缸的选型与安装结构设计、电磁换向阀的选型、磁感应开关的选型、气动手指选型及夹板设计、空气处理单元选型、真空系统设计与元件选型、油压吸振器的选型计算等。

由于篇幅所限，本章仅对气缸的选型与安装结构、气动手指选型及夹板设计进行介绍，其余内容请读者参考气动元件制造商的样本资料进行学习。

17.1　气缸的选型及安装

为了确定某个特定使用场合下合适的气缸型号规格，我们必须分别确定气缸的结构系列、缸径、行程、安装形式及附件、缓冲形式、磁感应开关、连接附件等。其中气缸的缸径与行程选定比较简单，初学者较难掌握的是气缸系列和安装方式的选定，读者要重点掌握并注意总结积累经验。

由于目前国内自动化行业大量采用 FESTO 公司和 SMC 公司的产品，而且两家公司的产品中对应的类似系列产品里相同缸径的气缸都具有基本一致的外形尺寸（部分型号外形尺寸甚至完全相同）。一般情况下，两家公司的产品在外形尺寸及安装尺寸方面基本可以互换，这样也方便用户的维修更换。

在实际工程中，气缸的选型是按以下步骤进行的：先选择系列，再确定缸径和行程，再选定安装方法，最后选定安装附件、磁感应开关、缓冲方式等。

17.1.1　气缸系列的选定方法

由于在不同的使用场合下气缸工作时的工作条件、工作要求都是有区别的，为了满足各种用户上述各种不同场合的使用需要，气动元件制造商设计制造了各种不同结构型式的气缸系列，供用户进行选用。

系列选用的原则是：既能满足具体场合的各种使用要求，又要使气缸安装结构尽可能简单，气缸价格最低。

由于上述两家公司设计制造了大量的气缸系列，而且每种系列还具有衍生系列，初学者往往不知道如何入手选择合适的系列。为了方便初学者尽快具有系列选型的能力，下面以这两家公司最常用的5种或6种系列(仅以基本型为例)为例说明气缸的系列选型过程并进行对照。工程上使用量最大的系列为标准气缸、短行程气缸、多面安装气缸、摆动气缸、无杆气缸和气动手指。

1. 标准气缸

标准气缸的特点是缸筒采用圆柱形型材制造，制造成本最低廉，因而价格最便宜。

在很多装配系统中，气缸需要推动的负载很小，例如仅需要对输送线上运行的工件进行阻挡、推料等，这时主要要求气缸输出力不大、安装结构简单、价格低廉，因此小缸径的标准气缸特别适合在上述场合使用。

由于气缸的输出力大小差异，通常标准气缸也根据缸径的范围不同设计制造成多个系列。

FESTO公司的标准气缸主要有DSN(缸径8～25 mm)、DSEU(缸径8～63 mm)、DSW(缸径32～63 mm)，也称圆形气缸，三种系列气缸外形及结构特点都非常相似，缸筒都是由圆柱形型材制造，具有成本低廉、结构简单、安装简单方便等特点，差别是缸径范围有所区别。图17-1为上述气缸的外形图。图17-2为上述系列气缸的典型工程应用实例。

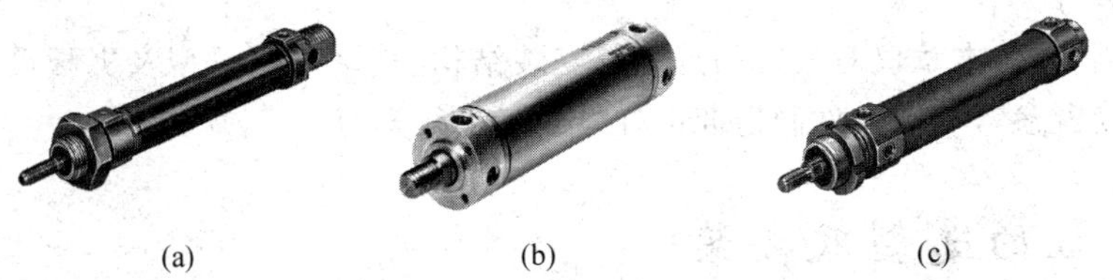

(a) (b) (c)

图17-1 FESTO公司DSN、DSEU、DSW系列标准气缸

(a) DSN系列；(b) DSEU系列；(c) DSW系列

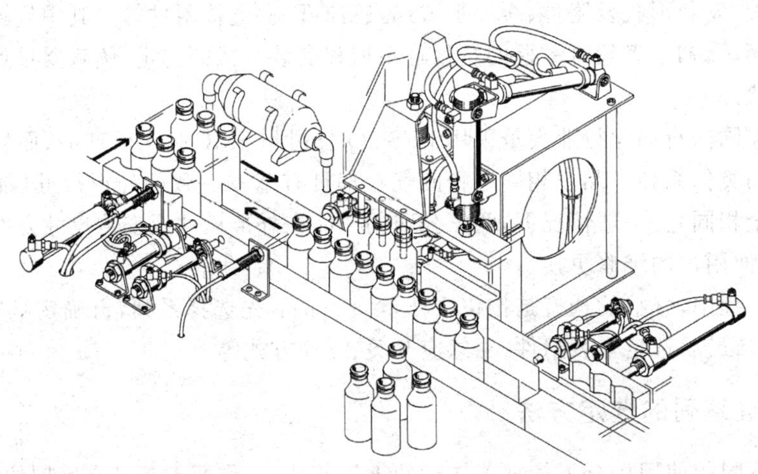

图17-2 FESTO公司DSN、DSEU、DSW系列标准气缸工程应用实例(瓶装系统)

上述三种系列气缸都属于中小型气缸，最典型的应用场合就是挡停、分隔、提升、门开闭等对气缸输出力要求不大的地方，成本低廉，但对气缸输出力要求较大的场合则不合适，例如：铆接、冲压、工件的夹紧、金属板件字符压印、管材旋压成型……上述场合负载较大，要

求气缸具有较大的输出力，同时也要求气缸本身及其安装方式、安装结构、安装附件等都具有良好的结构刚性，承载能力强。因此，制造商设计制造了高承载能力标准气缸，缸筒与缸盖采用高刚性结构甚至采用四拉杆连接结构，部分大缸径气缸的缸筒采用碳钢材料制造，结构刚性很好，能够满足大承载能力要求。

FESTO 公司典型的高承载能力标准气缸基本系列为 DNC(缸径 32～125 mm)、DNU(缸径 32～100 mm)、DNG(缸径 32～320 mm)系列，上述系列气缸安装方式灵活多样，设计有脚架安装、法兰安装、中间耳轴安装、双耳环、球铰双耳环等安装结构和附件，安装结构刚性好。图 17-3 为上述系列气缸外形图。图 17-4 为 DNG 系列气缸用于机械手旋转变位机构的使用实例(尾部铰接安装)。

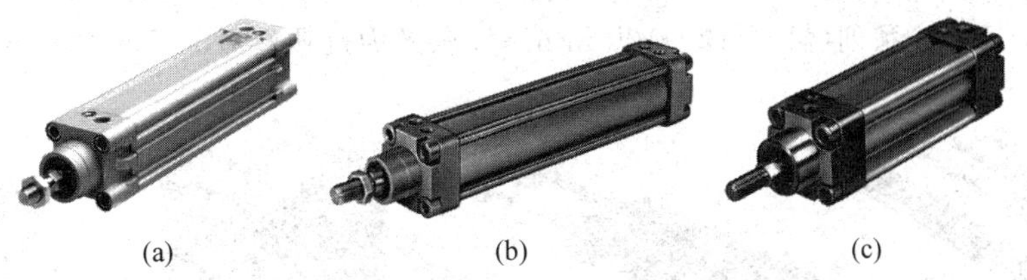

图 17-3　FESTO 公司 DNC、DNG、DNU 系列外形图

(a) DNC；(b) DNG；(c) DNU

与 FESTO 公司 DSN、DSEU、DSW 系列相对应，SMC 公司的标准圆形气缸系列为 CJ2(缸径 6～16 mm)、CM2(缸径 20～40 mm)及 CG1 系列(缸径 20～100 mm)，其中 CJ2、CM2 两种气缸是一样的外形结构，尺寸也与 FESTO 公司的同类气缸相近或相同，CG1 系列称为轻巧型系列，质量轻，大量使用在对气缸质量很敏感的高速机械手中。

与 FESTO 公司 DNC、DNG、DNU 系列相对应，SMC 公司的同类高承载能力标准气缸为 CA1 系列(缸径 40～100 mm)、MB 系列(缸径 32～100 mm)，外形及安装结构与 FESTO 公司的对应规格基本一致。

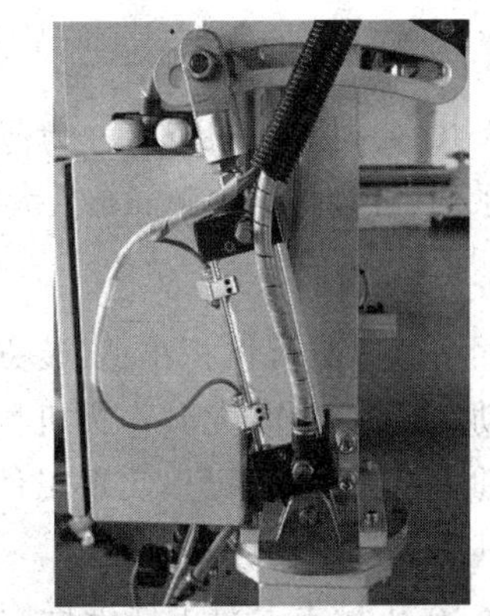

图 17-4　DNG 系列气缸用于机械手旋转变位机构使用实例

2. 多面安装气缸

在自动机械的很多设计场合，经常需要将多个气缸互相搭接在一起组成具有多个自由度的机械手，还有一些场合希望气缸可以方便灵活地安装，如果气缸缸体采用长方形的铝型材制造，气缸多个表面都可以方便地安装，将可以非常方便地实现多个气缸的互相搭接装配，使气缸的安装变得灵活、方便、占有安装空间小。为了满足上述需要，制造商设计制造了一种具有上述偏平的矩形结构、在气缸的多个矩形表面上都设计有螺纹安装孔的气缸系列，这就是多面安装气缸系列。

FESTO 公司的多面安装气缸基本系列为 DPZ 系列(缸径 10～32 mm)，由于具有平行的两个活塞杆，所以具备抗扭转功能，其中衍生系列 DPZJ(缸径 10～32 mm)活塞杆两端都安装有活塞杆，所以功能更强，如图 17-5 所示。

SMC 公司对应的产品称为自由安装气缸系列，系列代号为 CU 系列(缸径 6～32 mm)。

除安装方便简单外，多面安装系列气缸最大的特点为自身具有导向功能，可以省略直线导轨、直线轴承等导向部件，简化设计制造。

3. 紧凑型气缸

在某些场合下，负载的移动距离较小，为了节省气缸的安装空间，要求气缸具有最小的尺寸，尽量不占用安装空间。因此制造商设计了一种在同样行程条件下具有最短长度的气缸，体积小，重量轻，安装方便，可以直接利用气缸两端端面的螺纹安装孔或通孔进行安装，这种气缸系列称为紧凑型气缸。

FESTO公司的紧凑型气缸基本系列为ADVU系列(缸径12～125 mm)，为了在某些场合下简化机构设计，于是设计制造了一种带导杆(即活塞杆具有防转导向功能)的气缸系列，这就是ADVUL系列(缸径12～100 mm)，L意义为抗扭转，图17-6为其外形图。

图17-5 FESTO公司多面安装气缸系列外形图

图17-6 FESTO公司紧凑型气缸ADVU、ADVUL系列外形图

SMC公司对应的产品称为薄型气缸或短行程气缸，系列代号为CQ2，其中又细分为长行程系列(缸径32～100 mm)、大缸径系列(缸径125～160 mm)。

4. 摆动气缸

摆动气缸具有体积小、安装方便、摆动角度可调等特点，可以对运动部件或负载直接实现摆动旋转的动作，尤其作为机械手使用时可以使设计及制造大幅简化，除可以实现工件的变位和上下料外，还可以实现工件的分类、夹紧、阀门开闭等工作。

其主要功能为：

- 在机械手上对工件进行旋转、翻转变位；
- 直接与气动手指一起作为机械手用于自动上下料。

在第9章的学习中，读者已经知道在自动机械设计中经常需要改变工件的方向，实现工件的转位、翻转，通过机械手在工件移送过程中对抓取的工件进行变位就是一种简单而大量采用的方法，实现使工件旋转一定角度的目的，例如旋转90°、180°、270°等。这种机械手也可以直接作为自动上下料装置。

摆动气缸按结构原理分为齿轮齿条式和叶片式两大类型。读者需要理解两大类型摆动气缸的区别及选用方法。

齿轮齿条式摆动气缸系列能够提供较大的最大输出扭矩和许用转动惯量，输出扭矩最大可达150 N·m，一般用于负载重量及惯性矩较大的场合，在选用时需要对负载的惯性矩进行详细计算，摆动的角度范围较宽，可达0°～360°，体积及质量也较大。

叶片式摆动气缸系列能够提供的输出扭矩和许用转动惯量较小，一般用于负载重量及惯性矩较小的场合，例如用于机械手的末端与气动手指连接，用于对工件进行旋转变位，也经常与气动手指或真空吸盘连接在一起，大量用作自动机械的自动上下料机械手，体积及质量也较小，摆动的角度范围也较齿轮齿条式窄。

FESTO 公司最基本的摆动气缸系列为：齿轮齿条式 DRQ、DRQD 系列，其中 DRQ 系列摆动角度可在 0°～360°自由选择，DRQD 系列摆动角度选择范围较小，主要为 90°和 180°，部分型号可选择 360°。

叶片式摆动气缸系列 DSR、DSM。其中 DSR 系列摆动角度可以在 0°～184°范围内无级调节，DSM 系列摆动角度选择范围较小，主要为 90°、180°、240°，图 17-7 为上述系列气缸的外形图。

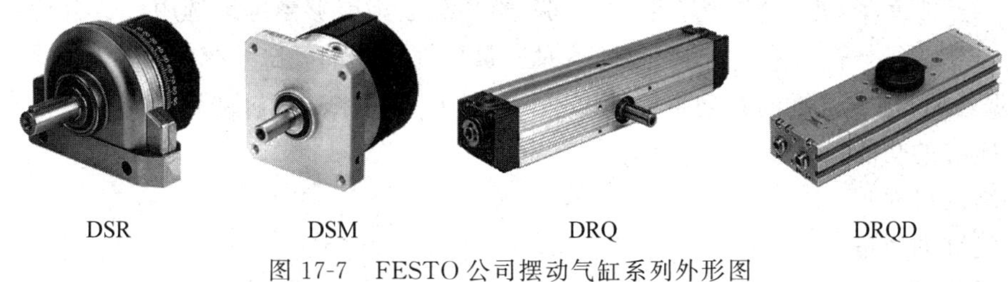

图 17-7　FESTO 公司摆动气缸系列外形图

SMC 公司对应的产品为齿轮齿条式 CRA1、CRQ、MSQ 系列，叶片式摆动气缸系列 CRB1、CRB2、MSUB。

5. 导向装置

在自动机械结构设计过程中，负载移动时经常需要高精度的直线导向，同时还需要较高的抗扭转刚度，因此在结构设计上既需要设计高精度的直线导向部件（例如采用滚珠结构的直线轴承、直线导轨部件），同时还需要作为驱动元件的气缸。

为了使上述设计及制造过程简化，气动元件制造商将上述功能部件进行集成，设计制造了一系列专门的结构模块，这种模块内部装配有直线轴承，既提供高精度的直线导向，同时其双导杆结构还具有抗扭转功能，并且将气缸安装结构也设计好了，我们只要将气缸、气动手指（或其他装配执行机构）安装到上述模块上就可以直接使用了，这就是导向装置系列。

FESTO 公司最基本的导向装置系列为 FEN、FENG，其中 FEN 系列配用的气缸为小缸径气缸，缸径范围为 8 mm、10 mm、12 mm、16 mm、20 mm 和 25 mm，直接配用 FESTO 公司 DSN、DSNU 系列气缸。FENG 系列配用的气缸为更大缸径的气缸，缸径范围为 32 mm、40 mm、50 mm、63 mm、80 mm 和 100 mm，直接配用 FESTO 公司 DSC、DNG、DNGU 系列气缸，图 17-8 为其外形图，两个系列的外形基本一致，只是尺寸有差别。

SMC 公司对应的产品称为带导杆气缸，基本系列为 MGG、MGC，与 FESTO 公司同类产品不同的是这些系列直接将配用的气缸都连接好了，除安装有直线轴承导向部件外，还配好了油压吸振器，而 FESTO 公司是将气缸与导向装置分开销售。

图 17-8　FEN、FENG 系列导向装置外形图

导向装置在各种自动机械手、自动化专机的装配执行机构上得到广泛的应用，简化了结构设计。例如机械手用多个气缸手指一次同时移送多个工

图 17-9 导向装置在机械手中的应用实例

件时，这种模块就非常方便。图 17-9 为导向装置在机械手中的应用实例，图中导向装置末端安装有 3 只气动手指。

气缸系列的选定是很多初学者的难点，在很大程度上取决于对各种气缸性能的了解和工程经验的积累，读者需要在今后的工作中多注意总结积累，还要注意多观察现有设备上各种使用场合下的使用要求及所选用的气缸系列，不断总结经验，然后就逐渐能够熟练地选用最适合特定用途、具有最佳性价比的气缸系列。

根据经验，选定气缸的系列主要从以下方面分析各种系列气缸的性能特征：

- 气缸的功能；
- 结构尺寸；
- 气缸的质量；
- 承载能力；
- 结构刚度；
- 安装特点；
- 气缸价格。

由于气缸的系列较多，除上述系列外，最常用的系列还有无杆气缸、止动气缸、电动驱动缸等系列，限于篇幅其他系列本书不作介绍，读者可以结合供应商的样本资料进一步学习。

17.1.2 气缸缸径和行程的选定方法

1. 气缸缸径的选定方法

气缸的活塞直径(通常称为气缸的缸径)直接决定了气缸在工作时的工作输出力，气缸的缸径越大，气缸在工作时的工作输出力也越大。

$$F = PA \tag{17-1}$$

式中：F——气缸理论工作输出力，N。

P——气缸压缩空气工作压力，Pa。

A——气缸活塞面积，m^2。

为了方便工程设计人员的选型计算，气动元件制造商将各种缸径的气缸在常用各种工作压力下的输出力计算好并制作成表格，供我们直接查阅。我们可以在表格中快捷、方便地查得某缸径的气缸在某一工作压力下的工作输出力。表 17-1 为气缸在水平方向伸出工作时的标准工作输出力表。

表 17-1 双作用气缸水平伸出工作时标准工作输出力 kgf[①]

缸径/mm	使用压缩空气压力/MPa				
	0.3	0.4	0.5	0.6	0.7
6	0.85	1.13	1.41	1.70	1.98
10	2.36	3.14	3.39	4.71	5.50

续表

缸径/mm	使用压缩空气压力/MPa				
	0.3	0.4	0.5	0.6	0.7
12	3.39	4.52	5.65	6.78	7.91
16	6.03	8.04	10.1	12.1	14.1
20	9.42	12.6	15.7	18.8	22.0
25	14.7	19.6	24.5	29.4	34.4
32	24.1	32.2	40.2	48.3	56.3
40	37.7	50.3	62.8	75.4	88.0
50	58.9	78.5	98.2	117	137
63	93.5	125	156	187	218
80	151	201	251	302	352
100	236	314	393	471	550
125	368	491	615	736	859
140	462	616	770	924	1078
160	603	804	1005	1206	1407
180	763	1018	1272	1527	1781
200	942	1257	1571	1885	2199
250	1473	1963	2454	2945	3436
300	2121	2827	3534	4241	4948

① 1 kgf≈9.8 N。

气缸在水平方向工作且活塞杆缩回时的输出力、气缸在竖直方向上工作时的理论输出力也可以查阅相关的表格。

表 17-1 为气缸的理论输出力，在实际应用中，我们还要根据负载的运动状态考虑气缸的负载率。所谓气缸的负载率 η 就是指气缸活塞杆实际受到的轴向负载力 F 与气缸理论输出力 F_0 之间的比值，负载率 η 为零也就是指气缸为空载状态。

$$\eta=\frac{F}{F_0}\times 100\% \tag{17-2}$$

一般气缸的负载为静态载荷时，例如低速铆接、夹紧等，一般负载率 $\eta\leqslant 70\%$。

在动载荷情况下，气缸运动速度为 50～500 mm/s 时，一般负载率 $\eta\leqslant 50\%$。气缸运动速度大于 500 mm/s 时，例如高速气缸，一般负载率 $\eta\leqslant 30\%$。

由此可见，气缸在工作时的实际输出力取决于以下因素：

- 负载大小、负载运动状态；
- 气缸的缸径；
- 气缸实际使用的压缩空气压力；
- 气缸的安装方向及工作方向。

实际工作中选定气缸的缸径的方法和步骤为：

(1) 对负载阻力进行计算，计算实际负载阻力大小。

(2) 根据气缸的运动速度范围，选取合适的负载率。

(3) 根据实际负载阻力及选取的气缸负载率，计算气缸所需要的理论输出力大小。

(4) 选定实际使用的压缩空气压力大小。

(5) 根据气缸所需要的理论输出力、使用压缩空气压力查阅相关表格(例如表17-1)得出所需要的气缸缸径,选取时取能达到需要理论输出力的最小缸径。

以上为直线运动气缸缸径的选定方法。在进行摆动气缸的选型时,需要根据负载的转动惯量、角加速度、气缸负载率计算出气缸所需要的最小理论输出扭矩,然后再据此选择摆动气缸的型号。下面分别举例对上述两类气缸缸径的选定方法进行说明。

例 17-1 在图17-10所示的某自动夹紧场合,气缸在水平方向工作,要求气缸的夹紧力为300 N,气缸工作时的压缩空气压力为0.6 MPa,试以FESTO公司的气缸为例选定合适的气缸系列及缸径。

解:

(1) 选定气缸系列

气缸的用途为夹紧工件,因此要求夹具夹紧可靠,而且要求气缸具有足够的承载能力及结构刚性,所以选择FESTO公司结构刚性较好的DNG系列。

(2) 确定气缸负载率

因为气缸在水平方向工作,夹紧工件属于静载荷,因此按负载率$\eta=70\%$来进行计算。

(3) 计算所需要的气缸理论输出力F_0

气缸所需要的理论输出力F_0为

$$F_0=\frac{F\times 100\%}{\eta}=\frac{300\times 100\%}{70\%}=428.6(\text{N})=43.7(\text{kgf})$$

(4) 查表选定气缸型号

查阅表17-1,在0.6 MPa工作压力下,缸径为25 mm的气缸水平方向工作时,伸出方向理论输出力为29.4 kgf,缸径为32 mm的气缸理论输出力则为48.3 kgf,因此需要选定缸径为32 mm的气缸才可以满足使用要求,再选更大缸径的气缸也无必要。

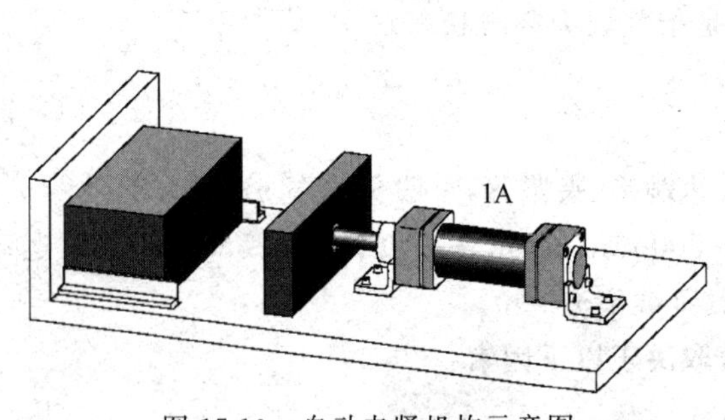

图 17-10 自动夹紧机构示意图

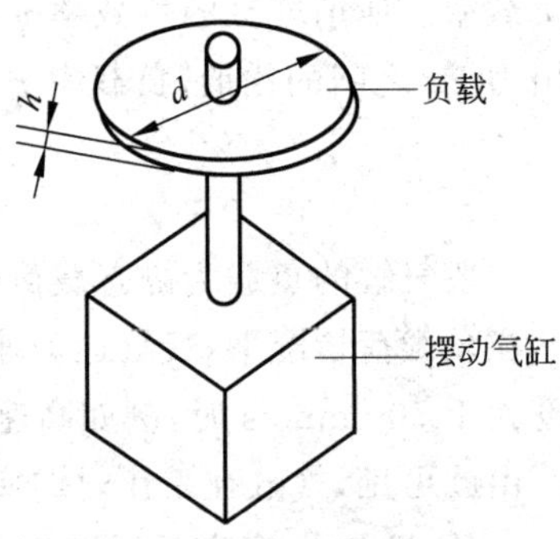

图 17-11 摆动气缸使用示意图

例 17-2 图17-11为一简单的摆动气缸使用示意图,负载直径为$d=20$ cm、厚度为$h=15$ cm的圆盘,摆动角度为100°,要求摆动时间$t=1$ s,圆盘材料密度为$\rho=7850$ kg/m^3,使用压缩空气压力为0.5 MPa,试以SMC公司的气缸产品为例选定合适的摆动气缸系列及型号。

解:

(1) 负载质量及转动惯量计算

$$负载质量\ m=\frac{\pi}{4}d^2h\rho=\frac{\pi}{4}\times 0.2^2\times 0.15\times 7850=37(\text{kg})$$

$$负载转动惯量\ J=\frac{1}{8}md^2=\frac{1}{8}\times 37\times 0.2^2=0.185(\text{kg}\cdot\text{m}^2)$$

(2) 计算负载摆动加速度

$$负载摆动加速度\ a=\frac{\pi\theta}{90t^2}=\frac{100\pi}{90\times 1^2}=3.49(\text{rad/s}^2)$$

(3) 确定气缸负载率

负载为惯性负载，所以选取负载率 $\eta=0.1$。

(4) 计算气缸最小理论输出力矩

气缸最小理论输出力矩 M_0 为

$$M_0=\frac{Ja}{\eta}=\frac{0.185\times 3.49}{0.1}=6.46(\text{N}\cdot\text{m})$$

(5) 查表初步选定气缸型号

查阅 SMC 公司摆动气缸的样本资料，要满足上述最小理论输出扭矩，可以选用的气缸为型号为 CRA150 的齿轮齿条式摆动气缸或型号为 CRB1BW80 的单叶片式摆动气缸。

(6) 缓冲能力校核

$$负载的转动动能\ E_\text{d}=\frac{1}{2}J\ (at)^2=\frac{1}{2}\times 0.185\times(3.49\times 1)^2=1.127(\text{N}\cdot\text{m})$$

查阅 SMC 公司摆动气缸的样本资料，上述两种型号摆动气缸的允许能量都不能满足负载转动动能的要求。

(7) 选定气缸型号

根据上述缓冲能力校核的结果，从缓冲能力考虑，应选用理论输出扭矩及允许能量更大的型号 CRA163，其允许能量为 1.5 N・m，能够满足转动动能的要求。

2. 气缸行程的选定方法

每只气缸都具有一定的工作行程，为了满足各种不同用户的使用要求，制造商对每种缸径的气缸都按一定的差异设计了一系列的标准工作行程，使用方只要根据自己的使用需要选定标准的工作行程就可以了。在使用中读者需要区分以下两个非常重要的概念：

- 气缸的最大工作行程；
- 气缸的实际工作行程。

气缸的最大工作行程是指气缸在设计制造时，气缸活塞杆从缩回状态到伸出状态的最大伸缩距离，这是指气缸可能的最大使用行程，实际上在使用时一般也避免满行程使用，以有效地保护气缸，否则活塞与端盖发生撞击会降低气缸的工作寿命。

气缸的实际工作行程是指气缸在实际使用时(例如推动某个负载)负载移动的距离，它是根据具体场合的使用要求而确定的，一般都需要在装配调试时进行精确的调整。理论上气缸的实际工作行程可以是最大工作行程以内的任何值。例如图 17-12 所示的负载移动距离就是气缸的实际工作行程。

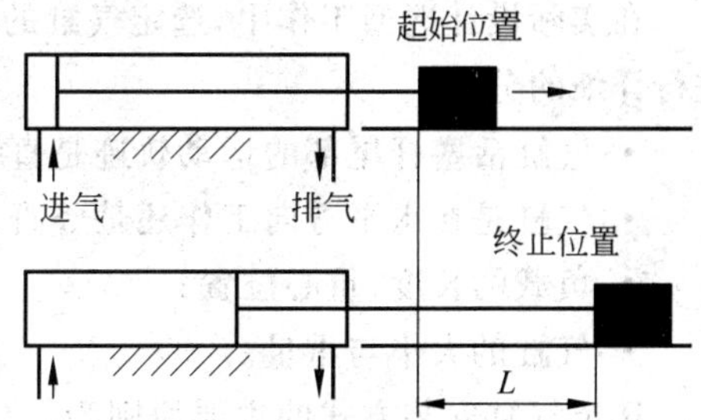

图 17-12　气缸实际工作行程示意图

读者还需要理解气缸实际工作行程是依靠气缸外部专门设计的机械挡块来实现的，负载碰到上述挡块后气缸活塞杆自然就无法继续向前运动了，而且因为行程需要进行精确的调整，所以上述机械挡块的位置还应该是可以调节的。

由此可见，选定气缸的行程是指选定气缸的最大标准工作行程。选定气缸行程的方法为：根据负载需要的实际移动距离，选择比上述实际需要移动距离大的最小标准行程。

例 17-3 在例 17-1 所示的实例中，考虑到工件的厚度、人工或自动送料机构将工件移送到定位夹具上所需要的空间大小等因素，假设夹紧工件的夹块实际需要移动的距离为 60 mm，请选定气缸的标准工作行程。

解：气缸活塞杆需要移动的距离为 60 mm，查阅 FESTO 公司的样本资料，DNG 系列的气缸当缸径为 32 mm 时，气缸的标准行程规格为 25 mm、40 mm、50 mm、80 mm、100 mm、125 mm、160 mm、200 mm、250 mm、320 mm、400 mm 和 500 mm。

显然，选用 50 mm 的标准行程偏小，而选用 80 mm 标准行程即可实现 60 mm 的工作行程，在本例中也没有必要再选用更大的行程，否则既增加成本，又占用更大的空间。

17.1.3 气缸安装形式及安装附件的选定方法

选定气缸的系列、缸径、行程后，下一步就是选定气缸的安装形式与安装附件。

选定气缸的安装形式实际上就是一个自动机械结构设计的过程，气缸的安装结构直接支承气缸在工作时的负载阻力，活塞杆所承受的负载阻力都通过缸体、安装结构最后传递到安装基础上，因此要求气缸在安装后不仅能够实现要求的运动，而且还要能够确保气缸在良好的力学工作状态下可靠地工作，确保负载运动效果及气缸的工作寿命。

如果气缸的安装方式或安装结构设计不良，则不仅可能气缸无法实现要求的运动，还可能导致结构刚性不够，气缸工作时机构发生变形、移位等现象，还可能使气缸在不良的力学工作条件下工作，缩短气缸的工作寿命，所以选定合适的气缸安装方式与安装结构在自动机械结构设计中是一个非常重要的问题。

那么如何选定气缸的安装方式呢？下面仅以普通的直线运动气缸为例进行说明。

1. 直线运动气缸的安装方式

摆动气缸和多面安装气缸的安装方式相对简单，在此不再赘述。其他直线运动气缸的安装方式主要有图 17-13 所示的几种，主要为脚架安装、螺纹安装、法兰(前法兰或后法兰)安装、铰接(耳轴)安装。

2. 如何选定气缸的安装方式

在实际设计选型工作中，选定气缸的安装方式时，我们首先需要对气缸的以下工作情况进行详细的分析：

- 气缸活塞杆尾部的运动轨迹是直线还是曲线；
- 气缸是在水平方向工作还是竖直方向工作；
- 负载的长度、重心位置；
- 气缸的大小与重量。

选定气缸安装方式的主要原则为：

- 安装形式能够满足气缸活塞杆的运动自由度要求，不对活塞杆施加径向载荷(气缸

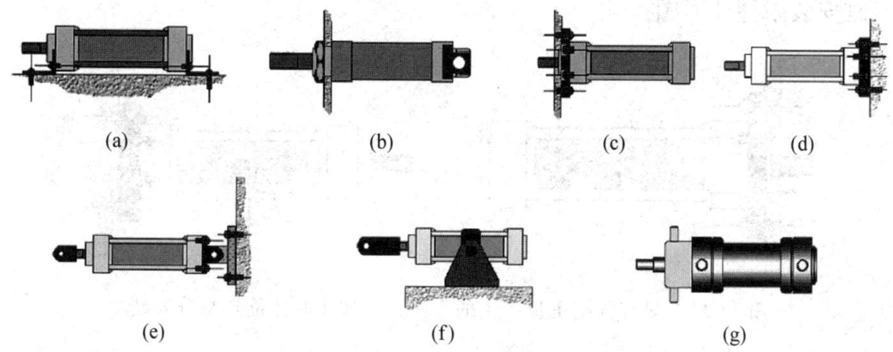

图 17-13　直线运动气缸的典型安装方式

(a) 脚架安装；(b) 螺纹安装；(c) 前法兰安装；(d) 后法兰安装；(e) 尾部铰接安装；(f) 中部铰接安装；(g) 前部铰接安装

的缸体作摆动运动时需要使缸体能够自由摆动)；

- 安装结构的刚性足以支承负载阻力；
- 水平方向安装使用时如果气缸的自重会产生较大的弯曲力矩就不能悬臂安装；
- 竖直方向安装时使气缸重心通过安装中心；
- 尽可能不占用空间、简化安装。

1) 什么情况下可以采用脚架安装、螺纹安装、法兰安装方式

当气缸的缸体在气缸活塞杆运动时不需要摆动，或者说气缸活塞杆末端完全属于直线运动的情况下，就可以考虑采用这三类让缸体固定的安装方式。

(1) 气缸在竖直方向安装时

当气缸在竖直方向安装时最简单，一般采用上下法兰安装，由于气缸的重心通过安装面，所以这种安装方式的力学特性最好。如果气缸在竖直方向安装而且气缸的行程很大时，一般在气缸的前端或尾端安装固定，而同时在气缸的另一端进行辅助固定，以免意外地碰到缸体造成缸体固定端连接螺纹损坏而使气缸失效。

(2) 气缸在水平方向安装时

当气缸在水平方向安装时就需要更仔细的分析。与前面所述的铰接安装类似，我们需要仔细分析是否可以采用单侧悬臂安装。

由于脚架的结构刚性一般不高，因此脚架安装方式一般只用于负载较小的场合，特别要注意当负载较大时会导致脚架变形，使气缸的工作不准确甚至无法满足工艺要求。另外，一般尽量避免采用单侧脚架悬臂安装，否则气缸的重量会对安装侧产生一个弯曲力矩，只有气缸较轻而且长度较短时一般才采用单侧脚架悬臂安装。

法兰安装也同样需要考虑气缸的长度与重量，单侧法兰安装一般也是在气缸的重量不大、长度较小的情况下才采用，否则气缸的重量与长度会对单侧法兰安装面产生一个不可忽视的弯曲力矩，如图 17-14 所示。

螺纹安装一般只有较小缸径(例如微型气缸、圆形标准气缸)的气缸才采用，而且同样要考虑弯曲力矩的影响，当气缸长度较大时采用两端安装而不采用单侧悬臂安装。

与安装有关的安装附件(如脚架、耳轴等)可以在气缸型号选定时同时选出，安装附件的大小是与气缸的缸体安装尺寸相对应的，读者只要查明详细的规格即可。图 17-15 为常用

的各种气缸安装附件外形图。

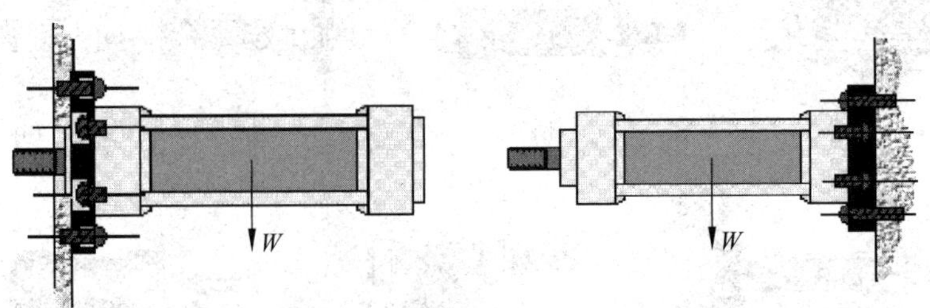

图 17-14 只有气缸重量产生的弯曲力矩较小时才能够悬臂安装

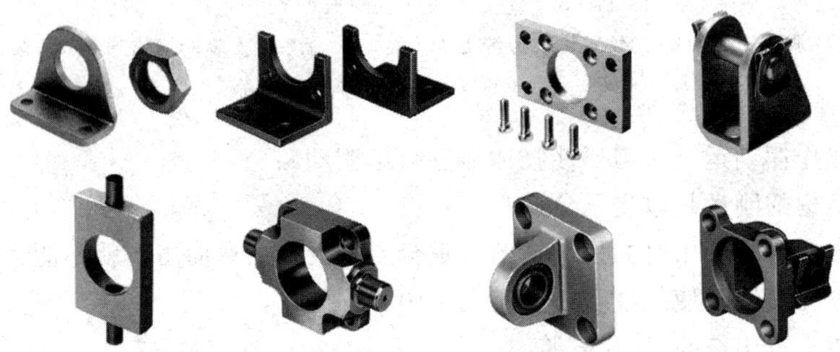

图 17-15 常用的各种气缸安装附件外形图

2）什么情况下必须采用铰接安装方式

首先分析气缸活塞杆的运动形式，如果活塞杆尾部的运动轨迹始终是直线，则可以考虑通常的脚架安装、法兰安装、螺纹安装，将缸体固定；如果活塞杆尾部的运动轨迹不是直线而是曲线，也就是说活塞杆的运动实际上是直线运动与摆动运动组成的复合运动，这种情况下则不能考虑上述三类安装方式将缸体固定，而必须使缸体处于自由活动状态，也就是必须采用铰接安装方式，否则活塞杆会无法运动。

图 17-16 所示为典型的铰接安装实例，图示机构为一铆接机构或自动夹紧机构，气缸活塞杆与一活动铰链连接，显然活塞杆端部的该铰链运动轨迹为一圆弧轨迹，圆心为底座上方的固定铰链。如果采用通常将缸体固定的安装方式活塞杆就会卡死，导致气缸无法运动，所以必须采用铰接安装，使缸体能够实现一定的摆动。前面图 17-4 所示的实例也同样属于这种情况。

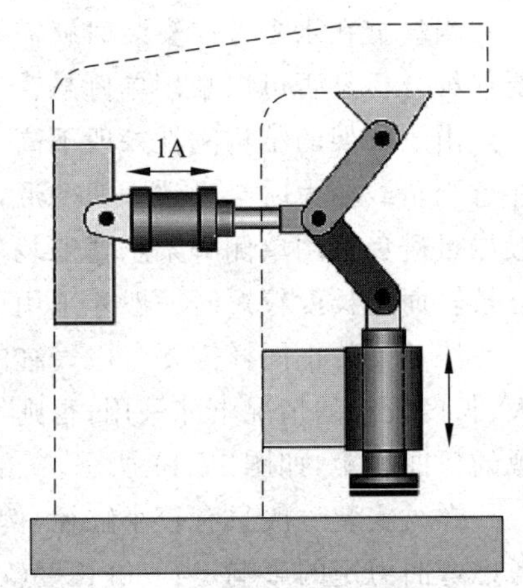

图 17-16 典型的铰接安装实例（铆接或夹紧机构）

3）如何确定采用尾部、中部或前部铰接安装方式

在采用铰接安装方式中，究竟采用尾部铰接、中部铰接或者前部铰接还必须进行认真分析。

在图 17-16 所示实例中，由于缸体的重量会对活塞杆产生一个弯曲力矩，该弯曲力矩直接作用在活塞杆上，气缸长时间在这种状态下工作会导致活塞杆的弯曲变形，同时活塞杆与气缸缸盖内的导向套配合处会因为径向负载而加速活塞杆及导向套的磨损。此外，这种弯曲力矩还会使活塞环上的密封圈受力及变形呈不均匀状态，使密封圈磨损不均匀，导致活塞密封圈过早漏气失效，降低气缸使用寿命。

气缸的长度及重量越大，上述弯曲力矩也越大，因此图 17-16 中的水平方向尾部铰接方式只有在上述弯曲力矩较小时才合适，也就是说只有气缸的重量较小、长度较短时才合适，否则就要采用中部铰接安装方式，图 17-17 所示为中间铰接安装附件。

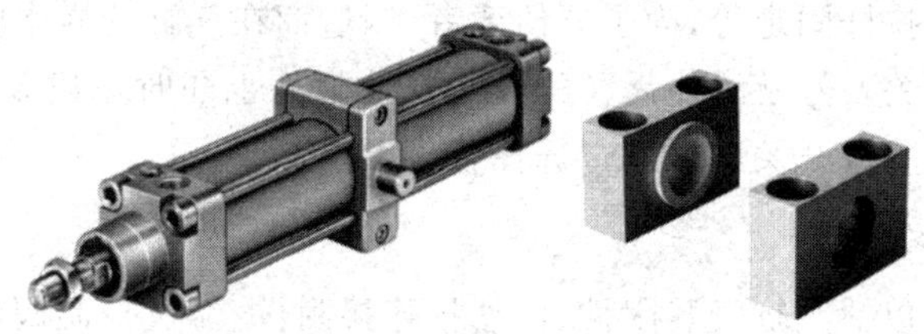

图 17-17　中间铰接安装附件

在前面图 17-4 所示实例中，由于气缸是在与竖直方向倾斜不大的方向上工作，采用尾部铰接时对活塞杆的弯曲力矩就较小，缸体的重量主要都由铰接支座来支承。如果气缸的重量较大、气缸缸体与竖直方向的夹角也较大时就会产生不可忽略的弯曲力矩，必须改用中部铰接方式。

采用中部铰接安装方式时铰接支架也应该尽可能靠近气缸的重心安装，如图 17-18 所示，让缸体的重量主要由铰接支座来支承，减小活塞及活塞杆承受的弯曲力矩，也就是使气缸重心 Z 点与铰接支座 S 点的距离 L 尽可能小。

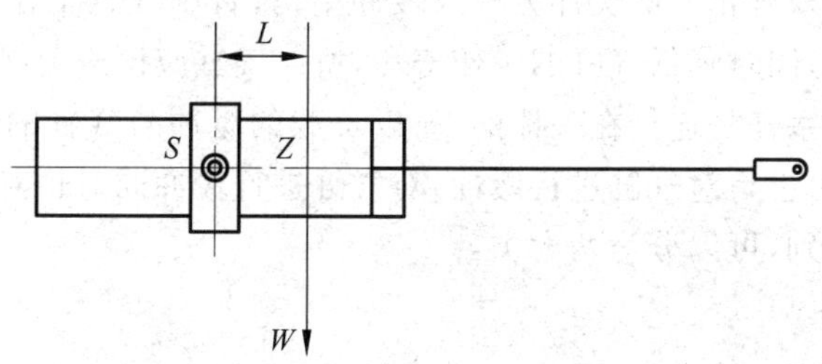

图 17-18　铰接支架尽可能靠近气缸的重心安装

采用前部铰接方式的原理也是类似的，需要具体分析上述弯曲力矩的情况，尽量减小气缸活塞杆承受的弯曲力矩。

采用铰接安装的原因实际上也就是气缸活塞杆不能承受径向负载，如果活塞杆承受与缸体不平行的负载(径向负载)，会导致活塞杆弯曲、密封圈磨损不均匀、漏气等致命故障。

由于气缸活塞杆一般只能承受轴向载荷，不能承受径向载荷，当负载方向有变化时，除需要选择气缸的安装附件外，还需要选择与安装附件有关的活塞杆连接附件，也就是为了消除气缸活塞杆可能受到的径向载荷而专门设计的各种柔性连接接头。这些活塞杆连接附件有各种自对中连接接头、Y 形带销接杆、带六角螺母的关节轴承等，常用的各种活塞杆连接附件请读者参考第 6 章图 6-24、图 6-26、图 6-27。

3. 磁感应开关的选定方法

安装于气缸上的磁感应开关作用为检测活塞的位置，达到间接检测负载位置的目的。由于在气缸上安装磁感应开关比较简单、方便，价格也低廉，因此大多数情况下都采用这种检测方式,少数情况下也不采用这种方法,而直接在负载运动终点设置接近开关传感器检测负载的状态。

显然,采用这种检测方式时气缸必须具有检测磁环,这在FESTO公司的气缸型号中末尾用代号"A"表示,而在SMC公司的气缸样本中则在型号的前部加上字母"D"。

根据气缸的结构外形,不同系列的气缸采用磁感应开关的安装方式也可能不同,例如有钢带固定、轨道安装、拉杆固定等,为了方便读者,制造商在气缸的样本资料上将具体型号气缸所配用的磁感应开关型号及可能需要的开关安装附件也同时标出了,读者只要根据电气参数按样本提供的磁感应开关型号进行选择就可以了。

4. 气缸附件的选定方法

气缸的附件主要包括气缸安装附件、活塞杆连接附件、流量控制阀(单向节流阀、排气节流阀、快速排气阀)、磁感应开关安装附件和气管快速接头等。

在选择气缸安装方式时一般就将气缸安装附件及活塞杆连接附件同时选出,在选择磁感应开关时也同时将相关安装附件选出。需要再选择的就是各种流量控制阀(单向节流阀、排气节流阀、快速排气阀)及气管快速接头了。

为了方便读者,制造商将各种系列及缸径的气缸所配用的单向节流阀、气管的管径都列出了,并制成了专门的表格,读者只要按此类表格选用即可。

17.1.4 气缸缓冲形式的选定方法

气缸在工作时必须有相应的缓冲方式或缓冲结构,否则气缸工作时活塞运动终点会产生较大的冲击和噪声,同时降低气缸的工作寿命,所以气缸应该避免在满行程时使用。由于气缸工作时负载与活塞杆是连接在一体的,所以负载的缓冲与气缸的缓冲实际上是同时进行的,对负载缓冲同时也是对气缸进行缓冲,对气缸进行缓冲同时也对负载起到了缓冲。根据缓冲处理部位的区别,可以分为两大类:

- 气缸内部缓冲;
- 气缸外部缓冲。

1. 气缸内部缓冲

气缸内部缓冲就是在气缸内部施加缓冲结构,主要的缓冲方式为:

- 橡胶垫缓冲;
- 气缓冲。

在气缸选型过程中,我们主要是选择气缸的内部缓冲形式,气缸外部的缓冲结构一般是设计人员自行设计的。

制造商提供的气缸系列中,部分系列的气缸设计有橡胶垫缓冲结构,部分系列的气缸除可以选择橡胶垫缓冲外,还同时设计有终端可调气缓冲型号供用户选择。在某些系列,气动元件制造商还将外部油压吸振器集成到气缸部件上直接供用户选用。

在FESTO公司的气缸样本中,气缸内部终端橡胶垫缓冲形式用代号"P"表示,终端可调气缓冲形式用代号"PPV"表示。在SMC公司的气缸样本中,上述代号在不同的系列各有不同,只要按样本查阅选择即可。

选定气缸的内部缓冲方式后,还需要对缓冲效果进行验算。查阅气缸的缓冲特性曲线,

如果负载质量 m 与气缸最大速度 V_{max} 的交点在预选缸径气缸的缓冲特性曲线之下，则表示负载运动的动能 $\frac{1}{2}mV_{max}^2$ 小于气缸运行吸收的最大能量，即预选缸径气缸的缓冲能力能够满足使用要求，否则，预选缸径应该增大一号，重复进行验算直到能够满足缓冲要求为止。图 17-19 所示为某系列气缸的气缓冲特性曲线实例。

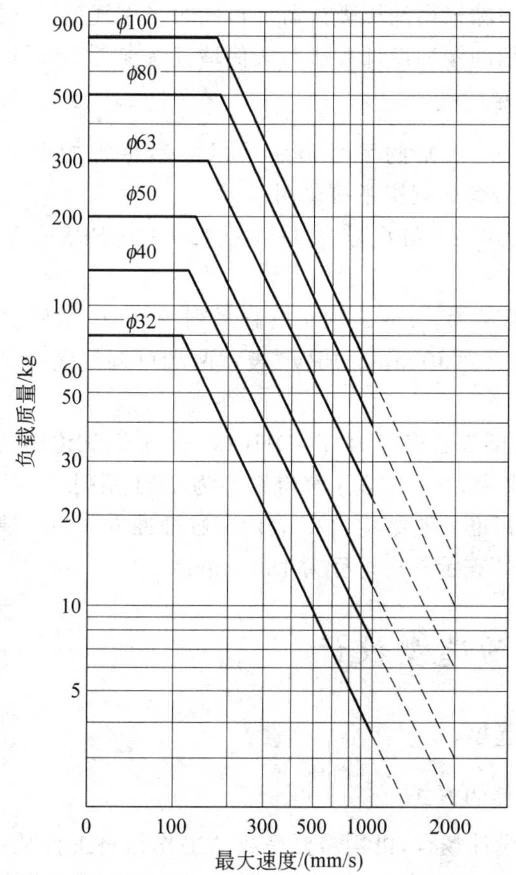

图 17-19　SMC 公司 MB 系列气缸的气缓冲特性曲线实例

2. 气缸外部缓冲

气缸内部缓冲的效果是有限的，当负载过大或运动速度太高，靠气缸内部的缓冲不能完全吸收冲击能量时，就必须在气缸外部的负载或气动回路上增设缓冲措施或缓冲结构，主要的缓冲方式为：

- 橡胶垫缓冲；
- 设计气动缓冲回路进行缓冲；
- 在负载运动终点设置油压吸振器。

在气动机构设计过程中，在上述负载过大或运动速度太高的场合，由于气缸内部的缓冲效果有限，主要是依靠上述气缸外部的缓冲措施对负载进行缓冲，而且气缸外部的缓冲结构一般是设计人员自行设计的。为了保证有更好的缓冲效果，可以同时采用气缸的内部缓冲与外部缓冲措施。

外部缓冲措施中在负载运动终点位置设置橡胶缓冲垫是最简单的方式,但橡胶缓冲垫效果有限,更好的缓冲措施为设计气动缓冲回路与选用油压吸振器,其中气动缓冲回路既可以采用在气缸运行末端将气缸的排气通过电磁阀切换到单独的排气节流回路,也可以直接将气缸作为缓冲器来使用,如第6章图6-38。

在自动机械工程设计中,采用油压吸振器是最基本而大量使用的方法,在负载惯性较大的场合(例如高速机械手)除采用油压吸振器外再同时采用气缓冲气缸。

关于气动系统更详细的缓冲设计方法与实例请读者参考第6章。

3. 气缸型号代号举例

气缸各项要求选定后,气缸的型号最后是以一串字符的形式表示的。下面分别以FESTO、SMC公司的型号命名规则举例说明。

例17-4 FESTO公司某气缸型号为"DNC—32—40—PPV—A",试说明气缸型号代表的意义。

解:符号所表示的意义为,"DNC"表示气缸系列为DNC系列、"32"表示气缸的缸径为32 mm、"40"表示气缸行程为40 mm、"PPV"表示两端可调气缓冲、"A"表示带磁环非接触检测。

例17-5 SMC公司某气缸型号为"CGD1BA50—150",试说明气缸型号代表的意义。

解:符号表示的意义为,"CG1"表示气缸系列为CG1系列(轻巧型)、"D"表示内置磁环结构、"B"表示气缸采用标准安装结构、"A"表示气缸缓冲方式为两端可调气缓冲、"50"表示气缸缸径为50 mm、"150"表示气缸行程为150 mm。

17.2 气动手指的选型设计

17.2.1 气动手指的选型

1. 气动机构抓取工件的方式

在大量的自动机械设计场合,机构需要完成的工作是将工件从一个位置移送到另一个位置,也就是作为机械手来完成自动上下料工作。那么机械手是如何抓取工件的呢?

机械手抓取工件主要有两种方式:

- 气动手指夹取工件;
- 真空吸盘吸取工件。

气动手指(某些资料中也称为气爪)与真空吸盘都是机械手的末端元件,显然,我们必须能够熟练进行上述两种元件的选型,本节主要讲述如何进行气动手指的选型。

2. 常用的气动手指类型及系列

气动手指实际上是一种将气缸与一定的机构组合在一起的部件,在第6章中我们已经进行了初步介绍。针对不同形状的工件,制造商设计制造了不同形状的气动手指,如图6-5所示。在各种气动手指中,最常选用的气动手指为平行气动手指、三点气动手指,图17-20所示为上述两种类型气动手指的外形及内部结构。

平行气动手指主要用于抓取矩形工件,在气爪的两侧加装带圆弧面或"V"形槽结构后也可以用于夹取圆柱形的工件,既可以在外部对工件进行抓取,也可以在内部(例如孔)对工

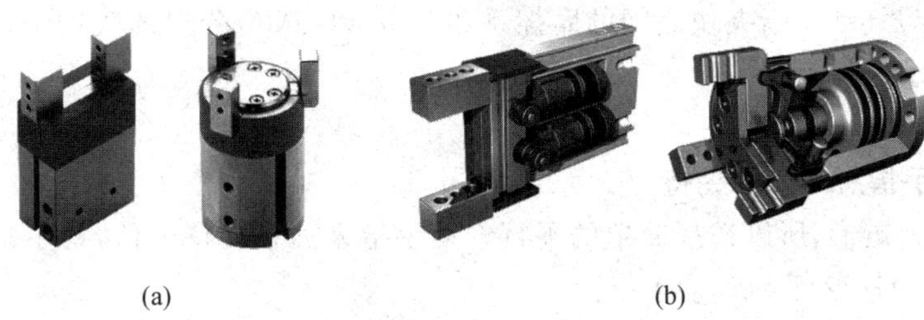

(a)　(b)

图 17-20　常用气动手指外形与内部结构
(a) 平行及三点气动手指外形；(b) 平行及三点气动手指内部结构

件进行抓取。由于具有自对中功能，所以重复精度特别高，也具有很大的抓取力。

三点气动手指主要用于抓取圆柱形或球形工件，与平行气动手指一样，既可以在外部对工件进行抓取，也可以在内部(例如孔)对工件进行抓取。由于具有自对中功能，所以重复精度特别高，也具有很大的抓取力。

FESTO 公司最基本的手指系列为 HGP 系列(平行开关型)，SMC 公司最基本的手指系列为 MH 系列(平行开关型)、MHY2 系列(180°旋转开闭型，简化取放动作)。

3. 气动手指选型

1) 气动手指选型依据

根据气动手指的工作原理和工作过程，我们可以知道选定气动手指的主要依据为：

- 工件的形状；
- 工件的尺寸大小；
- 工件的重量或气动手指所需要的夹持力。

2) 气动手指选型步骤

气动手指的选型步骤一般为：

(1) 根据工件的大小、形状、质量及使用目的，选择气动手指类型(平行气动手指或其他类型气动手指)。

(2) 根据工件的大小、形状、外伸量、使用环境及使用目的，选择气动手指系列。

(3) 计算所需要的夹持力，根据夹持力大小、夹持点距离、外伸量及行程，选定气动手指的尺寸。

(4) 磁感应开关的选型。

气动手指的工作原理和气缸是非常相似的，都属于执行元件，气动手指要在自动机械系统中实现夹取工作循环，PLC 控制器就必须能够确认手指的开闭状态，所以气动手指上要安装磁感应开关。气动元件供应商一般都在气动手指的选型样本资料中同时给出了可以配套安装的磁感应开关型号，因此我们只要按电气参数要求在样本资料中已经给出的磁感应开关型号中进行选购就可以了。

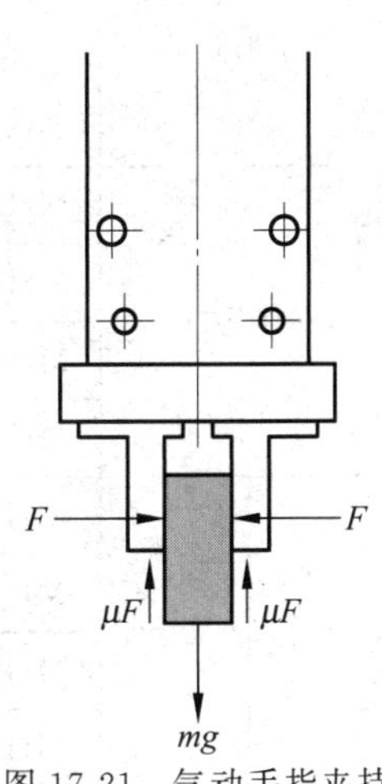

图 17-21　气动手指夹持工件实例

下面以一个实例来进行说明。

例 17-6　某机械手末端采用气动手指夹持某矩形工件，如图 17-21 所示。矩形工件质量 $m=0.1$ kg，气动手指工作压力为

0.4 MPa，工件与气动手指夹块之间的摩擦系数为 μ，以 SMC 公司的气动手指为例，选取合适的气动手指型号。

解：

(1) 计算手指所需要的夹持力 F

由于工件为矩形，所以选择简单的平行气动手指系列来夹持工件，初步选取 SMC 公司 MH 系列中的 MHZ2 系列气动手指。

设气动手指夹持工件的夹持力为 F，则单侧夹紧工件后的摩擦力为 μF，为了保证能够夹持工件，显然必须保证：$2\mu F > mg$，即

$$F > \frac{mg}{2\mu} \tag{17-3}$$

考虑到移送工件时的角速度及冲击力，为了保证工作可靠，必须设定一个安全系数 α，所以夹持力 F 必须保证满足：

$$F > \frac{mg}{2\mu}\alpha \tag{17-4}$$

摩擦系数一般为 $\mu = 0.1 \sim 0.2$，安全系数一般取 $\alpha = 4$，所以有

$$F > (10 \sim 20)mg \tag{17-5}$$

式(17-5)表明，气动手指的夹持力 F 必须至少是工件重量 mg 的 10～20 倍，这也是气动手指通常的选型规则。

本例中，气动手指的夹持力必须至少为

$$F > (10 \sim 20)mg = (10 \sim 20) \times 0.1 \times 9.8 = 9.8 \sim 19.6(\mathrm{N})$$

最后选取气动手指的夹持力为 19.6N。

(2) 选定气动手指型号

查阅 SMC 的气动手指样本资料，MHZ2 系列气动手指性能参数如表 17-2 所示。

表 17-2 SMC 公司 MHZ2 系列气动手指性能参数

动作形式		型 号	缸径/mm	夹持力 单个手指的夹持力/N 外部夹持	夹持力 单个手指的夹持力/N 内部夹持	开闭行程（两侧）/mm	质量/g
双作用		MHZ2—10D	10	9.8	17	4	55
		MHZ2—16D	16	30	40	6	115
		MHZ2—20D	20	42	66	10	235
		MHZ2—25D	25	65	104	14	430
单作用	常开	MHZ2—10S	10	6.3		4	55
		MHZ2—16S	16	24		6	115
		MHZ2—20S	20	28		10	240
		MHZ2—25S	25	45		14	435

续表

动作形式		型　号	缸径/mm	夹持力 单个手指的夹持力/N 外部夹持	夹持力 单个手指的夹持力/N 内部夹持	开闭行程（两侧）/mm	质量/g
单作用	常闭	MHZ2—10C	10		12	4	55
		MHZ2—16C	16		31	6	115
		MHZ2—20C	20		56	10	240
		MHZ2—25C	25		83	14	430

表 17-2 中，MHZ2 系列气动手指在外部夹持时，型号 MHZ2—10D 的手指夹持力为 9.8 N，比本例要求的夹持力要小，稍大的型号 MHZ2—16D 夹持力为 30 N，开闭行程 6 mm 也能够满足抓取动作的空间需要，所以最后选择型号 MHZ2—16D 的气动手指，该型号气动手指能够满足本例使用要求。该系列气动手指的外形如图 17-22 所示。

图 17-22　MHZ2 系列气动手指外形图

17.2.2　夹板的设计方法

以下是与夹板设计有关的几个重要问题：

1）注意区分气动手指的夹持宽度与开闭行程

气动手指的夹持宽度与开闭行程是两个完全不同的概念，初学者很容易将它们混淆。

（1）气动手指的夹持宽度

气动手指的夹持宽度是指手指可以用于夹持多宽的工件。气动手指在使用时，由于气动手指本身所带的夹块尺寸比较小，其宽度、高度通常并不符合实际场合的使用要求，因此一般都需要在气动手指上加装夹持附件（夹板），以满足夹持宽度及高度的灵活要求。夹持较宽的工件时需要对手指的宽度进行放大，夹持细小工件时则需要对手指的夹持宽度进行缩小。图 17-23、图 17-24 为加装附件对手指的夹持宽度进行改变（缩小）的实例示意图。

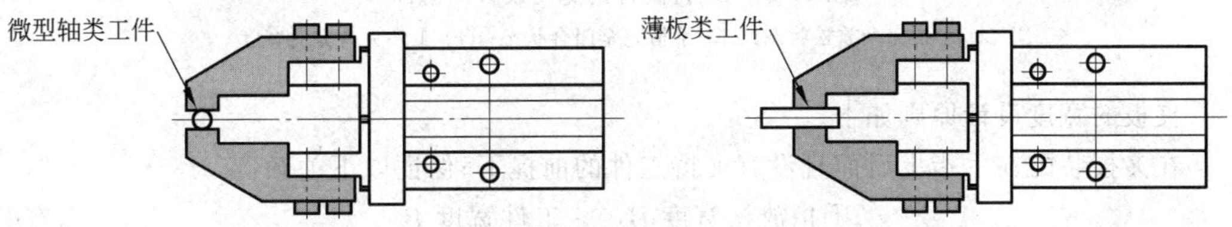

图 17-23　加装夹板对手指的夹持宽度进行缩小

（2）气动手指的开闭行程

气动手指的开闭行程与气缸的最大工作行程类似，是指手指在没有夹持工件时手指放松与夹紧两种状态之间手指内部空间的宽度差。开闭行程只影响工件放入手指内部后手指与工件之间尚有多大的自由空间。气动手指的开闭行程一般较小，例如常用系列的开闭行程一般为 4～32 mm，但可以夹持的工件宽度（或直径）则因为手指夹持附件的放大作用可

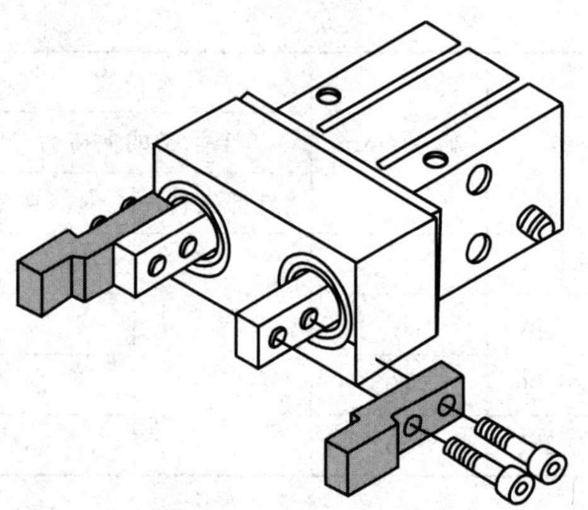

图 17-24　加装夹板对手指的夹持宽度进行放大

以比上述开闭行程大得多。

2）夹板宽度的设计方法

夹板的宽度如何设计呢？以平行气动手指夹持矩形工件为例，如图 17-25 所示，其中图 17-25(a)为气动手指完全张开状态，图 17-25(b)为气动手指完全闭合状态，图 17-25(c)为矩形工件在夹持方向的宽度。

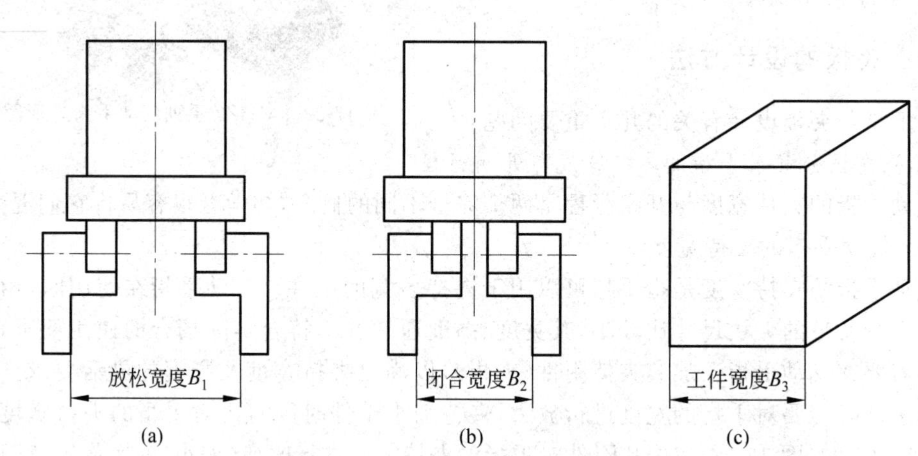

图 17-25　夹持附件的宽度设计示意图

(a) 手指完全放松状态；(b) 手指完全闭合状态；(c) 工件夹持方向宽度

夹板的宽度设计原则如下。

在夹板装配在手指上后而且没有夹持工件的前提下，保证以下关系：

$$\text{手指放松宽度 } B_1 > \text{工件宽度 } B_3 \tag{17-6}$$

$$\text{手指闭合宽度 } B_2 < \text{工件宽度 } B_3 \tag{17-7}$$

式(17-6)和式(17-7)表明，完全放松后夹持部位的空间宽度 B_1 必须比工件实际宽度 B_3 大，这样才能够保证夹板放入工件时工件两侧有足够的空间；闭合后夹持部位的空间宽度 B_2 必须适当比工件实际宽度 B_3 小，例如小 3～4 mm，这样才能够保证夹板能够可靠夹紧工件。

注意：为了保证气动手指夹持工件时不会对工件造成表面损伤或破坏，一般都在设计夹持附件时，在左右夹块的内侧各设计装配一层橡胶垫，这样就可以有效地防止工件表面划伤，显然，在计算上述宽度时是以橡胶垫的内侧开始计算的。

分析：以上是以平行气动手指夹持矩形工件为例进行的分析，当采用三点气动手指夹持圆形工件时夹持附件的厚度设计与此例完全类似，只不过将宽度尺寸改为径向尺寸而已，读者可以自行分析推导。

3）当夹持点有偏移时的情况

为了方便安排空间，手指的夹持附件经常与手指不在同一高度上，而是具有一定的高度差 H（也就是一般所说的外伸量），工件与手指之间也存在一定的距离 L（也就是一般所说的夹持点距离），如图 17-26 所示。

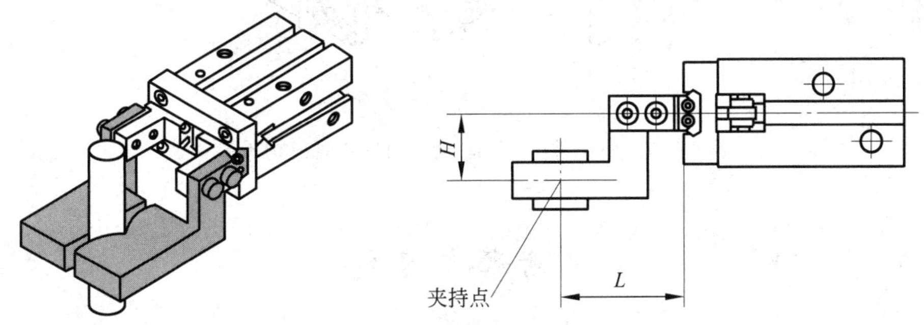

图 17-26　工件夹持点有偏移时的情况

在这种情况下，当压缩空气压力一定时，夹持点距离越大，手指所允许的外伸量越小，夹持力也越小，为了保证气动手指能够可靠工作，我们需要根据供应商提供的修正曲线对夹持力进行修正。特别要注意的是，由于上述偏移会对气动手指产生一个弯曲力矩，如果手指承受过大力矩，将会降低使用寿命，所以上述外伸量 H、夹持点距离 L 不能超出供应商给定的范围。而且一般情况下，加装的夹持附件应该尽可能轻、使水平夹持时的夹持距离 L 尽可能小，以免手指开闭时惯性力过大使手指夹不住工件。

4）预留空间防止机构干涉

由于手指一般装配在机械手的末端，机械手是运动部件，手指夹持与放松时空间宽度尺寸有变化，而且在机械手上经常需要对工件进行变位（例如旋转、翻转），因此要特别注意不能使气动手指（或夹持的工件）与周围的其他机构产生干涉碰撞，否则将严重损害气动手指的性能与寿命。图 17-27 表示将工件进行翻转时有可能出现工件与机构干涉的情况。

5）夹板与气动手指安装连接

将夹板与气动手指安装连接时需要特别小心，要用手托住夹板以免手指承受过大的应力，紧固螺钉时也要不超过供应商推荐的最大扭矩。

6）夹板上设计定位销

夹取尺寸较小的微小零件时，两侧夹板的相对位置要求非常准确，如果事先不设计安装定位销与手指相连，一旦夹板损坏需要重新更换夹板时，由于螺钉安装时径向间隙较大，无法实现准确定位，就很可能导致两侧夹板夹持部位尺寸发生变化，为了减少不必要的调整，使用定位销就可以实现快速更换夹板的目的。显然，当夹取较大尺寸的工件时，两侧夹板的相对位置要求可以降低，定位销有时是可以省略的。

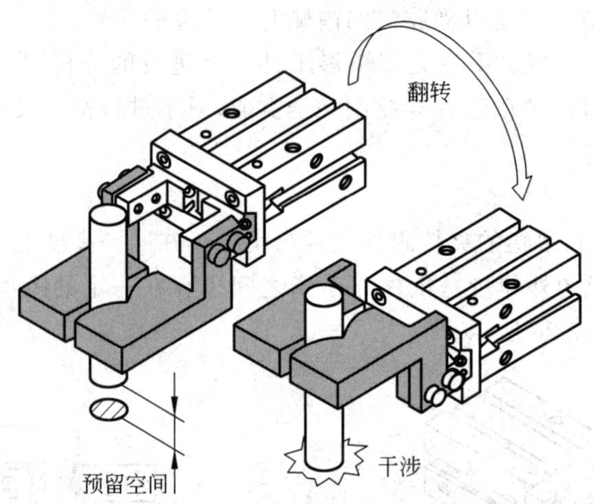

图 17-27 将工件进行翻转时有可能出现机构干涉

思考题与习题

17.1 FESTO 公司、SMC 公司最常用的气缸是哪些系列？分别在什么场合最适合使用？为什么？

17.2 气缸的安装有哪些方式？各有何特点？分别适合在什么情况下采用？为什么？

17.3 气缸活塞杆末端属于纯直线运动时可以采用哪些安装方式？

17.4 气缸活塞杆末端属于圆弧运动时只能采用哪些安装方式？为什么？

17.5 气缸采用铰接安装方式时如何确定采用前端、中部或末端铰接安装？

17.6 如何设计夹板宽度？

17.7 气缸在安装和使用环节应该注意哪些事项？

17.8 气缸安装方式设计有缺陷时会导致什么使用后果？为什么？

17.9 气缸活塞杆与负载有哪些典型连接方式？为什么要这样连接？

17.10 什么叫做径向负载？气缸在安装时如何避免或消除径向负载？

17.11 气动手指在安装和使用环节应该注意哪些事项？

参考文献

[1] 王义行.输送链与特种链工程应用手册[M]. 北京：机械工业出版社，2003.
[2] RNA公司.RNA Vibratory Bowl Feeders [Z]. 2003.
[3] FIMOTEC公司.Instruction Manual for Fischer-Bowl Feeders [Z]，2000.
[4] STAR SEIKI公司.Traverse Automatic Unloader Operation Manual [Z]，2019.
[5] 台湾天行自动化机械股份有限公司.横走式机械手使用手册[Z]，2020.
[6] 天津电仪职大.自动线生产技术[M]. 北京：电子工业出版社，2010.
[7] 三共制作所.SANDEX凸轮分度器[Z]，2019.
[8] 台湾潭子精密机械股份有限公司.高速精密间歇分割器[Z]，2019.
[9] 台湾德士凸轮股份有限公司.精密凸轮间歇分割器[Z]，2019.
[10] DE-STA-CO公司.Clamps [Z]，2020.
[11] 台湾GOOD HAND公司. Clamping Device [Z]，2020.
[12] THK公司.综合产品目录[Z]，2019.
[13] NSK公司.精机产品[Z]，2019.
[14] NSK公司.直线导轨安装说明书[Z]，2019.
[15] IKO公司.Linear Motion Rolling Guide Series，CAT-5505A [Z]，2019.
[16] 太敬公司.直线运动系列[Z]，2019.
[17] 慈溪恒力同步带轮有限公司.带传动设计与应用[Z]，2005.
[18] Mikell P. Groover. 自动化、生产系统与计算机集成制造[M].4版.北京：清华大学出版社，2016.
[19] SMC公司.Best Pneumatics [Z]，2019.
[20] FESTO公司.气动产品样本[Z]，2019.
[21] 深圳新松机器人自动化股份有限公司.HSM-125/160系列塑壳断路器自动化装配校核生产线使用说明书[Z]，2002.